普通高等教育"十一五"国家级规划教材
普通高等教育农业农村部"十三五"规划教材

地理信息系统

DILI XINXI XITONG

第二版

刘耀林 主编

中国农业出版社
北京

内容简介

　　本教材是作者在参阅国内外有关地理信息系统教材、专著和论文的基础上，结合地理信息系统教学和科研实践编写而成的，力求将地理信息基础理论、地理信息系统技术方法和地理信息实践应用有机地结合起来，使学生在学习地理信息系统基础理论的同时，掌握地理信息系统技术方法。

　　全书共11章，较为系统地阐述了地理信息系统的基本理论与技术方法，主要内容包括地理信息系统的地理基础、空间数据采集、空间数据结构、空间数据库及其管理、空间数据处理与分析、地理信息的表达与输出、地理信息系统的设计与评价、地理信息系统应用、常用地理信息系统软件介绍、数据共享与标准化等。

　　第二版教材进一步强调了教材的科学性、系统性与实用性的结合，内容精练，简明易懂，同时体现内容的现势性，可作为普通高等学校地理、地质、资源与环境、土地资源管理等专业的本科生和研究生教材，也可供从事地理信息系统、资源与环境信息系统等各种专业地理信息系统的专业技术人员和管理人员参考。

第二版编写人员名单

主　　编　刘耀林（武汉大学）

副主编　　杨武德（山西农业大学）

　　　　　何建华（武汉大学）

　　　　　付宗堂（中国地质大学〔北京〕）

参　　编（按姓氏笔画排序）

　　　　　肖璐洁（山西农业大学）

　　　　　张　慧（东北农业大学）

　　　　　陈红艳（山东农业大学）

　　　　　段永红（山西农业大学）

　　　　　黄宏胜（江西农业大学）

　　　　　符海月（南京农业大学）

　　　　　蒋东正（安徽农业大学）

　　　　　谢红霞（湖南农业大学）

第一版编写人员名单

主　编　刘耀林（武汉大学）

副主编　潘剑君（南京农业大学）

　　　　　常庆瑞（西北农林科技大学）

　　　　　杨武德（山西农业大学）

参　编（按姓氏笔画排序）

　　　　　李乃祥（天津农学院）

　　　　　杨凤海（东北农业大学）

　　　　　段永红（山西农业大学）

　　　　　聂宜民（山东农业大学）

　　　　　盖艾鸿（甘肃农业大学）

前　言
FOREWORD

地理信息系统是在计算机软硬件支持下，运用系统工程和信息科学方法，对地理空间数据进行采集、存储、显示、查询、操作、分析和建模，以提供对资源、环境和区域等方面的管理、评价、规划、决策和研究的技术系统。它是一门集地理学、地图学、测量学、图像处理、计算机科学等多学科为一体的综合学科。

本教材力求将地理信息基础理论、地理信息系统技术方法和地理信息实践应用有机地结合起来，使学生在学习地理信息系统基础理论的同时，掌握地理信息系统技术方法。

《地理信息系统》第一版由刘耀林确定整体结构，参加编写的人员有：武汉大学刘耀林、南京农业大学潘剑君、西北农林科技大学常庆瑞、山西农业大学杨武德和段永红、天津农学院李乃祥、东北农业大学杨凤海、山东农业大学聂宜民、甘肃农业大学盖艾鸿。最终由刘耀林统稿和定稿。

地理信息系统第二版由刘耀林总体负责，参加修订的人员有山西农业大学杨武德、段永红、肖璐洁，武汉大学何建华，中国地质大学（北京）付宗堂，东北农业大学张慧，山东农业大学陈红艳，江西农业大学黄宏胜，南京农业大学符海月，安徽农业大学蒋东正，湖南农业大学谢红霞。

本教材是作者在参阅国内外有关地理信息系统教材、专著和论文的基础上，结合地理信息系统教学和科研实践编写而成的，可作为普通高等学校地理、地质、资源与环境、土地资源管理等专业的本科生和研究生教材，也可供从事地理信息系统、资源与环境信息系统等各种专业技术人员和管理人员参考。

地理信息系统正在迅猛发展之中，书中不足之处在所难免，敬请读者批评指正。

编　者
2020 年 5 月

目 录
CONTENTS

第一章

绪　论

第一节　地理信息与地理信息系统

一、地理信息

1. 数据与信息　数据是一种未加工的原始资料，它是表示和记录信息的文字、符号、图像及声音的组合。这种组合既具体生动地表示出信息的内容，也满足了处理、传播和使用的需要。数据包括数值数据和非数值数据，它是计算机科学与技术处理的对象，也是计算机科学与技术处理的结果。数字、文字、符号、图像都是数据。

信息（Information）是一个抽象的概念，它是事物的特征及诸事物之间相互联系的一种抽象反映。这种反映能被人们认识和理解并作为知识来识别事物，从而达到认识世界、改造世界的目的。信息是用文字、数字、符号、语言、图像等介质来表示事件、事物、现象等的内容、数量或特征，从而向系统（人们）提供关于现实世界新的事实和知识，作为生产、建设、经营、管理、分析和决策的依据。信息具有客观性、实用性、可传输性和共享性等特征。信息来源于数据，它是客观世界的真实反映，或者说信息反映了客观世界。

信息和数据是两个相互联系、相互依存但又相互区别的概念。数据是客观对象的表示和信息的载体，而信息则是数据内涵，是数据的内容和解释。信息以数据的某种形式来表现，而数据则是表示信息的某种手段。只有理解了数据的含义，对数据作解释才能得到数据中所包含的信息。一定形式的数据可表示某一确定的信息。例如，"全国现在有14亿人口"这样一条信息，它可以用汉语表达，也可以用英语表达，还可以用声音或图表来表达。由此可见，信息具有某种稳定性的特征，它是更直接反映客观现实的概念。

2. 地理信息　地理信息属于空间信息，其位置的识别是与数据联系在一起的，这是地理信息区别于其他类型信息的最显著的标志。地理信息的这种定位特征，是通过经纬网建立的地理坐标来实现空间位置的识别；地理信息还具有多维结构的特征，即在二维空间的基础上实现多专题的第三维结构，而各个专题型、实体型之间的联系是通过属性码进行的，这就为地理系统综合研究提供了可能，也为地理系统多层次的分析和信息的传输与筛选提供了方便。地理信息的时序特征十分明显，因此可以按照时间尺度将地理信息进行划分。地理信息的这种动态变化的特征，一方面要求地理信息的获取要及时，并定期更新；另一方面要从其变化过程中研究其变化规律，认识地理信息的这种区域性、多层次性和动态变化的特征对建立地理信息系统，实现人口、资源、环境等的综合分析、管理、规划和决策具有重要意义。

3. 地理信息的特征　地理信息除了具有信息的一般特性，如共享性、客观性外，还具有以下特征：

（1）区域分布性。地理信息具有空间定位的特点。先定位后定性，并在区域上表现出分布式特点，不可重叠，其属性表现为多层次，因此地理数据库的分布或更新也应是分布式。

（2）数据量大。地理信息既有空间特征，又有属性特征，并包括一个较长的发展时段，因此其数据量很大。如全国1：400万土地利用数据，经过一定的综合后，其Arc/Info的Coverage格式数据量为8.2G。尤其是随着全球对地测计划不断发展，我们每天都可以获得上万亿兆的关于地球资源、环境特征的数据，这必然对数据处理与分析带来很大压力。

（3）信息多样性。描述地理实体可以用文字、数字、地图和影像等形式以及纸质、光盘等物理介质载体。对于地图来说，它不仅是信息的载体，也是信息的传播媒介。

（4）地理信息的动态特征。动态特征主要是指某些地理信息的周期性变化、波动性变化。这是一组随时间而变化的地理信息，有一定的趋势性。有些地理信息呈周期性变化。例如气候有季节性变化，种植业和养殖业一般都有季节性，投放到市场的商品数据和对有关生产资料的需求数据也都有季节性的变化，这种变化基本上是以一年为周期的变化。有些地理信息呈波动性变化。由于经济的发展具有一定的波动性，由使用地理信息引起的经济活动也就具有一定的波动性，反映这些经济动态的地理信息也就具有波动性变化。例如，随着市场的波动，地租、地价会随着变化。土地信息是随时间变化的，为了研究和管理这部分土地信息，除了空间参考系以外，还应当建立时间参考系，以年、季、月、日作为横轴的单位，研究这些土地信息的变化规律。

二、地理信息系统

1. 地理信息系统的概念　地理信息系统（GIS）是地图学、计算机科学、地理学、测量学等多门学科综合的边缘交叉学科，是在计算机软硬件支持下，运用系统工程和信息科学方法，对地表空间数据进行采集、存储、显示、查询、操作、分析和建模，以提供对资源、环境、区域等方面的规划、管理、决策和研究的人-机系统。地理信息系统根据其研究范围可分为全球性信息系统和区域性信息系统；根据其研究内容可分为专题信息系统和综合信息系统。

2. 地理信息系统的特征

（1）GIS的物理外壳是计算机化的技术系统。该系统又由若干个相互关联的子系统构成，如数据采集子系统、数据管理子系统、数据处理和分析子系统、可视化表达与输出子系统等。这些子系统的构成直接影响着GIS的硬件平台、系统功能和效率、数据处理的方式和产品输出的类型。

（2）GIS的对象是地理实体。GIS的操作对象是地理实体的数据。所谓地理实体，指的是在人们生存的地球表面附近的地理圈层（大气圈、水圈、岩石圈、生物圈）中可相互区分的事物和现象，即地理空间中的事物和现象。在地理信息系统中，所操作的只能是实体的数据，它们都有描述其质量、数量、时间特征的属性数据，也有其非属性的数据——空间数据，即以点、线、面方式编码并以（X，Y）坐标串储存管理的离散型空间数据，或者以一系列栅格单元表达的连续型空间数据。地理实体数据的最根本特点是每一个数据都按统一的地理坐标进行编码，实现对其定位、定性、定量和拓扑关系的描述，即空间特征数据和属性特征数据统称为地理数据。

（3）GIS 的技术优势在于它的混合数据结构和有效的数据集成、独特的地理空间分析能力、快速的空间定位搜索和复杂的查询功能、强大的图形可视化表达手段，以及地理过程的演化模拟和空间决策支持功能等。其中，通过地理空间分析可以产生常规方法难以获得的重要信息，实现在系统支持下的地理过程动态模拟和决策支持，这既是 GIS 的研究核心，也是 GIS 的重要贡献。

三、地理信息系统与地理学、测绘学和计算机科学与技术的关系

地理学是一门研究人-地相互关系的科学，研究各自然界面的生物、物理、化学过程，以及探求人类活动与资源环境间相互协调的规律，这为 GIS 提供了有关空间分析的基本观点与方法，成为 GIS 的基础理论依托。

测绘学不但为 GIS 提供各种不同比例尺和精度的定位数据，而且其理论和算法可直接用于空间数据的变换和处理。而 GIS 引入地学界，正如美国地质学家 K. I. 兰菲尔所说的"GIS 引入地学界，如同 Fortran 语言引入计算机科学界一样重要"，GIS 是以一种全新的思想和手段来解决复杂的规划、管理和地理相关的问题，例如城市规划、商业选址、环境评估、资源管理、灾害监测、全球变化，甚至在现代企业中作为制定科学经营战略的一种重要手段，因为企业对外界的认知能力和信息处理能力提高了，就能创造空间上的竞争优势。解决这些复杂的空间规划和管理问题，这是 GIS 应用的主要目标。

GIS 应用了许多计算机图形学的技术，但又与计算机图形学不同。计算机图形学主要是利用计算机处理及显示可见图形信息以及借助图形信息进行人机通信处理的技术。通常计算机图形学所处理的图形数据是不带地理属性的纯几何图形，是地理数据和几何抽象。而对空间数据进行空间分析过程中，地理属性是不可缺少且十分重要的因素。因此，计算机图形学只能完成 GIS 底层的图形操作，可以说，它是 GIS 算法设计的基础。而 GIS 是随计算机图形学的发展而不断完善的，它除了能对图形信息数据进行显示和处理以外，还能完成数据的地理模型分析以及许多具有土地意义的数据处理。

第二节 地理信息系统的组成

一个实用的 GIS 系统，要支持对空间数据的采集、管理、处理、分析、建模和显示等功能，其基本组成一般包括以下五个主要部分：系统硬件、系统软件、空间数据、应用人员和应用模型。

一、系统硬件

GIS 硬件平台用以存储、处理、传输和显示地理信息或空间数据。计算机与一些外部设备及网络设备的连接构成 GIS 的硬件环境。计算机是 GIS 的主机，它是硬件系统的核心，包括从主机服务器到桌面工作站，用作数据的处理、管理与计算。GIS 外部设备包括：①输入设备，即数字化仪、扫描仪和全站型测量仪等；②输出设备，即绘图仪、打印机和高分辨率显示装置等；③数据存储与传送设备，即磁带机、光盘机、活动硬盘和硬盘阵列等。GIS 的网络设备包括布线系统、网桥、路由器和交换机等，具体的网络设备根据网络计算的体系

结构来确定。

二、系统软件

GIS 软件是系统的核心，用于执行 GIS 功能的各种操作，包括数据输入、处理、数据库管理、空间分析和图形用户界面（Graphical User Interface，GUI）等。按照其功能分为 GIS 专业软件、数据库软件和系统管理软件等。

1. GIS 专业软件 GIS 专业软件一般指具有丰富功能的通用 GIS 软件，它包含了处理地理信息的各种高级功能，可作为其他应用系统建设的平台。其代表产品有 Arc/Info、MGE、MapInfo、MapGIS、GeoStar 等。它们一般都包含以下的主要核心模块：

（1）数据输入和编辑。支持数字化仪手扶跟踪数字化、图形扫描及矢量化，以及对图形和属性数据提供修改和更新等编辑操作。

（2）空间数据管理。能对大型的、分布式的、多用户数据库进行有效的存储检索和管理。

（3）数据处理和分析。能转换各种标准的矢量格式和栅格格式数据，完成地图投影转换，支持各类空间分析功能等。

（4）数据输出。提供地图制作、报表生成、符号生成、汉字生成和图像显示等。

（5）用户界面。提供生产图形用户界面工具，使用户不用编程就能制作友好和美观的图形用户界面。

（6）系统二次开发能力。利用提供的应用开发语言，可编写各种复杂的 GIS 应用系统。

2. 数据库软件 数据库软件除了在 GIS 专业软件中用于支持复杂空间数据的管理软件以外，还包括服务于以非空间属性数据为主的数据库系统，这类软件有：Oracle、Sybase、Informix、DB2、SQL Server、Ingress 等。它们也是 GIS 软件的重要组成部分，而且这类数据库软件具有快速检索、满足多用户并发和数据安全保障等功能。

3. 系统管理软件 系统管理软件主要指计算机操作系统，如 Windows、Unix、LinX 等。它们关系到 GIS 软件和开发语言使用的有效性，因此也是 GIS 软硬件环境的重要组成部分。

三、空间数据

在地理信息系统中，空间数据是以结构化的形式存储在计算机中的，称为数据库。数据库由数据库实体和数据库管理系统组成。数据库实体存储有许多数据文件和文件中的大量数据，而数据库管理系统主要用于对数据的统一管理，包括查询、检索、增删、修改和维护等。由于 GIS 数据库存储的数据包含空间数据和属性数据，它们之间具有密切的联系。因此，如何实现两者之间的连接、查询和管理是 GIS 数据库管理系统必须解决的重要问题。目前采用的解决方法有混合式、拓展式和开放式三种。

四、应用人员

GIS 应用人员包括系统开发人员和 GIS 技术的最终用户，他们的业务素质和专业知识是 GIS 工程及其应用成败的关键。GIS 的开发是一项以人为本的系统工程，包括用户机构的状况分析和调查、机构 GIS 系统开发目标的确定、系统开发的可行性分析、系统开发方案的选择和总体设计书的撰写等。

在使用 GIS 时，应用人员不仅需要对 GIS 技术和功能有足够的了解，而且需要具备有效、全面和可行的组织管理能力，尤其在当前 GIS 技术发展十分迅速的情况下，为使现行系统始终处于优化的运作状态，其组织管理和维护的任务包括：GIS 技术和管理人员的技术培训、硬件设备的维护和更新、软件功能扩充和升级、操作系统升级、数据更新、文档管理、系统版本管理和数据共享性建设等。

五、应用模型

GIS 应用模型的构建和选择也是系统应用成败至关重要的因素。虽然 GIS 为解决各种现实问题提供了有效的基本工具，但对于某一专门应用目的的解决必须通过构建专门的应用模型，例如土地利用适宜性模型、选址模型、洪水预测模型、人口扩散模型、森林增长模型、水土流失模型、最优化模型和影响模型等。这些应用模型是客观世界中相应系统经由概念世界到信息世界的映射，反映了人类对客观世界利用改造的能动作用，并且是 GIS 技术产生社会经济效益的关键所在，也是 GIS 生命力的重要保证，因此在 GIS 技术中占有十分重要的地位。

显然，应用模型是 GIS 与相关专业连接的纽带，它的建立绝非是纯数学或技术性问题，而必须以坚实而广泛的专业知识和经验为基础，对相关问题的机理和过程进行深入的研究，并从各种因素中找出其因果关系和内在规律，有时还需要采用从定性到定量的综合集成法，这样才能构建出真正有效的 GIS 应用模型。

构建 GIS 应用模型，首先必须明确用 GIS 求解问题的基本流程；其次根据模型的研究对象和应用目的，确定模型的类别、相关的变量、参数和算法，构建模型逻辑结构框图；然后确定 GIS 空间操作项目和空间分析方法；最后是模型运行结果的验证、修改和输出。

第三节　地理信息系统的功能

由计算机技术与空间数据相结合而产生的 GIS 这一高新技术包含了处理信息的各种高级功能，但是它的基本功能是数据的采集、管理、处理、分析和输出。GIS 依托这些基本功能，通过利用空间分析技术、模型分析技术、网络技术、数据库和数据集成技术、二次开发环境等，演绎出丰富多彩的系统应用功能，满足用户的广泛需求。

一、数据采集与编辑

地理信息系统的数据通常抽象为不同的专题或层。数据采集编辑功能就是保证各层实体的地物要素按顺序转化为$(X，Y)$坐标及对应的代码输入到计算机中。

二、数据存储与管理

数据库是数据存储与管理的最新技术，是一种先进的软件工程。GIS 数据库是区域内一定地理要素特征以一定的组织方式存储在一起的相关数据的集合。由于 GIS 数据库具有数据量大、空间数据与属性数据具有不可分割的联系以及空间数据之间具有显著的拓扑结构等特点，因此 GIS 数据库管理功能除了与属性数据有关的 DBMS 功能之外，对空间数据的管理技术主要包括：空间数据库的定义、数据访问和提取、从空间位置检索空间物体及其属性、从属性条件检索空间物体及其位置、开窗和接边操作、数据更新和维护等。

三、数据处理和变换

由于 GIS 涉及的数据类型多种多样，同一种类型数据的质量也可能有很大的差异。为了保证系统数据的规范和统一，建立满足用户需求的数据文件，数据处理是 GIS 的基础功能之一。数据处理的任务和操作内容有：

1. 数据变换　数据变换指将数据从一种数学状态转换为另一种数学状态，包括投影变换、辐射纠正、比例尺缩放、误差改正和处理等。

2. 数据重构　数据重构指将数据从一种几何形态转换为另一种几何形态，包括数据拼接、数据截取、数据压缩、结构转换等。

3. 数据抽取　指将数据从全集到子集进行条件提取，包括类型选择、窗口提取、布尔提取和空间内插等。

四、空间分析和统计

空间分析和统计功能是 GIS 的一个独立研究领域，它的主要特点是帮助确定地理要素之间新的空间关系，它不仅已成为区别于其他类型系统的一个重要标志，而且为用户提供了灵活地解决各类专门问题的有效工具。

1. 拓扑叠加　通过将同一地区两个不同图层的特征相叠加，不仅建立新的空间特征，而且能将输入的特征属性予以合并，易于进行多条件的查询检索、地图裁剪、地图更新和应用模型分析等。

2. 缓冲区建立　它是研究根据数据库的点、线、面实体，自动建立各种类型要素的缓冲多边形，用以确定不同地理要素的空间接近度或邻近性。它是 GIS 重要的和基本的空间分析功能之一。例如，规划建设一个开发区，需要通知一定范围内的居民动迁；在林业规划中，需要按照距河流一定纵深范围来确定森林砍伐区，以防止水土流失等。

3. 数字地形分析　GIS 提供了构造数字高程模型及有关地形分析的功能模块，包括坡度、坡向、地表粗糙度、山谷线、山脊线、日照强度、库容量、表面积、立体图、剖面图和通视分析等，为地学研究、工程设计和辅助决策提供重要的基础性数据。

4. 空间集合分析　空间集合分析是按照两个逻辑子集给定的条件进行布尔逻辑运算。

第四节　地理信息系统的应用

人类的信息中有 80％与地理位置和空间分布有关，所以 GIS 具有非常广泛的应用。目前，GIS 已经比较成熟地应用于军事、自然资源管理、土地和城市管理、电力、电信、石油和天然气、城市规划、交通运输、环境监测和保护、警用 110 和 120 快速反应系统等。今后的应用主要体现在如下几个方面：

1. 国土资源与环境的评价、规划、管理与可持续发展　资源的清查、管理和分析是 GIS 应用最广泛的领域，也是目前趋于成熟的主要应用领域，包括森林和矿产资源的管理、野生动植物的保护、土地资源潜力的评价和土地利用规划以及水资源的时空分布特征研究等。系统的主要任务是将各种来源的数据和信息有机地汇集在一起，GIS 软件能在一个连续无缝的方式下管理大型的地理数据库，这种功能强大的数据环境允许集成各种应用，最终用户通过 GIS 的客户端软件可直接对数据库进行查询、显示、统计、制图以及提供区域多种组合条件的资源分析，为资源的合理开发利用和规划决策提供依据。地理信息系统在国土资源与环境中的应用将更加深入，应用领域将进一步扩大。网络技术、智能技术、复杂地理计算等技术方法在资源环境分析评价、规划、开发、保护、整治、管理、动态监测和区域可持续发展的应用将更加成熟。辅助决策支持系统在资源环境分析评价、开发、保护、整治、规划、管理的应用将更加科学。主要表现在：资源环境分析评价的定量化方法的应用、资源环境规划辅助设计与智能化方法的应用、资源环境管理的网络化、基于 3S 的资源环境的动态监测、区域可持续发展的决策支持、专业地理信息系统建立与应用等方面。

2. 全球变化与灾害分析 网络地理信息系统技术在全球气候的变化和灾害分析中将发挥更大的作用，将为全球气候的变化和灾害成因、分析、监测、评估、预测和预警提供先进的技术手段和方法。

3. 数字城市 数字城市已经成为国内信息化的热点问题，而且还有持续升温趋势。GIS 技术的应用集中体现在城市规划、管理等应用中。以 GIS 为核心的空间信息技术是数字城市的核心应用技术，它与无线通信、宽带网络和无线网络日趋融合在一起，将为城市公共设施的管理和城市生活提供一种立体的、多层面的信息服务体系。

4. 商业、军事等方面的应用 以 GIS 为核心的空间信息技术可以无缝集成到企业信息化的整体业务平台中，与企业的财务系统、销售系统、工作流程管理系统、客户关系管理系统等融合，并且在底层数据库层面上实现数据的相互调用。当建立在网络架构上时则可以实现远程和分布式计算，地理信息系统与办公自动化和电子商务结合，可以在商业领域发挥很好的作用，比如物流管理、商业点的布置等。现代战争是数字式的信息化战争，空间信息系统在军事领域中的应用已成为人们的共识。

5. 区域规划与发展 城市与区域规划具有高度的综合性，涉及资源、环境、人口、交通、经济、教育、文化和金融等因素，但是要把这些信息进行筛选并转换成可用的形式并不容易，规划人员需要切实可行的、实时性强的信息，而 GIS 能为规划人员提供功能强大的工具。例如，规划人员利用 GIS 对交通流量、土地利用和人口数据进行分析，预测将来的道路等级；工程技术人员利用 GIS 将地质、水文和人文数据结合起来，进行路线和构造设计；GIS 软件帮助政府部门完成总体规划、分区、现有土地利用、分区一致性、开发区和设施位置等分析工作，是实现区域规划科学化和满足城市发展的重要保证。

6. 国土监测 GIS 方法和多时相的遥感数据可以有效地用于森林火灾的预测预报、洪水灾情监测和淹没损失估算、土地利用动态变化分析和环境质量的评估研究等。例如，黄河三角洲地区的防洪减灾研究表明，在 Arc/Info 地理信息系统支持下，通过建立大比例尺数字地形模型和获取有关的空间和属性数据，利用 GIS 的叠置操作和空间分析等功能，可以计算出若干个泄洪区域内的土地利用及面积，比较不同泄洪区内房屋和财产损失等，可以确定泄洪区内人员撤退、财产转移和救灾物资供应的最佳路线，保证以最快的速度有效应付突发事件的发生。

7. 辅助决策

GIS 利用拥有的数据库和互联网传输技术，已经实现了电子商贸的革命，满足企业决策多维性的需求。当前在全球协作的商业时代，90％以上的企业决策与地理数据有关，如企业的分布、客货源、市场的地域规律、原料、运输、跨国生产、跨国销售等。利用 GIS 迅速有效管理空间数据，进行空间可视化分析，确定商业中心位置和潜在市场的分布，寻找商业地域规律，研究商机时空变化的趋势，不断为企业创造新的商机。总之，GIS 和互联网已成为最佳的决策支持系统和威力强大的商战武器。

第五节　地理信息系统的发展

一、地理信息系统的发展过程

GIS 最早起源于 20 世纪 60 年代"要把纸质地图变成数字地图，便于计算机处理分析"这样的目的。1963 年，加拿大测量学家 R. F. Tomlinson 首先提出了 GIS 这一术语，并建成世界上第一个 GIS(加拿大地理信息系统 CGIS)，用于土地资源的管理和规划。那时的 GIS 注重于空间数据的地学处理。20 世纪 70 年代以后，随着计算机软硬件水平的提高，以及政府部门在自然资源管理、规划和环境保护等方面对空间信息进行分析、处理的需求，GIS 得到了巩固和发展。进入 20 世纪 80 年代，GIS 的应用领域迅速扩大，商业化的软件开始进入市场(Arc/Info、MGE、MapInfo 等)，其应用从基础信息管理与规划转向空间决策支持分析，地理信息产业的雏形开始形成。20 世纪 90 年代以后，伴随着计算机技术和网络技术的迅猛发展，GIS 的应用也日趋深化和广泛，在国土资源、农业、气象、环境、城市规划等领域成为常备的工作系统。尤其是 1998 年前美国副总统戈尔提出"数字地球"的概念以来，GIS 在全球得到了空前迅速的发展，广泛应用于各个领域，产生了巨大的经济和社会效益。

我国 GIS 的发展自 20 世纪 80 年代初开始，经历了准备(1980—1985 年)、发展(1985—1995 年)、产业化(1996 年以后)三个阶段。尤其是近年来，国内出现了不少优秀的国产 GIS 软件(如 GeoStar、CityStar、MapGIS、SuperMap 等)。GIS 已在许多部门和领域得到应用，并引起了政府部门的高度重视。一批高等院校已设立了一些与 GIS 有关的专业或学科，一批专门从事 GIS 产业活动的高新技术产业相继成立。些外，还成立了"中国 GIS 协会"等。强调地理信息系统的实用化、集成化和工程化，力图使地理信息系统从初步发展时期的研究实验、局部实用走向实用化和生产化，为国民经济重大问题提供分析和决策依据。努力实现基础数据库的建设，推进国产软件系统的实用化、遥感和地理信息系统技术一体化。

在理论上，地理信息系统是一个技术特征比较强的学科领域，也面临着整合各分支学科领域的内在共同的理论与方法，形成诸如地理信息科学(Geographic Information Science)或者地球空间信息科学(Geospatial Information Science)以及地理信息学(Geo-informatics)这样更能超脱传统学科领域的学科概念，目前在该领域也有较好的发展趋势。如美国国家地理信息与分析中心(NCGIA)、美国大学地理信息科学联盟(UCGIS)等实验室和组织多年来基于地理学或理论地理学的理论体系为基础，结合了认知科学、人工智能、语言学、几何学等多方面的研究成果，在推动地理信息系统基本理论发展方面取得了很大的成就。

在技术上，地理信息系统的发展主要受计算机技术和其他相关信息技术的影响。在信息的采集方面，利用智能化技术进行地图模式识别，国内外已有多个地图扫描图像自动识别软件；3S 集成技术更为地理信息系统的数据实时和动态采集提供了方便，同时这三种技术还可以取长补短，更好地进行空间信息的融合。在信息的管理、分析与查询方面，3D 和 4D 地理空间数据结构与数据模型、多源海量数据的关系式和集成式管理、空间分析方法、地理信息的智能化处理和空间查询语言都得到了长足发展；为了充分利用网络资源，网络地理信息系统软件在国内外已得到很好的发展，对网络上海量数据的管理和分布式计算以及快速发布进行了大量的研究；为了满足人们对地理空间多尺度形象思维的需要，地理信息的多尺度管理和综合的方法在国内外有大量的专家进行研究；地理信息的可视化产品是地理信息系统直接服务于社会的保障，为了提高产品的质量，可视化技术、虚拟现实技术等已成功应用于地理信息系统。GIS 一般采用图形和属性分开管理的数据模型管理数据，即实体的图形数据用拓扑文件存储管理，属性数据用关系数据库管理，二者通过唯一标识符进行连接。这种数据模型具有以下弱点：

(1) 不利于空间数据的整体管理，以保证数据的一致性；

(2) GIS 的开放性和互操作性受限制；

(3) 数据共享和并行处理无保证。

因此，人们开始寻求一种能统一管理图形数据和属性数据的数据模型。面向对象技术将现实世界的实体都抽象为对象，利用四种数据抽象技术（分类、概括、联合、聚集）可构建复杂的地理实体，利用继承和传播这两种数据抽象工具将所有实体对象构建成一个分层结构。面向对象的方法为描述复杂的空间信息提供了一条适合于人类思维模式的直观、结构清晰、组织有序的方法，面向对象数据模型成为较为理想的统一管理 GIS 空间数据的有效模型。因此，面向对象的技术在 GIS 中的应用，即面向对象的 GIS 已成为 GIS 的发展方向。

二、地理信息系统基础软件技术的发展

GIS 基础软件的体系结构经历了单机单用户全封闭结构的时代、多级多用户引入商用数据库管理属性数据的时代和引入 Internet 技术、向以数据为中心过渡、完成组件化技术改造的时代，目前正在进入新一代发展的交替阶段。

1. 集中式地理信息系统软件 集中式地理信息系统软件运行在一个计算机系统中，计算以一台主机为主，连接着若干个终端设备，所有的地理信息数据存储和计算都在主机上进行，终端设备只负责为用户发出计算请求和显示计算结果。在发展的早期阶段，由于受技术的限制，GIS 软件只能满足于某些功能要求的一些模块，没有形成完整的系统，各个模块之间不具备协同能力。而随着理论和技术的发展，各种 GIS 模块走向集成，逐步形成大型的 GIS 软件包，如 ESRI 早期的 Arc/Info。集成式 GIS 的优点在于能形成独立、完整的系统，缺点在于系统过于复杂、庞大，导致成本高，也难于与其他应用系统集成。早期 GIS 的另一个发展方式是模块化 GIS，其代表软件为 Intergraph 的 MGE。模块化 GIS 的基本思想是把 GIS 按照功能划分为一系列模块，运行于统一的基础环境之上（如 MicroStation）。这样，软件系统具有较大的工程针对性，便于开发和应用，用户可以根据需求选择模块。但无论是集成式还是模块化的 GIS，都很难与管理信息系统（MIS）以及专业应用模型一起集成高效、无缝的 GIS 应用。为解决集成式 GIS 和模块化 GIS 的缺点，业界提出了核心式 GIS（Core GIS）的概念。核心式 GIS 被设计为操作系统的基本扩展。Windows 操作系统上的核心式 GIS 提供了一系列动态链库（DLL），开发 GIS 应用系统时可以通过应用程序接口（API）访问

和调用内核所提供的 GIS 功能。核心式 GIS 为 GIS 与 MS 的集成提供了全新的解决思路。但是，由于其提供的组件过于底层，给应用开发带来一定的难度，一般用户难以掌握，故而没有形成成熟的商业软件。

2. 分布式与组件化地理信息系统软件　组件技术的出现和发展给 GIS 软件带来了全新的思路。基于标准组件技术实现的 GIS 软件的可配置性、可扩展性和开放性更强，使用更灵活，二次开发更方便。与组件式 GIS 几乎同时出现的 WebGIS 是 Internet 技术与 GIS 相结合的产物。GIS 通过 WWW 功能得以扩展，真正成为一种大众使用的工具。从 WWW 的任意一个节点，Internet 用户可以浏览 WebGIS 站点中的空间数据、制作专题图，以及进行空间检索和空间分析，从而使 GIS 进入千家万户。组件式和分布式 GIS 的出现使 GIS 开始融入 IT 主流。从当前国际 GIS 系统软件研究开发的进展来看，国外主流 GIS 平台已经完成了向组件化结构的转变，并结合 Internet 技术，实现了包括桌面、服务器、WebGIS、空间信息 Web Service 和多空间数据库在内的多种分布式应用体系结构。以 SuperMap、GeoStar 和 MapGIS 为代表的国产 GIS 基础平台也已完成了全组件化的体系结构转变，推出全系列适应各种 GIS 应用体系结构的产品，在应用开发和基础平台结构方面基本保持了跟踪国际主流基础，并积极融合 IT 技术的最新进展，呈现出良好的发展态势。分布式地理信息系统的应用类型从简单到复杂可以分为六种类型：原始数据下载、静态地图显示、元数据搜索、动态地图浏览器、基于 Web 的 GIS 查询和分析、能响应网络的 GIS 软件。建立分布式 GIS 的主要目的是提供分布式事务处理，不同系统、数据之间的透明操作，能进行跨平台应用和异构网互联，具有良好的人机交互及数据采集与互操作，以达到地理信息最大限度的共享。

3. 网格式地理信息系统软件　网格式地理信息系统是利用 Grid 技术将多台地理信息服务器建成一个网格环境，利用网格中间提供的基础设施，实现地理信息服务器的网格调度、负载平衡和快速地理信息服务。"网格式"地理信息系统已成为地理信息系统发展的新方向，但国际上目前尚未出现面向空间信息的网格计算支撑平台。我国地理信息系统体系结构在技术研究方面符合网格分布式计算的趋势，基本能达到国际同步水平，而在大型地理信息系统平台开发与应用上尚处于示范阶段，还有相当的发展空间。

三、当代地理信息系统的发展动态

地理信息系统的发展趋势主要体现在如下几个方面：

1. 理论基础的建设　地理信息科学的本质是从信息流的角度来揭示地球系统发生、发展及其演化的规律，从而实现资源、环境与社会的宏观调控。作为其理论核心的地理信息机理包括的：①地理信息的结构、性质、分类与表达；②地球圈层间信息传输机制、物理过程及其增益与衰减以及信息流的形成机理；③地球信息的空间认知和数据挖掘、知识发现、数据融合及其不确定性与可预见性；④地球信息模拟物质流、能量流和人流相互作用关系的时空转换特征；⑤地图语言与地图概括、多维动态可视化与智能化综合制图系统的理论、方法和应用研究；⑥从异质、异源 GIS 数据库中获取数据以作空间和决策分析的模型与方法；⑦地球信息获取与处理、应用基础理论等将是地理信息科学理论研究的主要方面。

2. 日趋与计算机信息技术融合　近年来随着计算机软、硬件技术和通信技术的高速发展，GIS 技术也得到了迅速的发展和更广泛应用，并日趋与主流 IT 技术融合，成为信息技术发展的一个新方向。GIS 发展的动力一方面来自于日益广泛的应用领域对 GIS 不断提高的要求；另一方面，计算机科学的飞速发展为 GIS 提供了先进的工具和手段。许多计算机领域的新技术，如面向对象技术、三维技术、图像处理和人工智能技术都可直接应用到 GIS 中；同时，由于空间技术的迅猛发展，特别是遥感技术的发展，提供了地球空间环境中不同时相的数据，使 GIS 的作用日渐突出，GIS 不断升级并能提供存储、处理和分析海量地理数据的环境。组件式 GIS 技术的发展，使之可以与其他计算机信息系统无缝集成、跨语言使用，并提供了无限扩展的数据可视化表达形式。

3. 动态、多源、多维化　传统的静态、二维数据表达向多比例尺、多尺度、动态多维和实时三维可视化方向发展。GIS 技术将逐渐摆脱先前的主要处理静态的、二维的、数字式的地图技术的约束，而从传统的静态地图、电子地图发展到能对空间信息进行可视化和动态分析、动态优化与模拟，支持动态的、可视化的、交互的环境来处理、分析、显示多维和多源地理空间数据。其中，可视化仿真技术，能使人们在三维图形世界中直接对具有形态的信息进行实时交互操作；虚拟现实技术以三维图形为主，结合网络、多媒体、立体视觉、新型传感技术，能创造一个让人身临其境的虚拟的数字地球或数字城市。先进的对地观测、互操作、海量数据存储和压缩、网络、分布式、面向对象、空间数据仓库、数据挖掘等技术的发展都为 GIS 的发展和创新创造了新的手段。GIS 处理的是在地球三维空间上连续分布的空间数据。然而，目前绝大多数的 GIS 采用二维或 2.5 维来表示现实三维现象，通常将三维分量 Z 值当做一个属性值，如 DEM 数据，这对于许多地学分析是非常不便的，甚至难以进行。例如，地质构造研究中的断层处，在一固定位置会有不同的高程值，因而不能用二维或 2.5 维表示，而真三维数据结构能真正表示这种地质结构。近年来，计算机技术特别是计算机图形学的发展，使得显示和描述三维实体的几何特征和属性特征成为可能，因此真三维数据结构的研究和真三维 GIS 的应用成为 GIS 发展的一个热点。主要研究方向包括：

（1）三维数据结构的研究，包括数据的有效存储、数据状态的表示和数据的可视化；

（2）三维数据的生成和管理，基于多库一体化的 3D 可视化技术；

（3）地理数据的三维显示，基于金字塔的多比例尺空间数据库，在不同尺度上实时显示空间数据，包括三维数据的空间操作和分析，表面处理，栅格图像、全息图像显示，层次处理等。

地理信息除具有空间特性外，还具有明显的时序特征，即动态变化特征。在许多应用领域中，如环境监测、地震救援、天气预报等，空间对象是随时间变化的，描述和研究空间对象的时序特征在问题求解过程中起着十分重要的作用。由于受器件的限制和一些技术原因，传统的地理信息系统只考虑地物的空间特性，忽略了其时间特性。近几年提出的空间实时数据模型也仅能处理空间二维和时间一维，不能完全表示和分析不断变化的三维世界，因而需要开发时空四维 GIS。实现时空复合操作，将空间分析问题进一步拓展为时空分析范畴已成为新一代 GIS 的重要研究课题。时空 GIS 主要研究时空模型及时空数据的表示、存储、操作、查询和时空分析。目前较常用的做法是在现有数据模型基础上扩充，如在关系模型的元组中加入时间，在对象模型中引入时间属性。在这种扩充的基础上如何解决从表示到分析的一系列问题仍有待进一步的研究。另外，人们也在研究一种存储和表示四维目标的四维数据模型。

4. 地理信息系统技术的发展趋势　随着计算机硬件性能的提高以及面向对象、网络和数据挖掘等主流 IT 技术的发展，GIS 要实现从二维或三维处理向多维处理的转变，实现从以系统为中心向以数据为中心的转变，实现从面向地图的处理向面向空间实体及其时空关系处理的转变，实现从单纯的管理型向分析决策型转变。地理信息系统技术的发展趋势表现在：

> 支持"数字地球"或"数字城市"概念的实现，从二维向三维、多维发展，从静态数据处理向动态发展，具有三维和时序处理能力，实现空间数据的增量存储和快速更新能力，实现快速广域三维空间的计算和显示，实现混合式三维空间数据模型，实现时空数据处理与分析机制。

> 传统的静态、二维数据表达向多比例尺、多尺度、动态多维和实时三维可视化方向发展，从主要对二维或 2.5 维静态数据的支持向多维动态数据的支持，即时空数据模型，具有虚拟现实表达及自适应可视化能力，针对不同的用户出现不同的用户界面及地图和虚拟现实效果。

> 基于网络的分布式数据管理及计算、WebGIS 和 B/S 体系结构，实现多用户同步空间数据操作与处理机制，实现数据、服务代理和多级 B/S 体系结构，实现不同 GIS 系统之间的互联与互操作，实现空间数据分布式存储与数据安全，实现空间数据高效压缩与解压缩。用户可以实现远程空间数据调用、检索、查询、分析，具有联机事务管理(OLTP)和联机分析(OLAP)管理能力。

> 面向空间实体及其相互关系的数据组织和融合，目前计算机运算速度能满足海量空间数据的运算，因此要改变以图层为基础的组织方式，实现直接面向空间实体的数据组织，实现不同尺度空间数据之间的互动，多尺度比例尺数据无缝融合、互动，实现矢量数据、影像数据的互动，实现多维属性与嵌套表组织，实现多源空间数据的装载与融合，支持数据仓库机制和具有强大的索引机制。

> 具有统一的海量数据存储、查询、处理和空间分析处理能力，实现从面向过程的分析和处理手段向面向问题的分析和处理手段的发展；实现以空间数据为基础的数据挖掘；实现联机分析处理(OLAP)与联机事务处理(OLTP)；实现扩充的、支持空间的关系概念与关系运算。基于空间数据的数据挖掘和强大的空间分析模型支持能力。空间数据处理、空间分析和复杂系统模拟等问题规模不断增大，传统的地理计算范式已经不能满足问题求解的性能要求，同时还需要探索提出面向时空大数据分析处理的新型地理计算范式。因此，需要结合高性能计算、分布式计算、内存计算和云计算的技术进展，发展新一代高性能地学计算范式，研发以服务为导向的、运算高效的地理计算支撑。

> 具有与其他计算机信息系统的整体集成能力，如与 MIS、ERP、OA 等各种企业信息化系统的无缝集成，微型、嵌入式 GIS 与各种掌上终端设备集成，如 PDA、手机、GPS 接收设备等。

> 传统的 GIS 系统转向以 GIS 应用为前台、以具有空间数据存储功能的大型关系数据库为后台的数据管理模式。

5. GIS 应用模型　GIS 强大的生命力在于与各种实际应用的结合。然而，通用 GIS 的数据管理、查询和空间分析功能对于大多数的应用问题是远远不够的，因为这些领域都有自己独特的专用模型。根据某种应用目标或任务要求，从相应专业或学科出发，对客观世界进行深入分析研究，并借助 GIS 技术的支持，建立 GIS 应用模型，是 GIS 解决实际问题的能力及产生社会经济效益的关键所在，因此日益受到重视。

为用户提供建立专业应用模型的二次开发工具和环境是目前大多数 GIS 软件解决 GIS 建模问题的一般方法，如 Arc/Info 提供的二次开发的宏语言 AML。这种方法的一个主要问题是它对于普通用户而言过于困难。最好的方式是 GIS 本身能支持建立专业应用模型，这种 GIS 又称为地理信息建模系统(Geographic Information Modelling System，简称 GIMS)，它能支持面向用户的空间分析模型的定义、生成和检验的环境，支持与用户交互式的基于 GIS 的分析、建模和决策，GIMS 是目前 GIS 研究的热点问题之一。

实现通用 GIS 空间分析功能与各种领域专用模型的结合主要有三种途径：

（1）松散耦合式，也称为外部空间模型法。这种方法基本上将 GIS 当做一个空间数据库看待，在 GIS 环境外部借助其他软件或计算机高级语言建立专用模型，其与 GIS 之间采用数据通讯的方式联系。

（2）嵌入式，也称为内部空间模型法，即在 GIS 中借助 GIS 的通用功能来实现应用领域的专用分析模型。

（3）混合型空间模型法，是前两种方法的结合，即尽可能利用 GIS 提供的功能，最大限度地减少用户自行开发的工作量和难度，又保持外部空间模型法的灵活性。

目前的 GIS 对用户定义自己的专用模型的支持程度都是不够的，离支持实现数据集定义、模型定义、模型生成和模型检验的全过程仍有相当大的距离。

6. Internet 与 GIS 的结合　近年来，Internet 技术的迅速发展与普及应用为 GIS 发展提供了新的机遇，它改变了地理信息的获取、传输、发布、共享、应用和可视化等过程和方式，Internet 已成为 GIS 新的操作平台。Internet 与 GIS 的结合即 Internet GIS(WebGIS)，利用 Internet 在 Web 上发布和出版空间数据，为用户提供空间数据浏览、查询、制作专题图和分析的功能，已经成为 GIS 发展的必然趋势。

（1）Internet 与 GIS 结合应用形式。

A. WebGIS 是 Web 技术和 GIS 技术相结合的产物，是利用 Web 技术来扩展和完善地理信息系统的一项新技术，是以网络为中心的地理信息系统。它使用互联网环境，为各种地理信息系统应用提供 GIS 功能(如分析工具、制图功能)和空间数据及其数据获取能力。

B. 空间查询检索。利用浏览器提供的交互能力，进行图形及属性数据库的查询检索。

C. 空间模型服务。在服务器端提供各种空间模型的实现方法，接受用户通过浏览器输入的模型参数后，将计算结果返回。

D. Web 资源的组织。在 Web 上存在着大量的信息，这些信息多数具有空间分布特征，如分销商数据往往有其所在位置属性，利用地图对这些信息进行组织和管理，并为用户提供基于空间的检索服务，无疑也可以通过 WebGIS 实现。

E. 运用 Web Service 网络架构模式，技术上实现服务器与服务器之间的交互或更一般的机器与机器间的交互，这样在网络上服务连接服务，构成全球的服务网络，请求者不需要知道所需的服务来自何处。

（2）Internet GIS 的分类。Internet GIS 的信息处理模式由传统的集中式转向客户服务器模式，客户机处理 GIS 应用软件，服务器负责存储和管理 GIS 空间数据库，并响应客户机对 GIS 应用功能的服务请求。由于 Internet GIS 分布式管理与互操作的要求，Internet GIS 又有以下分类：

A. 组件式 GIS，即将已有的巨型 GIS 分解为若干可互操作的自我管理、相互独立的组件，包括数据管理组件、空间查询组件、数据获取组件、专题制图组件和显示组件等。它们建立在分布式的对象结构基础之上，应用了最新的分布式技术如 OMG 的 CORBA，Microsoft 的 OLE/COM 以及 SUN 的 Java 技术。这些组件具有与平台和操作系统无关性，GIS 应用的开发者可以利用这些组件快速地组装 GIS 应用软件。组件式 GIS 有效地减少了网络传输的负担，实现了获取和管理多数据源数据，提供了分析地图特征和查询、空间分析、专题制图等功能，并方便用户二次开发。

ComGIS 是指基于组件对象平台，以一组具有某种标准通信接口的、允许跨语言应用的组件式的 GIS。这种组件称为 GIS 组件。GIS 组件之间以及 GIS 组件与其他组件之间可以通过标准的通信接口实现交互，这种交互甚至可以跨计算机实现。

➢ ComGIS 的基本思想是把 GIS 的各大功能模块划分为几个控件，每个控件完成不同的功能。各个 GIS 控件之间以及 GIS 控件与其他非 GIS 控件之间，可以方便地通过可视化的软件开发工具集成起来，形成最终的 GIS 应用。控件如同一堆各式各样的积木，它们分别实现不同的功能（包括 GIS 和非 GIS 功能），根据需要把实现各种功能的"积木"搭建起来，就构成应用系统。

➢ ComGIS 不需要专门的二次开发语言，只是按照一定的标准（如 ActiveX）开发接口，提供一套实现 GIS 基本功能函数的构件。

➢ ComGIS 不依赖某种开发语言，可以嵌入通用的开发环境中实现 GIS 功能（对功能扩展非常有效）。

➢ 组件式技术已成为行业标准，即组件的标准化，用户可以像使用其他 ActiveX 控件一样使用 ComGIS。

➢ ComGIS 本身可以分解为若干个完成不同功能的组件，用户可根据需要选择和购置组件，降低 GIS 软件开发的成本。

B. Open GIS，即开放式地理信息系统，是为了使不同的 GIS 软件之间具有良好的互操作性，以及在异构数据库中实现信息共享的途径。由于 Internet GIS 用于发布分布式地理信息和处理与分析工具，使得 Internet GIS 必须使用已有的多种数据源和各种地理信息分析处理功能，即 Internet GIS 面临地理信息的互操作性问题，因此，从数据的观点看，Open GIS 是未来 Internet GIS 技术发展的必然趋势。由用户和开发商组成的联盟——开放地理信息联合会（Open GIS Consortium，OGC）已经成立，并研究制定了开放地理数据交互操作规程（Open Geodata Interoperability Specification，OGIS）。OGIS 规范为开放系统地学处理奠定了基础，使得 GIS、遥感以及其他地学处理学科从专有的不兼容的数据格式和特定处理功能走向统一的网络数据空间和软件组件。然而，OGIS 只是对 Open GIS 定义了抽象的互操作规程，具体如何实现将是 21 世纪 GIS 发展的任务。OGIS 指在计算机网络环境下，根据行业标准和接口所建立的 GIS。在 OpenGIS 中，不同厂商的 GIS 软件及异构分布数据库之间可以通过接口互相交换数据，并把它们结合在一个集成式的操作环境中，从而实现不同空间数据之间、数据处理功能之间的相互操作及不同系统和部门之间的数据共享。它涉及面向对象技术，分布计算技术，开放式数据库互联技术，分布式对象体系结构，OGIS 空间数据模型，时、空数据模型，基于同一语言的应用/服务，OGIS 服务模型，开放的开发环境，一致的、可重用的代码等。与普通 GIS 所具有的中央数据库、模块化软件设计、基于"主机"的结构、私有数据格式、输入/输出工具和面向生产、制图和查询应用等特征不同，OGIS 具有分布式数据库、标准化的组件软件对象和服务、client/server 能力、共享数据模型、互操作和交互的、多功能的、决策支持等特征。

7. GIS 与专家系统、神经网络的结合　目前 GIS 的大部分应用都处于输出信息为客户提供辅助决策支持的阶段，缺乏知识处理、主动学习和推理的能力，而客户需要的却不仅仅是数据和信息，还有针对某种问题的知识或智能解决方案。客户希望在与 GIS 的交互过程中，GIS 能通过知识学习和积累逐步了解客户的习惯、需求等，不断实现优化以便提供个性化的服务。因此，基于知识的 GIS 智能化研究是今后一个很重要的方向。专家系统研究的是利用计算机模拟人类专家的推理思维过程，系统根据知识库中的知识，对输入的原始事实进行复杂推理，并作出判断和决策，从而起到人类专家的作用。GIS 经过近 50 年的发展已逐渐趋于成熟，但它的应用还主要停留在空间数据库的建立与管理、空间实体查询、空间叠置分析、缓冲区分析以及成果输出上，由于缺乏知识处理和进行启发式推理的能力，其决策支持功能仍很弱，还无法解决多层次、多因素、非线性变化的复杂地学问题，解决这类问题是一项具有一定创造性的过程，需要大量的人为经验和专家知识。因此，将 GIS 和专家系统相结合，发展智能 GIS 或专家 GIS，是解决复杂地学问题的重要途径。目前，这方面的研究受到广泛的重视并取得一些令人鼓舞的成果。

8. GIS 与虚拟现实技术的结合　虚拟现实（Virtual Reality）是一种最有效地模拟人在自然环境中视、听、动等行为的高级人机交互技术，是当代信息技术高速发展和集成的产物。从本质上说，虚拟现实就是一种先进的计算机用户接口，通过计算机建立一种仿真数字环境，将数据转换成图像、声音和触摸感受，利用多种传感设备使用户投入到该环境中，用户可以如同在真实世界那样"处理"计算机系统所产生的虚拟物体。将虚拟现实技术引入 GIS 将使 GIS 更具吸引力，采用虚拟现实中的可视化技术，在三维空间中模拟和重建逼真的、可操作的地理三维实体，GIS 用户在客观世界的虚拟环境中将能更有效地管理、分析空间实体数据。因此，开发虚拟 GIS 已成为 GIS 发展的一大趋势。随着虚拟技术的发展和虚拟现实硬件价格的降低，使得开发成本低廉的虚拟现实软件包成为可能，如用户可通过 Virtual GIS 软件在三维环境中观察和分析 GIS 数据。Koller D. 等开发的一个实时三维 GIS 可使用户在编辑、分析复杂的地形数据库时产生一种临境感。

9. GIS 网络应用与服务模式方面　云计算正在成为下一代计算平台，它能够推动管理体系变革，控制资源消耗，降低事业成本，因此各国政府都大力推动其发展。为顺应"云计算""物联网""智慧地球"等新兴技术潮流，满足政府部门、企业单位、社会公众对 GIS 应用在专业化方向深入、社会化方向拓展的需要，在云计算技术的支持下，用户可以实现按需使用 GIS。用户不需要知道数据、软件来自何处，可随时、随地获得计算能力（资源、信息、服务、知识），用户可以把各种资源如地理数据、应用软件、硬件设备都放在云计算平台的统一管理中，进一步强化地理分析、处理能力。同时，云计算服务可靠、安全，每个地理信息应用部署都与物理平台无关，通过虚拟平台进行管理，以及对地理信息应用进行扩展、迁移和备份等各种操作。

10. 大数据与智慧城市　智慧城市建设是一个系统工程，智慧城市的实现需要建设更加完善的信息基础设施和包括智慧城市运营为主的技术支撑，才能保证各种智慧城市的应用能够用得好、用得起。智慧城市通过无所不在的物联网将现实城市与数字城市连在一起。全球通过对地观测网和社交网络每日产生海量数据，描述自然要素特征、格局、相互作用、相互关系和过程演变，社会经济要素特征的时空数据以及人的行为和集聚特征数据以及人们每分每秒以极速在网络上交换思想、数据和信息，形成的大数据，这些数据具有 5V 特征，即：Volume（大量）、Velocity（更新快）、Variety（多样）、Value（价值）、Veracity（真实性），它们为智慧城市提供数据基础。智慧城市建设中将产生的大数据问题既是下一代的科学前沿问题，也是推进智慧城市发展的源动力，它必将带来新的机遇和挑战，需要有针对性地加快有关大数据的技术创新和重点攻关研究，才能推动和加速智慧服务产业的发展，以更好、更多的智慧应用服务大众的同时，让城市更加科学、高效、低碳和安全地运行。

11. 地理信息标准化　地理信息标准和规范对于地理空间数据的生产、管理、分发与应用服务极为重要，是推动地理信息产业化应用的关键。相关的标准与规范可分为四个层次：①数据集标准，包括空间数据元数据标准、空间数据内容标准、空间数据语义标准、空间数据编码标准、空间数据转换标准、空间数据可视化符号标准；②地理数据分发服务标准，它是关于数据集（即针对文件级的空间数据）共享与分发服务的标准；③空间数据互操作规范，它是关于异构空间数据库中空间对象的实时共享与互操作的规范；④地理空间信息服务（元服务）的标准，它是空间信息在描述、发现、链接、绑定和执行服务方面的互操作基础，允许空间信息服务系统对用户提供透明的在线访问、个性化的数据、信息和知识服务，是当前 OGC（开放地理信息系统联盟）和 ISO/TC211（ISO 下设的地理信息/地球信息业标准化技术委员会）的重要发展方向。

当前，GIS 发展的动态除以上几点外，实现有效的地理信息系统（GIS）、遥感（RS）、全球定位系统（GPS）、大数据挖掘、云计算等的集成，提升 GIS 的应用和决策模型的支持能力，实现 GIS 与 OA 的有机集成，实现 GIS 与 MISP 的有机集成，实现有实时能力的嵌入式 GIS 与各类设备的集成等都是 GIS 研究和发展的热点。GIS 的这些发展并不是孤立的，而是相互影响、相互促进的，其目的都是为了让 GIS 能更好地为人类管理和保护赖以生存的地球服务。

复习思考题

1. 什么是数据？什么是信息？两者的联系与区别是什么？
2. 地理信息的特征有哪些？
3. 什么是地理信息系统？具有哪些特征？
4. 地理信息系统通常包含哪些功能？
5. 地理信息系统的基本组成涉及哪些方面？

第二章
地理信息系统的地理基础

GIS 中地理目标的定位、定向，距离、面积、体积的量算与分析等都离不开空间参照系；地理空间数据来源广泛、类型与格式多样、分辨率和尺度各异，必须统一到相同的投影坐标系和空间尺度下，才能有效地进行空间分析，获得可信的研究结果。GIS 的地理基础是地理空间数据表示格式与规范的重要组成部分；它主要包括统一的地图投影系统、地理网格坐标系统、地理编码系统及坐标转换和空间尺度；它为空间信息的输入、输出、存储、管理、处理、变换、查询、检索、统计、计算与空间分析等提供了一个统一的定位框架与数据标准。掌握本章内容是各个行业和领域的用户正确使用 GIS 解决实际问题的基础。

第一节 地球空间参考系统

一、地球形状、大小及其表面几何模型

地球是人类赖以生存的家园，探讨地球形状和大小的问题自古以来就是最复杂的科学问题之一。早在公元前 530 年，希腊哲学家毕达哥拉斯就提出了地球应该是一个球形的学说，200 年后的亚里士多德和东汉时期我国的科学家张衡，均分别在不同的时间不同的国度独立地根据月食时地球投射在月球上的阴影是圆的证实了地圆说。17 世纪末，著名科学家牛顿根据地球的自转现象，推论地球应该是一个两极扁平的椭球体。现代卫星大地测量和摄影技术揭示出地球确实是一个赤道略鼓、两极扁平的近似梨形的椭球体(图 2-1)。为了定量地表达地球的形状和大小，迄今为止，主要提出了以下几类关于地球表面的几何模型：

图 2-1　地球的形状

1. 地球自然表面(最自然的面)**和地球体**(地球的形状)　地壳运动和各种外力的作用使地球表面成为一个起伏不平、很不规则的表面，既有高山、丘陵、平原，又有峡谷、江河、湖泊和海洋；地球表面海洋面积占 71%，陆地面积占 29%；从最高的世界屋脊——海拔 8 844.43m(岩面)的珠穆朗玛峰，到最深的海平面以下11 034m 的马里亚纳海沟，高差起伏近 20 000m。这种自然形成的地表形状称为地球自然表面(也称地球表面、地形面、地面)，很难用简单的数学模型来定义和表达。由地球自然表面所包围的形体叫地球体。

2. 大地水准面(相对抽象的面)**和大地体**　地球表面的 71% 被处于流体状态的海水所覆

盖，因此可假定海洋的水体只受重力作用，无潮汐、风浪影响，处于完全静止和平衡的状态，将该海洋的表面延伸到大陆的下面并处处保持着与地球重力方向正交这一特征的整个连续封闭曲面是一个水准面，这一特定的水准面称为大地水准面；它是一个物理参考面，是地球的一个重力等位面。大地水准面包围的形体称作大地体。由于地球内部质量分布不均匀，地壳有高低起伏，所以重力方向有局部变化，致使处处与重力方向垂直的大地水准面成为一个很不规则，仍然不能用数学表达的曲面，不能作为大地测量计算的基准面。因目前尚不能唯一地确定大地水准面，所以各个国家和地区往往选择一个平均海水面代替它。

　　大地水准面形状不规则，但远比地球自然表面平滑，是对地球表面实际形状的一种很好的近似。以大地水准面为基准，就可方便地利用水准仪完成地球自然表面上任一点的高程测量，就等于掌握了地球自然表面的实际形状；在大地测量中要研究的地球形状和大小就是指研究大地体的形状和大小。大地水准面同平均地球椭球面或参考椭球面之间的距离（沿着椭球面的法线）都称为大地水准面差距。前者是绝对的，也是唯一的；后者则是相对的，随所采用的参考椭球面不同而异。

　　3. 地球椭球面和地球椭球体　为了大地测量计算工作的需要，应选择一个能用数学方法简单表示的，在几何形状、大小和物理性质上都与大地体相接近的形体来代替不规则的大地体。经过长期的测量实践和理论研究，人们认识到大地水准面形状十分接近于一个旋转椭球面，该旋转椭球面是一个椭圆绕其短轴旋转而形成的封闭曲面；采用两极稍扁的旋转椭球面代替大地水准面，作为测量计算的基准面是比较理想的。

　　大地水准面与扁率很小的椭球面非常接近，椭球面的数学公式可用于描绘地球的近似形状；能描述地球大小和形状的近似的数学封闭曲面就称为地球椭球面。由地球椭球面围成的用来代替大地体的椭球体称为地球椭球体（或地球椭球）。一个椭球参数能使它在全球范围内与大地体外形符合最好的地球椭球叫总地球椭球或平均地球椭球；总地球椭球只有一个，而参考椭球可以有许多个。

　　地球自然表面、大地水准面、地球椭球面三者之间的关系如图 2-2 所示。

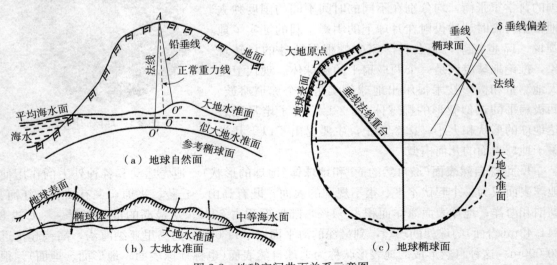

图 2-2　地球空间曲面关系示意图

　　总地球椭球应满足下列三个条件：

（1）它的总质量等于地球的总质量，其中心与地球的重心相合，其赤道平面与地球赤道平面相合；

（2）它的旋转角速度与地球的旋转角速度相等；

（3）它的体积与大地体的体积相等，它的表面与大地水准面之间差距的平方和最小。

地球椭球面是一个理想的测量计算的基准面。在过去由于当时测量手段和测量区域的局限性，用常规测量的方法难以求出地球椭球。直到 20 世纪 60 年代，随着卫星大地测量的发展，这个难题才得到解决，并且随着卫星测量技术的不断发展，推求的地球椭球的形状和大小已越来越精确。

地球椭球的确定涉及非常复杂的大地测量学内容，是一个专业性很强的技术，世界上大多数国家都设有专门的研究机构，研究适合本国区域的地球椭球及其参数。不同的限制条件，不同的研究方法，得到的地球椭球不尽相同。国际大地测量协会也设有专门委员会负责全球区域地球椭球参数的确定和协调工作。

4. 参考椭球面和参考椭球体（模型）　地球椭球并不是一个任意的旋转椭球体，通过地球椭球面来模拟地球表面，需要确定地球椭球体的形状（长短轴之间的比值）、大小（长短轴各自的长度）、原点等相关参数，形状、大小、定位、定向都确定的，同某一地区大地水准面最佳拟合的地球椭球体被称作参考椭球体。参考椭球体的表面即参考椭球面。历史上，在总地球椭球未知的情况下，世界各国或地区为了各自的大地测量工作的需要，采用了参考椭球体，用参考椭球面作为测量计算的基准面。参考椭球体是只与某一个国家或某一地区的大地水准面符合较好的地球椭球体。在本书中一般指的地球椭球就是参考椭球。

目前在测量和制图中普遍采用的代替大地体的参考椭球体多是假定赤道为圆形的绕地球自转轴（短轴）旋转的（双轴）旋转椭球体。它是地球表面几何模型中最简单的一类模型。赤道为椭圆的三轴地球椭球体模型，虽在数学上可行，又十分接近大地水准面，但用于实际研究则显得复杂，较少使用。

地球椭球体的形状和大小，通常是用椭球的长半轴 a、短半轴 b 和椭球的扁率 α 来表示。目前国际上使用的地球椭球种类繁多，现将世界各国常用的地球椭球体模型及其几何参数列于表 2-1。

表 2-1　常用的地球椭球体模型及其几何参数

椭球体名称	创立年份	长半轴 a(m)	短半轴 b(m)	扁率 α
埃维尔斯特（Everest）	1830	6 377 276	6 356 075	1∶300.8
白塞尔（德，Bessel）	1841	6 377 397	6 356 079	1∶299.15
克拉克（英，Clarke）	1866	6 378 206	6 356 584	1∶295.0
克拉克（英，Clarke）	1880	6 378 249	6 356 515	1∶293.5
海福特（美，Hayford）	1910	6 378 388	6 356 912	1∶297
克拉索夫斯基（苏）	1940	6 378 245	6 356 863	1∶298.3
I. U. G. G（国际椭球）	1967	6 378 160	6 356 775	1∶298.25
GRS（1975，国际椭球，西安 80 用）	1975	6 378 140	6 356 755	1∶298.257
GRS（1980，国际椭球）	1979	6 378 137	6 356 752	1∶298.257

5. 椭球的定位和定向

（1）椭球的定位。椭球定位是指确定椭球中心的位置，可分为两类：局部定位和地心定位。局部定位要求在一定范围内椭球面与大地水准面有最佳的符合，而对椭球的中心位置无特殊要求；地心定位要求在全球范围内椭球面与大地水准面有最佳的符合，同时要求椭球中心与地球质心一致或最为接近(图 2-3)。

在实际工作中，为了处理测绘成果，有了参考椭球，在实际建立地理空间坐标系统的时候，还需要指定一个大地基准面将这个椭球体与大地体联系起来，即把参考椭球面与大地水准面的关系确定下来，这在大地测量学中称之为椭球定位。可见，参考椭球定位，就是依据一定的条件，将具有给定参数的椭球与大地体的相关位置确定下来。这里所指的一定条件可以理解为两个方面：一是依据什么要求使大地水准面与椭球面符合；二是对轴向的规定。参考椭球的短轴与地球旋转轴平行是参考椭球定位的最基本要求。

（2）椭球的定向。椭球定向是指确定椭球旋转轴的方向，不论是局部定位还是地心定位，都应满足"椭球短轴平行于地球自转轴；大地起始子午面平行于天文起始子午面"这两个人为规定的平行条件，其目的在于简化大地坐标、大地方位角同天文坐标、天文方位角之间的换算(图 2-3)。

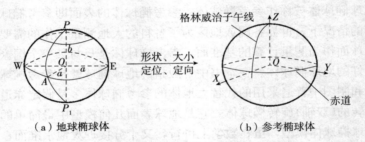

（a）地球椭球体　　　　　　（b）参考椭球体

图 2-3　椭球的定位和定向

资料来源：张新长，等，2017. 地理信息系统概论. 北京：高等教育出版社

注：a 为椭球体的长半轴；b 为椭球体的短半轴

大地基准面(Geodetic Datum)设计用最为密合部分或全部大地水准面的数学模式，是利用特定椭球体对特定地区地球表面的逼近。它由椭球体本身及椭球体和地表上一点视为原点间的关系来定义。此关系能以 6 个量定义，通常(但非必然)是原点的大地纬度、大地经度、原点高度、原点垂线偏差之两分量及原点至某点的大地方位角。大地基准面是一个经过与地球定位、定向之后的椭球面，是大地高的起算面，而高程基准面是一个重力等位面(如大地水准面)，在我国高程基准面是以似大地水准面为起算面，所确定的高程为正常高，而大地基准面是大地高的起算面，大地高与正常高之差即为高程异常。同一个椭球面，不同的地区由于关心的位置不同，需要最大限度地贴合自己的那一部分，因而大地基准面就会不同。

在参考椭球面初步定位时，两面之间有一个公切点，称作大地原点、当参考椭球面的位置确定后，就可以作为计算的基准面，以基准面为基础便可建立国家坐标系，大地原点的坐标值就是国家坐标的起算值。强调局部地区大地水准面与椭球面符合较好的定位，通常称为参考定位，如我国 1980 西安坐标系；强调全球大地水准面与椭球面符合较好的定位，通常称为绝对定位，如 WGS-84 坐标系。椭球定位是一个复杂的专业工作，定位的好坏直接影响到后续测绘成果的质量。这也就是为什么一个国家或者国际大地测量组织，随着空间技术的发展以及观测资料的积累，每经过一段时期，会推出新的参考椭球参数，修正正在使用的地理空间坐标的具体定义。

二、空间坐标系

（一）空间坐标系的分类

确定一点对于另一点的位置，必须利用方向和距离的概念。方向和距离只能根据某种坐标系统加以规定，而点、线、面、体等空间实体的每种坐标也都必然从属于某个坐标系统。空间坐标系是确定地面点和空间目标位置所用的参考系，是为各种目的人为设计的。由于天文气象观测、卫星运行轨道计算及其对地观察以及其他国民经济各项事业蓬勃发展的实际需要，伴随现代科学技术，特别是现代空间技术、计算机技术和电子技术的迅猛发展取得的巨大成就，经典大地测量学和现代空间大地测量学的测量手段与方法不断进步，产生了数量众多的坐标系。这些坐标系因使用的目的不同，要求的精度不同，所采取的测量手段和计算方法各异，它们所使用的地球椭球参数及有关的几何物理常数和坐标原点也有一定的差异。

为数众多的坐标系可依据地球的自转、公转及月亮和各种人造卫星围绕地球沿轨道转动三种周期运动的差异将它们分为天球坐标系（基本上不顾及地球的公转，但以和地球一起自转为主。常见的有：天球赤道坐标系、天球地平坐标系、天文坐标系）、地球坐标系（固定在地球上并和地球一起自转和公转）和轨道坐标系（不考虑地球的自转因素，但和地球一起公转）。坐标的表现形式有曲线坐标、球面极坐标和笛卡尔直角坐标等。GIS 中常用的是地球坐标系，它是大地坐标系中最重要的坐标系统，也是一切其他测量坐标系统的基础。由于坐标原点选取的不同，地球坐标系又可分为参心坐标系、地心坐标系和站心（测站中心）坐标系三种。

参心坐标系是以参考椭球的中心为坐标原点的坐标系，它可细分为参心大地坐标系和参心空间大地直角坐标系两种。由于参考椭球的中心一般和地球质心不一致，故参心坐标系又称局部坐标系或相对坐标系。地面一点的参心大地坐标用大地经度 L、大地纬度 B 和大地高 H 表示。这种坐标系是经典大地测量的一种通用坐标系。由于所采用的地球椭球不同，或地球椭球虽相同，但椭球的定位和定向不同，而有不同的参心大地坐标系。自新中国成立以来，我国先后建立了 1954 北京坐标系、1980 年西安坐标系和新 1954 年北京坐标系三种参心大地坐标系。全世界目前有上百种参心大地坐标系。

目前，世界上虽然有不少国家建立了地心坐标系，但仍采用各自的参心大地坐标系作为测制各种比例地形图的控制。参心空间大地直角坐标系一般用大写字母（X，Y，Z）表示点的坐标，与参考椭球的元素无关，作为一种过渡换算的坐标系。地面点的参心空间大地直角坐标可由该点的参心大地坐标按一定的数学公式换算得到，也可用现代空间大地测量手段，通过伪距法、多普勒法、载波相位法或干涉测量法等，直接或间接地测定点的地心空间大地平直角坐标，通过换算可求得该点的参心空间大地直角坐标，再反算出其参心大地坐标。

地心坐标系以地球的质心为坐标原点，在形式上已分为地心空间大地直角坐标系和地心大地坐标系等。地心空间大地直角坐标系又可分为地心空间大地平直角坐标系和地心空间大地瞬时直角坐标系。地心空间大地平直角坐标系是卫星大地测量中的一个常用的基本坐标系，其点的坐标常用（X_D，Y_D，Z_D）表示，可以利用卫星大地测量轨道法等手段直接获得，不涉及椭球的大小及定位；地心大地坐标系中，点的坐标用（L_D，B_D，h_D）表示，它与选择的椭球大小和定位有关。椭球的大小应和整个地球的大地水准面最为密合，椭球的定位和定向应满足一定的要求。

WGS-84 世界大地坐标系是最为常见的地心坐标系，它是美国国防部研究制定的协议地球参考系 CTS。GPS 定位所得的结果都属于 WGS-84 地心坐标系。地心坐标系以前在我国的 GIS 中应用不多，需要时可用地心一号《DX-1》坐标转换参数将 1954 年北京坐标系的参心坐标转换成地心坐标系，并定名为 1978 年地心坐标系；用地心二号《DX-2》坐标转换参数将国家 1980 年大地坐标系及新 1954 年北京坐标系的参心坐标换算成地心坐标系，定名为 1988 年地心坐标系。

站心坐标系是原点在测站中心的空间直角坐标系的统称。

上述各类坐标系都可通过一定的方法互相转换，详见大地测量学的有关文献。

（二）GIS 中常用的空间坐标系

GIS 中地面点或空间目标的位置需由三维数据来决定，即由确定平面（或球面）位置的坐标系和确定空间高度的高程系来定位。虽然 GIS 有时被称为地理学的第三代语言，但目前作为地理学第二代语言的地图仍然是 GIS 的主要数据源与输出形式。GIS 的空间坐标系同样也源于地图。

GIS 中常用的坐标系是与地图测绘密切相关的地球坐标系，地球坐标系亦称地理坐标系或地理空间坐标系，它提供了确定空间位置的参照基准，通常分为球面坐标系（即大地坐标系）、平面坐标系（即投影坐标系或直角坐标系）两类。

地理空间坐标系的建立必然依托于一定的地球表面几何模型。如果是平面坐标系统，还必须指定地面点位的地理坐标 (B, L) 与地图上相对应的平面直角坐标 (X, Y) 之间一一对应的函数关系。换句话说，每一个地理空间坐标系统都有一组与之对应的基本参数。对于球面坐标系统，主要包括一个地球椭球和一个大地基准面。大地基准面规定了地球椭球与大地体的位置关系。平面坐标系统是按照球面坐标与平面坐标之间的映射关系，把球面坐标转绘到平面。因此，一个平面坐标系统，除了包含与之对应的球面坐标系统的基本参数外，还必须指定一个投影规则，即球面坐标与平面坐标之间的映射关系。

1. 地理坐标系　地理坐标系是较古老的坐标系，是由公元前古希腊哲学家和地理学家首先用于实践的。这种系统被用于一切基本定位和计算，如航海和基本测量，是一种基本系统。它把地球视作椭球体，子午圈（经线）与平行圈（纬线）在椭球面上是两组正交的曲线（图 2-4），在椭球上所构成的坐标称为地理坐标系，亦称大地坐标系。它是全球统一的坐标系，用经度和纬度表示地面各点的位置。地理坐标有时也称为球面坐标。

图 2-4　地球的经线和纬线

地心指地球椭球体的中心；地轴是地球椭球体自转的旋转轴；赤道面是通过地心并垂直于地轴的平面，它与椭球面的交线称为赤道；通过地轴的任何平面称为子午面，它与椭球面的交线称为子午圈或经线，国际上规定通过英国伦敦格林尼治天文台原址的经线为 0°经线，其所在平面为起始子午面。起始子午面以东为东经，以西为西经；东经以正号表示，西经以负号表示，东西经各有 180°。

纬度指椭球面上某一点的法线与赤道平面的交角；赤道以北为北纬，常以正号表示，赤道以南为南纬，常以负号表示。北纬和南纬各有 90°，南、北极点分别为 $-90°$ 与 $+90°$。某点的经度为过该点的子午圈截面与起始子午面所构成的二面角，其角度值为该点的经度。

经纬度具有深刻的地理意义。它能标示出物体在地面上的位置，显示其地理方位（经线与东西相应，纬线与南北相应），表示时差，还可标示许多地理现象所处的地理带。

地理坐标系是用经纬度表示地面点位的球面坐标系。经纬度主要是通过天文测量、大地测量和卫星定位的方法来测定的；据此地理坐标系中的经纬度有天文经纬度、大地经纬度和地心经纬度之分，相应的坐标系可分别称为天文地理坐标系（或天文坐标系）、大地地理坐标系（或大地坐标系）和地心地理坐标系。

（1）天文经纬度。以大地水准面和铅垂线为依据，用天文测量的方法，可获得地面点的天文经纬度坐标 (λ, φ)，其中 λ 表示经度，φ 表示纬度。有天文经纬度坐标 (λ, φ) 的地面点，称为天文点。天文经度即本初子午面与过观测点的子午面所夹的二面角；天文纬度即过某点的铅垂线与赤道平面之间的夹角。精确的天文测量成果可作为大地测量中定向控制及校核数据之用。

（2）大地经纬度。以旋转椭球和法线为基准，用大地测量的方法，根据大地原点的大地基准数据，由大地控制网逐点推算各控制点的坐标，此坐标称为大地经纬度 (L, B)，其中 L 为经度，B 为纬度。地面上任意一点的位置也可以用大地经度 L、大地纬度 B 表示。大地经度是指过参考椭球面上某一点的大地子午面与本初子午面之间的二面角，大地纬度是指过参考椭球面上某一点的法线与赤道面的夹角。此外，大地坐标系还可附加另一参数，大地高 H。大地经纬度是以地球椭球面和法线为依据，在大地测量中得到广泛采用。地图学中也常采用大地经纬度。

（3）地心经纬度。地心，即地球椭球体的质量中心。地心经度等同于大地经度，地心纬度是指参考椭球体面上的任意一点和椭球体中心连线与赤道面之间的夹角。地理研究和小比例尺地图制图对精度要求不高，故常把椭球体当作正球体看待，地理坐标采用地球球面坐标，经纬度均用地心经纬度。

由上述定义可知，三种地理坐标系的经度、纬度之间是有本质区别的；大地坐标同天文坐标的区别主要是由同一点的法线和垂线不一致，亦即由垂线偏差引起的，两种坐标系的坐标进行转换时必须考虑此偏差，并据此将二者联系起来，从而实现两种坐标的互相转换。

经纬度坐标系利于空间位置的确定，但难以进行距离、方向、面积等参数的计算；而这些参数计算的理想环境就是笛卡尔平面直角坐标系，或称二维欧几里得（Euclidean）空间。

2. 平面坐标系　在平面上，点的位置是用平面直角坐标和极坐标确定的。为此，对地球表面固体部分的点，需先采用理想的椭球面，将其通过地图投影的方法投影到地图平面上。

平面坐标系就其基本形式而言也是古老的，因为自从公元 3 世纪我国采用裴秀的制图六体之后，平面坐标系已成为中国地图学的典型特征。现代的平面直角坐标系首先是从用于军事目的的笛卡尔坐标系形成的。

（1）平面极坐标系。用某点至极点的距离和方向表示该点位置的方法，称为极坐标法。该方法主要用于地图投影的理论研究。如图 2-5 所示，设 O' 为极坐标原点，OO' 为极轴，P 是坐标系中的一个点，则 PO' 称为极距，用符号 ρ 表示，即 $PO' = \rho$。$\angle OO'P$ 为极角，用符号 δ 表示，则 $\angle OO'P = \delta$。极角 δ 由极轴起算，按逆时针方向为正，顺时针方向为负。

极坐标与平面直角坐标之间可建立一定的关系式。由图 2-5 可知，直角坐标的 X 轴与极轴重合，二坐标系原点间距离 OO' 用 Q 表示，则有 $X=Q-\rho\cos\delta$、$Y=\rho\sin\delta$。

（2）平面直角坐标系。平面直角坐标是按直角坐标原理确定一点的平面位置，这种坐标也叫笛卡儿坐标或直角坐标。该坐标系是由原点 O 及过原点的两个垂直相交轴所组成的。点的坐标为该点至两轴的 X、Y 的垂直距离。如图 2-6 所示，$X=BP$、$Y=AP$，点 P 的平面直角坐标通常记为$(X，Y)$。测绘工作中所用的直角坐标系与数学中有所不同，即以南北方向的坐标轴为 X 轴，东西方向的坐标轴为 Y 轴，以便方位角从北（X 轴）开始按顺时针方向度量，所以象限顺序与数学相反。

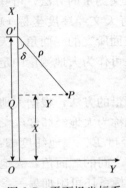

图 2-5　平面极坐标系

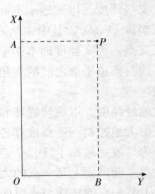

图 2-6　平面直角坐标系

在实际测绘作业中，多采用平面直角坐标系来建立地图的数学基础，通过地图投影，将地面控制点和一些特殊点（如图廓点、经纬网交点等）的地理坐标换算成平面直角坐标，进行展绘，制作地图。

我国地形图投影采用的高斯-克吕格投影坐标系、美国的 UTM 坐标系及我国大部分城市采用的独立坐标系等都属于此类坐标系。按高斯-克吕格投影统一分带（6°带，3°带）建立的平面直角坐标系称为国家平面直角坐标系。独立坐标系又称任意坐标系，是指我国的许多城市常采用的一种通常以某测区西南角为坐标原点，以真北方向或主要建筑物主轴线为纵轴方向，过原点垂直于纵轴的直线为横坐标轴构成的与国家平面直角坐标系不同的直角坐标系。此坐标系也可假定测区中某点的坐标值，以该点到另一点的方位角作为推算其他各点坐标的起算数据，实际上也构成了一个平面直角坐标系。独立坐标系在用于较小区域内进行测量工作时，因地球半径很大，可将地球椭球面作为平面看待，而不失其严密性。该坐标系可通过简单的坐标平移和旋转变换换算为国家平面直角坐标系。在进行转换时，需先将独立坐标系的原点或某一固定点与国家大地点连测，并按计算出的方位角进行改正，求出该点的国家统一坐标，然后再对所有数据进行平移和旋转即可。

3. 空间直角坐标系　在这个坐标系中，当坐标原点位于总地球椭球的质心时，称为地心空间直角坐标系；当坐标原点位于参考椭球的中心时，称为参心空间直角坐标系。如图 2-7 所示，在这个坐标系中，空间任意点的坐标用$(X，Y，Z)$表示，其中：Z 轴与地球平均自转轴重合，亦即指向某一

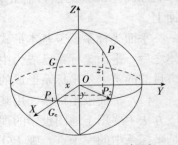

图 2-7　空间直角坐标系

时刻的平均北极点；X 轴指向平均自转轴与平均格林尼治天文台所决定的子午面与赤道面的交点 G_e；而 Y 轴与此平面垂直，且指向东为正。

大地坐标系和空间直角坐标系在大地测量、地形测量以及制图学的理论研究和实践工作中都得到广泛的应用。因为它们将全地球表面上关于大地测量、地形测量以及制图学的资料都统一在一个统一的坐标系中。此外，它们是由地心、旋转轴、赤道以及地球椭球法线确定的，因此它们对地球自然形状及大地水准面的研究、高程的确定以及解决大地测量及其他学科领域的科学和实践问题也是最方便的。

三、国家高程基准

1. 高程基准面　高程是指由高程基准面起算的地面点的高度。高程基准面是地面高程点的统一起算面，由于大地水准面所形成的体型——大地体是与整个地球最为接近的体型，因此通常采用大地水准面作为高程基准面。高程基准面是根据验潮站所确定的多年平均海水面而确定的。地面点至平均海水面的垂直高度即为海拔高程，也称绝对高程，简称高程。地面点之间的高程差，称为相对高程，简称高差。

实践证明，不同地点的验潮站所得的平均海水面之间存在差异，故选用不同的基准面就有不同的高程系统。我国曾规定采用青岛验潮站 1950—1956 年测定的黄海平均海水面作为全国统一高程基准面。由于观察数据的积累，黄海平均海水面发生了微小的变化，因此启用了新的高程系，即 1985 国家高程基准。新的国家高程基准面——1985 国家高程基准面是根据青岛验潮站 1952—1979 年中 19 年的潮汐观测资料计算的平均海水面，并以此面作为全国高程的统一起算面。1985 国家高程基准与 1956 年黄海高程基准水准点之间的转换关系为：$H_{85} = H_{56} - 0.029\text{m}$，式中 H_{85} 和 H_{56} 分别表示新旧高程基准水准原点的正常高。

2. 水准原点　为了长期、牢固地表示出高程基准面的位置，作为传递高程的起算点，必须建立稳固的水准原点，用精密水准测量方法将它与验潮站的水准标尺进行联测，以高程基准面为零推求水准原点的高程，以此高程作为全国各地推算高程的依据。在 1985 国家高程基准系统中，我国水准原点的高程为 72.260m。

我国的水准原点网建于青岛附近，其网点设置在地壳比较稳定、质地坚硬的花岗石基岩上。水准原点网由主点——原点、参考点和附点共 6 个点组成。1985 国家高程基准已经国家批准，并从 1988 年 1 月 1 日开始启用，今后凡涉及高程基准时，一律由原来的 1956 年黄海高程系统改用 1985 国家高程基准。

四、地理格网

1. 地理格网的含义、类别与设计目的　地理格网是按照一定的数学规则对地球表面进行划分而形成的格网。经纬坐标格网是按一定经纬度间隔对地球表面进行划分而形成的格网。地球表面范围广阔，需要记录和表达的要素信息量巨大，无法只用一张地图或地形图就详细表达广大区域全部要素的信息，为此，在地形图的测绘、使用和管理中，需将各种比例尺地形图按统一的方法分成许多幅图，将连续的地表划分成方便操作的地理格网，并统一编号；常用的有梯形和矩形两种分幅和编号方法。常规地图在分区表达空间信息方面已形成一套完整的规则，这套规则被称为空间区域框架方法；地理信息系统在组织空间数据以建立空间数据库时借鉴了该方法。

地图提供的空间区域框架概括起来可以大致分为自然区域框架、行政区域框架、自然-行政综合区域框架和地理格网区域框架。由于地理格网区域框架规定的有相应投影方式和坐标系统，以及有固定的地理坐标范围为基本区域框架和相应的命名方式，所以国家出版的基础地图——地形图都是以地理格网区域框架作为储存和表达空间数据的基础。而一般的专题地图，或是以所研究的自然区域或以自然-行政综合区域为区域框架，它们属于非固定（非标准）的区域框架。

空间区域框架是保证各专业、各层次和各区域地理信息的相互匹配、交换和数据共享，达到综合分析评价目的的基础，是信息采集、储存、查询、提取、统计和分析的共同基础。地图投影和地理格网坐标系统就是这个框架的重要组成部分。

2. 地理格网系统 我国 1990 年和 2009 年分别发布的 GB 12409—1990《地理格网》和 GB/T 12409—2009《地理格网》的国家标准，规定了我国采用的地理格网划分的规则和代码，用以标识与地理空间分布有关的地理信息，形成了一整套科学的格网体系，保证其存贮、统计、分析与交换的一致性，实现信息共享。

地理格网国家标准的设计原则具有科学性、系统性、继承性、可扩展性和实用性的特点。

以往我国通常使用的地理格网系统有 4°×6°格网系统、直角坐标格网系统和自行设计的格网系统。

（1）GB 12409—1990《地理格网》。我国 1990 年发布的 GB 12409—1990《地理格网》国家标准规定我国采用三种格网系统。

A. 10°×10°格网系统。这是以纬差 10°和经差 10°为基本网格构成的多级地理格网系统，该格网系统主要适用于表示海洋、气象、地球物理等领域的资源与环境信息。

B. 4°×6°格网系统。这是以纬差 4°和经差 6°为基础进行划分而构成的多级地理格网系统，它主要适用于表示陆地与近海地区全国或省（区）范围内的各种地理信息。我国比例尺 1∶100 万的地形图是以纬度差 4°和经度差 6°为单幅地图的，而内部的格网单元边长是 30″。它的分级如表 2-2。

表 2-2　4°×6°格网系统的分级

格网等级	1	2	3	4	5	6	7	8	9
格网单元边长(″)	30	15	7.5	3	1.5	0.75	0.3	0.15	5
比例尺	1∶100 万	1∶50 万	1∶25 万	1∶10 万	1∶5 万	1∶2.5 万	1∶1 万	1∶0.5 万	1∶20 万

C. 直角坐标格网系统。这是将地球表面按数学法则投影到平面上，再按一定的纵横坐标间距和统一的坐标原点对地表区域进行划分而构成的多级地理格网系统，主要适用于表示陆地和近海地区进行工程规划、设计、施工等应用需要的地理信息。它的分级如表 2-3。

表 2-3　直角坐标格网系统的分级

格网等级	1	2	3	4	5	6	7	8	9	99
格网单元边长(m)	1 000	500	250	100	50	25	10	5	2.5	200　100
比例尺*	1∶100 万	1∶50 万	1∶25 万	1∶10 万	1∶5 万	1∶2.5 万	1∶1 万	1∶0.5 万		1∶20 万

* 直角坐标格网的比例尺与格网等级不是唯一对应的，一种比例尺可对应两种格网等级，用户可根据需要选择一种。

（2）GB/T 12409—2009《地理格网》。我国于 2009 年发布《地理格网》的中华人民共和国国家标准 GB/T 12409—2009 代替了 GB 12409—1990，它将地理格网划分为经纬坐标格网和直角坐标格网。格网层级由不同间隔的格网构成，层级间可实现信息的合并和细分。经纬坐标格网面向大范围（全球或全国），适于较概略表示信息的分布和粗略定位的应用；直角坐标格网面向较小范围（省区或城乡），适于较详尽信息的分布和相对精确定位的应用。

A. 经纬坐标格网。经纬坐标格网按照经、纬差分级，以 1°经、纬差格网作为分级和赋予格网代码的基本单元。代码由 5 类元素组成：象限代码、格网间隔代码、间隔单位代码、经纬度代码和格网代码。

前两类元素为必选元素，格网代码元素根据需要选用。经纬格网的分级规则为：各层级的格网间隔为整数倍数关系，同级格网单元的经差、纬差间隔相同。经纬坐标格网基本层级分为 5 级，如表 2-4 所示。

表 2-4　经纬坐标格网分级

格网间隔	1	10'	1'	10"	1"
格网名称	一度格网	十分格网	分格网	十秒格网	秒格网

B. 直角坐标格网。直角坐标格网采用高斯-克吕格投影直角坐标系统，以百公里[1]作为基本单元，逐级扩展。代码由南北半球代码、高斯-克吕格投影带号代码、百公里格网代码和坐标格网代码共四类元素组成，其中前三类元素为必选元素，坐标格网代码根据需要选用。本直角坐标格网不适用于高纬度区域。

其分级规则为：各级格网的间隔是整数倍关系，同级格网单元在 X、Y 方向的间距相等。

直角坐标格网采用高斯-克吕格投影 6°或 3°分带，根据格网单元间隔分为 6 级，以百公里格网单元为基础，按 10 倍的关系细分，见表 2-5。

表 2-5　直角坐标格网系统分级

格网间隔(m)	100 000	10 000	1 000	100	10	1
格网名称	百公里格网	十公里格网	公里格网	百米格网	十米格网	米格网

3. 不同地理格网系统的优缺点　地理格网可以按经纬度坐标系统划分（称之为地理坐标格网），也可以按直角坐标系统划分（称之为直角坐标格网）。两者各有用处，也各有缺点。地理坐标格网体系着眼于全球范围宏观研究的需要，其优点是便于进行大区域乃至全球性的拼接，它不随投影系统的选择而改变格网的位置，但这种格网所对应的实地大小不均匀，高纬度地区较小，低纬度地区较大。我国领土所覆盖的面积较大，这种差别尤为明显。

直角坐标格网体系着眼于现实世界大量系统和数据生产单位实际采用直角坐标系的客观需求。因直角坐标格网具有实地格网大小均匀的优点，它在局部的小区域是可行的。但直角坐标格网所对应的实地位置将随选用的地图投影的不同而改变。若采用高斯投影的 6°带进行分割，则在分带的边缘会产生许多不完整的网格，无法进行全国性的整体拼接。

---

[1]　公里为非法定计量单位，1 公里＝1km。

这两种划分体系可以互相转换(只是转换的派生数据较原生数据精度略差),因此本标准确认了两种划分体系并存,其中经纬度划分体系又分为 $10°×10°$ 与 $4°×6°$ 两个系统。

4. 地理格网的选择 在地形图编制的过程中,一种比例尺可能会对应两种格网等级。例如,1:100 万的地形图可能对应着边长为 1 000m 的第一级格网和边长为 500m 的第二级格网,那么制图者可以根据实际情况选择不同的格网大小。一般来说,地理信息稀疏的地区使用第一级格网,而地理信息密集的地区使用第二级格网。

在 GIS 中,有时需要使用 1:2 000、1:1 000 和 1:500 甚至更大比例尺的地形图或地图,而在国家标准中并未规定格网等级和格网单元边长。一般可根据实际需要进行自行设计,而设计的宗旨是兼顾考虑实地情况。例如,设计适当的格网边长和等级使得中心城区范围处于同一图幅之中,从而保证区域的相对完整性。

$4°×6°$ 格网系统、直角坐标格网系统和自行设计格网系统三者之间并非相互孤立,而是可以根据一定的规则进行相互转换。在转换过程中,需要确保边界要素接边的完整性。

五、我国常用的大地坐标系

1. 1954 年北京坐标系 世界各国差不多都有自己国家的坐标系。新中国成立前,我国实际上没有统一的大地坐标系。新中国成立初期从前苏联 1942 年坐标系经联测和平差计算引申到我国,建立了 1954 年北京坐标系。其要点是:①属参心大地坐标系;②采用克拉索夫斯基椭球参数(地球椭球长半轴为 6 878 245m,扁率 $f=1:298.3$);③多点定位;④3 个欧勒角:$ε_x=ε_y=ε_z$;⑤大地原点不在北京,而在前苏联的普尔科夫,该坐标系被认为是前苏联 1942 年坐标系的延伸;⑥大地点高程是以 1954 年青岛验潮站求出的黄海平均海水面为基准,高程异常是以前苏联 1955 年大地水准面差距重新平差的结果为水准起算值,按我国的天文水准路线推算出来的;⑦1954 年北京坐标系建立后,30 多年来用它提供的大地点成果是局部平差的结果。

令人遗憾的是,1954 年北京坐标系建立时,全国天文大地网尚未布测完毕,所用椭球并未依据当时我国的天文观测资料进行重新定位,而是由前苏联西伯利亚的一等锁,经我国东北地区的呼玛、吉拉林、东林三个基准网进行传算。由于当时条件的限制,1954 年北京坐标系存在很多缺点,主要表现在以下几方面:

(1) 克拉索夫斯基椭球参数与现代精确的椭球参数之间差异较大,并且不包含表示地球物理特性的参数,因而给理论和实际工作带来了许多不便。

(2) 椭球定向不十分明确,椭球短半轴既不指向国际通用的 CIO 极,也不指向目前我国使用的 JYD 极。参考椭球面与我国大地水准面呈西高东低的系统性倾斜,东部高程异常最大达 67m。

(3) 该坐标系的大地坐标是通过局部分区平差得到的,未进行全国统一平差。因此全国的天文大地控制点实际上不能形成一个整体,区与区之间有较大的隙距,如在某些不同区的结合部位,同一点在不同区中的坐标值相差 1~2m;不同区的尺度差异也很大。另外,由于坐标传递是从东北到西北和西南,后一区是以前一区的最弱部作为坐标起算点,因而一等锁具有明显的坐标累积误差。

该坐标系使用的克拉索夫斯基椭球面与我国大地水准面不能很好地符合,产生的误差较大,加上 1954 年北京坐标系的大地控制点坐标多为局部平差逐次获得,实际上连不成一个整体，不能满足我国空间技术、国防尖端技术和经济建设的要求。

2. 1980 年国家大地坐标系 鉴于 1954 年北京坐标系存在种种缺点和问题，为适应我国大地测量发展的需要，新中国成立后，我国在积累了 30 余年测绘资料的基础上，1978 年决定重新对全国天文大地网施行整体平差，并建立新的国家大地坐标系，整体平差在新的大地坐标系中进行，这个坐标系统就是 1980 年国家大地坐标系（又称"1980 西安坐标系"，简写为 GDZ80）。该坐标系的特点是：属参心大地坐标系；采用 1975 年 IUGG/IAG 第 16 届大会推荐的 4 个地球椭球基本参数（地球椭球长半径 $a = 6\ 378\ 140$m；地心引力常数与地球质量的乘积 $GM = 3.986\ 005\ 0 \times 10^{14}$m^3/s^2；地球重力场二阶带球谐系数 $J_2 = 1.082\ 63 \times 10^{-8}$；地球自转角速度 $\omega = 7.292\ 115 \times 10^{-5}$rad/s），并根据这四个参数求解椭圆扁率和其他参数（扁率 $f = 1 : 298.257$）；定向明确，椭球短轴平行于地球自转轴（即由地球质心指向 1968.0 JYD 地极原点方向，即我国的地极原点 JYD$_{1968.0}$ 方向），起始子午面平行于我国起始天文子午面（即格林尼治平均天文子午面）；多点定位，大地原点地处我国中部，设在陕西省泾阳县永乐镇，简称西安原点；椭球面与似大地水准面在我国境内符合最好；大地高程以 1956 年青岛验潮站求出的黄海平均海水面为基准。

与 1954 年北京坐标系相比，1980 西安坐标系具有下列特点：

（1）采用多点定位原理建立，理论严密，定义明确。大地原点在我国中部，可有效减少坐标传递误差。

（2）所采用的椭球参数为现代精确的地球总椭球参数，有利于实际应用与理论研究。

（3）椭球面与我国大地水准面吻合较好，全国范围内的平均差值为 10m，大部分地区的差值在 15m 以内，在东部、西部、西南部有三条零差异线。

（4）椭球短半轴指向明确，指向 1968.0 JYD 地极原点方向。

（5）全国的天文大地网经过了整体平差，点位精度高。

该系统坐标统一，精度优良，可直接满足 1：5 000 甚至更大比例尺测图的需要。之后，我国国民经济领域开始使用 1980 年国家大地坐标系，逐步取代 1954 年北京坐标系。

此外，在全国的以 GDZ80 为基准的测绘成果建立之前，还有作为由 1954 北京坐标系向 1980 年国家大地坐标系过渡使用的新 1954 年北京坐标系，限于篇幅，在此不作详述。

3. 2000 中国大地坐标系 2000 中国大地坐标系（又称 2000 国家大地坐标系，英文名 China Geodetic Coordinate System 2000，简写为 CGCS2000）：1954 年北京坐标系和 1980 年西安坐标系是两个使用经典大地测量技术（或传统地面测量技术）建立起来的局部参心坐标系，受当时经济、社会、科技发展水平的制约，精度偏低，目前难以满足航空、航天、航海及国防建设的需要。20 世纪 50 年代后期，随着人造地球卫星的上天，大地测量科学也由经典时代进入空间时代；随后的半个多世纪，空间大地测量得到突飞猛进的发展，当今空间大地测量已取代三角测量、导线测量等成为主要的大地测量技术。以空间技术为基础的地心大地坐标系是 21 世纪空间时代全球通用的基本大地坐标系，它可以满足大地测量、地球物理、天文、导航和航天应用以及经济、社会发展的广泛需求。采用地心坐标系，测定高精度的大地控制点三维坐标，有利于采用现代技术对空间数据进行系统维护与快速更新，从而提高测图工作效率。

20 世纪末至 21 世纪初，我国在对全国地壳运动观测网络、全国 GPS 一/二级网和全国 GPSA/B 级网等获得的大约 2 500 个 GPS 点在历元 2000.0 的坐标与速度整体平差的基础上建成了新一代国家大地坐标系，即 CGCS2000。国务院批准自 2008 年 7 月 1 日起，中国全面启用 CGCS 2000。CGCS 2000 定义与国际地球参考系(ITRS)的定义一致，以 ITRF 97 参考框架为基准，参考历元为 2000.0；它采用 2000 参考椭球，参考椭球长半轴 a、扁率 f、地心引力常数 GM 和旋转角速度 ω 与 IERS 和 IUGG 的推荐值一致，其中 a、f、ω 与 GRS80 一致，是全球地心坐标系在我国的具体体现，其坐标系原点，为包括海洋和大气的整个地球的质量中心；定向的初始值由 1984.0 时 BIH(国际时间局)定向给定，而定向的时间演化(即定向时变)保证相对地壳不产生残余的全球旋转；长度单位为引力相对论意义下的局部地球框架中的米；Z 轴由原点指向历元 2000.0 的地球参考极的方向，X 轴由原点指向格林尼治参考子午线与地球赤道面(历元 2000.0)的交点，Y 轴与 Z 轴、X 轴构成右手正交坐标系；CGCS2000 大地坐标系是右手地固直角坐标系。

　　CGCS2000 坐标系是由国家建立的高精度、地心、动态、实用、统一的大地坐标系，它所采用的椭球参数为：长半轴 $a = 6\ 378\ 137.0$m；短半轴 $b = 6\ 356\ 752.314\ 14$m；扁率 $f = 1 : 298.257\ 222\ 101$；地心引力常数 $GM = 3.986\ 004\ 418 \times 10^{14}$ m^3/s^2；自转角速度 $\omega = 7.292\ 115 \times 10^{-5}$ rad/s；极曲率半径 $= 6\ 399\ 593.625\ 86$ m；第一偏心率 $e = 0.081\ 819\ 191\ 042\ 8$；地球重力场二阶带球谐系数 $J_2 = 0.001\ 082\ 629\ 832\ 257$。

　　CGCS2000 与 1954 或 1980 坐标系，在定义和实现上有根本区别；CGCS2000 的定义与 WGS84 实质一样，采用的参考椭球非常接近，二者是相容的，在坐标系的实现精度范围内，坐标是一致的。

　　CGCS2000 由以下三个层次的站网坐标和速度具体实现。

　　(1) 第一层次为连续运行参考站，它们构成 CGCS2000 的基本骨架，其坐标精度为毫米级，速度精度为 1mm/年。

　　(2) 第二层次为大地控制网，包括中国全部领土和领海内的高精度 GPS 网点，其三维地形坐标精度为厘米级，速度精度为 2~3mm/年。

　　(3) 第三层次为天文大地网，包括经空间网与地面网联合平差的约 5 万个天文大地点，其大地经纬度误差不超过 0.3m，大地高误差不超过 0.5m。

　　4. 1984 世界大地坐标系　　在研究全球的地球形状和全球性测量问题时，建立统一的地心坐标系具有十分重要的意义。建立并精化地心坐标系对于空间技术、宇宙航行、远程武器的发射、各国大地坐标系的链接、全球导航和地球动力学的研究等都具有重要的意义。但是，精确地确定地球质心的位置是很困难的，因为地球的形状是不断变化的，海洋潮汐、大陆板块运动和局部地壳形变等都会影响地心的坐标位置。也就是说，理想的地心坐标系是难以得到的。因此，通常采用"协议"的方式来建立在一定精度范围内的地心坐标系，即协议地球坐标系。

　　协议地球坐标系 CTS(Conventional Terrestrial System)是以协议地极 CIP(Conventional Terrestrial Pole)为指向点的地球坐标系；而以瞬时极为指向点的地球坐标系称为瞬时地球坐标系。在大地测量中采用的地心地固坐标系大多采用协议地极原点 CIO 为指向点，因而也是协议地球坐标系，一般情况下协议地球坐标系和地心地固坐标系代表相同的含义。

　　1984 世界大地坐标系(World Geodetic System)简称 WGS-84 坐标系，是目前国际上统一采用的大地坐标系，也是在一个世界统一的地心坐标系。它是美国国防部研制确定的协议地球参考系 CTS。该坐标系的原点是地球的质心，其地心空间直角坐标系的 Z 轴指向国际时间服务机构或时间局(BIH)1984.0定义的协议地球极(CPT)方向，X轴指向BIH1984.0的零子午面(即协议子午面)和CPT赤道的交点，Y轴与Z轴、X轴构成右手坐标系。这是一个国际协议地球参考系统(ITRS)。GPS广播星历是以WGS-84坐标系为根据的，GPS定位所得的结果都属于WGS-84地心坐标系。WGS1984基准面采用WGS-84椭球体，它是一地心坐标系，即以地心作为椭球体中心，目前GPS测量数据多以WGS-84为基准。

对应于WGS-84大地坐标系有一个WGS-84椭球，其常数采用IUGG(国际大地测量与地球物理联合会)第17届大会大地测量常数的推荐值。

长半径：$a = 6\ 378\ 137.0$m；

短半径：$b = 6\ 356\ 752.314$m，

地球引力和地球质量的乘积：$GM = 3\ 986\ 005 \times 10^8\ \mathrm{m}^3/\mathrm{s}^2 \pm 0.6 \times 10^8\ \mathrm{m}^3/\mathrm{s}^2$；

正常化二阶带谐系数：$C_{20} = -484.166\ 85 \times 10^{-6} \pm 1.3 \times 10^{-9}$；

地球重力场二阶带球谐系数：$J_2 = 108\ 263 \times 10^{-8}$；

地球自转角速度：$\omega = 7\ 292\ 115 \times 10^{-11}\ \mathrm{rad/s} \pm 0.150 \times 10^{-11}\ \mathrm{rad/s}$；

扁率$f = 1/298.257\ 223\ 563 = 0.003\ 352\ 810\ 664\ 74$。

WGS-84坐标系是面向全球定位的，所以它所建立的模型是最中庸的，尽量逼近整个地球表面，没有偏向任何一个地区，椭球体模型的几何中心与地球质心重合，模型最接近整个地球；优点是适用范围大，缺点是局部不够精确。

20世纪60年代以来，利用卫星观测等资料，美国国防部曾先后建立过WGS-60、WGS-66和WGS-72，并于1984年开始，经过多年修正和完善，建立起更为精确的WGS-84地心坐标系；为了改善和提高WGS-84系统的精度，1994，1996，2001先后数次对WGS-84参考架进行了更新，使新系统的坐标参考架精度有了进一步提高。

第二节　地图投影

一、地图投影的概念与原理

在数学中，投影(project)的含义是建立两个点集间一一对应的映射关系。同样，在地图学中，地图投影就是指建立地球椭球面上的点与投影平面上点之间的一一对应关系。地图投影的基本问题就是利用一定的数学法则把地球表面上的经纬线网表示到平面上。地图投影的实质就是建立地球椭球面(曲面)上点的地理坐标(λ, φ)(其中λ表示经度，φ表示纬度)与投影平面上对应点坐标(X, Y)之间的函数关系，即

$$X = f_1(\varphi, \lambda), \quad Y = f_2(\varphi, \lambda)$$

这是地图投影的一般方程式。给定不同的具体条件，就可得到不同种类的投影公式，依据各自的公式，就可将一系列的经纬线交点(λ, φ)计算成平面直角坐标(X, Y)，并展绘于平面上，再将各点连起来，即可建立经纬线的平面表象，构成地图的数学基础(地图的内容则可根据相应的经纬网转绘)。

地图投影的方法可分为几何透视法和数学解析法两类。几何透视法是利用透视关系，将地球表面上的点投影到投影几何面上的一种方法，缺点是难于纠正投影变形，精度较低。数学解析法是在球面与投影面之间建立点与点的函数关系，通过数学方法确定经纬线交点位置的一种投影方法，是当前大多数地图投影采用的方法。

二、地图投影的变形

凡是 GIS 必然要具有地图投影。地图投影的使用保证了空间信息在地域上的联系和完整；但地球表面是一个不可展的曲面，将不可展的地球椭球面展开成平面，且不能有断裂，图形必将在某些地方被拉伸、某些地方被压缩，因而产生投影变形是不可避免的。

投影变形通常包括三种，即长度变形、角度变形和面积变形。

1. 长度变形(v_μ)　长度变形是长度比与 1 之差值，即 $v_\mu = \mu - 1$，而长度比(μ)则是指地面上的微分线段投影后长度 ds' 与其固有长度 ds 之比，即

$$\mu = ds'/ds$$

长度比是一个变量，不仅随点位不同而变化，而且在同一点上随方向的不同也有大小差异。

2. 角度变形(v_a)　角度变形指实际地面上的角度(α)和投影后角度(α')的差值，即 $v_a = \alpha - \alpha'$。角度变形可以在许多地图中清晰地看到，本来经纬线在实地上是成直角相交的，但经过投影后，很多情况下经纬线变成了非直角相交的图形。

3. 面积变形(v_P)　系指面积比 P 与 1 之差，即

$$v_P = P - 1$$

式中：P 是面积比，是地球表面上微分面积投影后的大小 dF' 与其固有大小 dF 之比值，即

$$P = dF'/dF$$

面积比是一个变量，它随点位不同而变化，因此面积变形也已在许多投影中出现。

4. 变形椭圆　不同的投影方法具有不同性质和大小的投影变形。投影的变形情况一般可根据变形椭圆来确定，所谓变形椭圆，是指地面一点上的一个无穷小圆（也称单位圆或微分圆），在投影后通常不可能保持原来的形状和大小，而是投影成为不同大小的圆或不同形状和大小的椭圆，统称为变形椭圆（图 2-8）。利用这个变形的微分椭圆能恰当地、直观地显示变形的特征。

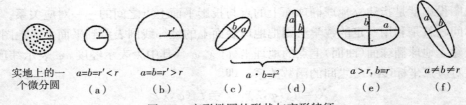

图 2-8　变形椭圆的形状与变形特征

如图 2-8 所示，a、b 分别表示椭圆的长半轴、短半轴，r 表示微分圆的半径，实地上半径为单位值$(r=1)$的微分圆，投影后具有不同的形状和大小；其中（a）（b）两个图形为 $a=b<1$ 和 $a=b>1$ 的情况，即形状没有变化而大小发生了变化，具有这种性质的投影叫正形投影或等角投影；（c）（d）两个图形的形状发生了变化，但 $a \cdot b = 1$，即面积大小没有变化，具有这种性质的投影叫等积投影；（e）图形中，$a>1$ 或 $b=1$，在（f）图形中 $a \neq b \neq 1$，（e）（f）这两种投影既不等角又不等积，可称为任意投影[（e）中椭圆的某一半轴与微分圆的半径相等，称为等距投影]。

图 2-9、图 2-10 和图 2-11 分别表示出了等积投影、等角投影和任意投影的变形椭圆在不同地理区域的分布及其与经纬线形状的关系。由图可见等积投影不同位置的变形椭圆形状差异很大，但面积保持不变；等角投影变形椭圆保持为圆形，但在不同位置上面积差异很大；任意投影变形椭圆的形状与大小都有着不同的变化。

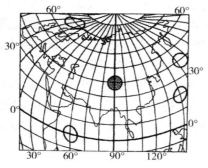

图 2-9　等积投影的变形椭圆

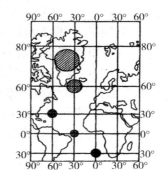

图 2-10　等角投影的变形椭圆

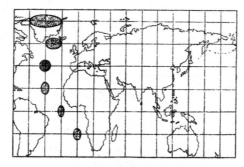

图 2-11　任意投影的变形椭圆

三、地图投影的分类

根据美国著名地图投影学家 J. P. Snyder 的统计，全世界现在共有 256 种各种各样的投影，可见投影种类繁多。为进行学习和研究，必须对其进行科学分类，以便把握其本质规律。下面简述几种常见的地图投影分类方法：

1. 按投影变形性质分类　根据投影中可能引入的变形性质，可将投影分为等角投影、等积投影、任意投影三类。

（1）等角投影。等角投影指任何点上二微分线段组成的角度投影前后保持不变，亦即投影前后对应的微分面积保持图形相似，故又称为正形投影。等角投影在同一点上任意方向的长度比都相等，但在不同地点长度比是不同的，即不同地点上的变形椭圆大小不同。

（2）等积投影。等积投影是指一种保持投影前后面积大小不变的投影。这种投影可使梯形的经纬线网变成正方形、矩形、平行四边形等形状，但都可保持投影平面任意一块面积与椭球面上相应的实地面积相等。

（3）任意投影。任意投影是指投影图上长度、面积和角度都有变形，但角度变形小于等积投影，面积变形小于等角投影的投影。它的种类十分繁多，其中常见的是等距投影，该投影沿某一特定方向上的距离，投影前后保持不变，即沿该特定方向长度比为 1。

2. 根据投影面及其与球面相关位置的分类　在地图投影中，我们首先将不可展的地球椭球面投影到一个可展的曲面上，然后再将该曲面展开成为一个平面，从而得到我们所需要的投影。通常采用的这个可展的曲面有圆锥面、圆柱面和平面(曲率为0的曲面)，相应的可以得到圆锥投影、圆柱投影和方位投影。

同时我们还可以投影面和地球轴向的相对位置将投影区分为正轴投影(投影面的中心轴与地轴重合)、斜轴投影(投影面的中心轴与地轴斜向相交)、横轴投影(投影面的中心轴与地轴相互垂直)。各种投影都有一定的局限性，一般地说，距投影面越近，变形就越小。为了控制投影的变形分布，我们可以调整投影面和椭球体面相交的位置，根据这个位置，又可进一步得到各种投影相对应的切投影(投影面和椭球体相切)和割投影(投影面和椭球体面相割)。对这一体系的分类可由图2-12，其中(a)(e)(i)表示的是三种割投影。上述几种投影都是把椭球面上的经纬网投影到几何面上，然后将几何面展开为平面而得到的，故又称几何投影。

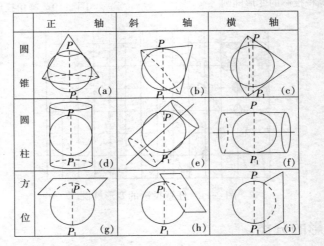

图 2-12　常用投影示意图

此外，还有不借助几何面，根据某些条件用数学解析法确定球面与平面之间点与点的函数关系，这类投影称为非几何投影。此类投影一般按经纬线形状又分为伪方位投影、伪圆柱投影、伪圆锥投影和多圆锥投影等。根据投影探求方法还可将投影分为透视-几何投影、几何-解析投影、解析投影等。根据投影方程特征也可对投影进行分类，此处从略。

3. 地图投影的选择　不同地图投影变形的差异较大，为保证地图的精度、使用效率和使用价值，要根据各种投影的性质、经纬线网的形状、地图用途以及制图的具体要求等，选择最合适的地图投影。这里的地图投影选择多指中、小比例尺地图。不包括国家基本比例尺地形图。因为国家基本比例尺地形图的投影、分幅等是由国家测绘主管部门研究制定，不容许任意改变。此外，编制小区域大比例尺地图，无论采用何种投影，变形都是很小的。

地图投影的选择一般考虑下述因素：

(1) 制图区域的轮廓形状和位置。根据制图区域的轮廓形状和位置进行投影选择时，要遵循投影的无变形点或线位于制图区域中心位置的基本原则，等变形线要尽量与制图区域的轮廓形状一致，进而保证等变形分布均匀。根据这一原则，极圈附近宜选择正轴方位投影，中纬度圆形区域宜选择斜轴方位投影或伪圆锥投影，赤道附近宜选择圆柱投影；东、西半球图宜选择横轴方位投影，南、北半球图常选用正轴方位投影，水、陆半球图一般选用斜轴方位投影，如中国和美国等位于中纬度东西方向延伸的长形或长方形区域，多选择单标准纬线或双标准纬线正轴圆锥投影；赤道附近东西向延伸的长形或长方形区域，宜选择正轴单标准纬线或双标准纬线圆柱投影；南北延伸的区域则宜选用桑生投影或多圆锥投影。由此可见，制图区域的轮廓形状和位置在很大程度上决定了地图投影选择的类型。

（2）制图区域的范围和比例尺。制图区域范围的大小能够影响投影的选择。若制图区域范围小，无论选择哪一种投影，变形的差异都不大，小范围地图投影选择的灵活性较大。对于面积较大的国家图、大洲图、半球图、世界图等地图来说，供选择的地图投影很多，但由于制图区域范围较大，不同投影产生的变形差别也会很大，此时要综合考虑各种制图要求，选择和设计出合理的地图投影。在投影选择上，因不同比例尺对地图的要求不同，选择也不同。以我国大比例尺地形图为例，要在图上进行精确定位和各种量算，需选择各种变形都很小的地图投影，如高斯-克吕格投影；而中、小比例尺的省区图，由于概括程度高于大比例尺地形图，因而定位精度相对降低，选用正轴等角、等积、等距的圆锥投影即可满足用图要求。对世界地图，常用的主要是正圆柱、伪圆柱和多圆锥投影，常用墨卡托投影绘制世界航线图、交通图和时区图。我国出版的世界地图多采用等差分纬线多圆锥投影，对表现中国的形状及其与四邻的对比关系较好，但投影的边缘地区变形较大。

（3）地图的用途和内容。考虑地图的用途时，大多按变形性质选择投影。例如，表示航海、航空、洋流和军事等要求方位距离准确的地图，在一定的区域空间内，点与点之间要没有角度变形，图形与实地相似，这类图通常选择等角投影；一些行政区划图、人口密度图、地质图、地貌图、水文图等，常采用等积投影，以保证面积要素具有正确的对比关系，便于在地图上进行与面积相关的分析和研究；教学地图、宣传地图等一般参考图，要求地图给学生同等重要的要素和完整的地理概念，常采用角度、面积变形都不太大的任意投影，如任意投影中的等距方位投影，从投影中心至各方向的任一点，具有方位角和距离相对准确的特点，因此对于地震观测站、城市防空、雷达站等方面的地图具有重要意义。

通常，桌上用图的精度较高，挂图的精度要求较低。对高精度量测的地图，要求投影的长度和面积变形在 $\pm 0.5\%$ 以内，角度变形在 $0.5°$ 以内；中等精度量测的地图，要求投影的长度和面积变形在 $\pm 3\%$ 以内，角度变形小于 $3°$；近似量测或目估测定的地图，投影的长度变形和面积变形在 $\pm 5\%$ 以内，角度变形在 $5°$ 以内；不需量测用的地图，在视觉上保持相对的正确即可。

（4）地图的出版方式。地图的出版方式分为单幅地图、系列地图和地图集三种形式。单幅地图的投影选择比较简单，仅考虑上述几个因素即可。系列地图虽然表现的内容较多，但由于投影性质接近，通常选择同一系统和变形性质的投影，以便于对相关图幅进行对比分析。地图集是统一协调的整体，投影的选择比较复杂，应自成体系，尽量采用同一系统的投影，但不同的图组之间应结合具体的内容选择投影，避免千篇一律。

四、地理信息系统中地图投影的设置与配置

1. 地理信息系统与地图投影的关系 地理信息系统中空间数据的来源非常广泛，既有通过传统手段野外实测获得的，也有通过航空航天遥感、航测、全球定位系统（GPS）等现代

技术获得的，但目前乃至今后较长的一段时间内地图将仍然是其最主要的数据源。这些手段，不论传统还是现代手段，其测量获得的空间数据最后成图时都是要在二维平面上描述三维的空间特征，都离不开地图投影。输入 GIS 的不同或相同专题的地图资料根据其成图的目的与需要可能采用不同的地图投影；GIS 对空间数据进行加工处理的多数结果最终也要以直观的地图形式输出，而此时不同的用户可能要求输出地图的投影方式也不相同。为便于多源输入图件资料在库中的存储与管理，多数 GIS 使用了椭球参数、投影方式等参数都一致的规格化的数据库坐标系。由于所有的空间数据最终都要以平面坐标的形式在显示器上显示，为避免显示数据时频繁地进行地理坐标到平面坐标的重复性转换，大多数地理信息系统都是以平面地图投影方式来存储地图的。此外，更为重要的是同一地理信息系统内，甚至不同的地理信息系统之间的信息数据交换、配准和共享及其后继的利用 GIS 进行的所有的基于地理位置的空间分析、处理及其他应用都要求空间数据具有统一的地图投影和坐标系，否则无法完成。

由此可见，地图投影对地理信息系统的影响已渗透到数据获取（数据源地图的投影）、数据标准化预处理（按照某一参照系数字化）、数据存储（要求统一的坐标基础）、数据处理（涉及投影变换）、数据应用（检索、查询、空间分析要依据数据库投影）及数据输出（要有相应投影的地图）等地理信息系统建设的各个方面。

2. 地理信息系统中地图投影设计与配置的一般原则　统一的坐标系统是地理信息系统建立的基础。通过考察和分析国内外已经建立或正在建立的各种地理信息系统后发现，各种地理信息系统中投影坐标系统的配置具有以下的一般性特征：①各个国家的地理信息系统所采用的投影系统与该国的基本地图系列所用的投影系统一致；②各比例尺的地理信息系统中的投影系统与其相应比例尺的主要信息源地图所用的投影系统一致；③各地区的地理信息系统中的投影系统与其所在区域适用的投影系统一致；④各种地理信息系统一般以一种或两种（至多三种）投影系统为其投影坐标系统，以保证地理定位框架的统一。

加拿大是世界上开展地理信息系统研究最早的国家，加拿大地理信息系统（CGIS）是公认的世界上第一个地理信息系统。这个系统的最主要信息源是12 000张各种用途的土地能力地图，其比例尺系列为 1∶12.5 万、1∶25 万、1∶50 万，这些土地能力地图是以同比例尺的加拿大国家地形图系列为地理基础底图编制的，采用了与加拿大国家地形图系列一致的地图投影系统，即大于、等于 1∶50 万时采用 UTM 投影（通用横轴墨卡托投影），小于1∶50万时采用 Lambert 投影（正轴等角割圆锥投影）。

CGIS 以 UTM 投影作为系统的地理基础，考虑到图幅数量和使用方便等原因，选定了以 1∶25 万作为系统的主比例尺。虽然小于 1∶50 万的地图上精确定位信息少，可量测性差，但鉴于 CGIS 的数据处理子系统具有自动拼幅形成较大区域数据库的能力，以及 CGIS 以全国、省、区域、地方四级为存贮、分析、检索和输出层次，且加拿大国家基本比例尺地图多采用 Lambert 投影，故该系统同时配置了 Lambert 投影作为中小比例尺数据的地理基础。

美国地理信息系统建设的特点是先分散后统一，其所建系统的数量之多遥遥领先于世界上任何一个国家。开始建设时以区域性地理信息系统为主，各自为政，各系统相互独立，没有统一的规范，数据不能共享，重复性的数据收集和存贮造成了巨大的浪费。在意识到这一严重缺点后，美国政府开始决心研制统一的全国性的系统来代替分散的区域性系统，并成立了专门的"数字制图数据标准特别工作小组(DCDSTF)"来制定相应的数据标准，这其中当然也包括空间数据地理定位系统、空间数据转换和坐标编码。在这个小组所公布的《美国国家数字制图数据标准》中，规定了地理信息系统中所用地理定位系统只能是地理经纬度、UTM投影或州平面坐标系中的某一种。

UTM投影是美国国家基本地图系列所用的投影系统(大于等于1∶50万时)，州平面坐标系是美国国家海洋测量局在国家大地测量系统中的UTM投影的基础上为每个州设计的平面坐标系统。州平面坐标系以TM投影(椭球体时的横轴墨卡托投影，实际上就是高斯投影)和Lambert投影为主，局部地区采用了斜轴墨卡托(HOM)投影。州平面坐标系在设计时已经顾及到了投影对所住区域的地理适应性，保证了该州范围内投影的精度，故大多数州际的地理信息系统也选用了州平面坐标系为系统的数学基础。

日本国土信息系统(ISLAND)是日本国家地理信息系统中最具规模和最具代表性的，它的目的是更为有效地管理有关国土的各种数字化信息和图像信息。它的主要数据来源是地形图、土地利用图、航片和卫片。日本的地形图和土地利用图系列采用的是UTM投影，卫片采用的是HOM投影，航片采用的是UTM投影，因而ISLAND采用了UTM投影。由此，可给出地理信息系统中地图投影配置的一般原则为：

(1) 所配置的投影系统应与相应比例尺的国家基本图(基本比例尺地形图、基本省区图或国家大地图集)投影系统一致；

(2) 系统一般地只考虑至多采用两种投影系统，一种服务于大比例尺的数据处理与输入输出，另一种服务于中小比例尺；

(3) 所用投影以等角投影为宜；

(4) 所用投影应能与网格坐标系统相适应，即所采用的网格系统(特别是一级网格)在投影带中应保持完整。

五、我国地理信息系统中常用的地图投影配置与计算

我国的GIS建设中同样应注意数据的标准化。依照国际惯例并结合我国的具体实际，我国的大多数已建、在建或待建的各种地理信息系统中都采用了与我国基本图系列一致的地图投影系统，这就是大比例尺时的高斯-克吕格投影(横轴等角切椭圆柱投影)和中小比例尺时的Lambert投影(正轴等角割圆锥投影)。这种坐标系的配置基于下述原因：

(1) 我国基本比例尺地形图(1∶100万、1∶50万、1∶25万、1∶10万、1∶5万、1∶2.5万、1∶1万、1∶5 000)除1∶100万外均采用高斯-克吕格投影为地理基础。

(2) 我国1∶100万地形图采用了Lambert投影，其分幅原则与国际地理学会规定的全球统一使用的国际百万分之一地图投影保持一致。

(3) 我国大部分省区图以及大多数这一比例尺的地图也多采用Lambert投影和属于同一投影系统的Albers投影(正轴等面积割圆锥投影)。

(4) Lambert投影中，地球表面上两点间的最短距离(即大圆航线)表现为近于直线，这有利于地理信息系统和空间分析中信息量度的正确实施。

因此，我国的地理信息系统中，采用高斯投影和正轴等角圆锥投影，既适合我国的国情，也符合国际上通行的标准。

下面将对我国GIS中常用的投影作一简要介绍：

(一) 高斯-克吕格投影（简称"高斯投影"）

1. 高斯投影的概念　高斯投影是一种横轴等角切椭圆柱投影。它是将一椭圆柱横切于地球椭球体上，该椭圆柱面与椭球体表面的切线为一经线，投影中将其称为中央经线，然后根据一定的约束条件即投影条件，将中央经线两侧规定范围内的点投影到椭圆柱面上从而得到点的高斯投影。

2. 高斯投影的条件（性质）

(1) 中央经线和地球赤道投影成为直线且为投影的对称轴；

(2) 等角投影；

(3) 中央经线上没有长度变形。

根据上述三个条件，可推导出高斯投影直角坐标的计算公式：

$$X = s + \frac{\lambda^2 N}{2}\sin\varphi\cos\varphi + \frac{\lambda^4 N}{24}\sin\varphi\cos^3\varphi(5 - \tan^2\varphi + 9\eta^2 + 4\eta^4) + \cdots$$

$$Y = \lambda N\cos\varphi + \frac{\lambda^3 N}{6}\cos^3\varphi(1 - \tan^2\varphi + \eta^2) + \frac{\lambda^5 N}{120}\cos^5\varphi(5 - 18\tan^2\varphi + \tan^4\varphi) + \cdots$$

式中：X、Y 为平面直角坐标系的纵、横坐标；λ、φ 分别为椭球面上地理坐标系的经度和纬度（分别自投影带中央经线和赤道起算）；s 为由赤道至纬度的子午线弧长；N 为纬度处的卯酉圈曲率半径（可据纬度由制图用表查取）；$\eta^2 = e'^2\cos^2\varphi$，其中 $e'^2 = (a^2 - b^2)/b^2$ 为地球的第二偏心率，a、b 分别为地球椭球体的长短半轴。

3. 高斯投影的变形分析与投影带的划分　高斯投影没有角度变形，面积变形是通过长度变形来表达的。其长度变形的基本公式为

$$\mu = 1 + \frac{1}{2}\cos^2\varphi(1 + \eta^2)\lambda^2 + \frac{1}{6}\cos^4\varphi(2 - \tan^2\varphi)\lambda^4 - \frac{1}{8}\cos^4\varphi\lambda^4 + \cdots$$

由公式可知长度变形的规律是：①中央经线上没有长度变形；②同一条纬线上，离中央经线越远，变形越大；③同一条经线上，纬度越低，变形越大；④等变形线为平行于中央经线的直线。

为了控制投影变形不致过大，保证地形图精度，高斯投影采用分带投影方法，即将投影范围的东西界加以限制，使其变形不超过一定的限度。我国规定 $1:2.5\times10^4 \sim 1:50\times10^4$ 地形图均采用经差 6°分带，大于或等于 $1:1\times10^4$ 比例尺地形图采用经差 3°分带。

(1) 6°分带法：从格林尼治零度经线起，自东半球向西半球，每经差 6°分为一个投影带，全球共分为 60 个投影带（图 2-13）。

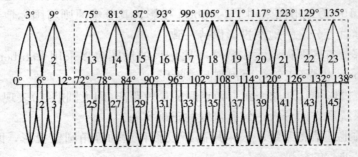

图 2-13　高斯-克吕格投影的分带示意

东半球的 30 个投影带是从 $0°$ 起算往东划分，即东经 $0°\sim6°$，$6°\sim12°$，$\cdots$，$174°\sim180°$，用阿拉伯数字 $1\sim30$ 予以标记。各投影带的中央经线位置可用下式计算：

$$L_0=(6n-3)°$$

式中：n 为投影带带号。

西半球的 30 个投影带是从 $180°$ 起算，回到 $0°$，即西经 $180°\sim174°$，$174°\sim168°$，$\cdots$，$6°\sim0°$；各带的带号为 $31\sim60$，各投影带中央经线的位置可用下式计算：

$$L_0=(6n-3)°-360°$$

式中：n 为投影带带号。

我国领土位于东经 $72°\sim136°$，共包括 11 个投影带，即 $13\sim23$ 带，各带的中央经线分别为 $75°$，$81°$，$\cdots$，$135°$。

（2）$3°$ 分带法：从东经 $1°30'$ 算起，每 $3°$ 为一带，将全球划分为 120 个投影带，即东经 $1°30'\sim4°30'$，$4°30'\sim7°30'$，$\cdots$，东经 $178°30'$ 至西经 $178°30'$，$\cdots$，西经 $1°30'$ 至东经 $1°30'$。其中央经线的位置分别为 $3°$，$6°$，$9°$，$\cdots$，$180°$，西经 $177°$，$\cdots$，$3°$，$0°$。这样分带的目的在于使 $6°$ 带的中央经线均为 $3°$ 带的中央经线，即 $3°$ 带中有半数的中央经线同 $6°$ 带重合，在从 $3°$ 带转换成 $6°$ 带时，可以直接转用，不需任何计算。

4. 高斯投影平面直角坐标网 高斯投影平面直角坐标网是由高斯投影的每一个投影带构成一个单独的坐标系。投影带的中央经线投影后的直线为 X 轴（纵轴），赤道投影后的直线为 Y 轴（横轴），它们的交点为原点。

我国位于北半球，全部 X 值都是正值，在每个投影带中则有一半的 Y 值为负。为了使计算中避免横坐标 Y 值出现负值，规定每带的中央经线西移 $500km$。由于高斯投影每一个投影带的坐标都是对本带坐标原点的相对值，所以各带的坐标完全相同。为了指出投影带是哪一带，规定要在横坐标（通用值）之前加上带号。因此，计算一个带的坐标值，制成表格，就可供查取各投影带的坐标时使用（有关地形图图廓点坐标值可从《高斯-克吕格坐标表》中查取），如图 2-14 所示，A、B 两点原来的横坐标分别为：$Y_A=245\ 863.7$、$Y_B=-168\ 474.8$。纵坐标西移 $500km$ 后，其横坐标分别为：$Y_A'=$

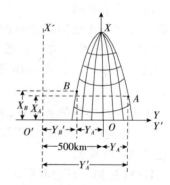

图 2-14 高斯-克吕格坐标表

$745\ 863.7m$、$Y_B'=331\ 525.2m$，加上带号，如 A、B 两点位于第 20 带，其通用坐标为：$Y_A''=20\ 745\ 863.7m$、$Y_B''=20\ 331\ 525.2$。

（二）正轴等角圆锥投影

这种投影是假想圆锥轴和地球椭球体旋转轴重合并套在椭球体上，圆锥面与地球椭球面相割，应用等角条件将经纬网投影于圆锥面上，然后沿一母线展开而成。其经线表现为辐射的直线束，纬线投影成同心圆弧（图 2-15）。

圆锥面与椭球面相割的两条纬线圈称为标准纬线（φ_1,φ_2）。采用双标准纬线的相割较之采用单标准纬线的相切，其投影变形小而均匀。我国新编的 $1:100$ 万地图就采用了双标准纬线正轴等角圆锥投影。

双标准纬线正轴等角割圆锥投影又称兰伯特投影。

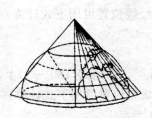　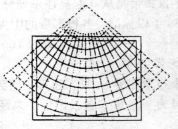

（a）正等角割圆锥投影　　　　（b）经纬线图形

图 2-15　正等角割圆锥投影及其经纬线图形

投影变形的分布规律是：

（1）角度没有变形，即投影前后对应的微分面积保持图形相似，故亦可称为正形投影；

（2）等变形线和纬线一致，同一条纬线上的变形处处相等；

（3）两条标准纬线上没有任何变形；

（4）在同一经线上，两标准纬线外侧为正变形（长度比大于 1），而两标准纬线之间为负变形（长度比小于 1）。因此，变形比较均匀，绝对值也较小。

（5）同一纬线上等经差的线段长度相等，两条纬线间的经线线段长度处处相等。

为了提高投影精度，我国 1∶100 万地图投影是按百万分之一地图的纬线划分原则（从 0°开始，纬差 4°为一幅），从南到北分成 15 个投影带，每个投影带单独计算坐标，建立数学基础。

两条标准纬线近似地选在公式 $\varphi_1 = \varphi_S + 30'$ 和 $\varphi_2 = \varphi_N - 30'$ 所示的位置（式中：φ 指纬度，下标 S、N 分别表示南与北，下标 1、2 表示两条标准纬线），如图 2-16 所示。

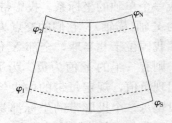

图 2-16　双标准纬线

处于同一投影带的各图幅的坐标成果完全相同，因此，每投影带只需计算其中一幅图（纬差 4°，经差 6°）的投影成果即可。

（三）UTM 投影

1. UTM 投影　UTM（Universal Transverse Mercator）投影，中文译名叫通用横轴墨卡托投影（或系统），是 1936 年由国际测量与地球物理协会建立的，已为许多国家和国际组织采用的，在 GIS 操作中应用最为广泛的笛卡尔平面格网坐标系统。它已广泛应用于遥感、地形图准备和自然资源数据库开发等工作，它允许使用测量中的米制系统精确测量。

UTM 投影也是美国国家基本比例尺地图系统所用的投影系统。有别于其他只适用于某个国家和局部地区的平面格网系统，UTM 系统是一种可把绝大部分地球表面表示成坐标平面的直角坐标系统。

UTM 格网把地球从北纬 84°到南纬 80°间的地球表面，按经度 6°划分为 60 个编号的南北纵带，称为投影带。这些投影带从 180°经线开始向东依次逐一编号为 1～60 带。横行从南纬 80°开始，每个带再划分为纬差 8°的四边形，只有最北端的四边形为 12°，并用字母 C 至 X（去掉 I 和 O）依次标志。每个四边形用数字和字母组合标志。

为了能使所有的坐标位置都是正的，规定 UTM 格网每个投影带中，位于带中心的经线，赋予横坐标值 500 000m。赤道的标志是对于北半球的坐标值，赤道为 0，对于南半球的坐标值，赤道为 10 000 000m，往南递减。

UTM 采用的是横轴墨卡托投影。为减少变形，每个投影带都采用单独的墨卡托投影。Y 坐标原点设置在精确的每个投影带的中心，假原点设在这个原点向西偏移 3° 的位置上。比例因子在南北方向上保持不变，等于 0.999 60，但在东西方向发生了变化。在从 Y 坐标原点起始的最远点，比例因子近似等于 1.001 58。这种近乎相等的特性说明使用 UTM 格网能使可能的变形减到最小。

对于制作比例尺是 1:250 000 以及更大的区域地图来说，UTM 是一个极好的系统。随着比例尺的减小，UTM 投影变换的畸变程度将逐渐增大。

2. UTM 投影及其与高斯-克吕格投影的比较　高斯-克吕格投影在英美国家称为横轴墨卡托投影。美国编制世界军用地图和地球资源卫星像片所采用的全球横轴墨卡托投影（UTM）是横轴墨卡托投影的一种变形。高斯-克吕格投影的中央经线长度比等于 1，UTM 投影规定中央经线长度比为 0.999 6。在 6° 带内最大长度变形不超过 0.04%。

高斯-克吕格投影与 UTM 投影都属于圆柱投影，但前者是等角横切椭圆柱投影，而 UTM 是等角横割椭圆柱投影，二者都广泛用于编制大比例尺地形图。

（四）UPS 坐标系（或 UPS 系统）

UPS 系统是用于在两极地区取代 UTM 系统的，每一环形极带被 0°~180° 经线二等分之。在北极带内，西半部（西经）格网带用 Y 标记，东半部用 Z 标记。在南极带内，西半部（西经）用 A 标记，东半部用 B 标记。

在两极地区，纵坐标和横坐标是规定的。在两个带内，规定 2 000 000m 横坐标与 0°~180° 经线一致，2 000 000m 纵坐标与东经 90°、西经 90° 经线符合。沿 0° 经线，格网北与真北平行，因此，沿 180° 经线，格网南与真南平行。UPS 各带如同 UTM 一样划分为 100 000 方格小区。

对于 UPS 系统来说，使用以极点为中心点的球面投影。这种投影要求比例尺在沿纬线（在这种情况下为圆）上的比例系数为常数，但是由一条纬线至另一条纬线方向的比例系数是变化的。在极点上比例系数确定为 0.994，在大约纬度 81° 处为 1.0，在纬度 80° 附近增至 1.001 6。

第三节　空间数据的坐标变换

由于 GIS 中输入的地图数据来源的多样性，往往具有多种不同的坐标系，这就给空间数据的处理带来很多不便；而各种图形输入输出设备，如数字化仪、屏幕显示器、绘图仪等，又有各自独特的坐标系，因此必须进行坐标变换。此外，由于输入输出图件比例尺的不同，图形投影坐标的不统一及地图图纸的变形等，也要求对图形进行变换。

一、GIS 应用中几种常见的坐标系

一般利用 GIS 完成一个任务或项目常会涉及以下几种不同的坐标系：

1. 设备坐标系　设备坐标系是每种图形设备物理 I/O 空间独有的设备台面坐标系，如数字化仪平面坐标系、绘图仪坐标系、图形终端坐标系或屏幕坐标系等；其坐标又称"表格

坐标"或"相对坐标"。

2. 地图投影坐标系　地图投影坐标系即数字化底图的实际坐标系，可以是大地坐标或平面直角坐标。

3. 工作投影坐标系　工作投影坐标系是用户利用 GIS 分析处理实际业务所使用的坐标系，有时也称"用户坐标系"，通常是笛卡尔直角坐标系。

4. 规格化数据库坐标系　由于输入图形数据来源广泛和输出时用户需求的多样性，都可能涉及不同椭球参数、投影方式、比例尺及单位，故有的地理信息系统还使用了椭球参数、投影方式、比例尺及单位等都一致的规格化数据库坐标系，以便在地图数据库中统一存储和管理空间数据。

二、坐标变换

空间数据坐标变换的实质是建立两个平面或曲面点之间的一一对应关系，包括几何纠正和投影变换。此外，此处还简述了屏幕显示交互编辑中常用的二维视见变换。

1. 二维视见变换（即窗口区到视图区的变换）　用户坐标系的定义从理论上讲是连续无限的，而设备坐标是有界的。用户可在用户坐标系下指定任意感兴趣的区域输出到设备上，这个区域称为窗口区。所以，窗口区是用户图形的一部分。图形设备上输出图形的最大区域称屏幕域，任何等于或小于屏幕域的区域称为视图区。所以，视图区是用户在屏幕上定义的显示区域。

由于窗口在用户坐标系中定义，视图在设备坐标系中定义，两者处于不同的坐标系下，因此，把窗口内图形数据显示到视图区时存在着窗口到视区的坐标变换，这种变换实质上是用户坐标向设备坐标的转换。此功能可在图形交互编辑时将用户指定的窗口区图形显示到指定的屏幕域或视图区上，故又称二维视见变换（俗称"开窗口"）。

因此，在图形数据编辑之前，用户先选定窗口范围 $(wxl，wyl)$ 和 $(wxr，wyr)$ 及视口范围 $(vxl，vyl)$ 和 $(vxr，vyr)$，然后进行二维视见变换，以实现在屏幕上适当位置正确显示窗口内的数据，随后再通过键盘或鼠标对屏幕进行交互式编辑。

视见变换将两种不同坐标系的图形联系起来，将窗口转为视口。转换的过程是：先平移窗口使其坐下角与坐标原点重合，再进行比例变换，使其大小与视口相等，最后再通过平移使其移到视口位置，窗口中的全部图形经过与此相同的变换后便成为视口中的图形了。

因此视见变换的矩阵是：

$$
\mathbf{H} =
\begin{bmatrix} 1 & 0 & 0 \\ 0 & 1 & 0 \\ -uxl & -wyl & 1 \end{bmatrix}
\begin{bmatrix} (vxr-vxl)/(wxr-wxl) & 0 & 0 \\ 0 & (vyr-vyl)/(wyr-wyl) & 0 \\ 0 & 0 & 1 \end{bmatrix}
\begin{bmatrix} 1 & 0 & 0 \\ 0 & 1 & 0 \\ vxl & vyl & 1 \end{bmatrix}
$$

$$
=
\begin{bmatrix} (vxr-vxl)/(wxr-wxl) & 0 & 0 \\ 0 & (vyr-vyl)/(wyr-wyl) & 0 \\ vxl-uxl(vxr-vxl)/(wxr-wxl) & vyl-wyl(vyr-vyl)/(wyr-wyl) & 1 \end{bmatrix}
$$

2. 几何纠正（仿射变换、相似变换、二次变换）　几何纠正的目的是实现数字化数据的设备坐标系到地图投影坐标系的转换和对图纸变形误差的改正。一般商业 GIS 软件都具有仿射变换、相似变换、二次变换等几何纠正功能。

仿射变换是 GIS 数据处理中使用最多的一种几何纠正方法，它是通过利用适合控制点的一阶转换经验多项式完成从数字化表格坐标到输入地图实际投影坐标转换的。在控制点，表格坐标和输入数据的投影坐标都是已知的，输入数据的投影类型是已知的。仿射变换与相似变换相比，前者是假设地图因变形而引起的实际比例尺在 x 和 y 向都不相同，而后者则假设二者相同，因此仿射变换还具有图纸变形的纠正功能。仿射变换的特点是：同时考虑 x 和 y 方向上的变形，纠正后的坐标数据在不同方向上的长度比将发生变化。

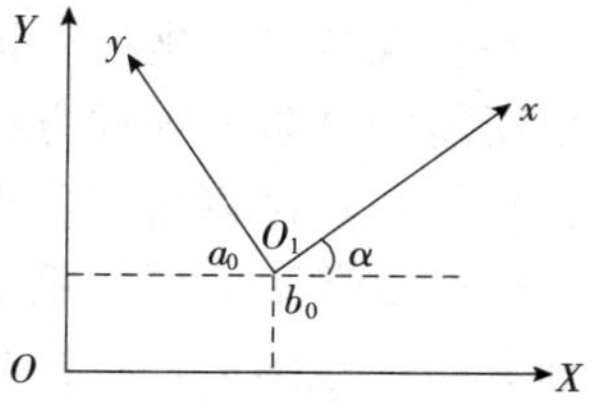

图 2-17　坐标变换原理图

如图 2-17 所示，设 (x, y) 为数字化仪坐标，(X, Y) 为理论坐标，m_1、m_2 为地图横向和纵向的实际比例尺，两坐标系夹角为 α，数字化仪原点为 O_1，相对于理论坐标原点平移了 a_0、b_0，则根据图形变换原理，可得坐标变换公式为

$$\begin{cases} X = a_0 + (m_1 \cos\alpha) x - (m_2 \sin\alpha) y \\ Y = b_0 + (m_1 \sin\alpha) x + (m_2 \cos\alpha) y \end{cases}$$

式中，设 $a_1 = m_1 \cos\alpha$、$a_2 = -m_2 \sin\alpha$、$b_1 = m_1 \sin\alpha$、$b_2 = m_2 \cos\alpha$，则上式可简化为

$$\begin{cases} X = a_0 + a_1 x + a_2 y \\ Y = b_0 + b_1 x + b_2 y \end{cases}$$

式中含有 a_0、a_1、a_2、b_0、b_1、b_2 6 个参数，要实现仿射变换，至少需要知道不在同一直线上的 3 对控制点的数字化坐标及其地图实际投影坐标（或理论坐标），才能求得 6 个待定参数；但在实际中通常利用 4 个以上的点来进行几何纠正，以提高转换精度和计算转换误差。下面按最小二乘法原理来求待定参数。

设 V_x、V_y 表示同一点转换坐标和理论坐标之差，即两坐标系变换产生的误差，则有

$$\begin{cases} V_x = X - (a_0 + a_1 x + a_2 y) \\ V_y = Y - (b_0 + b_1 x + b_2 y) \end{cases}$$

使用多个坐标变换参考点（或称控制点），根据最小二乘原理，由 $V_x^2 + V_y^2$ 为最小的条件可得两组法方程：

$$\begin{cases} a_0 n + a_1 \sum x + a_2 \sum y = \sum X \\ a_0 \sum x + a_1 \sum x^2 + a_2 \sum xy = \sum xX \\ a_0 \sum y + a_1 \sum xy + a_2 \sum y^2 = \sum yX \end{cases}$$

和

$$\begin{cases} b_0 n + b_1 \sum x + b_2 \sum y = \sum Y \\ b_0 \sum x + b_1 \sum x^2 + b_2 \sum xy = \sum xY \\ b_0 \sum y + b_1 \sum xy + b_2 \sum y^2 = \sum yY \end{cases}$$

式中：n 为控制点个数；(x, y) 为控制点的数字化坐标；(X, Y) 为控制点的理论坐标。

由上述法方程，通过消元法，可求得完成仿射变换所需的 6 个参数 a_0、a_1、a_2、b_0、b_1 和 b_2。

经过仿射变换的空间数据，其精度可用点位的中误差表示，即

$$M_p = \pm \left[(\Delta x^2 + \Delta y^2) / n \right]^{1/2}$$

式中：$\Delta x = X_{理论值} - X_{计算值}$；$\Delta y = Y_{理论值} - Y_{计算值}$；$n$ 为数字化已知控制点的个数。

上述仿射变换当 $m_1 = m_2$ 时，即成为相似变换。

此外，还有二次变换，它需要更多（至少6～7个点）的控制点数。在不知道地图投影类型时，要实现从表格坐标到该投影类型的平面笛卡尔坐标的转化需要知道更多的控制点来确定转换所需的高阶多项式方程。此时，使用二次变换法较为合适。它还可跳过地理坐标或地图投影坐标，直接将数字化平面坐标转换为工作投影的平面坐标。完成转换的高阶多项式方程，不但要描述平面坐标系统之间的尺度、旋转和转换，还要考虑扭曲的影响；要求控制点均匀地分布在地图上，且控制点处表格坐标和投影坐标已知。

3. 投影转换　当 GIS 使用的数据来自不同地图投影的图幅时，需要将一种投影的数字化坐标数据转换为所需要投影的坐标数据。投影转换的方法可采用：

（1）正解变换：通过建立一种投影变换为另一种投影的严密或近似的解析关系式，直接由一种投影的数字化坐标 (x, y) 变换到另一种投影的直角坐标 (X, Y)。

（2）反解变换：由一种投影的坐标反解出地理坐标 $(x, y \to B, L)$，然后将地理坐标代入另一种投影的坐标公式中 $(B, L \to x, y)$，从而实现由一种投影的坐标到另一种投影坐标的变换 $(x, y \to X, Y)$。

（3）数值变换：根据两种投影在变换区内的若干同名数字化点，采用插值法，或有限差分法，或有限元法，或待定系数法等，从而实现由一种投影坐标到另一种投影坐标的变换。

此外，GIS 中常用坐标平移、旋转、比例、反射、切变换及其组合变换，与数学上坐标变换完全一致，可通过齐次坐标技术（实质上就是用 $n+1$ 维向量来表示 n 维向量），把图形变换表示成图形的点集矩阵与某一变换矩阵进行矩阵相乘的形式，然后借助计算机的高速计算实现数据的变换。此处限于篇幅，不再赘述。

三、我国几种常用坐标系之间的转换

1. 同一地理坐标基准下的坐标变换　任何一个国家（或地区）大地坐标系的建立都有一个历史发展的过程，从使用经典大地测量技术建立起来的局部参心坐标系，发展到现在采用空间大地测量技术建立的地心坐标系。在不同时期，采用的参考椭球及定位定向方式各不相同，并逐步完善和精化。同一地点在不同坐标系中的坐标是不同的，因此就存在不同坐标系统的相互转换问题。

我国常用的坐标系有 1954 年北京坐标系、1980 西安坐标系、CGCS2000 坐标系、WGS-84坐标系、地方独立坐标系等几种。根据坐标的具体表现形式，理论上前四种坐标基准体系又有大地坐标系（以经纬度来表示各点的位置）、高斯平面直角坐标系（常说的公理网坐标，WGS-84 对应的是 UTM 坐标）和空间直角坐标系之分。而空间直角坐标系常用于宇宙空间的科学研究或不同类型坐标系之间参数的中间转换，日常生活中较少使用，常规测量一般使用经纬度坐标和高斯平面直角坐标。

对于每种坐标系的大地坐标和直角坐标之间的转换，由于采用的参考框架、参考椭球、地球椭球（地心坐标系采用）、坐标原点等均相同，二者之间存在严密或近似的解析关系式，转换程序多已固化在 GIS 软件中，其变换在 ArcGIS 软件中都有现成的投影坐标转换模块，只要输入原始图层数据，定义其投影坐标系信息，并指定变换后的投影坐标系信息，即可十分方便地完成转换。

2. 不同地理坐标基准下的坐标变换　　1954 年北京坐标系、1980 西安坐标系、CGCS2000 坐标系、WGS－84 坐标系之间的坐标变换属于不同地理坐标基准下的坐标变换，这些坐标系的类型、参考框架、椭球参数、参考历元、坐标原点、坐标轴的定位定向等各不相同（表 2-6），它们之间的转换实质上包括地理坐标基准的变换（椭球参数的转换）和坐标值的变换两方面的内容。坐标系在同一个椭球里的转换都是严密的，而在不同的椭球之间的转换是不严密的，如 1954 年北京坐标系和 1980 西安坐标系的参考椭球和基准面不一样，它们之间不存在一套可以通用的转换参数；它们之间的转换需要不同的地球椭球参数及当地的点位坐标差值参数。

表 2-6 坐标系参数对照

坐标系统	1954 年北京坐标系	1980 西安坐标系	WGS－84	CGCS2000
坐标系类型	参心	参心	地心	地心
定向	普尔科沃	1968 极原点	BIH1984.0 定义的协议极原点	2000.0 的地球参考极方向
椭球基准	Krasovsky_1940	IAG75	WGS84	CGCS2000
长半轴(m)	6 378 245	6 378 140	6 378 137.0	6 378 137
扁率	1：298.3	1：298.257	1：298.257 223 563	1：298.257 222 101
参考历元	——	——	G1674(2012)	2000.0
参考框架	——	——	ITRF08	ITRF97

资料来源：杜辉，耿涛，刘生荣，等，2018. 基于 ArcGIS 的地物化成果各坐标系统向 CGCS2000 坐标转换研究[J]. 物探与化探，42(5)：1 076-1 080.

不同椭球体间的坐标转换在局部地区常通过其各自对应的空间直角坐标系之间的相似变换来完成，即利用部分分布相对合理的高等级同名控制点作为公共点求出相应的转换参数来进行转换。转换大致可分为以下四个基本步骤：①找到两个坐标系之间的同名地物点作为控制点；②建立解算误差的方程或方程组，进行误差计算和分析；③将不同坐标系中同名控制点的两套坐标值代入误差联立方程组，解算出误差最小的转换参数；④把原坐标系中的坐标值代入转换公式，从而换算目标坐标系中的坐标值。

两个椭球间的坐标系统转换常采用三参数法（只有 1 个公共点时用）、四参数法（需要有 2 个公共点）和七参数法等。比较严密的是用七参数的相似变换法，其中布尔莎七参数模型最为常用，七参数即 X 平移（d_{x_0}）、Y 平移（d_{y_0}）、Z 平移（d_{z_0}）、X 旋转（δ_x）、Y 旋转（δ_y）、Z 旋转（δ_z）以及尺度参数（m，又称尺度因子、长度变化率）。要求得七参数就需要在一个地区找 3 个以上的已知点，利用七参数进行转换，精度最高，在 30km 范围内一般可以达到厘米级。

如果区域范围不大，精度要求不高，最远点间的距离不大于 30km（经验值），可以用三参数法，即只考虑 3 个坐标偏移量（d_{x_0}，d_{y_0}，d_{z_0}），忽略反映坐标轴旋转情况的 3 个欧拉角变化（δ_x，δ_y，δ_z）和尺度因子 m（即令 δ_x，δ_y，δ_z，m 均等于 0），所以三参数只是七参数的一种特例。三参数精度最差，一般只可达到几至几十厘米。

坐标系转换方法涉及人们对自己所生活的地球及宇宙空间的认识与时空的定义，尽管原理大同小异，但复杂多样，除上述三参数法、四参数法和七参数法等，还有其他的直接转换法、间接转换法、严密转换法、近似转化法等转换模型法，及重新平差法（以新的大地坐标系为参考系，以经过整体平差后的一二等三角点为起算数据，重新归算低等三角点的坐标，投射至新的坐标系后，再进行平差）。限于篇幅，不再赘述，有关问题的详细内容与计算公式参见相关的大地测量学教材、专著与论文。

四、遥感数字图像的坐标变换

目前，遥感图像多是通过扫描方式获取的遥感数字图像，像元是其记录反射或辐射亮度信息的基本单位，存储的文件格式有 BSQ、BIP、BIL、HDF、GeoTIFF 等栅格格式。传感器接收的原始遥感数字图像使用的都是像元坐标，是存在几何畸变和辐射畸变的，没有任何地理意义上的投影坐标信息。但在卫星数字图像的头文件中，一般都提供了一景影像的左上角、右上角、左下角、右下角四个角点的经纬度或 UTM 坐标信息，它是卫星图像的地面接收处理机构在数据处理时根据卫星的成像时间、卫星轨道参数等要素，通过计算机求得的卫星图像中心像元的经纬度或 UTM 坐标推算的。美国的卫星图像一般都采用 WGS-84 世界大地坐标系、WGS-84 椭球和 UTM 投影。国产卫星的原始数据格式、投影坐标信息也与此相似。

可通过地面控制点（GCP）对原始遥感数字图像进行几何精校正的方法消除各种遥感图像的几何畸变，并变换到用户工作需要的投影坐标系下，如：UTM 坐标系、高斯平面直角坐标系。所谓地面控制点，是遥感影像上易于分辨，地形图上也能准确识别定位的，既有像元坐标，又有地理坐标的地物点；若地形图上找不到，也可使用 RTK 等测量设备实地获取其地理坐标。有了足够的控制点，就可以根据最小二乘法原理，求解校正所用多项式方程组的参数，从而建立校正的变换函数，然后对每个像素进行坐标变换；之后再采用双向线性内插等方法进行像素亮度重采样，最终完成遥感数字图像的几何校正。与矢量数据不同，遥感数字图像的坐标变换包括像素坐标变换和像素亮度重采样两方面的内容，而不仅仅是坐标变换。

几何校正要求所用地面控制点在整幅遥感影像上的分布要尽量均匀，且易于分辨，一般选较窄线状地物的交叉点读出的坐标会比较准确。用一次、二次、三次多项式进行几何校正，最少控制点的数量分别为 3、6、10 个，但此时只有唯一解，求不出各校正控制点的RMS 误差，故一般控制点数量要比最少控制点多很多，有时甚至为其好几倍才能达到满意的校正效果。

MODIS 影像数据的坐标信息比较独特，经纬度作为两个独立的灰度图像文件保存，每个像元都有其位置信息，在 ENVI 中要通过专用的几何校正模块才能完成其几何校正工作。完成几何校正的遥感数字图像还可进一步通过与其他已经校正的遥感图像进行配准，再次进行类似的坐标变换。

第四节　空间尺度

一、尺度概述

尺度是一种人们对事物或现象某个方面的观察、度量、界定的规范和标准。在地学相关学科、复杂性科学和物质多样性研究中，尺度问题无处不在，对于任何物质，随着对其观测尺度的变化，物质呈现的状态和形式都会发生很大的变化。由于"尺度"一词的含义非常广泛，Quattrochi 和 Goodchild 指出，在一定程度上讲，在所有具有科学意义的术语中，尺度定义最不清并且内容最超载；尺度是一个令人困惑的概念，经常被误解，并且根据背景和学科观点不同意味着是不同的事物。

尺度是地理信息科学的一个重要概念，是研究者选择观察（测）世界的窗口，由传统的地图制图学的比例尺概念发展而来；从历史沿革来看，地图比例尺是传统的尺度典范，在纸质地图时代具有不可替代的作用。对地理现象的观察总是在一定的尺度下进行的；人类对地理现象的认知能力、表达介质对地理信息详细程度的制约、计算机储存和运算能力的限制、虚拟地理环境中纹理的详细程度都与地理信息的尺度密切相关。空间尺度与空间数据密切相关，是空间数据的重要特征，是人们对地理现象进行认知、分析、建模和表达的基础，是空间数据采集、建模、分析的重要依据，也是空间地理目标编码和解码的关键，对地理信息的表达具有重要意义。从现实、数据、模型到结果，要经历采样、建模（分析）及输出等操作，只有当各环节的尺度一致时，得到的结果才有意义，否则就会出现由于不匹配引起的笑话。

尺度在地学领域中是一个比较古老的科学问题，但至今仍是地理信息领域研究的热点和核心理论问题。李志林等认为，尺度这一概念无法用单一参数来表示，需要用一组参数来表达，如区域的范围大小、地图比例尺、分辨率/粒度、精度和变异性等。艾廷华指出地理信息尺度的内涵包括广度、粒度和间隙度三个方面：①广度，描述现象覆盖、延展、存在的范围、期间、领域；②粒度，记录、表达的最小阈值（大小、特征的分辨率）；③间隙度，采样、选取的频率。地理信息尺度概念的外延包括时间尺度、空间尺度和语义层次尺度，构成了尺度的三维；地理信息尺度的类型有现象尺度（或本征尺度）、观测尺度和分析尺度三类。刘凯等指出在地理信息科学中尺度的定义包括尺度的维数、组分及种类三个部分。地理信息科学中尺度的组分是指用于刻画空间尺度、时间尺度、语义尺度的构成要素，主要包括幅度、粒度、间隔、频度、比率（比例尺、速率）等几个要素。

二、地理信息科学中的尺度问题

下面从应用的角度出发，列举 GIS 空间分析中，从信息获取到数据处理、分析常涉及的几种尺度（图 2-18）问题。

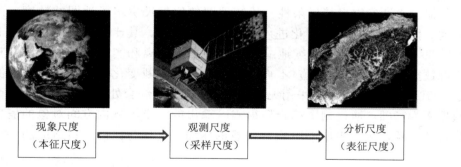

彩图

图 2-18　地理信息科学中的现象尺度、观测尺度与分析尺度

1. 现象尺度　现象尺度是地理现象（事物）的本身格局和变化过程的尺度，为地球表层系统中的地理现象或地理实体现象所固有的大小、范围、频率（周期性现象），不受观测影响，超出人的意识之外，属本体论概念，因此现象尺度也称为特征尺度或者本征尺度。比如季风和山谷风的空间和时间范围有很大的差异：在空间上前者在百万平方千米的范围上，属于区域性的大气环流，而后者在数十平方千米的范围上，属于地方性的气流运动；在时间上

前者以 1 年为一个周期，后者则以 1 天为一个周期。

2. 观测尺度 观测尺度又称测度尺度，是用一定分辨率、一定范围大小的尺子去量测地理实体与地理现象，是对地理现象（或实体）观察、测量、采样时所依据的规范和标准，包括采样幅度（范围大小）、分辨率（取样单元大小）、精度和间隔距离，它常常受测量仪器、认知目的的制约。地理信息的获得总是在一定的观测尺度下进行的，选取不同的观测尺度，将得到不同范围、精度、信息量和具有不同语义的地理信息。

3. 分析尺度 分析尺度也叫表征尺度、采样尺度，指的是对地理现象和地理目标进行度量和数据采集时的尺寸大小，也包括数据分析和制图时的尺寸大小，主要包括空间广度、空间粒度、空间精确度以及研究尺度；分析尺度是对地理观测数据进行加工处理、分析、决策、推理所采用的尺度；它受制于现象尺度和观测尺度，利用观测或者是测度的结果，根据实际需要，通过信息处理，对地理信息进行分析和表达。

4. 比例尺 测绘地图时，必须将实地上两点之间的水平距离缩小描绘在图纸上，这种缩小的倍数就是地图的比例尺，可见地图比例尺即地图上的距离与地面上相应的实际距离之比，其表达式为：比例尺＝图上直线长度/实地相应水平距离的长度。表示比例尺时，一般都是将上式的分子化为 1 的分数式。

比例尺的表示方法：

传统地图上的比例尺通常采用数字式、说明式、图解式等几种表现形式，分别对应地称之为数字比例尺、文字比例尺和图解比例尺或直线比例尺。

（1）数字比例尺。用简单的阿拉伯数字表示，如：可表示为 1∶1 000 000 或 1/1 000 000，最好用前者，它表示地图上 1mm 的长度代表地球表面 1 000 000mm，即 1km。

（2）文字比例尺。这是图上距离与实地距离之间关系的文字描述，例如：数字比例尺为 1∶1 000 000 的地图，可描述为百万分之一的地图，或图上 1mm 相当于实地 1km。

（3）图解比例尺或直线比例尺。用图形加注记的形式表示，即在地图图廓下方或图例方框中，绘出直线段，表示图上的单位长度（如 1cm）相当于实地的距离。

（4）无极比例尺。无极比例尺是数字地图产生后出现的概念。在数字地图环境下，传统地图比例尺的概念逐渐暴露出其局限性。传统地图的比例尺决定了地图的精度、详尽程度及缩放程度。但地图一旦被数字化进入 GIS 空间数据库，其比例尺至少在理论上就成为一个连续的量，人们可以通过连续地缩放来改变图上距离和实地距离的比率。其数据精度取决于源数据的精度或比例尺，不再和随意缩放后不断变化的数字地图的比例尺有直接的联系。GIS 中的数字地图需采用无极比例尺空间信息综合处理技术，即以一个大比例尺空间数据库为基础，通过制图综合使得 GIS 输出的一定区域内空间对象的信息量随比例尺变化自动增减，从而实现 GIS 空间信息的压缩、复现与比例尺自适应的一种信息提取技术。

需要注意的是，当地图制图区域比较小，景物缩小的比例尺也比较小时，图面上各处比例尺可近似认为相等；但当制图区域很大时，制图时对景物缩小的比率也相当大，制图需采用复杂的地图投影，不同方向和地点的比例尺往往是有差异的，这种地图上注明的比例尺多表示投影时地球半径缩小的比率，通常称之为地图主比例尺。

5. 尺度效应 尺度效应在许多学科领域广泛存在，尺度变化会对研究结果产生影响，表现为随着观测和分析尺度不同，被测对象表现出不同的数量、质量、空间结构和时间结构特征；尺度效应是尺度特性的外在显现，尺度特性是尺度效应的内在根据。在地理信息科学中，尺度效应普遍存在，它主要是指尺度变化对地理现象表达、分析的抽象程度、清晰程度、空间与时间结构模式等引起的响应，如不同分辨率遥感影像呈现出不同的细节层次和空间格局。

6. 尺度变换 地理信息科学中的尺度变换是利用某一尺度上所获得的信息和知识来推测其他尺度上的现象，这一过程包含三个层次的内容：①尺度的缩放；②空间结构随尺度变化的重新组合或显现；③根据某一尺度上的信息（要素、结构、特征等），按照一定的规律或方法，推测、研究其他尺度上的问题。从一个尺度转换到另一个尺度，一般分为尺度上推（或尺度扩展）和尺度下推（或尺度收缩），前者是由精微（详细）尺度上的地理信息得到较大尺度上概略的地理信息（即将信息从精确的尺度向模糊的尺度转换的过程），后者是由较概略的地理信息得到精微尺度上的地理信息。通过尺度变换可实现从不同层次深度来观察分析现象，产生不同的认知效应。以粒度为控制指标，尺度变换包括从高分辨率到低分辨率的空间信息综合概括，以及从低分辨率到高分辨率的空间内插或空间预测。

第五节 地理信息的分类与编码

一、地理实体及其数据类型

GIS 的地理数据库是地理实体的集合，是一种与现实的地理世界保持一定相似性的实体模型。地理实体是指地理数据库中的实体，是一种在现实世界中不能再划为同类现象的现象，是 GIS 中不可再分的最小单元现象。例如，城市可看成地理实体，并可划分成若干部分，但这些部分不叫城市，只能称为区、街道之类。

地理目标是地理实体在地理数据库中的表示，或地理实体在计算机内的表示。其表示方法随比例尺、目的等情况的变化而变化。如城市这个地理实体，在小比例尺上可作为一个点目标，而在大比例尺上将作为一个面目标。地理目标在地图上是以地图符号的形式来表示的。

地理信息是指表征地理系统诸要素的数量、质量、分布特征、相互联系和变化规律的数字、文字、图像和图形等的总称；它是地理数据中所包含的意义，需要通过地理数据来表达。地理数据或空间数据的类型有属性数据、几何数据和关系数据。

属性数据是描述空间实体的属性特征的数据，也称非几何数据，即说明"是什么"，如类型、等级、名称、状态等；描述时间特征的数据也可放入这一类。几何数据是描述地理实体空间特征的数据，也称位置数据、定位数据，即说明"在哪里"，可用 (x, y) 坐标来表示。关系数据是描述地理实体之间的空间关系的数据，如空间实体的邻接、关联、包含等，主要是指拓扑关系。

下文所述地理信息分类、分级与编码指的是对地理实体属性数据的分类、分级与编码。

二、地理信息的分类

地理数据对地理实体（或地理目标）的表达是建立在一定的逻辑概念体系之上的，对地理知识的系统化是建立这些逻辑概念的基础，而地理信息的分类是地理知识系统化的一个重要方法。

　　作为地学编码基础的分类体系，主要是由分类与分级方法形成的。分类是把研究对象划分为若干个类组，分级则是对同一类组对象再按某一方面量上的差别进行等级划分。分类和分级共同描述了地物之间的分类关系、隶属关系和等级关系。在地理信息系统领域中的分类方法，是传统地理分析方法的应用。

（一）分类的概念与基本原则

　　分类是将具有共同属性或特征的事物或现象归并在一起，而把具有不同属性或特征的事物或现象分开的过程；分类是人类认识事物的一种方法。对地理信息的分类一般要遵循以下基本原则：

1. 科学性　选择事物或现象最稳定的属性和特征作为分类依据。

2. 系统性　应形成一个分类体系，低级的类应能归并到高级的类中。

3. 可扩性　应能容纳新增加的事物和现象，而不至于打乱已建立的分类系统。

4. 实用性　应考虑对信息分类所依据的属性或特征的获取方式和获取能力。

5. 兼容性　应与国家和行业有关的规范与标准协调一致。

（二）分类的基本方法

　　对地理信息的分类一般有两种方法：线分类法和面分类法。

1. 线分类法　线分类法又称层级分类法，它是将分类对象按选定的若干属性或特征，依次分为若干层级，每一层级又分为若干类目，构成一个有层次的、逐级展开的分类体系。同一分支的同层级类目之间存在并列关系，不同层级类目之间存在隶属关系，同层类目互不重复、互不交叉。线分类法的优点是容量较大，层次性好，使用方便；缺点是分类结构一经确定，不易改动，当分类层次较多时，代码位数较长。对地理信息的分类一般采用线分类法。

　　1976 年美国地质调查局（USGS）利用高轨道飞行数据对 Anderson 等人提出的分类系统进行了验证和评估，发展了一套适用于遥感数据的土地覆被分类系统。与我国国土部门的土地利用现状和规划分类系统一样，该分类系统也采用线分类法，它由四个层次构成：一级分类和二级分类适用于全国或全州范围，其中一级类是根据当时的卫星遥感影像（Landsat/ERTS）可以直接目视判读的地物，包括城镇或建成区、农业用地、草地、林地、水体、湿地、荒地、苔原、冰川或永久积雪 9 类；二级类是根据比例尺小于 1：8 万的航空像片可以判读的地物，分为 37 类（表 2-7）。

表 2-7　美国地质调查局（USGS）适用于遥感资料的土地覆被分类系统

一级类（编码＋类型名）	二级类（编码＋类型名）
1 城镇或建成区	11 住宅用地　12 商服用地　13 工业用地　14 交通、通信和公共设施用地　15 工商综合体　16 城镇或建成区混合体　17 其他城镇或建成区
2 农业用地	21 农田和牧场　22 果园、园林、葡萄园、苗圃和园艺用地　23 圈养场　24 其他农用地
3 草地	31 草本草地　32 灌木和灌丛草地　33 混合草地
4 林地	41 落叶林地　42 常绿林地　43 混合林地
5 水体	51 河流和沟渠　52 湖泊　53 水库　54 海湾和河口
6 湿地	61 有林地覆盖的湿地　62 无林地覆盖的湿地

（续）

一级类（编码＋类型名）	二级类（编码＋类型名）
7 荒地	71 干旱盐碱地 72 海滩 73 沙地（不包括海滩） 74 裸岩 75 露天矿、采石场和采砂场 76 过渡带 77 混合荒地
8 苔原	81 灌木与灌丛苔原 82 草本苔原 83 裸地苔原 84 湿苔原 85 混合苔原
9 冰川或永久积雪	91 永久积雪 92 冰川

张景华，封志明，姜鲁光，2011. 土地利用／土地覆被分类系统研究进展[J]. 资源科学，33(6)：1 195-1 203.

该分类系统的三级、四级分类适用于州内的、区域性的、县域的研究，其中三级类适用于比例尺大于 1∶8 万小于 1∶2 万的航空遥感，四级类适用于比例尺大于 1∶2 万的航空遥感。后两级分类依据各级需求在二级分类基础上灵活扩展，其最小土地分类单元的划分依赖于制图比例尺和遥感数据的分辨率，要求在遥感影像上能够辨认出来的最低级别的分类类别应该达到 85% 以上，各类别的解译精度要近似相等。

我国《基础地理信息要素分类与代码（GB/T 13923—2006）》中的要素分类采用的也是线分类法，其要素类型按从属关系依次分为四级：大类、中类、小类和子类；大类包括：定位基础、水系、居民地及设施、交通、管线、境界与政区、地貌、土质与植被 8 类；中类在上述各大类基础上共划分出 46 类。地名要素作为隐含类以特殊编码方式在小类中具体体现。大类、中类不得重新定义与扩充，小类和子类不得重新定义，但根据需要可进行扩充。相关内容参见其附录 A、B。

2. 面分类法 面分类法又称平行分类法，是将所选用的分类对象的若干属性或特征视为若干个面，据此将分类对象分成彼此互不依赖、互不相干的若干面，每个面中又可分成许多彼此独立的若干个类目（或类组）。使用时，可根据需要将这些面中的类目组合在一起，形成复合类目。面分类法的优点是具有较大的弹性，一个面内类目的改变不会影响其他面，且适应性强，易于添加和修改类目；缺点是不能充分利用容量。

如河流可依据其所处地貌类型（平原河、过渡河、山地河）、水系形状（树状河、平行河、筛状河、辐射河、扇形河、迷宫河等）、河流形态（游荡河流、分叉河流、弯曲河流、顺直河流）、流水季节（常年河、时令河、消失河）、通不通航（通航河、不通航河）、河长、河宽、间距、弯曲度等属性分别进行各自独立的分类就属于面分类法，最后可用不同的属性综合起来描述一条河流的特征。

三、地理信息的分级

1. 分级的概念 分级是对事物或现象的数量或特征进行等级的划分，主要包括确定分级数和分级界线。分级方法所依据的指标一般以地理实体的数量指标或质量指标为主。例如，对河流的分级描述、土地利用类型的确定，可以采用地物光谱测量特征为主要指标的遥感解译和制图。

2. 确定分级数的基本原则

（1）分级数应符合数值估计精度的要求。分级数多，数值估计的精度就高。

（2）分级数应顾及可视化的效果。等级的划分在 GIS 中要以图形的方式表示出来，根据人对符号等级的感受、分级数应在 4～7 级。

（3）分级数应符合数据的分布特征。对于呈明显聚群分布的数据，应以数据的聚群数作为分级数。

（4）在满足精度的前提下，应尽可能选择较少的分级数。

3. 确定分级界线的基本原则

（1）保持数据的分布特征，使级内差异尽可能小，各级代表值之间的差异应尽可能大；

（2）在任何一个等级内都必须有数据，任何数据都必须落在某一个等级内；

（3）尽可能采用有规则变化的分级界线；

（4）分级界线应当凑整。

4. 分级的基本方法 在分级时大多采用数学方法，如数列分级、最优分割分级等。对于有统一标准的分级方法时，应采用标准的分级方法，如按人口数把城市分为特大城市、大城市、中等城市、小城市等，也可以定性地分级，如国家、省、市、县、乡镇、村等。

四、地理信息的编码

1. 属性数据编码的定义 属性数据编码是指将属性数据分类分级的结果用一种易于被计算机和人识别的符号系统表示出来的过程。编码的结果是形成代码。代码是一个或一组有序的易于被计算机或人识别与处理的符号，是计算机鉴别和查询信息的主要依据和手段。分类分级是编码的基础。编码的目的是用来提供空间数据的地理分类和特征描述，同时也便于地理要素的输入、存储、管理，以及系统之间数据交换和共享的需要。

2. 代码的功能

（1）鉴别。代码代表对象的名称，是鉴别对象的唯一标识。

（2）分类。当对象按其属性分类并分别赋予不同的类别代码时，代码又可作为区分分类对象的标识。

（3）排序。当按对象产生的时间、所占的空间或其他方面的顺序关系排列并分别赋予不同的代码时，代码又可作为区分对象排序的标识。

3. 编码的基本原则

（1）唯一性：一个代码只唯一地表示一类对象。

（2）合理性：代码结构要与分类体系相适应。

（3）可扩性：必须留有足够的备用代码，以适应扩充的需要，避免新对象的出现而使原编码系统失效。

（4）简单性：结构应尽量简单，长度应尽量短，以最小的数据量载负最大的信息量。

（5）适用性：代码应尽可能反映对象的特点，以助记忆。

（6）规范性：代码的结构、类型、编写格式必须统一。

（7）系统性和科学性：满足所涉及学科的科学分类方法，能反映出同一类型中不同的级别特点。

（8）一致性：对代码所定义的同一专业名词、术语必须是唯一的。

（9）标准化和通用性：有国家或行业标准的要按标准进行，没有标准的须考虑在可能的条件下实现标准化。

4. 属性数据编码的内容

（1）登记部分：用来标识属性数据的序号可以是简单的连续编号，也可划分不同层次进行顺序编码。

（2）分类部分：用来标识属性的地理特征，可采用多位代码反映多种特征。

（3）控制部分：用来通过一定的查错算法，检查在编码、录入和传输中的错误，在属性数据量较大情况下具有重要意义。

5. 代码的类型　代码类型指代码符号的表示形式。

（1）数字型：数字型代码是用一个或若干个阿拉伯数字表示对象的代码。其特点是结构简单、使用方便、易于排序，但对象的特征描述不直观。

（2）字母型：字母型代码是用一个或若干个字母表示对象的代码。其特点是比同样位数的数字型代码容量大，还可提供便于识别的信息，易于记忆，但比同样位数的数字型代码占用更多的计算机空间。

（3）数字和字母混合型：数字和字母混合型代码是由数字、字母、专用符组成的代码。该代码兼有数字型和字母型的优点，结构严密，直观性好，但组成形式复杂，处理麻烦。

6. GIS 中代码的种类

（1）分类码。分类码识别实体所属的类别，是根据 GIS 分类体系设计出的各专业信息的分类代码，用以标识不同类别的数据，根据它可从数据中查寻所需类别的数据，但不能对个体进行分离。

加拿大数字地形要素分类编码系统是一种分类码，且是一种数字字母混合型代码。它采用树型结构将地形要素分为四级，一级代码、二级代码、三级代码、四级代码分别用 1 位数字、2 位数字、3 位数字、3 位数字表示，共 9 位数字，其代码结构为"× ×× ××× ×××"，其代码与级别的对应关系为"×(一级)××(二级)×××(三级)×××(四级)"。

我国《基础地理信息要素分类与代码（GB/T 13923—2006）》中的要素分类代码采用 6 位十进制数字码，分别为按数字顺序排列的大类、中类、小类和子类码，具体结构为"(×× ×× ××)"，从左起第一位"×"为大类码，左起第二位"×"为中类码，左起第三、四位"××"为小类码，左起第五、六位"××"为子类码；中类、小类和子类码分别是在其上级类大类、中类、小类基础上细分形成的要素类；其代码与级别的对应关系还可表示为"×(大类码)×(中类码)××(小类码)××(子类码)"。

（2）标识码（识别码）。标识码对每个实体进行标识，是唯一的，用于区别不同的实体及对实体个体进行查询检索，是联系实体的几何信息和属性信息的关键字。

中华人民共和国行政区划代码（GB/T 2260—2017）就是一种识别码，它采用 6 位数字代码按三个层次分别表示省（自治区、直辖市、特别行政区）、地区[地区、市、自治州、盟、直辖市所辖市辖区/县汇总码、省（自治区）直辖县级行政区汇总码]和县（县、自治县、县级市、旗、自治旗、市辖区、林区、特区）。第一层即第一、二位数字代码表示省，第二层即第三、四位数字代码表示地区，第三层即第五、六位数字代码表示县，各层均用两位代码表示，详细的编码原则与含义参见该标准，如：山西省太原市迎泽区的行政区划代码为140106，前两位数字 14 代表山西，第三、四位数字 01 代表太原，第五、六位数字 06 代表迎泽区。

五、我国地理空间信息分类与编码规则

"地理空间信息（或地理信息）的分类与编码"是多源、多专业、多类型、多尺度地理空

间信息整合和集成应用及在网络环境下实现国家地理空间信息共享的基础，对于建立资源环境和基础地理空间信息库的数据目录，改造现有基础性地理信息系统的数据库，实现数据交换和共享具有现实意义。

地理信息分类系统是数据组织的依据。原有基于属性特征的分类已不能有效反映要素的地理空间特性和各领域信息之间的空间关联，如耕地动态变化的空间分布、城镇布局的空间特征等。目前地理信息数据库普遍采用对象-关系型的数据库模型，即用数据库中的对象来表达地理实体有关空间方面的特征，同时用关系数据库中的属性表来表达该空间实体的属性特征。

《地理信息分类与编码规则》(GB/T 25529—2010)对原有基于属性的分类进行调整，将地理空间信息分为：地理空间要素信息类和专业(行业)属性信息类两个基本类型。其中地理要素是与地球上位置相关的现实世界现象的表达，要素则是对现实世界现象的抽象。

1. 地理空间要素信息分类　GB/T 25529—2010 的地理要素类型的分类体系采用线分类法将要素类型分为门类、亚门类、大类、中类和小类五个层次，并规定了门类、亚门类、大类、中类的分类名称，小类宜根据应用需求进行细分和命名。根据地理空间要素本身的属性、地理信息的来源和使用的普遍性，地理要素类的门类可分为三类，即基础要素类、专业要素类和综合要素类。地理空间要素的门类结构和主要内容如下：

(1) 基础要素类：为第一类，是与空间定位相关或涉及各领域空间分析的基础类地理要素信息，属于具有广泛共享意义的基础地理框架信息。内容包括基础地理要素、基础地质要素、土地与房产宗地要素、基础覆被要素、海洋基础地理要素、遥感遥测要素共 6 个亚门类。

(2) 专业要素类：为第二类，是以地理实体本征属性为主的各种专业类要素；专业类属于各个专业领域的地理要素及其基本属性信息。其亚门类按目前通用的地理信息学科和应用体系划分，包括自然资源要素、环境与生态要素、灾害与灾难要素、经济与社会要素、基础设施要素、其他专业与专题要素共 6 个亚门类。

(3) 综合要素类：为第三类，属于跨部门、跨领域信息整合派生的地理要素及其基本属性信息，是基于上述两类要素，通过多种要素类型相关属性的空间运算形成的综合类及其他要素类信息，包括综合自然地理要素、综合人文地理要素、综合对地观测地理要素、其他综合地理要素共 4 个亚门类。

上述 3 个门类进一步细分成的 16 个亚门类可再继续划分为 77 个大类，其中基础要素类33 个，专业要素类 40 个，综合要素类 4 个；在 77 个大类的基础上，按线分类进一步划分和命名了 465 个中类，其中基础要素类 187 个，专业要素类 272 个，综合要素类 6 个。地理要素类的门类、亚门类体系及其包含大类的个数见表 2-8。

表 2-8　地理要素类的门类、亚门类体系及其包含大类的个数

门类名称	亚门类名称	大类数	中类数
基础要素类	基础地理要素	9	187
	基础地质要素	8	
	土地与房产宗地要素	2	
	基础覆被要素	4	
	海洋基础地理要素	6	
	遥感遥测要素	4	

（续）

门类名称	亚门类名称	大类数	中类数
专业要素类	自然资源要素	9	
	环境与生态要素	7	
	灾害与灾难要素	9	
	经济与社会要素	8	272
	基础设施要素	6	
	其他专业与专题要素	1	
综合要素类	综合自然地理要素	1	
	综合人文地理要素	1	
	综合对地观测地理要素	1	6
	其他综合地理要素	1	
合计数		16	77	465

2. 地理要素的专业（行业）属性分类

专业属性指的是地理要素实例外部连接的行业数据库的属性。例如，林业区的地理要素实例可以连接人口、水资源等专业的专业属性。

专业要素属性本身的分类采用与地理空间要素分类相同的线分类方法，分为门类、大类和小类（专题类）。门类的分类与要素分类与编码相同。大类和小类主要基于信息内容进行分类。

根据应用需要，属性数据的大类和小类可以直接采用现有的专业数据库的分类，也可以根据多专业综合应用集成的需要，对属性进行重新分类。

多专业资源环境与经济社会属性数据共享的大类和小类要素属性分类体系和代码参见龚健雅等（2009）编写的《地理信息共享技术与标准》。

3. 要素类型的编码　地理要素类型信息分类和编码采用线分类层次编码方法，地理要素类实例的分类编码采用各行业的标准，其代码采用 10 位定长数字码，不足 10 位用"0"补齐。其代码结构如表 2-9 所示，门类、亚门类、大类各 1 位，中类 2 位，小类 5 位，按它们的从属关系顺序编码。

表 2-9　地理要素类的代码结构

第 1 位	第 2 位	第 3 位	第 4 位　　第 5 位	第 6 位　　第 7 位　　第 8 位　　第 9 位　　第 10 位
门类	亚门类	大类	中类	小类

注：由于本代码的中类代码为 2 位，较所引用的 GB/T 13923—2006 的中类多 1 位，为此对于"基础地理要素"亚门类的中类在编码时引用 GB/T 13923—2006 中类，并在所引用的中类码前补"0"。

该国家标准附录 A 规定了要素类高位的分类名称和代码，即要素类的门类、亚门类、大类和中类的名称与代码；后 5 位宜由各领域根据信息共享和应用的需要决定。

4. 专业属性类型的编码

要素属性编码采用定义该属性的要素类型编码与行业（专业/专题）属性编码结合的组配编码结构，即采用定义要素属性时所对应的要素类型代码与行业（专业/专题）属性代码组合编码的方法，前者称为要素属性的主码，后者称为要素属性的辅码。主码在前，辅码在后。

主码采用 10 位定长数字码，不足 10 位用"0"补齐，编码方法与要素类编码方法相同。辅码采用不定长代码，其编码方法和码长、数据类型和属性特征的域值/值域遵循行业（专业/专题）属性的编码规则。在进行跨领域信息整合和应用系统开发时，也可根据多专业综合应用集成的需要和具体应用目标对要素属性进行重新分类编码。要素属性的代码结构如表 2-10 所示。

表 2-10　地理要素属性类型代码结构

第1位	第2位	第3位	第4，5位	第6，7，8，9，10位
要素门类	要素亚门类	要素大类	要素中类	要素小类
主码（定义要素属性时所对应的要素类代码）10 位				

注：辅码不定长代码，采用行业（专业或专题）属性代码。

例如，来自土地资源管理部门土地调查的分省"耕地面积"与来自遥感解译的分省"耕地面积"往往差别很大，各自采用的分类体系、误差处理方法不同。前者的要素属性代码采用土地资源要素类代码与"耕地面积"代码组码，即 21102×××××＋"耕地面积"；后者采用 33102×××××＋"耕地面积"。在进行多源信息整合时，可作为"省级行政区"要素类（1160301000）的两个属性，即"来自国土资源调查的耕地面积"和"来自遥感解译的耕地面积"。

复习思考题

1. 简述大地测量中几种常见的地球表面的几何模型。

2. 简述大地测量中常用空间坐标系的种类。

3. GIS 中常用的空间坐标系有哪些？坐标变换的方法如何？仿射变换和相似变换有何区别？

4. 利用 GIS 完成一个具体的项目或任务时一般会涉及哪几种坐标系？

5. 什么是地图投影？地图投影在 GIS 中有何作用（或地图投影与 GIS 有何关系）？

6. 地图投影的变形有哪几种？

7. 常见的 GIS 中地图投影的分类方法有几种？它们是如何进行分类的？

8. 我国地理信息系统中为什么要采用高斯投影和正轴等角圆锥投影。

9. 何为高斯–克吕格投影？其投影的基本条件是什么？其长度变形的规律如何？

10. 地图投影选择一般要考虑哪些因素？

11. 地理信息系统中地图投影配置的一般原则是什么？

12. 高斯–克吕格投影为何要采用分带的方法？

13. 比较 UTM 投影及其与高斯–克吕格投影的异同点。

14. 什么是正轴等角圆锥投影？我国新编百万分之一地图为何要采用双标准纬线正等角圆锥投影？

15. 我国常用的坐标系有哪些？它们之间如何转换？

16. GIS 空间分析中，从信息获取到数据处理、分析常涉及哪几种尺度？

17. 简述地理信息的分类与编码。

第三章

空间数据采集

数据采集是指将现有的地图、外业观测成果、航空相片、遥感图像、文本资料等转成计算机可以处理与接收的数字形式。数据采集分为属性数据采集和图形数据采集。属性数据采集经常是通过键盘直接输入；图形数据采集实际上就是图形数字化的过程。数据采集过程中难免会存在错误，所以对所采集的数据要进行必要的检查和编辑，从而减小数据误差，提高数据质量。数据组织就是按照一定的方式和规则对数据进行归并、存储、处理的过程。数据组织的好坏直接影响到 GIS 系统的性能。空间数据采集是 GIS 的核心功能。本章主要介绍空间数据及其基本特征、空间数据测量尺度、空间数据类型、空间数据采集方法和数据质量控制。

第一节 概　　述

建立地理信息的地理数据库是一项最重要最复杂的核心任务。这项工作是将地面上的实体图形数据及其描述性属性数据输入到数据库中。根据国内外的经验，建立一个一定规模的地理信息系统，数据获取的工作量大约占整个系统工作量的 3/4 左右。早期的数据获取工作都是通过键盘手工输入的，速度极慢，于是人们就开始对图数转换技术进行研究。20 世纪70 年代初，美国胜马(SUNMA)公司率先推出了图形数字化仪系列产品，使数据获取技术从手工阶段走上了自动化的初级阶段，即手扶跟踪和人机交互方式。所以，数据输入就是对数据进行必要编码和输入数据库的操作过程，此过程又称为数据采集。此外，由于地理信息系统可以有多种数据源，所以对不同数据格式的数据要进行格式的转换，以保证数据格式的一致性。

通常，地理数据输入主要考虑以下三个方面的问题：①统一的地理基础；②空间数据(位置数据)：定义地面实体特征相对于某一坐标系统所处的空间位置；③属性数据(非空间数据)：定义地面实体特征所表示的内容。

地理基础是地理数据表示格式与规范的重要组成部分，它主要包括统一的地图投影系统、统一的地理坐标系统以及统一的编码系统。各种来源的地理信息和数据在共同的地理基础上反映出它们的地理位置和地理关系特征。

地理信息系统之所以区别于一般的信息系统，就在于它所存储记录、管理分析、显示应用的都是地理信息，而这些地理信息都是具有一维空间分布特征且发生在二维地理平面上的，因而它们需要有一个空间定位框架，即共同的地理坐标和平面坐标系，所以说统一坐标系统是地理信息系统建立的基础。

通常，地理信息系统中的投影坐标系统配置有以下一般性特征：①各个国家的地理信息系统采用的投影系统与该国的基本地图系列所用投影系统一致；②各地区的地理信息系统中的投影系统与其所在区域适用的投影系统一致。

因此，对一般地理信息系统中地图投影配置的选择原则为：①投影系统应与相应比例尺的国家基本图（基于比例尺地形图、基本省区图或国家大地图集）投影系统一致；②一般只考虑至多采用两种投影系统：一种服务于大比例尺的数据处理；另一种服务于中小比例尺。

第二节 空间数据及其基本特征

一、空间数据的概念

数据是信息的载体，它是记录下来的某种可以识别的物理符号。空间数据是表征地理空间系统诸要素的数量、质量、分布特征、相互联系和变化规律的数字、文字、图形和图像等的总称。虽然数据是信息的载体，但并非就是信息，只有理解了数据的含义，对数据做出解释，才能得到数据所包含的信息。信息系统对数据进行处理就是为了得到数据中所包含的信息。

地理空间数据是 GIS 的血液。实际上整个 GIS 都是围绕空间数据的采集、加工、存储、分析和表现展开的。空间数据源、空间数据的采集手段、生产工艺、数据的质量都直接影响到 GIS 应用的潜力、成本和效率。

二、空间数据的基本特征

空间数据描述的是现实世界各种现象的三大基本特征：空间、时间和专题属性。对于 GIS 来说，时间和专题特征常常被视为非空间属性。

1. 空间特征 空间特征是地理信息系统或者说空间信息系统所特有的。空间特征是指空间地物的位置、形状和大小等几何特征，以及与相邻地物的空间关系。空间位置可以通过坐标来描述，GIS 中地物的形状和大小一般也是通过空间坐标来体现。GIS 的坐标系统有相当严格的定义，如经纬度地理坐标系、地图投影坐标系和直角坐标系等。

日常生活中，人们对空间目标的定位不是通过记忆其空间坐标，而是确定某一目标与其他更熟悉的目标间的空间位置关系。如一个学校是在哪两条路之间，或是靠近哪个道路岔口，一块农田离哪户农家或哪条路较近等，通过这种空间关系的描述，可在很大程度上确定某一目标的位置，而一串纯粹的地理坐标对人的认识来说几乎没有意义。没有几个人知道自己家里或办公室的确切坐标。而对计算机来说，最直接最简单的空间定位方法是使用坐标。

在地理信息系统中，直接存储的是空间目标的空间坐标。对于空间关系，有些 GIS 软件存储部分空间关系，如相邻、连接等关系。而大部分空间关系则是通过空间坐标进行运算得到，如包含关系、穿过关系等。实际上，空间目标的空间位置就隐含了各种空间关系。

2. 时间特征 通常情况下，空间数据总是在某一特定时间或时间段内采集或计算得到的。由于有些空间数据随时间的变化相对较慢，因而有时被忽略。而在多数情况下，GIS 的用户又把时间处理成专题属性，或者在设计属性时，考虑多个时态的信息，这对于大多数 GIS 软件来说是可以做到的。但如何有效地利用多时态的数据，在 GIS 中进行时空分析和动态模拟目前仍处于研究阶段。

3. 专题特征　专题特征是指空间现象或空间目标的属性特征。它是指除了时间和空间特征以外的空间现象的其他特征，如某地的地形、坡度、坡向、年降雨量、土地酸碱度、土地覆盖类型、人口密度、交通流量和空气污染程度等。专题属性特征通常以数字、符号、文本和图像等形式来表示。

三、空间数据测量尺度

对特定空间现象或空间目标的测量就是根据一定的标准对其赋值或打分。为了描述地理世界，对任何事物都要鉴别、分类和命名，这些都是量测的组成部分。它们所使用的参考标准或尺度是不同的。测量的尺度大致可以分成四个层次，由粗略至详细依次为：命名、次序、间隔和比例。

1. 命名(nominal)**测量尺度**　定性而非定量，不能进行任何算术运算，如一个城市的名字。命名式的测量尺度也称为类型测量尺度，只对特定现象进行标识，赋予一定的数值或符号而进行不定量描述。例如，可以用不同数值表示不同的土地利用类型、植被类型或土壤类型，但是这些数值之间无数量关系，对命名数据的逻辑运算只有"等于"或"不等于"两种形式。

2. 次序(Ordinal)**测量尺度**　线性坐标上不按值的大小，而是按顺序排列的数。例如，事故发生危险程度的级别由大到小被标为 1，2，3，…，级别的序号越低，其危险性越大，但危险性到底有多大并未给予定量的表达。序数值相互之间可以比较大小，但不能进行加、减、乘、除等算术运算。

次序测量尺度是基于对现象进行排序来标识的，如可以把山峰按高度分级为极高山、高山、中山、低山和丘陵等，将坡度分为陡、中、缓等。不同次序之间的间隔大小可以不同。对次序数据的逻辑运算除了"等于"与"不等于"之外，还可以比较它们的大小，即"大于"或"小于"。

3. 间隔(Interval)**测量尺度**　不参照某个固定点，而是按间隔表示相对位置的数。按间隔量测的值相互之间可以比较大小，并且它们之间的差值大小是有意义的。

间隔测量尺度的测量值无真的零值。如温度是间隔尺度的数据，因为它的"0"测量值随着所使用的不同温度测量单位而不同。不能说 150°F 的温度是 75°F 的温度的两倍，因为这个比例在使用摄氏单位时就改变了。间隔数据可以用加、减、乘、除等运算，而且可以求算术平均。

4. 比例(Ratio)**测量尺度**　比例测量尺度的测量值是指那些有真零值而且测量单位的间隔是相等的数据，比例测量尺度与使用的测量单位无关。目标数据与某一固定点的比值计算，支持多种算术操作，如加、减、乘、除等。有关该类型的例子很多，如年降雨量、海拔高度、人口密度、发病率等。

比例数据或间隔数据可以比较容易地被转变成次序数据或命名数据，而命名数据则很难被转化成次序数据、间隔数据或比例数据。由此可见，尽管命名数据或次序数据便于使用，易于理解，但有时不够精确，不能用于较高级的算术运算。而比例数据或间隔数据比较精确，便于计算机处理，但是在较复杂的 GIS 应用中，往往上述几种测量尺度的数据均需用到。

四、空间数据采集的任务

空间数据采集的任务是将现有的地图、外业观测成果、航空像片、遥感图像、文本资料等转换成 GIS 可以处理与接收的数字形式，通常要经过验证、修改、编辑等处理。

第三节　空间数据类型

一、地图数据

地图是 GIS 的主要数据源，因为地图包含着丰富的内容，不仅含有实体的类别和属性，而且含有实体间的空间关系。

地图数据通常用点、线、面和注记来表示地理实体及实体间的关系，如点：居民点、采样点、高程点、控制点等；线：河流、道路、构造线等；面：湖泊、海洋、植被等；注记：地名注记、高程注记等。比例尺、方向和图例是地图的三要素。地图按内容可分为普通地图和专题地图两大基本类型。

1. 普通地图　普通地图基本上是以同等详细程度表示各种自然和社会现象，主要内容有水系、地貌、土质、植被、居民地、交通线、境界线和经济文化等要素。它又可按内容的概括程度及比例尺大小进一步划分为地形图和地理图。

（1）地形图。地形图主要是指按国家制定的统一规范细则编制的国家基本比例尺地形图，内容较详细。在地形图上，地形用等高线表示，能表示地面的实际高度和起伏特征。其他要素用规定的图式符号表示。地形图有严密的大地控制基础，采用统一投影和统一分幅编号，根据国家颁布的测绘规范和图式测制。地形图是反映制图区域自然要素和社会经济要素的一般特征，内容详细均衡，强调它的共性，以满足广大用图者的要求，特别能满足用图者对于了解地形起伏方面的要求。它可有多种比例尺，我国把 1∶100 万、1∶50 万、1∶25 万、1∶10 万、1∶5 万、1∶2.5 万和 1∶1 万 7 种比例尺的地形图规定为国家基本比例尺地形图。地形图最主要的作用是为 GIS 的图形库中的地图提供基本框架。

（2）地理图。地理图的内容概括程度较高，比例尺一般较小，具有一览图的性质，在 GIS 中用得不多。

2. 专题地图　专题地图是突出表示某一种或几种主题要素或现象的地图。它不同于普通地图的是拥有固定的用图对象，侧重某一方面，以内容适应于专题要求为其特色。专题地图又可分为自然地图和社会经济地图两类。自然地图有植被图、土壤图、气候图、水文图、水系图、地质图和地貌图等。社会经济地图有政区图、人口图、经济图和道路交通图等。另外，从遥感数据得来的数字高程模型和数字正射影像图也可列入该类图。

二、遥感数据

遥感（Remote Sensing）就是遥远感知事物的意思，也就是不直接接触目标物和现象，在距离地物几千米到几百千米，甚至上千千米的飞机、飞船、卫星上，使用光学或电子光学仪器（称为遥感器）接收地面物体反射或发射的电磁波信号，并以图像胶片或数据磁带形式记录下来，传送到地面，经过信息处理、判读分析和野外实地验证，最终服务于资源勘探、环境动态监测和有关部门的规划决策，通常把这一接收、传输、处理、分析判读和应用遥感信息的全过程称为遥感技术。

遥感技术的类型往往从以下方面对其进行划分：

（一）遥感技术的类型

1. 根据工作平台层面分类

（1）地面遥感，即把传感器设置在地面平台上，如车载、船载、手提、固定或活动高架平台等；

（2）航空遥感，即把传感器设置在航空器上，如气球、航模、飞机及其他航空器和遥感平台等；

（3）航天遥感，即把传感器设置在航天器上，如人造卫星、航天飞机、宇宙飞船、空间实验室等。

2. 根据遥感探测的工作方式分类

（1）主动式遥感，即由传感器主动地向被探测的目标物发射一定波长的电磁波，然后接收并记录从目标物反射回来的电磁波；

（2）被动式遥感，即传感器不向被探测的目标物发射电磁波，而是直接接收并记录目标物反射太阳辐射或目标物自身发射的电磁波。

3. 根据记录方式层面分类 遥感分为成像遥感、非成像遥感。

4. 根据应用领域分类 遥感分为环境遥感、大气遥感、资源遥感、海洋遥感、地质遥感、农业遥感、林业遥感等。

5. 按传感器的探测范围波段分类 遥感分为紫外遥感（探测波段在 $0.3\sim0.38\mu m$）、可见光遥感（探测波段在 $0.38\sim0.76\mu m$）、红外遥感（$0.76\sim1\,400\mu m$）、微波遥感（1mm～1m）、多波段遥感。

（二）常用航天遥感数据

遥感数据是 GIS 的重要数据源。遥感数据含有丰富的资源与环境信息，在 GIS 支持下，可以与地质、地球物理、地球化学、地球生物、军事应用等方面的信息进行信息复合和综合分析。同时，遥感数据是一种大面积的、动态的、近实时的数据源。空间分辨率是指遥感影像中一个像素所代表的地面范围的大小，是衡量遥感信息和传感器性能的重要评价指标。常用的航天遥感数据有以下几种：

1. 美国陆地卫星（LANDSAT）遥感数据 陆地卫星是以探测地球资源为目的而设计的，采用近极地、近圆形的太阳同步轨道，主要搭载多光谱扫描仪（MSS）、专题制图仪（TM）和增强型专题制图仪（ETM）三种遥感器。其中：MSS 提供 4 个波段的遥感数据；TM 提供 7 个波段的遥感数据；ETM 除提供 TM 遥感数据外，还增加了一个具有 15m 地面分辨率的全色光波段（$0.50\sim0.90\mu m$）。它们的观测参数见表 3-1。

表 3-1　MSS 和 TM 的观测参数与应用

遥感器	波段	波长范围（μm）	空间分辨率（m）	覆盖范围（km^2）	重访周期（d）	主要用途
MSS	4	0.5～0.6	80			识别水体、沙地、沙洲
	5	0.6～0.7	80	185×185	16	识别植被、土壤
	6	0.7～0.8	80			识别植被、水体
	7	0.8～1.1	80			识别水陆界线、土壤含水量和作物长势

（续）

遥感器	波段	波长范围 （μm）	空间分辨率 （m）	覆盖范围 （km²）	重访周期 （d）	主要用途
TM	1	0.45～0.52	30			识别水深、水色
	2	0.52～0.60	30			识别水体、沙地、沙洲
	3	0.63～0.69	30			识别植被、土壤
	4	0.76～0.90	30	185×185	16	识别植物长势、水体轮廓
	5	1.55～1.75	30			识别植物和土壤含水量
	6	10.4～12.4	120			识别云及地表温度
	7	2.05～2.35	30			识别土地利用和岩石类型

2. 美国气象卫星遥感数据　搭载改进型高分辨率辐射仪（AVHRR），其观测参数见表3-2。

表 3-2　AVHRR 的观测参数与应用

遥感器	波段	波长范围 （μm）	空间分辨率 （km）	覆盖范围 （km²）	重访周期 （d）	主要用途
AVHRR	CH1	0.58～0.68(红)	1.1			识别植被、云、冰雪
	CH2	0.72～1.10(近红外)				识别植被、水陆界线
	CH3	3.55～3.93(热红外)		2 400×2 400	0.5	识别热点、夜间云
	CH4	10.3～11.3(热红外)				识别云及地表温度
	CH5	11.5～12.5(热红外)				识别大气及地表温度

3. 法国 SPOT 卫星遥感数据　法国 SPOT 卫星为高性能地球观测卫星，搭载两台高分辨率可见光图像扫描仪（HRV），其观测参数见表3-3。

表 3-3　HRV 的观测参数与应用

遥感器	波段	波长范围 （μm）	空间分辨率 （m）	覆盖范围 （km²）	重访周期 （d）	主要用途
HRV	XS1	0.50～0.59(绿)	20		26	识别植被、水色
	XS2	0.61～1.68(红)	20		局部重访	识别植被、土壤和岩石表面
	XS3	3.79～3.89(近红外)	20	60×60	2～3	识别植被、水体轮廓
	全色 (PAN)	0.51～0.73(可见光)	10			

4. 中国"风云一号"卫星遥感数据　"风云一号"为太阳同步气象卫星（极轨气象卫星），携带有10个通道的扫描辐射计（4个可见光通道，3个近红外通道，1个短波红外和2个长波红外通道），对地扫描幅宽2 860km，空间分辨率1.1km。"风云一号"的主要任务是获取全球昼夜云图资料及进行空间海洋水色实验，用于天气预报、提供植被指数、区分云和雪、进行海洋水色观测等。

5. 中国"风云二号"卫星遥感数据　"风云二号"为地球同步气象卫星（高轨静止气象卫星），搭载可见红外旋转辐射计（VISSR），有可见光、红外和水汽三个光谱通道，利用可见光通道可得到白天的云和地表反射的太阳辐射信息，用红外通道可得到昼夜云和地表反射的红外辐射信息，用水汽通道可得到对流层中、上部大气的分布信息，利用这些原始云图信息，可加工处理出各种图像和气象参数。

6. 中巴"资源 1 号"陆地卫星遥感数据　中巴"资源 1 号"陆地卫星即中国和巴西联合研制的"资源 1 号"地球资源遥感卫星（China Brazil Earth Resources Satellite，简称 CBERS），有效载荷包括一台 CCD 相机、一台红外多光谱扫描仪（IRMSS）、一台宽视场成像仪（WFI），其中 CCD 相机是 CBERS-1 完成对地观察任务的最重要的传感器，技术参数见表 3-4。IRMSS 是 CBERS-1 另一个重要的传感器，其主要任务是同时获取从可见光到热红外的 4 个波段的地面景物图像。WFI 由于具有较宽的观察带，可在较短的期间内对地面实现重复覆盖，因此是 CCD 相机和 IRMSS 的重要补充。

表 3-4　中巴"资源 1 号"卫星 CCD 相机技术参数

波段序号	波长（μm）	波段名称	地面分辨率（m）
1	0.45～0.52	蓝色	19.5
2	0.52～0.59	绿色	19.5
3	0.63～0.69	红色	19.5
4	0.77～0.89	近红外	19.5
全色	0.51～0.73	全色	19.5

三、全球卫星导航系统数据

全球卫星导航系统（Global Navigation Satellite System，简称 GNSS）是能在地球表面或近地空间的任何地点为用户提供全天候的三维坐标和速度以及时间信息的空基无线电导航定位系统。卫星导航定位技术目前已基本取代了地基无线电导航、传统大地测量和天文测量导航定位技术，并推动了大地测量与导航定位领域的全新发展。当今，GNSS 系统不仅是国家安全和经济的基础设施，也是体现现代化大国地位和国家综合国力的重要标志。由于其在政治、经济、军事等方面具有重要意义，世界主要军事大国和经济体都在竞相发展独立自主的卫星导航系统。

几个主要全球卫星导航系统介绍：

1. GPS　全球定位系统 GPS（Global Positioning System）是在美国海军卫星导航系统的基础上发展起来的无线电导航定位系统，具有全能性、全球性、全天候、连续性和实时性的导航、定位和定时功能，能为用户提供精密的三维坐标、速度和时间。现今，GPS 共有在轨工作卫星 31 颗，其中 GPS-2A 卫星 10 颗，GPS-2R 卫星 12 颗，经现代化改进的带 M 码信号的 GPS-2R-M 和 GPS-2F 卫星共 9 颗。根据 GPS 现代化计划，2011 年美国推进了 GPS 更新换代进程。GPS-2F 卫星是第二代 GPS 向第三代 GPS 过渡的最后一种型号，将进一步使 GPS 提供更高的定位精度。

随着科技水平的进步，无线通信技术和全球卫星定位系统（GPS）技术越来越多地应用于日常生活的方方面面。在安全监控和维护方面，无线通信（GSM）和 DGPS 技术发挥了重要作用。基于 GSM 的无线通信网络覆盖范围广，使用方便且成本低。单独的 GPS 系统、GSM 系统的车辆和人员通过无线卫星定位通信链路的移动电话用户完成车辆和人员的监控发送位置信息。

2. GLONASS　格洛纳斯（GLONASS）是俄语"全球卫星导航系统 Global Navigation Satellite System"的缩写，是由前苏联国防部独立研制和控制的第二代军用卫星导航系统，该系统是继 GPS 后的第二个全球卫星导航系统。GLONASS 系统由卫星、地面测控站和用户设备三部分组成，系统由 21 颗工作星和 3 颗备份星组成，分布于 3 个轨道平面上，每个轨道面有 8 颗卫星，轨道高度 19 000km，运行周期 11h15min。

3. GALILEO　伽利略卫星导航系统（Galileo Satellite Navigation System）是由欧盟研制和建立的全球卫星导航定位系统，该计划于 1992 年 2 月由欧洲委员会公布，并和欧空局共同负责。系统由 30 颗卫星组成，其中 27 颗工作星，3 颗备份星。卫星轨道高度为 23 616km，位于 3 个倾角为 56°的轨道平面内。2012 年 10 月，伽利略全球卫星导航系统第二批两颗卫星成功发射升空，太空中已有的 4 颗正式的伽利略卫星可以组成网络，初步实现地面精确定位的功能。GALILEO 系统是世界上第一个基于民用的全球卫星导航定位系统，投入运行后，全球的用户将使用多制式的接收机，获得更多的导航定位卫星的信号，这将无形中极大地提高导航定位的精度。

4. BDS　北斗卫星导航系统（BeiDou Navigation Satellite System）是中国自主研发、独立运行的全球卫星导航系统。该系统分为两代，即北斗一代和北斗二代系统。我国 20 世纪 80年代决定建设北斗系统，2003 年，北斗卫星导航验证系统建成。该系统由 4 颗地球同步轨道卫星、地面控制部分和用户终端三部分组成。

四、调查实测数据

在进行野外试验、实地测量时通过摄像头、传感器、观测网、GPS 接收器、无人机等设备获取的各种测量数据和试验观测数据等常常是 GIS 的较为准确资料，通过数据格式的转换可直接进入 GIS 的地理数据库中，以便于进行实时分析和进一步的应用。

五、统计数据

国家和军队的许多部门和机构都拥有不同领域（如人口、基础设施建设、兵要地志等）的大量统计资料及统计年鉴，这些都是 GIS 的数据源，尤其是 GIS 属性数据的重要来源。

六、文本资料

文本资料是指各行各业、各部门的有关法律文档、行业规范、技术标准、条文条例等，如边界条约等，这些也属于 GIS 的数据。各种文字报告和立法文件在一些管理类的 GIS 系统中有很大的应用，如在城市规划管理信息系统中，各种城市管理法规及规划报告在规划管理工作中起着很大的作用。

七、系统数据

GIS 还可以从其他已建成的信息系统和数据库中获取相应的数据。由于规范化、标准化的推广，不同系统间的数据共享和可交换性越来越强，这样就拓展了数据的可用性，增加了数据的潜在价值。

八、基于互联网的社交媒体数据

社交媒体(Social Media)指互联网上基于用户关系的内容生产与交换平台。

社交媒体是人们彼此之间用来分享意见、见解、经验和观点的工具和平台，现阶段主要包括社交网站、微博、微信、博客、论坛、播客等。此外，公交刷卡、手机银行、指纹及人像识别签到等系统也产生大量的社交媒体数据流。这一类型数据往往包含大量的文本、图片、XML、HTML、各类报表、图像、音频和视频等信息，数据结构通常不规则、不完整，不方便用数据库二维表来表现，因此是非结构化的数据。非结构化数据其格式多样，标准也是多样性的，而且在技术上非结构化信息比结构化信息更难标准化和理解，所以存储、检索、发布以及利用需要更加智能化的 IT 技术，比如海量存储、智能检索、知识挖掘、内容保护、信息的增值开发利用等。

社交媒体在互联网的沃土上蓬勃发展，爆发出令人炫目的能量，其传播的信息已成为人们浏览互联网的重要内容。社交媒体数据与 GIS 相融合可以对当今人类经济生活和社会生活的特征进行充分分析和概括，发现人群活动的差异性，并揭示潜在的规律，并已然成为现阶段 GIS 重要的数据来源之一。

第四节　空间数据采集

GIS 的核心是地理数据库，所以建立 GIS 的第一步就是将空间实体的几何数据和属性数据输入到地理数据库中，这就是 GIS 的数据采集。

GIS 需要输入两方面的数据，即几何数据与属性数据。为此需进行三方面的工作，即几何数据的采集、属性数据的采集和几何数据与属性数据的连接。

一、几何数据采集

在 GIS 的几何数据采集中，如果几何数据已存在于其他的 GIS 或专题数据库中。那么只要经过转换装载即可；对于由测量仪器获取的几何数据，只要把测量仪器的数据传输进入数据库即可，测量仪器如何获取数据的方法和过程通常是与 GIS 无关的。

对于栅格数据的获取，GIS 主要涉及使用扫描仪等设备对图件的扫描数字化。因为通过扫描获取的数据是标准格式的图像文件，大多可直接进入 GIS 的地理数据库。

从遥感影像上直接提取专题信息，需要使用几何纠正、光谱纠正、影像增强、图像变换、结构信息提取、影像分类等技术，主要属于遥感图像处理的内容。

因此，以下主要介绍 GIS 中矢量数据的采集。GIS 中矢量数据的采集主要包括地图手扶跟踪数字化与地图扫描数字化。

1. 地图手扶跟踪数字化　数字化仪(Digitizer)是地图手扶跟踪数字化的常用仪器。由电磁感应板和坐标输入控制器组成，电磁感应板的内部排列着十分细密的电路格网，见图 3-1。地图可固定在感应板上，当控制器放到感应板上时，控制器在感应板上的相对位置就转变成相对坐标传输给计算机。应用合适的软件，传输给计算机的坐标可以光标的形式显示在图形显示器上，操作者按动控制器上的按键，坐标数据就记录在计算机中，这种操作方式称为手扶跟踪数字化(Digitizing)。

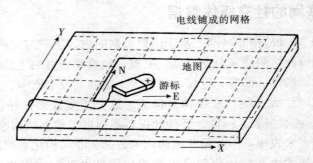

图 3-1 手扶跟踪数字化仪原理示意

跟踪数字化是目前应用最广泛的一种地图数字化方式，是通过记录数字化板上点的平面坐标来获取矢量数据的。其基本过程是：将需数字化的地图固定在数字化板上，然后设定数字化范围，输入有关参数，设置特征码清单，选择数字化方式（点方式和流方式等），就可以按地图要素的类别分别实施图形数字化了。

地图跟踪数字化时数据的可靠性和质量主要取决于操作员的技术熟练程度和操作员的情绪。操作员的经验和技能主要表现在能否选择最佳点位来数字化地图上的点、线、面要素，判断跟踪仪的十字丝与目标重合的程度等能力。为了保持一致的精度，每天的数字化工作时间最好不要超过 6h。

为了获取矢量数据，GIS 中的地图跟踪数字化软件应具有下列基本功能：

（1）图幅信息录入和管理功能。对所需数字化的地图的比例尺、图幅号、成图时间、坐标系统、投影等信息进行录入和管理。这是所采集矢量数据的数据质量的基本依据。

（2）特征码清单设置。特征码清单是指安放在数字化仪台面或屏幕上的由图例符号构成的格网状清单，每种类型的符号占据清单中的一格。在数字化时只要点中特征码清单区的符号所在的网格，就可知道所数字化要素的编码，以方便属性码的输入。地图跟踪数字化软件应能使用户方便地按自己的意愿设置和定义特征码清单。

（3）数字化键值设置。设置数字化标识器上各按键的功能，以符合用户的习惯。

（4）数字化参数定义。系统应能选定不同类型的数字化仪，并确定数字化仪与主机的通讯接口。

（5）数字化方式的选择。选择点方式还是流方式等进行数字化。

（6）控制点输入功能。提示用户输入控制点坐标，以便于进行随后的几何纠正。

2. 地图扫描数字化 扫描（Scanning）是借助一个可以来回移动的电子探头，将一张地图或者其他类型的纸张文件（如航空像片、卫星像片和其他类型的照片），以栅格方式的数字形式输进计算机的过程。扫描仪（scanner）有滚筒式和平板式两种类型，见图 3-2 和图 3-3。扫描仪的探头，在扫描地图时，实际上是在极其精细地测量来自地图的反射光强度。探头的探测面积可达 0.01mm 左右。普通的扫描仪大都按灰度分类扫描，但高级的扫描仪可按颜色分类扫描。

目前所能提供的扫描数字化软件多是半自动化的，还需做相当一部分的人机交互工作，要实现完全自动化还要做技术上的完善。地图扫描数字化的基本思想是：首先通过扫描将地图转换为栅格数据，然后采用栅格数据矢量化的技术追踪出线和面。采用模式识别技术识别出点和注记，并根据地图内容和地图符号的关系，自动给矢量数据赋以属性值。

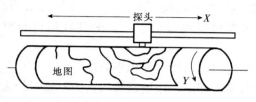

图 3-2　滚筒式扫描仪原理示意

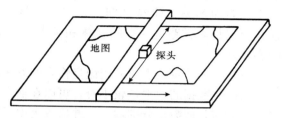

图 3-3　平板式扫描仪原理示意

如果所扫描的是彩色地图，对地图要进行分版处理，通常分为黑版要素、水系版要素、植被要素和地貌要素，也可以直接对分版图进行扫描，然后由软件进行二值化、去噪音等处理，经常需要进行一些编辑，以保证自动跟踪和识别的进行；在软件自动进行跟踪和识别时，仍必须进行部分的人机交互，如处理断线、确定属性值等，有时甚至要人工在屏幕上进行数字化。

地图扫描数字化的自动化程度高，但必须具备一些对扫描后的地图数据进行预处理的能力，同时，由于其最后结果同地图跟踪数字化的结果是相同的，因而还必须具有地图跟踪数字化所具有的一些功能。因此，其基本功能可描述为：

（1）地图扫描输入功能：能使用各种扫描仪把地图扫描数字化为栅格数据。

（2）图像格式转换和图像编辑功能：能接受不同格式的栅格数据，并具有基本的图像编辑功能。

（3）彩色地图图像数据的分版功能：能够将所扫描的彩色地图图像分成不同要素版的图像数据，以便于跟踪和识别。

（4）线状要素的矢量化功能：能够对线状要素进行细化、断线修复和跟踪，即应具有自动提取线状要素中心线的功能。由于目前的自动化程度还不够高，经常需要进行人机交互，诸如在多条线的交叉点、线划粘连及断开处等，需人机交互指明继续追踪的方向。

（5）点状符号和注记的自动识别功能：能对点状符号和注记进行自动识别，但完全自动化目前仍有困难，因此有时需要人工在屏幕上进行数字化。

（6）属性编码的自动赋值：能对已数字化的要素自动根据其符号特征赋以相应的编码，这方面目前还需要较多的人机交互。

（7）图幅信息录入与管理功能：与地图跟踪数字化一样，地图扫描数字化也需要录入图幅信息，以便于管理和质量控制。

（8）要素编码设置功能：为了能进行属性编码的自动赋值以及人机交互地进行属性编码赋值，都必须针对不同的要求进行地图要素的编码设置。

（9）控制点输入功能：为了进行数字化后的数据纠正，必须具有控制点输入功能。

与地图跟踪数字化相比，地图扫描数字化具有速度快、精度高、自动化程度高等优点，正在成为 GIS 中最主要的地图数字化方式。

二、属性数据采集

属性数据在 GIS 中是空间数据的组成部分。例如，道路可以数字化为一组连续的像素或矢量表示的线实体，并可用一定的颜色、符号把 GIS 的空间数据表示出来。这样，道路的类型就可用相应的符号来表示。而道路的属性数据则是指用户还希望知道的道路宽度、表面类型、建筑日期、人口、水管、电线、特殊交通规则和每小时的车流量等。这些数据都与道路这一空间实体相关。这些属性数据可以通过给予一个公共标识符与空间实体联系起来。

属性数据的录入主要采用键盘输入的方法，有时也可以借助字符识别软件。

当属性数据的数据量较小时，可以在输入几何数据的同时，用键盘输入；当数据量较大时，一般与几何数据分别输入，并检查无误后转入到数据库中。

三、几何数据与属性数据的连接

为了把空间实体的几何数据与属性数据联系起来，必须在几何数据与属性数据之间有一公共标识符。标识符可以在输入几何数据或属性数据时手工输入，也可以由系统自动生成（如用顺序号代表标识符）。只有当几何数据与属性数据有一共同的数据项时，才能将几何数据与属性数据自动地连接起来；当几何数据或属性数据没有公共标识码时，只有通过人机交互的方法，如选取一个空间实体，再指定其对应的属性数据表来确定两者之间的关系，同时自动生成公共标识码。

当空间实体的几何数据与属性数据连接起来之后，就可进行各种 GIS 的操作与运算了。当然，不论是在几何数据与属性数据连接之前或之后，GIS 都应提供灵活而方便的手段以对属性数据进行增加、删除、修改等操作。

四、非结构化数据采集

在知识库系统中，为了查询大量积累下来的文档，需要从 PDF、Word、Rtf、Excel 和 PowerPoint 等格式的文档中提取可以描述文档的文字，这些描述性的信息包括文档标题、作者、主要内容等。这样一个过程就是非结构化数据的采集过程。

非结构化数据的采集是信息进一步处理的基础。现在有许多开源库已经实现了从非结构化文档中采集关键信息的功能，但针对不同格式的文档，所用的开源库不尽相同。

例如，Apache POI 是 Apache 软件基金会的开放源码函式库，POI 提供 API 给 Java 程序对 Microsoft Office 格式档案读和写的功能。其结构包括：HSSF 提供读写 Microsoft Excel XLS 格式档案的功能；XSSF 提供读写 Microsoft Excel OOXML xlsx 格式档案的功能；HWPF 提供读写 Microsoft Word doc 格式档案的功能；HSLF 提供读写 Microsoft PowerPoint 格式档案的功能；HDGF 提供读写 Microsoft Visio 格式档案的功能等。

PDFBox 是 Java 实现的 PDF 文档协作类库，提供 PDF 文档的创建、处理以及文档内容提取功能，也包含了一些命令行实用工具。主要特性包括：从 PDF 提取文本；合并 PDF 文档；PDF 文档加密与解密；与 Lucene 搜索引擎的集成；填充 PDFIXFDF 表单数据；从文本文件创建 PDF 文档；从 PDF 页面创建图片；打印 PDF 文档。PDFBox 还提供和 Lucene 的集成，它提供了一套简单的方法把 PDF Documents 加入到 Lucene 的索引中去。

另外还有 parse-rtf 可以对 RTF 文件进行处理，SearchWord 可对 Word 和 Excel、PPT 文件进行处理等。

五、数据编辑

在 GIS 的数据输入过程中，通过某种输入设备采集到的数据难免会产生或引入一些差错，比如使用数字化仪进行手扶跟踪数字化的误差。即使是扫描得到的数据，也可能会有一些噪声斑块或线条出现。所以，一般要求 GIS 应具备图形与文本的编辑功能，以修正所出现的错误。

通常，大多数 GIS 的数据编辑都是比较耗时的交互式处理过程。在编辑过程中，除了要逐一修改所能发现的数据错误之外，还要进行对图形的合并、分割及数据的更新等工作。这些编辑工作可以通过把数据显示在屏幕上，然后利用键盘或数字化图板来控制数据编辑的各项操作活动。

1. 对空间数据（图形数据）**的编辑**　对图形数据进行编辑，一般应要求系统具备图幅定向、文件管理、图形编辑、生成拓扑关系、图形修饰与几何计算、图幅拼接、数据更新等功能以及设计一个用户界面友好的人机对话窗口。

（1）图幅定向。数字化过程中一项重要内容是对待数字化图幅进行图幅定向工作，将图幅坐标转化为地理坐标。因此，要求图形编辑系统应具有自动完成数字化仪坐标—地图坐标—屏幕坐标的转换功能，并且可以设置定向允许限差值，能够修改或删除定向点，输入点坐标，对定向进行数字化以及可以进行图幅定向平差并显示平差结果。

（2）文件管理。图形编辑中的文件管理是指对图形文件的读写功能。通常，在这一功能菜单中应包括：创建新文件、打开已有文件、添加文件、存储文件与更改文件名、输出图形文件等基本项目。

（3）图形编辑。这一功能要求对图形数据不仅可以进行逐点或逐线段地增、删、改操作，还可以对图形进行开窗、缩放、移动、旋转、裁剪、粘贴和拷贝等操作。同时，在图形编辑中还应能对图形进行分层显示；能针对所开窗口的任一位置，输出其地理坐标或相对于某参考点的坐标值；并且还应具备一种清除功能，以便能将各种不必要的改动清除掉。除上所述，由于对矢量数据的处理主要是以点和线为基本对象（面要素是以经线要素为基础进行处理的），所以编辑中还应具有对线段的特定处理功能，比如修改或删除某线段的一部分或全部线段的连接与断开、产生平行线、使曲线光滑以及镜面反射等功能。

（4）生成拓扑关系。能够自动使矢量数据生成拓扑关系是 GIS 与一般数字制图系统的主要区别之一。通常建立拓扑关系可以根据相应的结点和弧段经过编码由计算机自动组织成 GIS 中的线状或面状地物。例如，可由相应多边形的内部点组成的文件得到某多边形边界的左右多边形信息，从而建立线与面的拓扑关系。在图形编辑中建立拓扑关系则是使用鼠标人工装配地物或修改已建立的拓扑关系。尤其是在处理复杂地物的情况下，对图形数据的编辑中应能够让用户定义复杂地物，分解复杂地物，删除或显示复杂地物以及作多边形填充的能力。

（5）图形修饰与几何计算。编辑地图时需要根据不同的地物类型设置不同的线型、颜色和符号，还应具有注记的功能，包括设置字体大小、方向和注记位置。此外，用户有时还要根据需要自己设计一些特殊的符号存入符号库中，以便在地图整饰时调用。所以，系统应具备线型设置、颜色设置、注记设置和符号选择等功能，同时还应可以进行创建、编辑和存储符号的操作。

（6）图幅拼接。在数字化过程中，由于人为的或（和）仪器的误差影响致使两个相邻图幅的数据库在接合处产生不一致，即所谓裂隙。这种裂隙有两种情况：一种是几何裂隙；另一种是逻辑裂隙。几何裂隙是指数据库中的边界数据所分开的一个实体的两部分不能精确地彼此衔接。比如，数据不完整、重复，位置不正确、变形，比例尺问题等。逻辑裂隙则是指某个实体在一个数据库有性质 A，而在另一个数据库中却具有性质 B；或者同一实体在两个数据库中具有不同的附加信息。例如，同一条公路具有不同的宽度、空间与属性数据连接有误、属性数据不完整等问题。因此，在图形编辑系统中应定义相邻图幅的接边范围，开窗检索接边范围内的图形及属性信息，将跨接图幅和目标根据接边方向横坐标或纵坐标进行排序，对逻辑相同的实体在几何上自然连接，以消除接边误差。对于存在的逻辑上不一致的实体，则应先用交互编辑方法达到逻辑上的一致性。

（7）数据更新。为保证数据库的现势性必须进行数据更新，以防止数据的老化和不完整。这要求在对数据编辑时，能确定出数据库中哪些是发生变化的数据及变化的程度。

为了使上述 7 项编辑基本功能充分发挥出性能，系统还要求设计一个用户友好的界面以保证使人机交互操作顺利而简便地得以实现。因此，这样的用户界面至少满足以下三点要求：①图形编辑过程应采用下拉弹出式菜单驱动方式。为充分利用有限的屏幕空间菜单的弹出和取消应不破坏原有画面。此外，一个开放性系统还应具有用户自定义菜单的功能，在子菜单内直接扩充应用模块。②界面应能向用户提供实时在线帮助功能，使用户可以随时通过帮助功能得到更详细的操作说明，以帮助用户理解和处理各种可能出现的问题。③界面应能对用户的任何操作（包括错误的操作）从显示屏幕上都能做出相应的响应，应该对用户执行任何操作都有简单明确的提示说明，并且还有允许用户反悔的 UNDO 功能。

2. 对属性数据（非图形数据）**的编辑**　对图形和属性数据分别管理可以提高操作效率和数据管理的灵活性。属性数据库模式可根据任务的性质给予任意定义和修改，因此为建立属性数据与空间数据的联系，需要在图形编辑系统中，设计属性数据的编辑功能，将实体的属性数据与相应的空间数据（如点、线、面）进行连接。

一般而言，属性数据较为规范，适于采用表格形式表示，所以许多 GIS 都采用关系数据库管理系统属性数据。通常的关系数据库查询语言即通常所说的 SQL（结构化查询语言）。系统设计人员中可以适当组织 SQL 语言，建立友好用户界面，以方便用户对属性数据的输入、编辑与查询。表 3-5 为一个属性数据库管理模块的基本功能。

表 3-5　属性数据库模块

文件管理	结构设计	数据编辑	数据查询	统计报表
创建文件	设计新结构	添加数据	浏览数据	统计总数据
打开文件	修改老结构	插入数据	显示一条记录	计算平均值
添加文件	拷贝结构	删除数据	显示几列属性	统计最大值
存储文件	删除结构	修改数据	条件查询	报表设计
打印文件	合并结构	合并数据库	移动数据	多表连接查询
图示分析		查询结构信息		打印报表
退出系统		行拷贝数据		
		列拷贝数据		

除文件管理外，属性数据库管理模块的主要功能之一是用户定义地物种类的属性结构。由于 GIS 中各类地物的属性特征不同，描述它们的属性项及值域亦不相同，所以系统还应提供用户自定义数据结构的功能。比如表 3-6 、表 3-7 所示为关系结构表表示的属性数据结构，使用户易于理解和掌握，也便于制表输出。

表 3-6　属性数据关系结构

类别码	属性 1	……	……	属性 n
N_1	A_{11}	A_{12}	…	A_{1n}
N_2	A_{21}	A_{22}	…	A_{2n}
⋮	⋮	⋮		⋮
N_n	A_{n1}	A_{n2}	…	A_{nn}

表 3-7　属性数据文件结构

文件类型	字段名	类型	长度	小数位
多边形	类别码	字符型	5	
	面积	数字型	10	6
弧段	类别码	字符型	5	
	长度	数字型	10	6
点	类别码	字符型	5	

通常系统还应该具备修改结构的功能，以便对数据结构设计不合理之处进行修改。数据结构设计完成后，用户既可以在图形编辑系统中输入属性数据，也可以在属性数据库管理系统中输入属性。这两种方法输入的数据应该在同一数据库中，只是在不同数据处理模块和界面中进行。一般来说，在属性数据编辑模块中编辑属性数据比在图形编辑系统中的功能更强。因为属性管理模块不仅可以作数据插入、删除、修改等基本编辑，还具有对数据进行移动、行拷贝、列拷贝以及合并等操作。此外，采用属性数据库管理模块不但具备图形编辑系统中根据图形目标查询属性的功能，而且还能够借助 SQL 语言提供的丰富的查询语言进行多种灵活的数据库查询。用户可以浏览属性库的内容，或单独显示某几行属性数据，或某几列属性，另外还可以对多个表进行跨表连接查询。

属性库管理模块还提供了统计计算和分析报表的功能，不仅可以计算平均值、最大值、最小值等，还可以按一定要求建立报表，提供用户进行分析之用。

第五节　数据质量控制

一、数据质量概述

1. 数据质量的含义　GIS 的数据质量是指 GIS 中空间数据（几何数据和属性数据）的可靠性，通常用空间数据的误差来度量。误差是指数据与真值的偏离。

地理数据不确定性是指地理数据的误差分布特性，主要包括空间位置数据不确定性、属性数据不确定性、时域不确定性、逻辑上不一致性、数据不完整性和数据不确定性的传播，还包括建立数字化数据的精度分析模型、空间数据误差的平差模型、空间数据的不确定性模型(点、线、多边形)。地理数据不确定性和与其相近术语"测量误差"既有联系又有区别。前者指一种广义误差,地理位置误差在数值上是可度量的,而属性误差一般难以度量;后者被定义为观测值与真值之差,在数值上是可度量的误差。地理数据不确定性表示的误差范围更广泛。

2. 数据质量的基本内容

(1) 位置精度,如平面精度、高程精度等,用以描述几何数据的质量。

(2) 属性精度,如要素分类的正确性、属性编码的正确性、注记的正确性等,用以反映属性数据的质量。

(3) 逻辑一致性,如多边形的闭合精度、结点匹配精度、拓扑关系的正确性等。

(4) 完备性,如数据分类的完备性、实体类型的完备性、属性数据的完备性和注记的完整性等。

(5) 现势性,如数据的采集时间和更新时间等。

3. 研究数据质量的意义　研究 GIS 数据质量对于评定 GIS 的质量、评判算法的优劣、减少 GIS 设计与开发的盲目性都具有重要意义。如果不考虑 GIS 的数据质量,那么当用户发现 GIS 的结论与实际的地理状况相差较大时,GIS 会失去信誉。

GIS 数据质量研究的目的是建立一套空间数据的分析和处理体系,包括误差源的确定、误差的鉴别和度量方法、误差传播的模型、控制和削弱误差的方法等,使未来的 GIS 在提供产品的同时,提供产品的质量指标,即建立 GIS 产品的合格证制度。

二、空间数据误差来源

GIS 空间数据的误差可分为源误差和处理误差。

1. 源误差　源误差是指数据采集和录入中产生的误差,包括:

(1) 测量数据,包括人差(对中误差、读数误差等)、仪差(仪器不完善、缺乏校验、未作改正等)和环境差(气候、信号干扰等)。

(2) 地图数据,包括地图控制点精度,编绘、清绘或制图综合等的精度,地图数字化中纸张变形、数字化仪精度和操作员的技能等。

(3) 遥感数据,包括摄影平台、传感器的结构及稳定性和分辨率等。

(4) GPS 数据,包括信号的精度、接收机精度、定位方法和处理算法等。

(5) 属性数据,包括数据的录入、数据库的操作等。

2. 处理误差　处理误差是指 GIS 对空间数据进行处理时产生的误差,如几何纠正、坐标变换、几何数据的编辑、属性数据的编辑、空间分析(如多边形叠置等)、图形化简(如数据压缩)、数据格式转换、计算机截断误差、空间内插和矢量、栅格数据的相互转换等环节产生的误差。

三、空间数据质量控制

GIS 中的质量控制应在过程和结果两个环节,前者是尽可能减少和消除误差及错误的技术和步骤,包括数据录入前期的质量控制、数据录入过程中的实时质量控制;后者是在提交成果(数据入库)之前对所完成工作的检查,以进一步发现和改正错误,即后处理质量控制。质量控制贯穿在整个 GIS 数据采集过程中,因此应分环节实施。

1. 设计过程的质量控制　这一控制指在充分掌握资料和了解产品用途的基础上制定质量目标,在产品设计生产的每个阶段,以质量目标为根据对设计进行评议审查,对采集数据的质量做出技术鉴定和经济分析,保证设计生产过程符合规定的要求。

2. 对基础资料的质量控制　根据产品需求,选择满足质量要求的数据源,这是决定数据产品质量的关键因素。原始资料的正确处理不但可以减少数字化误差,还可以提高效率。数据源的误差范围至少不能大于产品的质量要求范围。

3. 对数据采集手段的选择　根据数据产品的应用、用户的要求和精度高低的不同,合理选择不同的数据采集手段,满足质量及经济的双重需求。

4. 对软、硬件配置的要求　用于内外业数据采集的各种软、硬件,其性能和技术指标必须满足数据采集的质量标准和技术设计书的要求,作业前后必须对其进行检验,定期检修使其符合生产的技术要求。

5. 数据采集前的准备工作　学习和理解有关技术文件,如技术设计书、数字化测绘产品质量标准、数据分类编码规定和操作技术规程等。

6. 数据采集中的监控　在数据采集的整个过程中,采取有效措施,实时地检验、预防和纠正误差和错误。该项质量控制是在建立数据精度文件和各项档案文件的制度下,按规定的各项质量指标抽取数据;利用各种统计图表工具经常而准确地掌握质量动态,以便发现问题,采取措施,防止或减少废次数据的再生。过程表和进程跟踪就是典型的预防性质量控制的实时管理方式。过程表是对建立 GIS 数据文件的过程进行详细规定。使用过程表可以确保所有操作员按照相同的程序进行。进程跟踪是利用计算机程序在数据采集过程中,通过数据之间应当具有几何关系、相联关系和数据取值范围等来限制约束数据可能出现的质量问题。

7. 结果控制　对已形成的数字化数据资料,应用 GIS 软件,对图形数据的输入、图形元素的分层处理、拓扑结构的形成、图形数据与属性数据的逻辑连接和文件格式的存储等问题,进行认真选择处理,以保证整个数据转换过程在相同环境下进行,确保源数据入库质量。

四、地理数据不确定性因素及控制

1. 原始数据不准确　这是产生不确定性数据最直接的因素。首先,物理仪器所采集的数据的准确度受仪器的精度制约;其次,在网络传输过程(特别是无线网络传输)中,数据的准确性受到带宽、传输延时、能量等因素影响;最后,在传感器网络应用与 RFID 应用等中,周围环境也会影响原始数据的准确度。

2. 使用粗粒度数据集合　很明显,从粗粒度数据集合转换到细粒度数据集合的过程会引入不确定性。例如,假设某人口分布数据库以乡为基础单位记录全国的人口数量,而某应用却要求查询以村为基础单位的人口数量,查询结果就存在不确定性。

3. 满足特殊应用目的　出于隐私保护等特殊目的,某些应用无法获取原始的精确数据,而仅能够得到变换之后的不精确数据。

4. 处理缺失值　缺失值产生的原因很多,装备故障、无法获取信息、与其他字段不一致、历史原因等都可能产生缺失值。一种典型的处理方法是插值,插值之后的数据可看作服从特定概率分布。另外,也可以删除所有含缺失值的记录,但这个操作也从侧面改变了原始数据的分布特征。

5. 数据集成　不同数据源的数据信息可能存在不一致，在数据集成过程中就会引入不确定性。例如，Web 中含很多信息，但是由于页面更新等因素，许多页面的内容并不一致。

6. 其他　对某些应用而言，还可能同时存在多种不确定性。例如，基于位置的服务 (Location-Based Service，LBS)是移动计算领域的核心问题，在军事、通信、交通、服务业等中有着广泛的应用。LBS 应用获取各移动对象的位置，为用户提供定制服务，该过程存在若干不确定性。首先，受技术手段(例如 GPS 技术)限制，移动对象的位置信息存在一定误差。其次，移动对象可能暂时不在服务区，导致 LBS 应用采集的数据存在缺失值情况。最后，某些查询要求保护用户的隐私信息，必须采用"位置隐私"等方式处理查询。

复习思考题

1. 何为空间数据？空间数据采集的任务是什么？
2. 简述空间数据的特征。
3. 空间数据类型有哪些？遥感数据的特征是什么？
4. 简述 GPS 的工作原理。
5. 空间数据采集的方法有哪些？
6. 何为数据质量？如何控制数据质量？

第四章

空间数据结构

空间数据结构是 GIS 极其重要的组成部分，也是连接现实世界和比特世界的桥梁。空间数据结构主要用来解决地理空间数据以什么样的形式存储到 GIS 中的问题。人类对现实世界的认知主要有两种模型：场模型（Field Model）和对象模型（Object Model），然后在比特世界中采用空间数据表达现实世界。本章主要讲述 GIS 中空间数据的内容、特征、表达方式，以及空间数据结构转换、数据压缩的技术方法等。

第一节 概 述

一、空间数据的基本特征

数据结构指数据组织的形式，是适合于计算机存储、管理和处理的数据逻辑结构。空间数据则是地理实体的空间位置和相互关系的抽象描述。数据结构是数据模型和文件格式之间的中间媒介，是数据模型的具体实现。空间数据结构是对空间数据进行合理的组织，以便于计算机处理。它是对数据的一种理解和解释，不说明数据结构的数据，不仅用户无法理解，计算机程序也不能正确地处理。对同样一组数据，按不同的数据结构去处理，得到的可能是截然不同的内容。空间数据结构是地理信息系统沟通信息的桥梁，只有充分理解地理信息系统所采用的特定数据结构，才能正确有效地使用系统。

空间数据描述的是现实世界各种现象的三大基本特征：空间、时间和属性特征（图 4-1）。

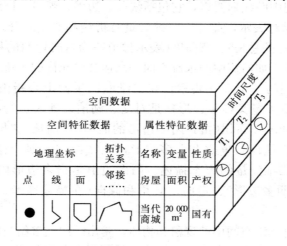

图 4-1 空间数据的基本特征

二、空间数据的类型和表示方法

随着信息和通讯技术的进步，空间数据的类型更加复杂多样。归纳起来，地理空间中的空间数据可以被分为 10 种类型。类型及相关的表示方法如下：

（1）分类或分级数据，如环境污染类型、土地类型数据，测量、地质、水文、城市规划等的分类数据等；

（2）面域数据，如多边形的中心点、行政区域界线及行政单元等；

（3）网络数据，如道路交点、街道和街区等；

（4）样本数据，如气象站，环境污染监测点，用于航空、航天影像校正的野外控制数据等；

（5）曲面数据，如高程点、等高线或等值线区域；

（6）文本数据，如地名、河流名称和区域名称；

（7）符号数据，如点状符号、线状符号和面状符号（晕线）等；

（8）音频数据，如电话录音、运动中的汽车产生的噪音；

（9）视频数据，交通路口的违章摄影、工矿企业大量使用的工业电视；

（10）图像数据，航空、航天图像，野外摄影照片等。

根据应用需求和不同的处理方法，通过矢量（点、线、面）、栅格、TIN 就可以表达上述所有类型的空间数据。尽管地理空间中的空间对象复杂多变，但通过抽象和归类，其表达方法主要有如下几种类型：

1. 矢量表达法 矢量（Vector）表达法主要表现了空间实体的形状特征，有零维矢量、一维矢量、二维矢量和三维矢量等。

零维矢量为空间中的一个点（Point），点在二维、三维欧氏空间中分别用 (x, y) 和 (x, y, z) 来表示。在数学上，点没有大小、方向。点包括如下几类实体：实体点（Entity Point，代表一个实体，如钻孔点、高程点、建筑物和公共设施）、注记点（Text Point，用于定位注记）、内点（Label Point，存在于多边形内，用于标识多边形的属性）、结点（Node，表示弧段的起点和终点）、角点（Vertex）或中间点（表示线段或弧段的内部点）。

一维矢量表示空间中的线划要素，它包括线段、边界、弧段、网络等。在二维、三维欧氏空间中用有序的坐标对表示，此外，一维矢量有折线和曲线之分。一维矢量具有如下特征：长度（从起点到终点的总长）、弯曲度（表示像道路拐弯时弯曲的程度）、方向性（开始于首结点，结束于末结点，如河流中的水流方向、高速公路允许的车流方向等）。

二维矢量表示空间的一个面状要素，在二维欧氏平面上是指由一组闭合弧段所包围的空间区域，所以二维矢量又称多边形，是对岛、湖泊、地块、行政区域等现象的描述。二维矢量的主要参数如下：面积（指封闭多边形的面积）、周长（如果形成多边形的弧段为折线，那么周长为各折线段长度之和；多边形由曲线组成，则计算方法较为复杂，如积分法）、凹凸性（用于二维矢量的形态描述。凸多边形是指多边形内所有边之间的夹角小于 180°；反之，则为凹多边形）、走向、倾角和倾向（在描述地形、地层的特征要素时常使用这些参数）。

三维矢量用于表达三维空间中的现象和物体，是由一组或多组空间曲面所包围的空间对象，它具有体积、长度、宽度、高度、空间曲面的面积、空间曲面的周长等属性。

2. 栅格表达法 栅格（Raster）表达法主要描述空间实体的级别分布特征及其位置，栅格类似于矩阵。在栅格表达中，对空间实体的最小表达单位为一个单元或像素（Cell 或 Pixel），依行列构成的单元矩阵叫栅格，每个单元通过一定的数值表达方式（如颜色、灰度级）表达诸如环境污染程度、植被覆盖类型等空间地理现象。

除了航空、航天技术获取的影像资料可以直接通过栅格加以表达外，通过矢量到栅格的转换算法，栅格表达法同样可以表达零维、一维、二维等矢量图形或地理现象。此时，零维矢量就表现为具有一定数值的栅格单元，一维矢量就表现为按线性特征相连接的一组相邻单元，二维矢量则表现为按二维形状特征连续分布的一组单元。栅格表示法的精度与分辨率有关。栅格的分辨率的大小与下面两个问题有关：①记录和存储栅格数据的硬件设备的性能。近几十年的发展证明，随着技术的进步，硬件设备的分辨率肯定会越来越高，能够满足实际应用的需求。②与实际应用需求有关。对于那些研究程度较低或者无需精确研究的地理现象而言，栅格表达法的分辨率可以相对较低；反之，分辨率高。实际上，分辨率越高，其影像就越能表达地理空间现象的细微特征。

到目前为止，矢量结构主要应用于具有强大制图功能的 GIS 系统，而栅格结构则广泛应用于图像处理系统和栅格地理信息系统。数据结构的选择主要取决于数据的性质和使用的方式。

第二节　空间数据的空间关系

一、空间关系

空间关系是指地理空间实体对象之间的空间相互作用关系。通常将空间关系分为三大类：拓扑空间关系（Topological Spatial Relationship）、顺序空间关系（Order Spatial Relationship）、度量空间关系（Metric Spatial Relationship）。

1. 拓扑空间关系 描述空间实体之间的相邻、包含和相交等空间关系。拓扑空间关系在地理信息系统和空间数据库的研究和应用中具有十分重要的意义。拓扑空间关系的建立较为容易，只需利用线段相交和包含分析等算法就可以达到建立拓扑空间关系的目的。

2. 顺序空间关系 描述空间实体之间在空间上的排列次序，如实体之间的前后、左右和东南、西北等方位关系。

在实际应用中，建立和判别三维欧氏空间中的顺序空间关系比二维欧氏空间中更加具有现实意义。三维欧氏空间中顺序空间关系的建立将为空间实体的三维可视化和虚拟环境的建立奠定必要的技术基础。

3. 度量空间关系 描述空间实体的距离或远近等关系。距离是定量描述，而远近则是定性描述。

到目前为止，对拓扑空间关系和度量空间关系的研究较为成熟，算法也较为简单，而顺序空间关系的判别方法则较为复杂，特别是在三维欧氏空间中更是如此。

二、空间数据的拓扑关系

在地理信息系统中，为了真实地描述空间实体，不仅需要反映实体的大小、形状及属性，而且还要反映出实体之间的相互关系。一般说来，通过结点、弧段、多边形就可以表达任意复杂程度的地理空间实体，而实体之间的相互关系采用拓扑关系表达。

1. 拓扑关系的意义　空间数据的拓扑关系在地理信息系统的数据处理和空间分析中具有十分重要的作用。

（1）根据拓扑关系，不需要利用坐标和距离就可以确定一种空间实体相对于另一种空间实体的空间位置关系。因为拓扑数据已经清楚地反映出空间实体间的逻辑结构关系，而且这种关系较之几何数据有更大的稳定性，即它不随地图投影而变化。

（2）利用拓扑数据有利于空间数据的查询。例如，判别某区域与哪些区域邻接，某条河流能为哪些居民区提供水源，某行政区域包括哪些土地利用类型等。

（3）利用拓扑数据进行道路的选取，进行最佳路径的计算等。

2. 拓扑关系的类型　拓扑是研究几何对象在弯曲或拉伸等变换下仍保持不变的性质（Massey，1967）。为将其应用于地理空间数据，拓扑常被解释为通过图论这一数学分支，用图表或图形来研究几何对象排列及其相互关系（Wilson，1990）。归纳起来，结点、弧段、多边形间的拓扑关系主要有如下三种：

（1）拓扑邻接，指存在于空间图形的同类图形实体之间的拓扑关系，如结点间的邻接关系和多边形间的邻接关系。在图 4-2 中，结点 N_1 与结点 N_2、N_3 相邻，多边形 P_1 与 P_2、P_3 相邻。

（2）拓扑关联，指存在于空间图形实体中的不同类图形实体之间的拓扑关系，如弧段在结点处的联结关系和多边形与弧段的关联关系。在图 4-2 中，N_1 结点与弧段 A_1、A_5、A_3 相关联，多边形 P_2 与弧段 A_3、A_5、A_6 相关联。

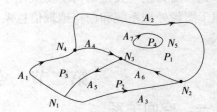

图 4-2　空间数据拓扑关系示意

（3）拓扑包含，指不同级别或不同层次的多边形图形实体之间的拓扑关系。图 4-3 中的(a)(b)(c)分别有 2、3、4 个层次。

图 4-3　拓扑包含示意

同一层次的含义是：在同一有限的空间范围内（如同一外接多边形），那些具有邻接和关联拓扑关系或完全不具备邻接和关联拓扑关系的多边形处于同一级别或同一层次。实际上，属于二维矢量的多边形与零维矢量间也存在拓扑包含，只是零维矢量空间范围内（假设零维矢量占据有限的空间）不可能存在其他多边形或点状图形实体了。

3. 拓扑关系的表示　拓扑关系是维护空间数据质量和完整性的重要手段，拓扑关系常见的表示方式有两种：

（1）拓扑规则。拓扑规则定义了空间相关的地理要素和要素类的行为，包括三种：点拓扑规则、线拓扑规则、多边形拓扑规则。拓扑规则建立的流程包括：①创建拓扑规则；②执行拓扑规则的检查(吴信才，2017)。

（2）拓扑关系九元组。九元组能够较好地描述两个空间目标的交集不为空的拓扑关系。现实世界中的两个简单实体 A 和 B，∂A 和 ∂B 分别表示 A 和 B 的边界，A_0 和 B_0 表示 A 和 B 的内部，A_E 和 B_E 表示 A 和 B 外部。

Egenhofer 构造出一个由边界、内部、余的点集组成的九交空间关系模型，利用两个空间目标的边界、内部和外部所形成的 9 个交集组成一个九元矩阵来描述。假设有两个空间目标 X_1 和 X_2，其九元矩阵可以用 $\boldsymbol{R}_9(X_1, X_2)$ 来表示。

$$\boldsymbol{R}_9(X_1, X_2) = \begin{bmatrix} \partial X_1 \cap \partial X_2 & \partial X_1 \cap X_2^0 & \partial X_1 \cap X_2^E \\ X_1^0 \cap \partial X_2 & X_1^0 \cap X_2^0 & X_1^0 \cap X_2^E \\ X_1^E \cap \partial X_2 & X_1^E \cap X_2^0 & X_1^E \cap X_2^E \end{bmatrix}$$

九元矩阵内的每一项都只有 0 和 1 两种可能性。这种扩展了的九元矩阵拓扑空间关系描述框架更加细致地、全面地描述了空间目标之间的 Connectivity 和 Include 等拓扑关系。九元矩阵仅仅用空集和非空集两种结果来区分两个空间目标内部、边界和余之间的交集，仍有一定的局限性。

三、拓扑关系建立的技术

结点、弧段、多边形拓扑关系的生成是 GIS 系统数据处理的关键步骤之一。无论是通过 TIN、DEM 模型自动生成的图形，还是数字化生成的图形，甚至从其他系统转换过来的图形，都存在着图形实体拓扑关系的生成。

（一）拓扑关系的交互式生成

这种方法是通过人机交互方式实现结点、弧段、多边形拓扑关系的建立。主要步骤如下：

（1）利用鼠标按顺序得到构成封闭多边形的弧段，最终建立多边形的拓扑结构；

（2）利用鼠标确定某一弧段两侧的左右多边形，以建立弧段的拓扑结构；

（3）利用鼠标确定包围结点的多边形，得到结点的拓扑结构。

实际上，结点与弧段间的拓扑关联还是需要由计算机来自动生成。否则，由人工来逐点、逐段建立它们之间的关系其工作量将十分巨大。

（二）拓扑关系的自动生成

1. 结点、中间点拓扑关系的生成　如果需要得到包含结点、中间点的多边形编号，可以通过"包含分析"算法解决。当然，必须先生成多边形。

2. 弧段拓扑关系的生成　要完成弧段拓扑关系的建立，需做以下工作：①得到结点、中间点的系统唯一代码，并把它们保存到数据结构中；②得到左多边形、右多边形的系统唯一代码。此步工作可以与生成多边形拓扑关系同时进行。

具体的算法如下（以图 4-4 为例）：

（1）计算出弧段 $ABCDE$ 中局部线段 AB 的角度 α；

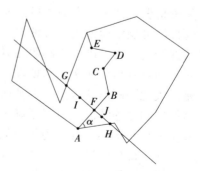

图 4-4　左、右多边形编码步骤

（2）取 AB 中点 F，并通过 F 点分别以 $\alpha+90°$（右侧）、$\alpha-90°$（左侧）的角度向两侧作线段（其实，此两线段垂直 AB），使之与多边形相交。取最近的交点 G、H，计算 GF、HF 中点 I、J 的坐标。利用包含分析判断 I、J 属于哪个多边形，就可以决定弧段 $ABCDE$ 左右多边形的编号。

3. 多边形拓扑关系的生成　如果已经完成结点的一致性检查和系统编码，就可以开始生成多边形的拓扑关系。由于同一弧段最多只能被两个多边形所共有，所以相应的算法如下（图 4-5）：

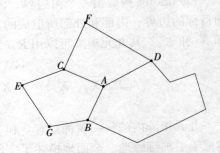

（1）得到任一结点，如 A 点。

（2）得到共用 A 结点的所有弧段，并计算所有弧段以 A 为首点，其他相邻点为末点的直线段的角度，如 AB、AC、AD 的角度（注意：B、D、C 也可能为中间点）。

图 4-5　多边形拓扑关系的建立

（3）根据角度的大小，从 X 正轴开始沿逆时针方向搜索线段，如 AD，继续沿逆时针方向搜索 AD 最近的相邻边，如 AC。得到弧段 AC 的另一结点 C，以 C 为中心重复算法（2）。从 CA 线段开始沿逆时针方向得到最近的相邻弧段 CF。再利用（2）的算法计算与 F 点有关的线段的角度。

（4）重复（2）（3）就可完成对单个多边形的追踪，如得到 $ACFDA$。

（5）得到 AD 到 AC 的多边形 $ACFDA$ 后，从 AC 边开始继续沿逆时针方向搜索弧段，如 AB。重复（2）（3）（4）就可追踪出多边形 $ABGECA$。

（6）重复（2）（3）（4）（5）就可完成对与 A 点有关的所有多边形的追踪；

（7）重复（1）（2）（3）（4）（5）（6）就可完成对所有多边形的追踪。

当然，也可以沿顺时针方向搜索多边形，即完全按顺时针方向得到某一弧段的相邻弧段，从而完成对整个多边形的追踪，并建立拓扑关系。

第三节　矢量数据结构

一、概念

矢量是表示大小及方向的量。而矢量数据结构是通过记录坐标的方式，用点、线、面等基本要素尽可能精确地表示各种地理实体。也有学者认为，基于矢量模型的数据结构简称为矢量数据结构。为了进一步阐明此概念，矢量数据结构也可解释为是利用欧几里得几何学的点、线、面及其组合体来表示地理实体空间分布的一种数据组织方式。通俗地理解，矢量数据就是代表地图图形的各离散点平面坐标 (X, Y) 的有序集合。在这种集合中，矢量数据表示的坐标空间是连续的，可以精确定义地理实体的任意位置、长度和面积等。在此，矢量结构是矢量数据结构的简称。为了对矢量数据结构有更准确的认识，应首先了解矢量数据的基本表示方法，即矢量数据点、线、面的表示方法。在地理信息系统中，地图图形元素点、线和面在二维平面上的矢量数据为：

1. 点　当地图比例尺缩小到一定程度时，某些地物可看作地图上的一个点，如城市中的饮食网点、文化场所、娱乐中心、健身场所、科研学校和医疗中心等。它用一对坐标

(X_m,Y_m)来表示某一点。

2. 线 线指地图上各种线段或线划要素的地物，如高速公路、铁路、飞机航线等，它用一串有序的(X,Y)坐标表示，即$(X_1,Y_1),(X_2,Y_2),\cdots$，对精度高的曲线可用很短的直线来逼近。

3. 面 面指地图中各种面状分布的要素，如建筑群、湖泊、土壤类型、土地利用类型等。它用一串有序的但首尾坐标相同的(X,Y)坐标表示其轮廓范围，即(X_1,Y_1)，(X_2,Y_2)，$\cdots$，(X_n,Y_n)。

例如，对于图4-6(a)所示的地图图形，其矢量数据形式表示为图4-6(b)。

(a)地图图形元素   (b)矢量形式表示

图4-6 基本图形的矢量表达

(蓝运超，1999)

矢量数据结构有实体型数据结构、拓扑型数据结构、曲面型数据结构三种主要类型。

二、实体型数据结构及编码

实体型数据结构是指在地理信息系统研究中，或在地理学研究中，对地理实体(在这里指最基本的实体，即点、线和面)数据结构的统称。由于此空间数据按照以基本的空间对象(点、线或多边形)为单元进行单独组织，不含拓扑关系数据，最典型的是面条数据结构(Spaghetti)。这种数据结构的主要特点是：

(1) 数据按点、线或多边形为单元进行组织，数据编排直观，数字化操作简单。

(2) 每个多边形都以闭合线段存储，多变形的公共边界被数字化两次和存储两次，造成数据冗余和不一致。

(3) 点、线和多边形有各自的坐标数据，但没有拓扑数据，互相之间不关联。

(4) 岛只作为一个个图形，没有与外界多边形的联系。

在介绍实体型数据特点基础上，下面对实体型数据进行更详细的描述。根据分类，主要有点实体型数据结构、线实体型数据结构和面(常用多边形的概念来代替)实体型数据结构三种类型。

(一)点实体型数据结构

点实体型数据结构本质上就是点的矢量数据结构，可表示为：

标识码	(X,Y)坐标

标识码通常按一定的原则编码，简单情况下可顺序编号。标识码具有唯一性，是联系矢量数据和与其对应的属性数据的关键字。属性数据单独存放在数据库中。在点的矢量数据结

构中也包含属性码，其数据结构为：

标识码	属性码	$(X，Y)$坐标

通常把与实体有关的基本属性（如等级、类型、大小等）作为属性码，可以有一个或多个。$(X，Y)$坐标是点实体的定位点，如果是有向点，则可以有两个坐标对。

以上是点实体数据矢量编码的标识码及属性码的部分内容，图 4-7 为点实体数据的矢量编码基本内容。

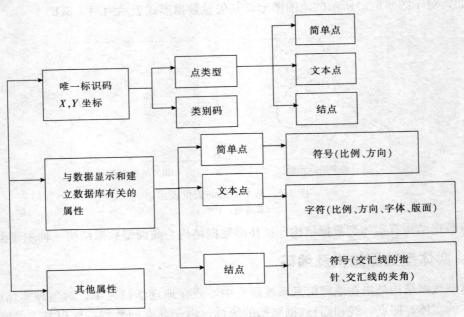

图 4-7　点实体数据的矢量结构表示

（二）线实体型数据结构

线实体型数据结构，有些参考书也称为链的矢量数据结构。线实体型数据结构可表示为：

标识码	坐标对数 n	$(X，Y)$坐标

标识码的含义与点的矢量数据结构相同。同样，在线的矢量数据结构中也可含有属性码，如表示线的类型、等级、是否要加密、光滑等。坐标对数 n 指构成该线（链）的坐标对的个数。$(X，Y)$坐标串是指构成线（链）的矢量坐标，共有 n 对，也可把所有线（链）的 $(X，Y)$坐标串单独存放，这时只要给出指向该链坐标串的首地址指针即可。

对于实线实体数据，与点实体数据一样，也存在编码问题。线实体主要用来表示线状地物，如道路、河流、地形线等符号线和多边形边界，通常也成为"弧"。其矢量编码包括以下内容：

（1）唯一标识码，用来建立系统的排列序号；

（2）线标识码，用来确定该线的类型；

（3）起点、终点，可以用点号或坐标表示；

（4）坐标对序列，确定线的形状，在一定距离内坐标对越多，则每个小线段越短，且与实体曲线越逼近；

（5）显示信息，显示时采用的文体或符号，如线的虚实、粗细等；

（6）其他非几何属性。

线与节点一起构成网络，从而产生线与线之间的连接问题，即拓扑关系中的连通性，因此还需要在线的数据结构中建立"指针"，指示其连接方向。除此之外，在节点上还应记录有交汇线的夹角，这样才能建立起真正的网络。

（三）面实体（多边形）型数据结构

面的实体数据结构类似于线的数据结构，只是坐标串的首尾坐标相同。面实体数据是描述地理空间信息的最重要的一类数据。在区域实体中，具有名称属性和分类属性的都用多边形表示，如行政区、土地类型、居民区等；具有标量属性的有时也用等值线描述（如地形、降雨量等）。

面实体数据的矢量编码不但要表示位置和属性，更为重要的是要能表达区域的拓扑性质，如形状、邻域和层次等，以便使这些基本的空间单元可以作为专题图资料进行显示和操作。由于要表达的信息十分丰富，基于面（多边形）的运算多而复杂，因此面实体矢量编码较点实体和线实体的矢量编码要复杂得多，也更为重要。

面实体的矢量编码除有存储效率的要求外，一般还要求所表示的各多边形有各自独立的形状，可以计算各自的周长和面积等几何指标，各多边形拓扑关系的记录方式要一致，以便进行空间分析，要明确表示区域的层次，如岛-湖-岛的关系等。面实体数据常见的矢量编码方法有以下几种：

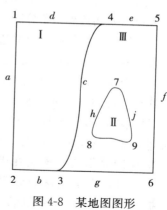

图 4-8 某地图图形

1. 坐标序列法 早期的地理信息系统软件或计算机地图制图系统常常把多边形的边界看作是线的简单闭合。这种方法的数据结构由多边形标识码及其构成多边形的坐标串组成。例如，图 4-8 所示的地图图形采用这种数据结构，其编码方式如表 4-1 所示，其坐标构成如表 4-2 所示。

表 4-1 坐标序列法编码

多边形	坐标值（有编码）
I	$X(1, 1), Y(1, 1)$
	$X(1, 2), Y(1, 2)$
	$X(1, 3), Y(1, 3)$
	$X(1, 4), Y(1, 4)$
	$X(1, 1), Y(1, 1)$
II	$X(2, 7), Y(2, 7)$
	$X(2, 8), Y(2, 8)$
	$X(2, 9), Y(2, 9)$
	$X(2, 7), Y(2, 7)$

（续）

多边形	坐标值（有编码）
	$X(2, 3)$，$Y(2, 3)$
	$X(2, 4)$，$Y(2, 4)$
Ⅲ	$X(2, 5)$，$Y(2, 5)$
	$X(2, 6)$，$Y(2, 6)$
	$X(2, 3)$，$Y(2, 3)$

表 4-2　坐标构成

多边形	坐标构成
Ⅰ	(X_1, Y_1)，(X_2, Y_2)，(X_3, Y_3)，(X_4, Y_4)
Ⅱ	(X_7, Y_7)，(X_8, Y_8)，(X_9, Y_9)
Ⅲ	(X_3, Y_3)，(X_4, Y_4)，(X_5, Y_5)，(X_6, Y_6)，(X_7, Y_7)，(X_8, Y_8)，(X_9, Y_9)

坐标序列法文件结构简单，易于实现以多边形为单位的运算和显示，此法缺点是：①多边形之间的公共边界被数字化和存储两次，增加了冗余数据，并给匹配处理带来了困难（如图 4-8 中多边形Ⅰ和Ⅲ的公共边 c）。②由于每个多边形自成体系而缺少相邻多边形信息，难以进行邻域处理，因而不能表达边界和多边形之间的关系以及相邻多边形之间的关系。③岛只作为一个单独的图形进行构造，没有建立与外围多边形的联系。但其编码与外围多边形编码，其坐标可独立构成，也是其外围多边形坐标构成部分（易混淆，被人忽略）。④不易检查拓扑错误。据上所述可知，该法的应用有一定的局限性。

2. 层次索引法　该法在坐标序列法的基础上进行逐层改进，它采用逐层索引的方法减少对公共边的数据冗余，以间接获得邻域信息。具体方法是，对多边形所有的边界点都数字化后，以顺序方式存储各点坐标和各边界编号，由点索引与边界号相联系，再用边线编号与多边形相联系，从而形成层次索引结构。以图 4-9 所示图形为例，可得表 4-3 所示的坐标构成、表 4-4 所示的层次索引法文件和图 4-10 所示的层次索引结构图。

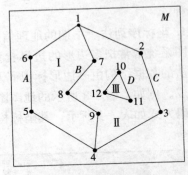

图 4-9　层次索引法示例
（朱光等，1997）

表 4-3　坐标构成

多边形	坐标构成（不带编码）
Ⅰ	(X_1, Y_1)，(X_4, Y_4)，(X_5, Y_5)，(X_6, Y_6)，(X_7, Y_7)，(X_8, Y_8)，(X_9, Y_9)
Ⅱ	(X_1, Y_1)，(X_2, Y_2)，(X_3, Y_3)，(X_4, Y_4)，(X_7, Y_7)，(X_8, Y_8)，(X_9, Y_9)，(X_{10}, Y_{10})，(X_{11}, Y_{11})，(X_{12}, Y_{12})
Ⅲ	(X_{10}, Y_{10})，(X_{11}, Y_{11})，(X_{12}, Y_{12})

表4-4 层次索引法文件

点文件		线文件		多边形文件	
点号	坐标(X, Y)	线号	点号	多边形号	边线号
1	(X_1, Y_1)	A	1, 4, 5, 6	I	A, B
2	(X_2, Y_2)	B	1, 4, 7, 8, 9	II	B, C, D
…	…	C	1, 2, 3, 4	III	D
12	(X_{12}, Y_{12})	D	10, 11, 12		

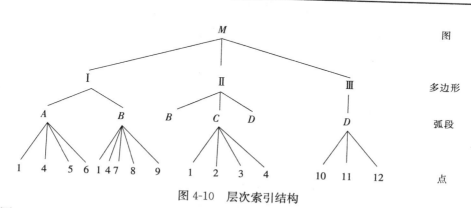

图4-10 层次索引结构

以图4-11表示图4-9结点(N)、弧(C)、多边形(P)之间的拓扑关系。

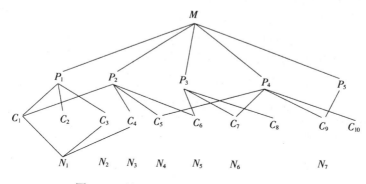

图4-11 结点、弧、多边形之间的拓扑关系

由上述图表可知，层次索引法消除了相邻多边形边界的数据冗余和不重合问题，可以直接对复杂边界线简化或合并相邻多边形。而对有关邻域信息和岛多边形信息的获取可以通过对多边形文件的线索引处理得到，但是这样做较为繁琐，给邻域函数计算、消除无用边、处理岛多边形信息以及检查拓扑关系带来一定的困难，而且工作量大时容易出错。

三、拓扑型数据结构

拓扑型数据结构包括 DIME（对偶独立地图编码法）、POLYVRT（多边形转换器）、TIGER（地理编码和参照系统的拓扑集成）等。它们共同的特点是：点是相互独立的，点连成线，线连成面。每条线始于起点（FN），止于终止结点（TN），并与左右多边形（LP 和 RP）相邻接。构成多边形的线又称为链段或弧段，两条以上的弧段相交的点称为结点，由一条弧段组成的多边形称为岛，多边形中不含岛的多边形称为简单多边形，表示单连通区域，含岛区的多边形称为复合多边形，表示复连通区域。在复连通区域中，包括由外边界和内边界，岛区多边形看作是复连通区域的内边界，复连通区域的内边界多边形对应的区域含有平面上的无穷个点。该数据结构的基本元素如图 4-12 所示。

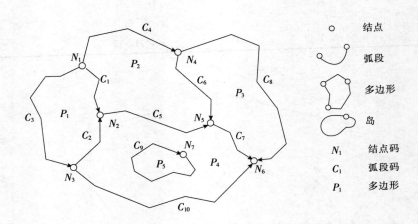

图 4-12　拓扑型数据结构图形的基本元素
(黄杏元等，2008)

在这种数据结构中，弧段或链段是数据组织的基本对象，弧段文件由弧段记录组成，每个弧段记录包括弧段标识码、起结点(FN)、终结点(TN)、左多边形(LP)和右多边形(RP)。结点文件由结点记录组成，包括每个结点的结点号、结点坐标与该结点连接的弧段标识码等。多边形文件由多边形记录组成，包括多边形标识码、组成该多边形的弧段标识码以及相关属性等。现以图 4-12 为例，列出拓扑数据的弧段文件格式(表 4-5 至表 4.8)

表 4-5　拓扑数据结构的弧段文件格式

弧段标识码	起结点(FN)	终结点(TN)	左多边形(LP)	右多边形(RP)
C_1	N_1	N_2	P_2	P_1
C_2	N_3	N_2	P_1	P_4
C_3	N_1	N_3	P_1	Φ
C_4	N_1	N_4	Φ	P_2
C_5	N_2	N_5	P_3	P_4
C_6	N_4	N_5	P_3	P_2
C_7	N_5	N_6	P_3	P_4
C_8	N_4	N_6	Φ	P_3
C_9	N_7	N_7	P_4	P_5
C_{10}	N_3	N_6	P_4	Φ

注：Φ 为多边形外区域。

　　节点文件结构、弧段坐标文件结构和多边形文件结构如表 4-6、表 4-7 和表 4-8 所示。

表 4-6　节点文件结构

节点代码	横坐标	纵坐标
N_1	X_1	Y_1
…	…	…

表 4-7　弧段坐标文件结构

弧段代码	坐标值
C_1	(X_1, Y_1), (X_2, Y_2), …, (X_n, Y_n)
…	…

表 4-8　多边形文件结构

多边形代码	组成弧段	面积	周长	……
P_1	C_1, C_2, C_3	…	…	…
…	…	…	…	…

　　拓扑数据结构最重要的技术特征和贡献是具有拓扑编辑功能。这种拓扑编辑功能不但保证数字化原始数据的自动差错编辑，而且可以自动形成封闭的多边形边界，为由各个单独存储的弧段组成所需要的各类多边形建立空间数据库奠定基础。

　　拓扑编辑功能包括多边形连接编辑和结点编辑，前者指顺序连接组成封闭多边形一组线段的编辑，后者则是对结点连接进行编辑（具体算法略）。

　　在形成多边形拓扑关系结构时，其编码内容应包括：①唯一标识码；②多边形标识码；③多边形指针；④相邻多边形指针；⑤全部边界的记录；⑥范围（即最小和最大的坐标值）等几个方面。

　　与实体型数据结构相比，拓扑型空间数据结构的主要特点是：①描述点、线和面的空间关系不完全依赖于具体坐标位置，如面和边界的关系、多边形相邻关系。网络连接在逻辑上很严格，不需要通过坐标值来查找、判断，空间分析、查询很方便，也无坐标值精度计算麻烦。②用拓扑表达的空间关系信息丰富、简洁，若采用其他方法会出现大量的重复数据（冗余）。③便于检查数据输入过程中的错误。线条的遗漏、多余、过短、过长，链（弧段）、多边形编号的遗憾或重复是输入矢量地图时常见、难免的错误。由于拓扑结构的严密，容易在生成拓扑结构的过程中查出数据输入的错误。

　　拓扑型空间数据的主要缺点是：①拓扑关系的建立比较复杂。若由工作人员自己建立，工作量大且易出错，因而现在已很少用人工来建拓扑关系，而由计算机去建立；②数据结构本身比较复杂。如果制作简单的地图、查询，拓扑关系优越性不大。

四、曲面数据结构

　　曲面数据结构是指对三维空间中连续分布现象的覆盖要素的一种数字表达形式，如地形、降水量、温度、磁场等。曲面数据不但需要存储覆盖要素每个观测点的位置和观测值，还需要存储这些观测点之间的关系信息（Stephen Wise，2012）。通常有两种表达曲面的方法：一种是不规则三角网（Triangulated Irregular Network，TIN）；另一种是规则格网（Grid）。

1. TIN 的曲面数据结构　TIN 常用于数字地形的表示，或者按照曲面要素的实测点分布，将它们连成三角网，三角网中的每个三角形要求尽量接近等边形状，并保证有最邻近的点构成的三角形，即三角形的边长之和最小。利用 TIN 的曲面数据结构，可以方便地进行地形分析，如坡度和坡向信息提取、填挖方计算、阴影和地形通视分析、等高线生成。

2. 规则格网的曲面数据结构　Grid 的曲面数据结构类似于矩阵形式的栅格数据，只是其属性值为地面的高程或其他连续分布现象的数值。数字高程模型(DEM)就是 Grid 的一种示例，DEM 来源于实测高程点的插值，并以栅格方式存储，由于栅格表面通常以栅格像元之间间隔均匀的格网格式存储，因此栅格像元越小，格网的位置精度就越高。

五、矢量数据结构实例——Shapefile 文件格式

Shapefile 文件是 ESRI 公司提供的一种描述空间数据的几何和属性特征的矢量数据格式(ESRI，1998)，它没有拓扑信息。一个 Shapefile 文件由一组文件组成，其中必要的基本文件包括主文件(* . shp)、索引文件(* . shx)和 dBase 表文件(* . dbf)。

(一) 主文件结构说明

主文件(* . shp)是一个直接存取变长记录的文件，其中每个记录描述一个实体的数据，称为 shape，它由文件头和实体信息两部分构成。文件头固定长度为 100 字节，描述了文件头中数据的字节位置、字段、值、类型和字节顺序，如表 4-9 所示。

表 4-9　文件头的描述

位置	字段	值	类型	字节顺序
Byte 0	File Code(文件代码)	9994	Integer	Big
Byte 4	Unused	0	Integer	Big
Byte 8	Unused	0	Integer	Big
Byte 12	Unused	0	Integer	Big
Byte 16	Unused	0	Integer	Big
Byte 20	Unused	0	Integer	Big
Byte 24	File Length(文件长度)	File Length	Integer	Big
Byte 28	Version	1 000	Integer	Little
Byte 32	Shape Type	Shape Type	Integer	Little
Byte 36	Bounding Box	X_{min}	Double	Little
Byte 44	Bounding Box	Y_{min}	Double	Little
Byte 52	Bounding Box	X_{max}	Double	Little
Byte 60	Bounding Box	Y_{max}	Double	Little
Byte 68 *	Bounding Box	Z_{min}	Double	Little
Byte 76 *	Bounding Box	Z_{max}	Double	Little
Byte 84 *	Bounding Box	M_{min}	Double	Little
Byte 92 *	Bounding Box	M_{max}	Double	Little

注：* 是未被使用的域，如果没有 Z 值或 M 值，值为 0.0。文件长度的值指的是 16 位字的个数，即文件的字节长度除以 2(包括组成文件头的 50 个 16 位字)。

在 Shape 文件中的所有非空 Shape 必须是同一种 Shape 类型。Shapefile 文件所支持的几何类型如表 4-10 所示。

表 4-10　Shapefile 文件支持的几何类型及其代码

编号	几何类型
0	Null Shape(表示这个 Shapefile 文件不含坐标)
1	Point(表示 Shapefile 文件记录的是点状目标，但不是多点)
3	PolyLine(表示 Shapefile 文件记录的是线状目标)
5	Polygon(表示 Shapefile 文件记录的是面状目标)
8	MultiPoint(表示 Shapefile 文件记录的是多点，即点集合)
11	PointZ(表示 Shapefile 文件记录的是三维点状目标)
13	PolyLineZ(表示 Shapefile 文件记录的是三维线状目标)
15	PolygonZ(表示 Shapefile 文件记录的是三维面状目标)
18	MultiPointZ(表示 Shapefile 文件记录的是三维点集合目标)
21	PointM(表示含有 Measure 值的点状目标)
23	PolyLineM(表示含有 Measure 值的线状目标)
25	PolygonM(表示含有 Measure 值的面状目标)
28	MultiPointM(表示含有 Measure 值的多点目标)
31	MultiPatch(表示复合目标)

实体信息负责记录坐标信息，它以记录段为基本单位，每一个记录段记录一个地理实体目标的坐标信息，每个记录段分为记录头和记录内容两部分。记录头的内容包括记录号(Record Number)和坐标记录长度(Content Length)两个记录项，它们的位序都是 big。记录号和坐标记录长度两个记录项都是 int 型，并且 Shapefile 文件中的记录号都是从 1 开始的。记录内容包括目标的几何类型(ShapeType)和具体的坐标记录(X，Y)，记录内容因要素几何类型的不同其具体的内容及格式都有所不同。

1. 点状目标的记录内容　Shapefile 中的点状目标由一对(X，Y)坐标构成，坐标值为双精度型(Double)，点状目标的记录内容如表 4-11 所示。

表 4-11　点状目标的记录内容

位置	字段	值	类型	数目	字节顺序
Byte 0	shape 类型	1(表示点状目标)	Integer	1	Little
Byte 4	X	X 方向坐标值	Double	1	Little
Byte 12	Y	Y 方向坐标值	Double	1	Little

2. 线状目标的记录内容　Shapefile 中的线状目标是由一系列点坐标串构成，一个线目标可能包括多个子线段，子线段之间可以是相离的，同时子线段之间也可以相交。Shapefile 允许出现多个坐标完全相同的连续点，当读取文件时一定要注意这种情况，但是不允许某个退化的、长度为 0 的子线段出现。线状目标的记录内容如表 4-12 所示。

表 4-12　线状目标（PolyLine）的记录内容

位置	字段	值	类型	数目	字节顺序
Byte 0	Shape 类型	3（表示线状目标）	Integer	1	Little
Byte 4	Box	表示当前线目标的坐标范围	Double	4	Little
Byte 36	NumParts	表示构成当前线目标的子线段的个数	Integer	1	Little
Byte 40	NumPoints	表示构成当前线目标所包含的坐标点个数	Integer	1	Little
Byte 44	Parts	记录了每个子线段的坐标在 Points 数组中的起始位置	Integer	NumParts	Little
Byte X	Points	记录了所有的坐标信息	Point	NumPoints	Little

3. 面状目标的记录内容　Shapefile 中的面状目标是由多个子环构成，每个子环是由至少 4 个顶点构成的封闭的、无自相交现象的环。对于含有岛的多边形，构成它的环有内外环之分，每个环的顶点的排列顺序或者方向说明了这个环到底是内环还是外环。一个内环的顶点是按照逆时针顺序排列的；而对于外环，它的顶点排列顺序是顺时针方向。如果一个多边形只由一个环构成，那么它的顶点排列顺序肯定是顺时针方向。每条多边形记录的数据结构与线目标的数据结构完全相同，多边形的结构被定义为 Polygon 结构，如下：

```
Polygon
{
Double [4]          Box  //当前面状目标的坐标范围，以 Xmin, Ymin, Xmax, Ymax 顺序存储
Integer          NumParts      // 当前面状目标所包含的子环的个数
Integer          NumPoints     // 构成当前面状目标的所有顶点的个数
Integer [NumParts]     Parts          // 每个子环的第一个坐标点在 Points 的位置
Point [NumPoints]      Points         // 记录所有坐标点的数组
}
```

对于一个 Shapefile 中的多边形，有以下三个重要注意事项：

（1）构成多边形的每个子环都必须是闭合的，即每个子环的第一个顶点跟最后一个顶点是同一个点；

（2）每个子环在 Points 数组中的排列顺序并不重要，但每个子环的顶点必须按照一定的顺序连续排列；

（3）存储在 Shapefile 中的多边形必须是干净的。所谓一个干净的多边形，它必须满足两点：①没有自交，这意味着属于一个环的一段不与另一个环的一段相交。一个多边形的环可能在顶点处彼此相交，但不可以在边上相交。重合的边被认为是相交的。②正确的顶点顺序。当观察者以顶点顺序沿环前进时，右边是多边形的内部。一个只有一个环的多边形，它的顶点顺序必然是顺时针的，而作为多边形中洞的环的定点顺序则是逆时针方向的，当定义在多边形中的洞同样是顺时针时，将发生"Dirty"多边形错误。这会导致内部的重叠。

线状目标的记录内容如表 4-13：

表 4-13　面状目标的记录内容

位置	字段	值	类型	数目	字节顺序
Byte 0	Shape 类型	5（表示面状目标）	Integer	1	Little
Byte 4	Box	表示当前面状目标的坐标范围	Double	4	Little
Byte 36	NumParts	表示构成当前面状目标子环的个数	Integer	1	Little
Byte 40	NumPoints	表示构成当前面状目标所包含坐标点的个数	Integer	1	Little
Byte 44	Parts	记录了每个子环的坐标在 Points 数组中的起始位置	Integer	NumParts	Little
Byte X	Points	记录了所有的坐标信息	Point	NumPoints	Little

注：$X = 44 + 4 * \text{NumParts}$

（二）索引文件结构说明

索引文件（. shx）主要包含主文件的索引信息，文件中每个记录包含对应的坐标文件距离文件头的偏移量。通过索引文件可以很方便地在主文件中定位到指定目标的坐标信息。

索引文件也是由文件头和实体信息两部分构成，其中文件头部分是一个长度固定（100 bytes）的记录段，其内容与主文件的文件头基本一致。实体信息以记录为基本单位，每一条记录包括偏移量（Offset）和记录段长度（Content Length）两个记录项，它们的字节按照 Big Endian（Sun 或 Motorola）字节顺序，两个记录项都是 int 型（表 4-14）。

表 4-14　索引文件的结构

位置	字段	值	类型	字节顺序
Byte 0	位移量（Offset）	表示主文件中对应记录的起始位置相对于主文件起始位置的位移量	int 型	Big
Byte 4	记录长度（Content Length）	表示主文件中对应记录的长度	int 型	Big

（三）dBase 表文件结构说明

dBase 表文件（. dbf）用于记录属性信息，它是一个标准的 DBF 文件，也是由文件头和实体信息两部分构成。文件头部分的长度是不定长的，它主要对 DBF 文件作了一些总体说明，其中最主要的是对这个 DBF 文件的记录项的信息进行了详细地描述，比如对每个记录项的名称、数据类型、长度等信息都有具体的说明。dBase 表可以记录任意字段，但必须符合以下三个要求：

（1）文件名必须与主文件和索引文件形同，后缀必须是 dbf；

（2）表中每一个 Shape 要素必须有一条记录；

（3）记录顺序必须与主文件中的 Shape 要素相对应。

此外，dBASE 文件头中的年份数据必须是从 1900 开始，更多信息请参阅 www. inprise. com。

第四节　栅格数据结构

一、概念

栅格数据结构指将空间分割成有规则的网格，称为栅格单元，在各个栅格单元上给出相应的属性值来表示地理实体的一种数据组织形式。要想理解栅格数据结构，需对栅格数据结构有关的概念加以理解，下面为栅格数据模型的基本要素(张康聪，2016)：

1. 像元值　栅格中的每个像元带有一个值，它代表由该行该列所决定的该位置上空间现象的特征，可以是整型或浮点型数据。

2. 像元大小　像元大小指栅格边长代表的实地距离，它决定了栅格数据的分辨率，如10m像元意味着每个像元为 $100m^2$。

3. 栅格波段　栅格数据可能具有单波段或多波段，单一波段栅格数据中每个像元只有一个像素，如高程栅格；多波段栅格数据中的每个像元与一个以上像元值相关联，如卫星影像。

4. 空间参考　栅格数据必须具有空间参考信息，这样在 GIS 中才能与其他空间数据集进行空间配准。

在对栅格数据有关概念加以解释后，可以对栅格数据结构加以进一步认识。栅格数据结构表示的是二维表面上地理要素的离散化数值，每个网格对应一种属性。在该结构中，点由一个单元网格表示，其数值与邻近网格值明显不同。而线段由一串有序的相互连接的单元网格表示，各个网格的值比较一致，但与邻域的值差异较大。常见的栅格数据类型有卫星影像、数字高程模型、数字正射影像、二值图像、数字栅格图等。

另外，栅格数据的基本表示方法也很重要。当把地图图形数据以栅格形式保存于计算机中时，栅格矩阵中每个像素的灰度值的确定，根据每个栅格取值方法的不同，分为中心归属法、长度占优法和面积占优法三种。中心归属法指每个单元的值根据该栅格中心点所在面域的属性确定；长度占优法指每个栅格单元的值，根据栅格中心占据该栅格单元的大部分决定；单位栅格面积占优法指每个栅格单元的值根据占据该栅格单元面积的最大实体代码表示。栅格数据结构的编码是对栅格数据的管理，可分为直接栅格编码结构、游程编码结构、链式编码结构和四叉树编码结构。

二、直接栅格编码结构

直接栅格编码结构也可以理解为栅格矩阵结构，指对栅格数据不用压缩而采取的编码形式。步骤如下：栅格像元组成栅格矩阵，用像元所在的行列号来表示其位置，通常以矩阵左上角开始逐行逐列存储，记录代码。可以从左到右逐像元记录，也可以奇数行从左到右而偶数行由右到左来记录(图 4-13)。

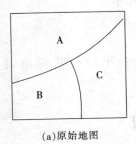

(a)原始地图　　　　　　　(b)栅格化　　　　　　(c)栅格数据编码

图 4-13　直接栅格编码例图

(蓝运超等，1999)

三、游程编码结构

游程指相邻同值网格的数量，游程编码结构是逐行将相邻同值的网格合并，并记录合并后网格的值及合并网格的长度，其目的是压缩栅格数据量，消除数据间的冗余。游程编码结构的建立方法是：将栅格矩阵的数据序列 X_1，X_2，X_3，…，X_n 映射为相应的二元组序列 $(A_i，P_i)$，$i=1$，…，k，且 $k \leqslant n$。其中，A 为属性值，P 为游程，K 为游程序号。例如将图 4-13 的栅格矩阵结构转换为游程编码结构，如图 4-14 所示。

2	2	5	5
2	7	5	5
7	7	7	5
5	5	5	5

二元映射 →

序号	二元组序列
1	（2，2）
2	（5，2）
3	（2，1）
4	（7，1）
5	（5，2）
6	（7，3）
7	（5，5）

图 4-14 游程编码表示栅格矩阵数据

这种数据结构特别适用于二值图像的表示，如图 4-15 所示。游程编码能否压缩数据量，主要决定于栅格数据的性质，通常可通过事先测试，计算图的数据冗余度 R_e：

$$R_e = 1 - Q/(m \times n)$$

式中：Q 为图层内相邻属性值变化次数的累加和；m 为图层网格的行数；n 为图层网格的列数。

当 R_e 的值大于 0.2 的情况下，表明栅格数据的压缩取得明显的效果。

2	2	2	2
2	0	0	0
0	1	1	1
1	0	0	0
0	0	1	1

二元映射 →

序号	二元组序列
1	（2，5）
2	（0，4）
3	（1，4）
4	（0，5）
5	（1，2）

图 4-15 游程编码表示二值图像数据

游程长度压缩编码步骤：在同一行内先按列扫描，如果整行的单元值都相同，那么单元组、长度(一般取列数)、行号记下后，这一行就扫描完毕。若从第一列开始到某列单元值有变化，就将前面取值相同的列数和该值记下，即编码为单元值、长度(列数)、行号，专业上称作一个游程(或往程)。然后再扫描，随后把行内某一段取值相同的单元值组成一游程，直到该行结束，并逐行地将网格都扫描完毕，以表 4-15 为例。

表 4-15　游程长度编码实例

A：单一栅格编码(20项)						B：游程长度编码(24项)		
	1	2	3	4	5	值	长度	行号
1	A	A	B	B	B	A	2	1
2	A	C	C	B	B	B	3	1
3	C	C	C	B	B	A	1	2
4	B	B	B	B	B	C	2	2
						B	2	2
						C	3	3
						B	2	3
						B	5	4

　　以上例子只是说明游程长度编码方法，数据多，且有重叠时，用游程压缩编码可大大减少数据输入次数，方便地加以识别。

四、链式编码结构

　　链式编码又称为霍夫曼编码，指将线状地物或区域边界表示为：由某一起点和一系列在基本方向上的单位矢量组成，单位矢量的长度默认为一个栅格单元，每个后续点可能位于其前续点的 8 个基本方向之一（图 4-16）。

　　具体编码过程为：首先自上而下，从左向右寻找起始点，值不为零，且没有被记录过的点为起始点，记下该地物的特征码及其点的行列数。然后按顺时针方向寻找相邻的等值点，并按 8 个方向进行编码。对于已经被记录的栅格单元，可将其属性代码值置为零。如果遇到不能闭合的线段，结束后可返回到起始点，重新开始寻找下一个线段。用链式编码结构，则图 4-17 可记录为：1、3、5、6、1、7。其中，前两位数字为起点位置，1 列 3 列，从第三位数字起，记录单位矢量的方向。由于链式编码可以有效地压缩栅格数据，尤其对于计算面积或长度或转折方向的凸凹度等运算较为方便，比较适合存储图形数据。缺点是：在进行叠加操作时，对边界的合并和输入等修改编辑工作比较困难，对局部的修改要涉及改变整体结构，因此效率较低。另外，由于链式编码是以每个区域为单位存储边界，所以相邻边界将被存储两次而产生数据冗余，这对于链式编码应用也有限制作用。

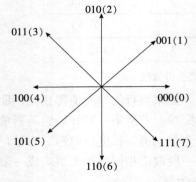

图 4-16　霍夫曼编码的 8 个基本方向　　　　图 4-17　栅格像元表示线

五、四叉树编码结构

四叉树编码结构的基本思想是首先把一幅图像或一幅栅格地图($2^n \times 2^n$，$n>1$)等分成四部分，逐块检查其格网值，如果某个子区的所有格网都具有相同的值，则这个子区就不再往下分割，否则，把这个区域再分割成 4 个子区域，递归地分割下去，直到每个子块都只含有相同的灰度或属性值为止，这样最后结果可得到一颗四分叉的倒向树。四叉树编码正是通过这种树状结构来记录和压缩栅格数据，以此种结构实现查询、修改和量算等操作。如图 4-18 所示的栅格数据，经过四叉树编码得到图 4-19 所示。

7	7	7	6	6	6	6	6
7	7	7	7	6	6	6	6
7	7	7	7	7	6	6	6
4	4	4	4	4	6	6	6
4	4	4	7	4	6	6	6
4	4	4	6	6	6	6	6
0	0	4	4	6	6	6	6
0	0	0	0	6	6	6	6

图 4-18　栅格数据

7	7	7	6	6	6	6	6
7	7	7	7	6	6	6	6
7	7	7	7	7	6	6	6
4	4	4	4	4	6	6	6
4	4	4	7	4	6	6	6
4	4	4	6	6	6	6	6
0	0	4	4	6	6	6	6
0	0	0	0	6	6	6	6

图 4-19　四叉树编码结构象限图

在图 4-19 中，各个子图像的大小不同，它们是由组成该子象限的具有相同代码的栅格像元构成的子块而决定。在图 4-20 中最上面的结点称作根结点，它对应于整个图形区域。在此例中，共划出四层结点，每层结点对应于不同尺寸的子象限。如第二层的 4 个结点对应于整个图形区域的 4 个象限，分别记作：西北(NW)象限＝2；东北(NE)象限＝3；西南(SW)象限＝0；东南(SE)象限＝1。若某个象限仅含一种属性代码时，就不再继续划分，即被记为叶结点或终止结点。叶结点可以落在任意层上，它表示的区域仅具有单一类型的地物或符合既定要求的少数几种地物。图 4-20 所示的四叉树结构中，共有 43 个叶结点，这说明原栅格数据图被划分为 43 个大小不等的子象限。每个叶结点下的数字表示该子象限代表区域的属性代码。每个结点上方的数字表示该子象限的地址编码。如图 4-20 中，共分割层次数 $n=3$，所得到四叉树的最大层数为 $n+1=4$。这也说明象限递归分割层次数为 n，则可得到结点的最大层次数为 $n+1$。

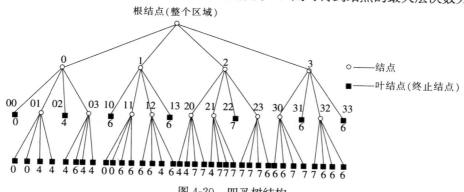

图 4-20　四叉树结构

(朱光等，1997)

在对图 4-20 图形的四叉树编码过程中，位于结点层次较高的子象限尺寸较大，说明其分解深度小，也即分割次数少，而低层次上的象限尺寸就较小，反映其分解深度大即分割次数多。这样编码后，可反映出整个图形区域的空间地物分布情况，在某些位置上单一地物分布较广，则采用较少的分割次数。在地物较复杂、变化较大的区域，则用加深分解深度、增加分割次数的方式编码。

通常定义从根结点到叶结点的路径可以按照象限递归分割的顺序编号进行。无论分割到哪一层，总是用 0、1、2、3 分别表示 SW、SE、NW、NE 四个象限的编号，只是每个子象限（子结点）编号的前缀必须为其父象限（父结点）的编号。如图 4-21 所示地址编号为 113 的子象限，就表示它为经过 3 次分割象限后，在第 3+1 层象限中的一个子象限。子象限的意思是，经过第一次分割象限，该子象限位于 SE 象限，记作 1，经过第二次分割象限，该子象限位于 SE 象限，记作 1，再经过第三次分割象限，落于 NE 象限，记作 3。

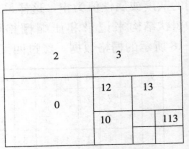

图 4-21 四叉树地址编码

通常每个叶结点的地址编号在计算机中是用二进制数来表示的，在每一层上的象限位置（0，1，2，3）均可用两位二进制数写出，例如，0 记作 00，1 记作 01，2 和 3 分别记作 10 和 11。图 4-21 中，编号为 113 的子象限（叶结点）的地址可用二进制表示为 010111。

一般而言，对数据的压缩是以增加运算时间为代价的。直接栅格编码简单明了，可直观地反映栅格图像数据，但数据冗余太大。游程压缩编码在很大程度上压缩数据，也可较大限度地保留原始栅格结构，而且编码解码容易。链式编码的压缩效率较高，已接近矢量结构，对边界的运算比较方便，但是不具备区域的性质，区域运算较困难。四叉树编码有区域性质，压缩效率比较高，可进行大量的图形图像运算，且效率较高，使用日益广泛。

六、栅格数据结构实例——Grid 文件格式

格网是 Esri 栅格数据的原生存储格式，通常包含以下两种类型的格网：整型和浮点型。整型格网多用于表示离散数据，浮点型格网则多用于表示连续数据。

整型格网的属性存储在它的属性表（VAT）中。格网中的每个唯一值对应于表中的一条 VAT 记录。该记录存储了这个唯一值（value 是表示特定类或像元分组的整数）和它所表示的格网像元数（count）。例如，如果栅格中共有 11 个代表水域的值是 1 的像元，则在 VAT 中，这些像元将显示为一条 value=1 和 count=11 的记录（图 4-22）。

浮点型格网没有 VAT，因为格网中的像元可以是给定范围的任意值。此格网类型中的像元不能整齐地落在各个离散类别中。像元值用于描述其所在位置的属性。例如，在使用米作为单位的表示高程的高程数据格网中，像元值 10.166 2 代表其所在位置高于海平面大约 10 m。

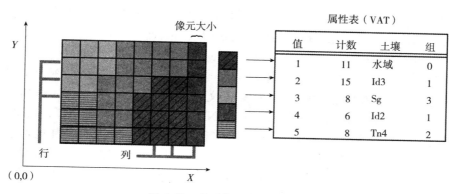

图 4-22　整型格网属性数据表

（一）格网数据结构

格网由分块栅格数据结构实现，其中数据存储的基本单位为矩形像元块。块以压缩形式和长度可变的文件结构（也称为分块）存储在磁盘上。每个块都作为一个长度可变的记录来存储。

格网分块的大小基于创建时格网的行数和列数。分块大小的上限由应用程序设置，并且非常大（当前设置为 4 000 000×4 000 000 像元）。因此，GIS 应用程序使用的多数格网会自动存储在单个分块中。如果创建时格网的大小大于分块大小的上限，则格网的空间数据会跨多个分块自动分割。

格网的分块存储结构支持对较大栅格数据集进行顺序和随机的空间访问。分块结构不会限制格网的联合分析。不同格网的分块和块也不必为了联合分析而在地图空间中重合。格网的分块和块对用户完全隐藏，用户始终将格网作为统一方形像元的无缝栅格进行创建和操作。

格网使用游程栅格压缩方案，其在块级别上可自适应。测试每个块以确定将为块使用的深度（位/像元），并确定更为有效的存储技术（按像元或已编码的游程），以需要较少磁盘空间的格式存储块。自适应压缩方案是最佳选择，因为在使用这两种数据类型支持联合分析时，其能够有效地表示同类分类数据和异类连续数据。单一图层每个像元的操作（例如数据重分类）无需解压缩即可直接运行数据。对压缩输入图层进行的多图层每个像元操作，使不同图层的数据进行相交，并对相交的运行进行操作。单个图层每个邻近地区的操作以及将压缩数据与未压缩数据混合在一起的多图层每个像元操作，可将运行扩展到像元，并以透明的方式执行传统的按像元处理（图 4-23）。

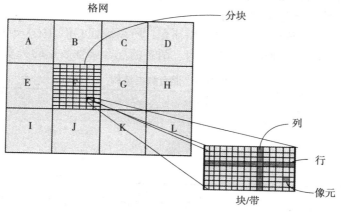

图 4-23　格网数据结构

格网的分块-块结构对访问格网中的空间数据的任何应用程序也是透明的。通过设置地图坐标中定义的矩形窗口，操作格网的程序可访问空间数据。

（二）格网数据存储

格网存储在 ArcInfo 工作空间中（图 4-24）。与 coverage 相似，格网以独立的目录形式存储，并带有包含特定格网信息的关联表和文件。在整型格网目录（通常由 ArcInfo Workstation 创建）中，可找到以下表和文件：BND 表，其存储格网的边界；HDR 文件，其存储用于描述格网的特定信息，例如像元分辨率和分块系数；STA 表，其包含格网的统计数据；VAT 表，其存储与格网区域关联的属性数据；日志文件（LOG），其监视格网上所发生的活动；分块文件 w001001.adf（q0x1y1），其存储像元数据和随附的索引文件 w001001x.adf（q0x1y1x），该索引文件可为分块和 LOG 中的块建立索引。

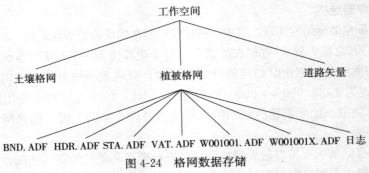

图 4-24　格网数据存储

如果更改格网，则文件和表中所包含的值和信息会立即更新。Info 表中所包含的信息允许用户访问，并提供了有关格网的信息。

第五节　矢量和栅格一体化数据结构

一、概念

（一）栅格和矢量数据结构的比较与选择

空间数据的栅格结构和矢量结构是表达地理信息截然不同的两种方法，各自都有一定的优点和局限性，因此二者同时存在，不能相互代替。

（二）矢量和栅格一体化数据结构

栅格数据结构和矢量数据结构可以互相补充，所以现代 GIS 中（Arc/Info）既含有栅格结构又保持矢量结构，形成一种混合数据结构，两者的混合属性数据的关系如表 4-16 所示。

表 4-16　混合数据结构

混合数据结构	
ID	Vector 数据
	Raster 数据
	属性数据

对于一个与遥感相结合的地理信息系统来说，栅格结构是必不可少的，因为遥感影像是以像元为单位的，可以直接将原始数据或经处理的影像数据纳入栅格结构的地理信息系统。

而对地图数字化、拓扑检测、矢量绘图等，矢量数据结构又是必不可少的。较为理想的方案是采用两种数据结构，即栅格结构和矢量结构并存，用计算机程序实现两种结构的高效转换。

（三）矢量和栅格一体化的概念

对于面状地物，矢量数据用边界表达的方法将其定义为多边形的边界和一内部点，多边形的中间区域是空洞。而在基于栅格的 GIS 中，一般用元子空间充填表达的方法将多边形内任一点都直接与某一个或某一类地物联系。显然，后者是一种数据直接表达目标的理想方式。对线状目标，以往人们仅用矢量方法表示。

事实上，如果将矢量方法表示的线状地物也用元子空间充填表达的话，就能将矢量和栅格的概念辩证统一起来，进而发展矢量栅格一体化的数据结构。假设在对一个线状目标数字化采集时，恰好在路径所经过的栅格内部获得了取样点，这样的取样数据就具有矢量和栅格双重性质。一方面，它保留了矢量的全部性质，以目标为单元直接聚集所有的位置信息，并能建立拓扑关系；另一方面，它建立了栅格与地物的关系，即路径上的任一点都直接与目标建立了联系。

因此，可采用填满线状目标路径和充填面状目标空间的表达方法作为一体化数据结构的基础。每个线状目标除记录原始取样点外，还记录路径所通过的栅格；每个面状地物除记录它的多边形周边以外，还包括中间的面域栅格。

无论是点状地物、线状地物，还是面状地物均采用面向目标的描述方法，因而它可以完全保持矢量的特性，而元子空间充填表达建立了位置与地物的联系，使之具有栅格的性质。这就是一体化数据结构的基本概念（图 4-25）。从原理上说，这是一种以矢量的方式来组织栅格数据的数据结构。

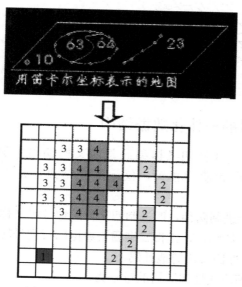

图 4-25　矢量和栅格一体化的概念

二、分离式矢量和栅格一体化数据结构

矢量、栅格混合数据结构有多种形式，最简单最直接的形式是对矢量和栅格数据不作任

何特殊处理，分别以它们各自的数据结构存储，需要时将它们调入到内存，进行统一的显示、查询和分析。这种处理方式在许多系统中均已实现，特别是遥感影像或航空影像或扫描的栅格地图，作为矢量 GIS 的一个背景层，成为了 GIS 的一个必备的功能。这种结合方式在数据结构上不存在问题，而在矢量与栅格结合处理的功能上，因系统而异。

比较高级的功能是栅格层不仅可以是以 byte 存储的影像，而且可以是任意数值或字符的地物编码，这样可以进行矢量和栅格的联合查询与分析。如图 4-26 所示，上面一层是矢量形式的行政边界，中间一层是土地利用覆盖层，最下一层是两层的叠加显示。若要查询某个县的土地利用状况，则通过县区的边界搜索该区域内各种土地利用的类型，则可得到统计结果。这种方法省去了两层矢量数据复杂的叠置分析。

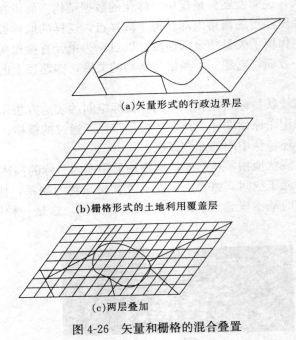

(a)矢量形式的行政边界层

(b)栅格形式的土地利用覆盖层

(c)两层叠加

图 4-26　矢量和栅格的混合叠置

三、基于线性四叉树的一体化数据结构

1. 线性四叉树数据结构　线性四叉树编码是四叉树编码中最常用的一种。它的基本思想是：不需记录中间结点和使用指针，仅记录叶结点，并用地址码表示叶结点的位置。

线性四叉树有四进制和十进制两种，四进制四叉树的地址码又称 Morton 码。

为了得到线性四叉树的地址码，首先将二维栅格数据的行列号转化为二进制数，然后交叉放入 Morton 码中，即为线性四叉树的地址码。

把一幅 $2^n \times 2^n$ 的图像压缩成线性四叉树的过程为：

(1) 按 Morton 码把图像读入一维数组；

(2) 相邻的四个象元比较，一致的合并，只记录第一个像元的 Morton 码；

(3) 比较所形成的大块，相同的再合并，直到不能合并为止。

对用上述线性四叉树的编码方法所形成的数据还可进一步用游程长度编码压缩，压缩时只记录第一个像元的 Morton 码。

解码时，根据 Morton 码就可以知道像元在图像中的位置（左上角），本 Morton 码和下一个 Morton 码之差即为象元个数。知道了像元的个数和像元的位置就可恢复出图像了。

2. 线性四叉树编码　为了克服常规四叉树占用存储空间大的缺点，人们提出了线性四叉树的算法。线性四叉树只存储最后叶结点的信息，即结点的位置、大小和灰度。叶结点位置采用基于四进制的 Morton 码表示（加拿大学者 Morton 于 1966 年提出）；叶结点的大小用结点的深度或层次表示。Morton 码又称为 M 码。在 M 码的基础上生成线性四叉树的方法有两种：

（1）自顶向下（top-down）的分割方法：按常规四叉树的方法进行，并直接生成 M 码；

（2）从底向上（down-top）的合并方法：首先按 M 码的升序排列方式依次检查四个相邻 M 码对应的属性值。如果相同，则合并为一个大块；否则，存储四个格网的参数值（M 码、深度、属性值）。第一轮合并完成后，再依次检查四个大块的值（此时，仅需检查每个大块中的第一个值），若其中有一个值不同或某子块已存储，则不作合并。通过上述方法，直到没有能够合并的子块为止。在合并过程中，扫描顺序如图 4-27 所示。

II	Ib	JJ	0	1	2	3	4	5	6	7
		Jb	000	001	010	011	100	101	110	111
0	000		000	001	010	011	100	101	110	111
1	001		002	003	012	013	102	103	112	113
2	010		020	021	030	031	121	121	130	131
3	011		022	023	032	033	122	123	132	133
4	100		200	201	210	211	300	301	310	311
5	101		202	203	212	213	302	303	312	313
6	110		220	221	230	231	320	321	330	331
7	111		222	223	232	233	322	323	332	333

图 4-27　Morton 码的扫描顺序

线性四叉树编码的优点是：压缩效率高，压缩和解压缩比较方便，阵列各部分的分辨率可不同，既可精确地表示图形结构，又可减少存贮量，易于进行大部分图形操作和运算。缺点是：不利于形状分析和模式识别，即具有图形编码的不定性，如同一形状和大小的多边形可得出完全不同的四叉树结构。

四、Peuauet 矢量和栅格一体化数据结构

Peuauet 于 1981 年发明了一种混合结构，称 Vaster Data Model，是 Vector 与 Raster 数据结构的组合，它同时兼有矢量和栅格结构的特点。这些数据结构的基本逻辑单元是条带，当数据按栅格方式组织时，每一个条带在 Y 方向有固定的宽度，并对应着一组邻接的线划，每个条带包含有栅格成分，也有矢量成分。这两种成分用同样的栅格分辨率进行记录，每个条带的前沿（最小 Y 值）记录为栅格格式的单个扫描行，并作为条带的索引记录；其中包含每根线条的标识符和交点的 (X, Y) 坐标，所使用的栅格编码模式包含了地图线划在同一个

记录中的所有交点，这样便于在一个条带的栅格部分与矢量部分之间作有效地连接。这里除了嵌套多边形以外，还允许各种线划结构。条带中其余部分的数据按矢量格式进行记录。在每个条带中所包含的各个矢量按扫描行交点顺序以 X 增大的方向排列，位于一条带内部的多边形单独列出来，在索引记录中所标出的每条线的交点顺序地作为条带中每条矢量线段的端点(图 4-28)，这里栅格实际起索引作用。

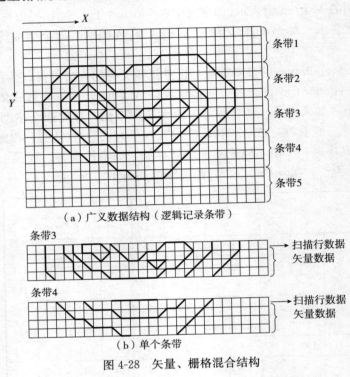

（a）广义数据结构（逻辑记录条带）

（b）单个条带

图 4-28　矢量、栅格混合结构

第六节　矢量与栅格的转换

栅格数据结构和矢量数据结构都有一定的优点和局限性（表 4-17）。在地理信息系统建立过程中，应根据应用目的和应用特点，选择合适的数据结构。

表 4-17　矢量数据结构与栅格数据结构的比较

类型	优点	缺点
矢量数据结构	1. 便于面向现象（土壤类型，土地利用单元等）的数据表示 2. 数据结构紧凑，冗余度低 3. 有利于网络分析 4. 图形显示质量好，质量高	1. 数据结构复杂 2. 软件或硬件的技术要求比较高 3. 多边形叠合分析比较困难 4. 显示与绘图成本较高
栅格数据结构	1. 数据结构简单 2. 空间分析和地理现象的模拟均比较容易 3. 有利于与遥感数据的匹配应用分析 4. 输出法快速，成本较低	1. 图形数据量大 2. 投影转换比较困难 3. 栅格地图的图形质量比较低 4. 现象识别的效果不如矢量方法

矢量数据结构是人们最熟悉的图形表达形式，对于线划地图而言，用矢量数据来记录往往比用栅格数据节省存储空间。相互连接的线网络或多边形网络则只有矢量数据结构模式才能做到，矢量数据结构更有利于网络分析（交通网、供排水网、煤气管道、电缆等）和制图。矢量数据表示的数据精度高，并易于附加上对制图物体属性所进行分门别类的描述。矢量数据便于产生各个独立的制图物体，并便于存储各图形元素间的关系信息。

栅格数据结构是一种影像数据结构，适用于遥感图像的处理。它与制图物体的空间分布特征有着简单、直观而严格的对应关系，对制图物体空间位置的可操作强，并为机器视觉应用提供了可能性，对于探测物体之间的位置关系，栅格数据更为便捷。

栅格结构和矢量结构都有一定的局限性。一般来说，大范围小比例的自然资源、环境、农业、林业、地质等区域问题的研究，城市总体规划阶段的战略布局问题等，栅格模型比较适合。城市分区或详细规划、土地管理、公用事业管理等方面的应用，矢量模型比较合适。

一、矢量到栅格的转换

矢量数据转换为栅格数据称栅格化，其目的在于方便地进行空间定位分析，因为栅格数据对于多因素的叠置操作运算较矢量数据容易实现。通常，在矢量数据中，点的坐标用$(X，Y)$表示，而且栅格数据中，点的坐标用点的坐标所在栅格的行、列号I、J来表示。如图 4-29 所示，设 O 为矢量数据的坐标原点，$O'(X_0，Y_0)$ 为栅格数据的坐标原点。格网的行平行于 X 轴，格网的列平行于 Y 轴，P 为制图要素的任一点，则该点在矢量和栅格数据中可分别表示为 $P(X_p，Y_p)$ 和 $(I，J)$。

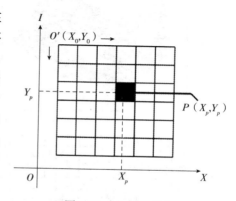

图 4-29　点的栅格化

1. 点的栅格化　将点 P 的矢量坐标$(X_p，Y_p)$换算为栅格行、列号 I、J 的公式为

$$I = 1 + [(Y_0 - Y_p)/D_Y]，\quad J = 1 + [(X_p - X_0)/D_X]$$

式中：D_X、D_Y 为一个栅格的宽和高；[ ] 为取整。

2. 线段的栅格化　由于在矢量数据中，曲线是由折线来逼近的，所以在此只说明一条线段如何被栅格化，根据矢量的倾角情况，在每行或每列上，只有一个像元被"涂黑"（即赋予不同背景的灰度值）。如图 4-30 所示，假定1和2为一条直线段的两个端点，其坐标为$(X_1，Y_1)$，

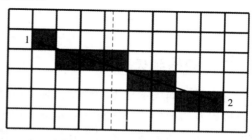

图 4-30　矢量线段的栅格化

$(X_2，Y_2)$。步骤如下：①直线两端点格式化。首先按上述点的栅格化方法，确定端点 1 和 2 所在行，列$(I_1，J_1)$，$(I_2，J_2)$，并将它们涂黑。②求出这两个端点位置的行数差和列数差，行数差$=I_2-I_1$，列数差$=J_2-J_1$。③计算直线与栅格中心的交点坐标，若行数差>列数差，则逐行求出本行中心线与已知直线的交点坐标：$Y=Y_{中心线}$、$X=(Y-Y_1)\times b+X_1$，其中$b=(X_2-X_1)/(Y_2-Y_1)$，将求得的交点栅格化，并将其所在栅格涂黑。若行

数差≤列数差，则逐列求出本列中心线与已知直线的交点坐标：$X=X_{中心线}$、$Y=(X-X_1)b'+Y_1$，其中 $b'=(Y_2-Y_1)/(X_2-X_1)$，将求得的交点栅格化，并将其所在栅格涂黑。

3. 面域的栅格化　步骤如下：①将面域的边界栅格化。用前面介绍的线段栅格化的方法对组成面域的每条边进行栅格化，如图 4-31(b)所示。②对各个像元加标记。对各个栅格像元加上标记，对于上升处的像元标上"L"，处于下降处的像元标上"R"，处于平坦处或升降变化处的像元被标上"N"。为了反映面域的拓扑关系，可约定面域的外廓按顺时针方向组织数据，内廓按逆时针方向组织数据，如图 4-31(c)所示。③配对填充。逐行扫描栅格数据，从左到右，将每行中的 L 和 R 配对，并在每对 L-R 之间（包括带"L"或"R"灰度值的像元）填上代表该多边形面域的特定灰度值。在配对填充时，可不顾"N"的存在，但在配对填充结束后，应将剩余的"N"均置换成该面域特定的灰度值，如图 4-31(d)所示。

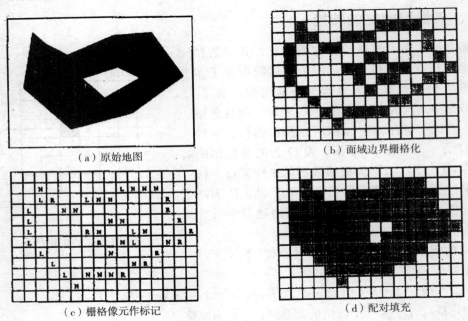

（a）原始地图　　（b）面域边界栅格化

（c）栅格像元作标记　　（d）配对填充

图 4-31　面域的栅格化

（蓝运超等，1999）

二、栅格到矢量的转换

栅格数据向矢量数据的转换实际上就是将具有相同属性代码的栅格像元集合表示为以边界弧段以及边界的拓扑信息所确定的多边形区域，而每个边界弧段又是由一系列小直线所组成的矢量格式边界线。上述步骤是为了使栅格数据中包含的空间实体之间的拓扑关系和固定的属性代码在转换过程中仍保持原有关系和原代码，保证数据转换的真实性和一致性。所谓多边形边界提取，实际上是通过确定边界点和结点来实现的；边界线跟踪则是根据已经提取的结点或边界点，判断跟踪搜索方向后，逐个边界弧段地进行跟踪；拓扑关系生成则是原栅格数据含有的边界拓扑关系转换为矢量拓扑数据结构并建立与属性数据的联系；去除冗余点以及曲线光滑是为了减少数据冗余，将因逐点搜索边界点造成的多余点去掉，并采用一定的插补算法对因栅格精度限制造成的边界曲线不圆满进行处理。

为了对栅格数据到矢量数据给以更好地阐释，下面介绍双边界搜索方法。此法的思路是通过边界提取边界弧段左右多边形的拓扑信息保存在边界点或节点上，在对边界跟踪搜索时采用了 2×2 栅格阵列作为窗口，顺序沿行（或列）方向对整个栅格阵列进行全图搜索，根据当前窗口内的 4 个栅格代码值的结构模式可以确定下一个窗口的搜索方向以及被搜索边界的拓扑关系。具体步骤为：

1. 边界点和结点的提取　对于一个 $m\times n$ 栅格图像阵列，采用 2×2 栅格阵列作为窗口顺序沿行、列方向对全图进行扫描。若当前窗口内的 4 个栅格像元的代码值相同，则表示它们属于同一区域，不是边界点。若当前窗口内的 4 个栅格值有且仅有两个不同的值，则该窗口内的 4 个栅格可确定出边界点。这说明该点位于以这两个值为编号的多边形边界上，为此可以将这 4 个栅格作为确定边界点的标识，并保留各栅格的原属性代码值。若窗口内 4 个栅格出现对角线上两两相同的情况，说明该处多边形不连通，此时仍将这 4 个栅格确定的点当作结点处理。图 4-32、图 4-33 分别表示结点和边界点的几种结构模式。

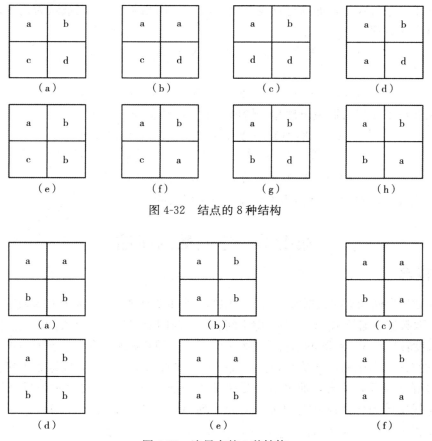

图 4-32　结点的 8 种结构

图 4-33　边界点的 6 种结构

2. 边界线搜索与拓扑信息的生成　边界点和结点提取后，即可在此基础上进行边界线的搜索。边界线搜索是逐个弧段进行的，对每一弧段由结点开始，选定与之相邻的任意一个边界点或结点进行搜索。首先记录边界点的两个多边形编号作为被搜索边界的左右多边形，而搜索方向则由进入当前的方向和当前下一点的方向来确定。因此每个边界点只能有两个走向：一个是前点的进入方向；另一个是要搜索的后续点方向。如图 4-33(c)所示的边界点只能有两个走向，即向下方和右方。若该边界点是由搜索下方搜索得到的，也就是说，若前点位于它的下方，则该点的搜索方向只能是右方，该边界弧段的左右多边形编号应分别为 a 和 b；反之，如果该点是被其右方的点搜索到的，即右点是该点的前点，则后续搜索方向应确定为下方，此时该边界弧段的左右多边形编号应分别为 b 和 a。其他情况以此类推。由此可见，这种结构可以唯一地确定搜索方向，从而大大减短搜索时间，同时形成的矢量结构带有左右多边形编号的拓扑信息，容易建立拓扑结构与属性数据的联系，有利于提高转换效率。

3. 去除冗余点和曲线光滑　在进行边界搜索时，由于是沿边界逐点搜索，当遇到边界弧段是直线的情况时，就会产生多余点，从而造成数据冗余。为此，需要除去这些多余点记录，去除多余点的基本思想是根据解析几何中的直线方程来确定需要去除的点。在一个边界弧段上的连续三个点$(X_1，Y_1)$，$(X_2，Y_2)$，$(X_3，Y_3)$，如果在一定的精度范围内可以认为它们是处于一条直线上，即满足直线方程，则三个中间的一点可以被认为是多余的，应予以去除。有直线方程

$$(X_1-X_2)/(Y_1-Y_2)=(X_1-X_3)/(Y_1-Y_3)$$

或

$$(X_1-X_3)/(Y_1-Y_3)=(X_2-X_3)/(Y_2-Y_3)$$

由于在算法中要尽量避免出现零的情形，上式可转化为

$$(X_1-X_2)(Y_1-Y_3)=(X_1-X_3)(Y_1-Y_2)$$

或

$$(X_1-X_3)(Y_2-Y_3)=(X_2-X_3)(Y_1-Y_3)$$

只要上式成立，则$(X_2，Y_2)$为多余点，可予以去除。

第七节　空间数据压缩

一、概念

将空间数据存储到空间数据库是 GIS 应用的一个重要环节。空间数据往往具有数据量大的特点，不采取数据压缩技术，GIS 在存储空间和处理时间上都将承受巨大的压力。此外，随着空间数据尺度转换和 WebGIS 网络传输的发展，对于空间数据压缩存在重要的需求。

所谓的空间数据压缩，即从空间坐标数据集合中抽取一个子集，使这个子集在规定的精度范围内最好地逼近原集合，而又取得尽可能大的压缩比。压缩比表示信息载体减少的程度。以一条线实体为例，设其空间坐标的原序列 A：$\{A_1，A_2，\cdots，A_n\}$，通过数据压缩处理后，获得子序列 A'：$\{A'_1，A'_2，\cdots，A'_m\}$，则压缩比 a 为

$$a=\frac{m}{n}\leqslant 1$$

显然，a 值大小，既与线的复杂程度、缩小倍数、精度要求、数字化取点的密度等因素有关，又与数据压缩技术本身有关。

二、矢量数据压缩

对矢量数据进行压缩除了能节约存贮空间、加快网络传输速度之外，其本质的原因在于原始的数据存在一定的冗余。这种数据冗余一方面是数据采样过程中不可避免产生的；另一方面是由于具体应用变化而产生，比如大比例尺的矢量数据用于小比例尺的应用时，就会存在不必要的数据冗余，因此应该根据具体应用来选择合适的矢量数据压缩与化简算法。矢量数据压缩与化简的核心是在不扰乱拓扑关系的前提下对原始采样数据进行合理的删减。

矢量数据压缩方法根据压缩空间对象不同分为曲线数据的压缩和面域数据的压缩。其实经过特殊的处理，面域数据的压缩可以划归为曲线数据压缩的特殊形式，因此许多压缩方法仅仅阐述对曲线矢量数据的压缩方法。根据压缩后矢量数据是否有损可以分为有损压缩和无损压缩。有损压缩方法比较著名的主要有两种方法：①经典的 Douglas-Peucker 算法（Splitting 算法）及其改进算法，如关键点保持算法（张昊琳等，2015）；②基于小波技术的压缩算法等。矢量数据的无损压缩方法也有两种：①基于现在成熟的通用的压缩方法，比如 zip，rar 和 cab 等，由于该种方法没有考虑到矢量数据特有的特征，因此压缩率不高，很少有人仅仅利用该种方法对矢量数据进行压缩，一般是和其他方法合用；②考虑到矢量数据本身的特征以及矢量数据表达精度的有限对其存贮的数据类型进行处理来达到数据压缩的目的。

1. 经典 Douglas-Peucker 算法 Douglas-Peucker 算法是 D. H. Douglas 和 T. K. Peucker 在 1973 年提出的，它是基于线状实体的点压缩算法，是对数据的简化处理。该算法的基本思路是：①对每一条曲线首尾连线；②计算中间所有点到该直线的垂直距离，找出距离最大点；③若该点距离小于给定的限差，则曲线上所有点都舍去；④若该点的距离大于限差，则该点为第一个保留点。通过该点把该曲线分为两条曲线，对每条曲线重复步骤①～④，直到完成压缩过程。通过该算法可以看出，该方法是一个从整体到局部即由粗到细来确定曲线压缩后需要保留点的过程，具有平移、旋转不变性，同时具有给定曲线与限差后压缩结果一致的优点。

Douglas-Peucker 算法是曲线矢量数据压缩的一种非常有效的算法，在编程时利用递归过程能够非常简洁地完成算法的实现，并能达到 $O(n\log n)$ 的时间复杂度。该方法虽然具有上述优点，但也有以下的缺点：

（1）该方法没有考虑矢量数据（曲线）之间的拓扑关系。如果在压缩前不对公共边进行处理，压缩结果可能会改变原有曲线之间的拓扑关系从而导致压缩结果错误。

（2）曲线压缩的精度一般用位移矢量和偏差面积来衡量，在该算法中利用垂向距离作为约束条件来决定曲线上点的取舍可以控制位移矢量的大小，但无法有效地控制偏差面积的大小。

（3）对于曲线起始点不确定的情况，用该方法压缩得到的保留点可能不一样，同时由于该方法在确定曲线压缩后保留点时所采用的策略是从两固定点出发在它们之间的曲线上的离散点中来寻找下一个压缩后的保留点，因此由该方法所得到的曲线压缩后的保留点的压缩比不可能是在满足给定精度限差条件下的最大压缩比。

2. 基于小波技术的压缩算法 基于小波技术对矢量数据进行压缩是一个比较新的方法。小波分析技术对信号与信息处理、图像处理与编码等方面均产生了重要的影响。在 GIS 领域，把小波技术引入数据压缩方面并取得了理想的效果。小波、离散小波、小波变换、多分辨分析等是小波分析技术的基本概念，现在一般用二进制、多进制、B 样条小波等对矢量数据进行压缩，无论采用哪种小波压缩技术，其压缩模型的思想与方法都是一样的。根据小波分析理论，可以将空间 $L_2(R)$ 看成是某地理空间在特定比例尺下的矢量地图数据模型，$f(x)$ 是其上各个图形要素，那么 $\{V_m\}_{m\in z}$ 可以看成是基于此比例尺下原始矢量数据的多级压缩模型。根据以上原理，可以认为原始矢量数据模型 $L_2(R)=V_0$，从 V_0 出发，应用尺度函数可以表示出 V_1，V_2，…，V_m，V_1，V_2，…，V_m 则可以看成是基于小波多尺度分析的原始矢量数据 V_0 的压缩结果，也就是矢量地图数据在各个层次上的近似表示。运用小波技术对矢量数据进行压缩的结果对应于原始数据的低频部分，压缩之后丢掉了原始数据的高频信息。该算法能取得 $O(n)$ 的时间复杂度，其中 n 为矢量数据点的数目，从而在时间效率方面优于 Douglas-Peucker 算法。利用小波技术压缩矢量数据具有较好的效果，而且实现的效率较高，但也有如下缺点：

（1）利用二进制小波进行多级变换压缩矢量数据时将不可避免地产生误差积累，这样将导致压缩结果出现变形甚至错误。

（2）B 样条小波适合用于等高线数据的压缩，因为经过变换之后既可使地形特征保持得比较好，又可使变换后的等高线数据更加光滑，但该方法也存在误差积累，而且由于利用该方法对数据的格式要求比较高，因此在压缩之前要对原始数据进行变换，使压缩过程比较复杂且对计算机要求比较高。

（3）用多进制小波变换对矢量数据进行压缩不存在误差的积累，但变换后的数据中的地性线大部分遭到了破坏，因此在对数据进行压缩之前最好先提取原始数据的地性线，压缩之后再插入，这样压缩的效果会更好。

（4）理论上缺乏对小波分析压缩的结果定量分析与评定，这样就无法主动有效地控制压缩的误差。

3. 两类算法的比较　　上述内容可以看出小波技术压缩算法与 Douglas-Peucker 算法各有优缺点，具体比较如下：

（1）前者是现在比较新的数据压缩方法，还处在不断地发展与改进之中；后者是经典的矢量数据压缩方法，相对比较成熟。

（2）利用小波技术实现矢量数据压缩算法比较复杂，但实现效率较高，而 Douglas-Peucker 算法可以用递归方法简洁地实现，但效率较低。

（3）利用小波技术对矢量空间数据压缩可以方便地扩充到多维（大于二维）空间数据压缩上。

三、栅格数据压缩

栅格数据是 GIS 另一种常用的数据类型，扫描数字化数据、矢量-栅格转换后的数据、遥感影像数据以及数字地形模型数据等都是栅格数据的形式。

栅格数据压缩的方式可以分为有损压缩（JPEG、JPEG，2000）或无损压缩（LZ77、RLE 和 CCITT）。有损压缩对栅格数据集的压缩比很高（如 20：1），但有损压缩不会保留每个像素的精确值。有损压缩适用于栅格数据集仅为背景图像的 GIS 项目，而通常并不适用于栅格分析。无损压缩意味着栅格数据集中的像元值不会发生更改或丢失。如果栅格数据集的像素值将用于分析或派生其他数据产品，则应选择无损压缩或无压缩。栅格数据的压缩可以采用游程编码和四叉树编码等方法。

用游程编码方法储存的栅格数据文件称为游程压缩（RLC）文件，因为这种分组存储方法节省了计算机资源。一幅 1∶2.5 万标准图幅土壤图的二进制扫描文件（300dpi）可达 8MB 以上。当用游程编码方法编码，同一文件以 10∶1 压缩比可减小为 800KB。游程编码压缩算法也在不断改进，如基于 Morton 码的动态二维游程压缩编码算法按 Morton 码由小到大顺序扫描栅格数据，用动态线性表通过比较像元的属性值，存储压缩结果，建立二维游程编码。该算法在运行时间和内存占用方面都好于常规二维游程压缩编码方法（孟庆武等，2011）。但是，一些栅格文件如 DEM 和卫星影像很难压缩，因为它们的值是连续变化的。

图形文件如 TIFF、GIF、JPEG 文件可用各种图像压缩算法进行压缩。TIFF 与 GIF 文件用无损压缩，使原图像被精确重构，而 JPEG 是采用有损压缩，它可达很大的压缩比，但不能完整重构原图像。经有损压缩的图像退化可导致出现斑块状。USGS 的数字正射影像常以四分之一图幅发布，因为即使四分之一的数字正射影像也有 45～50MB 大小。因此数据压缩对于图像文件的共享很有用处。

MrSID（多分辨率无缝图像数据库）是一种基于离散小波变换的压缩技术，其原理是将原始图像分割成多个不同分辨率下的小图像，然后再提取其主要信息。多分辨率意味着 MrSID 有以不同分辨率或比例尺恢复图像数据的能力。无缝意味着 MrSID 可压缩大图像（如含亚区的数字正射影像），并可在压缩过程中消除人为区域边界。MrSID 设想图像中的细节水平不恒定，因而以高分辨率对精细部分编码，以低分辨率对较粗略部分编码。MrSID 会造成数据的损失。即使在较小的（1/20 或 1/30）的压缩比率下，压缩后的影像看上去完全没有视觉差异，但是像元值与原始数据仍然有差异，所以一般不采用 MrSID 格式数据进行分析。但是，对于数据量巨大的卫星影像而言，MrSID 格式仍然被广泛使用。因为 MrSID 可以实现更高效、压缩比率更大且视觉差异很小的压缩结果（与 JPEG 压缩方式相比），便于网络传输且 MrSID 压缩与解压缩速度更快一些。

数据压缩程序，如微机上用的 WinRAR 和 WinZip，UNIX 环境用的 gunzip，均可对各种数据文件作处理。以二进制扫描文件为例，PKZIP 和 WinZip 可达到极高的压缩比。例如，100MB 以上的二进制扫描文件压缩后小于 1.44MB。

四、点云数据压缩

大数据时代下，伴随着计算机技术、虚拟现实技术、自动化技术等的迅速发展，以及古建筑数字化、逆向工程、工业检测等行业对物体真三维复杂模型的需求，使得真实世界的三维信息与计算机模拟信息之间的转换与分析应用成为必然趋势。三维激光扫描技术是一项快速获取空间三维信息的高新技术，兴起于 20 世纪 90 年代中期，许多发达国家已成功将该技术用于快速的城市三维建模、施工安装、数字化文物等方面。

激光扫描仪（Laser Scanner，LS）所获得的数据是由离散的矢量距离点构成的。点云（Points Cloud）的每一个点包含有三维坐标，还含有颜色信息（RGB）或反射强度信息（Intensity）。颜色信息通常是通过相机获取彩色影像，然后将对应位置的像素的颜色信息赋予点云中对应的点。强度信息的获取是激光扫描仪接收装置采集到的回波强度，此强度信息与目标的表面材质、粗糙度、入射角方向以及仪器的发射能量、激光波长有关。然而三维激光扫描获得的数据，其数据量很大。一般的激光扫描数据都会有数十万到上百万个点，对于如此海量数据，一般微型计算机无论在硬件还是软件上都无法满足处理速度和处理能力的要求。因此在物体建模时，对点云数据进行压缩是非常有必要的。点云数据压缩方法可归为两类：①规则点云数据的压缩，主要包括倍率缩减法、坐标增量法、栅格法、弦高偏移法和均匀采样法等；②不规则点云数据的压缩，主要包括曲率采样法、包围盒法、区域重心法、均匀格网法、三角网格法、随机采样法、邻点差值渐进压缩法（赵尔平等，2018）等。

1. 规则点云数据的压缩

（1）倍率缩减法。主要思想是遍历每个数据点周围的所有点，删除邻域中距离最近的点，保留较远的点，直到满足需求。这种压缩算法简单、快速，但只适用于规则或曲率变化不大的扫描物体，而对于那些复杂的曲面实体表面，在边界和曲率变化较大的区域容易丢失几何特征。

（2）均匀采样法。主要思路是根据点云数据的存储方式，每间隔 n 个点保留一个特征点，删除其余的点。这种压缩方法不需要考虑拓扑关系和邻域信息，执行效率较高，但是受到测量和存储方式的限制，算法稳定性不高。

（3）栅格法。主要是基于八叉树的思想将点云数据划分为不同的栅格，然后求取每个栅格中所有点的法矢量均值，最后保留与均值最接近的那个点，对于平坦且密集的点云数据压缩效果良好，但压缩后的点云数据分布均匀，特征不太明显。

（4）坐标增量法。三维激光扫描仪实施测量作业时，在竖直方向快速旋转扫描的同时，水平方向也在顺时针（逆时针）旋转，即从上到下，从左到右，这样便可获得许多条按扫描线存储的点云数据，且每条扫描线上近似等间距地分布着许多密集的点，扫描线之间会有一定的扫描距离，而坐标增量法就是基于点云数据按行列存储的方式对一维扫描线点云数据的压缩。

2. 不规则点云数据的压缩

（1）包围盒法。点云数据最初就是采用包围盒法进行压缩的。该算法的基本原理是先设定一个大的立方体盒子将点云全部包括进去，然后把大包围盒均匀划分为大小相等的若干个小包围盒，之后选取距离小包围盒中心最近的点作为特征点来代替每个小包围盒中的所有点。虽然这种算法能够大量精简点云数据，但是只对均匀分布的点云能取得不错的压缩效果，对于非均匀分布的点云，该算法的压缩效果不佳。

（2）区域重心法。在包围盒法的基础上进行的改进，基本思想是先建立一个可以包围整个区域所有点云的大格网，然后将大格网划分为一个个小的格网，选取每个小格网中所有点的中值点为特征点来代替小格网中的所有点。这种压缩方法保留的点云个数与格网数相同，对均匀分布的激光点云数据该方法能取得较好的压缩效果，但是这种方法划分单元格的大小是相同的，灵活性较差。

（3）随机采样法。构建一个可以涵盖所有点云数据的随机分布函数，然后由随机分布函数产生一系列的随机数子集，保留与子集对应的点，删除其他的点。该算法简单、高效、易实现，但是随机性较大，难以控制一些特征明显的点，压缩后特征信息损失较为严重。

（4）均匀网格法。在垂直于扫描线的平面内建立一系列均匀的网格，把扫描的点云投影到每个小的网格单元中，计算每个点到小单元格的距离，重新排列单元格中的点云数据，取中值点代替小单元格中的所有点，然后通过中值滤波的方法去除扫描中的噪声点，较好地避开了样条曲线的束缚，但是由于均匀网格投影，特征信息的捕捉不够灵敏，且对于没有点云的网格造成了时间和空间上的额外消耗。

（5）三角网格法：对点云进行三角化处理，然后对邻近区域面片法矢量的大小进行比较，对平缓的区域，在矢量加权的基础上合并较小的三角形来实现点云数据的压缩。但是需要将点云邻域进行三角化处理，在面对大量的散乱点云时效率会受到影响。

（6）曲率采样法：是以曲率为基础进行采样，由于曲率的变化能很好地反应物体表面的几何特征，对于表面较平缓的区域，曲率变化较小，而对于复杂物体的表面，曲率变化会较大，所以在曲率变化较小的平缓区域可以保留较少的点，而在曲率变化较大的地方，为了保证特征信息，需要保留较多的点。该算法考虑到物体表面的曲率变化情况，可以高效地实现点云数据压缩，但是要搜索每个点的邻近点和计算邻域曲率等，算法较为复杂。

目前，针对点云数据处理的相关商业和开源软件较多，商业软件有 Geomagic Studio、Image Ware、Cyclone、Copy CAD、Rapid Form 等逆向工程软件，开源软件有 PCL（Point Cloud Library）、MeshLab、Pointshop3D 等开源平台，都汇集了许多最新技术，包括点云数据拼接、去噪、分割、压缩、特征提取、建模等。

复习思考题

1. 空间数据有哪些基本特征？
2. 什么是空间数据结构的概念？空间数据有哪两种类型？
3. 什么是空间数据的拓扑关系？
4. 请举例说明常用的矢量数据和栅格数据转换方法。
5. 什么是空间数据压缩？常用的矢量数据压缩方法有哪些？
6. 栅格数据压缩的主要方式有哪些？

第五章

空间数据库及其管理

　　空间数据库是关于一定空间范围内地理要素的空间特征和属性特征的数据集合，是地理信息系统(GIS)的重要内容，主要解决 GIS 中数据的存储和管理问题。数据库有很多类型，从最简单存储的各种数据表格到能够进行海量空间数据存储的大型数据库系统。本章主要讲述 GIS 中的空间数据库模型、空间数据库设计和空间数据库管理等。

第一节　概　　述

一、数据管理与数据库

　　20 世纪 40 年代计算机问世后，为适应计算机处理的需要，数据的分类、组织、编码、储存、检索和维护受到了更为广泛的关注。随着数据规模的不断膨胀、共享需求的不断增强，以及计算机硬件、软件技术性能的日益提高，数据管理技术得到了不断发展：从 20 世纪四五十年代的人工管理，到 60 年代的文件管理，进一步发展到 70 年代后的数据库管理。

　　在人工管理阶段，计算机主要用于科学计算。既没有直接存取数据的外存，也没有对数据进行管理的软件，数据是面向应用的，一组数据对应一个程序。此时，文件概念尚未形成，数据的组织方式是由程序员自行设计的。

　　在文件管理阶段，计算机开始大量用于管理等领域，出现了磁盘、磁鼓等直接存取的外部存储设备和专门的数据管理软件——文件系统，数据可以利用文件长期保存，数据的存取基本上以记录为单位，但数据文件和程序相互关联，缺乏独立性，文件与文件之间缺少联系，数据冗余度很大。

　　进入数据库管理阶段，计算机用于管理的规模更为庞大，共享的需求更为强烈，大容量磁盘、网络技术、各种数据库管理软件和控制技术不断发展，面向全组织的、复杂但易于扩充、具有较高逻辑独立性和物理独立性、可联机实时处理的数据库系统得到了广泛应用。

　　数据库作为数据管理高级阶段产物，是从文件管理系统发展而来的，但在功能与效能方面，已绝非文件系统能比。事实上，这从以下数据库的定义就不难看出：数据库(Data Base)就是为一定目的服务，具有有效组织结构和特定联系的数据集合。它可以提供不同用户共享和不同程序并发使用，具有最小的冗余度和较高的数据与程序独立性，保证数据的安全性和完整性。

　　数据库中的数据是按照一定的方式分级组织和存储的。按逻辑单位划分，数据库中的数据可以分为三个层次：数据项——定义数据的最小单位；记录——由若干相关联的数据项组成；文件——给定类型的(逻辑)记录的全部具体值的集合。数据库内的文件按操作系统实现的文件组织方式，又可以分为顺序文件、索引文件、直接文件和倒排文件。数据库中的文件不是孤立存在的，它们的记录之间相互关联，这些逻辑联系主要有三种：一对一联系（1∶1）、一对多联系（1∶N）和多对多联系（M∶N）。

　　结合当前形势，未来数据库发展的四大方向：①规模会向两头发展——大的越来越大，小的越来越小。10 年前，数据库存储的数据大都以 GB 为基准衡量，几十 GB 就已经非常庞大，而如今，只一个省级移动公司每个月新增的数据量就已经以 TB 衡量，不出 3 年，很多企业要存储的数据就达到 PB 级。数据量越来越大，需要更大的数据库做支撑，这就是数据库的发展方向之一。另一方面，数据库也会越来越小，如今，Sybase 的数据库已经安装在高档的 Casio 手表中了，这些手表中记录的有天气情况、气压和佩带者的血压、心跳等数据。这种数据库并不要求数据存储量大，但是要求在低计算量的情况下反应快，而且能够适应外界环境的变化。②存储方式从行到列的改变。以前数据库都是以行的形式存储的，理由很简单，用户需要的是对单条数据的读取和存储。而如今，单纯的数据记录已经不足以支撑企业发展了，企业更需要的是数据分析和决策支持。那么，单纯看一条记录没有任何意义，而是要把所有数据的某一项都统计出来进行分析，这就是列的概念。以中国移动为例，上亿个用户，每个月上 TB 的数据，哪些是 VIP 用户，该如何根据他们的需求提供专有服务；对于那些动感地带的用户，到底应该制定哪些优惠政策，除了看话费，是不是还能挖掘出他们的消费特点，进行更有针对性的业务推广活动？这些就不是看一条数据的问题，而需要频繁对列进行操作。预计不久的将来，各大数据库厂商都会推出以列为存储方式的数据库。③非结构化数据的结构化存储。如今很多数据库产品都可以接受图像、视频等非结构化数据了，但大部分只是单纯的存储和保存而已，无法实现与结构化数据类似的快速检索、分析。如以前我们图片的记录方式是记录它的文件名，如果文件名中提到了某个人的名字，那么在整个数据库查询的时候，就可以把这个图片找到。而这是非常不科学的，因为很多非结构化数据的文件名起得并不可能完全。那么，如今大家把非结构化的数据变得结构化，其实就是在用结构化的数据描述这张图片，比如用点和位置来记录这张图片的每个像素。而一旦需要做查询的时候，可以根据像素的组合记录来比对，把符合比对要求的数据全部筛选出来，这样就把非结构化数据以结构化的方式纳入数据库中了，并能接受查询、检索等操作。④数据库和数据仓库会分开。很多数据库厂商认为，数据库一个就行，一专多能，既能用它进行实时交易，也能用它进行数据分析。但是，很多用户如今在前台需要数据库提供实时交易功能，需要有很快的响应速度，而在后台则需要设立一些规则进行数据分析和商务智能分析。Sybase就认为，这两个数据库应该是两种格式，毕竟它们的功能不一样。因此，从产品设置上，Sybase 有交易型数据库和分析型数据库两种。

二、数据库数据模型与数据库系统

　　为了表达数据库文件记录之间的逻辑联系，人们曾开发了一系列的数据库数据模型，传统数据模型有层次模型、网状模型和关系模型，当前应用最广泛的是关系模型。

　　层次模型是数据处理中发展较早、技术上也比较成熟的一种数据模型，它的特点是将数据（记录）组织成有向有序的树结构，结构中结点代表数据记录，连线描述位于不同结点数据间的从属关系。它所能表达的是一对一或一对多的联系，即一个父记录可对应于多个子记录，而一个子记录只对应于一个父记录。例如，一个大学有多个学院，每个学院有多个系，每个系包括多个教研室，这种一对多的关系最适合用层次模型表达。

网络模型是 CODASYL(Conference on Data Systems Languages)发展起来的一种数据模型，用于设计网络数据库。网络模型是以记录类型为结点的网络结构，它与层次模型的显著区别是一个子结点可以有两个或多个父结点，并且在两个结点之间可以有两种或多种联系，因此它能表达一对一、一对多或多对多的联系。

关系模型是一种数学化的模型，它发展较晚，但却因易于接受而获得广泛使用。关系模型是将数据的逻辑结构归结为满足一定条件的二维表，亦称关系。一个实体由若干关系组成，而关系表的集合就构成了关系模型，关系模型可以表达一对一、一对多或多对多的联系，数据操作通过关系代数实现。

为了较好地模拟和操作现实世界中的复杂现象，克服传统数据模型的局限性，近些年来，人们从更高的层次(如语义层次)提出了一些数据模型，它们包括：以严密代数为基础，从操作角度模拟客观世界的函数数据模型，对事物及其联系进行自然表达的语义网络模型，基于图论多层次数据抽象的超图数据模型，基于一阶谓语逻辑的演绎数据模型，以及以面向对象概念和面向对象程序设计为基础的面向对象数据模型，其中面向对象数据模型是高层次数据模型的最重要发展，因为它包含了其他模型在数据模拟方面的很多概念，并能很好地模拟和操作复杂对象。

建立数据库数据模型的目的是揭示客观实体的本质特性，并对其进行抽象化，使之转化为计算机能够接受和处理的数据形式。按数据模型组织的数据使得数据库管理系统能够对数据进行统一的管理，帮助用户查询、检索、增删和修改数据，保障数据的独立性、完整性和安全性，以利于改善对数据资源的使用和管理。从这一意义上看，数据库模型是否适当是数据库质量高低的关键。

有了数据模型，仅仅是解决了数据库的核心问题之一，还必须要有处理数据库存取和各种管理控制的软件——数据库管理系统(DBMS)。它是数据库系统的中心枢纽，与各部分有密切的联系，应用程序对数据库的操作全部通过 DBMS 进行。目前通用的数据库管理系统主要有 Microsoft SQL Server、Oracle、Ingres、Informix、IRIS 等。通常，一个完整的数据库系统(DBS)应该包括数据库、数据库管理系统(DBMS)和数据库应用系统三个组成部分。其中，前两个部分已经说明，而数据库应用系统则是为了满足特定的用户数据处理需求而建立起来的具有数据库访问功能的应用软件，它提供给用户一个访问和操作特定数据库的用户界面。

三、空间数据管理

空间数据不同于普通数据，它包括空间特征数据和专题属性数据两部分，具有数据量大、非结构化、涉及空间拓扑关系等一系列特征。这些给空间数据的管理带来了很大的困难。例如，一个城市地理信息系统的空间数据量可能达几十 GB 甚至几百 GB，数据库的容量和运行效率等问题必须考虑。再如，一个对象可能包含另外一个或多个对象(一个多边形可能含有多条弧段)，同一类对象的数据量一般也无法统一(一个多边形可能有 5个或 20 个顶点、一条弧段可能有 7 对或 30 对坐标)，对象作为纪录就会出现纪录之间的嵌套、变长等一系列问题，用传统的数据模型无法实现。再比如，空间数据记录了对象之间的多种复杂的空间拓扑关系(邻接、包含、相交等)。传统的数据模型(如关系模型)

只能通过空间坐标隐含表达这些关系，因而进行空间操作（特征提取、影像分割、拓扑和相似性查询）时，要操作和检索多个数据文件，并经过复杂的数据运算方能得以实现。

根据空间数据管理的需要，一直以来，人们从数据的组织、数据模型和数据库模型的研究、专用空间数据库管理系统的开发和选择使用诸方面进行了专门的工作，已经形成了一套有效的并处于不断改进和提高中的方法与技术。

由于面向对象模型支持变长记录、对象的嵌套、信息的继承与聚集等，最适于空间数据的表达和管理，面向对象模型和面向对象的空间数据库管理系统已成为研究的重点。经过多年努力，已经推出了若干个面向对象数据库管理系统，如 Object Store、Ontos、O2、Jasmine 等，也出现了一些基于面向对象的数据库管理系统的地理信息系统，如 ESRI 的 ArcInfo 系列产品，均支持面向对象模型等。

事实上，基于实用性、可行性、成熟性、价格等原因，人们一直以来更注重的还是通过对现有的成熟技术和方法加以改造，实现对空间数据的有效管理，应用比较广泛的主要有以下各种方法：

1. 采用文件与关系数据库管理系统的混合管理模式 这种管理模式用文件系统管理几何图形数据，用商用关系数据库管理系统管理属性数据，它们之间的联系借助对象标识或者内部连接码实现。目前，采用此种混合管理模式，用户虽然可以在一个界面下处理图形和属性数据，但因为文件管理系统在数据的安全性、一致性、完整性、并发控制以及数据损坏后的恢复方面缺少基本的功能，多用户操作的并发控制比起商用数据库管理系统来要逊色得多。

2. 采用改进的关系型数据库管理系统 利用目前大多数关系数据库管理系统提供的长二进制型字段域管理图形数据的变长部分，但长二进制块的读写效率要比定长的属性字段慢得多，尤其在涉及对象的嵌套时，数据库的操作速度、效率等问题严重。

3. 采用对象——关系数据库管理系统 Ingres、Informix 和 Oracle 等都以关系数据库管理系统为基础，推出了可操作点、线、面、圆、长方形等空间对象的专用模块，解决了变长记录的管理，效率也比二进制块的管理高得多，但它仍未解决对象的嵌套问题，空间数据结构也不能由用户任意定义，使用上依然受到限制。

四、空间数据库的设计

数据库设计是指对于某个特定的应用环境给出一个确立最优数据模型与处理模式的逻辑设计，加之一个确定合理数据存储结构与有效存取方法的物理设计，建立起既能反映现实世界的信息及其联系，满足用户要求，又可被某个 DBMS 所接受，同时成功实现系统目标的数据库。简言之，数据库设计就是把现实世界中一定范围内存在的应用处理和数据抽象成一个数据库的具体结构的过程。

空间数据库是一个应用型 GIS 中空间数据的存储场所，是一个应用型 GIS 的基本且重要的组成部分，其质量对 GIS 的性能具有决定作用，因而对设计的要求很高。

空间数据库设计与普通数据库设计在总体技术目标、内容、步骤等方面大体上是一致的。设计步骤主要包括需求分析、概念设计、逻辑设计、物理设计等。但是，由于空间数据库管理和服务对象的特殊性，空间数据库设计的复杂程度和难度往往更高，在具体实施细节上也有所不同。

实现一个 GIS 空间数据库的设计，各个阶段的工作要点如下：

1. 空间数据库的需求分析与概念设计　需求分析是整个空间数据库设计与建立的基础，要进行用户需求调查、需求数据的收集和分析、编制用户需求说明书等一系列技术性很强的工作。但是，需求分析获得的结果还是现实世界的具体反映，需要将其抽象为信息结构，即概念模型。这是空间数据库概念设计的任务。

这一阶段，最重要的是要根据地理要素分类体系，准确、合理地划分确定实体对象。既要有利于表达用户的实际需求，反映客观世界的实际联系，又要有利于概念模型的创建，同时确保地理信息多用户、多领域共享。其次，要尽量简化空间实体间的复杂关系，一般仅直接建立实体间的基本关系，诸如定性(分层或分类)关系、定位关系或拓扑关系。另外，还要做好模型的选择(使用空间 E-R 模型还是其他模型)，考虑信息关联程度和扩充潜力(信息规模和信息内容)等。

2. 空间数据库逻辑设计　逻辑设计是整个空间数据库设计的基础，它将概念模型转换成相应的数据库管理系统的数据模型，用逻辑数据结构来表达概念模型中所提出的各种信息结构问题，并用数据描述语言描述出来。其目的是要给出整个数据库的框架。

与普通数据库逻辑设计不同的是，通常必须对所得到的海量需求数据重新分类、组织。除了考虑数据库划分外，还须进行数据的分块与分层设计：首先按数据的空间分布将数据划分为规则的或不规则的块(如地形图数据可按高山、平原、湖泊等分为多块)；然后按照数据的性质分类，形成不同的层(如地形图数据可分为地貌、水系、道路、植被、控制点、居民地等诸层)。

另一个重要问题是选取合适的 DBMS 或 GIS 管理系统，以确立相应的数据库数据模型，完成概念模型向数据库数据模型的转换，要从实用性、适用性、可靠性、性价比等多方面考虑采用何种管理方式与管理系统。

3. 空间数据库的物理设计　空间数据库的物理设计在很大程度上依赖于选定的软硬件平台。这一阶段，设计人员更需要注意 GIS 项目空间数据管理的特殊性和复杂性，给出合理的设计。首先是设定合理数据分级体系，划分数据管理单元(如某省的数据库可以用县作为管理单元)，构造空间地理数据库的组织方式；然后从总体上确定数据库的总体布局和实现方式，如是采用集中式还是分布式数据库；最后具体确定空间数据库的物理结构，包括数据的存储结构、数据的存取路径、数据的存放位置、系统配置等。尤为重要的是解决好空间数据库的安全性、完整性控制以及一致性、可恢复性等问题。

第二节　数据文件与组织

一、数据的分级组织

(一) 现实世界与信息层次

现实世界是存在于人们大脑之外的客观世界。在现实世界中(图 5-1)，每个客观对象都有自己的特征和状态，以区别于其他对象。信息世界是现实世界在人们头脑中的反映，人们把现实世界中的客观对象及其特征和状态分层次予以抽象，用文字和符号记录下来，就形成了实体、属性、实体集等。

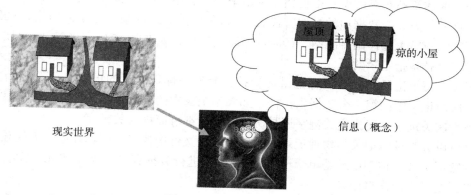

图 5-1 客观世界认知流程

1. 实体（entity） 实体是人们关心的客观对象的抽象，它可以被唯一地标识。这些客观对象可以是人、物、事件或抽象概念，是信息系统管理、操作的对象。例如，图 5-1 中的现实世界中的房屋、道路皆可以抽象为实体。

2. 属性（attributes） 属性是实体的特征和状态。一个实体总是通过其属性来描述的，不同的属性项目反映了实体的不同特性，相同属性项目的不同属性值反映了同类实体的不同状态。例如，图 5-1 中谁的房屋、房屋的构件、道路的性质、等级等信息属于实体的属性。

3. 实体集（entity set） 一般为了表述方便，人们习惯把性质相同的同类实体的集合称为实体集。例如，某地区所有河流的集合是一个实体集，所有泵站的集合也是一个实体集。

（二）数据库中数据的组织

数据是现实世界中的信息载体，是信息的具体表达形式。为了表达有意义的信息内容，适应管理和使用的需要，必须按照一定的方式，对数据进行分级（层次）组织和存储。根据现实世界的需要，从应用的角度来观察数据，则要求从数据与其所描述的对象之间的关系来划分数据层次。按这种逻辑数据单位分级方法，数据库中的数据可以分为 4 个层次：数据项、记录、文件和数据库。

1. 数据项 数据项又称为元素或字段，它是可以定义数据的最小单位。数据项与现实世界实体的属性相对应，如泵站的地理坐标、建成时间、权属、使用年限、排灌能力等每一个属性都可以作为一个数据项。

数据项有一定的取值范围，称为域。域以外的任何值对该数据项都是无意义的。如上述使用年限、排灌能力等各数据项都有一定的取值范围，超出这个范围就是无意义的值。每个数据项都有一个名称，称为数据项名。数据项的值可以是数值的、字母的、字母数字的、汉字的等形式。数据项一般都具有确定的物理长度，通常用字节数表示。

可以将多个数据项组合在一起，构成组合数据项。例如，"地理位置"可以由"经度""纬度"两个数据项组合而成。组合数据项也有自己的名字，可以作为一个整体来看待。

2. 记录 记录由一系列相关数据项组成，它是应用程序输入/输出的逻辑单位。对大多数数据库系统而言，记录是处理和存储信息的基本单位。记录与现实世界中的实体相对应，是表征一个实体的数据总和，组成该记录的数据项表示实体的若干属性。

对应于实体的总体和个体，记录有型和值的区别。型是同类记录的抽象，它给定记录的构成框架；值是记录所反映的某一实体的具体数据内容。同一记录的型可以对应多个记录的值。例如，前述泵站纪录的型是指包括＜泵站编号、名称、地理坐标、建成时间、权属、使用年限、排灌能力＞等数据项的框架。代表 220388 号排灌站的泵站纪录的值则是具体数据内容：＜220388、大港洋闸排灌站、（035，049）、1985、大港区、50、1000＞。习惯上，人们称某条记录就是指纪录的值。

为了标识每个记录，就必须有记录标识符。能唯一标识记录的记录标识符称为主关键字，它一般由记录中的第一个数据项担任，如泵站纪录中的泵站编号。其他标识记录的记录标识符称为次关键字。无论主关键字还是次关键字又都可简称为关键字。

记录可以分为逻辑记录与物理记录。逻辑记录是文件中按信息逻辑在逻辑上的独立意义来划分的数据单位。物理记录是单个输入/输出命令进行数据存取的基本单元。没有专门说明时，提到纪录均指逻辑记录。

3. 文件　文件是记录型与值的总和，一个文件对应于现实世界中的一个实体集，同一类型的（逻辑）记录组成同质文件，不同类型的（逻辑）记录形成异质文件。例如，泵站记录可以构成一个同质数据文件，泵站记录和桥梁记录一起可形成一个异质文件。传统数据库中一般使用同质文件。每个文件都要有文件名标识。使用时，可以根据需要对文件中的记录采取不同的组织方式和存取方法，据此，文件又可以分为：顺序文件、索引文件、直接文件以及倒排文件等。

4. 数据库　数据库是比文件更大的数据组织，数据库的内部构造是文件的集合，当然，这些文件之间必须存在某种联系，不能孤立存在。一般情况下，一个地理信息系统工程可能含有上千幅图，每幅图可能有点、线、面多种数据文件和多种属性表，因而一个 GIS 工程空间数据库可能包含成千上万个文件。

二、数据间的逻辑关系

前文中我们提到，地理实体、现象之间是有千丝万缕的联系的，这些联系反应到数据当中就是数据间的逻辑关系。

（一）实体间的逻辑联系

在现实世界中，客观对象之间是彼此联系的。实体之间有相互关系的种类繁多，像拥有/属于关系、集/子集关系、父/子关系、实体的组成关系、空间拓扑关系等，例如，水利部门与泵站之间存在拥有/属于关系，泵站与河流之间存在取水/排水关系等。但是，如果仅考虑实体间的逻辑关系，则只有一对一、一对多、多对多三种关系类型。

1. 一对一的联系（1∶1）。这种联系是指对实体集 A 中的一个实体 a_i，在实体集 B 中有且仅有一个实体 b_j 与之对应；反之，亦然。在 1∶1 的联系中，一个实体集中的实体可以标识另一个实体集中的实体，即 $a_i \rightarrow b_j$，反之 $b_j \rightarrow a_i$。例如，在地下水灌区内，每眼机井负责灌溉一块农田，机井与农田地块之间的关系就是一种一对一的联系，见图 5-2（a）。

2. 一对多的联系（1∶N）。现实世界存在较多的是一对多的联系。这种联系可以表达为：对实体集 A 中一个实体 a_i，在实体集 B 中存在一个子集 $B_i = \{b_{i1}, b_{i2}, \cdots, b_{in}\}$ 与之联系。河流与跨河桥梁之间就具有一对多的联系，一条河流上有多座桥梁，见图 5-2（b）。

3. 多对多的联系（M∶N）。这是现实世界中最复杂的联系，即对于实体集 A 中的一个元素 a_i，在集合 B 中存在一个实体子集 $B_i = \{b_{i1}, b_{i2}, \cdots, b_{in}\}$ 与之相联系；反之，亦然。地理实体中多对多的联系是很多的。例如，泵站与河流之间有多对多的联系，一个泵站可以属于不同的河流，一条河流又有多个泵站。地理环境与种植的作物之间有多对多的联系。同一种地理环境可以生长不同的作物，同一种作物又可生长在不同地理环境中，见图 5-2(c)。

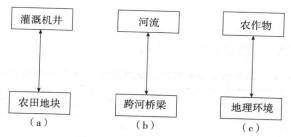

图 5-2　实体间的逻辑联系

（二）数据库中数据间的逻辑联系

20 多年以来，人们大都使用 Peter Chen 提出的 E-R 模型（Entity-Relation Model）表现实体之间的逻辑联系，继而转换为所选用数据库管理系统的数据模型，最终建立起数据库——具有特定联系的文件的集合。

在数据库中，现实世界中的实体是以记录来表示的，实体之间的联系自然映射为记录之间的联系。因此，数据库中数据间的逻辑联系主要是指记录与记录之间的联系，数据库就是具有特定联系的多种类型的记录的集合。

众所周知，泵站和河流之间存在取水/排水联系，下面以关系数据库为例来展示说明这种联系。

假设河流类实体集构成一个数据库文件 1，如表 5-1 所示；泵站类实体集构成一个数据库文件 2，如表 5-2 所示。

表 5-1　某水利信息系统中河流类实体构成的数据库文件（数据库文件 1）

编号	名称	最大流量（m³/min）	长度（m）	宽度（m）	深度（m）	起点	终点
0001	青静黄排干	600	90 000	80	10	马厂	菁场
0002	刘家河灌渠	65	6 000	18	5	后小屯	赵齐庄
0003	团瓢排水渠	50	3 000	15	5	曾家河	团瓢
0004	十槐村排灌渠	50	3 000	15	5	清河村	十槐村
0005	大庄子排灌渠	65	5 000	18	5	李高庄	大庄子桥
0006	西树深排灌渠	65	5 000	18	5	小王庄	西树深
…	……	…	…	…	…	……	……

表 5-2　某水利信息系统中泵站类实体构成的数据库文件（数据库文件 2）

编号	名称	X 坐标（m）	Y 坐标（m）	建成时间	权属	使用年限（年）	排灌能力（m³/min）
0001	刘家河灌溉站	20 000	15 100	1976	静海水利局	50	30
0002	团瓢排水站	20 000	15 000	1976	静海水利局	50	20
0003	十槐村排灌站	23 000	15 200	1975	静海水利局	50	20
0004	大庄子排灌站	24 000	15 300	1975	静海水利局	50	25

（续）

编号	名称	X 坐标(m)	Y 坐标(m)	建成时间	权属	使用年限(年)	排灌能力(m³/min)
0005	西树深排灌站	25 000	15 400	1977	大港水利局	50	30
…	……	…	…	…	……	…	…

泵站与河流之间的取水/排水联系可以通过表5-3所示的关系文件3表现出来。

表 5-3 某水利信息系统中反映泵站与河流之间的取水/排水关系的数据库文件（关系文件3）

编号	泵站名称	河流名称	取水	排水
0001	刘家河灌溉站	青静黄排干	T	F
0002	团瓢排水站	青静黄排干	F	T
0003	十槐村排灌站	青静黄排干	T	T
0004	大庄子排灌站	青静黄排干	T	T
0005	西树深排灌站	青静黄排干	T	T
0006	刘家河灌溉站	刘家河灌渠	F	T
0007	团瓢排水站	团瓢排水渠	T	F
0008	十槐村排灌站	十槐村排灌渠	T	T
0009	大庄子排灌站	大庄子排灌渠	T	T
0010	西树深排灌站	西树深排灌渠	T	T
…	……	……	…	…

如果我们想知道所有泵站向青静黄排干的排水量，只需通过泵站与河流取水/排水关系文件3找到所有河流名称字段内容为青静黄排干的纪录，选取其中排水字段内容为T的记录，从泵站名称字段找到向青静黄排干排水的所有泵站，按泵站名称到数据库文件2中找到所有记录，取出排灌能力字段的值相加即可。例如，数据库文件2中列出的记录中满足条件的有团瓢排水站、十槐村排灌站、大庄子排灌站、西树深排灌站，这些泵站与未列出的满足条件的泵站的能力相加（30＋20＋20＋25＋30＋…）即为所求。

三、常用数据文件的组织形式

实现上述关系运算，显然要涉及查找等各种数据访问操作，为了提高访问速度，必须考虑文件的合理组织。文件组织就是要按照某种逻辑结构（如顺序、树等）把相互关联的数据记录组织成为文件（称为逻辑文件），并解决如何用体现该逻辑结构的物理存储形式在外存设备上安排和组织数据，以及实施对数据的访问方式等问题。文件组织由操作系统OS负责，目前所采用的文件组织方式主要有顺序文件、索引文件、直接文件和倒排文件。

（一）顺序文件

顺序文件是最简单的文件组织形式。最早的顺序文件是按记录到达的先后顺序排列，这种文件追加记录容易，但是数据检索效率很低。例如，设一个信息系统需要存储10 000条河流数据，每条记录存储一条河流数据，查找每条记录的时间为0.1s，则该文件中一条记录的平均检索时间为$(10\,000＋1)/2×0.1/60＝8\text{min}20\text{s}$，即大约平均需要8min20s才能查找到所需记录,其最大检索时间为 $10\ 000 \times 0.1/60 = 16\text{min}40\text{s}$。因此,需要将数据结构化,以加速数据的存取。

最简单的数据结构化方法是对记录按照主关键字的顺序进行组织。若主关键字是数字型的,以其数值的大小为序;如果主关键字是文字型的,则以字母的排列为序。在磁带上,记录只能顺序存储,而在磁盘上,记录既可以顺序存储,也可以随机存储。

1. 顺序文件的存储组织 顺序文件的记录,逻辑上是按主关键字排序的,而其物理存储方式可以有以下三种:

(1)向量方式。文件的记录按绝对地址顺序地连续存放,借助记录的物理存放顺序实现记录的逻辑顺序,文件的物理结构与逻辑结构完全一致,如图5-3所示。显然,该方式查找方便,但插入(删除)记录时,插入(删除)点之后的所有记录都要向后移动,工作量较大。

磁盘地址	主关键字							
1821	0001	青静黄排干	600	90 000	80	10	马厂	苇场
1822	0002	刘家河灌渠	65	6 000	18	5	后小屯	赵齐庄
1823	0003	团瓢排水渠	50	3 000	15	5	曾家河	团瓢
1824	0004	十槐村排灌渠	50	3 000	15	5	清河村	十槐村
1825	0005	大庄子排灌渠	65	5 000	18	5	李高庄	大庄子桥
1826	0006	西树深排灌渠	65	5 000	18	5	小王庄	西树深
...	...	......	...	...	...	...	......	...

图 5-3 顺序文件的向量结构

(2)链方式。文件的记录不必按地址连续存放,文件记录的逻辑顺序依靠指针链来实现。文件中,每条记录都有一个指针域,用以存放下一条记录的首地址。链方式的优点是存储分配灵活,而缺点是查找费时,占用存储空间相对较多,见图5-4。

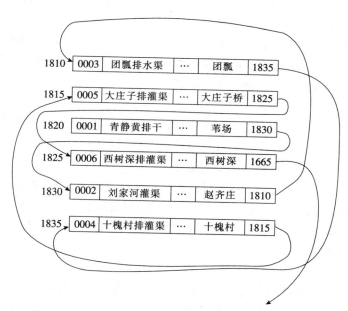

图 5-4 顺序文件的链结构

（3）块链方式。块链方式是链方式与向量方式的有机结合，它将一个文件分成若干数据块，块之间使用指针链接，而块内记录则顺序地连续存储。该方式集中了二者的优点，查找方便，存储空间分配灵活，比链方式占用的指针空间要少。

2. 顺序文件查找　因为顺序文件可以有不同的物理结构，其查找方法也不尽相同。对向量结构的顺序文件一般可采用下述查找方法：

（1）顺序查找。从文件的第一个记录开始，按记录的顺序依次向后查找，直至找到满足条件的记录。设文件长度为 N 条记录，则查找一条记录，平均查找次数为

$$\sum_{i=1}^{N} i \times \frac{1}{N} = \frac{N \times (N+1)}{2} \times \frac{1}{N} = \frac{N+1}{2}$$

一次查找访问平均要察看半个文件，可见其速度之慢。

（2）分块查找。分块查找又称跳跃查找，它把文件分成若干块，每次查看一块中的最后一条记录，若该记录的关键字值等于给定值，记录已找到；大于给定值，所要查找的记录在本块中，顺序查找该块的记录；小于给定值，则跳到下一块继续查找。

（3）折半查找。每次查找文件给定部分的中点记录，根据该记录的关键字值等于、小于或大于给定值来分别决定记录已找到，还是在给定部分的后一半或前一半，然后再折半查找。这种查找法的平均查找次数为 $\log_2(N+1)$，当 N 为 10 000 条记录时，时间为 0.1s，则平均检索次数为

$$\log_2(10\ 000 + 1) \approx 14$$

（二）索引文件

如同图书馆使用文献索引提高文献查找效率一样，在数据库中一般要在主文件（存储记录本身）以外建立若干索引表，这种带有索引表的文件叫索引文件。索引表中列出记录的关键字和记录在文件中的位置（地址）。读取记录时，只要提供记录的关键字值，系统通过查找索引表即可获得记录的位置，然后取出该记录。索引表一般都是经过排序的。索引文件只能建在随机存取介质如磁盘上。索引文件既可以是有序的，也可以是无序的；可以是单级索引，也可以是多级索引。多级索引可以提高查找速度，但需占用较大的存储空间。图 5-5 以无序的索引文件为例给出了二级索引结构示意。

（三）直接文件

直接文件又称为随机文件。直接文件存储时，利用某种方法（通常称为哈希算法）对记录的关键字的值予以转换，得到一个物理存储位置，然后把记录存储在该位置上。查找时，通过同样的转换方法，可直接得到所需要的记录。

在直接文件的构造中，关键是要选择合适的哈希算法，以减少记录的"碰撞"，所谓"碰撞"，是指不同的关键字经转换所得的存储位置是相同的，从而导致一个以上的记录有相同的存储位置。目前还没有一种算法能完全避免"碰撞"。因此，在构造直接文件时，还要采取一些辅助措施解决"碰撞"问题。

（四）倒排文件

索引文件一般是按记录的主关键字来构造索引表的，所以也称主索引。如果按某些辅关键字来组织索引，则称为辅索引，带有这种辅索引的文件则称为倒排文件。在地理信息存取中，常常不仅要按照关键属性（例如泵站名称）来提取数据，同时还需要根据一些相关属性（如地理位置、建成时间、权属、排灌能力等）来进行访问。为提高查找效率，缩短响应时

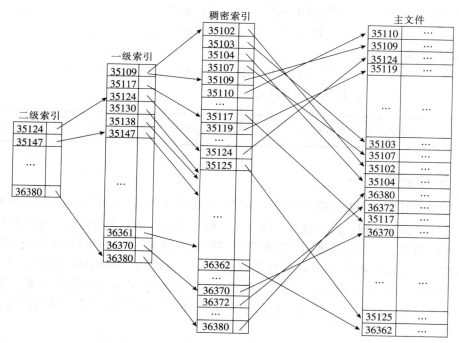

图 5-5　索引无序文件的二级索引结构示意

间，需要选择使用频率较高的某些辅关键字，建立一组辅索引（图 5-6）。所以，倒排文件是一种多关键字的索引文件。倒排文件中的索引不能唯一标识记录，往往同一索引指向若干记录。因而，索引往往带有一个指针表，指向所有该索引标识的记录。

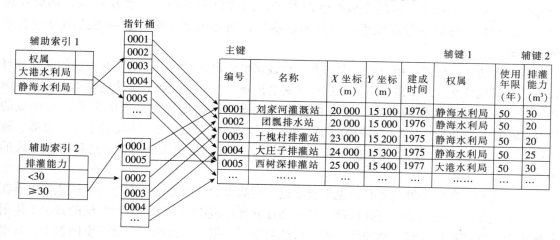

图 5-6　泵站文件辅助索引结构示意

倒排文件的主要优点是在处理多索引检索时，可以在辅索引中先完成查询的"交""并"等逻辑运算，得到结果后再对记录进行存取，从而提高查找速度。例如，要查找"排灌能力≥30m³/min，且属于静海县的泵站"，则首先从排灌能力辅索引中，按"≥30"查得指针表为：

$$P_1 = [0001\ 0005]$$

再从权属辅索引中，按"静海水利局"查得指针表为

$$P_2 = [0001\ 0002\ 0003\ 0004]$$

则它们的交集为

$$P = P_1 \bigcap P_2 = [0001]$$

最后按指针 0001 从主文件中取出记录：

0001	刘家河灌溉站	20000	15100	1976	静海水利局	50	30	

四、空间数据索引

空间数据索引是指依据空间对象的位置和形状或空间对象之间的某种空间关系按一定的顺序排列的一种数据结构，其中包含空间对象的概要信息，如对象的标识、外接矩形及指向空间对象实体的指针。空间数据索引也称为空间数据查询索引，是对存储在介质上的数据位置信息的描述，是用来提高系统对数据获取的效率，也称为空间访问方法（Spatial Access Method，SAM）。作为一种辅助性的空间数据结构，空间索引介于空间操作算法和空间对象之间，它通过筛选作用，大量与特定空间操作无关的空间对象被排除，从而提高空间操作的速度和效率。

空间索引的建立是因为人们对依据空间位置来进行查询的要求而产生的，举一个简单的例子，如何根据自己所在位置来查询附近 100m 的 POI（Point of Interest，兴趣点），比如说景点、餐厅、商场等。你可能会说，这很简单，直接计算位置与所有 POI 的距离，并保留距离小于 100m 的 POI。但是这种方式实际上是不可取的，因为地球本身并不是一个椭圆，这就说明两个物体的距离不能根据坐标的差值平方再开方直接计算，同时这种方法耗时较长，运算的效率低下，而且不能推广，当范围扩大时，这种方式的弊端会更加的明显。

这时候就可以想到运用一种索引的方法给数据事先建立好索引，这样在查询的时候就可以快速地得到所期望的结果。不过，这时候又会出现一个新的问题，传统的索引方式只是应用于经度或者纬度这样的一维空间将会有很好的效果。比如说想搜索的是武汉某区域的 POI，运用传统的索引方式，不但给了武汉的 POI，还有与武汉同一纬度的上海、成都、重庆的 POI，甚至是国外的开罗、洛杉矶的 POI 等。当数据量很大的时候，这种索引方式的效率是非常低下的。

于是我们便期待一种更为有效也更能贴近空间数据的索引方式，期待的是快速找出落在某一空间范围的，而不是快速找出落在某一纬度或经度范围的 POI。既然传统的索引不能很好地索引空间数据，我们自然需要一种方法能对空间数据进行索引，也就是空间索引，常用的空间索引类型有四种：

1. 网格索引 网格索引的基本思想是将研究区域按一定规则用横竖线分为小的网格，记录每个网格所包含的地理对象。当用户进行空间查询时，首先计算查询对象所在的网格，然后通过该网格快速查询所选的地理对象。网格索引算法大致分为三类：①基于固定网格划分的空间索引算法（将一幅地图分割成 $a \times b$ 的固定网格，为落入每个格网

内的地图目标建立索引）；②基于多层次网格的空间索引算法（将一幅地图分割成若干大小相同的小块，将落入该小块内的地图目标存入该小块对应的存储区域中，根据需要可以将小块划分成更小的块，建立多级索引）；③自适应层次网格空间索引算法（其网格大小由各具体的地图目标的外接矩形决定，避免了网格索引中网格划分的人为因素）。

2. 四叉树索引　类似于网格索引，也是对地理空间进行网格划分，对地理空间递归进行四分来构建四叉树，直到自行设定的终止条件（比如每个节点关联图元的个数不超过 3 个，超过 3 个，就再四分），最终形成一颗有层次的四叉树。每个叶子节点存储了本区域所关联的图元标识列表和本区域地理范围，非叶子节点仅存储本区域地理范围。由于四叉树的生成和维护比较简单，且当空间数据对象分布比较均匀时，基于四叉树的空间索引可以获得比较高的空间数据插入和查询效率。

3. R 树家族索引　这是一种面向对象分割技术的索引算法，将空间对象按范围划分，每个节点都对应一个区域和磁盘页，非叶节点的磁盘页中存储着其子节点的区域范围；叶节点的磁盘页中存储着其区域范围内的所有空间对象的外接矩形。实现算法有：

（1）R 树算法（是一种层次数据结构动态索引算法，它是 B 树在 K 维空间上的自然扩展，是一种高度平衡树，R 树由根节点、中间节点和叶节点三类节点组成，中间节点代表数据集空间中的一个矩形，该矩形包含了所有其他子节点的最小外接矩形，叶节点存储的是实际对象的外接矩形。）

（2）R+树（与 R 树类似，区别在于 R+树中兄弟节点对应的空间区域无重叠，这样就消除了 R 树划分空间时因允许节点重叠而产生的死区域，减少无效查询次数，提高空间索引的效率，但插入/删除操作则效率降低。）

4. 金字塔索引　该方法基于一种特殊的优化高维数据的不均衡分割策略。其原理是先将 d 维空间分成 $2d$ 个金字塔，共享数据空间的中心点为顶点，然后再将每个金字塔分割成平行于金字塔基的数据页。金字塔索引结构是将高维数据转化为一维数据，利用 B+树进行操作。金字塔索引结构的优点是：当处理范围查询时，这种索引结构的性能优于其他的索引结构，而且查询处理效率不会随着维数的增加而降低，但金字塔索引结构的优点是基于均匀数据分布和超立方体查询的，对于那些覆盖数据空间边界的查询不是很理想，而现实世界中的数据很少是服从均匀分布的。

为了解决空间数据查询与分析的难题，我们引入了空间索引，利用空间索引能够大幅度提高空间操作的效率和速度，在具体如何建立空间索引结构时，我们要根据实际情况和实际需求来建立相对应的空间索引类型，进而帮助我们解决实际问题。

在高效的空间索引课题中，仍然存在着许多问题有待解决，就目前的实际情况来看，现存的几种不同空间索引类型各有各的优点和缺点以及其适用的范围，没有哪一种索引方式能够解决空间索引领域中的所有问题。

第三节　数据库数据模型

一、传统数据模型

多年来，数据库领域主要采用层次、网状和关系等传统数据模型，其中尤以关系模型应用最为广泛。下面以图 5-7 所示的多边形地图 M 为例，简述传统数据库数据模型中的数据组织形式及其特点。

（一）层次模型

层次模型是发展较早、技术上比较成熟的一种数据库数据模型。其特点是将数据组织成以记录类型为结点的有向有序的树结构，连线描述位于不同结点数据间的从属关系。父结点表示的总体与子结点的总体必须是一对多的联系，即一个父记录对应于多个子记录，而一个子记录只对应于一个父记录。对于图 5-7 所示的多边形地图 M，可以构造出图 5-8 所示的层次模型。

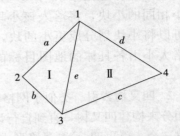

图 5-7 两个三角形实体构成的多边形地图 M

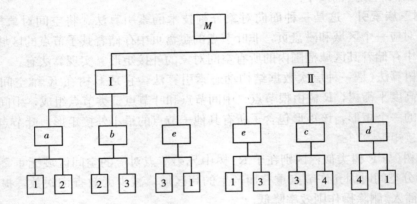

图 5-8 多边形地图的层次模型

图 5-8 中的每个方块为一结点记录，附有该结点的属性值，结点记录之间的连线反映了它们之间的从属关系。例如边 a、b、e 均从属于三角形 I，顶点 1、2 从属于边 a。

层次模型反映了现实世界中实体间的层次关系，层次结构是众多空间对象的自然表达形式，但层次模型存在诸多令人遗憾的缺陷：①层次模型不能表示多对多的联系，若用层次模型模拟多对多的联系，则会导致物理存贮上的冗余。例如图 5-8 中 1 号、3 号点在层次模型中均重复存储 4 次，这不仅增加了存储量，而且给拓扑查询带来困难；②对任何对象的查询必须始于其所在层次结构的根，并显式地给出存取路径，使得低层次对象的处理效率较低，并难以进行反向查询，例如，要查找顶点 2 的纪录，必须从根结点 M 开始，并按路径 $M \rightarrow I \rightarrow a$ 或 $M \rightarrow I \rightarrow b$ 进行。另外，数据的更新涉及许多指针，插入和删除操作比较麻烦。只有当新记录有上属记录时才能插入，母结点的删除意味着其下属所有子结点均被删除，必须慎用。

（二）网状模型

网状（亦称"网络"）模型是以记录类型为结点的有向图。图中结点代表数据记录，连线描述不同结点数据间的关系。网络与树有两个非常显著的区别：①一个子结点可以有两个或多个父结点；②在两个结点之间可以有两种或多种联系。

以图 5-9 为例，其中每个方格为一个结点纪录，附有该结点的属性值，代表一个实体，有向线段用来表示不同实体之间的联系，可以看到，实体之间的联系是多对多的。例如，三角形Ⅰ有三条边 a、b、e，而 e 边又同时属于三角形Ⅰ和三角形Ⅱ。再如边 a 有两个顶点 1 和 2，而顶点 1 又同时属于边 a、e、d，顶点 2 又同时属于边 a、b。

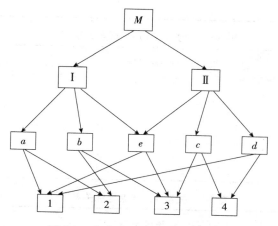

图 5-9　多边形地图 M 的网络模型

网状模型反映了现实世界中常见的多对多关系，其数据存储效率高于层次模型，具有一定的数据独立性和共享性，但其结构的复杂性以及用户必须熟悉数据逻辑结构的要求限制了它的应用。

（三）关系模型

关系模型是一种具有严格数学基础的模型，它将数据的逻辑结构归结为关系。关系 $R(D_1, D_2, \cdots, D_n)$ 是 n 元组（简称"元组"）的集合，是 n 个域的笛卡儿的子集，即 $R(D_1, D_2, \cdots, D_n) \subseteq D_1 \times D_2 \times \cdots \times D_n = \{(d_1, d_2, \cdots, d_n) \mid d_i \in D_i, i=1, 2, \cdots, n\}$。

关系是通过一个二维表结构具体实现的，表结构中的行对应于元组，列对应于域，列的名字称为属性。n 元关系必有 n 个属性。满足一定条件的规范化关系的集合就构成了关系模型。

表 5-4　关系 1：多边形关系（P）

多边形编号（$P\#$）	使用人（U）	面积（A）	地物特征（F）
Ⅰ	王全有	150	稻田
Ⅱ	章志坚	290	麦地

表 5-5　关系 2：边界关系（E）

多边形编号（$P\#$）	边号（$E\#$）	边长
Ⅰ	a	20
Ⅰ	b	15
Ⅰ	e	25
Ⅱ	e	25
Ⅱ	c	29

（续）

多边形编号（$P\#$）	边号（$E\#$）	边长
Ⅱ	d	25

表 5-6 关系 3：边界-结点关系（N）

边号（$E\#$）	始点号（$BV\#$）	终点号（$EV\#$）
a	1	2
b	2	3
c	3	4
d	4	1
e	3	1

表 5-7 关系 4：结点坐标关系（C）

顶点号（$V\#$）	坐标 X	坐标 Y
1	25.1	33.7
2	10.1	20.8
3	20.7	10.2
4	47.1	21.5

对于图 5-7 所示的多边形地图，可用表 5-4 至表 5-7 所列关系表来表示多边形与边界及结点之间的关系、位置信息及有关属性。

在关系模型中，对象之间的联系不是通过指针，而是由数据本身通过公共值隐含地表达，并且用关系代数和关系运算来操作。例如，关系 1 与关系 2 具有公共属性项——多边形编号，可以通过它建立起两个关系表之间的联系。同理，关系 2 和关系 3 建立了边界与结点的联系。

关系模型结构简单灵活，数据修改和更新方便，容易维护，因此大部分 GIS 中属性数据采用关系数据模型。然而，关系模型实现效率不高，描述对象语义能力弱，模型可扩充性差，而且在程序交互和对象标识方面都还存在一些问题，特别是在处理空间数据库所涉及的复杂对象方面，传统关系模型难以适应。

二、面向对象的数据模型

为了有效地模拟和操作现实世界中的复杂对象，克服传统数据模型的局限性，人们提出了一些更高的层次（如语义层次）的数据模型，如以数据库概念设计为背景的实体-联系（E-R）模型、自然表达事物及其联系的语义网络模型、基于谓词逻辑的演绎数据模型以及以面向对象的数据模型等。其中面向对象数据模型是高层次数据模型的最重要发展。

面向对象方法的基本思想是：对问题域予以自然分割，采用接近人类思维习惯的方式建立问题域的模型，以便对客观的信息实体进行结构和行为模拟，从而使所得系统尽可能直接地表现问题求解的过程。

（一）对象与封装

在面向对象的数据模型中，无论怎样复杂的事例都模拟为对象。图 5-10 中一个抽象的交通枢纽是一个对象，一座桥梁或一个船闸也是一个对象。一个对象是由描述该对象状态的一组属性数据和表达它的行为的一组操作（方法）组成，是属性数据和行为的统一体。

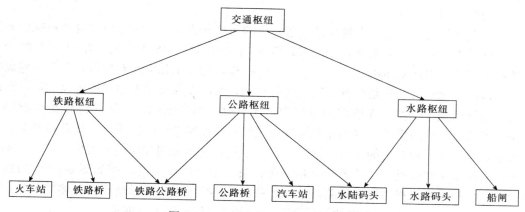

图 5-10 面向对象模型的类层次示例

一般来说，一个对象 Object 可以形式化定义为一个三元组：

$$Object = (ID，S，M)$$

式中：ID 为对象标识；S 为对象的内部状态；M 为方法集。

若状态集 S 直接是数字、字符串之类的一组简单属性，这时称此 Object 为简单对象；若 S 是另外一组对象的集合，这时称此 Object 为复杂对象。

对象是封装的（Encapsulated），外界与对象一般只能借助于消息（Message）进行通信。消息首先传送给对象，接着调用对象的相应方法完成要求的操作，最后再以消息形式返回操作的结果。

（二）类与实例

现实中有许多对象是类似的，如果每个对象都附有属性和方法说明，则会出现大量地重复。为了解决此问题，同时也为了概念上的清晰，人们把具有相同属性和操作的对象归并在一起形成类（Class）。同一类对象的属性和方法在类中统一说明，属于同一类的所有对象作为类的实例共享这些属性项和方法，而不必在每个对象中重复说明。同一个类中的对象在内部状态的表现形式上（即型）相同，但它们有不同的内部状态，即有不同的属性值，类中的对象并不是一模一样的，而应用于类中所有对象的操作却是相同的。

一般来说，我们同样可以用一个三元组形式化地定义一个抽象类：

$$Class = (CID，CS，CM)$$

式中：CID 为类标识，即类名；CS 为状态描述部分；CM 为应用于该类的操作。显然有

$$S \subset CS，M = CM \quad （当 Object \in Class 时）$$

因此，在实际的系统中，仅需对每个类定义一组操作，供该类中的每个对象应用。但因每个对象的内部状态不完全相同，所以要分别存储每个对象的属性值。

以图 5-10 为例，所有公路桥构成一个类，而每一座公路桥是该类的一个实例；所有船闸构成一个船闸类，而每一个船闸是该类的一个实例。

(三) 类层次结构与继承

一般来说，一个类的子集也可以定义为类，称为该类的子类(Subclass)，而该类称为子类的超类(Superclass)。子类还可以再有子类，这样就形成了一个类层次结构。图 5-10 就是类层次结构的示例。

子类既然是超类的子集，自然应该具备超类的属性和方法，同时还应有自己特殊的属性和方法。同样为了避免重复定义，子类可以继承超类的属性和方法。例如在图 5-10 的例子中，铁路枢纽类是交通枢纽类的子类，它的一些操作，如显示和删除对象等，以及一些属性如权属、地址、修建日期等是所有交通枢纽公有的，所以仅在交通枢纽类中定义它们，然后遗传给铁路枢纽类等子类。在遗传的过程中，还可以将超类的属性和操作遗传给子类的子类。例如可将交通枢纽类的一些操作和属性通过铁路枢纽类遗传给孙类——铁路桥类等，这称作继承，继承是一种有力的建模工具，它有助于进行共享说明和应用的实现。

继承有单继承和多继承。单继承是指子类仅有一个直接的父类，例如图 5-10 中的铁路枢纽、公路枢纽、水路枢纽以及铁路桥、火车站、公路桥等都属于单继承。而多继承允许多于一个的直接父类，如图 5-10 中的铁路公路桥，水陆码头则属于多继承。

面向目标的数据模型实际上还涉及聚集(Aggregation)、联合(Association)以及传播(Propagation)等抽象概念和语义模型工具，读者可自行参阅有关书籍。

三、其他数据模型

(一) 半结构化数据模型

除了上述传统主流数据库模型外还有一些目前在用的数据库模型，如半结构化模型，这些模型在某些特定的情景下可以较为有效解决传统数据模型面临的问题。

随着数据库与互联网技术的飞速发展，各种数据以爆炸式速度增长，并以各种不同的形式存储在电子空间里。这些数据有些是完全无结构的数据，比如声音文件、图像文件等；有些则具有严谨的结构，比如关系型数据库中的数据；还有一类是结构状态介于以上两种数据之间的数据，这种数据具有一定的结构，但结构不规则、不完整，或者结构是隐含的，比如 HTML 文档，我们把这类数据称为半结构化数据。

半结构化数据主要来源有三方面：

（1）在 Internet 等对存储数据无严格模式限制的情形下，常见的有 HTML、XML 和 SGML 文件；

（2）在电子邮件、电子商务、文献检索和病历处理中，存在着大量结构和内容均不固定的数据；

（3）异构信息源集成情形下，由于信息源上的互操作要存取的信息源范围很广，包括各类数据库、知识库、电子图书馆和文件系统等。

在实际应用中，数据集成通常要处理异构数据源问题。我们可以从集成两个结构不同的数据库来观察半结构化的数据是如何产生的，现有数据库 D_1 和 D_2，D_1 中时间用字符串表示，在 D_2 中却使用日期类型表示，这是类型相异问题；还存在更直观的结构相异：D_1 中直接用字符串表示地址，而在 D_2 中将地址分为国家、省、市、县等，这时地址用元组表示。

将这两个数据库简单集成后，原有的两个结构相当严谨的数据立即变成了半结构化数据，因为表示同类型信息的方式不一致，也就是结构不规则。

半结构化是 Internet 上数据的最大特点，从数据库研究角度出发，网络信息也可以看作是一个更大、更复杂的数据库。每一个 Web 站点就是一个数据源，一般每一个数据源都是异构的，因为每一站点跟其他站点的信息和组织形式都不一样，这就构成了一个巨大的、异构的、开放的分布式数据库环境。

由于结构不规则且经常变动，传统数据库技术无法直接应用于半结构化数据，这些问题需要用数据转换来解决。假设我们对数据源的结构全部了解，并确定数据源不会再扩展时，逐个进行转换也许能够解决问题。但是，在实际应用中没有这样理想化的环境，数据源不断变化，新的数据格式也不断加入进来，因此我们希望找到一种高度灵活的模式来表达不同种类的数据，创建数据模型是最好的选择。但由于各个数据源上数据的格式和类型千差万别，目前尚无统一的模型。

（二）云数据模型

"云"是近年来 IT 界非常火热的一个新词，云的"横空出世"让很多人将其视为一项全新的技术，但事实上它的雏形已出现多年，只是最近几年才开始取得相对较快的发展。确切地说，云是大规模分布式计算技术及其配套商业模式演进的产物，它的发展主要有赖于虚拟化、分布式数据存储、数据管理、编程模式、信息安全等各项技术、产品的共同发展。近些年来，托管、后向收费、按需交付等商业模式的演进也加速了云市场的转折。云不仅改变了信息提供的方式，也颠覆了传统信息与通信技术 ICT（Information and Communications Technology）系统的交付模式。与其说云是技术的创新，不如说云是思维和商业模式的转变。

云数据库基于云计算和存储架构的数据库，其并没有特定的模型结构，它的本质实际上还是现有的数据库在云上的实现，云数据库所采用的数据模型可以是关系数据库所使用的关系模型（微软的 SQL Azure 云数据库、阿里云 RDS 都采用了关系模型），也可以是 NoSQL 数据库所使用的非关系模型（Amazon Dynamo 云数据库采用的是"键/值"存储）。同一个公司也可能提供采用不同数据模型的多种云数据库服务。许多公司在开发云数据库时，后端数据库都是直接使用现有的各种关系数据库或 NoSQL 数据库产品。

得益于云计算和存储的强大，相对于传统数据库来说，表现的功能更为强大，如百度地图、腾讯地图等，如果没有云数据库支持的话，其用户体验可能会退回到拨号上网时代。具体来说，云数据库是部署和虚拟化在云计算环境中的数据库。云数据库是在云计算的大背景下发展起来的一种新兴的共享基础架构的方法，它极大地增强了数据库的存储能力，消除了人员、硬件、软件的重复配置，让软件、硬件升级变得更加容易。云数据库具有高可扩展性、高可用性、采用多租形式和支持资源有效分发等特点。

云空间数据库是一种处理能力可弹性伸缩的在线数据库服务。空间数据库采用即开即用的方式，提供数据库在线扩容、备份回滚、性能监测及分析功能。由于空间数据库架构在云端，因此它具备了云计算特性。理论上，云空间数据库具有无限可扩展性，可以满足 GIS 不断增加的数据存储需求。云空间数据库把以往数据库中的逻辑设计简化为基于一个地址的简单访问模型，云数据库允许用户在 Web 上快速搭建各类基于空间数据库的应用。用户无需购买和安装数据库软件，通过在线申请即可获得稳定、可靠和高性能的空间数据库系统，简化了数据库的管理运维工作，降低了使用成本。

对于 GIS 数据天生的具有动态性、海量性的特点，云是其天生的最佳拍档，数据库和云的结合，将为 GIS 的发展开拓一遍新天地。

第四节　数据库管理系统与空间数据管理

一、数据库管理系统

20 世纪 70 年代以来人们开发了多种采用传统数据模型的通用数据库管理系统，并成功地应用于文本数值型数据的管理，尤其是各种通用关系数据库管理系统，包括适用于微型机的 Visual FoxPro、PowerBuilder 以及大型的 Oracle、Sybase、Informix、SQL server 等，自 80 年代以来已经得到了广泛使用。

数据库管理系统 DBMS 是一个十分复杂的系统，包括语言处理程序、系统运行控制程序、系统建立和维护程序等众多系统程序。DBMS 很像一个操作命令解释器，对于用户程序中有关数据库定义、管理、维护及通讯的数据操作语句，先由语言处理程序负责解释，然后分别调用相应程序，完成对系统存储文件的操作。

在通用关系数据库管理系统中，多使用关系数据库语言 SQL 来描述各种数据操作，与其他数据库语言类似，SQL 由数据定义语言、数据操作语言及数据控制语言构成。

1. 数据定义语言　数据定义语言又称为"SQL DDL"，用于描述对 SQL 模式(Schema)、关系(Table)、视图(View)、索引(Index)的定义和撤销操作。

如要创建表 5-1 所示的水利信息系统的基本表 HeLiu，可以使用 CREATE TABLE 语句：

```
CREATE TABLE HeLiu
〔编号 CHAR(4)NOT NULL UNIQUE，名称 CHAR(12)，最大流量 INT(4)，
长度 INT(6)，宽度 INT(3)，深度 INT(2)，起点 CHAR(8)，终点 CHAR(8)〕
```

执行后，为基本表 HeLiu 创建一个如表 5-8 所示的表结构。

表 5-8　基本表 HeLiu 的框架结构

字段名称	编号	名称	最大流量	长度	宽度	深度	起点	终点
字段数据类型	CHAR	CHAR	INT	INT	INT	INT	CHAR	CHAR
字段长度	4	12	4	6	3	2	8	8
字段允许空	F	T	T	T	T	T	T	T

2. 数据操作语言　数据操作语言又称为"SQL DML"，用于描述数据查询和数据更新两大类操作，其中数据更新又包括插入、删除和修改。

如要在基本表 HeLiu 中插入记录，可以使用 INSERT 语句：

```
INSERT INTO HeLiu
VALUES('0001'，'青静黄排干'，600，90000，80，10，'马厂'，'苇场')
```

逐条插入记录，即可形成表 5-1 所示的数据库基本表文件。

如要在基本表 HeLiu 中查询满足条件"最大流量＞60"的记录，可使用 SELECT 语句：

SELECT 编号，名称，最大流量 FROM HeLiu WHERE 最大流量＞60

查询结果如表 5-9 所示。

表 5-9 SELECT 语句在基本表 HeLiu 中的查询结果

编号	名称	最大流量（m³/min）
0001	青静黄排干	600
0002	刘家河灌渠	65
0005	大庄子排灌渠	65
0006	西树深排灌渠	65

3. 数据控制语言 数据控制语言又称为"SQL DCL"，用于描述基本表和视图的授权、完整性规则和事物控制等。

如要将对基本表 HeLiu 的所有操作权限授予 User1 和 User2，则可使用如下语句：

GRANT ALL PRIVILEGES ON HeLiu TO User1，User2

篇幅所限，此处不再累述，读者若需深入了解此部分内容，可自行参阅有关书籍。

二、空间数据库系统

空间数据库是以描述空间位置和点、线、面、体特征拓扑结构的位置数据及描述这些特征的属性数据为对象的数据库。与传统数据库系统类似，空间数据库系统由空间数据库、空间数据库管理系统和空间数据库应用系统三个部分组成。

空间数据库可以看作是存储在物理介质上的与应用相关的地理空间数据的总和，一般是以相互关联的一些特定结构的文件形式组织在存储介质上。

空间数据库管理系统是指能够对物理介质上存储的地理空间数据进行语义和逻辑定义，提供必要的空间数据查询与存取功能，并能够对空间数据进行有效的维护和更新的一套软件系统。空间数据库管理系统除了需要具备常规数据库管理系统所具有的功能之外，还需要提供针对空间数据的特定管理功能。其具体实现可以采用不同的方法，例如，像 Oracle 系统那样，直接对常规数据库管理系统进行功能扩充，加入一些空间数据存储与管理功能，或者像 ESRI 的 SDE 那样，在常规数据库管理系统上添加一层空间数据库引擎，获得空间数据的存储和管理能力。

空间数据库应用系统则是指由 GIS 的空间分析模型和应用模型所组成的软件。它不但可以全面地管理空间数据，还可以运用空间数据完成分析与决策工作。

空间数据库是鉴于 DBMS 对属性数据的成功管理和基于统一地理数据管理的需要而提出的。多年来，GIS 研究人员一直在探索通过 DBMS 来管理空间数据的可能性。近些年随着数据库管理系统和 GIS 技术的发展，产生了空间数据库技术，使用大型商业数据库技术进行空间数据管理正在逐步成为现实。目前，一些空间数据库软件产品已经取得了比较广泛的应用，比较知名的有 Oracle Spatial Cartridge(SC)、Intergraph 的 Geo Media 系列、ESRI 的 Spatial Database Engineer（SDE）、MapInfo 的 Spatial Ware、IBM 的 DB2 Spatial Extender、开源的 PostGIS 等。

三、空间数据库与传统数据库的差异

由于空间数据具有空间位置、非结构化、空间关系、分类编码、海量数据等特征，因而空间数据与传统数据有本质的差异性，导致空间数据库与传统数据库存在下列差异：

1. 信息描述差异

（1）在空间数据库中，数据比较复杂，不仅有与一般数据库性质相似的地理要素的属性数据，还有大量的空间数据，即描述地理要素空间分布位置的数据，并且这两种数据之间具有不可分割的联系。

（2）空间数据库是一个复杂的系统，要用数据来描述各种地理要素，尤其是要素的空间位置，其数据量往往很大。空间数据库中的数据具有丰富的隐含信息，如数字高程模型（DEM 或 TIN）除了载荷高度信息外，还隐含了地质岩性与构造方面的信息；植物的种类是显式信息，但植物的类型还隐含了气候的水平地带性和垂直地带性的信息等。

2. 数据管理差异

（1）传统数据库管理的是不连续的、相关性较小的数字和字符；而空间数据是连续的、具有很强的空间相关性。

（2）传统数据库管理的实体类型少，并且实体类型之间通常只有简单固定的空间关系；而空间数据库的实体类型繁多，实体类型之间存在着复杂的空间关系，并且能产生新的关系（如拓扑关系）。

（3）地理空间数据存储操作的对象可能是一维、二维、三维甚至更高维。一方面我们可以把空间数据库看成是传统数据库的扩充，另一方面空间数据库突破了传统的数据库理论，如将规范关系推向非规范关系。而传统数据库系统只针对简单对象，无法有效地支持复杂对象（如图形、图像）。

（4）地理空间数据的实体类型繁多，不少对象相当复杂，地理空间数据管理技术还必须具有对地理对象（大多为具有复杂结构和内涵的复杂对象）进行模拟和推理的功能。但是，传统数据库系统的数据模拟主要针对简单对象，管理的实体类型较少，因而无法有效地支持以复杂对象为主体的 GIS 领域。

（5）空间数据库有许多与关系数据库不同的显著特征。空间数据库包含了拓扑信息、距离信息、时空信息，通常按复杂的、多维的空间索引结构组织数据，能被特有的空间数据访问方式所访问，经常需要空间推理、几何计算和空间知识表达等技术。

3. 数据操作差异　从数据操作的角度，地理空间数据管理中需要进行大量的空间数据操作和查询，如矢量地图的剪切、叠加和缓冲区等空间操作、裁剪、合并、影像特征提取、影像分割、影像代数运算、拓扑和相似性查询等，而传统数据库系统只操作和查询文字和数字信息，难以适应空间操作。

4. 数据更新差异

（1）数据更新周期不同。传统数据库的更新频率较高，而空间数据库的更新频率一般是以年度为限。

（2）数据更新的角色不同。空间数据库更新一般由专人负责，一是因为要保证空间数据的准确性，二是空间数据的更新需要专门的技术；而传统数据库的更新可能是任何使用数据库的人员。

（3）访问的数据量不同。传统数据库每次访问的数据量较少，而空间数据库访问的数据量大，因而空间数据库要求有很高的传输带宽。

（4）数据更新的策略不同。传统数据库一般实时更新，访问的数据往往是实时的数据，而空间数据库一般允许访问时间相对滞后的数据。一方面因为空间对象的变化较缓慢；另一方面人为因素未能及时更新，但这不影响对先前更新的数据的访问；再者 GIS 系统一般是作为决策支持系统出现的，而决策支持系统基本上使用的是历史数据。

5. 服务应用差异

（1）一个空间数据库的服务和应用范围相当广泛，如地理研究、环境保护、土地利用和规划、资源开发、生态环境、市政管理、交通运输、税收、商业、公安等许多领域。

（2）空间数据库是一个共享或分布式的数据库。

（3）传统的关系数据库中存储和处理的大都是关系数据。

四、空间数据管理模式与技术

在实现空间数据的管理方面，人们一直在进行着两种不同思路的尝试：一是充分利用业已成熟的技术和系统进行必要的改良和扩充，用以实现对空间数据的管理；二是创新观念，研究发展新技术，开发全新的空间数据管理系统。因而也就出现了各具特点的不同空间数据管理模式。现将几种主要模式及其实现方法介绍如下：

（一）文件与关系数据库管理系统

上述内容表明通用的关系数据库管理系统难以满足空间数据管理的需要，而开发专用空间数据库管理系统尚需假以时日。所以，早期的大部分 GIS 软件采用混合管理的模式，具体处理方法如下：

（1）非结构化的空间数据：通过文件方式进行管理；

（2）结构化的时间数据：利用关系数据库进行管理；

（3）结构化的属性数据：利用关系数据库进行管理；

（4）非结构化的描述数据：通过关系数据库进行管理，但不论是图像、声音，还是视频，一般都使用文件存储，在关系数据库中只记录其文件存储路径。

简而言之，在混合管理系统中，空间数据和属性数据分开进行管理，使用文件系统或专门的图库管理空间几何图形数据，使用商用关系数据库管理系统管理属性数据。例如，GIS 软件 Arc/Info Coverage、MGE DGN 就是采用文件的形式管理空间数据，Arc/Info ArcStorm 则使用专门图库管理空间数据。

由于早期的数据库管理系统不提供高级语言的接口，只能使用数据库操作语言，空间数据和属性数据几乎是独立地组织、管理与检索。二者之间的唯一联系方式是借助于它们的连接关键字（OID）。即在文件中，为每个空间对象设置一个唯一的对象标识码 OID，在关系数据表结构中，也有一个对象标识码属性，这样代表空间对象属性的每条记录可以通过该标识码确定与对应空间对象的连接关系，如图 5-11 所示。

这种方式的弊端是明显的：①增加了数据维护和管理的难度，特别是对以文件形式存在的空间数据，安全性维护、数据更新、共享的难度都很大；②空间数据和属性数据分割管理，由于高级语言与数据库管理系统之间缺乏接口，它们之间是"有缝"的。最明显的是图形处理的用户界面和属性的用户界面是分开的，通常要同时启动两个系统，甚至两个系统来回切换，使用极为不便。更为严重的是致使软件数据结构复杂，而且因经常要根据连接关键字 OID 进行查找（从给定空间对象查找其对应属性记录或根据给定属性记录检索相应的空间对象），使操作的速度变慢，整体性能下降。

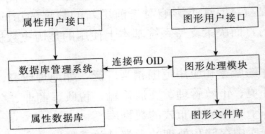

图 5-11　图形数据与属性数据的内部连接方式

最近几年，随着数据库技术的发展，许多数据库管理系统都提供了与高级编程语言的接口，使得地理信息系统可以在高级语言的环境下，直接操作和显示属性数据，或通过输入 SQL 语句，查询属性数据库，并显示查询结果。这种工作方式，用户甚至不清楚何时调用了关系数据库管理系统，图形数据和属性数据的查询与维护完全在一个界面下完成。尤其是在推出了 ODBC 之后，GIS 软件商只需开发出一个 GIS 与 ODBC 的接口软件，就可以将属性数据与任何一个支持 ODBC 协议的关系数据库管理系统连接。这种混合处理模式（图 5-12）比最开始那种界面分开的方式方便了许多。

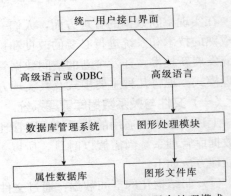

图 5-12　图形与属性数据混合处理模式

然而，采用文件与关系数据库管理系统的混合管理模式，并没有建立真正意义上的空间数据库管理系统，因为文件管理系统在数据的安全性、一致性、完整性、并发控制以及数据损坏后的恢复等方面都缺乏基本的功能。

（二）全关系型数据库管理系统

由于关系数据库管理系统（RDBMS）对结构化数据的成功管理，GIS 研究人员一直探索如何用 RDBMS 进行空间对象的数据管理，即用 RDBMS 统一管理空间对象的空间数据和属性数据。

最早，人们先对空间数据进行结构化处理，即将空间对象状态信息分离为坐标对及其属性数据，然后存储到关系数据库中，采取这种方式是按照关系数据模型组织空间数据，基本损失了所有拓扑关系；此外，数据量大，而且涉及一系列复杂的关系连接运算。例如，要显示图 5-7 中的一个多边形，为了找出组成多边形的各顶点坐标，需要涉及 4 个关系表，作多次连接运算，这一查询的语句如下：

```
Select X，Y
From P，E，N，C
Where P.P＃＝E.P＃ and E.E＃＝N.E＃ and(N.BV＃＝C.V＃ or N.EV＃＝C.V＃)
```

对于这样简单的实例，需要作如此复杂、费时的关系连接运算，可见关系模型在处理空间对象方面的效率实在难以令人接受。因此，这种方式一般只能用于地籍、用地方案等数据量相对较少的专项空间数据管理。

近年来，随着数据库技术的进步，大部分关系数据库管理系统都开始提供长二进制块数据类型，用于管理多媒体数据或变长文本字符。利用这种功能，GIS 通常把不定长的空间几何体坐标数据当作一个二进制块，交由关系数据库管理系统进行存储和管理。这种存储方式省去了前面所述的大量关系连接操作，但是由于二进制块的读写效率要比定长的属性字段慢得多，特别是涉及对象的嵌套时，速度更慢，全关系型数据库管理系统在处理空间对象方面的效率仍然难以令人满意。

目前，关系数据库不论是理论还是工具，都已经成熟，它们提供了一致的访问接口（SQL）用以操作海量数据，并且支持多用户并发访问、安全性控制和一致性检查。这些正是实现分布式空间数据管理所需要的。然而，采用全关系数据库管理系统进行空间数据管理，除了效率低下外，现有的 SQL 并不支持空间数据检索，需要软件厂商自行开发空间数据访问接口或者要对 SQL 进行扩展，增加空间操作功能。值得高兴的是，采用 SQL 语法和结构的空间结构化查询语言正在发展之中。

（三）对象-关系数据库管理系统

鉴于直接采用通用的关系数据库管理系统管理非结构化空间数据效率低下，一些数据库管理系统软件开发商开始着力于关系数据库管理系统的内部功能扩展。在这一方面，近年来收获颇多，如 Oracle、Informix、Ingres 等开发商纷纷推出了空间数据管理的专用模块，用于直接存储和管理非结构化的空间数据。

这种专用模块是由一系列操作点、线、面、圆、长方形等空间对象的 API 函数组成的。在函数中对各种空间对象的数据结构进行了预先的定义，用户必须按其现有数据结构组织数据，而不能根据 GIS 要求定义新的结构。例如，这种函数处理的空间对象一般不带拓扑关系，多边形的数据是直接跟随边界的空间坐标，GIS 用户也就不能采用这种对象-关系模型存储实际应用所需的拓扑数据结构。

这种对象-关系数据库管理系统解决了空间数据的变长记录的管理，效率要比前述的二进制块的空间数据管理提高很多，然而其仍未解决对象的嵌套、自定义空间数据结构等问题，使用上受到一定程度的限制。

（四）面向对象数据库管理系统

面向对象数据库管理系统采用面向对象数据模型，面向对象模型最适于空间数据的表达和管理，它不仅支持变长记录，而且支持对象的嵌套、信息的继承等。面向对象的空间数据库管理系统允许用户自行定义对象和对象的数据结构及其操作。这样，我们可以根据 GIS 的需要，针对不同的空间对象定义出合适的数据结构和操作。例如，可以定义点、线、多边形等几何体对象及相应的拓扑和非拓扑数据结构，并且可以定义对于这些几何体的基本操作，包括计算距离、检测空间关系等。

面向对象数据库系统的实现方式不尽相同，主要包括以下三种：

1. 扩充面向对象程序设计语言（OOPL），增加 DBMS 的特性　面向对象数据库系统的实现途径之一是扩充 OOPL（C++，Smalltalk 等），使其处理永久性数据。ONTOS 就是对 C++扩充形成的一种 OODBMS，而 GM Stone 则通过对 Smalltalk 的扩充而形成。

该实现方式的优点是能充分利用 OOPL 强大的功能，减少开发工作量，而且容易利用现有应用软件，扩展系统的应用范围；缺点是不能充分利用现有 DBMS 所具有的强大功能。

2. 扩展 RDBMS，增加面向对象的特性　RDBMS 是当今应用最广泛的数据库管理系统，可以使用程序设计语言，最好是 OOPL 对其予以扩充，使其具备面向对象的特性。例如，IRIS 就是用 C 和 LISP 语言对 RDBMS 进行扩展形成的一种 OODBMS。

该实现方式的优点是能充分利用 RDBMS 的功能，可使用甚至扩展 SQL 查询语言，而且能结合 OOPL 与 RDBMS 的特性，减少开发的工作量；缺点是数据库 I/O 检查需要完成一些附加操作，查询效率比纯 OODBMS 低得多。

3. 建立全新的支持面向对象数据模型的 OODBMS　此种实现方式并不以 OOPL 作为基础，而是采用具有消息记述功能的全新数据库程序设计语言（DBPL）或永久性程序设计语言（PPL）。O2 就是一种全新的支持面向对象数据模型的 OODBMS，它包括模式管理（SM）、对象管理（OM）和 Wisconsin 存储系统（WISS）三个层次。SM 负责类别、消息和公共区名字的生成、查询、更新和删除；OM 负责复合对象及复合值与消息的交换；WISS 则提供构造记录的各种文档的存贮方法，建立全新的支持面向对象数据模型的 OODBMS。

此种实现方式的优点是用常规语言开发的纯 OODBMS 全面支持面向对象数据模型，可扩充性较强，操作效率较高，而且重视计算完整性和非过程查询。其缺点是数据库结构复杂，开发工作量太大。

上述三种实现方式各有利弊，侧重面也各有不同，可以将这三种方式结合起来，充分利用各自的特点，既重视 OOPL 和 RDBMS 的扩展，也强调计算完整性。

（五）基于区块链的空间数据管理新模式

"区块链"概念自 2008 年提出，受到广泛关注。区块链技术是指基于密码学理论，通过分布式存储，使用点对点网络，通过透明和可信规则，使数据达到一致性，包含可编程服务的一项计算机技术。它提供了一种新的管理和执行事务范式，可构建经济模型、协作模型、安全模型以及信任模型。区块链技术的产生和发展离不开社会学、经济学和计算机科学。区块链技术具有去中心化、可溯源、防篡改、隐私保护等特点。通俗地讲，区块链就是一种去中心化的分布式账本数据库。去中心化，即与传统中心化的方式不同，这里是没有中心，或者说人人都是中心；分布式账本数据库，意味着记载方式不只是将账本数据存储在每个节点，而且每个节点会同步共享复制整个账本的数据。同时，区块链还具有去中介化、信息透明等特点。

目前，全球地理产业发展迅猛，全球范围内的开放式数据计划已经成功实现了空间数据基础构建。但是，基础数据库由中央组织开发和维护，这意味着数据管理中存在偏见和"控制"的可能性。区块链提供了创建分散系统的能力，该系统可以存储没有中央控制的地理数据，每个人都可以访问数据或历史数据，但是这样由谁来负责维护基础设施以及负担数据成本成了难题。尽管如此，GIS 行业的开源运动已经证明可以在长期内支持项目，市场上已经有现成的软件产品允许向公众发布空间数据，在组织内部进行空间数据交换以及使用区块链技术在不同组织间传输私人空间数据，Atlas Chain、TFCoin 就是这样的例子。

对于 GIS 数据的安全方面，可与数据防篡改挂钩，只要担心数据被篡改的，那就可以用区块链来实现。好比说地籍边界线，被修改的话带来的影响是相当大的。

GIS 在某些情况下需要关注数据来源的问题，尤其是物联网发展起来后，有许多与位置相关的传感器数据，用区块链采集数据，可以做到数据的防篡改、可追溯。现在许多物联网的传感器，甚至是缺少身份认证，在数据的安全方面存在很大的问题，区块链可以提供一个可信的基础保障。当然区块链的数据存储性能值得探讨，但有一种解决方案是以采样的方式进行数据采集。

区块链在 GIS 中的可能应用方向：

（1）基于共识机制的数据采集，包括众包数据采集、物联网数据采集。

（2）基于防篡改机制的数据存储。各种行业的 GIS 数据存储过程中可利用区块链技术防止非法篡改。

（3）基于防篡改机制的数据追溯。有追溯需求的 GIS 行业，往往是具有经济利益或法律意义的。

（4）中间数据或中间分析结果的防篡改，比如边缘计算产生的数据或结果。

（5）基于共识机制的数据版本管理，如 GIS 编辑或 GIS 设计产生的数据版本。

总之，该项新技术对于 GIS 数据管理的影响将是巨大的，必将推进 GIS 产生变革。

五、空间数据库管理的实现方式

目前，国内外较为流行的空间数据库解决方案主要集中在"关系型数据库＋空间数据引擎""扩展对象关系型数据库"两方面。

"关系型数据库＋空间数据引擎"通常是近年来由 GIS 厂商研发的一种中间件解决方案。用户将自己的空间数据交给独立于数据库之外的空间数据引擎，由空间数据引擎来组织空间数据在关系型数据库中的存储，当用户需要访问数据的时候，再通知空间数据引擎，由引擎从关系型数据库中取出数据，并转化为客户可以使用的方式。因此，关系型数据库仅仅是存放空间数据的容器，而空间数据引擎则是空间数据进出该容器的转换通道。这类系统的典型代表有 ESRI 的 ArcSDE 和 MapInfo 的 Spatial Ware。其优点是：访问速度快，支持通用的关系数据库管理系统，空间数据按 BLOB 存取，可跨数据库平台，与特定 GIS 平台结合紧密，应用灵活。其缺点主要表现为：空间操作和处理无法在数据库内核中实现，数据模型较为复杂，扩展 SQL 比较困难，不易实现数据共享与互操作。

"扩展对象关系型数据库"管理系统是由数据库厂商研发的管理空间数据的一种解决方案。由于关系型数据库难以管理非结构化数据（也包括空间数据），数据库厂商借鉴面向对象技术，发展了对象关系型数据库管理系统。

此系统支持抽象的数据类型（ADT）及其相关操作的定义；用户利用这种能力可以增加空间数据类型及相关函数，从而将空间数据类型与函数从中间件（空间数据引擎）转移到了数据库管理系统中，客户也不必采用空间数据引擎的专用接口进行编程，而是使用增加了的空间数据类型和函数的标准扩展型 SQL 语言来操作空间数据。这类支持空间扩展的产品有 Oracle 的 Oracle Spatial、IBM 的 DB2 Spatial Extender、Informix 的 Spatial Data Blade。其优点是：空间数据的管理与通用数据库系统融为一体，空间数据按对象存取，可在数据库内核中实现空间操作和处理，扩展 SQL 比较方便，较易实现数据共享与互操作；其缺点主要表现为：实现难度大，压缩数据比较困难，目前的功能和性能与第一类系统尚存在差距。

不过，纯粹的面向对象 GIS 数据库管理系统远未成熟，许多技术问题仍需要进一步的研究。因此，目前在 GIS 领域还很少应用。

六、空间数据仓库、数据中心

(一) 空间数据仓库

空间数据仓库(Spatial Data Warehouse，SDW)是 20 世纪 90 年代发展起来的一种数据存储、管理和处理技术，是在数据仓库的基础上提出的一个新的概念和新的技术，是 GIS 技术和数据仓库技术相结合的产物，是数据仓库的一种特殊形式。SDW 是面向主题的、集成的、随时间不断变化的和非易失性的空间和非空间数据集合，用于支持空间辅助决策(Spatial Decision Making)和空间数据挖掘(Spatial Data Mining)。

空间数据仓库的特点是：

(1) 面向主题的。传统的 GIS 数据库是面向应用的，GIS 空间数据仓库是面向主题的，它以主题为基础进行分类、加工、变换，从更高层次上进行综合利用。

(2) 面向集成的。空间数据仓库的数据应该是尽可能全面、及时、准确。传统的 GIS 应用是其重要的数据源，为此空间数据仓库的数据应以各种面向应用的 GIS 系统为基础，通过元数据将它们集成起来，从中得到各种有用的数据。

(3) 数据的变换和增值。空间数据仓库的数据来源于不同的面向应用 GIS 系统的数据，由于数据冗余及其标准和格式存在差异等一系列原因，不能把数据原封不动地存入数据仓库，应该按照主题对空间数据进行变换和增值，提高数据的可用性。

(4) 空间序列的方位数据。自然界是一个立体的空间，任何事物都有自己的空间位置，彼此之间有相互的空间联系，因此任何信息也都应该具有空间标志。一般的数据仓库是没有空间维数的，不能做空间分析，不能反映自然界的空间变化趋势。进入 GIS 空间数据仓库的空间数据必须具有统一的坐标系和相同的比例尺。

(5) 时间序列的历史数据。自然界是随时间变化的，地理数据库需要随环境的变化而不断更新，在研究、分析问题时可能需要了解过去的数据，数据仓库中的数据包含了数据的时间属性，因而 GIS 能管理不同时间的数据，满足用户数据版本管理的要求。

(6) 基于空间数据仓库的 GIS 能将数据仓库中的数据以多种形式直观地呈现给用户，为决策人员提供面向主题的分析工具。

(7) 由于空间数据仓库能从多个数据库中提取面向主题的数据，因而空间数据仓库中不必保存所有的数据，减轻了空间数据仓库的负担。

(二) 空间数据中心

只有把数据仓库和构件仓库放在一起才叫数据中心。数据中心既是一个数据管理平台，也是一个提供面向服务二次开发的平台；数据中心既是空间信息的管理者，又是空间信息的提供者。数据中心的特点是：

1. 先进性　数据中心概念体系的形成，引入了计算机、GIS 的许多先进技术，以此解决空间信息领域用户提出的许多新需求、新问题，可以说数据中心是当前处于国内外技术领先水平的系统平台。

2. 通用性原则　通用性表现在系统能提供合理、全面、实用的功能，能最大限度地满足自己特有的业务逻辑及生产、管理工作需要，做到人性化设计，操作简单，易于维护。

3. 规范化原则　以国家、行业部门的技术规程为基础、以国内外通用的软件系统为参考，确保数据中心所产生、管理的数据符合行业、国家标准和国际标准规范。

4. 安全性原则　数据中心中达到 B2 级安全标准的技术，同时集成防火墙、VPN、数据备份与恢复、防病毒系统、网络传输安全、系统管理的身份认证安全技术体系，形成高安全性能的空间数据库中心平台。

5. 经济性原则　数据中心提供多种先进的二次开发技术（如插件式技术、搭建式技术和配置式技术），能迅速搭建运用系统，整个开发周期可以缩短 50%～80%，开放效率大幅度提高，开发成本迅速下降。

6. 可扩展性原则　数据中心的自定义表单包括一套通用插件库，这些插件提供企业应用的一般功能，对于特殊应用，用户可以根据需要自定义插件插入到系统中，成为有机组成部分。在界面制作方面，自定义表单兼容各种工具的 HTML 文档，只需将相应的文档拷贝到自定义表单中即可。数据中心基于开放性的标准，提供和其他信息系统无缝集成方案，为 GIS 应用的进一步扩展提供了极大的可扩展空间。

7. 灵活性原则　数据中心中的菜单、工具条、视图、目录树等都可以很容易地实现按用户的需求定制，灵活方便。

第五节　空间数据库设计

空间数据库是地理信息系统中空间数据的存储场所，在一个 GIS 项目中发挥着基础与核心的作用，因此空间数据库设计是 GIS 系统开发中的一项重要工作。由于地理空间数据库数据量庞大、关系复杂、应用面广，所以其设计难度很大，如设计不当，轻则影响数据库使用和维护，重则造成整个系统开发失败。

一、空间数据库设计的目标与过程

空间数据库设计与普通数据库的设计在目标、步骤等方面总体上是一致的，但是由于空间数据库管理和服务对象的特殊性，在某些方面又有一些细微的差别。

（一）空间数据库设计的目标

随着 GIS 空间数据库技术的发展，空间数据库所能表达的空间对象日益复杂，数据库和用户功能日益集成化，从而对空间数据库的设计过程提出了更高的要求。空间数据库设计的目标主要包括以下几个方面：

1. 最大限度满足用户需求　设计者必须充分理解用户有关空间数据管理和使用的多方面要求和约束条件，尽可能精确地描述系统需求。

2. 数据库总体性能良好　GIS 空间数据库性能包括诸多方面：就数据存储而言，既要考虑存储空间利用率又要顾及存取效率；就使用功能而言，既要最大限度满足当前之需，又要考虑一定时期内的需求变化；就系统兼容性而言，既要最大限度地适应所选软件环境，又要兼顾环境改变时的修改和移植；就系统安全性而言，既要有较强的安全保护功能，还要考虑到用户使用的方便性，不给用户增加额外负担。为了解决这些冲突和矛盾，GIS 空间数据库设计必须从多方面考虑，做出最佳的权衡折中。

3. 对现实世界模拟尽量精确　GIS 空间数据库通过数据模型模拟现实世界的信息类别及信息之间的联系。模拟的精确程度取决于两个方面：①所选用数据模型的特性；②数据库设计质量。由于空间数据难于表达、联系复杂的特点，数据库设计者必须根据实际，选择合适的数据模型及相应的数据库管理系统，确切地表示应用中各种各样的数据组织以及数据之间的联系，并在充分理解用户要求、了解系统环境的基础上，利用良好的软件工程规范和工具，提高空间数据库设计质量。

4. 能被某个 DBMS 系统接受　GIS 空间数据库设计的最终结果是确定能在某个数据库管理系统支持下运行的数据模型和处理模型，从而建立起可用、有效的空间数据库。因此，在设计中必须充分了解数据库管理系统的主要功能和特点，使设计的模型能充分发挥 DBMS 的优点。

（二）空间数据库的设计过程

GIS 空间数据库是现实世界中的空间客体及其联系在计算机世界的反映，是人类认识客观世界，并予以抽象化和技术加工的结果。其设计需要经历一个由现实世界到信息世界，再到计算机世界的转化过程。

空间数据库设计的开始，首先要进行需求调查与分析，以获得对现实世界的深入了解和正确认识。现实世界中的空间客体及其联系是错综复杂的，准确把握这些错综复杂的联系是空间数据库设计的关键，只有如此，才能使其后的抽象分析建立在可靠的基础之上。

需求分析的结果描述了用户的应用需求，但这些还是现实世界的具体需求，必须将它们抽象为信息世界的结构，才能更好地、更准确地反映问题的实质。因此，接下来要进行概念设计，通过对用户的需求加以抽象和解释，最终形成 GIS 的空间数据库系统所需的概念化模型。概念模型是现实世界到信息世界的抽象，具有独立于具体的数据库实现的优点，因此是用户和数据库设计人员之间进行交流的语言。

逻辑设计是空间数据库设计过程中的另一个重要环节，其任务是利用数据库管理系统所提供的工具，把信息世界中的概念模型映射为计算机世界中为数据库管理系统所支持的数据模型，并用数据描述语言表达出来。

概念设计和逻辑设计是根据给定的应用环境，设计数据库的数据模型（即数据结构）或数据库模式，故又合称为结构特性设计。

接着要进行的是数据库的物理设计（数据库的行为特性设计），即数据库存储结构和存储路径的设计。通过物理设计，将数据库的逻辑模型在实际的物理存储设备上加以实现，从而建立一个性能优良的物理数据库。

以上工作完成以后，可以着手进行数据库的实现，并在使用中对空间数据库予以合理维护，以适应用户需求的不断变化。

二、空间数据库的概念设计

空间数据库概念化设计是从抽象和宏观的角度来设计数据库，即定义 GIS 数据全局性的规范，保证数据库内容完整、组织合理和便于应用。空间数据库概念化设计以需求分析阶段的结果为基础，对所收集的信息和数据进行分析、整理，确定地理实体、属性及它们之间的联系，把它们抽象为信息世界的结构，形成各局部 E-R 模型，最后，将各用户的局部视图合并成一个总的全局视图，形成独立于计算机的反映用户观点的概念模式。概念结构既独立于数据库逻辑结构，也独立于支持数据库的 DBMS。它是现实世界与计算机世界的中介，一方面能够充分反映现实世界，包括实体和实体之间的联系，同时又易于向各种数据库数据模型转换。概念模型是现实世界的一个真实模型，易于理解，是数据库设计人员与不熟悉计算机的用户交换意见的有力工具。当现实世界需求改变时，概念结构又可以很容易地作出相应调整。因此概念结构设计是整个 GIS 空间数据库设计的关键。

（一）E-R 模型

实体-关系模型（Entity-Relation Model，简称 E-R 模型）由实体类（简称"实体"）、关系类（简称"关系"）及其属性三个抽象概念组成，是用于构建信息系统或数据库概念模型的一种有效工具和方法，故又称为 E-R 方法。它可以非常清楚地表达实体间的关系。尤其在实体很多、关系很复杂的情况下，E-R 模型会帮你清楚地理出其中的关系来。近几年 E-R 方法得到了进一步的发展，继扩展 E-R 方法之后又出现了空间 E-R 方法，使 E-R 方法的适用范围进一步扩展，功能更为强大。

1. 基本 E-R 方法　基本 E-R 模型用实体、属性、关系 \ 联系来描述现实世界，并在此基础之上转换为数据模型。E-R 模型要通过 E-R 图表现出来。在 E-R 图中，实体用方框表示，属性用椭圆表示，关系用菱形表示。图 5-13 给出了表达图 5-7 所示多边形地图中实体关系的 E-R 图。

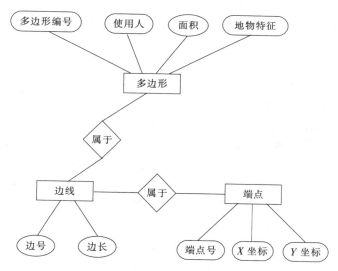

图 5-13　多边形地图 M 中实体关系的 E-R 图

2. 扩展 E-R 方法及空间 E-R 方法　扩展 E-R 方法（Extended E-R Data Model，简称 EER）是在基本 E-R 方法的基础之上引入特殊化（Specialization）与概括（Generalization）、聚集（Aggregation）、类型（Category）等抽象概念发展起来的。由于扩展 E-R 模型增加了语义表达能力，它能更好地模拟现实地理世界。

为了更好地表达现实地理世界，Calkins 等根据空间数据的空间特性，对基本 E-R 方法和扩展 E-R 方法进行改进，提出了空间 E-R 方法，并在 GIS 中获得了比较成功的应用。

（二）空间数据库的概念模型设计

数据库概念设计的任务包括数据库概念模式设计和事务设计。其中，数据库概念模式设计主要是以需求分析阶段所提出的数据要求为基础，通过对用户需求描述的现实世界中信息的分类、聚集和概括，建立抽象的高级数据模型（如 E-R 模型），形成数据库概念模式。

空间数据库的概念模型设计主要采用空间 E-R 方法来进行，主要步骤如下：

第一步：根据用户需求调查与分析情况，以地理信息的分类为依据，提取和抽象出空间数据库中所有的实体。例如，在城市地理数据库系统设计中，我们将市区要素抽象为街道边线、路段、街道、街区、节点等空间实体。因此，地理信息的分类必须全面、规范、合理，确保多用户、多领域共享。通常，地理信息分为地理基础信息和专题信息，对于地形、道路、居民点、水系等地理基础信息，分类数目的多少一般应以各种比例尺地理基础图式规范为基本依据，根据实际情况酌情扩充。

第二步：通过属性定制，对实体进行界定。要求尽可能减少冗余，方便操作，并实现实体的正确、无二义表达。定制实体的属性实际上是要规定每个实体应包含哪几类属性信息。一般来说，地理实体可包括几何类型信息、分类分级信息、图形信息、数量特征信息、质量描述信息、名称信息等几类属性信息。以城市地理数据库系统为例，节点实体属性涉及立交桥、警亭及所连通街道的性质等；边线实体属性包括属于哪一路段、街道、街区及其长度等；街道路段和街道实体属性涉及走向、路面质量、宽度、等级、车道数、结构等；街区实体属性包括面积、用地类型等。

第三步：根据系统数据流程图和实体特征，正确定义实体间的关系。该步骤是保证空间数据正确处理和操作的关键。在地理实体之间存在着各种各样的关系，而 GIS 中一般只能直接建立一些最基本的关系，比如定性（分层或分类）关系、定位关系或拓扑关系，其他关系可以在基本关系的基础上导出。

第四步：根据系统实体、实体属性以及实体关系绘制各分空间 E-R 图。设计分 E-R 图，首先要根据系统的具体情况，在多层的数据流图中选择一个适当层次的数据流图，让这组图中每一部分对应一个局部应用。然后将数据从数据字典中抽取出来，参照数据流图，标定局部应用中的实体、实体的属性、标识实体的代码，确定实体之间的联系及其类型。

第五步：根据划分标准和原则对各分 E-R 图进行综合、调整和优化，形成一个无缝的整体 E-R 图。各个局部应用所面向的问题不同，相应各分 E-R 图往往又是由不同设计者分别完成，势必导致各个分 E-R 图之间存在冲突。例如，实体名、关系名、属性名不统一，实体和关系都自成体系等，同时还可能产生冗余数据和冗余关系，破坏数据库的完整性。因此合并 E-R 图时，必须设法消除各分 E-R 图中的不一致，使整体 E-R 图能为系统的所有用户共同理解和接受，另外要消除冗余数据和冗余关系。

三、空间数据库的逻辑设计

空间数据库逻辑设计是要借助数据库管理系统提供的工具和环境，将现实世界的概念模型转换成特定数据库管理系统的数据模型。目的是要规划出整个数据库的框架，回答数据库能够做什么的问题。

由于地理空间数据的特点，与普通数据库逻辑设计不同的是，需要通过数据的分块与分层处理，对逻辑数据重新进行分类与组织。

（一）空间数据的逻辑划分

空间数据的逻辑划分主要包括空间数据的分层和分块处理，结果形成沿地表垂直方向的图层结构和各层面上的图块结构，整体空间数据库是二者的逻辑集成。

1. 分块　当 GIS 空间数据库的覆盖区域较大时，为了便于数据的存储、检索、显示与分析，一般要按数据的空间分布对整个处理区域进行分块。分块的方式可根据实际需要选择，可以按矩形将数据划分为一些规则的块，如图 5-14(a)所示，也可以是按行政区划或部门管辖范围将数据划分为不规则的块，如图 5-14(b)所示。

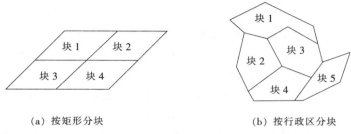

（a）按矩形分块　　　　　　　　　　（b）按行政区分块

图 5-14　空间数据矩形分块示意

在数据分块实施中，图块划分方式以及尺寸的大小要根据实际需要而定。一般来说，图块划分应遵循以下原则：①应依据典型用户常用的查询划分图块，使每个高频度访问涉及的块数尽可能少；②应使每个图块具有较为合理的数据量，既便于管理，又保证查询分析效率；③应预先考虑未来涉及的一些信息源及其空间分布，以利于更新和维护。

2. 分层　　分层是 GIS 空间数据的一种有效组织和管理方法，分层的目的是为了提高各个要素的检索速度，便于数据的灵活调用、更新及管理。一般来说，GIS 的空间数据在分块之后，还要进行分层处理，即将性质相同、相近或同一用途的数据归为一类，形成不同的图层，如图 5-15 所示。使用时，根据需要选择某些层予以逻辑集成，原理上类似于图片的叠置。例如，可以将地形图数据分为地貌、水系、道路、植被、控制点、居民地等诸层分别存储，将各层叠加起来就形成了地形图的数据。

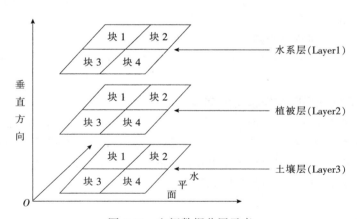

图 5-15　空间数据分层示意

空间数据如何分层，要根据应用上的需要、计算机硬件的存储量、处理速度以及软件限制来决定。就应用需要而言，具体可从性质、用途、形状、尺度、色彩等多方面因素考虑，具体应注意以下问题：

（1）按要素类型分层时，要依照国家相关信息分类标准进行。比如，按行政区、水系、道路、土壤、植被、地貌、地质等类型来划分层次。

（2）分层时要考虑数据的应用功能。不同类型的数据，在分析和应用时往往会同时用到，设计时需将这些数据作为一层处理，例如，多边形的湖泊、水库，线状的河流、沟渠，点状的井、泉等在功能上有着不可分割、互相依赖的关系，因此可将这3种类型的数据组成同一个专题数据层。

（3）分层时要考虑数据之间的关系，如哪些数据有公共部分，哪些数据之间存在隶属关系等。例如，道路与行政边界的重合，河流与地块边界的重合，或者道路网中等级共享等关系在分层时应体现出来，以免在空间分析及制图中产生不精确或错误的信息。

（4）分层时应考虑用户使用目的、方式及视图的多样性。同一地物在不同的使用中，可能需要采用不同的几何形式来表达，拓扑要求也不尽相同，这时就需要采用不同的层。如道路数据，用于网络路径分析时，需要用具有严格拓扑关系的道路中心线表示，而用于制图输出时，则用符号化线或面来表示，从而要用不同分层。

（5）分层时应考虑同类地理对象属性及比例尺的一致性。例如，植被类地理对象在不同年份考察的属性项可能有差别，而且考查的尺度范围也不同，所以通常要以不同层来表示。

（6）分层时要考虑数据使用和维护的方便性，不同部门的数据通常放入不同的层，即按专题要素来组织分层。例如，针对环保部门的需要，可以将河流、有污染的工厂等不同种类的地理对象放入同一层中。

（7）分层时应考虑到数据更新问题。由于更新一般以层为单位进行处理，在分层中应考虑将变更频繁的数据分离为一层，使用不同数据源更新的数据最好也分层存储。

（8）分层时应考虑尽量减少数据冗余和重复工作。一般来说，对于共用的要素，最好单独作为一个图层分离出来，使用时可与任何相关层文件叠加，以避免重复的存储和数字化。

（9）分层，尤其是基础信息数据的分层，一般宜细不宜粗，层与层的关联越少越好。分得过粗，要素间互相干扰，不利于特定的分析、查询。例如，若把地下管网系统供水、排水、电力、通信、煤气、热力等地下管线合在同一图层，当需要单独查询，显示一种管线时，只能根据管线的属性来区分，要比单独存放花费更多的处理时间。但图层划分要适可而止，分得过细不便于管理及要素间相互关系的处理。

（10）分层时还应考虑各层数据量的均衡性、数据的不同安全级别以及数据的动态管理等一系列问题。

（二）E-R 模型向数据库数据模型的转换

从理论上讲，设计逻辑结构应该选择最适于描述与表达相应概念结构的数据模型，然后对支持这种数据模型的各种 DBMS 进行比较，综合考虑性能、价格等各种因素，从中选出最合适的 DBMS。但是，鉴于空间数据管理的特殊性，设计人员往往是先选择一种最实用的 GIS 管理系统，然后确定数据管理模式以及相应的数据库数据模型，再进行概念模型向数据库数据模型的转换。

常用的数据管理模式包括文件与关系数据库管理系统的混合管理模式、改进的关系型数据库管理系统、对象-关系数据库管理系统（Ingres、Informix、Oracle、PostGIS 等）以及面向对象数据库管理系统（O2、Object Store 等）。具体选择哪一种，要综合考虑实用性、可行性、成熟性、价格等因素。

E-R 模型可以向现有的各种数据库模型转换，对不同的数据库模型有不同的转换规则，在此不再赘述，读者可参考有关书籍。

（三）数据库模型的评价与优化处理

模型评价是指根据定量分析和性能测算结果，对逻辑数据库结构（模型）作出评价。定量分析是指处理频率和数据容量及其增长情况。性能测算是指逻辑记录访问数目、一个应用程序传输的总字节数和数据库的总字节数等。

为使模式适应信息的不同表示，可利用数据库管理系统性能进行模式优化，如建索引、散列功能等，但不修改数据库的信息。

在完成数据库模型的评价与优化处理后要形成数据库的逻辑设计说明书，内容包括：

（1）模式及子模式的说明，可用数据库管理系统的语言来描述，也可列表描述；

（2）应用设计指南，涉及访问方式、查询路径、处理要求、约束条件等；

（3）物理设计指南，包括数据访问量、传输量、存储量和递增量等。

四、空间数据库的物理设计

空间数据库物理设计的任务是将空间数据库的逻辑模型在实际的存储设备上加以实现，从而建立一个高效、可靠的物理空间数据库。数据库的物理结构在很大程度上依赖于所选用的 DBMS 与计算机硬件环境，因此要求设计人员首先必须充分了解所用 DBMS 的内部特征和计算机硬件性能，尤其是外存设备的特性。空间数据库的物理设计不仅是设计存储结构和访问路径，还涉及数据库的安全性、完整性、一致性、可恢复性等问题。这些都以牺牲数据库运行效率为代价，设计人员要在实现代价和尽量多的功能之间进行权衡折中。此外，由于 GIS 项目空间数据管理的特殊性和复杂性，给出合理的分级体系也是一项主要任务。总之，设计人员进行空间数据库的物理设计时要重点做好以下几方面工作：

1. 设定合理的数据分级体系 为了简化设计、提高系统的性能与操作的方便性，首先要设定合理的数据分级体系，划分数据管理单元（如某市的数据库可以用区/县作为管理单元），构建空间地理数据库的组织模式。

设计分级体系时需要考虑的主要因素是：符合相关标准或行政区域划分等某种习惯；各级单元比较稳定，受时间等因素的影响尽量小；同级单元具有明确的分界标准，单元内地理特征相近，重要的地理特征尽量位于同一单元中；使用频率等某些主要特性有明显差别的数据尽量分属不同单元。例如，对地籍数据的分级，设计者可以根据需要采用"行政区划代码—街道号—街坊号—宗地编号"或"行政区划代码—图幅号—宗地编号"体系。按照分级体系，可以很容易地构造出空间地理数据库的相应层次组织模式。

2. 确定数据库的总体布局和实现方式 设定合理的数据分级体系后，即可从总体上确定数据库的总体布局和实现方式，可以采用基于 C/S(Client/Server) 系统网络模式的中心数据库和多级服务器模式（系统公共数据集中在城域网的中心数据库由一个服务器进行管理，而各个子网都有自己的中心服务器，用于集中存放相应子系统的公共数据），也可以采用基于 W/B(Web/Browser) 系统网络模式的分布式数据库模式（在网络中各个数据服务器地位是平等的，数据分散存储在分布于不同地理位置的不同数据库中）。考虑到当前大数据时代的背景，网络带宽的不断提升，基于云技术的云存储亦可以作为一种备选的数据布局方式，目前很多行业和商业企业都提供云服务，借用这些商业云服务，可以避免机房的建设和维护升级成本。

3. 选取适用的数据存储及访问方式 确定数据库存储结构和访问路径是一件困难的工作，涉及存储方式的选择、存储设备和存储空间的分配等一系列问题。

存储方法有顺序存储、直接（散列）存储、索引存储以及聚簇存储，采用哪一种，既要考虑应用需要，又要综合考虑存取时间、存储空间利用率和维护代价三方面的因素。例如，对批处理应用的数据，一般以顺序方式组织数据为好；对于随机应用的数据，则以直接方式或索引方法为好。再如，消除一切冗余数据虽然能够节约存储空间，但往往会导致检索代价的增加。

访问路径设计与选用的数据库管理系统有很大关系。在关系数据库中，选择存取路径主要是指确定如何建立索引，即对哪些库建立索引，建立何种索引，在哪些属性上建立索引。例如，应把哪些域作为辅关键字建立辅助索引，建立单键索引还是组合索引，建立多少个比较合适等。

进行存储空间分配时，建议遵循两条主要原则：①按存取频率分类存储，存取频度高的数据存储在快速、随机设备上，存取频率低的数据存储在慢速设备上。例如，数据库备份、日志文件备份等很少使用，可以存放在磁带上。②相互依赖性强的数据应尽量存储在不同磁盘的相邻空间上，充分利用多磁盘并行工作的特点，提高物理读、写速度。例如，可以将主文件和索引表分别放在不同的磁盘上。

4. 保障数据库完整性和安全性　考虑数据库完整性和安全性措施，要依据逻辑设计说明书中提供的对数据库的约束条件、所选数据库管理系统与操作系统的特性及硬件环境。

无论采用 C/S 方式还是 W/B 方式数据库模式，用户都分为系统管理员、数据录入员、各类业务人员、外部浏览用户等不同层次，需要针对每种数据规定用户的不同权限。许多数据库管理系统都有描述各种对象(记录、数据项)存取权限的成分，设计时可根据需要予以设定。子模式是实现安全性要求的重要手段，也可在应用程序中设置密码，控制使用级别。

为实现多用户环境下的数据完整性和一致性，大多数数据库管理系统都支持事务控制。事物控制有人工控制和系统控制两种方式。人工控制以事务的开始与结束语句显式实现，系统控制则以数据操作语句为单位，多数数据库管理系统也提供封锁粒度的选择，一般有库级、记录级和数据项级，粒度越大控制越简单，但并发性能越差。这些在设计中都要考虑到。

5. 提高故障恢复与数据更新控制能力　数据恢复具有两层含义：①允许数据回到某一时间的状态，而忽略其后的所有修改，这对于系统故障恢复和数据安全意义重大；②历史数据回溯，主要用于演示和分析数据变化的历史过程。多数商业数据库管理系统提供了重新运行功能，因此对第一层含义的数据恢复，设计任务就简化为确定系统登录的物理参数，如缓冲区个数、大小、逻辑块的长度、物理设备等，而对第二层含义的数据恢复，则要结合具体需要，制订出相应方案。

地理空间数据库是分块、分层组织的，各部分的个体一般都包括图形数据和属性数据，整个数据库的各部分空间数据又具有一些公共属性，如比例尺、大地坐标、投影类型等。在设计数据更新机制时，需要保证数据库及各部分的公共性质与个体属性的统一，及图形数据和属性数据的统一。同时在更新数据时，还要对不相关的部分进行锁定，避免用户进行不必要操作导致数据损坏。

物理设计最终要形成一份物理设计说明书，其内容包括存储记录格式、存储记录位置分布及方法，它能满足的操作需求，并给出对硬件和软件系统的约束。

五、空间数据库的设计实例——土地利用总体规划数据库设计

在国土资源管理中，土地利用总体规划是我们管理活动的重要依据，建立土地利用总体

规划数据库是国土管理信息化的重要内容，属于典型的空间数据库。本实例将以土地利用总体规划数据库为例展示空间数据库的实现过程。

（一）规划数据包含的主要内容

（1）土地利用现状数据；

（2）土地利用规划数据，包括土地利用总体规划和各专题规划数据；

（3）土地利用年度计划数据以及项目审查数据；

（4）土地利用规划档案数据，包括扫描图件和文档，作为档案进行保存。

（二）规划数据库的概念设计（E-R 模型）

土地利用总体规划数据库中存储的数据较多，但主要表达的是土地利用规划的成果信息，也即各地块未来的土地用途及方向，因此要表达规划信息我们可以用 E-R 模型勾勒出该规划的基本模型，如图 5-16 所示。

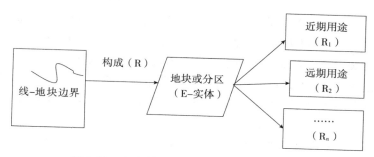

图 5-16　土地利用总体规划数据库 E-R 模型

以此类推，可以结合数据库中其他专题数据内容绘制出相应的 E-R 模型图。

（三）规划数据库的逻辑设计

县（市）级土地利用规划数据库中的数据按存在形式可以分为空间数据、属性数据和文档类数据三大类。

（1）空间数据可以分为基础空间数据和项目数据；

（2）属性数据包括项目的属性数据、各要素层的属性数据；

（3）文档类数据：主要有规划文档资料、土地利用年度计划文档以及建设用地项目与补充耕地项目的文档资料，以文字文档和扫描图件文档形式存在。

依据现有数据情况，该数据库的空间数据分层组织可以按专题组织成如图 5-17 的形式，考虑数据库效率，分块组织可以按照 1∶1 万标准分幅进行组织。

1. 各主要专题图层的管理方式　所有空间专题数据通过空间数据库引擎，放在 Oracle 数据库中进行管理，能支持存放在数据库中或以文件形式存放的大型空间数据库的导入、查询管理。各主要专题图层数据入库时应进行投影变换统一为经纬度，以保证在坐标空间上连续，同时保持较高精度方式及空间拓扑连续。

（1）建设用地层。建设用地这一层数据应包括界桩数据、界限数据、地块数据以及这三层分别的属性信息。

（2）补充耕地层。补充耕地地块注重面积的准确，对于形状没有太高要求，这一层可以不存储界桩数据，所以这一层数据应包括界限数据、地块数据及其属性信息。

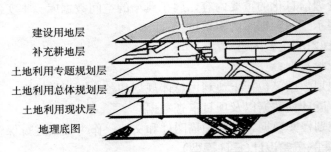

图 5-17 土地利用总体规划数据库分层组织结构

（3）规划专题层。规划专题层数据着重于起到参照的作用，所以这一层数据应包括地块数据及其属性信息。

（4）土地利用现状层。土地利用现状地块注重面积的准确，这一层可以不存储界桩数据，所以这一层数据应包括界限数据、地块数据以及这两层分别的属性信息；其他要求信息可参见国土资源部的《县市级土地利用数据库建库标准》。建设用地层和补充耕地层是单独的一层，而现状层和规划层以及地理地图是由多个要素层叠加生成的。

2. 空间数据结构 规划数据库存放的空间数据主要有地形图、土地利用现状数据、土地利用规划数据和各专项规划数据等，依据各图层数据的内容及 E-R 模型制定各数据图层的属性数据结构。

土地利用规划数据库存储的数据种类和数量很多，列举出比较重要的属性结构见表 5-10 至表 5-12。

表 5-10　行政区划要素基本属性结构

序号	字段名	字段类型	长度	小数位	说明
1	行政区划名称	字符	8		
2	行政区划代码	字符	30		
3	总人口	整型	6		
4	总面积	数值	6	2	

表 5-11　土地用途面状要素基本属性结构

序号	字段名	字段类型	长度	小数位	说明
1	图斑编号	字符	6		
2	行政区划代码	字符	30		
3	土地用途分区代码	字符	8		
4	规划用途	字符	6		
5	规划用途代码	字符	6		

表 5-12　建设用地属性结构

序号	字段名	字段类型	长度	小数位	说明
1	地块编号	字符	8		

（续）

序号	字段名	字段类型	长度	小数位	说明
2	地块权属	字符	30		
3	地块名称	字符	30		
4	地块面积	数值	6	2	

目前由于成熟的商用数据库在其产品中已经解决了数据物理存储、访问、组织等问题，因此一般在空间数据库应用层面无需再进行数据库的物理设计及调优，故普通用户一般无需单独组织物理设计。

专题数据及属性数据建立完成后，即可进行采集数据、整理数据、质量检查，然后入库等后续工作，直至数据库运行。

复习思考题

1. 什么是数据库？库中的数据分为几级？文件之间如何联系？

2. 何谓数据库数据模型？传统模型各适于表达何种逻辑关系？

3. 何谓数据库管理系统？通用商业数据库管理系统有哪几种？

4. 何谓数据库系统？它与数据库、数据库管理系统有何关系？

5. 空间数据有何特点？哪种数据库模型最适于表达空间数据？

6. 空间数据管理经常采用哪些方式？每种方式存在什么问题？

7. 简述空间数据库的设计步骤及相应的工作要点。

8. 举例说明空间数据库中数据如何分级，数据库文件之间如何建立联系。

9. 通常实体间都有哪些逻辑关系？分别以空间实体为例予以说明。

10. 分别以顺序文件、索引文件、倒排文件形式给出一个空间数据库文件。

11. 分别说明层次、网络、关系和面向对象模型各自的优缺点。

12. 举例说明使用传统数据模型管理空间数据所存在的问题。

13. 目前空间数据的管理一般采用哪些方式？具体如何实现？

14. 使用面向对象的 OODBMS 管理空间数据库还存在哪些问题？

15. 分别用层次、网络、关系和面向对象模型描述同一空间问题。

16. 简述空间数据库设计的主要内容和步骤。

17. 对空间数据库概念、逻辑及物理设计分别予以说明。

18. 地理空间数据库中为何对数据分块、分层组织管理？

19. 用实例说明图形数据和属性数据分别存储时如何实现关联？

20. 通过实例说明地理空间数据如何分块、分层组织和管理？

21. 何为云？简述目前几种主要的云平台。

22. 简述空间数据索引及基本类型。

第六章

空间数据处理与分析

空间数据处理是地理信息系统(GIS)的基本功能。各种空间数据的获取方法都可能存在着这样或那样的问题或错误，如数字化错误、数据格式不一致、比例尺或投影不统一、数据冗余等。因此，必须通过空间数据的处理使其符合 GIS 数据库的要求，才能实现 GIS 的各种功能。空间数据处理包含两方面的意义：①将原始采集的数据或者说不符合 GIS 质量要求的数据进行处理，以符合数据质量要求；②对于已有数据经过处理以派生出其他信息。主要内容包括：图形编辑、自动拓扑、数据压缩、坐标变换、结构转换、地图裁剪、图幅拼接和数据内插等，其中图形编辑、自动拓扑、数据压缩和结构变换在前面有关章节已有论述，本章主要对坐标变换、地图裁剪、图幅拼接和数据内插等进行叙述。

空间数据分析是地理信息系统的核心内容，也是 GIS 区别于普通管理信息系统的关键标志、与计算机辅助绘图系统(CAD)的主要区别。如今，互联网将一切的人、事、物都链接在一起，一切都可以数据化，一切都被数据化，一个数据的世界正在飞速发展，在地理数据世界中既有空间数据也有属性数据，含有海量的信息数据，其内容更为丰富，更加需要空间分析和挖掘模型来实现 GIS 的功能和价值。常用的空间分析方法有基础的空间查询与量算、叠置分析、缓冲区分析、网络分析、三维空间分析和统计分析，还有近年来发展起来的空间数据挖掘、模式分析、热点分析、地理回归、空间优化和模拟分析等。

第一节 空间数据的整合

地理空间数据由于数据采集标准及使用主题不同，往往存在多源、多类型和多尺度性，具体有坐标系和投影方式、数据标准、数据格式、数据空间尺度和时间尺度的不统一，因此需采用数据整合手段进行整合集成，消除数据差异，以建立统一组织存储、统一空间参考、统一分类标准、统一时点、统一质量的数据库。

一、不同格式的数据整合

空间数据格式多种多样，不同的 GIS 软件有不同的数据格式。在录入数据或者处理数据时，各部门根据自身需求采用不同的 GIS 软件或数据建模方法，造成了数据格式的不一致。

数据格式转换是一种格式数据通过一定的方法和手段转换为另一种格式的数据，从根本上说，这是不同系统数据模型的转换，是目前大多数不同格式空间数据整合所采用的方法。空间数据格式转换需要满足以下几个要求：空间实体无丢失，坐标无丢失，形状不改变；空间实体的拓扑结构不改变；空间实体属性内容无缺失以及实体之间、实体与属性之间的关系不改变。

不同的 GIS 软件都有各自的数据交换格式或数据转换模式，但每个 GIS 系统采用的数据模型和数据结构都不尽相同，因此 GIS 系统之间数据的转换是有限的。目前实现不同平台数据整合的模式主要有以下四种：

1. 外部数据交换模式 这种模式指直接读写其他软件的内部格式、外部格式或由其转出的某种标准格式(表 6-1)。它是一种间接数据交换方式，其他数据格式经专门的数据转换程序进行格式转换后，复制到当前系统中的数据库或文件中。这是当前 GIS 系统数据交换的主要方法，目前国内基本上采用这种方法。

表 6-1 常见软件的外部明码交换格式

软件名称	外部明码交换格式
ArcInfo	E00
MapInfo	MID；MIF
AutoDesk	DXF；DWG
ArcView	Shape
MGE	ASCII Loader
Intergraph	DNG
MapGIS	.wt；.wl；.wp

2. 直接数据访问模式 这种模式指一个 GIS 软件中实现对其他软件数据格式的直接访问，即把一个系统的内部数据文件直接转换成另一种系统的内部数据文件，用户可以使用单个 GIS 软件存取多种数据格式。直接数据访问提供了一种更为经济实用的数据交换模式。目前使用直接数据访问模式实现数据交换的 GIS 软件主要有两个：Intergraph 推出的 GeoMedia 系列软件和中国科学院地理信息产业发展中心研制的 SuperMap。但是，面对纷繁多样的数据格式，为每一种数据格式都提供直接数据访问在一定时期内是不可能的。此外，还必须知道每一个 GIS 的内部数据结构，这对商用 GIS 而言是困难的。

3. 基于空间数据转换标准的转换模式 定义空间数据交换文件标准，每个 GIS 软件都按这个标准提供外部交换格式。需要每种软件都按统一的标准来提供交换格式，短期内难以实现。转换过程中也容易产生信息丢失，而且需要二次转换。

4. 基于标准 API 函数的转换模式 基本思想是 GIS 软件都提供直接读取对方存储格式的 API 函数，这是一种基于公共接口的数据融合方式，系统之间的转换只需一次转换即可完成。例如，开放地理空间信息联盟(Open Geospatial Consortium，OGC)为数据互操作制定了统一的规范，实现了 GIS 软件系统之间的互操作。

二、不同空间尺度的数据整合

不同空间尺度主要涉及不同比例尺、不同空间参照和不同图幅尺度，因不同空间参照的坐标变换已在第二章论述，此处重点介绍比例尺变换和图幅裁剪与接边。

（一）比例尺变换

同一测区内多种不同比例尺数据进行比例转换，可通过绘图软件进行数据的比例变换。

生成的新比例尺数据中，所有图形元素均按新比例尺的要求进行相应变化。例如，如果从大比例尺转换成小比例尺，就需要对数据进行概化，精度降低，对于矢量数据要用更少的点、线、面要素，对于栅格数据要从小格网重采样至大格网。

（二）裁剪与接边

1. 图形裁剪与合并 在许多情况下需要找出指定几何区的点、线、面数据，并求出其与几何边界的所有交点，就要用到图形裁剪，包括窗口的开窗、缩放、漫游显示，地形图的裁剪输出，空间目标的提取，多边形叠置分析等。

（1）直线的窗口裁剪。要找出该线段落在窗口区内或窗口边界上的起始点和终止点的坐标。

A. 矢量裁剪法。设窗口的四条边界为 x_L、x_R、y_B、y_T，某条待裁矢量线段为 $\vec{a}$，某起点和终点的 (x, y) 坐标分别为 (A, B) 和 (C, D)，如图 6-1 所示。矢量裁剪算法的思想是：先从 (A, B) 为始点进行判断或求交运算，所得交点 (x, y) 保存在 (x_s, y_s) 中，然后再把矢量倒过来，即以 (C, D) 为始点，再用前面的判断及求交运算程序求得交点坐标 (x, y)，最后只输出从 (x_s, y_s) 到 (x, y) 之间的线段。

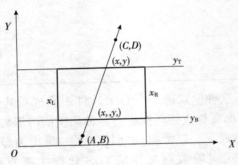

图 6-1 线段 $\vec{a}$ 与窗口

B. 编码裁剪法。这种方法是用区域检查的办法有效地识别可以直接接受或直接舍弃的线段，只有不属于这两种情况的线段才需要计算交点。算法以图 6-2 所示的 9 个区域为基础，其中 x_L、x_R、y_B、y_T 为窗口的边界。任何一条线段的端点，根据其坐标所在的区域都可以赋予 4 位二进制代码。设最左边的位是第 1 位，则其含义如下：第 1 位为 1，表示端点在 y_T 的上方；第 2 位为 1，表示端点在 y_B 的下方；第 3 位为 1，表示端点在 x_R 的右边；第 4 位为 1，表示端点在 x_L 的左边；否则，相应位置是 0。

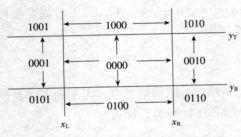

图 6-2 窗口及线段端点的编码

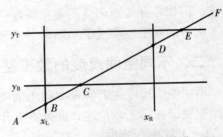

图 6-3 编码裁剪法图解说明

显然，如果线段两个端点的 4 位编码全为 0，则此线段全部在窗口内，可直接接受；如果对线段两个端点的 4 位编码进行逻辑与（按位乘）运算（运算规则：0. and. 0＝0；0. and. 1＝0；1. and. 1＝1），结果为非 0，则此线段全部在窗口之外，可直接舍弃；否则，这一线段既不能直接接受，也不能直接舍弃，它可能与窗口相交。此时，需要对线段进行再分割，即找到与窗口一个边框的交点。根据交点位置，也赋予 4 位代码，并对分割后的线段进行检查：或者接受，或者舍弃，或者再次进行分割。重复这一过程，直到全部线段均被舍弃或被接受为止。

与窗口边界求交次序的选择完全是任意的。但是无论哪种次序，对于有些线段的裁剪，可能不得不重复 4 次计算与 4 条边的交点，如图 6-3 中线段 AF 即是一例。

C. 中点分割裁剪法。中点分割裁剪法又称对分法，其算法思想是：当一条线段既不能直接接受也不能直接舍弃，欲求其与区域的交点时，预先假设此交点落在线段的中点。如果这估计是错误的，则将直线分为两段，并对该两段再分别加以测试。用这种二分法搜索方式一直进行下去，直到原来线段的一段被直接接受，而另一段被直接舍弃。中点分割裁剪算法判断线段是否与区域有交，仍可采用

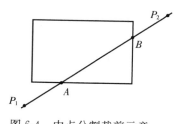

图 6-4　中点分割裁剪示意

前面介绍的编码方法。设裁剪区域是正矩形，要裁剪的线段为 P_1P_2（图 6-4），为求其可见部分 AB，算法可分两个过程平行进行。

a. 从 P_1 出发，找出离 P_1 最近的可见点 A；

b. 从 P_2 出发，找出离 P_2 最近的可见点 B。此两点的连线 AB，即为原线段 P_1P_2 的可见部分。

一个二分法的搜索至多在 $\log_2 M$ 步后结束，这里 M 是所搜索的表的长度。所以上面讲的二分的过程，也将经过 $\log_2 M$ 步后找到其中的一个交点。这里 M 被解释为直线的水平分量和垂直分量中较长的那个分量。对于分辨率为 $2^N \times 2^N$ 的显示器来说，$M＝2^N$，则对于一条可见端点的最长的线，至多经过 N 步的裁剪。中点分割裁剪算法由于计算过程只要做加法和除法，所以很容易用硬件来实现。另外，如果可用并行方式实现上述对分过程，则又可使裁剪速度大大加快。

（2）多边形的窗口裁剪。多边形的窗口裁剪是以线段裁剪为基础的，但又不同于线段的窗口裁剪。在线段裁剪中，是把一条线段的两个端点孤立地加以考虑，而多边形则是由若干条首尾相连的线段连接而成的，其中第 i 条线段的终点必定是第 $i+1$ 条线段的起点，也就是说，多边形是由一些有序的线段构成的，裁剪后的多边形仍应保持原多边形各边的连接顺序。另外，多边形是封闭的图形，经裁剪后的图形仍应是封闭的，而不是一些孤立的线段。因此，对于多边形的裁剪应着重考虑以下问题：如何把多边形落在窗口边界上的交点正确地、按序连接成裁剪后的多边形，其中包括决定窗口边界及拐角点的取舍。图 6-5 给出了一些多边形裁剪的例子，下面介绍两种常用多边形裁剪算法。

A. 逐边裁剪法。逐边裁剪法的具体做法是：每次用窗口的一条边界对要裁剪的多边形裁剪，把落在窗口外部区域的图形去掉，只保留窗口内部区域的图形，并把它作为下一次待裁剪的多边形。若连续用矩形窗口的 4 条边界对要裁剪的原始多边形进行裁剪，则最后得到

的多边形即为裁剪后的结果多边形。图 6-6
说明了这个过程，其中，原始多边形为
ABCDEFGA，经窗口右边界裁剪后，得
到 AHIDJKGA，此多边形即为下一次待
裁剪的多边形；经窗口的四条边界裁剪后
的多边形为 NMLIDJQPGON。显然，对
于每一条窗口边框，都要计算其与多边形
各条边的交点，然后把这些交点按照一定
的规则连成线段；而与窗口边界不相交的
多边形的其他部分则保留不变。因而，需
要两个大数组用来保存原始多边形顶点坐

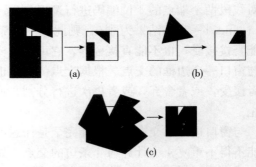

图 6-5 多边形裁剪的例子

标及某条窗边裁剪后所生成的新多边形的顶点坐标。逐边裁剪算法原理简单，易于用程序实
现，但计算工作量比较大，而且需要一个比较大的存储区来存放裁剪过程中待裁剪的多
边形。

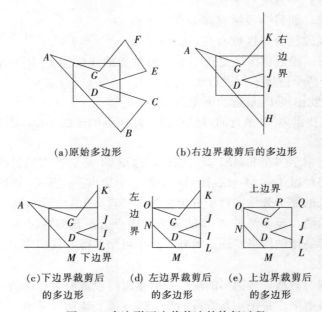

(a)原始多边形　　　　　　(b)右边界裁剪后的多边形

(c)下边界裁剪后　　(d) 左边界裁剪后　　(e) 上边界裁剪后
　的多边形　　　　　　的多边形　　　　　　的多边形

图 6-6 多边形逐边裁剪法的执行过程

　　B. 双边裁剪法　图 6-7 说明了双边裁剪算法的执行过程。设用户多边形为主多边形 P_s，
窗口为裁剪多边形 P_c。同时，设每一多边形按顺时针方向排列，因此，沿多边形的一条边
走动，其右边为多边形的内部。算法首先沿 P_s 任一点出发，跟踪检测 P_s 的每一条边，当
P_s 与 P_c 的有效边框相交时：

　　a. 若 P_s 的边进入 P_c，则继续沿 P_s 的边往下处理，同时输出该线段；

　　b. 若 P_s 的边是从 P_c 中出来，则从此点（称为前交点）开始，沿着窗口边框向右检测 P_c
的边，即用 P_c 的有效边框去裁剪 P_s 的边，找到 P_s 与 P_c 最靠近前交点的新交点，同时输出
由前交点到此新交点之间窗边上的线段；

C. 返回到前交点，再沿着 P_s 处理各条边，直到处理完 P_s 的每一条边，回到起点为止。

双边裁剪算法的思路清楚，可适用于任何凸的或凹的多边形的裁剪。但是，这种算法由于需要反复求 P_s 的每一条边与 P_c 的 4 条边以及 P_c 的每一条有效边与 P_s 的全部边的交点，因而计算工作量很大。

（3）使用不规则多边形模板的裁剪。如果裁剪的模板不是窗口，而是不规则的多边形，此时裁剪更加复杂。实际上它即是多边形的叠置操作。这里介绍多边形与多边形叠置操作的处理过程。

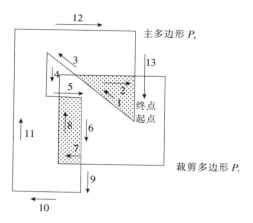

图 6-7　多边形双边裁剪法的执行过程

如图 6-8 所示，多边形模板并不规则，而被裁剪的多边形更加复杂。用模板 A 裁剪多边形 B，实际上求取多边形 A 与多边形 B 叠置的交集。如图 6-8 中晕线部分。

首先用多边形 A 的每一弧段的每条线段与多边形 B 的每条弧段的每条线段进行判别，看它们是否有交点，如果存在交点，求出交点坐标，切割弧段，然后根据新切割的弧段，重新建立多边形与弧段的拓扑关系。

多边形剪切的另一项功能是多边形的分割。对于一个已有的多边形，增加一条弧段，将它切割成两个或多个多边形。如图 6-9 所示，在多边形 P 内从它的两边增加一条弧段 A，将多边形 P 分割为 3 个新多边形。其操作处理过程是将原来的多边形删除，然后增加弧段 A，并在增加弧段的过程中，切割原有多边形的边界弧段，最后再重构多边形拓扑关系。

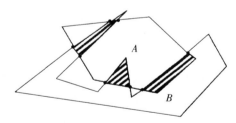

图 6-8　使用不规则多边形模板的裁剪

图 6-9　切割多边形

（4）图形合并。在 GIS 中经常需要将一幅图内的多层数据合并在一起，或者将相邻的多幅图的同一层数据或多层数据合并在一起，此时涉及空间拓扑关系的重建。但对于多边形数据，因为同一个目标在两幅图内已形成独立的多边形，合并时，需要去掉公共边界。如图 6-10（a）所示，跨越图幅的同一个多边形，在它左右两个图幅内，借助于图廓边形成了两个独立的多边形。为了便于查询和制图（多边形填充符号），现在要将它们合并在一起，形成一个多边形。此时需要去掉公共边。实际处理过程是先删除两个多边形，解除空间拓扑关系，然后删除公共边（实际上是图廓边），然后重建拓扑关系，如图 6-10（b）所示。

2. 图幅接边　由于空间数据采集的误差和人工操作的误差，两个相邻图幅的地图空间

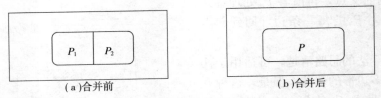

（a）合并前　　　　　　　　（b）合并后

图 6-10　多边形的合并

数据在结合处可能出现逻辑裂隙与几何裂隙。逻辑裂隙是指当一个地物在一幅图的数据文件中具有地物编码 A，而在另一幅图的数据文件中却具有地物编码 B，或者同一个物体在这两个数据文件中具有不同的属性信息，如公路的宽度、等高线的高程等。几何裂隙指的是由数据文件边界分开的一个地物的两部分不能精确地衔接。在地理信息系统和机助制图中，需要把单独数字化的相邻图幅的空间数据在逻辑上和几何上融成一个连续一致的数据体，这就是 GIS 中的图幅接边/拼接问题。图幅接边包括几何接边和逻辑接边。

（1）几何接边。调出需要接边的两幅或多幅图数据，以其中的一个作为活动图幅（或称活动工作区），其他图幅作为参考，沿图幅的边缘选取一定范围例如 5cm 的空间目标。这些目标（主要是弧段）一般都终结于图廓边附近，以活动工作区的目标为基准，根据图廓边上弧段的结点坐标查找相邻图幅对应弧段，如果它们的地物编码相同，结点坐标在一定的容差范围内，则将两边的结点坐标取中数自动吻合，空间关系不变。如果地物编码不同，或超过接边的匹配容差，则需要进行人工编辑与接边。如图 6-11 表达了几何接边过程。

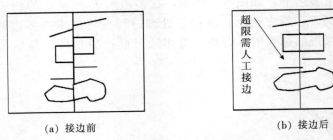

（a）接边前　　　　　　　　（b）接边后

图 6-11　相邻图幅的几何接边

（2）逻辑接边。逻辑接边包括两方面的含义：①检查同一目标在相邻图幅的地物编码和属性赋值是否一致。如果不一致，则进行人工编辑修改，这种逻辑接边容易处理。②将同一目标在相邻图幅的空间实体数据在逻辑上连在一起。例如，长江可能跨越多个图幅，当要进行查询时，点取到某幅图的一段目标时要能够同时将多幅图内的长江一起显示出来，这就要在逻辑上建立某种联系。否则，由于每幅图的数据是单独存储，一般来说只能查询到该图幅内的空间数据。

为了进行空间目标的逻辑接边，可以有两种方案：一种是在图幅数据文件的上一层，将有逻辑联系的空间目标建立一个新的文件，即索引到它在每幅图的子目标，并建立双向指针（目标标志）。当在某一幅图点取子目标时，通过指针，指向上一层总目标文件的记录，这一条记录记录了所有该目标的子目标的目标标志，通过它即可显示多个目标，如图 6-12 所示。

逻辑接边的另外一种方法是不建立总目标文件，也不在每幅图的空间目标的数据文件中

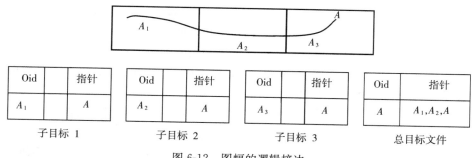

图 6-12　图幅的逻辑接边

为逻辑接边的子目标建立索引，而是通过空间操作的方法，根据每个关键字如"江"，让系统自动在周边图幅的文件中搜索到同一目标，从而在效果上等同于建立跨图幅空间目标的逻辑关系。

三、不同分类标准的数据整合

不同分类标准的数据整合主要包括统一数据分层、统一数据分类和编码、统一属性表达、图属关联整合，其中数据分类和编码已在第二章论述。

1. 统一数据分层　空间数据分层是空间数据的一个重要特点，既可以使数据分类清晰，又便于数据管理。空间数据按实体分类最基本的分层是点、线、面的分层，在实际使用中一般会按照不同的需求以相关的图形分类为依据进行分层。例如，按照地物的类型进行分层，分为道路、河流等图层。在多源空间数据中，由于较早的数据标准不统一及不同的部门按需求处理相关数据，在数据的分层上就出现差异，这种差异必须进行消除，统一空间数据分层，这样才能完成数据的整合。不同分层数据整合步骤如下：

（1）按照需求确定需要使用的要素图层；

（2）分层提取要素：通过对不同数据源中的同类要素进行分析比对，依据现势性好、几何表达精确度高、平面位置准、信息内容丰富等原则进行。要素分层提取时要特别注意对同名地物的处理，同名地物的选择一般从现势性、几何表达精细度、平面位置等方面考虑。如土地利用数据库与土地利用规划数据库中都有行政区界线层，在整合时，应将反映相同信息的冗余行政区界线层删除，保留唯一的行政区界线层。

（3）分层合并要素：对提取出的要素，进行分层合并。

2. 统一属性表达　多源空间数据由于采集时间、标准、用途或者侧重点的不同，不仅会造成属性数据结构的不同，而且会存在语义分异问题，同一个地理要素可能会有不同的命名或者统计方式，因此需要统一属性结构和属性表达。

属性结构的规定是数据整合的关键一步，对于属性结构需要根据整合的目标、数据共享标准以及数据用途进行确定。

属性表达的统一涉及数据的类型、名称及属性字段的长度、精度、小数位数、可否为空等信息，需要在整合前确定，主要采取以下处理方法：

（1）对于整合的数据，要对属性项名称、属性代码和属性值表达设定统一的规则和格式，并使属性项名称和属性代码保持唯一，同时保持属性值表达的语义一致；

（2）对语义不相同的属性项名称和属性代码按需要保留，但要进行说明。

3. 图属关联整合　属性数据与空间数据是密不可分的。多源空间数据在一些情况下会出现属性数据不完整或者需要的属性数据没有和空间数据关联，因此整合过程中对空间数据与非空间数据进行数据关联是非常有必要的。常用的图属关联方式有：

（1）连接表关联。在数据库或者相应的存储目录中建立空间数据与非空间数据的连接表，方法简单，但过程繁琐，无法实现数据快速共享。

（2）软件的动态关联。存在于特定的数据格式中，使用软件的索引机制连接。空间数据的数据表中一般会有主关键项和外关键项，主关键项定义存在性和唯一性，与标识码保持一致，通过外关键项可使属性数据与空间数据连接。这种关联方式比较常用，但是数据关联后共享方面还是存在困难。

（3）直接关联整合，是完全对空间数据的属性进行改变。这种方法的关联是从根本上对空间数据进行整合，把需要的非空间属性数据关联到空间数据中，完成数据的整合。这个方法比较繁琐，但是数据关联后便于数据的共享和展示。

四、不同时间尺度的数据整合

空间数据有很强的时空特性，对不同时间尺度的数据进行变更、整合，以体现数据的更新和变化。在进行数据变更时须保证图形和属性同步变更，保持图形和属性对应关系的一致性，变更前数据作为历史数据存放，现状数据和历史数据间必须建立关系。变更数据与未变更数据间应保证严格的拓扑关系。

第二节　空间分析

地理信息系统(GIS)与计算机辅助绘图系统(CAD)的主要区别是：GIS 提供了对原始空间数据实施转换以回答特定查询的能力，而这些变换能力中最核心的部分就是对空间数据的利用、分析和挖掘，即空间分析能力。空间分析是建立在基本空间运算和表达基础上的，从空间数据中获取有关地理对象的空间位置、分布、形态等信息，其目的就是提取和传输空间信息。空间分析是 GIS 中最为重要的内容之一，体现了 GIS 的本质。

一、空间分析的内容与步骤

(一) 空间分析的内容

从宏观上划分，空间分析可以归纳为以下三个方面：

1. 拓扑分析　即空间图形数据的拓扑运算，包括旋转变换、比例尺变换、二维及三维显示和几何元素计算等。

2. 属性分析　包括数据检索、逻辑与数学运算、重分类和统计分析等。

3. 拓扑属性的联合分析　包括与拓扑相关的数据检索、叠置处理、区域分析、邻域分析、网络分析、形状探测和空间插值分析等。

由此可见，空间分析的内容相当广泛。在本节中，我们只限于讨论叠置分析、缓冲区分析、网络分析、三维空间分析和数据查询等若干核心内容。

（二）空间分析的步骤

1. 建立分析的目的和标准　分析的目的是定义打算利用地理数据库解决什么问题，而标准则具体规定了将如何利用 GIS 回答用户所提出的问题。例如，某项研究的目的可能是确定新公园的选址，或者是计算由于洪水可能造成的损失，或者是分析道路拓宽需拆除的建筑及损失。满足这些目的的标准应该表述成一系列空间询问，这样才有利于分析。

2. 准备空间操作的数据　数据准备在信息系统的建立过程中是一个非常重要的阶段。在做空间分析之前，首先要准备所需要的各类数据，包括图形数据和属性数据，数据的内容随研究对象而异；然后可能要对数据进行预处理，如单位转换、坐标转换、冗余数据删减等，这一阶段往往要生成新的属性数据或在原有数据中增加新的属性项。

3. 进行空间分析操作　为了得到所需数据，可能需要进行许多操作（检索提取、缓冲区、叠置、网络或属性分析等），每一步空间操作都应满足步骤 1 中所提出的标准。

4. 进行表格分析　根据所确定的分析目的和标准，定义一系列逻辑运算和算术运算来对所得到的地理数据进行操作。

5. 结果评价和验证修改　对通过表格分析获得的结果进行评价，以确定其有效性，必要时还应请一些专家来帮助评价和验证；如果感到所进行的分析还有局限性和缺点，需要进一步改善，则可以返回适当的步骤重新分析。

6. 产生结果图和表格报告　空间分析的成果往往表现为图件或报表。图件对于凸显地理关系是最好不过的，而报表则用于概括数据并记录计算结果。

二、叠置分析

叠置分析是 GIS 中的一项非常重要的空间分析功能，是 GIS 用户经常用以提取数据的手段之一。叠置分析的直观概念就是将同一地区、同一比例尺、同一数学基础的两幅或多幅地图重叠在一起，产生新数据层和新数据层上的属性。新数据层或新空间位置上的属性就是各叠置地图上相应位置处各属性的函数。空间叠置至少涉及两个图层，其中至少有一个图层是多边形图层称基本图层，另一图层可能是点、线或多边形。

一般情况下，为便于管理和应用开发地理信息（空间信息和属性信息），在建库时是分层进行处理的。也就是说，是根据数据的性质分类的，性质相同的或相近的归并到一起，形成一个数据层。例如，对于一个地形图数据库来说，可以将所有建筑物作为一个数据层，所有道路作为一个数据层，地下管线作为另一个数据层等。经常要将各数据层综合起来进行分析，如对各果园和居民点求取离它最近的道路并计算它离最近道路的距离，这类问题就需要对多层数据实施叠置分析来产生具有新特征的数据层。

（一）栅格数据的叠置分析

基于栅格数据的叠置分析是指将不同图幅或不同数据层的栅格数据叠置在一起，在叠置地图的相应位置上产生新的属性的分析方法。新属性值的计算由式（6-1）表示：

$$U = f(A，B，C，\cdots) \tag{6-1}$$

式中：A、B、C 等为第一、二、三等各层上确定的属性值；f 函数取决于叠置的要求。

多幅图叠置后的新属性可由原属性值进行简单的加、减、乘、除、乘方等计算出；也可以取原属性值的平均值、最大值、最小值或原属性值之间逻辑运算的结果等；甚至可以由更复杂的方法计算出，如新属性值不仅与对应的原属性值相关，而且与原属性值所在的区域的长度、面积、形状等特性相关。

栅格叠置的作用可归纳为：

1. 类型叠置 类型叠置指通过叠置获取新的类型。例如，土壤图与植被图叠置，以分析土壤与植被的关系。

2. 数量统计 数量统计指计算某一区域内的类型和面积。例如，行政区划图和土壤类型图叠置，可计算出某一行政区划中的土壤类型数以及各种类型土壤的面积。

3. 动态分析 动态分析指通过对同一地区、相同属性、不同时间的栅格数据的叠置，分析由时间引起的变化。例如，将不同时期的土地利用图叠置，可以得出各地块（区域）土地利用类型的变化过程。

4. 成本-效益分析 成本-效益分析指通过对属性和空间的分析，计算成本、价值等。

5. 几何提取 几何提取指通过与所需提取范围的叠置运算，快速地进行区域范围内空间信息的提取，如确定距某中心城镇一定距离范围内的居民点。

在进行栅格叠置的具体运算时，可以直接在未压缩的栅格矩阵上进行，也可在压缩编码（如游程编码、四叉树编码）后的栅格数据上进行。它们之间的差别主要在于算法的复杂程度、速度以及所占用的计算机内存等。

（二）矢量数据的叠置分析

1. 点与多边形的叠置 将一个点图层作为输入图层叠置到一个多边形图层上，判断点与多边形的位置关系，生成的新图层仍然是点图层，并进行点要素的自动计数或归属判别。目的在于计算某个多边形内有多少点要素或者确定点要素分别落在多边形图层的哪个多边形内，以便为新生成的点图层建立新的属性（图 6-13）。

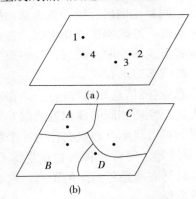

Point	V_1	V_2	V_3	Poly	V_6
1				A	
2				C	
3				D	
4				B	

图 6-13 点与多边形的叠置

点与多边形的叠置通常得到一张新的属性表，该属性表除了原有的属性以外，还含有落在哪个多边形的目标标志。如果必要还可以在多边形的属性表中提取一些附加属性。例如，将灌溉机井与行政区划叠置可以得到除机井本身的属性（如井位、井深、抽水量等）外，还可以得到行政区划的目标标志、行政区名称、隶属关系内容等。

2. 线与多边形的叠置 将一个线图层作为输入图层叠置到一个多边形图层上，判断线段与多边形的位置关系，生成的新图层仍然是线图层，并进行线段的自动计数或归属判别。目的在于计算某个多边形内有哪些线要素或者确定线要素分别落在多边形图层的哪个多边形内，以便为新生成的线图层建立新的属性。一个线目标往往跨越多个多边形，这时需要先进行线与多边形边界的求交，并将线状目标进行切割，形成一个新的空间目标的结果集。如图 6-14 所示线状目标 1 与多边形 B 和 C 的边界相交，因而将它切成两个目标，然后建立起线状目标的新属性表，包含原来线状目标的属性和被叠置的面状目标的属性。例如，道路图与境界图叠置，可得到每个行政区中各种等级道路的里程、道路网密度等。

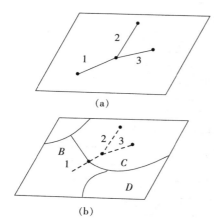

Line ID	Old LOID	Poly
1	1	B
2	1	C
3	2	C
4	3	C

(c)

图 6-14 线与多边形的叠置

3. 多边形与多边形的叠置 多边形与多边形的叠置是指不同图幅或不同图层多边形要素之间的叠置。其核心算法就是多边形对多边形的裁剪，本章第一节中已经介绍，在此不再赘述。多边形与多边形的叠置通常分为合成叠置和统计叠置。合成叠置是指通过叠置形成新的多边形，使新多边形具有多重属性，即需进行不同多边形的属性合并。属性合并的方法可以是简单的加、减、乘、除，也可以取平均值、最大最小值，或取逻辑运算的结果等；统计叠置是指确定一个多边形中含有其他多边形的属性类型的面积等，即把其他图上的多边形的属性信息提取到本多边形中来。例如，土壤类型图与农业区划分区图叠置，可得出各农业区域中具有的土壤类型及其性质组合；土地利用图与行政区域图叠置，可得到某一行政区域内拥有的土地利用类型数、各类型的面积及其所占面积的百分比等。

多边形与多边形的叠置比较复杂，它需要将两层多边形的边界全部进行边界求交的运算和切割，然后根据切割的弧段重建拓扑关系，最后判断新叠置的多边形分别落在原始图层的哪个多边形内，建立起叠置多边形与原多边形的关系，如果必要再抽取属性。下面用框图讨论多边形与多边形叠置的过程。

设两个原始的多边形图层一个称之为本底多边形，另一个称之为上覆多边形，叠置得到的新多边形称为叠置多边形。多边形与多边形叠置的框图如图 6-15 所示。

多边形与多边形叠置产生叠置多边形的图层，该图层的多边形需重新编号，并建立每个叠置多边形与本底多边形和上覆多边形的联系表，结果如图 6-16 和表 6-2、表 6-3、表 6-4 所示。

表 6-2 实际上是空间叠置逻辑并的结果，当要求逻辑交和逻辑差时，只需从表 6-2 中作

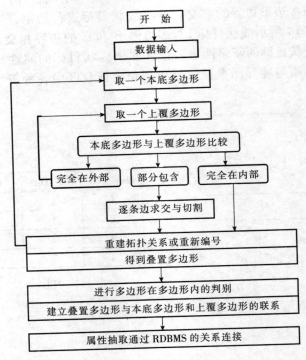

图 6-15 多边形叠置的过程

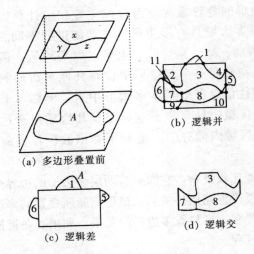

图 6-16 空间叠置分析

逻辑交运算和逻辑差运算即可。由此可得，逻辑交的结果有三个叠置多边形 3、7 和 8。本底多边形减去上覆多边形逻辑差的结果为 1、5 和 6。分别如表 6-3 和表 6-4 所示。

当需要从本底多边形和上覆多边形提取一些属性时，将表 6-2 与本底多边形和上覆多边形的属性表进行连接运算，即可提取有关属性。

表 6-2　逻辑并的结果

叠置多边形	本底多边形	上覆多边形	叠置多边形	本底多边形	上覆多边形
1	A	0	7	A	y
2	0	x	8	A	z
3	A	x	9	0	y
4	0	x	10	0	z
5	A	0	11	0	y
6	A	0			

表 6-3　逻辑交的结果

叠置多边形	本底多边形	上覆多边形
3	A	x
7	A	y
8	A	z

表 6-4　逻辑差的结果

叠置多边形	本底多边形	上覆多边形
1	A	0
5	A	0
6	A	0

4. 多边形叠置的位置误差　进行多边形叠置分析的常常是不同类型的地图，因此，同一条边界的数据往往不同，这时在叠置时就会产生一系列无意义的多边形（图 6-17），而且边界位置越精确，越容易产生无意义多边形。手工方法叠置时可用制图综合来处理无意义的多边形；而计算机处理时则比较复杂，常用如下三种方法：

（1）在屏幕上显示多边形叠加的情况，人机交互地把小多边形合并到大多边形中；

（2）确定无意义多边形的面积临界值，把小于临界值的多边形合并到相邻的大多边形中；

（3）先拟合出一条新的边界线，然后进行叠置操作。

无论采用哪种方法来处理无意义多边形，都会产生误差。

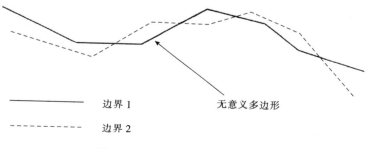

图 6-17　叠加时会产生不一致性

三、缓冲区分析

（一）缓冲区及其作用

缓冲区（Buffer）即根据数据库中的点、线、面实体，在其周围建立一定宽度范围的缓冲区多边形，缓冲宽度通常按地物影响的距离条件来设置（图6-18）。点缓冲区是以点状地物为圆心、以缓冲区距离为半径的圆；线缓冲区是在线状地物左右两侧一定距离的平行线围成的区域；面缓冲区有外缓冲和内缓冲区之分，外缓冲区仅在面状地物的外围形成缓冲区，内缓冲区则在面状地物的内侧形成。

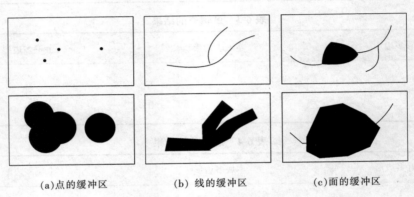

(a)点的缓冲区　　　　(b) 线的缓冲区　　　　(c)面的缓冲区

图 6-18　实体图形的缓冲区

缓冲区分析是 GIS 的基本空间操作功能之一。例如，某地区有危险品仓库，要分析一旦仓库爆炸所涉及的范围；如果要拓宽道路，需确定拆除的建筑物和搬迁的居民；在对野生动物栖息地的评价中，需要分析确定距动物生存所需的水源或栖息地一定距离的范围等。这些问题都需要通过缓冲区分析来解决。

（二）缓冲区的建立

建立缓冲区的算法为：将多边形或线段中所有角点及端点求出来，然后向左或向右按法线方向平移同一距离，线段之间可能会出现交叉或未连上的情况，去掉多余的部分并对没有连上的弧段进行曲线光滑连接，生成一条新的多边形线或线段组，最终形成新的多边形（图6-19）。需要指出的是，缓冲区生成的是一些新的多边形，不包含原点、线、面要素。

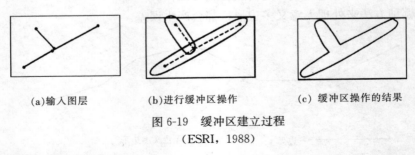

(a)输入图层　　　　(b)进行缓冲区操作　　　　(c) 缓冲区操作的结果

图 6-19　缓冲区建立过程

（ESRI，1988）

（三）应注意的问题

从上述算法出发，在实际建立缓冲区时要复杂得多，还应注意几个特殊问题：

1. 缓冲区发生重叠时的处理 按照常规算法建立的缓冲区，缓冲区之间往往出现重叠，缓冲区的重叠包括多个特征缓冲区之间的重叠（图 6-19）以及同一特征缓冲区图形的重叠（图 6-20）。对于前者，首先通过拓扑分析的方法，自动地识别出落在某个缓冲区内部的那些线段或弧段，然后删除这些线段或弧段，得到经处理后的连通缓冲区；对于后者，可通过缓冲区边界曲线逐条线段求交，如果有交点并且在该两条线段上，则记录该交点，从此点截断曲线，而线段的其余部分是否保留应判断它是位于重叠区内还是位于重叠区外，若位于区内则删除，若位于区外则记录之，便可得到包含岛的缓冲区。

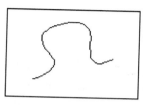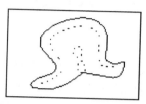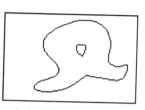

（a）输入图层 （b）缓冲区操作 （c）重叠处理后的缓冲区

图 6-20 同一特征缓冲区图形的重叠处理

2. 缓冲区宽度不同时的处理 在进行缓冲区分析时，经常发生不同级别的同一类地物要求具有不同的缓冲区大小。例如，在城市土地地价评估时，沿主要街道两侧的通达度、繁华度的辐射范围大，而小街道则较小，这与要素的类型和特点有关。沿河流给出的环境敏感区的宽度应根据河流的类型而定；不同的工厂、飞机场和其他设施所产生的噪音污染，其影响的范围和在噪音源处的噪音级别并不一致；或者只是想对选出的某些地物建立缓冲区，而不是对所有空间地物都建立缓冲区。这时，首先应建立要素属性表，根据不同属性确定不同的缓冲区宽度，然后产生缓冲区（图 6-21 和图 6-22）。

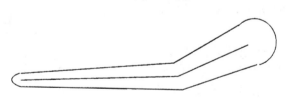

图 6-21 可变距离缓冲区

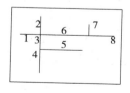

街道代码	街道级别	缓冲区宽度（m）
1	1	400
2	2	200
3	2	200
4	2	200
5	3	100
6	1	400
7	3	100
8	1	400

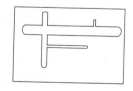

（a）输入图层 （b）街道属性表 （c）缓冲区结果

图 6-22 不同宽度的缓冲区处理

3. 复杂图形缓冲区的内外标识处理 复杂图形经缓冲区分析后会产生许多多边形。为了标识哪些区域在缓冲区内，哪些区域在缓冲区外，应在这些多边形中加入特征属性。如 ArcGIS 缓冲区分析后的多边形属性表中加入了一项 INSIDE，INSIDE 值为 1 表示该多边形在缓冲区内，值为 0 则在缓冲区外(图 6-23)。

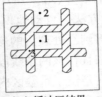

多边形号	INSIDE
1	0
2	0
3	1

（a）输入图形 　　　（b）缓冲区结果 　　　（c）缓冲区属性表

图 6-23 缓冲区内外多边形的标识

四、网络分析

网络是一系列相互联结的弧段，是形成物质、信息流通的通道。例如，水从水库流向各种水渠，货物从物流中心经过运输网络分送到用户手上，电厂经电网向用户供电。网络是现代生活、生产必不可少的条件之一。网络分析是全面地描述网状事物以及它们的相互关系和内在联系，对网络结构及其资源等的优化问题进行研究的一类空间分析方法。在 GIS 中，网络分析是依据网络拓扑关系(点线之间的连接、连通关系)，通过考察网络元素的空间及属性数据，以数学理论模型为基础，对网络的性能特征进行多方面分析的一种计算。目前，网络分析在电子导航、交通旅游、城市规划管理、能源和物质分派以及电力、通讯等各种管网管线的布局设计中发挥了重要作用。

（一）网络的组成及其属性

1. 网络的组成 一个网络由结点、连通路线、转弯、停靠点、中心、障碍六大基本要素组成(图 6-24)。

（1）结点。结点是网络中任意两条线段的交点。

（2）连通路线或链。连通路线是连接两个结点的弧段要素，是网络中资源运移的通道，与结点一起构成网络中的最基本要素。链间的相互联系在 GIS 中应具有拓扑结构。

（3）转弯。在连通线相连的结点处，资源运移方向可能转变，运移方向从一个链上经结点转向另一个链。特定方向的转弯通常限制了资源在网络中的运移。例如，在道路网中的高架桥使得车辆不能向左或向右拐弯。

（4）停靠点。停靠点指网络路线中资源装、卸的结点点位，如邮件投放点、公共汽车站等。

（5）中心。中心指网络线路中具有接收或发放资源能力，且位于结点处的设施，如水库具有调节各支流的水量并能向渠道开闸放水的能力。

（6）障碍。障碍指资源不能通过的结点。

2. 网络要素的属性 上述要素中除障碍和结点之外，都用图层要素形式表示，并用一

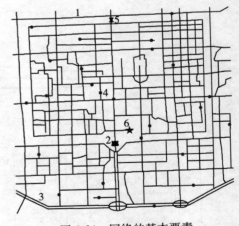

图 6-24 网络的基本要素
1：连通路线；2：障碍；3：转弯；
4：结点；5：停靠点；6：中心

系列相关属性来描述，一般以表格的方式存储在 GIS 系统数据库中，以便构造网络模型和网络分析。这些属性是网络中的重要部分。例如，在城市交通网络中，道路（链）都有名字、速度上限、宽度等属性；停靠点处有装载或下卸物资等属性。在这些属性中，有以下三个重要的概念：

（1）阻强。阻强是指资源在网络中运移阻力的大小，用来描述链与转弯所具有的属性。最佳路线就是阻力最小的路线。

链弧的阻强是指从链的一个端点至另一个端点所需克服的阻力。如链弧段的长度可作为阻强的描述参数，因为物资在长链弧上运移花费的时间比短链弧上要多。阻强的大小应根据多种因素来确定，如链弧的特性、网络中运移资源的种类、运移的方向、弧段中的特殊情况等。

转弯的阻强是指从一条链弧经结点到另一条链弧的阻力大小，它随着两条相连链弧的条件状况而变化。

为了便于分析计算，不同类型的阻强都应使用同一种量纲。

运用阻强概念的目的在于模拟真实网络中各路线及转弯的变化条件，对不构成通道的弧段或转弯往往赋以负的阻强。这样，在分析应用中如选取最佳路线时可自动跳过这些弧段或转弯。

（2）资源需求量。资源需求量指网络中与弧段和停靠点相联系的资源的数量，如在供水网络中每条沟渠所载的水量、在城市网络中沿每条街道所住的学生数、在停靠点装卸物品的件数等。

（3）资源容量。资源容量指网络中心为了满足各弧段的需求，能够容纳或提供的资源总数量，如学校的资源容量是指学校能注册的学生总数、停车场能停放机动车辆的空间、水库的总容量等。

3. 网络要素的属性表示

（1）链弧的属性表示。链弧是有向线段，除用拓扑关系描述外，还有相应的属性如阻强、需求量等（图 6-25、表 6-5），其中需求量对于选择最佳布局中心及网流量计算是不可缺少的属性值。

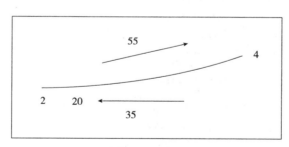

图 6-25 链弧

表 6-5 链弧的属性表示

起结点	终结点	长度(km)	弧段号	正方向阻强(km/h)	反方向阻强(km/h)	资源需求量
2	4	175.5	20	55	35	5

（2）转弯及其属性表示。在网络结点处，可能产生的转弯个数为

$$N = m^2$$

式中：m 为在结点处相连的弧段条数。

当 3 条弧段相连时，转弯的个数为 9（图 6-26）。在转弯处往往有一些限制，对不同限制类别及其属性描述见表 6-6。

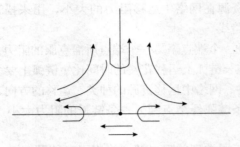

图 6-26　转弯的类型

表 6-6　转弯的类型及其属性描述

转弯类型	描述	属性描述				
		结点号	从弧段	至弧段	角度(°)	时间阻强(s, 0＝无阻强，－1＝不允许拐弯)
U形拐弯	U形拐弯从 6 号弧段至 20 号结点并从 20 号结点转回 6 号弧段，这是一个 180°转变，花费 20s 时间	20	6	6	180	20
不准右转弯	不允许从 6 号弧段转向 9 号弧段，并赋予负值阻强，允许其他方向的转弯，其阻强为正	20	6	7	0	5
		20	6	8	90	10
		20	6	9	－90	－1
高架道或地道	高架道或地道允许直通而无延迟，如从 6 号弧段至 7 号弧段；但不允许转弯，此时以负的阻强表示（如从 6 号弧段至 8、9 号弧段）	20	6	7	0	0
		20	6	8	90	－1
		20	6	9	－90	－1
		20	9	8	0	0
		20	9	7	－90	－1
		20	9	6	90	－1
停靠点	停靠点使得从 6 号弧段至其他弧段：直通 7 号弧段，向左转至 8 号弧段，向右转至 9 号弧段的运移	20	6	9	－90	10
		20	6	7	0	15
		20	6	8	90	20

（3）停靠点、中心的属性。这两种网络要素的属性表示非常简单（表6-7）。停靠点的属性为资源需求量，正值表示装载，负值表示下卸。中心属性是资源最大容量、服务范围（从中心至可能路径的最大可能距离）和服务延迟数。

表 6-7　停靠点与其属性

结点号	需求量
46	3.8
47	−2.3

（二）网络分析的基本功能

网络分析主要解决两大类问题：一类是研究由线状实体以及连接线状实体的点状实体组成的地理网络结构，包括求解优化路径和连通分量等问题；另一类是研究资源在网络系统中的分配与流动，包括确定资源分配范围或服务范围、分析最大流与最小费用流等问题。因此，网络分析的主要用途有路径分析、资源分配、连通分析和流分析，其中路径分析和资源分配问题最为常用。

1. 路径分析

（1）最佳路径分析。路径分析是 GIS 中最基本的功能，其核心是对最佳路径的求解，最佳路径就是结点间累积阻抗最小的路径。"最佳路径"中的"佳"包含很多含义，它不仅可以指一般地理意义上的距离最短，还可以是时间最短、费用最少、线路利用率最高等标准，但无论引申为何种判断标准，其核心的实现方法都是最短路径算法。其求解方法有几十种，而 Dijkstra 算法被 GIS 广泛采用。

组成网络的每一条弧段都有一个相应的权值，用来表示此弧段所连接的两结点间的阻抗值。在数学模型中，这些权值可以为正值，也可以为负值。但由于在 GIS 中一般的最短路径问题都不涉及负回路的情况，因此以下所有的讨论中假定弧段的权值都为非负值。

若一条弧段(v_i, v_j)的权值表示结点 v_i 和 v_j 间的长度，那么道路 $u = \{e_1, e_2, \cdots, e_k\}$ 的长度即为 u 上所有边的长度之和。所谓最短路径问题，就是在 v_i 和 v_j 之间的所有路径中寻求长度最小的路径，这样的路径称为从 v_i 到 v_j 的最短路径。其中，第一个结点和最后一个结点相同的路称为回路或环（Cycle），而结点不重复出现的路径称为简单路径。

在欧氏空间 $\mathbf{R}^n$ 中，设 x、y、z 为任意三点，令 $d(x, y)$ 为 $x \rightarrow y$ 的距离，则有：$d(x, y) \leqslant d(x, z) + d(z, y)$，当且仅当 z 在 x、y 的连线上时等式成立。类似的，令 d_k 为结点 v_i 到 v_j 的最短距离，w_{ij} 为 v_i 到 v_j 的权值，对于 $(v_i, v_j) \in \mathbf{R}^n$ 的结点对，令 $w_{ij} = \infty$，显然：

$$\begin{cases} d_1 = 0, \\ d_k \leqslant d_j + w_{jk} \end{cases} \quad (k, j = 2, 3, \cdots, p) \tag{6-2}$$

并且，当且仅当边 (v_j, v_k) 在 v_1 到 v_k 的最短路径上时，等式成立。由于 d_k 是 v_1 到 v_k 的最短路径，设该路径的最后一段弧为 (v_j, v_k)，则由局部与整体的关系，路的前一段 v_1 到 v_j 的路径也必为从 v_1 到 v_j 的最短路径。这个整体最优则局部也最优的原理正是最短路径算法设计的重要指导思想。式（6-2）可改写为

$$\begin{cases} d_1 = 0, \\ d_k \leqslant \min(d_j + w_{jk}) \end{cases} \quad (k, j = 2, 3, \cdots, p; k \neq j) \tag{6-3}$$

这就是最短路径方程，然而直接求解此方程比较困难，目前几乎所有最短路径的算法都是围绕着怎样解这个方程的问题。总的来说，最短路径问题的算法一般分为两大类：一类是所有点对间的最短路径；另一类则是单源点间的最短路径问题，其各自的求解方法是不同的。

最短路径分析有许多应用，最常用的应该是帮助司机找出从起点到终点的最短路线，现在可通过汽车或手机上的导航系统来完成。除此之外，还可用于停车换乘设施、城市步道系统等。

（2）最佳游历方案求解。最佳游历方案分为弧段最佳游历方案和结点最佳游历方案两种。弧段最佳游历方案求解是给定一个边的集合和一个结点，使之由指定结点出发至少经过每条边一次而回到起始结点，图论中称为中国邮递员问题；结点最佳游历方案求解则是给定一个起始结点、一个终止结点和若干中间结点，求解最佳路径，使之由起点出发遍历（不重复）全部中间结点而到达终点，也称旅行推销员问题，一般只能近似解法求得近似最优解。较好的近似解法有基于贪心策略的最近点连接法、最优插入法、基于启发式搜索策略的分枝算法、基于局部搜索策略的对边交换调整法等。

2. 资源分配　资源分配也称定位与分配问题，它包括了目标选址（定位）和将需求按最近（这里的远近是按加权距离来确定的）原则寻找的供应中心（资源发散或汇集地）两个问题。

目标选址（定位）是指在某一个指定区域内已知需求源的分布，选择服务型设施的最佳位置，即确定最佳布局中心位置，如确定市郊商场区、消防站、工厂、飞机场和仓库等的最佳位置。最佳布局中心位置是指中心所覆盖范围内任一点到中心距离最近或花费最小。在网络中，中心点与网络各路径的关系是固定的。确定最佳布局中心目的是把所有链弧都分配到某一中心，并把中心的资源分配给这些链弧以满足其需求，即既要满足需要，又不能浪费中心资源。

分配体现在确定现实生活中设施的服务范围及其资源的分配范围等问题，即确定需求源分别受哪个供应点服务的问题，如为城市中每一条街道上的学生确定最近的学校、为水库提供其供水区等。GIS 中网络分析功能通过对比的方法，模拟分析中心覆盖范围和服务对象数量，筛选出最佳布局和布局中心的位置。对比条件包括中心的性质、网络覆盖范围及网络状况描述等属性数据。在模拟和分析过程中，也可以采取人机对话的方式，由用户设置模拟条件，以使中心保证最大覆盖范围，并且为用户提供最佳服务。

在多数的应用中，这是两个必须同时解决的问题，即在网络中选定几个供应中心，并将网络的各边和点分配给某一中心，使得各中心所覆盖范围内每一点到中心的总的加权距离最小。因此，这是网络设施布局、规划所需的一个优化的分析工具。

（1）数学表达。如果用数学形式来表达资源分配就是：假设 n 个需求点分布在一系列的点 $(x_i, y_i, i=1, 2, \cdots, n)$ 上，每个点的权重是 w_i，供应点共有 p 个，分别位于 $(u_j, v_j, j=1, 2, \cdots, p)$ 上，t_{ij} 和 d_{ij} 分别是供应点 j 对需求点 i 提供的服务和两者间的距离，因此：

如果所有的需求点都受到供应点的服务，则

$$\sum_j t_{ij} = w_i \tag{6-4}$$

一般而言，每个需求点都分配给与之最近的一个供应点，即：当 $d_{ij} < d_{ik}$，$k \neq j$ 时，$t_{ij} = w_i$；否则，$t_{ij} = 0$（即：$t_{ij} = w_i x_{ij}$，其中 i 点受 j 点服务时，$x_{ij} = 1$；否则 $x_{ij} = 0$）。

整体的目标方程满足

$$\min(\sum_{i=1}^{n} \sum_{j=1}^{m} x_{ij} c_{ij})$$

其中，c_{ij} 可以根据模型的不同而推广。这是因为在选择供应点时，并不只是要求使总的加权距离为最小，有时需要使总的服务范围为最大，有时又限定服务范围最大距离不能超过一定的值。例如，在城市各街区建立图书馆、医院等公共设施，希望各居民住家能到这些设施的路途最短；而在建立消防站、救护车时，不仅需要距离最短，而且常常规定到最远的住宅的时间不能超过一定的时间；在设计有线电视中转站或电话的中心交换站时，不仅要节省电缆或电话线，而且为了增加用户还要使服务的范围最大，所以只要对 c_{ij} 进行如下修改就可以引申出上述各类型的问题：

当要求距离最小时，$c_{ij} = w_i d_{ij}$。

希望所有的需求点在一给定的理想的服务范围 s 内，则

$$c_{ij} = \begin{cases} w_i d_{ij} & (d_{ij} \leqslant s) \\ +\infty & (d_{ij} > s) \end{cases} \tag{6-5}$$

对最大服务范围问题且希望需求点在给定的服务范围 s 内时，

$$c_{ij} = \begin{cases} 0 & d_{ij} \leqslant s \\ w_i & d_{ij} > s \end{cases} \tag{6-6}$$

在运筹学理论中，以上方程可以用线性规划求得全局的最佳结果，但是由于其计算量以及内存需求巨大，并不适用于在计算机上实现，所以寻找一个适当的方法来求解此方程是一个比较复杂的问题。

（2）P 中心定位与分配问题。许多资源分配问题的供应点布设要求满足多种组合条件，但是这些问题一般可分解为多个单目标的问题，因此这里仅讨论单目标方程的情况，即最小目标值法。此目标方程就是要求所有需求点到供应点的加权距离最小，也称 P 中心定位问题（P-Median Location Problem），它是定位与分配问题的基础问题，亦是资源分配常用的算法。在这个模型中，结点代表了需求点或是潜在的供应点，而弧段则表示可到达供应点的通路或连接。1970 年，Revelle 和 Swain 将此问题表达成为一个整数规划的模型：

P 中心的定位分配问题可以表述为：在 m 个候选点中选择 p 个供应点为 n 个需求点服务，使得为这几个需求点服务的总距离（或时间、费用等）最少。假设 w_i 记为需求点 i 的需求量，d_{ji} 记为从候选点 j 到需求点 i 的距离，则可记为：

$$\min(\sum_{i=1}^{n} \sum_{j=1}^{m} a_{ij} w_i d_{ij}) \tag{6-7}$$

并满足：

$$\sum_{j=1}^{m} a_{ij} = 1 \quad (i = 1, 2, \cdots, n)$$

$$\sum_{j=1}^{m} (\prod_{i=1}^{n} a_{ij}) = p \quad (p \leqslant m \leqslant n)$$

式中：a_{ij} 是分配系数。如果需求点 i 受供应点 j 的服务，则其值为 1；否则，为 0，即

$$a_{ij} = \begin{cases} 1 & (\text{需求点 } i \text{ 由供应点 } j \text{ 服务}) \\ 0 & (\text{其他}) \end{cases}$$

上述两个约束条件是为了保证每个需求点仅接受一个供应点服务，并且只有 p 个供应点。因此，所有 P 中心问题的解都表现为以下三条性质（对全局性的解这些只是必要而非充分的）：①每一个供应点都位于其所服务的需求点的中央；②所有的需求点都分配给与之最近的供应点；③从最优的解集中移去一个供应点并用一个不在解集中的候选点代替，会导致目标函数值的增加。

一般有两种基本方法可以用于 P 中心的模型求解：最优化方法和启发式方法。最优化方法实现比较复杂，在目前情况下，其最好的应用方法也只能解决 $800\sim900$ 个结点的问题，因此在解决更大型的问题方面，最优化方法还有待于研究。与之相比，启发式方法则更适应大型问题的求解，并能得到较为合理的结果。

3. 连通分析　人们常常需要知道从某一结点或边出发能够到达的全部结点或边，这一类问题称为连通分量求解，也就是结点之间相互连通的状况。连通分析常用于爆管分析，比如管网中某一点出现故障后，分析应关闭的阀门和影响的管段、区域等。对该点断流，即可检索出全部与该点直接相连的各种断流设备。另一类连通分析问题是最少费用连通方案的求解，即在耗费最小的情况下使得全部结点相互连通，即求解成本最

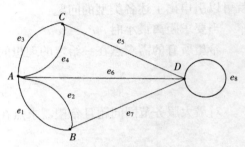

图 6-27　图的结构

小的线路。起点和终点为同一结点的路称为回路；任意两个结点之间都存在一条路的图称为连通图（图 6-27）；若一个连通图中不存在任何回路，称为树；任意一个连通图去掉一些弧段后形成的图，称为这个连通图的生成树，包含三个条件：①它是连通的；②包含原有连通图的所有结点；③不含任何回路。最少费用求解过程就是构造最优生成树的过程，通常采用深度优先遍历算法或广度优先遍历算法。

4. 流分析

所谓流，就是资源在结点间的传输。流分析的问题主要是按照某种优化标准（时间最少、费用最低、路程最短或运送量最大等）设计资源的运送方案。为了实施流分析，就要根据最优化标准的不同扩充网络模型，例如：把结点分为发货中心和收货中心，分别代表资源运送的起始点和目标点。这时发货中心的容量就代表待运送资源量，收货中心的容量就代表它所需要的资源量。弧段的相关数据也要扩充，如果最优化标准是运送量最大，就要设定边的传输能力；如果目标是使费用最低，则要为边设定传输费用等。流分析对于交通运输方案的制订、物资紧急调运以及管网路线的布设等具有重要意义。

五、三维空间分析

三维空间分析是对 x，y 平面的第三维变量的分析，第三维变量可能是地形，也可能是降水量、土壤酸碱度等变量。下面根据数字高程模型 DEM 数据，以地形分析为例，介绍三维空间分析的基本方法。

（一）趋势面分析

空间趋势反映的是物体在空间区域上的变化的主体特征，因此它忽略了局部的变异以揭示总体规律。趋势面是揭示面状区域上连续分布现象空间变化规律的理想工具，也是实际当中经常使用的描述空间趋势的主要方法，如地形、温度、积温、降水等的空间分布都可以用趋势面来描述。经过适当的预处理，非连续分布的现象在面状区域上的空间趋势亦可以用趋势面来描述，如径流系数、土壤侵蚀模数等。

趋势面分析是根据空间的抽样数据，拟合一个数学曲面，用该数学曲面来反映空间分布的变化情况。趋势面分析将空间分布划分为趋势面部分和偏差部分，趋势面反映总体变化，受大范围系统性的因素控制。在采用多项式的趋势面分析中，可通过改变多项式的次数来控制拟合精度，以达到满意的分析结果。

假设二维空间中有 n 个观测点 (X_l, Y_l)，观测值为 $Z_l(l=1, 2, 3, \cdots, n)$，则空间分布 Z 的趋势面可表示为 n 次多项式：

$$\widehat{Z} = \sum_{\substack{i, j=0 \\ i+j \leqslant n}}^{n} a_{ij} X_i Y_j \tag{6-8}$$

式中，a_{ij} 通过最小二乘法求解。

多项式趋势面随着 n 值的不同，其形态也不同，图 6-28 是对一、二、三次多项式趋势面的一般形态及其剖面形态的描述。

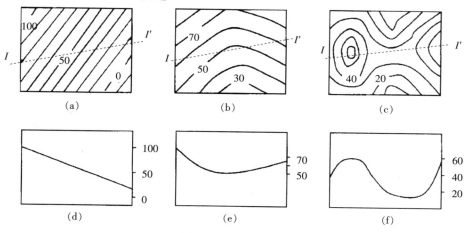

图 6-28　趋势面分析

由上可知，当 n 确定后，则趋势面的拟合精度即被确定，因此设定不同的 n 值可获得不同的拟合精度。趋势面与实际面的拟合度系数 R^2 是测定回归模型拟合优度的重要指标，以式（6-9）表示：

$$R^2 = 1 - \frac{\sum_{l=1}^{n}(Z_l - \widehat{Z}_l)^2}{\sum_{l=1}^{n}(Z_l - \widehat{Z}_l)^2 + \sum_{l=1}^{n}(\widehat{Z}_l - \overline{Z}_l)^2} \tag{6-9}$$

R^2 越大，趋势面的拟合度越高。

对于抽样数据分布于规则格网（正方形格网）点上的情况，可以采用正交多项式作为趋势面数学表达式，以使计算简单，具体算法这里不再详述。

(二) 坡度、坡向分析

1. 坡度计算　地表单元的坡度就是其法向 n 与 Z 轴的夹角，如图 6-29 所示。坡度 G 的计算公式为

$$\tan G = \sqrt{\left(\frac{\Delta Z}{\Delta X}\right)^2 + \left(\frac{\Delta Z}{\Delta Y}\right)^2} \tag{6-10}$$

例如，对于格网 DEM 数据，如图 6-30，若 Z_1、Z_3、Z_5、Z_7 是一个格网上的 4 个格网点的高程，d_s 为格网的边长，则格网的坡度可由式(6-11)计算：

$$\begin{cases} G = \arctan\sqrt{u^2 + v^2} \\ u = \dfrac{Z_2 - Z_6}{2d_s} \\ v = \dfrac{Z_0 - Z_4}{2d_s} \end{cases} \tag{6-11}$$

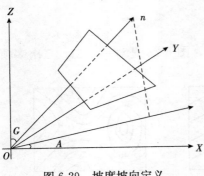

图 6-29　坡度坡向定义

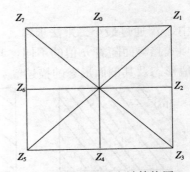

图 6-30　坡度坡向计算格网

若需求格网点上的坡度时，可取 3×3 的格网单元进行类似的计算；也可求出该格网点 8 个方向上的坡度，再取其最大值。

在计算出各地表单元的坡度后，可对不同的坡度设定不同的灰度级或给出等值线，即可得到坡度图。

2. 坡向的计算　坡向是地表单元的法向量在 XOY 平面上的投影与 X 轴之间的夹角(图 6-29)。坡向通常要换算成正北方向起算的角度。其计算公式为

$$\tan A = \frac{\Delta Z / \Delta Y}{\Delta Z / \Delta X} \qquad (-\pi < A < \pi) \tag{6-12}$$

对于格网 DEM，如图 6-30 所示，则坡向的计算公式为

$$\begin{cases} A = \arctan\left(\dfrac{u}{v}\right) \\ u = \dfrac{Z_2 - Z_6}{2d_s} \\ v = \dfrac{Z_0 - Z_4}{2d_s} \end{cases} \tag{6-13}$$

在计算出每个地表单元的坡向后，可制作坡向图。通常把坡向分为东、南、西、北、东北、西北、东南、西南八类，再加上平地，共九类，并以不同的色彩显示，即可得到坡

向图。

坡度和坡向过去常在野外测得或从等高线地图上经手工获取，如今随着 GIS 的应用，只要点击一个按钮就可立即生成坡度或坡向图层，其结果精度取决于算法和原始数据的精度。

（三）可视化分析

1. 剖面分析　常常以线代面，研究区域的地貌形态、轮廓形状、地势变化、地质构造、斜坡特征、地表切割强度等。如果在地形剖面上叠加上其他地理变量，例如坡度、土壤、植被、土地利用现状等，可以提供土地利用规划、工程选线和选址等的决策依据。

剖面图的绘制应在格网 DEM 或三角网 DEM 上进行，步骤如下：

（1）确定过已知两点 A（x_1，y_1），B（x_2，y_2）的连线与格网或三角网的交点；

（2）绘制求出各交点之间距离的垂直比例尺和水平比例尺；

（3）按距离和高程绘出剖面图（图 6-31）。

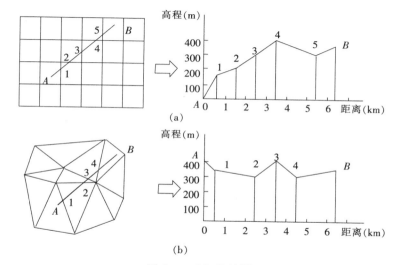

图 6-31　剖面图制作

在绘制剖面图时，需进行高程的插值。对于起始点和终止点 A 和 B 的高程，格网 DEM 可通过其周围的 4 个格网点内插出，三角网 DEM 可通过该点所在的三角形的三个顶点进行内插。内插的方法可任选，例如可选择距离加权法，则内插点的高程为

$$Z = \frac{\sum\limits_{i=1}^{n}\left(\dfrac{Z_i}{d_i^2}\right)}{\sum\limits_{i=1}^{n}\left(\dfrac{1}{d_i^2}\right)} \tag{6-14}$$

式中：Z_i 为数据点的高程；d_i 为数据点到内插点的距离。

对格网 DEM，取 $n=4$；对三角网 DEM，取 $n=3$。

剖面图不一定必须沿直线绘制，也可以沿一条曲线绘制，但其绘制方法仍然是相同的。

2. 通视分析　通视分析是指以某一点为观察点，研究某一区域通视情况的地形分析。通视分析的核心是通视图的绘制。

绘制通视图的基本思路是：如图 6-32，以 O 为观察点，对格网 DEM 或三角网 DEM 上

的每个点判断通视与否，通视赋值为 1，不通视赋值为 0。由此可形成属性值为 0 和 1 的格网或三角网。对此以 0.5 为值追踪等值线，即得到以 O 为观察点的通视图。因此，判断格网或三角网上的某一点是否通视成为关键。以格网 DEM 为例（图 6-33），$O(x_0，y_0，z_0)$ 为观察点，$P(x_P，y_P，z_P)$ 为某一格网点，OP 与格网的交点为 A、B、C，则可绘出 OP 的剖面图。

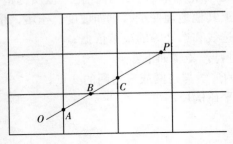

图 6-32　视线平面投影

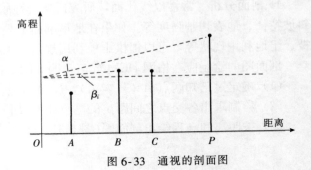

图 6-33　通视的剖面图

OP 的倾角 α 可由式(6-15)计算出

$$\tan \alpha = \frac{z_P - z_0}{\sqrt{(x_P - x_0)^2 + (y_P - y_0)^2}} \tag{6-15}$$

观察点与各交点的倾角 $\beta_i(i=A，B，C)$，可由式(6-16)计算出

$$\tan \beta_i = \frac{z_i - z_0}{\sqrt{(x_i - x_0)^2 + (y_i - y_0)^2}} \tag{6-16}$$

若 $\tan\alpha > \max(\tan\beta_i，i=A，B，C)$，则 OP 通视；否则，不通视。

三角网 DEM(TIN)中各离散点的通视判断与上述方法类似，也需要通过剖面图来判断。

另一种绘制通视图的方法是，以观察点 O 为轴，以一定的方位角间隔算出 $0°\sim360°$ 的所有方位线上的通视情况。对于每条方位线，通视的地方绘线，不通视的地方断开，或相反，这样可得出射线状的通视图。其判断通视与否的方法与前述类似。

需指出的是，以上两种算法对于基于规则格网地形模型和基于 TIN 模型的可视分析都适用。对于基于等高线的可视分析，则适宜使用前一种方法。

对于线状目标和面状目标，则需要确定通视部分和不通视部分的边界。

(四) 流域分析

流域是将水和其他物质排向共同出口的区域。流域又称盆地或集水地。高程格网和栅格数据运算用于流域分析，可以获取流域和河网等在水文过程中非常重要的地形要素。

流域分析往往需要三套栅格数据：无洼地高程格网(Filled Elevation Grid)、水流方向格网(Flow Direction Grid)和水流累积格网(Flow Accumulation Grid)。

无洼地高程格网是指不存在洼地的高程格网。洼地是指一个或多个单元被周围较高海拔所围绕，因而代表一个内排水区域。尽管有些洼地的存在是正常的，如采石场或冰河壶穴，但出现在数字高程模型中有许多不妥之处，因此首先要从高程格网中去除这些洼地。去除洼地的方法之一是把其单元值加高至其周围的最低单元值，也称为洼地填充。

水流方向格网表示无洼地高程格网上每个单元的排水方向，即水流离开格网时的流向。常用于确定流向的方法是在 3×3 局部窗口中找 8 个周边单元中的一个最陡的梯度（图 6-34），该方法为 ArcGIS 所采用。这种方法的一个局限是不允许水流分散到多个单元。

980	981	983
976	977	979
971	973	974

（a）每个单元的高程值

−2.1	−4.0	−4.2
+1.0		−2.0
+4.2	+4.0	+2.1

（b）相邻单元的梯度值

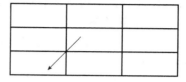

（c）显示最陡的梯度

图 6-34   中央单元的流向（Kang-tsung Chang，2003）

注：对于直接邻接的四个单元，梯度的计算是将中央单元与相邻单元的高差除以 1，对于四个角落的单元，梯度的计算是将高差除以 1.414。

水流累积格网是对每个单元列出流向它的单元数。具有高累积值的单元一般对应河道，而具有 0 积累值的单元通常是山脊线。因此，用某个临界累积值可以由水流累积格网导出一个完全连接的流域网络。

对于选定点或整个格网可以把流域描绘出来。特殊的流域可以为一个点（如水文站）而导出，由该点上溯水流路径。以用户定义的每个流域的最小规模和排水线交叉点为起点，可对整个格网描绘出流域。

ArcGIS 的 Hydrologic Modeling（水文模拟）扩展模块，为 GIS 用户提供了从高程格网生成无洼地高程格网、水流方向格网和水流累积格网以及用该数据集描绘流域的菜单界面。

六、空间数据的查询

空间查询是 GIS 最基本最常用的分析功能，GIS 用户提出的很大一部分问题都可以以查询的方式解决，查询的方法和范围在很大程度上决定了 GIS 的应用程度和水平。

（一）空间查询的内容

空间查询主要包括几何参数查询、空间定位查询、空间关系查询和属性-空间查询。一般的 GIS 软件都提供了查询空间对象几何参数的功能，包括点的位置坐标、两点间的距离、一个或一段线目标的长度、一个面状目标的周长或面积等。

1. 空间定位查询   空间定位查询是指给定一个点或一个几何图形，检索出该图形范围内的空间对象以及相应的属性。

（1）按点查询。给定一个鼠标点位，检索出离它最近的空间对象，并显示它的属性，回答它是什么，它的属性是什么。

（2）按矩形查询。给定一个矩形窗口，查询出该窗口内某一类地物的所有对象。如果需要，显示出每个对象的属性表。在这种查询中往往需要考虑检索是包含在该窗口内的地物，还是只要该窗口涉及的地物无论是被包含的还是穿过的都被检索出来。这种检索过程异常复杂，它首先需要根据空间索引，检索到哪些空间对象可能位于该窗口内，然后根据点在矩形内、线在矩形内、多边形位于矩形内的判别计算，检索出所有落入检索窗口内的目标。

（3）按圆查询。给定一个圆或椭圆，检索出该圆或椭圆范围内的某个类或某一层的空间对象，其实现方法与按矩形查询类似。

（4）按多边形查询。用鼠标给定一个多边形，或者在图上选定一个多边形对象，检索出位于该多边形内的某一类或某一层的空间地物，这一操作其工作原理与按矩形查询相似，但是它比前者要复杂得多，它涉及点在多边形内、线在多边形内、多边形在多边形内的判别计算，这一操作也非常有用，用户需要经常查询某一面状地物，特别是行政区所涉及的某类地物，例如查询通过湖北省的主要公路。

2. 空间关系查询　空间关系查询包括空间拓扑关系查询和缓冲区查询。空间关系查询有些是通过拓扑数据结构直接查询得到，有些是通过空间运算，特别是空间位置的关系运算得到。

（1）拓扑关系查询。

A. 邻接查询。邻接查询包括点与点的邻接、线与线的邻接或者面与面的邻接查询，还可以设计一个结点关联的线状或面状目标的查询，如查询所有与主河流 A 关联的支流、查询与洪涝地带相邻的地块。

B. 包含关系查询。包含关系查询指查询某一个面状地物所包含的某一类空间对象，被包含的空间对象可能是点状地物、线状地物或面状地物，如某一区域内银行网点的分布、某社区内的公园等。它实际上与前面所述的按多边形的定位查询相似。这种查询使用空间运算执行。

C. 关联关系查询。关联关系查询指空间不同类元素之间拓扑关系的查询，包括查询与点关联的线状地物信息、与线关联的面状地物信息，如查询某道路相关联的地块、与活动断层线相交的城区等。

（2）缓冲区查询。根据用户给定点、线或面缓冲的距离，形成一个缓冲区多边形，再根据多边形检索的原理，从该缓冲区内检索出所要的空间地物，例如查询高速公路出口 3km 以内的加油站等。

（3）穿越查询。实际中往往需要查询某一条公路或一条河流穿越了哪些县、哪些乡，完成这一操作，使用穿越查询。穿越查询一般采用空间运算方法执行。根据一个线状目标的空间坐标，计算出哪些面状地物或线状地物与它相交。

（4）落入查询。有时我们需要了解一个空间对象它落在哪个空间对象之内。例如，查询一个一等测量钢标落在哪个乡镇的地域内，以便找到相应行政机关给予保护。

3. 属性-空间查询　GIS 的一个主要功能特色之一就是能够根据图形查询到属性和根据属性条件查询到相应的图形。前面介绍的都是根据空间图形查询空间关系及其属性，这一部分介绍根据属性查找图形。

（1）查找。查找（find）是最简单的由属性查询图形的操作，它不需要构造复杂的 SQL 命令，仅要选择一个属性表，给定一个属性值。找出对应的属性记录和空间图形。这一步操作是先执行数据库查询语言，找到满足条件的数据库记录，得到它的目标标志，再通过目标标志在图形数据文件中找到对应的空间对象。查找的另外一种方式是当屏幕上已显示一个属性表时，用户根据属性表的记录内容，用鼠标在表中任意点取某一个或某几个记录，图形界面即闪亮被选取的空间对象。

（2）SQL 查询。GIS 软件通常支持标准的 SQL 查询语言。标准 SQL 查询语言基本语法如下：

　　　　select　　＜属性项＞

```
from        <属性表>
where      <条件>
or          <条件>
and         <条件>
```

进一步复杂的查询还可以进行嵌套，即是说 where 的条件中可以进一步嵌套 select 语句。一般的 GIS 软件都设计了比较好的用户界面，交互式选择和输入上面 select 语句有关的内容，代替键入完整的 select 语句。

在输入了 select 语句有关的内容和条件以后，系统转化为标准的关系数据库 SQL 查询语言，由数据库管理系统执行或由（ODBC）C 语言执行，查询得到满足条件的空间对象。得到一组空间对象的标志以后，在图形文件中找到并闪亮被查询的空间地物。

（3）扩展的 SQL 查询。将 SQL 的属性条件和空间关系的图形条件组合在一起形成扩展的 SQL 查询语言。扩展的 SQL 查询语言目前还没有统一的标准，空间关系的谓词也没有规范化，通常有相邻"adjacent"、包含"contain"、穿过"cross"、在……之内"inside"和缓冲区"buffer"等。例如查询三峡地区长江流域人口大于 50 万人的县或市，扩展的 SQL 空间查询语句为：

```
select      *
from        县或市
where       县或市·人数＞50 万
and cross   （河流·名称＝"长江"）
```

执行扩展 SQL 空间查询语句，如果要将属性条件和空间关系整体统一起来，从底层进行查询优化，有一定的难度。如果将两层分开进行查询优化，则技术上难度不大。如上述语句如果先执行长江通过的县或市，得到一个查询子集，再在这个子集内，进一步根据人数大于 50 万的条件，查找到相应的县或市，并根据目标标志显示它们的图形，比较容易实现，而且用户也没有感觉出系统分了几步执行。

（二）空间查询的方式

目前 GIS 的空间查询主要有下列 4 种方式：扩展关系数据库的查询语言（SQL）查询、可视化空间查询、超文本查询与自然语言空间查询。

1. 扩展关系数据库的查询语言查询　目前，GIS 的地理数据库大多是以传统的关系数据库为基础的。空间数据查询不仅能方便地选取用户所需要的空间数据，而且要以用户易于理解的形式把查询结果显示出来。空间数据的查询语言作为用户与 GIS 交互的手段，决定了用户与 GIS 相互理解的程度。

目前的空间数据查询语言是通过对标准 SQL 的扩展来形成的，即在数据库查询语言上加入空间关系查询，为此需要增加空间数据类型（如点、线、面等）和空间操作算子（如求长度、面积、叠加等）。在给定查询条件时也需含有空间概念，如距离、邻近、叠加等。例如，"显示与价值超过 60000 元的地块相交的土壤图"，可表示为：

```
select soil. map
from soil，parcels
where valuation＞60000 and overlay(soils，parcels)
```

通过扩展 SQL 实现空间数据查询的主要优点是：保留了 SQL 的风格，便于熟悉 SQL 的用户掌握；通用性较好，易于与关系数据库连接。

2. 可视化空间查询 可视化查询是指将查询语言的元素，特别是空间关系，用直观的图形或符号表示，因为对于某些空间概念用二维图形表示比用一维文字语言描述更清晰和易于理解。

可视化查询主要使用图形、图像、图标、符号来表达概念，具有简单、直观、易于使用的特点。可视化空间查询的主要优点是：自然、直观、易操作，用不同的图符可以组成比较复杂的查询。但也存在一些缺点，如：当空间约束条件复杂时，很难用图符描述；用二维图符表示图形之间的关系时，可能会出现歧义；难以表示"非"关系；不易进行范围（圆、矩形、多边形等）约束；无法进行屏幕定位查询等。

3. 超文本查询 超文本查询把图形、图像、字符等皆当做文本，并设置一些"热点"（Hot Spot），它可以是文本、键等。用鼠标点击"热点"后，可以弹出说明信息、播放声音、完成某项工作等。但超文本查询只能预先设置好，用户不能实时构建自己要求的各种查询。

4. 自然语言空间查询 在空间数据查询中引入自然语言可以使查询更轻松自如。在 GIS 中，很多地理方面的概念是模糊的，例如地理区域的划分实际上并没有像境界一样有明确的界线，而空间数据查询语言中使用的概念往往都是精确的。

为了在空间查询中使用自然语言，必须将自然语言中的模糊概念量化为确定的数据值或数据范围。例如查询气温高的城市，引入自然语言时可表示为：

```
select    name
from      cities
where     temperature is high
```

如果通过统计分析和计算，以及用模糊数学的方法处理，认为当城市气温大于或等于 33.75℃时是高气温，则对上述用自然语言描述的查询操作转换为：

```
select    name
from      cities
where     temperature≥33.75
```

在对自然语言中的模糊概念量化时，必须考虑当时的语义环境。例如，对于不同的地区，城市为"高气温"时的温度是不同的；气温的"高（high）"和人身材的"高（high）"也是不同的；等等。因此，引入自然语言的空间数据查询只能适用于某个专业领域的地理信息系统，而不能作为地理信息系统中的通用数据库查询语言。

（三）查询结果的显示

GIS 中的空间数据查询功能不能只是简单的数据查询，即不能只给出查询到的数据，应该以最有效的方式将空间数据显示给用户。例如，对于查询到的地理现象的属性数据，有时可以用表格的形式显示，有时可以用统计图表的形式显示。

空间数据的最佳表示方式是地图，因而空间数据查询的结果最好以专题地图的形式表示出来。但目前把查询的结果制作成专题地图还需要一个比较复杂的过程。为了方便查询结果的显示，在基于扩展 SQL 的查询语言中增加了图形表示语言，作为对查询结果显示的表示，具有 6 种显示环境的参数可选定：

（1）显示方式（the display mode）：有五种显示方式用于多次查询结果的运算：刷新、

覆盖、清除、相交和强调；

（2）图形表示(the graphical presentation)：用于选定符号、图案、色彩等；

（3）绘图比例尺(the scale of the drawing)：确定地图显示的比例尺；

（4）显示窗口(the window to be shown)：确定屏幕上显示窗口的尺寸；

（5）相关的空间要素(thc spatial context)：显示相关的空间数据，使查询结果更容易理解；

（6）查询内容的检查(thc examination of the content)：检查多次查询后的结果。

通过选择这些环境参数，可以把查询结果以用户选择的不同形式显示出来，但离把查询结果以丰富多彩的专题地图显示出来的目标还相差很远。

第三节　空间数据的内插模型

空间数据内插是根据数据库提供的数据，建立地理事物或现象的空间分布模型，估计任意给定内插点的属性值，既可用于空间数据加密处理，也可用于地理事物的空间分布规律研究。例如，通过高程数据内插，建立数字高程模型，进行地形特征研究。内插的方式可以直接从离散采样点进行内插，也可以从已构成的三角网模型中内插。从三角网模型中内插比较简便，把每个三角形作为一个斜面，判断内插点落于哪个三角形内，在这个三角形内根据内插点的坐标和三角形的斜面方程求出内插点的第三维属性值。直接从离散点中进行内插，有许多种方法，这里主要介绍移动拟合法内插、最小二乘法内插、克里金法内插、区域内插和局部内插。

一、移动拟合法内插

任意一种内插方法都是基于原始函数的连续光滑性或者说邻近的数据点之间存在很大的相关性，移动拟合法的基本原理就是在内插点附近寻找若干个采样参考点，拟合一个局部函数，内插出该点的值。移动拟合法的过程如下：

第一步：为了选择邻近的数据点，以待定点 P 为圆心，以 R 为半径画圆(图 6-35)，凡落在圆内的数据点即被选用。所选择的点数根据所采用的局部拟合函数来确定，在二次曲面内插时，要求选用的数据点个数 $n>6$。当数据点 $P_i(X_i, Y_i)$ 到待定点 $P(X_P, Y_P)$ 的距离小于 R 时，该点即被选用。若选择的点数不够时，则应增大 R 的数值，直至数据点的个数 n 满足要求。

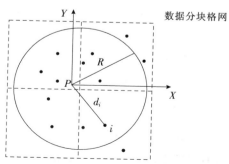

图 6-35　选取 P 为圆心 R 为半径的圆内数据点

第二步：列出误差方程式。若选择二次曲面作为拟合曲面，则

$$Z = AX^2 + BXY + CY^2 + DX + EY + F \tag{6-17}$$

数据点 P_i 对应的误差方程式为

$$v_i = X_i^2 A + X_i Y_i B + Y_i^2 C + X_i D + Y_i E + F - Z_i \tag{6-18}$$

由 n 个数据点列出的误差方程为

$$v = MX - Z \tag{6-19}$$

其中：

$$v = \begin{pmatrix} v_1 \\ v_2 \\ \vdots \\ v_n \end{pmatrix}, \quad M = \begin{pmatrix} \overline{X}_1^2 & \overline{X}_1\overline{Y}_1 & \overline{Y}_1^2 & \overline{X}_1 & \overline{Y}_1 & 1 \\ \overline{X}_2^2 & \overline{X}_2\overline{Y}_2 & \overline{Y}_2^2 & \overline{X}_2 & \overline{Y}_2 & 1 \\ \vdots & \vdots & \vdots & \vdots & \vdots & \vdots \\ \overline{X}_n^2 & \overline{X}_n\overline{Y}_n & \overline{Y}_n^2 & \overline{X}_n & \overline{Y}_n & 1 \end{pmatrix},$$

$$X = \begin{pmatrix} A \\ B \\ C \\ \vdots \\ F \end{pmatrix}, \quad Z = \begin{pmatrix} Z_1 \\ Z_2 \\ \vdots \\ Z_n \end{pmatrix}$$

第三步：计算每一数据点的权。这里的权 P_i 并不代表数据点 P_i 的观测精度，而是反映了该点与待定点相关的程度。因此，对于 P_i 确定的原则应与该数据点与待定点的距离 d_i 有关，d_i 越小，它对待定点的影响应越大，则权应越大；反之，当 d_i 越大，权应越小。常用的权有如下几种形式：

$$P_i = \frac{1}{d_i^2}, \quad P_i = \left(\frac{R - d_i}{d_i}\right)^2, \quad P_i = e^{\frac{d_i^2}{K^2}}$$

式中：R 为选点半径；d_i 为待定点到数据点的距离；K 为一个供选择的常数；e 为自然对数的底。

这三种权的形式都符合上述选择权的原则，但是它们与距离的关系有所不同（图 6-36）。具体选用何种形式的权，需根据地形进行试验选取。

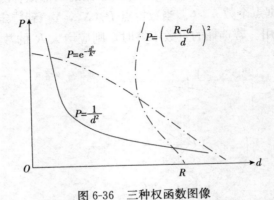

图 6-36　三种权函数图像

第四步：法化求解。根据平差理论，二次曲面系数的解为

$$X = (M^T P M)^{-1} M^T P Z \tag{6-20}$$

由于 $\bar{X}_P = 0$，$\bar{Y}_P = 0$，所以系数 F 就是待定点的内插值 Z_P。

利用二次曲面移动拟合法内插时，对点的选择除了满足 $n > 6$ 外，还应保证各个象限都有数据点，而且当地形起伏较大时，半径 R 不能取得很大。当数据点较稀或分布不均匀时，利用二次曲面移动拟合可能产生很大的误差，这是因为解的稳定性取决于法方程的状态，而法方程的状态与点位分布有关，此时可考虑采用平面移动拟合或其他方法。

二、最小二乘法内插

最小二乘法内插法是一种广泛的内插方法。在测量中，某一个观测值常常包含着三部分：①与某些参数有关的值，由于它是这些参数的函数，而这个函数在空间中是一个曲面，故被称为趋势面；②不能简单地用某个函数表达的值，称为系统的信号部分；③观测值的偶然误差，或称为随机噪声。

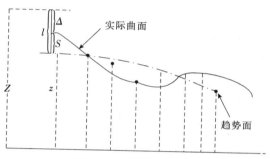

图 6-37　趋势面与余差

在数字地面模型中，若将某一个子区域内数据点的高程观测值 Z 用一个多项式曲面 z（趋势面）拟合后（图 6-37），各个点上的余差 l 就包含两部分：一类是系统误差 S；另一类是观测误差 Δ（称为噪声）。

$$\begin{cases} Z = z + l \\ l = S + \Delta \end{cases} \tag{6-21}$$

且应满足

$$E(l) = E(S) = E(\Delta) = 0$$

若一个子区域内共有 n 个数据点，用一个一般二次曲面拟合地形，则每个数据点都能列出一个观测值方程，对于 n 个数据点，观测值方程的矩阵形式为

$$Z = BX + S + \Delta \tag{6-22}$$

式中：Z 为观测值列向量；B 为二次曲面系数矩阵；X 为二次曲面参数列向量；S 为数据点上系统误差列向量；Δ 为数据点上观测误差列向量。

更一般的形式是在上述观测方程中引入 m 个待定点的信号 S'：

$$Z = BX + S + OS' + \Delta \tag{6-23}$$

式中：矩阵 O 是一个 $n \times m$ 阶的零矩阵。

解算趋势面参数 X 与数据点上的信号 S 和待定点上的信号 S'，需应用广义平差的方法，这种方法称为配置法。

在实际应用中，通常可以用一个多项式作为趋势面，先拟合 n 个数据点（一般的间接观测平差），再根据 n 个数据上的余差 l 内插出待定点的信号，这叫推估法（内插或预测）；或者求出数据点上的信号值，这叫滤波。

三、克里金法内插

克里金法（Kriging）是法国地理数学家 Gerges Matheron（1997）和南非矿业工程师 D. G. Krige 创立的地质统计学中矿品位的最佳内插方法。近年来它已广泛用于地理信息系统中的空间内插，用于地下水制图、土壤制图和其他有关领域。

克里金法的基本原理与配置法类似，它同样假设任何变量的空间变化都可以由下述三个主要成分的和来表示：①与均值或趋势面有关的结构部分；②与局部变化有关的成分，即配置法中的随机信号；③随机噪声或者称观测误差。令 x 是一维、二维或三维空间中的某一位置，变量 z 在 x 处的值由式（6-24）计算：

$$z(x) = m(x) + \varepsilon'(x) + \varepsilon''(x) \tag{6-24}$$

该方程与配置法的初始方程相类似。实际上克里金法的整个内插值求解的过程与配置法（推估法）类似，泛克里金法即与配置法类似，普通克里金法与推估法类似。它们的不同之处在于，所采用的协方差函数不同。在配置法和推估法中，插值的方差-协方差是严格数学意义上的方差-协方差阵。而克里金法是采用的半方差或者称半变异函数来构造推估的方差-协方差阵。半方差的计算过程如下：

第一步：确定适合的 $m(x)$ 函数。最简单的情况是不存在多项式的趋势面或"漂移"。$m(x)$ 等于采样区的平均值［如果 $m(x)$ 取多项式拟合趋势面，则属于泛克里金法］，相距 h 的两点 x 和 $x+h$ 间的差分期望值应为零，即

$$E[z(x) - z(x+h)] = 0 \tag{6-25}$$

同时还假设差分的方差只与两位置之间的距离 h 有关，于是有

$$E[z(x) - z(x+h)]^2 = E[\varepsilon'(x) - \varepsilon'(x+h)]^2 = 2r(h) \tag{6-26}$$

式中：$r(h)$ 为半方差或者半变异函数。

差分的可变性和稳定性两个条件确定了区域变化理论的内在假定要求。这就是说一旦结构影响确定之后，变量在一定范围内的随机变化是同性变化，因此位置之间的差异仅是位置间距离的函数。这样根据采样的数据点就可以计算出一系列实验的半方差值：

$$r(h_j) = \frac{1}{2n} \sum_{i=1}^{n} [z(x_i) - z(x_i + h_j)]^2 \tag{6-27}$$

式中：h_j 称为延迟，它可能有不同的间距，即 h_j 有一系列值，对应每个 h_j 可以计算相应的 $r(h_j)$。以 h 为横轴，以 $r(h)$ 为纵轴，将实验半方差值展到平面上（图6-38），则可根据它们的实验数据选择适当的理论模型进行拟合。

半方差的理论模型通常有下列几种：

1. 球面模型

$$\begin{cases} r(h) = C_0 + C_1[3h/2a - (h/a)^3/2] & (0 < h \leqslant a) \\ r(h) = C_0 + C_1 & (h > a) \\ r(0) = 0 & (a = 0) \end{cases} \tag{6-28}$$

式中：a 为变程；h 为延迟；C_0 为核方差；$C_0 + C_1$ 为梁。

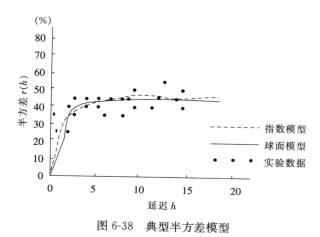

图 6-38　典型半方差模型

这些参数可以通过实验数据用最小二乘法拟合得到。

2. 指数模型

$$r(h) = C_0 + C_1[1 - \exp(-h/a)] \tag{6-29}$$

3. 线性模型

$$r(h) = C_0 + bh \tag{6-30}$$

可以看到半方差函数与协方差函数的区别，在推估法中的协方差函数是两个信号相互之间的乘积，即

$$C(h_j) = \frac{1}{n}\sum_{i=1}^{n} l_i \cdot l_{i+1} = \frac{1}{n}\sum_{i=1}^{n} Z[x_i - E(x)] \cdot Z[x_i + h_j - E(x)] \tag{6-31}$$

而半方差函数是两个信号的平方的一半，所以这两种方法实际上仅是采用的协方差函数不同，后面求内插值的解算过程相同。这里不再推导克里金法的求解过程。

四、区域内插

有些数据不是均匀变化分布的，而是在每个区域内同质的或均匀的，即在各方向上都是相同的，而在另一个区域的值则不相同，即值的变化发生在边界上。这种情况不满足前面几种方法的变量的连续光滑性的假设条件，因而需要采用边界内插法或者说区域内插法。

（一）点在区域的内插法

如果要在区域内逐点插出某一个或某一组点的值落于哪个多边形区域内，它的值就等于该区域的值。如图 6-39 所示是一地理景观阶梯状模型，若要内插出任一点的高程值，则先判断该点落于哪个多边形内，从而得到它的高程值。

如果对一组离散的采样点也要采用区域内插，常用泰森多边形法。泰森多边形的构成方法是：先将离散采样点连成三角形，作这些三角形各边的垂直平分线，将每个离散采样点周围的若干垂直平分线围成一个多边形，该多边形内所含的唯一一个采样点的数值就是这个多边形区域的值。这个多边形就是泰森多边形。然后在泰森多边形内进行区域点内插，如图 6-40所示。

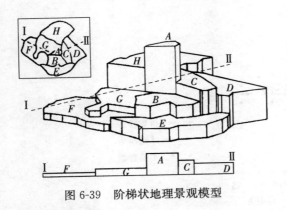

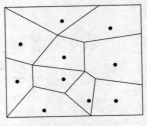

图 6-39　阶梯状地理景观模型　　　　　　　图 6-40　泰森多边形

（二）面的区域内插

面的区域内插就是内插的目标是一个或一组面，它是研究根据一组分区的已知数据来推求同一地区另一组分区未知数据的内插方法。如图 6-41 所示，设一组已知数据的分区称为源区，需要内插的另一组分区称为目标区，根据源区的数据来推求目标区的数据，可以采用以下两种方法：

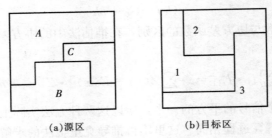

图 6-41　区域内插示意

1. 叠置法　将目标区叠置在源区上，首先确定两者面积的交集 a_{ts}，然后利用式（6-32）算出目标区各个分区 t 的内插值 v_t：

$$v_t = \sum_s U_s a_{ts}/\sigma_s \qquad (6\text{-}32)$$

式中：t 为目标区各个分区的序号；s 为源区各个分区的序号；U_s 为分区 s 的已知统计数据；a_{ts} 为 t 区与 s 区相交的面积；σ_s 为 s 区的面积。

2. 比重法　比重法是根据平滑密度函数的原理，将源区的统计数据从同质性改变为非同质性，而非同质性代表着一般社会经济现象的普遍特点。

五、局部内插

在 GIS 中，实际的连续空间表面很难用一种数学多项式来描述，因此往往使用局部内插技术，即利用局部范围内的已知采样点的数据内插出未知点的数据。常用的有线性内插、双线性多项式内插、双三次多项式（样条函数）内插和趋势面内插。

1. 线性内插　线性内插的多项式函数为

$$Z = a_0 + a_1 X + a_2 Y \qquad (6\text{-}33)$$

只要将内插点周围的 3 个点的数据值带入多项式，即可解算出系数 a_0、a_1 和 a_2。

2. 双线性多项式内插　双线性内插的多项式函数为

$$Z = a_0 + a_1 X + a_2 Y + a_3 XY \qquad (6\text{-}34)$$

只要将内插点周围的 4 个点的数据值带入多项式，即可解算出系数 a_0、a_1、a_2 和 a_3。

如果数据是按正方形格网点布置的（图 6-42），则可用简单的公式计算出内插点的数据值。

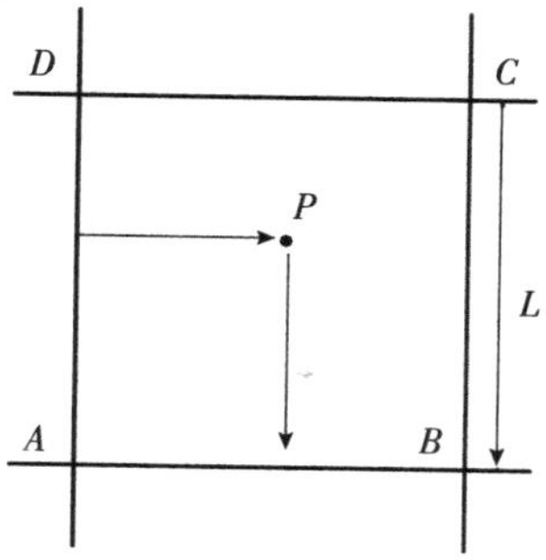

图 6-42　双线性内插示意

设正方形的四个角点为 A、B、C、D，其相应的特征值为 Z_A、Z_B、Z_C、Z_D，P 点相对于 A 点的坐标为 (d_X, d_Y)，则插值点的特征值 Z 为

$$Z = (1 - \frac{d_X}{L}) \times (1 - \frac{d_Y}{L}) \times Z_A + (1 - \frac{d_Y}{L}) \times \frac{d_X}{L} \times Z_B + \frac{d_X}{L} \times \frac{d_Y}{L} \times Z_C +$$

$$(1 - \frac{d_X}{L}) \times \frac{d_Y}{L} \times Z_D \qquad (6\text{-}35)$$

3. 双三次多项式（样条函数）内插　双三次多项式是一种样条函数。样条函数是一种分段函数，对 n 次多项式，在边界处其 $n-1$ 阶导数连续。因此，样条函数每次只用少量的数据点，故内插速度很快；样条函数通过所有的数据点，故可用于精确的内插，可以保留微地貌特征；样条函数的 $n-1$ 阶导数连续，故可用于平滑处理。

双三次多项式内插的多项式函数为

$$Z = a_0 + a_1 X + a_2 Y + a_3 X^2 + a_4 XY + a_5 Y^2 + a_6 X^3 + a_7 XY^2 + a_8 X^2 Y + a_9 Y^3 +$$

$$a_{10} X^2 Y^2 + a_{11} XY^3 + a_{12} X^3 Y + a_{13} X^2 Y^3 + a_{14} X^3 Y^2 + a_{15} X^3 Y^3 \qquad (6\text{-}36)$$

将内插点周围的 16 个点的数据带入多项式，可计算出所有的系数。

有关趋势面内插的数学模型在第二节空间分析中已有论述，这里不再赘述。

第四节　空间数据统计模型

空间统计分析是指对 GIS 地理数据库中的专题数据进行统计分析，主要用于空间数据的分类与综合评价，它涉及空间和非空间数据的处理和统计计算。空间统计的方法很多，这里主要介绍一般统计变量与图表分析、回归分析、主成分分析、层次分析、系统聚类分析和判别分析。

一、一般统计变量与图表分析

（一）属性数据的集中特征数

1. 频数和频率　将变量 x_i（$i = 1, 2, \cdots, n$）按大小顺序排列，并按一定的间距分组。变量在各组出现或发生的次数称为频数，一般用 f_i 表示。各组频数与总频数之比叫做频率，按式（6-37）计算：

$$\begin{cases} \omega^-(i, j) = -a(i, j) \\ \Delta^-(i, j) = f(i, j) \end{cases} \qquad (6\text{-}37)$$

根据大数定理，当 n 相当大时，频率可近似地表示事件的概率。

计算出各组的频率后，就可作出频率分布图。若以纵轴表示频率，横轴表示分组，就可作出频率直方图，用以表示事件发生的频率和分布状况。

2. 平均数 平均数反映了数据取值的集中位置，常以 $\overline{X}$ 表示。对于数据 $X_i (i=1, 2, \cdots, n)$，通常有简单算术平均数和加权算术平均数。

简单算术平均数的计算公式为

$$\overline{X} = \frac{1}{n} \sum_{i=1}^{n} X_i \tag{6-38}$$

加权算术平均数的计算公式为

$$\overline{X} = \frac{\sum_{i=1}^{n} (P_i X_i)}{\sum_{i=1}^{n} P_i} \tag{6-39}$$

式中：P_i 为数据 X_i 的权值。

3. 数学期望 以概率为权值的加权平均数称为数学期望，用于反映数据分布的集中趋势。计算公式为

$$E_X = \sum_{i=1}^{n} P_i X_i \tag{6-40}$$

式中：P_i 为事件发生的概率。

4. 中数 对于数据 X，如果有一个数 x，能同时满足以下两式：

$$\begin{cases} P(X \geqslant x) \geqslant \dfrac{1}{2} \\ P(X \leqslant x) \geqslant \dfrac{1}{2} \end{cases} \tag{6-41}$$

则称 x 为数据 X 的中数，记为 M_e。

若 X 的总项数为奇数，则中数为

$$M_e = X_{\frac{1}{2}(n-1)} \tag{6-42}$$

若 X 的总项数为偶数，则中数为

$$M_e = \frac{1}{2} (X_{\frac{2}{n}} + X_{\frac{n+2}{2}}) \tag{6-43}$$

5. 众数 众数是具有最大可能出现的数值。如果数据 X 是离散的，则称 X 中出现最大可能性的值 x 为众数；如果 X 是连续的，则以 X 分布的概率密度 $P(x)$ 取最大值时的 x 为 X 的众数。显然，众数可能不是唯一的。

（二）属性数据的离散特征数

在分析 GIS 的属性数据时，不仅要找出数据的集中位置，而且还要查明这些数据的离散程度，即它们相对于中心位置的程度，同时还要分析它的变化范围。从统计规律的角度讲，离散程度较小的区域，其平均数的代表性较好；反之，则较差。描述离散程度差异的统计特征数有：极差、离差、方差、标准差、变差系数。

1. 极差 极差是一组数据中最大值与最小值之差，即

$$R = \max \{x_1, x_2, \cdots, x_n\} - \min \{x_1, x_2, \cdots, x_n\} \tag{6-44}$$

2. 离差、平均离差与离差平方和　一组数据中的各数据值与平均数之差称为离差，即

$$d = x_i - \bar{x} \tag{6-45}$$

若把离差求平方和，即得离差平方和，记为

$$d^2 = \sum_{i=1}^{n}(x_i - \bar{x})^2 \tag{6-46}$$

若将离差取绝对值，然后求和，再取平均数，得平均离差 md，记为

$$md = \frac{\sum_{i=1}^{n}|x_i - \bar{x}|^2}{n} \tag{6-47}$$

平均离差和离差平方和是表示各数值相对于平均数离散程度的重要统计量。

3. 方差与标准差　方差是以离差平方和除以变量个数求得的，记为 σ_2，即

$$\sigma^2 = \frac{\sum_{i=1}^{n}|x_i - \bar{x}|^2}{n} \tag{6-48}$$

标准差是方差的平方根，记为

$$\sigma = \sqrt{\frac{\sum_{i=1}^{n}|x_i - \bar{x}|^2}{n}} \tag{6-49}$$

4. 变差系数　变差系数用来衡量数据在时间和空间上的相对变化的程度，它是无量纲的量，记为 C_v：

$$C_v = \frac{\sigma}{X} \times 100\% \tag{6-50}$$

式中：σ 为标准差。

（三）统计图表分析

对于非空间数据特别是属性数据，统计图是将这些信息很好地传递给用户的方法，采用统计图表示的这些信息能被用户直观地观察和理解。统计图的主要类型有柱状图、扇形图、直方图、折线图和散点图等（图 6-43）。

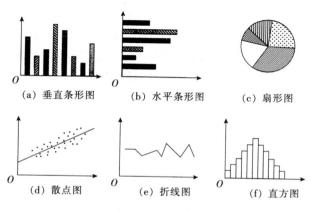

(a) 垂直条形图　　(b) 水平条形图　　(c) 扇形图

(d) 散点图　　(e) 折线图　　(f) 直方图

图 6-43　统计图示例

统计表格是详尽表示非空间数据的方法，它不直观，但可提供详细数据，可对数据再处

理。统计表格分为表头和表体两部分，除直接数据外有时还有汇总、比重等派生项。

二、回归分析

所谓回归分析，就是从一组地理要素（现象）的数据出发，确定这些要素数据之间的定量表述形式，即建立回归模型。通过回归模型，根据一个或几个地理要素数据来预测另一个地理要素的值。这种回归模型就是一种预测模型。

（一）相关模型

1. 相关系数模型　一组地理要素变量 X_1，X_2，…，X_m，统计 n 个样本，则 n 个样本 m 个指标可构成一个 $n \times m$ 阶的原始数据矩阵。此时，任意两种要素间的相关系数模型为

$$\gamma_{ik} = \frac{\sum_{j=1}^{n}(X_{kj} - \overline{X}_i)(X_{kj} - \overline{X}_j)}{\sqrt{\sum_{j=1}^{n}(X_{kj} - \overline{X}_i)^2 \cdot \sum_{j=1}^{n}(X_{kj} - \overline{X}_j)^2}} = \frac{\sigma_{ik}}{\sqrt{\sigma_i^2 \cdot \sigma_k^2}} \tag{6-51}$$

式中：σ_{ik}、σ_k^2、σ_i^2 分别为样本的协方差和方差。

2. 偏相关系数模型　当研究某一种要素对另一种要素的影响或相关程度，而把其他要素的影响完全排除在外，单独研究那两种要素之间的相关系数时，就要使用偏相关分析方法，偏相关程度用偏相关系数来衡量。

若 i、j、k 代表变量 $\{x_1, x_2, \cdots, x_m\}$ 中任意三种不同的变量，则所有一阶偏相关系数模型如下：

$$\gamma_{ij \cdot k} = \frac{\gamma_{ij} - \gamma_{jk} \cdot \gamma_{ik}}{\sqrt{(1 - \gamma_{jk}^2)(1 - \gamma_{ik}^2)}} \tag{6-52}$$

式中：γ_{ij}、γ_{ik}、γ_{jk} 为单相关系数。

逐次使用递归公式

$$\gamma_{ij \cdot ck} = \frac{\gamma_{ij} - \gamma_{jk} \cdot \gamma_{ik}}{\sqrt{(1 - \gamma_{jk \cdot c}^2)(1 - \gamma_{ik \cdot c}^2)}} \tag{6-53}$$

就可以得到任意阶的偏相关系数。其中，c 是其余变量的任意子集合。

3. 复相关系数模型　以上都是在把其他要素的影响完全排除在外的情况下研究两种要素之间的相关关系。但是实际上，在 GIS 的空间分析中，一种要素的变化往往要受到多种要素的综合影响，这时就需要采用复相关分析方法。所谓复相关，就是研究几种地理要素同时与某一种要素之间的相关关系，度量复相关程度的指标是复相关系数。

设因变量为 Y，自变量为 X_1，X_2，…，X_k，则 Y 与 X_1，X_2，…，X_k 的复相关系数计算公式为

$$R_{Y \cdot 1, 2, \cdots, k} = \sqrt{1 - (1 - \gamma_{Y \cdot 1}^2)(1 - \gamma_{Y \cdot 2, 1}^2) \cdots (1 - \gamma_{Y \cdot k, 1, 2, \cdots, k-1}^2)} \tag{6-54}$$

作为特例，三个变量（Y，X_1，X_2）之间的复相关系数的计算公式为

$$R_{Y \cdot 1, 2} = \sqrt{\frac{\gamma_{Y1}^2 + \gamma_{Y2}^2 - 2\gamma_{Y1}\gamma_{12}\gamma_{Y2}}{1 - \gamma_{12}^2}} \tag{6-55}$$

（二）一元回归模型

一元回归模型表示一种地理要素（现象）与另一种地理要素之间的依存关系，另一种要素是它的分布与发展的最重要的原因。模拟一元回归模型时，必要条件是具有两个相应的变量

系列，其中同一系列的每个元素完全对应于另一序列的元素，这时可以实现内插和外推两个任务。

我们用多项式方程作为一元回归的基本模型：

$$Y = a_0 + a_1 x + a_2 x_2 + a_3 x_3 + \cdots + a_m x_m + \varepsilon \tag{6-56}$$

式中：Y 为因变量；x 为自变量；a_0，a_1，$\cdots$，a_m 为回归系数；ε 为剩余误差。

式（6-56）中多项式的次数由地理要素之间的关系确定，通常采用函数逼近的方法来确定。首先从一次多项式开始，直至多项式的剩余误差平方和小于某个给定的任意小数为止。利用多项式进行预测，最主要的问题是求解方程式的系数 a_0，a_1，$\cdots$，a_m，通常采用最小二乘法求解。

回归模型的精度通常可通过求 ε 来确定。根据多项式有

$$\varepsilon_j = Y_j - (a_0 + a_1 x_j + \cdots + a_m x_j^m) = Y_j - \hat{Y}_j \tag{6-57}$$

式中：$\hat{Y}_j$ 为计算值。

根据最小二乘法原理，ε_j 的平方和最小是最好的，一般采用回归方程的剩余标准差来估计，即

$$s = \sqrt{\frac{1}{n-2} \sum_{j=1}^{n} (Y_j - \hat{Y}_j)^2} \tag{6-58}$$

s 的大小反映回归模型的效果。

回归效果的显著性检验，用 F 检验[①]进行，即

$$F_{(1, m-2)} = \frac{\gamma^2}{1-\gamma^2}(m-2) \tag{6-59}$$

式中：γ 为相关系数。

一元回归效果的好坏可以通过相关系数的检验来鉴别。

（三）多元线性回归模型

多元线性回归模型表示一种地理现象与另外多种地理现象的依存关系，这时另外多种地理现象共同对一种地理现象产生影响，是影响其分布与发展的重要因素。

设变量 Y 与变量 X_1，X_2，$\cdots$，X_m 存在着线性回归关系，它的 n 个样本观测值为 Y_j，X_{j1}，X_{j2}，$\cdots$，$X_{jm}(j=1, 2, \cdots, n)$，于是多元线性回归的数学模型可以写为

$$\begin{bmatrix} Y_1 \\ Y_2 \\ \vdots \\ Y_n \end{bmatrix} = \begin{bmatrix} 1 & X_{11} & X_{12} & \cdots & X_{1m} \\ 1 & X_{21} & X_{22} & \cdots & X_{2m} \\ \vdots & \vdots & \vdots & & \vdots \\ 1 & X_{n1} & X_{n2} & \cdots & X_{nm} \end{bmatrix} \begin{bmatrix} \beta_0 \\ \beta_1 \\ \vdots \\ \beta_m \end{bmatrix} + \begin{bmatrix} \varepsilon_1 \\ \varepsilon_2 \\ \vdots \\ \varepsilon_n \end{bmatrix} \tag{6-60}$$

可采用最小二乘法对上式中的待估回归系数 β_0，β_1，$\cdots$，β_m 进行估计，求得 β 值后，即可利用多元线性回归模型进行预测了。

计算了多元线性回归方程之后，为了将它用于解决实际预测问题，还必须进行数学检验。多元线性回归分析的数学检验包括回归方程和回归系数的显著性检验。

1. 回归方程的显著性检验　采用统计量：

---

① 从样本观测值出发检验模型总体的线性关系的显著性。

$$F = \frac{U/m}{Q/(n-m-1)} \tag{6-61}$$

式中：U 为回归平方和，$U = \sum_{j=1}^{n}(\hat{Y}_j - \overline{Y}^2)$，其自由度为 m；Q 为剩余平方和，$Q = \sum_{j=1}^{n}(Y_j - \hat{Y}_j)^2$，其自由度为 $n-m-1$。

利用式(6-61)计算出 F 值后，再利用 F 分布表进行检验。给定显著性水平 α，在 F 分布表中以自由度为 m 和 $n-m-1$ 为引数查出 F_α 值，如果 $F \geqslant F_\alpha$，则说明 Y 与 X_1，X_2，…，X_m 的线性相关密切；反之，则说明两者线性关系不密切。

2. 回归系数的显著性检验　采用统计量：

$$F = \frac{(b_i - \beta_i)^2/C_{ij}}{Q/(n-m-1)} \tag{6-62}$$

式中：C_{ij} 为相关矩阵 $\boldsymbol{C} = \boldsymbol{A}^{-1}$ 对角线上的元素。

对于给定的置信水平 α，查 F 分布表得 $F_\alpha(n-m-1)$，若计算值 $F_i \geqslant F_\alpha$，则拒绝原假设，即认为 X_i 是重要变量；反之，则认为 X_i 变量可以剔除。

多元线性回归模型的精度，可以利用剩余标准差 s 来衡量。s 越小，则用回归方程预测 Y 越精确；反之，亦然。

$$s = \sqrt{\frac{Q}{n-m-1}} \tag{6-63}$$

（四）空间自相关分析

Tobler(1970)曾指出："地理学第一定律：任何东西与别的东西之间都是相关的，但近处的东西比远处的东西相关性更强"。空间自相关(Spatial Autocorrelation)是指一些变量在同一个分布区内的观测数据之间潜在的相互依赖性。空间自相关统计量是用于度量地理数据(Geographic Data)的一个基本性质：某位置上的数据与其他位置上的数据间的相互依赖程度，通常把这种依赖叫做空间依赖(Spatial Dependence)。地理数据由于受空间相互作用和空间扩散的影响，彼此之间可能不再相互独立，而是相关的。

1. 空间自相关指数　空间自相关是指一种研究整个空间及内部各个单元间的相关关系的空间统计方法，主要用来描述研究区域的空间聚集性特征，可以分为全局空间自相关和局部空间自相关两种统计方法。

（1）全局空间自相关。全局空间自相关是对整个研究区域的某种属性值进行的空间上的分析研究，一般用全局的 Moran's I 来具体进行描述，其计算公式为

$$I = \frac{n}{\sum_{i=1}^{n}(X_i - \overline{X})^2} \cdot \frac{\sum_{i=1}^{n}\sum_{j=1}^{n}W_{ij}(X_i - \overline{X})(X_j - \overline{X})}{\sum_{i=1}^{n}\sum_{j=1}^{n}W_{ij}} \quad (i, j = 1, 2, …, n) \tag{6-64}$$

式中：I 指的是 Moran's I 统计值；n 表示研究区域的总数量；X_i 为某种属性 X 在空间单元 i 上的观测值；W_{ij} 表示标准化的空间权重矩阵，用来表示各个空间单元间的空间位置关系；$\overline{X}$ 是某属性特征 X 在 n 个研究区域的平均值。

Moran's I 服从渐进正态分布。在假设其服从正态分布时，本文可以得到它的期望为

$$E(I) = -\frac{1}{n-1} \tag{6-65}$$

方差为

$$\mathrm{var}(I) = \frac{n^2 s_1 - n s_2 + 3 s_0^2}{s_0^2 (n^2 - 1)}$$

其中 $s_0 = \sum\limits_{i=1}^{n} \sum\limits_{j=1}^{n} W_{ij}^2$，$s_1 = \frac{1}{2} \sum\limits_{i=1}^{n} \sum\limits_{j=1}^{n} (W_{ij} + W_{ji})^2$，$s_2 = \sum\limits_{i=1}^{n} \left(\sum\limits_{j=1}^{n} W_{ij} + \sum\limits_{j=1}^{n} W_{ji} \right)^2$ （6-66）

　　由式（6-66）可以看出，当 n 趋向于无穷大时，其期望值趋向于 0。当变量 X 的值在空间位置中是相互独立的，会有如下结论：Moran's I 的值与它的期望值是相等的。全局空间自相关 Moran's I 的取值为 $[-1, 1]$，如果小于 0 则表示空间负相关；如果大于 0 则表示空间正相关，说明该属性值在空间上呈聚集状态；等于 0 则表示空间不相关。如果取值越接近于正负 1，本文则说其空间相关性越高。当 Moran's I 的值比期望值大，则相邻区域或位置上的变量呈现正相关关系；反之，则呈现负相关关系。

　　（2）局部空间自相关。局部空间自相关是度量内部各个空间单元与相邻空间单元之间的空间关联和差异程度的方法，一般运用 Moran 散点图来进行局部自相关分析。

$$I_i = \frac{(x_i - \overline{x}) \sum\limits_{j=1}^{n} W_{ij} (x_j - \overline{x})}{\frac{1}{n} \sum\limits_{i=1}^{n} (x_i - \overline{x})},$$

$$E(I_i) = -\frac{\sum\limits_{j=1}^{n} W_{ij}}{n-1} \tag{6-67}$$

　　式（6-67）可以看出，它的方差形式是非常烦琐的，所以本文不做过多的解释。这个指标主要是反映变量局部的相关性程度。

　　（3）空间权重函数。空间权重函数是用来度量空间位置之间的空间依赖程度，一般以矩阵的形式体现。Anselin 把空间位置的邻居关系基本分为三类：①根据相邻关系分类；②根据距离关系分类；③根据权重矩阵分类。为方便计算，通常都以数值来表示空间权重矩阵中元素的值。

　　Rook、Queen、Bishop 是三种建立相邻空间权重的标准。从图 6-44 中，有共同的边界用 Rook 表示，有共同的边界或顶点用 Queen 表示，有共同的顶点用 Bishop 表示，在图 6-44 中三种体现方式分别为：B、D、F、H；A、B、C、D、F、G、H、I 以及 A、C、G、I。空间权重矩阵中元素权重的定义如下：

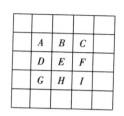

图 6-44　相邻空间权重
标准体现图
（龙良辉等，2015）

　　若 i，j 是邻居，$W_{ij} = 1$；若不是邻居，$W_{ij} = 0$；由于自己不能与自己相邻，故定义当 $i = j$ 时，$W_{ij} = 0$。

　　距离关系是本文在应用中确定权重的最常见方法：

　　当 $d_{ij} < \delta$，$W_{ij} = 1$；否则，$W_{ij} = 0$。

　　式中：d_{ij} 为 i，j 之间的距离；δ 是一个常数。

广义的基于距离关系的权重矩阵元素可以定义为距离的函数：

$$W_{ij} = f(d_{ij})$$

最近 k 点法(不管距离远近)：若 $j \in \{离位置 i 最近的 k 个点\}$，$W_{ij} = 1$；否则，$W_{ij} = 0$。

2. 空间自相关指数检验　Cliff and Ord 对全局 Moran's I 统计量进行了证明与论证，并发现其是服从渐进正态分布的，故在对其进行检验时一般做正态逼近检验，但是在某些情况下也可以对其进行随机检验。但是对于局部的 Moran's I 统计量是无法确定其服从的分布的，故一般在检验时对其做置换检验。Tiefelsdorf(2002)提出了鞍点逼近检验的检验方法，这个方法对全局 Moran's I 和局域 Moran's I 都是适用的，这个统计分布在对其进行空间统计量的估计时更具有有效性。Tiefelsdorf 有这样的理论提出：局域 Moran's I 统计量不收敛于正态分布时，鞍点逼近是对其进行逼近的唯一的有效的方法。当对二元自相关统计量以及时空自相关统计量进行估计时，一般采用随机检验。

3. 空间回归模型的估计与检验　Cliff 和 Ord 对空间处理自相关给出了具体的处理方法。他们不仅对自相关统计量进行了扩展，同时也分析了 Moran's I 在回归残差结构中的应用。但是他们的理论也有待完善，他们只是单纯考虑独立变量与依赖变量之间的非线性，并没有对多个回归量之间的空间相关性等进行过多得考虑。由于空间自相关在总体误差结构中的存在，导致了最小二乘估计量成为了一个有偏的方差估计量。Anselin(1988)经过论证得到了最小二乘法估计量的有偏性和不一致性是由于其误差的自相关性导致的，所以在实际工作中要时常对自相关性进行检测，并在必要时采取措施。既然最小二乘估计有一定的缺陷性，已不再适用于空间依赖模型，故极大似然估计成为了研究重点。

Ord(1975)曾经尝试将最小二乘估计与极大似然估计结合在一起，并用其对 SAR、SLM 和 SEM 模型的参数进行估计。Cliff 与 Ord 全面地介绍了用极大似然估计来估计 3 个基本自回归模型(SAR、CAR、MA)的参数，并且提出了似然比(LR)检验思想。Magnus (1978)、Rothenberg(1984)与 Andrew(1986)对最大似然估计以及最小二乘估计进行了研究，也表明前者较后者在无过大干扰的情况下更具有一致性、渐进正态分布、渐进有效性，其实用的场合也比较广泛。Anselin 全面完整地论证了在对广义空间模型参数进行估计时比较有效的估计方法，包括：对参数的 Wald 检验、最大似然比估计、对空间依赖的 LR 及 LM 检验的理论方法等。Anselin 经过对分析方法的总结与分析得到如下结论：最大似然估计是检验空间自回归模型参数的最好的方法。

Burridge(1980)发现拉格朗日乘子 LM 检验与 Moran 统计量的乘方是成比例的，这也成为了自相关检验的一个重要的转折点，使得最大似然估计有了备选假设。但是，由于这些检验本质上是相同的，故该检验在区分空间滞后过程与移动平均过程中的自相关差异中仍然存在一定的问题。

Kelejian 与 Robinson(1992)提出了新的检验方法，它既不依赖于残差的正态分布也不依赖于线性关系的单向大样本，但是这个新的检验方法也存在很大的缺陷型与局限性。Burridge(1980)为了实现对移动平均误差的自相关显著性检验，提出了 LM 检验统计量，该统计量近似服从 $\chi^2(1)$ 分布，检验统计量如下：

$$LM_{\lambda} = \frac{\left[\hat{\boldsymbol{\varepsilon}}^{\mathrm{T}}\boldsymbol{W}\hat{\boldsymbol{\varepsilon}}/\hat{\sigma}^2\right]^2}{T_1} \tag{6-68}$$

这里 $T_1 = \mathrm{tr}[(\boldsymbol{W}^{\mathrm{T}}\boldsymbol{W} + \boldsymbol{W})\boldsymbol{W}]$，$\widehat{\boldsymbol{\varepsilon}}$ 表示误差向量。Anselin(1988)提出了对空间滞后模型中自相关的显著性检验方法，其表达方式如下：

$$LM_\rho = \frac{\left(\frac{\widehat{\boldsymbol{\varepsilon}}^{\mathrm{T}}\boldsymbol{W}\boldsymbol{y}}{\widehat{\sigma}^2}\right)^2}{n\widehat{J}_{\rho\beta}} \tag{6-69}$$

$$\widehat{J}_{\rho\beta} = \frac{1}{n\widehat{\sigma}^2}\left[(\boldsymbol{W}\boldsymbol{X}\widehat{\boldsymbol{\beta}})^{\mathrm{T}}M(\boldsymbol{W}\boldsymbol{X}\widehat{\boldsymbol{\beta}}) + T_1\widehat{\sigma}^2\right]$$

其中

$$M = 1 - \boldsymbol{X}(\boldsymbol{X}^{\mathrm{T}}\boldsymbol{X})^{-1}\boldsymbol{X}^{\mathrm{T}}$$

$\widehat{J}_{\rho\beta}$ 相当于一个信息矩阵的相应部分。该统计量服从 $\chi^2(1)$ 分布。

Anselin 在空间滞后模型的基础上又提出了空间残差过程与空间滞后过程中用来区分差异的单向强检验(Robust Unidirectional Tests)。当在空间滞后依赖变量存在的情况下，检验空间残差的自相关性是否出现的统计量为

$$LM_\lambda^* = \frac{\left[\widehat{\boldsymbol{\varepsilon}}^{\mathrm{T}}\boldsymbol{W}\widehat{\boldsymbol{\varepsilon}}/\widehat{\sigma}^2 - T_1(n\widehat{J}_{\rho\beta})^{-1}\widehat{\boldsymbol{\varepsilon}}^{\mathrm{T}}\boldsymbol{W}\widehat{\boldsymbol{\varepsilon}}/\widehat{\sigma}^2\right]^2}{T_1[1 - T_1(n\widehat{J}_{\rho\beta})^{-1}]} \tag{6-70}$$

同样的，当空间残差过程变量存在的情况下，检验空间滞后过程是否出现的统计量为

$$LM_\rho^* = \frac{\left[\widehat{\boldsymbol{\varepsilon}}^{\mathrm{T}}\boldsymbol{W}\boldsymbol{y}/\widehat{\sigma}^2 - \widehat{\boldsymbol{\varepsilon}}^{\mathrm{T}}\boldsymbol{W}\widehat{\boldsymbol{\varepsilon}}/\widehat{\sigma}^2\right]^2}{n\widehat{J}_{\rho\beta} - T_1} \tag{6-71}$$

分析可得上述两个检验统计量都服从 $\chi^2(1)$ 分布。本文可以将其推广，在高阶过程中其同样适用。

Anselin(2001)又提出了针对 SEC 模型的单向 LM 检验，该检验也是服从 $\chi^2(1)$ 分布的，其表达式如下：

$$LM_\theta = \frac{\left[(\widehat{\boldsymbol{\varepsilon}}^{\mathrm{T}}\boldsymbol{W}\boldsymbol{W}^{\mathrm{T}}/\widehat{\boldsymbol{\varepsilon}\sigma}^2) - T_2\right]^2}{2[T_3 - T_2^2/n]} \tag{6-72}$$

$T_2 = \mathrm{tr}(\boldsymbol{W}\boldsymbol{W}^{\mathrm{T}})$，$T_3 = \mathrm{tr}(\boldsymbol{W}\boldsymbol{W}^{\mathrm{T}}\boldsymbol{W}\boldsymbol{W}^{\mathrm{T}})$ 表示的是矩阵的迹，即矩阵对角线元素的和。该检验的零假设为 $H_0: \theta = 0$，其中 $\theta = \sigma_\varphi^2/\sigma_\mu^2$。

现如今最主要的检验方法是 LM 检验，它与 LR 或者 Wald 检验虽然有些类似，但是却存在着本质的区别。在进行 LM 检验时过程相对比较复杂，故一些新的检验方法在最近几年逐渐发展起来，有 SEC 模型、SSE 模型、异方差性与空间自相关的结合等，都是近几年新模型的代表。

(五) 基于分类的方法

目前空间数据分类的研究尚处于起步阶段。Ester 等提出了一种空间对象的分类方法，该方法采用 ID3 算法，并使用领域图的概念，分类标准基于分类对象的非空间属性及描述分类对象与其邻近位置相关对象间空间关系的属性、谓词和函数。该方法的缺点是没有分析邻近对象非空间属性的聚合值，而实际中如果一个对象在其邻近区域内某属性的聚合值与另一个对象邻近的若干个区域内对应属性的聚合值相同，可能会生成低质量的决策树。而且，算法没有考虑非空间和空间属性值中可能存在的概念层次。

Ng 和 Yu 等提出了一种以抽取专题地图上聚类的强的、公共的、判别性的特征，提出聚类特征值的度量。在搜索聚类公共特征的过程中，算法选择那些主题值与聚类值最类似的

主题,而在搜索聚类判别特征的过程中,算法选择能最好地判别两个聚类的主题。该算法仅适用于分析专题地图的属性值。

(六)地理加权回归模型

地理加权回归模型(GWR)是用回归原理研究具有空间(或区域)分布特征的两个或多个变量之间数量关系的方法,在数据处理时考虑局部特征作为权重。地理加权回归模型实际上是局部加权最小二乘回归模型的改进,它扩展了传统的回归模型,其中的权为待预测点到其他各个观测点的地理空间位置[坐标为(x, y)]之间的距离函数。其模型的表达式如下:

$$y_i = \beta_0(u_i, v_i) + \sum_{k=1}^{p} \beta_k(u_i, v_i) \chi_{ik} + \varepsilon_i \quad (i = 1, 2, \cdots, n) \quad (6\text{-}73)$$

式中:y_i 为(u_i, v_i)第 i 个采样点的坐标(x, y),$\varepsilon_i \sim N(0, \sigma^2)$,$\mathrm{Cov}(\varepsilon_i, \varepsilon_j) = 0$ $(i \neq j)$;$\beta_k(u_i, v_i)$为第 i 个采样点上第 k 个回归参数。

回归点 i 的参数估计向量可以表示如下:

$$\hat{\beta}(u_i, v_i) = [\boldsymbol{X}^{\mathrm{T}} \boldsymbol{W}(u_i, v_i) \boldsymbol{X}]^{-1} \boldsymbol{X}^{\mathrm{T}} \boldsymbol{W}(u_i, v_i) \boldsymbol{Y} \quad (6\text{-}74)$$

其中$\boldsymbol{W}(u_i, v_i)$ 是$n \times n$ 加权矩阵,对角线上的每个元素都是关于观测值所在位置j 与回归点 i 的位置之间距离的函数,其作用是权衡不同空间位置$j(j = 1, 2, \cdots, n)$的观测值对于回归点 i 参数估计的影响程度,而非对角元素为 0。矩阵$\boldsymbol{W}(u_i, v_i)$ 可以表示为如下的形式:

$$\boldsymbol{W}(u_i, v_i) = \begin{pmatrix} W_{i1} & & & \\ & W_{i2} & & \\ & & \ddots & \\ & & & W_{in} \end{pmatrix} \quad (6\text{-}75)$$

记做$\boldsymbol{W}_i = \mathrm{diag}(W_{i1}, W_{i2}, \cdots, W_{in})$。

1. 空间权函数矩阵的选择 空间权重矩阵是地理加权回归模型(GWR)的核心(Brunsdon et al,2000),空间权函数的选取对地理加权回归模型(GWR)的参数估计影响很大。

(1)距离阈值法。距离阈值法是最简单的空间权函数,它的关键是选取合适的距离阈值D,然后将数据点j 与回归点i 之间的距离d_{ij} 与其进行比较,若大于该阈值则权重为 0,否则为 1,即

$$W_{ij} = \begin{cases} 1 & (d_{ij} \leqslant D) \\ 0 & (d_{ij} \geqslant D) \end{cases} \quad (6\text{-}76)$$

这种权重函数的实质就是一个移动窗口,计算虽然简单,但其缺点为函数不连续,因此在地理加权回归模型的参数估计中不宜采用。

(2)距离反比法。Tobler(1970)地理学第一定律认为,空间相近的地物比相远的地物具有更强的相关性,因此在估计回归点i 的参数时,应对回归点的邻域给予更多的关注。根据这种思路,人们自然想到用距离来衡量这种空间关系:

$$W_{ij} = 1 / d_{ij}^a \quad (6\text{-}77)$$

这里a 为合适的常数,当a 取值为 1 或 2 时,对应的是距离倒数和距离倒数的平方。这种方法简洁明了,但对于回归点本身也是样本数据点的情况,就会出现回归点观测值权重无

穷大的情况，若要从样本数据中剔除却又会大大降低参数的估计精度，所以距离反比法在地理加权回归模型参数估计中也不宜直接采用，需要对其进行修正。

（3）高斯(Gauss)函数法。高斯(Gauss)函数法就是表示 w_{ij} 与 d_{ij} 之间的连续单调递减函数，可以克服上述空间权函数不连续的缺点。其函数形式如下：

$$W_{ij} = \exp[-(d_{ij}/b)^2] \tag{6-78}$$

式中，b 是描述权重与距离之间函数关系的非负衰减参数，称之为带宽(Bandwidth)。带宽越大，权重随距离增加衰减得越慢；带宽越小，权重随距离增加衰减得越快。

（4）bi-square 函数法。在实际中，往往会将对回归参数估计几乎没有影响的数据点截掉，不予计算，并以有限高斯函数来代替高斯函数，最常采用的便是 bi-square 函数：

$$W_{ij} = \begin{cases} [1-(d_{ij}/b)^2]^2 & (d_{ij} \leqslant b) \\ 0 & (d_{ij} \geqslant b) \end{cases} \tag{6-79}$$

从式(6-79)可以看出，bi-square 函数法可以看成是距离阈值法和高斯(Gauss)函数法的结合。带宽范围内的回归点可以通过有限高斯函数来计算数据点的权重，而带宽之外的数据点权重为 0。

2. 带宽的确定与优化　在实际应用中我们发现，地理加权回归分析对 Gauss 权函数和 bi-Square 权函数的选择并不是很敏感，但对特定权函数的带宽却很敏感。带宽过大回归参数估计的偏差过大，带宽过小又会导致回归参数估计的方差过大。最小二乘平方和是最常采用的优化原则之一，但对于地理加权回归分析中的带宽选择却失去了作用，这是因为对 $\min \sum_{i=1}^{n} [y_i - \hat{y}_i(b)]^2$ 而言，带宽 b 越小，参与回归分析的数据点的权重越小，预测值 $\hat{y}_i(b)$ 越接近实际观测值 y_i，从而 $\sum_{i=1}^{n} [y_i - \hat{y}_i(b)]^2 \approx 0$，也就是说最优带是只包含一个样本点的狭小区域。

（1）交叉验证方法。基于此，Cleveland(1979)、Bowman(1984)建议采用用于局域回归分析的交叉验证方法(cross-validation，CV)，该方法的公式表达为

$$CV = \frac{1}{n} \sum_{i=1}^{n} [y_i - \hat{y}_{\neq i}(b)]^2 \tag{6-80}$$

其中 $\hat{y}_{\neq i}(b)$ 是 y_i 在使用宽带 b 时的拟合值，在拟合过程中省略了点 i 的观测值。这样当 b 变得很小时，模型仅仅刻画点 i 附近样点而没有包括 i 本身。

在实际应用中为了减少计算量，Loader 于 1999 年提出了一种近似交叉验证统计量的方法，称为广义交叉验证方法(Generalized Cross Validation，GCV)：

$$GCV = \frac{\sum_{i=1}^{n} [y_i - \hat{y}_i(b)]^2}{n\{1 - \text{tr}[\mathbf{S}(b)/n]\}^2} = \frac{n\sum_{i=1}^{n} [y_i - \hat{y}_i(b)]^2}{\{n - \text{tr}[\mathbf{S}(b)]\}^2} \tag{6-81}$$

由帽子矩阵 $\mathbf{S}$ 的构成可知，当带宽很小时，地理加权回归分析的有效参数个数趋近于样本数量 n，式(6-81)中的分母趋于零，这样即便预测值 $y_i(b)$ 趋向 y_i，GCV 也不会等于 0。

（2）AIC 准则。Akaike 通过对极大似然原理估计参数的方法加以修正，提出了一种较为一般的模型选择准则，称为 Akaike 信息量准则(AIC)。AIC 定义为(Akaike，1974)

$$AIC = -2\ln L(\hat{\theta}_L, x) + 2q \tag{6-82}$$

式中：$\hat{\theta}_L$ 为 θ 的极大似然估计；q 为未知参数的个数。

AIC 准则应用比较广泛，Hurvich et al 将 AIC 准则扩展到非参数回归分析中的光滑参数选择（Hurvich et al，1998），Brunsdon 和 Fotheringham 则在 Hurvich 等研究的基础上将其进一步用于地理加权回归分析中的权函数带宽选择，其公式为

$$AIC_c = 2n\ln\hat{\sigma} + n\ln(2\pi) + n\frac{n + \mathrm{tr}(\boldsymbol{S})}{n - 2 - \mathrm{tr}(\boldsymbol{S})} \tag{6-83}$$

式中：下标 C 表示修正后的 AIC 估计值；n 是样点的大小；σ 是误差项估计的标准离差；$\mathrm{tr}(\boldsymbol{S})$ 是 GWR 的 $\boldsymbol{S}$ 矩阵的迹，它是带宽的函数。

AIC 有利于评价 GWR 模型是否比 OLS 模型更好地模拟数据。

其简单形式表示为

$$AIC = 2\ln\hat{\sigma} + n\ln(2\pi) + n + \mathrm{tr}(\boldsymbol{S}) \tag{6-84}$$

（3）贝叶斯信息准则。1978 年 Sehwartz 提出了贝叶斯信息准则（Bayesian Information Criterion，BIC），该准则可以使自回归模型的阶数适中，故常被用来确定回归模型中的最优阶数，2002 年 Nakaya 将其运用于地理加权回归分析中的权函数带宽选择。BIC 准则与 AIC 准则非常相似，只是惩罚因子不同，其公式为

$$BIC = -2\ln L(\hat{\theta}_L, x) + q\ln n \tag{6-85}$$

式中：$\hat{\theta}_L$ 为 θ 的极大似然估计；q 为未知参数的个数；n 是样点的个数。

使 BIC 最小的模型为最优模型。式（6-85）中可以看出，BIC 准则对于具有相同未知参数个数的模型，样本数越多，惩罚度越大。对于具有相同样本的情况，则趋于选择更少参数的模型为最优。与 AIC 不同的是，BIC 准则要求模型为 Bayesian 模型，即每个候选模型都必须具有相同的先验概率，而实际上模型参数的先验分布通常是不知道的，另外如何将 BIC 准则扩展到可变带宽的非参数模型，用有效参数个数来代替全局参数还不是很清楚。

三、主成分分析

地理问题往往涉及大量相互关联的自然和社会要素，众多的要素常常给模型的构造带来很大困难，同时也增加了运算的复杂性。为使用户易于理解和解决现有存储容量不足的问题，有必要减少某些数据而保留最必要的信息。由于地理变量中许多变量通常都是相互关联的，就有可能按这些关联关系进行数学处理达到简化数据的目的。主成分分析是通过数理统计分析，求得各要素间线性关系的实质上有意义的表达式，将众多要素的信息压缩表达为若干具有代表性的合成变量，这就克服了变量选择时的冗余和相关，然后选择信息最丰富的少数因子进行各种聚类分析，构造应用模型。

设有 n 个样本，p 个变量。将原始数据转换成一组新的特征值——主成分，主成分是原变量的线性组合且有正交特征。将 x_1，x_2，$\cdots$，x_p 综合成 $m(m < p)$ 个指标 z_1，z_2，$\cdots$，z_m，即

$$\begin{cases} z_1 = l_{11}x_1 + l_{12}x_2 + \cdots + l_{1p}x_p \\ z_2 = l_{21}x_1 + l_{22}x_2 + \cdots + l_{2p}x_p \\ \qquad\cdots\cdots \\ z_m = l_{m1}x_1 + l_{m2}x_2 + \cdots + l_{mp}x_p \end{cases} \tag{6-86}$$

这样决定的综合指标 z_1，z_2，…，z_m 分别称作原指标的第一、第二、…、第 m 主成分。其中 z_1 在总方差中占的比例最大，其余主成分 z_2，z_3，…，z_m 的方差依次递减。在实际工作中常挑选前几个方差比例最大的主成分，这样既减少了指标的数目，又抓住了主要矛盾，简化了指标之间的关系。

从几何上看，找主成分的问题就是找多维空间中椭球体的主轴问题，从数学上容易得到它们是 x_1，x_2，…，x_p 的相关矩阵中 m 个较大特征值所对应的特征向量，通常用雅可比(Jacobi)法计算特征值和特征向量。

很显然，主成分分析这一数据分析技术是把数据减少到易于管理的程度，也是将复杂数据变成简单类别便于存储和管理的有力工具。地理研究和生态研究的 GIS 用户常使用上述技术，因而应把这些变换函数作为 GIS 的组成部分。

四、层次分析

过去研究自然或社会现象主要有机理分析和统计分析两种方法。前者用经典的数学工具分析现象的因果关系，后者以随机数学为工具，通过大量观测数据寻求统计规律。近年来发展起来的第三种方法称系统分析，层次分析(AHP)法就是系统分析的数学工具之一，它把人的思维过程层次化、数量化，并用数学方法为分析、决策、预报或控制提供定量的依据。事实上这是一种定性和定量分析相结合的方法。在模型涉及大量相互关联、相互制约的复杂因素的情况下，各因素对问题的分析有着不同的重要性，决定它们对目标重要性的序列，对建立模型十分重要。AHP 方法把相互关联的要素按隶属关系分为若干层次，请有经验的专家对各层次各因素的相对重要性给出定量指标，利用数学方法综合专家意见给出各层次各要素的相对重要性权值，作为综合分析的基础。例如要比较 n 个因素 $y = \{y_1,$ y_2，…，$y_n\}$ 对目标 Z 的影响，确定它们在 Z 中的比重，每次取两个因素 y_i 和 y_j，用 a_{ij} 表示 y_i 与 y_j 对 Z 的影响之比，全部比较结果可用矩阵 $A = (a_{ij})_{n \times n}$ 表示，A 叫成对比较矩阵，它应满足

$$a_{ij} > 0, \quad a_{ji} = 1/a_{ij} \qquad (i, j = 1, 2, \cdots, n)$$

使上式成立的矩阵称正互反阵，不难看出必有 $a_{ii} = 1$。

在旅游问题中，假设某人考虑 5 个因素：费用 y_1、景色 y_2、居住条件 y_3、饮食条件 y_4、旅途条件 y_5。他用成对比较法得到的正互反阵是：

$$\mathbf{A} = \begin{array}{c} \\ y_1 \\ y_2 \\ y_3 \\ y_4 \\ y_5 \end{array} \begin{array}{c} \begin{matrix} y_1 & y_2 & y_3 & y_4 & y_5 \end{matrix} \\ \begin{bmatrix} 1 & 2 & 7 & 5 & 5 \\ 1/2 & 1 & 4 & 3 & 3 \\ 1/7 & 1/4 & 1 & 1/2 & 1/3 \\ 1/5 & 1/3 & 2 & 1 & 1 \\ 1/5 & 1/3 & 3 & 1 & 1 \end{bmatrix} \end{array} \qquad (6\text{-}87)$$

在式(6-87)中 $a_{12} = 2$ 表示费用 y_1 与景色 y_2 对选择旅游点(目标 Z)的重要性之比为 2：1；$a_{13} = 7$，表示费用 y_1 与居住条件 y_3 之比为 7：1；$a_{23} = 4$，则表示景色 y_2 与居住条件 y_3 之比为 4：1。如果 A 不是一致阵(即 a_{12}、a_{23} 不等于 a_{13})，需求正互反阵最大特征值对应的特征向量，作为权向量。

五、聚类分析

(一) 系统聚类分析

虽然数据整理能将大量而复杂的多变量数据适当压缩，但人们还希望进一步降低数据的复杂程度，即将数据定义成一组多变量类别。20 世纪 60 年代末到 70 年代初人们把大量精力集中于发展和应用数字分类法，且将这类方法应用于自然资源、土壤剖面、气候分类、环境生态等数据，形成"数字分类学"学科。目前聚类分析已成为标准的分类技术，在许多大型计算机中都存储了这种分类程序，从 GIS 数据库中将点数据传送到聚类分析程序也不困难。

聚类分析的主要依据是把相似的样本归为一类，而把差异大的样本区分开来。在由 m 个变量组成为 m 维的空间中可以用多种方法定义样本之间的相似性和差异性统计量。

用 x_{ik} 表示第 i 个样本第 k 个指标的数据；x_{jk} 表示第 j 个样本第 k 个指标的数据；d_{ij} 表示第 i 个样本和第 j 个样本之间的距离。根据不同的需要，距离可以定义为许多类型，最常见、最直观的距离是欧几里得距离，其定义如下：

$$d_{ij} = \left\{ \left[\sum_{k=1}^{m} (x_{ik} - x_{jk})^2 \right] / m \right\}^{1/2} \tag{6-88}$$

依次求出任何两个点的距离系数 $d_{ij}(i, j = 1, 2, \cdots, n)$ 以后，则可形成一个距离矩阵：

$$\boldsymbol{D} = (d_{ij}) = \begin{bmatrix} d_{11} & d_{12} & \cdots & d_{1n} \\ d_{21} & d_{22} & \cdots & d_{2n} \\ \vdots & \vdots & & \vdots \\ d_{n1} & d_{n2} & \cdots & d_{mn} \end{bmatrix} \tag{6-89}$$

它反映了地理单元的差异情况，在此基础上就可以根据最短距离法或最长距离法或中位线法等进行逐步归类，最后形成一张聚类分析谱系图(图 6-45)。

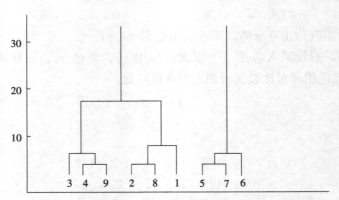

图 6-45　九大农业区聚类分析谱系
1. 东北区　2. 内蒙古及长城沿线区　3. 黄淮海区　4. 黄土高原区
5. 长江中下游区　6. 西南区　7. 华南区　8. 甘肃新疆区　9. 青藏区

除上述的欧氏距离外，定义相似程度的还有绝对值距离、切比雪夫距离、马氏距离、兰氏距离、相似系数和定性指标的距离等。

（二）热点分析

热点分析是识别具有统计显著性的高值（热点）和低值（冷点）的空间聚类分析方法。其分析原理是根据在一定分析规模内的所有要素，计算每个要素的 Getis-Ord 统计值，得到每个要素的 z 得分和 p 值，成为热点需要两个条件：首先是要素值是高值，但可能不是统计学上的显著性热点；其次被同样高值的要素包围，成为统计学上的显著性热点。通过热点分析，可得知高值或者低值在空间上发生聚集的位置。

热点分析具有一个原假设，即进行统计检验时预先建立的假设。在检验结果之前，先对结果假设一个数值区间，这个区间一般是符合某种概率分布的情况，如果真实结果偏离了设定的区间，即发生了小概率事件。出现小概率事件有如下两种可能：①假设有错误；②出现异常值。p 值（p-value，probability，pr）代表的是概率。它是反映某一事件发生的可能性大小。在空间相关性的分析中，p 值表示所观测到的空间模式是由某一随机过程创建而成的概率。当计算出来的 p 值是 1，则表示用于计算的数据 100% 是随机生成的。若为 0.1，则表示只有 10% 的可能性是随机生成的结果。z

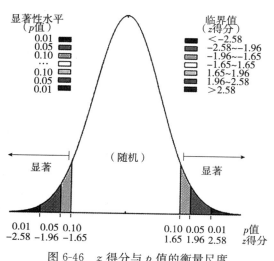

图 6-46　z 得分与 p 值的衡量尺度

得分是标准差的倍数（有正负之分）。若 z 得分为 $+2.5$，则表示数据计算所得结果是标准差的正 2.5 倍；反之，若 z 得分为 -2.5，则表示结果是标准差的负 2.5 倍。z 得分的绝对值越高，高值（热点）的聚类就越紧密，正的高值表示热点，负的高值表示冷点。z 得分与 p 值的衡量尺度如图 6-46 所示，不同置信度和临界 p 值、临界 z 得分之间的关系如表 6-8 所示。

表 6-8　不同置信度和临界 p 值、临界 z 得分关系

z 得分（标准差）	p 值（概率）	置信度（%）
< -1.65 或 $> +1.65$	< 0.10	90
< -1.96 或 $> +1.96$	< 0.05	95
< -2.58 或 $> +2.58$	< 0.01	99

Getis-Ord G_i^* 局部统计可表示为

$$G_i^* = \frac{\sum\limits_{j=1}^{n} w_{ij}x_j - \bar{x}\sum\limits_{j=1}^{n} w_{ij}}{s \times \sqrt{\dfrac{n\sum\limits_{j=1}^{n} w_{ij}^2 - (\sum\limits_{j=1}^{n} w_{ij})^2}{n-1}}} \tag{6-90}$$

式中：x_j 是要素 j 的属性值；w_{ij} 表示要素 i 和 j 之间的空间权重（相邻为 1，不相邻为 0）；n 是样本点总数；$\bar{x}$ 为均值，s 为标准差；G_i^* 统计结果是 z 得分，如果 z 得分为

2.5，表示结果是 2.5 倍标准差。

统计学上的显著性正值表示热点，z 得分越高表示热点聚集就越紧密；负值表示冷点，z 得分越低，冷点的聚集就越紧密。

六、判别分析

判别分析与聚类分析同属分类问题，所不同的是，判别分析是预先根据理论与实践确定等级序列的因子标准，再将待分析的地理实体安排到序列的合理位置上的方法，对于诸如水土流失评价、土地适宜性评价等有一定理论根据的分类系统定级问题比较适用。

判别分析依其判别类型的多少与方法的不同，可分为两类判别：多类判别和逐步判别。判别分析要求根据已知的地理特征值进行线性组合，构成一个线性判别函数 Y，即

$$Y = c_1 \times x_1 + c_2 \times x_2 + \cdots + c_m \times x_m = \sum_{k=1}^{m} c_k \times x_k \tag{6-91}$$

式中：$c_k (k = 1, 2, \cdots, m)$ 为判别系数，它可以反映各要素或特征值作用方向、分辨能力和贡献率的大小。只要确定了 c_k，判别函数 Y 也就确定了。x_k 为已知各要素（变量）的特征值。为了使判别函数 Y 能充分地反映出 A、B 两种地理类型的差别，就要使两类之间均值差 $[\bar{Y}(A) - \bar{Y}(B)]^2$ 尽可能大，而各类内部的离差平方和尽可能小。只有这样，其比值 I 才能达到最大，从而才能将两类清楚地分开。其表达式为

$$I = \frac{[\bar{Y}(A) - \bar{Y}(B)]^2}{\sum_{i=1}^{n_1} [Y_i(A) - \bar{Y}(A)]^2 + \sum_{i=1}^{n_2} [Y_i(B) - \bar{Y}(B)]^2} \tag{6-92}$$

判别函数求出以后，还需要计算出判别临界值，然后进行归类。不难看出，经过二级判别所作的分类是符合区内差异小而区际差异大的划区分类原则的。

目前在地理信息系统中发展了一种因素模糊评价模型，相当于模糊评判分析，该方法首先根据标准类别参数的指标空间确定各因素各类别对目标的支配隶属度，作为判别距离的度量，再结合要素的权重指数，采用适当的模糊算法，计算各地理实体的归属等级类别，作为评价的基础。该方法通过隶属度表达人们对目标与因素之间关系的模糊性认识，用适当的算法将这种认识量化并反映到结果的分类中，对地理学中的评价与规划问题非常有效。

七、空间数据挖掘

空间数据挖掘是指从空间数据库中抽取没有清楚表现出来的隐含的知识和空间关系，并发现其中有用的特征和模式的理论、方法和技术。空间数据挖掘和知识发现方法是多学科和多种技术交叉综合的新领域，是空间数据获取技术、空间数据库技术、计算机技术、网络技术和管理决策支持技术等发展到一定阶段的产物，是多学科相互交融和相互促进的新兴边缘学科，汇集了机器学习、人工智能、模式识别、空间数据库、统计学、地理信息系统、基于知识的系统（包括专家系统）、可视化等领域的有关技术的成果。因而，数据挖掘与知识发现方法是丰富多彩的。针对空间数据库的特点，有下列可采用的空间数据挖掘与知识发现方法。

1. 统计学方法　空间数据挖掘通常使用空间统计学方法来分析数据，经典的统计分析

中通常假设采样的数据是独立完成的，然而对空间数据进行分析时，采样独立性的假设一般不成立。实际上，空间数据趋于高度相关，相似的对象在空间上基本上是聚集的，每一对象都与其他对象相关，但邻近的对象间的相关性比距离较远的对象间的相关性要大得多。

使用这种方法一般是首先建立一个数学模型或统计模型，然后根据这种模型提取出有关的知识。例如，可由实验数据建立一个 Bayesian 网，然后，根据该网的一些参数及联系权值提出相关的知识。统计方法一直是分析空间数据的常用方法，有着较强的理论基础，拥有大量的算法，可有效地处理数字型数据。这类方法有时需要数据满足统计不相关假设，但很多情况下这种假设在空间数据库中难以满足。另外，统计方法难以处理字符型数据。应用统计学方法需要有领域知识和统计知识，一般由有统计经验的领域专家来完成。

2. 基于泛化和归纳的方法 即对数据进行概括和综合，归纳出高层次的模式或特征。归纳法一般需要背景知识，常以概念树的形式给出。在 GIS 数据库汇总中，有属性概念树和空间关系概念树两类。背景知识由用户提供，在有些情况下也可以作为知识发现任务的一部分自动获取。

数据库中的数据和对象在原始的概念层次包含有详细的信息，经常需要将大量数据的集合进行概括并以较高的概念层次展示。基于泛化的知识发现假定背景知识以概念层次的形式存在。概念层次可由专家提供，或借助数据分析自动生成。空间数据库中可以定义两种类型的概念层次：非空间概念层和空间概念层。Han J. 等提出了一种有效的数据泛化技术：面向属性的归纳。它首先执行一个数据挖掘查询，采集数据库中相关数据的集合；然后，通过提升泛化层次，在较高概念层次上概括空间和非空间数据间的泛化关系来进行数据泛化。泛化的结果可用泛化关系或数据立方体的形式表达，用以执行进一步的 OLAP 操作，也可以映射为概括表、图表或曲线来进行可视化表示，还能从中抽取特征和判别规则。Lu W. 等将面向属性的归纳扩展至空间数据库，提出两个算法：空间数据支配泛化和非空间数据支配泛化。

（1）空间数据支配泛化算法采用高阶谓词描述空间区域。首先，根据空间层次合并空间区域，得到包含少量区域的一张地图；然后，采用面向属性的归纳技术生成每个区域的非空间描述。查询的结果采用每个泛化区域的特征谓词的析取来描述。

（2）非空间数据支配泛化算法首先对非空间属性作面向属性的归纳，将其泛化至更高的概念层次；然后将具有相同的泛化属性值的相邻区域合并在一起，可用邻近方法忽略具有不同非空间描述的小区域。查询的结果生成包含少量区域的地图，这些区域共享同一层次的非空间描述。

3. 基于聚类的方法 聚类分析方法按一定的距离或相似性测度将数据分为一系列相互区分的组，由此来发现数据集合的整个分布模式。它与归纳法的不同之处在于不需要背景知识而直接发现一些有意义的结构与模式。经典统计学中的聚类分析方法对属性数据库中的大数据量存在速度慢、效率低的问题，对图形数据库应用发展空间聚类方法，空间分析方法可采用拓扑结构分析、空间缓冲区及距离分析、叠置分析等方法，旨在发现目标在空间上的相连、相邻和共生等关联关系。

基于密度的聚类是空间数据聚类常用的、行之有效的方法，其显著特点是聚类速度快，能处理噪声及发现任意形状的聚类。Ester 等提出了 DBSCAN 密度聚类方法。Hinneburg 等提出一种泛化的基于核密度估计的聚类算法，其核心思想是每一个空间数据点通过影响函数对空间产生影响，影响值可以叠加，从而在空间形成一曲面，曲面的局部极大值点为一聚类吸引点，该吸引点的吸引域形成一类，通过爬山算法可以确定一个数据点被哪一个聚类吸引点所吸引，因而得到聚类结果。

4. 基于空间关联的方法　空间关联是将一个或多个空间对象与其他空间对象相关联。Agrawal 等人引入关联规则的概念是为了挖掘大型的事务型数据库。Koperski 等将这个概念扩展至空间数据库。空间关联规则的形式为

$$X \rightarrow Y(c\%) \qquad (6\text{-}93)$$

式中：X、Y 分别是空间或非空间的谓词的集合，$c\%$ 是规则的可信度。

空间谓词有三种形式：表示拓扑关系的谓词，如相交、覆盖等；表示空间方向的谓词，如东、西、左、右等；表示距离的谓词，如接近、远离等。

在大型数据库中，可能存在大量的对象间的关联，但其中大部分只适用于少量对象，或者大部分规则的可信度较低。空间关联规则使用两个阈值：最小支持度和最小可信度，以过滤出描述少量对象的关联和具有低可信度的规则。在对象非空间描述的不同层次上这两个阈值均不相同，因为如果使用相同的阈值，在低的概念层次上可能找不到有趣的关联，其原因是此时满足相同谓词的对象的数目可能相当少。

5. Rough 集方法　Rough(rough sets theory)集理论是波兰华沙大学 Z. Pawlak 教授在 1982 年提出的一种智能数据决策分析工具，被广泛研究并应用于不精确、不确定、不完全信息的分类分析和知识获取。Rough 集理论为 GIS 的属性分析和知识发现开辟了一条新途径，可用于 GIS 数据库属性表的一致性分析、属性的重要性、属性依赖、属性表简化、最小决策和分类算法生成，使得在保持普遍化数据的基础上，Rough 集用于普遍化数据的进一步简化和最小决策算法生成，使得在保持普遍化数据内涵的前提条件下最大限度地精炼知识。

6. 云理论方法　云理论是用于处理不确定性的新理论，由云模型(Cloud Model)、不确定性推理(Reasoning under Uncertainty)和云变换(Cloud Transform)三大支柱构成。云理论将模糊性和随机性结合起来，弥补了作为模糊集理论基石的隶属函数概念的固有缺陷，为数据挖掘中定量与定性相结合的处理方法奠定了基础。

此外，图像分析和模式识别、空间分析方法、决策树(Decision Tree)方法、遗传算法(Genetic Algorithms)、人工神经网络(Artificial Neural Networks)、支持向量机(Support Vector Machine)等都被用于空间数据挖掘中。这些方法都各有特色，有时会取得很好的效果。当然，这些方法并不是孤立应用的，为了发现某类知识，常常要综合应用这些方法。知识发现方法还要与常规的数据技术充分结合。例如，在时空数据库中挖掘空间演变规则时，首先可利用空间数据库的叠置分析等方法提取出变化了的数据，再综合应用统计方法和归纳方法得到空间演变规则。此外，除了上述方法外，还有一些其他方法，如数据可视化技术、知识表示技术等。虽然这些方法并不普遍地应用于空间数据库，但它们的一些方法会对数据挖掘有所启发，已经成为数据挖掘算法的热点，如 GhostMiner 运用神经网络和支持向量机等计算智能技术作为主要的挖掘方法。

八、模式分析

模式分析解决的是如何自动检测数据中的模式这一问题，它在现代人工智能和计算机科

学领域的许多问题中起着关键作用。根据模式理解某个数据源中内在的关系、规律性或者结构；通过检测提供的数据中的显著模式，系统能够对来自同一数据源的新数据做出预测。

（一）点模式分析

根据地理实体或事件的空间位置研究其分布模式的方法称为空间点模式，这是一类重要的空间分析方法。在研究区域中，虽然点在空间上的分布千变万化，但是不会超过从均匀到集中的模式，因此一般将点模式区分为 3 种类型：聚集分布、随机分布和均匀分布。对于区域内分布的点集对象或事件，分布模式的基本问题是：这些对象或事件的分布是随机的、均匀的，还是聚集的？由于点模式关心的是空间点分布的聚集性和分散性问题，所以形成了两类点模式的分析方法。

1. 基于密度的方法　以聚集性为基础的基于密度的方法，它用点的密度或频率分布的各种特征研究点分布的空间模式。用于描述空间依赖性所产生的空间效应的大尺度趋势，也称为一阶效应。常采用样方计数法和核密度估计法。

（1）样方分析（Quadrat Analysis，QA），是研究空间点模式最常用的直观方法。其基本思想是通过点分布密度的变化来探索空间分布模式，一般用随机分布模式作为理论上的标准分布；将 QA 计算的点密度和理论分布作比较，判断点模式属于聚集分布、均匀分布还是随机分布。QA 的计算过程如下：①将研究的区域划分为规则的正方形网格区域；②统计落入每个网格中点的数量，由于点在空间上分布的疏密性，有的网格中点的数量多，有的网格中点的数量少，还有的网格中点的数量为零；③统计出包含不同数量的点的网格数量的频率分布；④将观测得到的频率分布和已知的频率分布或理论上的随机分布（如泊松分布）作比较，判断点模式的类型。

（2）核密度估计法（Kernel Density Estimation，KDE），认为地理事件可以发生在空间的任何位置上，但是在不同的位置上事件发生的概率不一样。点密集的区域事件发生的概率高，点稀疏的地方事件发生的概率低。

KDE 与 QA 相比较，KDE 更加适合于可视化方法表示分布模式。

2. 基于距离的方法　以分散性为基础的基于距离的方法，通过测度最近邻点的距离分析空间分布模式，常采用最近邻距离法。用于描述空间依赖性所产生的空间效应的局部效应也称为二阶效应，包括最近邻指数（NNI）、G 函数、F 函数等。

（1）最近邻距离法。最近邻距离法（也称为最近邻指数法）使用最近邻的点对之间的距离描述分布模式，形式上相当于密度的倒数（每个点代表的面积），表示点间距，可以看作是与点密度相反的概念。最近邻距离法首先计算最近邻的点对之间的平均距离，然后比较观测模式和已知模式之间的相似性。一般将随机模式作为比较的标准，如果观测模式的最近邻距离大于随机分布的最近邻距离，则观测模式趋于均匀；如果观测模式的最近邻距离小于随机分布模式的最近邻距离，则趋向于聚集分布。

最近邻指数法（NNI）由 Clark 和 Evans 于 1954 年首次提出。NNI 方法首先对研究区内的任意一点都计算最近邻距离；然后取这些最近邻距离的均值作为评价模式分布的指标。对于同一组数据，在不同的分布模式下得到的 NNI 是不同的，根据观测模式的 NNI 计算结果与 CSR 模式的 NNI 比较，即可判断分布模式的类型。在聚集模式中，由于点在空间上多聚集于某些区域，因此点之间的距离小，计算得到的 NNI 应当小于 CSR 的 NNI；而均匀分布模式下，点之间的距离比较平均，因此平均的最近邻距离大，且大于 CSR 下的 NNI。因此通过最近邻距离的计算和比较就可以评价和判断分布模式。

（2）G 函数。G 函数使用所有最近邻事件的距离构造出一个最近邻距离的累积频率函数：

$$G(d) = \frac{\#[d_{\min}(s_i) \leqslant d]}{n} \qquad (6\text{-}94)$$

式中：s_i 是研究区域中的一个事件；n 是事件的数量；d 是距离；$\#[d_{\min}(s_i) \leqslant d]$ 表示距离小于 d 的最近邻点的计数。

用 G 函数分析空间点模式依据的是 $G(d)$ 曲线的形状。如果点事件的空间分布趋于聚集，具有较小的最近邻距离的点的数量就多，那么 G 函数会在较短的距离内快速上升；如果点模式中事件趋向均匀分布，具有较大的最近邻距离的点的数量多，那么 G 函数值的增加就比较缓慢。即如果 $G(d)$ 在短距离内迅速增长，表明点空间分布属于聚集模式；如果 $G(d)$ 先缓慢增长后迅速增长，表明点的空间分布属于均匀模式。

（3）F 函数。F 函数是一种使用最近邻距离的累积频率分布描述空间点模式类型的一阶近邻测度方法：

$$F(d) = \frac{\#[d_{\min}(p_i, s) \leqslant d]}{m} \qquad (6\text{-}95)$$

式中：$d_{\min}(p_i, s)$ 表示从随机选择的 p_i 点到事件点 s 的最近邻距离，即计算任意一个随机点到其最近邻的事件点的距离。

（二）面模式分析

面状数据的空间模式是研究面积单元的空间关系作用下的变量值的空间模式。面状数据通过各个面积单元变量的数值描述地理现象的分布特征，变量的值描述的是这个空间单元的总体特征，与面积单元内的空间位置无关，如行政区、土地利用类型区、人口普查区等。

1. 空间近邻度分析 空间邻接性就是面积单元之间的距离关系，基于距离的空间邻接性测度就是使用面积单元时间的距离定义邻接性，通常采用邻接法、重心距离法、空间权重矩阵等。

边界邻接法认为面积单元之间具有共享边界的则是空间邻接的，用边界邻接首先可以定义一个面积单元的直接邻接，然后根据邻接的传递关系还可以定义间接邻接，或者多重邻接。

重心距离法则认为面积单元的重心或中心之间的距离小于某个指定的距离，则面积单元在空间上是邻接的。指定距离的大小对于一个单元的邻接数量有影响。

空间权重矩阵是空间邻接性的定量化测度。假设研究区域中有 n 个多边形，任何两个多边形都存在一个空间关系，这样就有 $n \times n$ 对关系，需要 $n \times n$ 的矩阵存储这 n 个面积单元之间的空间关系。主要的空间权重矩阵包括以下几种类型：

（1）左右相邻权重。空间对象间的相邻关系从空间方位上考虑，有左右相邻的关系，如道路、河流等有水平方向的分布。

$$w_{ij} = \begin{cases} 1 & \text{（区域 } i \text{ 和 } j \text{ 的邻接为左右邻接）} \\ 0 & \text{（其他）} \end{cases} \qquad (6\text{-}96)$$

（2）上下相邻权重。空间对象间的相邻关系从空间方位上考虑，也有上下相邻的关系，如道路、河流等有垂直方向的分布。

$$w_{ij} = \begin{cases} 1 & \text{（区域 } i \text{ 和 } j \text{ 的邻接为上下邻接）} \\ 0 & \text{（其他）} \end{cases} \tag{6-97}$$

（3）Queen 权重：

$$w_{ij} = \begin{cases} 1 & \text{（区域 } i \text{ 和 } j \text{ 有公共边或同一定点）} \\ 0 & \text{（其他）} \end{cases} \tag{6-98}$$

（4）二进制权重：

$$w_{ij} = \begin{cases} 1 & \text{（区域 } i \text{ 和 } j \text{ 有公共边）} \\ 0 & \text{（其他）} \end{cases} \tag{6-99}$$

（5）K 最近点权重：

$$w_{ij} = \frac{1}{d_{ij}^m} \tag{6-100}$$

式中：m 为幂；d_{ij} 为区域 i 和区域 j 之间的距离。

（6）基于距离的权重：

$$w_{ij} = \begin{cases} 1 & \text{（区域 } i \text{ 和 } j \text{ 的距离小于 } d\text{）} \\ 0 & \text{（其他）} \end{cases} \tag{6-101}$$

（7）Dacey 权重：

$$w_{ij} = d_{ij} \times a_i \times \beta_{ij} \tag{6-102}$$

式中：d_{ij} 为对应二进制连接矩阵元素，即取值为 1 或 0；a_i 是单元 i 的面积占整个空间系统的所有单元的总面积的比例；β_{ij} 为 i 单元与 j 单元共享的边界长度占 i 单元总边界长度的比例。

（8）阈值权重：

$$w_{ij} = \begin{cases} 0 & (i = j) \\ a_1 & (d_{ij} < d) \\ a_2 & (d_{ij} \geqslant d) \end{cases} \tag{6-103}$$

（9）Cliff-Ord 权重：

$$w_{ij} = [d_{ij}]^{-a} [\beta_{ij}]^b \tag{6-104}$$

式中：d_{ij} 代表空间单元 i 和 j 之间的距离；β_{ij} 为 i 单元被 j 单元共享的边界长度占 i 单元总边界长度的比例。

2. 趋势分析 空间数据的一阶效应反映了研究区域上变量的空间趋势，通常用变量的均值描述这种空间变化。研究一阶效应使用的方法主要是利用空间权重矩阵进行空间滑动平均估计。如果面积单元数据是基于规则格网的，一般使用中位数平滑的方法，此外核密度估计方法也是研究面状数据一阶效应的常用方法。

空间滑动平均是利用近邻面积单元的值计算均值的一种方法，称之为空间滑动平均。设区域 R 中有 m 个单元面积，对应于第 j 个面积单元的变量 y 的值为 y_i，面积单元 i 近邻的面积单元的数量为 n 个，则均值平滑的公式为

$$\mu_i = \sum_{j=1}^{n} w_{ij} y_i \bigg/ \sum_{j=1}^{n} w_{ij} \tag{6-105}$$

最简单的情况是假设近邻面积单元对 i 的贡献是相同的，即 $w_{ij} = 1/n$，则

$$\mu_i = \frac{1}{n} \sum_{j=1}^{n} y_i \tag{6-106}$$

九、对应分析

对应分析也称关联分析、R-Q 型因子分析，是近年新发展起来的一种多元相依变量统计分析技术，通过分析由定性变量构成的交互汇总表来揭示变量间的联系，可以揭示同一变量的各个类别之间的差异，以及不同变量各个类别之间的对应关系。

对应分析法的实质就是将行、列变量的交叉表转换成散点图，用各散点空间位置的形式来表现表格中包含的类别关联信息。其优势在于当研究多个类别的分类变量，或者个数较多的分类变量时，可以呈现出简单明了的图形。当定性变量划分的类别越多时，这种方法的优势也就越明显，并且其使用方式易掌握，对数据的解读也相对容易。它解决了例如卡方检验和 Logistic 模型只适用于精确分析方法的应用障碍。对应分析的过程如下：

1. 变换数据　对应分析法主要是为了表达各个类别间的联系，所以必须对数据进行变换。具体方法是，首先假设行变量和列变量无关，而后依据交叉表计算每个单元格内的标准化残差：设观察频数为 O，理论频数为 T，则标准化残差 $= (O - T)/\sqrt{T}$，则原始的频数阵变化成新的数据阵 Z，此时各单元格的数据便能显现其偏离该无关假设的程度，进一步决定后面散点图的特征。

2. 分解奇异值　对矩阵 Z 进行奇异值分解：

$$Z = K\Lambda L^\mathrm{T} \tag{6-107}$$

其中，$K^\mathrm{T}K = L^\mathrm{T}L = 1$，$\Lambda$ 为对角阵，对角线上的元素为奇异值，它们从大到小排列。这一步的主要作用是降维，它确定了分析结果的纬数与每个维度所包含的信息量。

3. 调整行、列尺度　根据行、列相对应的类别构成比，将 K 和 L 矩阵中所含奇异向量标准化处理，确定其单位长度。

4. 估计方差及协方差　通过此步骤初步获得各类别所对应的散点坐标。

5. 标准化行和列　对计算出的行和列变量坐标，按照第 3 步的标准化方法进行标准化，由此获得对应分析图中的散点坐标。

在二维平面图上形成原始变量的分布状态，由此即可对原始变量进行相关性分析。

第五节　空间优化与模拟

一、空间优化技术

(一)空间优化模式

空间优化模式用于解决位置-分配问题。位置-分配问题是在规划重要公共设施的位置及其附属区域时产生的公共设施，如医院、幼儿园、游戏场所、养老院、学校、警察局等，即属于国家预算范围内的基础设施。一个位置-分配问题一般可表述如下：

设有一定数量的居民集中点，这些点被称为需求点(或消费点、居民点)，求一定数量的供给点(某种公共设施)以及(或)供给点的需求分配，以完成某个规划目的。

(1) 如果已设需求点，求供给点，则涉及位置或定位问题(Location)。

(2) 如果已设供给点，求分配点，则涉及分配或配置问题(Allocation)。

(3) 如果同时求供给点和分配点，则涉及位置-分配或定位-配置问题(Location-Allocation)。

通过需求点和供给点之间的分配，供给点的附属区域也就确定了，如图 6-47 所示。

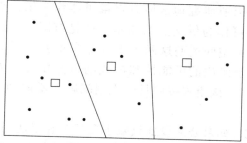

图 6-47　公共设施的位置及其附属区域

（郇伦，2001）

注：图中·表示需求点；□表示供给点；供给点附属区域边界为简单直线，但实际中并非如此。

优化模式基本结构由一系列边界条件和一个（或几个，但少见）目标函数组成。在这些边界条件下，求目标函数的极大值或极小值。边界条件代表了规划目标所必须满足的规划条件，它们代表了对于目标规划区域功能的基本评价，而优化目标函数（即求目标函数的极值）则代表了一个最大限度可能达到的规划目标。因此，在边界条件中体现出来的相关目标函数的规划条件具有首要意义，与优化目标函数相应的规划目标的重要性则稍差一些，引入目标函数的极大、极小化意义，在于得到一个定位-配置问题的明确答案（指在一定边界条件下，目标函数有数个可行答案的情况下）。

（二）空间优化模式分类

按照目标规划的时间范围、问题空间类型、公共设施服务方式、路途费用承担者以及公共设施使用类型等，可以将空间模式进行分类（图 6-48）。

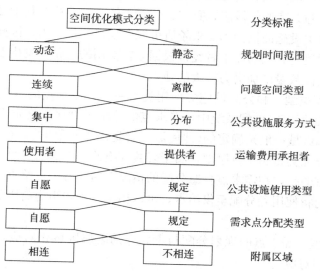

图 6-48　空间优化模式分类

（郇伦，2001）

1. 规划时间范围　如果规划是在某个时间段（点）上解决位置-分配问题，则采用静态优化模式。如果规划时间范围包括数个时间段（点），则采用动态优化模式。动态优化模式虽然形式上易于描述，但在用于解决现实的规划问题时，由于优化目标的规模过大而难以实现，许多问题可以用静态模式加以圆满解决。

2. 问题空间类型 如果所研究地区所有点都可能作为供给点，这就是一个连续性的问题。但在规划问题上，可作为供给点的树木一般是有限的，因此问题的解决可用离散模式。规划时间范围及问题空间类型这两个维度非常重要，因为与它们相应的模式类型在形式结构的复杂性、问题解决的可能性和模式的可操作性上差别很大。下面将重点讨论静态-离散空间优化模式，该模式按照具体规划问题中所遇到的设施类型还可以再进行细分。

3. 公共设施服务方式 如果公共设施只限于在某个确定地点为需求者提供服务，例如学校、幼儿园、养老院、医院、派出所等，需求者必须亲自前去这些公共设施接受服务，则称这些公共设施的服务方式为集中式。如果公共设施所能提供的服务必须从供给点通过某种运输手段带给需求者，例如消防队、医疗急救中心、警察局等，则称这些公共设施的服务方式为分布式。

4. 运输费用承担者 当公共设施的服务方式为集中式时，需求者一般直接负担自己前去这些公共设施接受服务的路途费用；当公共设施的服务方式为分布式时，需求者为接受服务所支付的费用一般与路途距离无关。在集中式的位置-分配系统中，服务供给点的可接近程度必须从社会公正和机会均等的观点出发，而在"分布式"的位置-分配系统中工作效率问题的考虑更为重要。

5. 公共设施的使用类型 一些公共设施如小学、医院、政府管理机构等，它们基于相应的法律，如小学九年制义务教育、户籍管理制度等，以及不可避免的客观事实如看病就医等，对于需求者具有强制性使用的性质。这种类型的公共设施由于不存在着竞争意义上的对手，因此它们将来的需求以及设施规模都是可以预测的，称这类公共设施为规定性使用类型。另外一些公共设施如商厦、饭店、宾馆、公园、体育馆等社会基础设施，属于需求自愿使用的设施类型。这类设施的供给和需求矛盾可能会变得非常突出，因此它们将来的需求以及设施的规模难以预测，它们的需求者经常根据运输费用的变化而发生变化。这类设施定位时，优先考虑选择居民数量增加潜力较大的地点。

6. 需求点的分配类型 和公共设施的使用类型一样，需求点的分配类型也可以是自愿或规定的。在分配式的位置-分配系统中，需求点的分配类型属于规定型，属于公共设施的由需求点组成的附属区域一般是确定的（即使需求者是出于自愿的）；在集中式的位置-分配系统中，需求点的分配类型属于自愿型，属于公共设施的、由需求点组成的附属区域一般是不确定的。比较困难的是，在需求点自愿分配的情况下估计各个供给点的附属区域及公共设施设置的规模。如何将使用者分配至供给点，可以用生产和吸引力有限的空间作用模式大概估算出来。

7. 附属区域类型 需求点的规划分配与不相连的附属区域相对应，需求点的自愿分配与相连的附属区域相对应。

（三）常用的空间优化模型

1. 静态-离散空间优化模式：线性规划 有关静态-离散的定位-配置问题是在规划重要公共设施的位置及其附属区域时出现的。静态-离散的位置-分配问题须考虑很多潜在的供给点，并且位置和附属区域的确定将在长时间内处于不变的状态。

在空间优化过程中，如果目标函数和边界条件都是线性的则采用的数学工具是线性规划

(Linear Programming)。所谓线性规划，是指在一组线性的等式和不等式的约束下，求一个线性函数的最大值或最小值的问题。

线性规划的一般形式为：

目标：

$$\max(\text{或 min})f = c_1 x_1 + c_2 x_2 + \cdots + c_n x_n$$

约束条件：

$$
\begin{cases}
a_{11} x_1 + a_{12} x_2 + \cdots + a_{1n} x_n \leqslant (\text{或} =, \geqslant) b_1 \\
a_{21} x_1 + a_{22} x_2 + \cdots + a_{2n} x_n \leqslant (\text{或} =, \geqslant) b_2 \\
\qquad\qquad \cdots\cdots \\
a_{m1} x_1 + a_{m2} x_2 + \cdots + a_{mn} x_n \leqslant (\text{或} =, \geqslant) b_m \\
x_1, \ x_2, \ \cdots, \ x_n \geqslant 0
\end{cases}
$$

2. 遗传算法　遗传算法（Genetic Algorithm）是模拟达尔文生物进化论的自然选择和遗传学机理的生物进化过程的计算模型，是一种通过模拟自然进化过程搜索最优解的方法。最早由美国 Michigan 大学的 J. Holland 教授提出。该算法是计算机科学人工智能领域中用于解决最优化的一种搜索启发式算法，是进化算法的一种。这种启发式通常用来生成有用的解决方案来优化和搜索问题。进化算法最初是借鉴了进化生物学中的一些现象而发展起来的，这些现象包括遗传、突变、自然选择以及杂交等。遗传算法在适应度函数选择不当的情况下有可能收敛于局部最优，而不能达到全局最优。遗传算法的基本运算过程如下：

（1）初始化。设置进化代数计数器 $t=0$，设置最大进化代数 T，随机生成 M 个个体作为初始群体 $P(0)$。

（2）个体评价。计算群体 $P(t)$ 中各个个体的适应度。

（3）选择运算。将选择算子作用于群体。选择的目的是把优化的个体直接遗传到下一代或通过配对交叉产生新的个体再遗传到下一代。选择操作是建立在群体中个体的适应度评估基础上的。

（4）交叉运算。将交叉算子作用于群体。遗传算法中起核心作用的就是交叉算子。

（5）变异运算。将变异算子作用于群体，即是对群体中的个体串的某些基因座上的基因值作变动。群体 $P(t)$ 经过选择、交叉、变异运算之后得到下一代群体 $P(t+1)$。

（6）终止条件判断。若 $t=T$，则以进化过程中所得到的具有最大适应度个体作为最优解输出，终止计算。

3. 蚁群模型　蚁群算法（Ant Colony Optimization，ACO），又称蚂蚁算法，是一种用来在图中寻找优化路径的概率型算法。它由 Marco Dorigo 于 1992 年在他的博士论文中提出，其灵感来源于蚂蚁在寻找食物过程中发现路径的行为。

在现实世界中，根据生物学家长期对蚁群觅食行为的研究发现：当我们让单只蚂蚁进行觅食时，蚁群在没有任何先见性的条件下，觅食的行为往往是随机的，但它们总能从出发找到一条到食物的最佳路径。蚂蚁群体在寻找食物的过程中，身体会分泌一种化学物质——信息素留在路径上，而后续的蚂蚁通过这些信息素的强弱来不断判断是否沿此条路径继续觅食，甚至在该路径上放置障碍物后仍能很快重新找到其他最佳路径。

具体过程如图 6-49 所示，相邻两点之间具体的距离我们定义为单位距离 2 和 4，用来区分讨论路径长度和信息素的积累问题。AC 和 AB 路径上的信息素浓度会随不同批次的蚂蚁访问逐渐积累信息素，假设 t_0 时刻从蚁穴出发 16 只蚂蚁，按照每一时刻移动单位距离 2，刚开始路径上均没有信息素，故蚂蚁对路径 AC 和路径 AB 有相同的选择概率，具体时刻的信息素积累如表 6-9 所示。

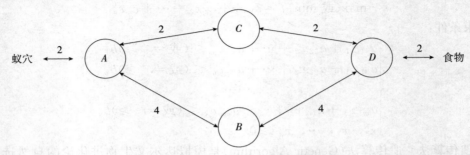

图 6-49　模拟蚂蚁觅食路径轨迹

（董巧，2018）

表 6-9　路径访问和信息素积累

（董巧，2018）

时　刻	蚂蚁此时刻状态	AC 信息素积累量	AB 信息素积累量
t_1	16 只→A	0	0
t_2	8 只→C　8 只在 AB	8	0→8
t_3	8 只→D　8 只→B	8	8
t_4	8 只→食物　8 只在 BD	8	8
t_5	8 只→D　8 只→D	8	8
t_6	4 只→C　4 只在 BD　8 只→食物	8	8
t_7	4 只→A　4 只→B　8 只→D	12	12
t_8	4 只→蚁穴　4 只→C　4 只在 AB　4 只在 BD	12	12
t_9	4 只→A　4 只→A　4 只→A　4 只→B	16	12

AC 路径上积累的信息素量大于 AB 路径上积累的信息素量，故在 t_{10} 时刻再次选择时，AC 路径被选择的概率增加，最后几乎所有的蚂蚁都会集中到 ACD 路径上，形成了一种正反馈机制。

因此，蚁群算法是一种模拟进化算法，初步的研究表明该算法具有鲁棒性强、分布式计算和正反馈等特征。蚁群算法的工作过程简单描述如下：将 m 个蚂蚁按照某种初始化规则分布在 n 个城市，然后每个蚂蚁根据状态转移规则选择遍历的城市，蚂蚁倾向于选择那些长度较短且信息素强度较高的路径。单个蚂蚁在遍历过程中根据信息素局部更新规则在路径上释放一定数量的信息素，同时蚂蚁经过路径上的信息素随着时间的推移而蒸发。当所有的蚂蚁都完成了它们的遍历过程之后，每个蚂蚁都建立了一条 Hamilton 回路，这条回路就是单个蚂蚁找得的旅行商问题(寻找一条遍历所有 n 个城市，有且仅有一次最后回到出发城市的最短路径)的解，此时可以计算出此次迭代的最短路径，再应用信息素全局更新规则对获得最短路径的蚂蚁所经历的边上的信息素进行更新。此后算法反复迭代直至满足终止条件后结束。可见，蚁群算法的求解过程主要由三个规则控制，即状态转移规则、信息素全局更新规则和信息素局部更新规则。

1. 状态转移规则　位于城市 r 的蚂蚁通过状态转移规则选择要访问的城市。

$$s = \begin{cases} \underset{u \in J_k(r)}{\mathrm{argmax}}\{[\Gamma(r, u)][\eta(r, u)]^\beta\} & (q \leqslant q_0) \\ S & (其他) \end{cases} \tag{6-108}$$

式中：$J_k(r)$ 表示蚂蚁 k 在当前位置 r 能访问的城市的集合，蚂蚁被赋予了记忆能力，可以记录蚂蚁已经过的城市，这种记忆一般通过设置禁忌表来实现。Γ 为信息素浓度。η 是城市间距离的倒数，表达了启发式信息，$\eta = \dfrac{1}{\delta}$。β 是描述状态转移时信息素和启发式信息（距离）相对重要性的参数，$\beta > 0$。q 是服从均匀分布 $[0，1]$ 的随机数。q_0 是一个参数（$0 \leqslant q_0 \leqslant 1$）。$S$ 是由式（6-109）给出的概率分布选出的一个随机变量。

$$p_k(r, S) = \begin{cases} \dfrac{[\Gamma(r, S)][\eta(r, S)]^\beta}{\sum\limits_{\mu \in J_k(r)}[\Gamma(r, u)][\eta(r, u)]^\beta} & [S \in \underset{k}{J}(r)] \\ 0 & (其他) \end{cases} \tag{6-109}$$

由式（6-108）和式（6-109）决定的状态转移规则被称为伪随机比例规则。状态转移规则使得蚂蚁倾向于选择短的且信息素强度高的路径。参数 q_0 决定了"勘探"（探索问题未知解空间以寻找那些可能最优的区域）和"开采"（充分利用已有的有效信息寻找可能最优的区域）之间的相对重要性：当位于城市 r 的蚂蚁选择下一个将要访问的城市时，它选择一个随机数 $0 \leqslant q \leqslant 1$，如果 $q \leqslant q_0$，则根据启发信息和信息素强度取最好的边，否则按照式（6-109）的随机比例规则选一条边。

2. 信息素全局更新规则　蚁群算法中只有那些属于最短路径上的边的信息素才被得到增强。这种规则和伪随机比例规则的使用都是为了让算法的寻优过程更具有指导性：最短路径的寻找始终是在当前找到的最短路径的附近进行。在所有的蚂蚁遍历完 n 个城市之后，按照式（6-110）进行全局更新。

$$\Gamma(r, s) \leftarrow (1-\alpha)\Gamma(r, s) + \alpha\Delta\Gamma(r, s) \tag{6-110}$$

$$\Delta\Gamma(r, s) = \begin{cases} (L_{gb})^{-1} & [(r, s) \in 全局最优路径] \\ 0 & (其他) \end{cases} \tag{6-111}$$

式中：α 是信息素的蒸发系数。

L_{gb} 是实验开始至今的全局最短路径长度。也有用此次迭代得到的最优路径的长度 L_{ib} 来代替 L_{gb} 的，实验表明这两种情况下算法的性能差别较小，取 L_{gb} 的性能略微占优。

3. 信息素局部更新规则　单个蚂蚁在遍历的过程中应用信息素局部更新规则对它所经过的边按照式（6-112）进行信息素更新。

$$\Gamma(r, s) \leftarrow (1-\rho)\Gamma(r, s) + \rho\Delta\Gamma(r, s) \tag{6-112}$$

式（6-112）中，ρ 为参数，$0 < \rho < 1$。实验表明，取 $\Delta\Gamma(r, s) = \gamma \max\limits_{z \in J_k(s)} \Gamma(s, z)(0 \leqslant \gamma < 1$ 为参数）及 $\Delta\Gamma(r, s) = \Gamma_0$（$\Gamma_0$ 为路径的初始信息素量）时算法效果较好。局部更新规则使得被蚂蚁经过的路径减少了一部分信息素，使得这些边被后来的蚂蚁经过的可能性减少，增强了算法的"勘探"能力，从而有效避免算法进入停滞状态（所有的蚂蚁收敛到同一路

径）。

二、空间模拟技术

（一）地表空间的虚拟现实表达

虚拟现实技术可以用于对地球进行数字模拟、虚拟现实应用于空间数据的可视化，将极大地促进空间数据表达和分析技术的向前发展。可以看出，地球模拟的方式是随着科学技术的发展而不断变化的。从实物的地球模拟方式——地图、沙盘、地球仪到目前广泛应用的电子地图、电子沙盘、GIS，直到今天已引起广泛关注的数字地球。人类渴求用数字的方式在计算机中来模拟地球，以便更好地认识我们的地球，保护我们的地球。

数字地球是地球模拟方式上的一次飞跃。数字地球的一个重要方面就是地球表面空间环境的建立，要建立地表空间环境，就需要研究基于空间数据的虚拟现实的理论和技术，这是构建数字地球的关键环节。美国宇航局从 1998 年开始"数字地球"项目的研究，其主要内容就是研究虚拟现实、虚拟地球和三维虚拟。研究地区模拟不仅要研究地形的模拟，实现三维空间的定位，而且要研究地表物理属性的模拟，实现地表属性的定量，以达到对地球进行定位、定量的数字表达的目的。

近年来，遥感技术得到了较大的发展，正朝着高空间分辨率、高光谱分辨率、多平台、多层次的方向发展。毫无疑问，遥感技术是构建数字地球不可缺少的重要数据源。构建数字地球需要建立关于地球表面的三维虚拟空间环境。地球环境数据具有空间、属性和时间特性（陈述彭等，2000）。遥感与数字测绘技术的结合不仅可以为数字地球中的虚拟环境建模提供几何数据，而且可以为其提供纹理（属性）数据。只有获得了关于地球环境的空间和属性数据，我们才能实现对虚拟环境中目标的可视观测与几何定位测量，才能实现对目标的属性模拟和定量分析。

三维立体模型方法在数字摄影测量中已成功地应用于从航片和卫片相片对上采集三维数据，为了处理大范围的数据，如 GIS 中的 DEM 数据、DOM 数据等，我们就需要研究新的三维立体模型方法，以便用来进行 GIS 三维数据的表达与操作。用两张相互重叠的相片构成立体模型是立体摄影测量的基础（王之卓，1982）。这是因为相互重叠的透视图像对可以重构三维空间表面。双像立体原理可用来建立三维空间模型，并以类似人们用眼睛观察世界的方式在重建的三维模型上进行空间物体的反应。随着计算机技术、数字模拟技术的发展，数字图像处理、数字摄影测量、计算机图形学等相关理论和技术相互渗透，研究用全数字方式来表达现实世界—三维虚拟空间模型—虚拟现实之间关系的数字模拟系统的时机已逐步成熟。

在遥感对地观测与地学应用中，为了得到地表三维空间的信息，目前主要利用从空中或卫星平台上获取的关于地表的各种图像，通过对这些图像的综合分析，提取所需的三维空间信息和各种属性信息，并建立所分析地区的地表模型，这些地表模型的空间维大多是 2～2.5 维，如数字测绘的 4D 产品（DEM、DOM、DLG、DRG）及 GIS 中的各种专题信息等。由于所提供的非真三维的地表模型未能完全符合人类立体视觉的特性，因而不可避免地影响了地理信息的有效利用。

（二）空间模拟工具

1. 元胞自动机（CA）　元胞自动机的概念由数学家 Von Neumann 于 1948 年首次提出。

元胞自动机具有强大的空间运算能力，常用于自组织系统演变过程的研究。它是一种时空离散、状态有限、局部规划控制的格网动力模型，具有模拟复杂系统时空演化过程的能力。Wolfram(1984)的早期研究对元胞自动机的发展起到了极大的推动作用，他对初等元胞自动机模型进行了详细而深入的研究。其研究表明，尽管初等元胞自动机非常的简单，但能模拟出各种各样的高度复杂的空间形态，它在自然系统建模方面有如下的优点：

（1）元胞自动机自上而下的研究思路充分体现了复杂系统局部个体行为产生全局、有秩序模式的理念，非常适合于复杂地理过程的模拟和预测；

（2）在元胞自动机模型中，物理和计算过程之间的联系非常清晰；

（3）元胞自动机能用比数学方程更为简单的局部规则产生更为复杂的结果；

（4）通过计算机可以对元胞自动机进行模拟，而无精度的损失；

（5）元胞自动机可以模拟任何可能的自然系统行为；

（6）元胞自动机模型不能再约简。

元胞自动机的基本单元是元胞(Cell)，每个元胞具有一个状态，这个状态只能取有限状态集中的一个，例如"生"或"死"，或者256种颜色中的一种等；这些元胞规则地排列在被称为"元胞空间"的空间网格上；它们各自的状态随着时间变化，根据一个局部的规则来进行更新，即一个元胞在某时刻的状态取决于且只取决于该元胞周围领域元胞的状态；元胞空间内的元胞一次按照此局部规则进行同步的状态更新，整个元胞空间则表现为在离散的时间维上的变化。元胞自动机的最基本的组成包括元胞(Cell)、元胞空间(Lattice)、领域(Neighbor)、规则(Rule)。元胞自动机可以视为由一个元胞空间和定义在该空间的变换函数所组成。标准的元胞自动机是一个四元组：

$$A = (d, S, N, f) \tag{6-113}$$

式中：A 代表一个 CA 系统；d 是一正整数，表示元胞空间的维数；S 是元胞的有限的、离散的状态集合；N 表示所有邻域内元胞的集合，包含 n 个不同元胞状态的一个空间矢量，记为 $N = (S_1, S_2, \cdots, S_n)$，其中 $S_i \in S$，$i \in (1, 2, \cdots, n)$；f_i 表示第 i 个元胞将 S_n 映射到 S 上的一个演化规则，即 $S_i^{t+1} = f_i(c_{i-r}^{t-\tau} S_{i-r}^{t-\tau}, \cdots, c_{i+r}^{t-\tau} S_{i+r}^{t-\tau}, \cdots, c_{i-r}^t S_{i-r}^t, \cdots, c_{i+r}^t S_{i+r}^t)$，其中 r 为邻居半径，t 为演化时步，$c_{i-r}^{t-\tau}$ 为影响系数，表示 $t-\tau$ 时步第 $i-r$ 个元胞状态 $S_{i-r}^{t-\tau}$ 是否影响 $t+1$ 时步第 i 个元胞状态 S_i^{t+1}（取值 0 表示不影响，取值 1 表示影响）。

为了降低 CA 输出随机序列的相关性，采用混合 CA 模型，即每个元胞按照各自不同的规则进行迭代演化。为了减低伪随机数生成算法的时间复杂度，采用的是初等混合 CA 模型，其中元胞空间维数 d 取值为 1，邻居半径 r 为 1，影响时步 τ 为 0，即只有影响系数 $c_{i-1}^t = c_i^t = c_{i+1}^t = 1$，其余影响系数都为 0

一般地，元胞自动机的基本模型具有 5 个主要特征：

（1）它们由元胞的离散格局构成；

（2）它们在离散时间步序内演化；

（3）每一元胞的状态均在同一有限集中取值；

（4）每一元胞的状态依同一确定的法则演化；

（5）元胞状态的取值法则仅依赖于自身及其周围领域元胞的状态值。

元胞自动机虽然是产生并行计算机结构的一种理论模型，但它还可用来描述具有很大自由度的离散系统，可视为偏微分方程离散化的理想形式。元胞自动机模型可用来模拟研究很多的现象，包括信息传递、计算、构造、生长、复制、竞争与进化等，同时它为动力学系统理论中有关秩序、紊动、混沌、非对称、分形等系统整体行为与现象的研究提供了一个有效的模型工具。

元胞自动机模型具有很强的灵活性和开放性，它不是一个简单的数理方程，而更像是一种方法论。各领域专家可对模型的各个组成部分进行灵活的拓展，建立合适模拟各种专题现象的扩展模型，这是元胞自动机广泛应用于社会、经济、环境、地学、生物等领域的原因。尤其需要说明的是当元胞自动机在二维空间上时，元胞空间结构与栅格 GIS 数据结构高度相容，因此使用栅格 GIS 结合元胞自动机模型，可以用于离散时间和离散空间的框架下对复杂时空动态过程进行模拟。

2. 智能体模型　自 20 世纪 50 年代人工智能创始人麦卡锡提出智能体（Agent）思想以来，智能体理论与方法取得了很大进展，并被应用到许多领域。智能体是一类具有相互之间沟通能力、环境适应能力及通过学习改变自身行为和运行规则的个体。由于智能体具有智能性和社会交互性，可作为复杂系统的模型化研究基础。智能体示意如图 6-50 所示。

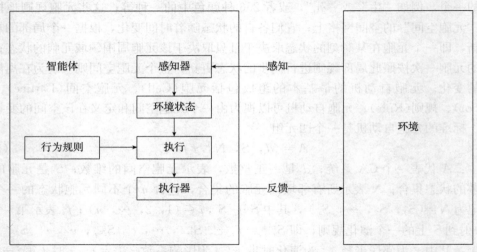

图 6-50　智能体示意
（季国勇，2016）

其建模的基本步骤如下：先建立单个个体的智能体模型，并给每个智能体赋予一定的属性，然后使用特定的规则将这些智能体联系起来，设定不同智能体之间的交互准则和合适的参数，从而建立复杂的系统模型。智能体内部构成如图 6-51 所示。

其中智能体知识库系统和智能体学习系统是智能体内部构造的核心部分，也是其产生智能的源泉，下面是智能体的重要部件介绍：

（1）协调控制器。协调控制器接收的是从感知器里发出的信息，协调控制器负责把感知器从外界收到的信息进行归类。如果是简单而紧急的情况，就把信息送到反应器；如果是复杂而时间比较充足的情况，则把信息送到规划器和决策器进行更深入的处理。

（2）反应器。反应器的作用是让智能体对紧急或简单的事件做出迅速的反应，不用思考也不用推理，没什么智能特点，反应器采用的规则一般可以用一个 IF 语句来表示：

IF 感知到的条件

THEN 行动

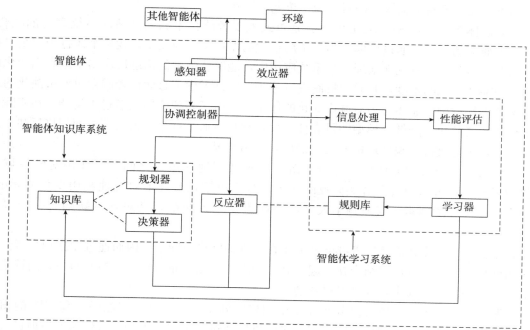

图 6-51　多智能体示意

（3）规划器。智能体里面的规划器负责的是建立中短期、局部的行动计划。中短期是由于智能体并不需要也不可能对目标做出完全的规划，环境是不断变化的，许多情况是无法预料的，因此只要确定近期的行动就行了；局部是由于每个智能体对自身、环境及其他智能体的认知是有限的。

（4）决策器。智能体确定了目标后，就要着手选择预先定义好的、能够实现目标的规划，交给相应的模块执行，这个过程便由决策器来完成。当然，这些预先定义好的规划来源于知识库。

（5）学习器。一个智能体具有智能的最重要表现就在于它拥有学习器。当一个智能体面对新环境、新问题时，它可以将成熟的、效果好的解决方案加入知识库或者对规则库进行更新，方便以后遇到同类问题时采用。

（6）感知器。感知器是智能体与外部世界交互的接口，智能体通过感知器来"看到"现实世界和其他智能体，然后把"看到"的东西进行抽象，送到协调控制器。

（7）效应器。效应器是智能体与外部世界交互的第二接口，根据智能体的动作命令对外界环境进行反馈。

近年来，由于计算机技术和信息技术的突破，智能体模型已经从单一模式向多智能体模型系统（Multi-Agent System，MAS）转变，开发出面向复杂系统研究的新工具。多智能体之间的相互协作、协调控制是通过数据通信来完成的。多智能体的优势不仅在于能呈现全局产生的动态过程，还可研究空间格局的内在机制。

3. 元胞自动机与智能体模型结合　元胞自动机模型通常基于空间相邻微观单元的相互作用，专注于模拟空间格局及其动态变化过程。元胞自动机模型具有强大的空间运算能力，可比较有效地反映土地利用微观格局演化的复杂性特征，但它作为一种自下而上的模型方式，却不能反映宏观社会人文因素对地理单元的影响。

多智能体系统（MAS）是人工生命、分布式人工智能技术和复杂适应系统理论的融合，运用自上而下的方式，通过个体行为与全局行为的循环反馈与校正，找到个体行为与全局行为的关系。多智能体系统在地理信息系统应用中，能够从微观的角度反应出土地利用变化的规律，还能从宏观的角度对其驱动机制进行分析。它既考虑了自然地理因素对城市演化的影响，又考虑环境中智能体行为对城市演化的作用。但由于多智能体模型过于复杂，在实际应用中往往需要简化，降低了模型的可靠性，而且它只能通过社会、人文等方面间接反映土地利用变化，不能直接反映地理单元之间的相互作用情况。

元胞自动机与多智能体模型结合。既可反映微观地理单元之间相互作用对整体城市演化的影响，又可以通过多智能体反映居民、政府决策在宏观上对土地利用变化的影响，既考虑了自然环境因素，又兼顾了人文经济因素，二者的结合是对各自缺陷的一个很好弥补。

元胞自动机与多智能体二者都能够分布在二维的网格空间中，因而通过元胞和智能体共同占用网格空间，二者可以结合在一起，其中元胞均匀地分布在整个网格空间中，而智能体零散地分布在网格空间中，并且可以移动。

元胞自动机和多智能体可以分布在二维网格空间中，而二维网格空间又和 GIS 的栅格网格有很大的相似性和一致性，因而二者之间可以通过一定的规则和算法较为容易地进行转换和统一在一起。同时，智能体与智能体或智能体与环境之间的连接或联系可以很方便地通过矢量 GIS 来表达。

两模型在 GIS 上结合的思路是：运用元胞自动机分析微观地理单元之间相互作用对城市演化的影响；运用多智能体分析居民、政府等智能体对城市演化的影响；运用 GIS 将二者进行结合，进行数据的计算和可视化。

复习思考题

1. 数据整合主要包括哪些内容？

2. 试述图幅接边的主要内容与方法。

3. 试述空间分析的步骤。

4. 简述网络的组成。常用的网络分析功能有哪些？对 GIS 应用有何价值？

5. 简述 GIS 中三维空间分析的主要内容与方法。

6. 空间关系查询有哪些内容？空间数据查询有哪些方式？

7. 空间数据的插值算法有什么用途？主要的空间插值方法有哪些？

8. 简述相关系数模型、偏相关系数模型和复相关系数模型的联系与区别。

9. 什么是一元回归模型？多元线性回归的数学模型公式是什么？

10. 什么是全局空间自相关？什么是局部空间自相关？简述二者的联系和区别。

11. 空间权函数的选取对地理加权回归模型（GWR）的参数估计影响很大，本文介绍了哪几种方法？在具体选取时应注意什么？

12. 为了全面反映中国"人口自然增长率"的全貌，选择人口增长率作为被解释变量，以反映中国人口的增长；选择"国名收入"及"人均 GDP"作为经济整体增长的代表；选择"居民消费价格指数增长率"作为居民消费水平的代表。暂不考虑文化程度及人口分布的影响。从《中国统计年鉴》收集数据，设定的线性回归模型，计算出模型估计的结果。

13. 如何解决位置-分配问题？简述位置-分配问题的一般表述方法。

14. 常用的空间优化模型有哪些？简述模型之间的联系与区别。

15. 常见的空间模拟工具有哪些？简述各工具的特点。

第七章

地理信息的表达与输出

地理信息的表达与输出是地理信息系统重要的功能之一，地理信息内容极为丰富，应用十分广泛，地理信息系统表达地理信息的方式多样。本章从地理信息可视化、地图基本知识、专题地图制图以及地理信息输出四个方面加以介绍。地理信息可视化主要介绍地图、多媒体地理信息、三维仿真地图、虚拟现实和增强现实等可视化形式。地图基本知识是掌握地图制图的基础，了解地图符号的运用、色彩的设计、图面的配置及图面内容等地图基本知识是制作一幅正确美观的地图的前提。了解专题地图的特征、构成及其制图的基本过程，选择合适的专题要素表示方法并加以整饰，是设计一幅好的专题地图的基础。

第一节　地理信息可视化

一、地理信息可视化的概念

可视化（Visualization）是指运用计算机图形图像处理技术，将复杂的科学现象、自然景观以及抽象的概念图形化，以便理解现象、发现规律和传播知识。科学计算可视化是指运用计算机图形学和图像处理技术，将科学计算过程中产生的数据及计算结果转换为图形和图像显示出来，并进行交互处理的理论、方法和技术。科学计算可视化不仅包括科学计算数据的可视化，而且包括工程计算数据的可视化，它的主要功能是把实验或数值计算获得的大量抽象数据转换为人的视觉可以直接感受的计算机图形图像，有利于数据进一步探索和分析。把地理数据转换成可视的图形这一工作对地理专家而言并不新鲜，测绘学家的地形图测绘编制，地理学家、地质学家使用的图件，地图学家的专题和综合制图等，都是用图形（地图）来表达对地理世界现象与规律的认识和理解。科学计算可视化与地学经典常规工作的最大区别是科学计算可视化是基于计算机的可视化，而过去地学中的可视化表达和分析都是依靠手工或计算机辅助，并把纸质材料作为地图信息存储传输的主要媒介。

地理信息可视化是指将地图学与计算机图形学、多媒体技术、虚拟现实技术和图像处理技术相结合，将地理信息输入、处理、查询、分析以及预测的数据及结果采用图形、图像，并结合图表、文字、表格、视频等可视化形式显示并进行交互处理的理论、方法和技术。地理信息可视化是一种空间认知行为，在提高地理数据的高级复杂分析、多维和多时相数据和过程的显示等方面，能有效地改善和增强地理信息的传输能力，有助于理解、发现自然界存在现象的相关关系和启发形象思维的能力。当前的地理信息可视化技术已经远远超出了传统的符号化及视觉变量表示法的水平，进入了在地理信息系统环境下通过动态变化、时空变化、多维、交互等方式探索视觉效果和提高视觉功能的阶段。地理信息可视化类型主要有：

1. 数值型数据可视化　以增强概念的形式对数字的、图表的或二维的测绘数据进行可视化(图 7-1)。

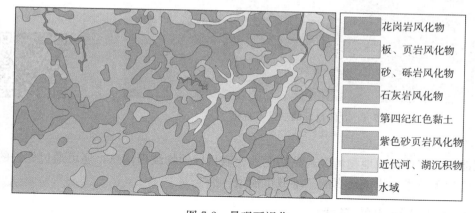

彩图

图 7-1　数值型数据可视化

2. 景观可视化　展示地形和其他基于地表的地理特征的第三维，和传统的二维地理信息系统制图一样，它采用了许多相同的数据结构(图 7-2)。

彩图

图 7-2　景观可视化

3. 高真实度的景观可视化　利用遥感影像、纹理制图或地表的植物生长模拟技术，能产生逼真的甚至是超真实的自然界的三维影像(图 7-3)。

4. 立体目标的三维可视化　利用物体在不同高(深)度上的连续性(如建筑物、地质或地下水建模)进行模拟(图 7-4)。

可视化技术研究和应用的发展给地球科学研究带来了根本性变革，加深了地学研究对数据的理解和应用，加强了地学分析的直观性，可直接观测到诸如海洋环境、大气湍流、地壳运动等地学过程。地学研究者不仅能得到计算结果，而且能知道在计算过程中数据如何流动，发生了什么变化，从而通过修改参数引导和控制计算。随着摄影测量技术的发展，国际摄影测量领域近十几年发展起来了一项高新技术——倾斜摄影技术，该技术通过从一个垂直、四个倾斜、五个不同的视角同步采集影像，获取到丰富的建筑物顶面及侧视的高分辨率

彩图

图 7-3　高度真实的景观可视化

彩图

图 7-4　立体目标的三维可视化
（来源：ESRI）

纹理。它不仅能够真实地反映地物情况，高精度地获取目标地物纹理信息，还可通过先进的
定位、融合、建模等技术，生成逼真的三维城市模型。

二、地理信息可视化的形式

地理信息可视化的形式主要有地图、多媒体地理信息、三维仿真地图、虚拟现实、增强
现实等。

1. 地图　地图是空间信息可视化最主要形式，也是最古老的形式。将地理信息用图形
和文本在计算机上表示，在计算机图形学出现的同时出现，这是地理信息可视化较为简单而
常用的形式（图 7-5）。随着多媒体技术的产生和发展，地理信息可视化进入一个崭新的时
期，可视化的形式也五彩缤纷，呈现多维化的局面并正在发展。Taylor 强调了计算机技术
基础支持下的地图可视化，并认为可视化包括交流与认知分析。由于可视化具有交流与认知
分析的两个特点，从而使信息表达交流模型与地理视觉认知决策模型构成了地图可视化的理
论，而这两个模型将应用于计算机技术支持的虚拟地图、动态地图、交互地图、超地图以及
全息地图的制作和应用等。

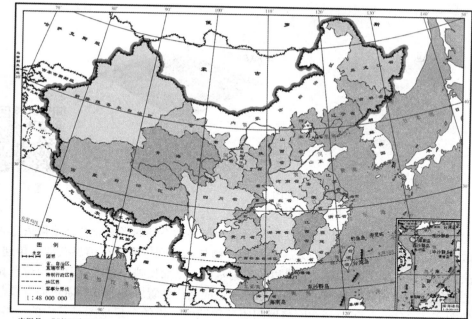

审图号：GS(2016)1600号

自然资源部 监制

彩图

图 7-5　标准中国地图

（来源：标准地图服务网）

　　虚拟地图指计算机屏幕上产生的地图，或者利用双眼观看有一定重叠度的两幅相关地图，从而在人脑中构建的三维立体图像。实物地图具有静态永久性，虚拟地图具有暂时性。虚拟地图和人的心智图像相互联系与作用的原理和过程，同传统的实物地图是不一样的，需要建立新的理论和方法。交互地图是人可以通过一定的途径，例如选择观察数据的角度、修改显示参数等来改变地图的显示行为，在这个交互过程中，屏幕地图（或双眼视觉立体地图）即虚拟地图。

　　动态地图是基于地理数据存储于计算机内存，可以动态地显示关于地理数据的不同角度的观察、不同方法（如不同颜色、符号等）的表达结果或者地理现象随时间演变的过程等（图7-6）。例如在 ArcGIS 软件中，利用时间滑块工具即可播放飓风路径。此外，地理信息系统还可以对一个对象（如一个图层）或一组对象（如多个图层）的属性变化进行可视化展示，即动画制作。ArcGIS 有三种创建动画的方法，分别是以动画形式呈现视图、以动画形式呈现图层和以动画形式呈现随时间变化的数据，其对应的轨迹为地图视图轨迹、地图图层轨迹和时间动画轨迹。由于地图的动态性，地理现象的表达在时间维上展开，传统的关于纸质静态地图的符号制作、符号注记等制作理论和方法在动态表达时不再完全适合，此外人是如何认知分析动态的信息流等有待进一步的探讨和深入研究。

　　超地图（Hyper-maps）是基于万维网（WWW）的与地理相关的多媒体，可以让用户通过主题和空间进行多媒体数据的导航，这与超文本的概念相对应，超地图提出了万维网上如何组织空间数据并与其他超数据（如文本、图像、声音、动画等）相联系的问题。超地图对于地图的广泛传输与使用，即对公众生活、社会决策、科学研究等产生巨大的作用，具有重要的意义。

(a) 飓风运动轨迹

(b) 拿破仑东征路线

图 7-6　动态地图

（来源：ESRI）

彩图

全息地图是随着移动互联网络、传感网、物联网和智能移动终端的飞速发展，使得信息内容更丰富、获取形式更多样，可实现人与人、人与物、物与物之间按需进行信息获取、传递、存储、认知、决策等功能的地图新形式。它是以位置为基础，全面反映位置本身及其与位置相关的各种特征、事件或事物的数字地图，是地图家族中适应当代位置服务业发展需求而发展起来的一种新型地图产品。Google 等公司在网络地图服务领域所提供的全景地图是其中的一类。全景地图是三维图像全景（Panorama）与二维地图结合而创建的一种地图，它提供每个地理位置的 360°真实场景，并且实现全景漫游、全景搜索和全景分享等功能，有效地弥补了传统电子地图完整性和直观性方面的欠缺。把电子地图所具有的地理位置查询功能与三维全景所提供的虚拟现实技术结合起来，将会给人们平常的生活、出行等提供非常大的便利。

2. 多媒体地理信息　多媒体地理信息是地理信息可视化的重要形式，综合、形象地表达地理信息所使用的文本、表格、声音、图像、图形、动画、音频、视频各种形式逻辑地连接并集成为一个整体概念。各种多媒体形式能够形象、真实地表示地理信息某些特定方面，是全面表示地理信息不可缺少的手段。

3. 三维仿真地图　三维仿真地图是基于三维仿真和计算机三维真实图形技术而产生的三维地图，具有仿真的形状、纹理等，也可以进行各种三维的量测和分析（图 7-7）。

图 7-7　三维仿真地图

（来源：ESRI）

彩图

4. 虚拟现实　虚拟现实是指通过头盔式的三维立体显示器、数据手套、三维鼠标、数据衣（Data Suit）、立体声耳机等使人能完全沉浸在计算机生成创造的一种特殊三维图形环境，并且人可以操作控制三维图形环境，实现特殊的目的。多感知性（视觉、听觉、触觉、运动等）、沉浸感（Immersion）、交互性（Interaction）、自主感（Autonomy）是虚拟现实技术的 4 个重要特征，其中自主感是指虚拟环境中物体依据物理定律动作的程度，如物体从桌面落到地面等。虚拟现实系统是相当逼真的三维视听、触摸和感觉的虚拟空间环境，虚拟三维可以随需要而变换，交替更迭。用户不再是被动性地观看，而是融合在其中，交互性地体验和感受虚拟现实世界中广泛的三维多媒体。

　　虚拟现实技术、计算机网络技术与地理相结合，可产生虚拟地理环境（Virtual Geographical Environment，VGE）。虚拟地理环境是基于地学分析模型、地学工程等的虚拟现实，是地学工作者根据观测实验、理论假设等建立起来的表达和描述地理系统的空间分布以及过程现象的虚拟信息地理世界。一个关于地理系统的虚拟实验室，允许地学工作者按照个人的知识、假设和意愿去设计修改地学空间关系模型、地理分析模型、地学工程模型等，直接观测交互后的结果，通过多次的循环反馈，最后获取地学规律。虚拟地理环境的特点之一是地理工作者可以进入地学数据中，有身临其境之感；另一特点是具有网络性，从而为处于不同地理位置的地学专家开展同时性的合作研究、交流与讨论提供了可能。虚拟地理环境与地学可视化有着紧密的关系。虚拟地理环境中关于从复杂地学数据、地理模型等映射成三维图形环境的理论和技术，需要地理信息可视化的支持，而地理可视化的交流传输与认知分析在具有沉浸投入感的虚拟地理环境中，则更易于实现，地理可视化将集成于虚拟地理环境中。

　　5. 增强现实　　增强现实是指将真实对象的信息叠加到虚拟环境得到的增强虚拟环境，增强现实具有"实中有虚"和"虚中有实"的特点。增强现实技术通过运动相机或可穿戴显示装置的实时连续标定，将三维虚拟对象稳定一致地投影到用户视口中，达到"实中有虚"的表现效果。利用预先建立的虚拟环境的三维模型，通过相机或投影装置的事先或实时标定，提取真实对象的二维动态图像或三维表面信息，实时将对象图像区域或三维表面融合到虚拟环境中，达到"虚中有实"的表现效果。虚拟现实增强技术通过真实世界和虚拟环境的合成降低了三维建模的工作量，借助真实场景及实物提高了用户的体验感和可信度。

第二节　地图的基本知识

　　地图是根据构成地图数学基础的数学法则、构成地图语言基础的符号法则和构成地图地理基础的综合法则，将地球上的自然和人文现象，缩小描绘在平面上的图形，反映各种现象的空间分布、组合、联系、数量和质量特征及其在时间尺度上的发展变化。

一、地图符号

（一）地图符号的概念

　　地图符号是地球表面原貌与地图抽象性之间矛盾的解决方法。地图符号（Symbol）是地图的语言，它是表达地图内容的基本手段。地图符号是由形状不同、大小不一和色彩有别的图形和文字组成。注记是地图符号的重要组成部分，它也有形状、尺寸和颜色的区别。就单个符号而言，它可以表示事物的空间位置、大小、质量和数量特征；就同类符号而言，可以反映各类要素的分布特点；各类符号的总和，则可以表明各要素之间的相互关系及区域的总体特征。因此，地图符号不仅能表示事物的空间位置、形状、质量和数量特征，而且还可以表示各事物之间的相互联系及区域的总体特征。根据地物分布的特点，地图符号有点状、线状、面状和体状之分。

地图符号可以表示地物及其质量特征和数量特征(如公路行车部分的铺面种类和宽度)，并且可以确定其空间位置和分布(如道路通达情况等)。

(二) 地图符号的分类

1. 按照符号的定位情况分类　符号可以分为定位符号和说明符号。

(1) 定位符号，指图上有确定位置、一般不能任意移动的符号，如河流、居民地及边界等，地图上的符号大部分都属于这一类。

(2) 说明符号，指为了说明事物的质量和数量特征而附加的一类符号，它通常是依附于定位符号而存在的，如说明森林树种的符号等，它们在地图上配置于地类界范围内，但都没有定位意义。

2. 按照符号所代表的客观事物分布特征分类　符号可以分为点状符号、线状符号、面状符号和体状符号(图 7-8)。

(a) 点状符号　　　(b) 线状符号　　　(c) 面状符号　　　(d) 体状符号

图 7-8　地图符号

(1)点状符号，是一种用于表达不能依比例尺表示的小面积事物(如油库等)和点状物(如控制点)所采用的符号。点状符号的形状和颜色表示事物的性质，点状符号的大小通常反映事物的等级或数量特征，但是符号的大小和形状与地图比例尺无关，它只具有定位意义，一般又称这种符号为不依比例符号。

(2) 线状符号，是一种表达呈线状或带状延伸分布事物的符号，如河流和道路等，其长度能依比例尺表示，而宽度一般不能依比例尺表示，需要进行适当地夸大。线状符号的形状和颜色表示事物的质量特征，其宽度往往反映事物的等级或数值特征。这类符号能表示事物的分布位置、延伸形态和长度，但不能表示其宽度，一般又称为半依比例符号。

(3) 面状符号，是一种能按地图比例尺表示出事物分布范围的符号。面状符号用轮廓线(实线、虚线或点线)表示事物的分布范围，其形状与事物的平面图形相似，轮廓线内加绘颜色或说明符号以表示事物的性质或类型，可以从图上量测其周长及面积，一般又把这种符号称为依比例符号。

(4) 体状符号，通常用来表示实体对象，如建筑物。其形状与实体对象相似，通常用颜色或纹理来表示事物的性质。

(三) 地图符号的构成

1. 符号的构成要素　地图上符号的形状、尺寸和颜色是构成符号的三个基本要素(图 7-9)。

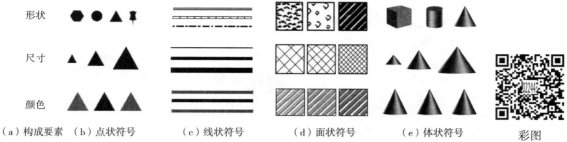

| （a）构成要素 | （b）点状符号 | （c）线状符号 | （d）面状符号 | （e）体状符号 | 彩图 |

图 7-9　符号的构成要素

（1）符号的形状。符号的形状主要是表示事物的外形和特征。面状符号的形状是由它所表示的事物平面图形决定的；点状符号的形状往往与事物特征相联系；线状符号的形状是各种形式的线划，如单线、双线。

（2）符号尺寸。符号尺寸大小和地图内容、用途、比例尺、目视分辨能力、绘图与印刷能力等都有关系，不同比例尺的地图，其符号大小也有不同。

（3）符号的颜色。符号的颜色可以增强地图各要素分类、分级的概念，简化符号的形状差别，减少符号数量，提高地图的表现力。使用颜色主要用以反映事物的质量特征、数量特征和类别等级特征等。

2. 地图符号的系统化　由形状、尺寸和颜色变化组成的各种地图符号并不是孤立的，它们具有内在的联系。通过符号的变化可以把地图内容的分类、分级、重要、次要等不同情况表达出来。

（四）地图注记

地图注记属于地图符号，对其他地图符号起补充作用，它是地图内容的一个重要组成部分。地图注记增加了地图的可阅读性，成为了一种重要的地理信息传输工具。

1. 地图注记的种类　地图上的文字和数字总称为地图注记，它是地图内容的重要部分。注记并不是自然界中的一种要素，但它们与地图上表示的要素有关，没有注记的地图只能表达事物的空间概念，而不能表示事物的名称和某些质量与数量特征。注记应紧密结合专题内容，可增强现象的显现效果。对于类型图和区划图，一般都要使用注记。

地图注记可分为名称注记、说明注记和数字注记三种（图 7-10）。

（1）名称注记，用于说明各种事物的名称，如居民点、海洋、湖泊、山脉、岛屿的名称等，地图读者可以通过名称注记在地图上清晰地识别专题要素。

（2）说明注记，用来说明各种事物的种类、性质或特征，用于弥补图形符号的不足，它常用简注表示，例如可以给海上钻油平台添加"油"的标注，方便读者判断钻井平台的类型。

（3）数字注记，常用于说明某些事物的数量特征，如山顶的高程、公路的宽度等。

2. 注记的字体、字级和颜色　地图上常用不同的字体表示不同的事物，常用的字体有宋体、等线体和仿宋体。地图上注记尺寸的大小，以照相排字机注明的规格为标准，在一幅地图上，通常按照事物的重要程度和意义采用不同的字级，以便使注记大小与图形符号相对应。注记的颜色一般只有色调的变化，颜色的选用要与注记所表示的事物类别相联系（表 7-1）。

（a）名称注记[审图号：GS(2016)2892号]　　　　（b）说明注记[审图号：GS(2016)1761号]

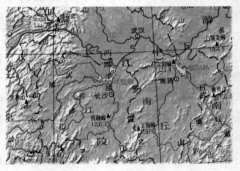

彩图

（c）数字注记[审图号：GS(2016)1609号]

图 7-10　地图注记

表 7-1　注记的字体、字级和颜色

字体	样式（字级，颜色，倾斜）
宋体	湖南　洞庭湖　湘江
等线体	爱晚亭　橘子洲　岳麓山
仿宋体	衡山　大云山　雪峰山

　　3. 注记的排列和配置　地图上注记数量较多，它们可以位于地图中的任一位置，但是注记的排列和配置是否恰当，常常会影响读图的效果。汉字注记通常有水平字列、垂直字列、雁形字列（注记的文字指向北方或位于图廓上方）和屈曲字列（注记的字向与注记文字中心线垂直或平行）等（图 7-11）。注记配置的基本原则是不能使注记压盖图上的重要内容。注记应与其所说明的事物关系明确。对于点状地物，应以点状符号为中心，在其上下左右四个方向中的任一适当位置配置注记，注记通常呈水平方向排列；对于线状地物，注记沿线状符号延伸方向从左向右或从上向下排列，字的间隔均匀一致，特别长的线状地物，名称注记可重复出现；对于面状地物，注记一般置于面状符号之内，沿面状符号最大延伸方向配置，字的间隔均匀一致。

（a）水平字列　（b）垂直字列　　　（c）雁行字列　　　　（d）屈曲字列

图 7-11　注记的排列

如果采用人工方式对每个对象逐一添加注记，工作量很大，地理信息系统软件已经具备自动添加注记的功能。为了确定地物注记的位置，系统要进行空间关系的判断，一个实现自动注记位置的系统要具有以下功能：

（1）确定地图上的要素以及相应的注记内容；

（2）对空间数据进行搜索；

（3）产生试验性的注记点；

（4）选择较好的注记位置。

由于注记是对地物的描述，因此在地图上注记不能遮盖地物，注记之间也不能相互重叠。在进行注记时，由于图面载荷的原因，不可能对所有的地物进行标注，需要进行选择，通常的方法是选择相对重要的地物，可以通过对地物属性的重要性排序来实现。

二、色彩

世界上的物体均有形状和色彩两个基本特征。色彩通常分为两类：一类是黑白及各种灰色，称为非彩色；一类是彩色，包括除黑、白、灰以外的颜色。

色彩不仅能弥补单色图的缺陷，丰富图幅内容，提高专题地图的使用价值，更能如实反映制图物体的自然面貌，增强地图内容的感染力，提高地图内容的清晰度和易读性。红、绿、蓝(R、G、B)被称为加色三原色，因为新的颜色都可以通过它们加到黑色上来获得。同样，减色三原色是青色、品红色和黄色(C、M、Y)。青由蓝和绿合成，品红色由蓝和红合成，黄由绿和红合成，染料和打印油墨用减色三原色，通过从白色中减去它们的补色来获得其他颜色。因此，在影像显示时，颜色只用 R、G、B 来度量，在打印和绘图时，则用 C、M、Y 来度量(图 7-12)。

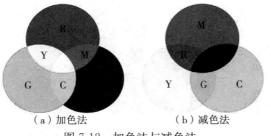

（a）加色法　　　　（b）减色法

图 7-12　加色法与减色法

彩图

在实际印刷出版应用中，由于难以用青色、品红色和黄色合成真正的黑色，因此一般采用的是 C、M、Y、K(黑色)色彩度量。除了 RGB 和 CMYK 颜色度量空间之外，还有其他一些颜色表述方式，如 HSV 颜色表述，HSV 分别指色调(Hue)、饱和度(Saturation)和亮度(Value)，它更能够反映人对色彩的感知。在 RGB 色彩空间中，两个颜色的相近程度不能简单地用欧式距离来度量，而 HSV 色度空间则较好地解决了该问题，色调反映了人们对颜色的分类，如纯红、品红、桃红等属于红色调；亮度说明了颜色黑白的程度，白色亮度最高，黑色亮度最低；饱和度则反映了颜色的纯度，如果一个颜色掺入灰色，则饱和度降低。例如，桃红色饱和度低于纯红色。

各种色彩度量分别应用于不同的方面，在地理信息系统中，因为同时要考虑屏幕显示和制图输出，所以通常要兼顾考虑 RGB 色度和 CMYK 色度。各种色度系统之间可以相互转换，转换一般采用经验公式。一个好的转换公式可以使彩色图像在不同的输出设备上达到一致的视觉效果，但是往往较为复杂。

三、图面配置及图面内容

（一）图面配置

图面配置是利用关系密切的制图要素创建地图的地图设计过程。一般情况下，图面配置应该突出主题、保持图面内容均衡、层次清晰，以便于读者阅读。

1. 主题突出　地图制图的目的是通过可视化手段来向读者传递空间及属性信息，因此在整个图面上应该突出所要传递的内容，即制图主题。制图主体的放置应该遵循人们的心理感受和习惯，必须有清晰的焦点以吸引读者的注意力，焦点要素应放置于地图光学中心的附近，即图面几何中心偏上一点，同时在形状、颜色、纹理等方面要与其他制图要素有所区别。

2. 图面平衡　图面是以整体形式呈现的，图面内容又是由若干制图要素构成的，需要按照一定的方法来确定各种要素的位置，使各个要素的显示更为合理。图面平衡并不意味着将整个制图要素机械地分布在图面的每一个部分，这种机械的平衡容易淡化地图主体。图面平衡往往没有固定模式，需要通过反复试验和调整才能实现。制图过程中，要尽量避免过亮或过暗，过大或过小，过长或过短，过松或过紧等。

3. 层次清晰　在进行图面配置时，尽量将最重要的要素放在最顶层，较为次要的要素放在底层，从而突出制图主体，增加层次性，使图面更符合人的视觉感受。同时要处理好图形和背景的关系，背景是图形的背景，旨在突出图形，图形在视觉上要距离读者近一些。合理的利用背景可以突出主体，增加视觉上的影响和对比度，但背景太多太杂会减弱主体重要性的表达（图 7-13）。

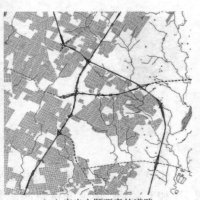

（a）突出主题要素的道路　　　　　　（b）未突出主题要素的道路

图 7-13　图形与背景对比

彩图

(二) 图面内容

图面内容选择是图面配置的重要环节，通常图面内容包括主图、插图、图名、图例、比例尺、方向指示和地图元数据等(图 7-14)。

图 7-14　地图图面内容示意

主图是地图的主体内容，通常只有一个，而用于制图对象对比的地图可能会有两个甚至更多的主图，制图过程中应该给予主图足够的空间和合适的符号来凸显其重要。插图是对主图进行补充说明的地图，通常用于展示主图所在的位置或补充主图的其他相关信息；一些制图范围较小的地图，读者难以知道制图区域所处的地理位置，需要在地图的适当位置上配上主图位置示

彩图

意图；内容补充图则是把主图上没有或者不够具体的内容，以插图形式表达，如地貌图上配一幅比例尺较小的地势图或局部大比例尺的地貌图。图名用于标识地图信息，主要是为读者提供地图的内容，图名要尽可能简洁、准确，应当放置在突出、醒目的位置。图例用于说明地图符号代表的内容，帮助读者了解地图上表达的各种地理要素，通常放置在图廓外(地形图)或图廓内的空白处(小比例尺地理挂图、专题地图)。地图比例尺主要是标识地理目标之间的距离，是地图上某线段与该线段在地球椭球面上对应线段的平面投影的长度之比。由于地图投影会产生变形，所以严格地讲，地图上各点的比例尺(称为局部比例尺)都不相同，同一点的不同方向的比例尺也不一样(等角投影地图例外)，只是在地球表面有限范围内的大比例尺地图(可视为平面图)上的比例尺可以视为是固定不变的；地图上比例尺可以是数字比例尺、图形比例尺和文字比例尺，同样大小的地图图面，小(粗糙)比例尺下显示的区域比大(精细)比例尺所显示的区域范围更大一些，但没有大比例尺地图显示的细节内容多。方向指

示用于表达地图的方向方位，可以有多种表达方式，如经纬网和指示性符号（通常为指北针），经纬网是由经线和纬线交叉形成的网络。地图元数据用于说明与地图制图相关的信息，如地图投影坐标、数据源、制图时间和制图人员等。

第三节 专题地图制图

普通地图是以相对平衡的详细程度表示制图区域内自然要素和人文要素的地图，它能为研究制图区域提供全面的资料，因此它的应用遍及各个领域，是基础性的地理信息图件。专题地图是突出且完备地表示与地图主题相关的一种或几种要素，是地图内容专题化、形式多样化、用途专门化的地图（图 7-15）。专题内容可以是普通地图上有的要素，但更多的是普通地图上没有而属于专业部门特殊需要的内容。

图 7-15 专题地图
（来源：标准地图服务网）

一、专题地图的特征

与普通地图相比，专题地图侧重于表示某一方面的内容，强调的是个性特征，有固定的用途对象，具有以下特征：

彩图

1. 内容主题突出 专题地图只将一种或几种与主题相关联的要素特别完备而详细地显示，而其他要素的显示则较为概略，甚至不予显示。例如在交通旅游图上详细地表示各级道路网及与之相联系的居民地，显示通航河道、码头以及交通网的技术指标，而地貌及土壤植被则不显示；在行政区划地图和经济地图上通常也不表示地貌，而居民地则按行政意义或经济意义予以分级表示。

2. 内容广泛多样　专题地图上表示的内容，除了那些在地表上能看到的和能进行测量的自然现象或人文现象外，还有那些不能看到的或不能直接测量的自然现象或人文现象，如地质构造、气候现象、洋流、民族组成、经济现象和历史事件等。

3. 内容相对实时　专题地图不仅可以表示现象的现状及其分布，而且能表示现象的动态变化和发展规律，如环境保护方面的地图、人口迁移地图和经济预测地图等。

专题地图使地图的意义在原有基础上产生出了新的含义，即"地图是用形象符号模型再现客观世界，反映、研究自然现象和社会现象空间分布、组合和相互联系及其在时间中变化的科学"。

二、专题地图的构成

专题地图由三个方面构成，即专题地图的数学要素、专题要素和地理底图要素(图 7-16)。

1. 专题地图的数学要素　与普通地图一样，构建专题地图的数学要素有坐标网、比例尺和地图定向等内容。

在专题地图中，对社会、经济现象一般是表示其相对宏观的态势及其在区域间的对比，因此多数采用较小的比例尺。在这种地图上，坐标网为地理坐标网，即经纬网，控制点不表示，地图定向则以中央经线指示正北方向。对自然现象、资源状况，诸如地质现象、地貌现象、土壤及植被的分布、各种资源状况的表示，由于它们都必须以国家的基本地形图为基

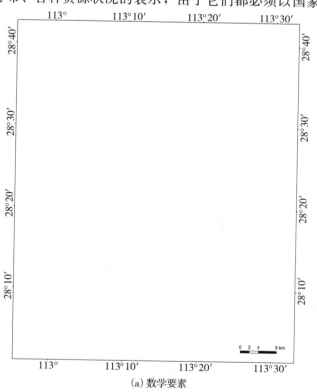

(a) 数学要素

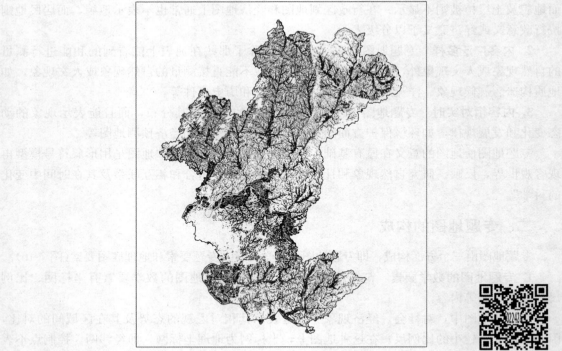

(b)专题要素

彩图

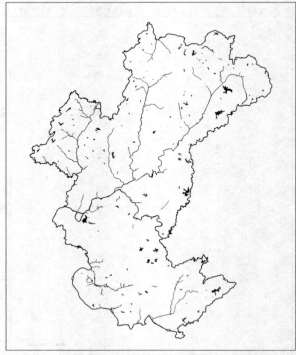

(c)地理底图要素

彩图

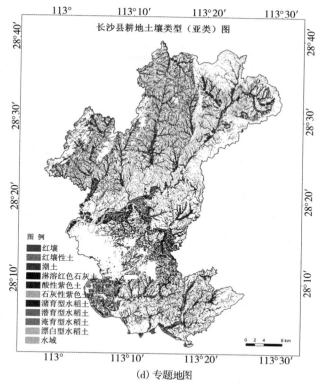

(d) 专题地图

图 7-16　专题地图的构成　　　　彩图

础，通过勘测和调绘获得，因此与普通地图一样，有一定的比例尺系列。专题地图的数学要素是根据一定的数学法则所构成的地图要素，对图廓内各要素的几何精度起着决定性的作用。

2. 专题地图的专题要素　专题要素是专题地图内容的主体，涉及与地理有关的各个领域和部门，内容广泛，种类繁多，从具有一定形体的地理现象到不具形体的抽象概念。根据地图主题和用途要求的不同，专题要素在不同的专题地图中，有的只表示一种要素，有的则可表示多种要素；由于可以运用不同的表示方法，有的表示方法可以详细而精确地表达专题内容，有的则只能概略地表达专题内容；有的表示方法可以表达专题内容的多重属性，有的却只能表达专题内容的某一属性；加上地图用途所决定的地图比例尺要求的不同，因此不同的专题地图，其专题要素的内容容量、精确程度和复杂程度是有很大差异的。如何表示好专题要素是专题地图设计的主要问题。

3. 专题地图的地理底图要素　如前所述，专题地图根据其各自的主题，有着各自要求表达的专题，而地理底图要素是起着底图作用、用以显示专题制图要素的空间位置和区域地理背景的地理要素，包括水系、居民地、交通网、地貌、土壤、植被及境界等要素，表示这些地理要素的地图就称为专题地图的底图。底图具有确定方位的骨架作用，是确定专题要素的控制系统，它们的表示主要受专题地图的类型、制图区域特征和地图比例尺的影响。

由于专题地图的内容涉及广泛，所以当某一专题地图的主题所要求表示的要素与地理底图中某些要素一致时，这时的地理底图要素也就是专题要素了。例如，地势图中的专题要素是水系和表示地貌形态起伏的等高线以及少量的居民地和高等级的境界线，那么这些原作为地理底图的要素在地势图中就成为专题要素了。又如陆地水文形态图中的专题要素是河流、湖泊、沼泽等所有陆地水系，与地理底图要素中的水系要素是完全一致的。在专题地图中，地理底图要素起着说明专题现象发生、发展的地理环境的作用，因此它应是退居第二平面乃至第三平面的背景要素，用色要浅淡，内容容量不能干扰专题要素的表达。针对不同的主题、不同的用途、不同的表示方法，对地理底图要素的表达有很大的差异。

三、专题地图编制的基本过程

编制专题地图与编制普通地图一样，可分为编辑准备（地图设计）、原图编绘和出版前准备三个基本阶段。

1. 编辑准备阶段　此阶段的主要工作有：①研究与所编地图相关的文件，包括科学研究机构和专门业务部门公布的正式文件，也包括党和政府的某些政策性文件；②收集、分析和评价制图资料，研究地图的内容特征，并制定出详细的编图大纲；③编制专题地图的地理基础底图；④进行专题内容的地图设计，包括表示方法的设计、图例设计、图面配置设计和整饰等；⑤如果是专业性特别强的图种，要由专业单位编制原图和设计样图。

2. 原图编绘阶段　此阶段的工作是：按编图大纲规定的技术要求，将所需表达的专题内容按照经过实验确定下来的地图设计方案，添加到地理基础底图上，成为一幅专题地图。

随着计算机技术的发展及应用的普及，GIS 技术成为专题地图原图编绘的主要途径，对以图斑线划形式为主体、反映现象分布状况和范围的地图，以通过扫描资料图或作者原图进行屏幕矢量跟踪采集的数据为数据源，以图层叠加等处理方法为手段；对以统计图形为主体的人文经济地图，则以在屏幕上进行图形设计为主要手段。

3. 出版前的准备阶段　此阶段的工作主要是获得印刷所需要的分色胶片，若是应用计算机制图技术，一旦在屏幕上完成了对编绘原图的最终审查，即可输出所需的分色胶片。若仍采用传统常规技术，则需制作清绘原图和分色参考图，并且应将地理底图和专题要素分别制作。

四、专题地图的制图综合

（一）专题地图的地理基础——底图

专题地图所反映的现象大大超过了普通地图的内容范畴，然而这些现象又不可能脱离它的地理基础。普通地图上所表示的水系、地貌、居民点、交通网、政区界线、土壤、植被等是专题地图中的地理基础内容。在专题地图上存在着两种内容：一种是专题内容，就是地图主题所规定的内容；另一种是底图内容，就是地理基础内容，它们采用浅淡的颜色表示，置于第二层平面。

在专题地图上影响地理基础内容选取和表示详细程度的因素有地图的主题、用途、比例尺和区域的地理特点。例如，自然要素地图中水系的表示要比经济要素地图中水系的表示更为详细；而经济要素地图中对道路的表示要比自然要素地图中的详细，气候图中一般不表示道路网；按月（或按季）表示气候状况的气候图，比例尺一般都比较小，地理基础内容的表示都比较概略；在起伏不大的平坦地区，表示农作物的分布时一般不表示地貌，但在起伏较大的山区，由于地势对农作物的分布有较大影响，表示地貌有重要意义。

（二）专题地图的内容选择

地图不是客观实体的简单罗列，它所表示的内容已不同于客观世界中原有的实体。实际上，地图是制图者根据特定的目的，有意识地观察世界并有选择性地加以表达的结果。因此，地图带有主观认识的成分，或多或少地受到制图者感性和理性认识能力的限制。地图作为传输地理信息的通道，用图者对地图信息的接受能力受用图者感性和理性认识能力的限制。专题地图内容要素的选择是主题的展开和限制的总和。一方面，要求反映与主题有关的内容；另一方面，表达内容又受地图用途、比例尺、载荷量、制图表示方法、符号的特点和颜色的类别等的限制。

在实际工作中，专题地图内容的选择一般由制图工作者根据用图者的用途和要求并参考已有的同类地图先予以拟定，然后由专业工作者予以补充、修订，在考虑到图面表示的可能性后确定下来。可以这样说，从事专题地图的制图工作者，其知识面愈宽，对所要编制的这一主题领域了解愈深，在表达内容的选择上愈正确、愈科学。那种对主题内容的了解比较浅显的人，恐怕就把握不好内容选择这一关，而这恰恰是影响地图科学性最重要的一关。

（三）专题地图的制图综合

随着 GIS 技术及其应用迅速发展，GIS 所处理的问题也更加复杂，GIS 中地理信息的有效利用和合理表达显得越来越重要，人们不得不开始关注 GIS 的制图综合功能，并提高地理信息的表达和利用效率，满足地理信息的可视化和制图输出的需要。地理信息系统中的地理信息综合表达功能的研究和开发是当前 GIS 进步与发展所面临的一个新的挑战。

1. 制图综合的概念　制图综合是在地图用途、比例尺和制图区域地理特点等条件的约束下，通过对地图内容的选取、化简、概括和关系协调，建立能反映区域地理规律和特点的地图模型的一种制图方法。经过概括后的地图可以显示出主要的事物和本质特征。地图的比例尺、用途和主题，制图区域的地理特征以及符号的图形尺寸是影响制图综合的主要因素，制图综合主要表现在内容的取舍、数量化简、质量化简、形状化简和图形空间关系协调等方面（图 7-17）。

专题地图制图综合的实质就是在科学分析研究各种专题内容要素特征的基础上，根据图

（a）1∶1 600 万中国地图局部［审图号：GS（2016）2925号］　　　　彩图

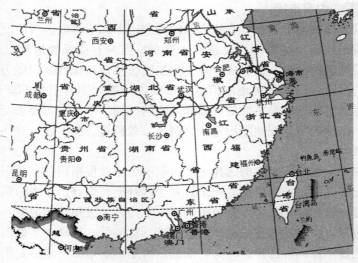

（b）1：3 200万中国地图局部［审图号：GS（2016）1577号］

图 7-17 中国局部境界线制图综合

彩图

（来源：标准地图服务网）

幅的用途和比例尺，将图幅的专题内容加以概括，把最主要的要素、对象的基本轮廓、主要的特征和基本规律反映在地图上。专题地图制图综合围绕着几何性和地理性两方面进行。在几何性方面对制图对象形状和大小进行综合简化，在地理性方面对专题内容进行综合概括。制图综合是几何正确性和地理真实性的紧密结合。

2. 制图综合的特点 在地图内容指标确定以后，制图人员就应按用途要求将制图资料（包括数据资料和非数据资料、图形资料和文字资料）转化为图形符号，制成地图，这种转化可称之为符号化。在由资料转化为符号的过程中，实际上包含了地理要素的选取、质量和数量特征概括、图形简化和图形空间关系协调等制图综合方法。

地图上地理要素的选取是指从制图资料中选取那些对地图的用途、地图比例尺和制图区域地理特点而言重要的数据或图形要素的过程。内容选取是制图综合中最重要和最基本的方法。

表现在地图上的地理要素的质量特征和数量特征可以通过分类和分级的手段予以概括。分类分级就是按对象相同或相似的特征来聚类分组的方法，即概括每一要素的个性和细部。对质量特征的概括是将相近的分类予以合并，简化分类；对数量特征的概括是改变数量指标的分级界限，如改变等值线的间距值，缩减分级统计图中的分级和扩大点数法中的点值等。

地图要素的图形化简包括简化线划符号和轮廓范围的形状，合并小面积图斑成为大面积的轮廓，夸大重要对象的轮廓等。

地理要素的空间关系协调也是制图综合中的一种重要方法，随着比例尺的缩小，地图上符号之间距离变小，不依比例尺符号增多，会出现图形重叠或相距过近的图形冲突现象，需要通过某些要素的删除、合并等操作，消除空间冲突，保证要素之间的关系相互协调，并与实体对象保持相似。

可以看出，就制图综合的内涵来看，专题地图与普通地图并无多大差异，但实施中却有专题地图自身的特殊性，表现在以下几方面：

（1）实施制图综合时，不一定是在较大比例尺地图向较小比例尺同类地图过渡时进行。因为专题地图上表示内容的概括程度有所不同，有较为简单、直观的分析型，也有表达多种相关要素的综合型，更有经过进一步概括、组合后的合成图。不同地图在表达程度上有精确和概略之分，较小比例尺的专题地图并不都是以较大比例尺的同类地图作为基本资料编制的，有时可能是利用同比例尺的地图，有时可能是利用比所编制地图更小比例尺的地图。

（2）许多以数据资料为基本资料的专题地图，在处理数据资料时已考虑了数据类别的归并和数量等级的划分，制图综合在资料处理阶段已经进行，通过符号化（实际上是地图设计）就直接转成了专题地图。

（3）专题地图制图综合的内容与普通地图制图综合的内容侧重点不一样。普通地图着重在地理要素的选取、轮廓图形的简化、各要素间的相互关系处理；而专题地图主要是质量与数量特征的概括，也就是新的分类、分级问题，尤其是以数据统计资料和文字资料为基本资料的专题地图。

（4）专题地图制图综合的进一步发展是制图表象的变换，这是一种地理模拟方法，表现为系谱、结构和表示方法的变换，能更直观、清晰地表达地理要素的特征。

3. 不同分布特征专题现象的制图综合　根据现象分布的特征，专题现象表示方法及其制图综合有如下特点：

（1）定位于点的现象。这种现象常用定点符号法表示，如居民点、工业中心、城镇的人口分布等。制图综合主要表现为概括物体的数量特征与质量特征，对个别要素、物体进行选取。

（2）定位于线的现象。这种现象经常用线状符号表示。在专题地图上，制图综合主要表现为简化其形状特征。有时因用图的特殊要求，除了简化形状特征外，还简化其路径的表示，如在小比例尺地图上表示输电线路，着重于反映输电及用电地点间的联系，而不在于各输电线路位置的准确。

（3）运动线。简化运动线的路线形状，使之概略化；简化数量特征，如货运能力的分级；简化质量特征，如货运的结构，将各种货物仅分为工业品和农业品两类；选取主要的、舍去次要的运动线。

（4）面状分布现象通过分类和分级手段概括要素的质量和数量特征，例如将地图中的有林地、疏林地、灌木林地和未成林造林地归并为林地；图形化简，例如将相邻的若干小片林地图斑合并为一个大的林地图斑。

地图集里各专题地图内容的制图综合，应以各地图的相互统一协调为前提。

五、专题地图的表示方法

专题地图的表示方法多种多样，选择合理的表示方法和表现手段是提高专题地图表达能力的保证。

点状分布要素占据的面积较小，不能依比例表示，又要定位，对于点状分布要素的质量特征和数量特征，一般用点状符号表示。地面上真正的点状事物很少，一般都占有一定的面积，只是大小不同。线状或带状分布的要素，如交通线、河流及边界线等，这些事物的分布质量特征和数量特征可以用线状符号表示。面状分布要素的表示方法很多，最常用的有等值线法、质底法、范围法、点值法、运动线法、统计图法等（图7-18）。

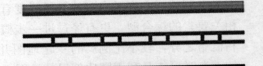

（b）线状符号法

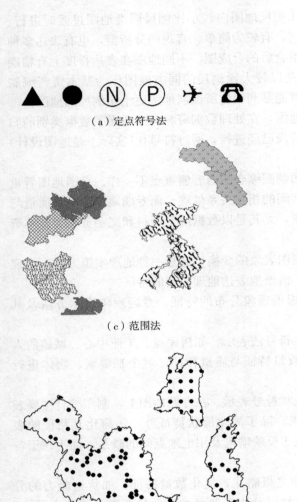

（a）定点符号法

（c）范围法

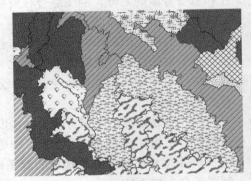

（d）质底法

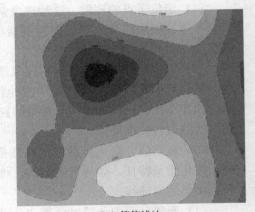

（e）点值法

（f）等值线法

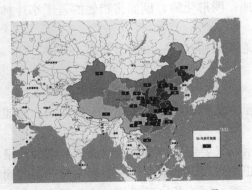

（g）定位法[审图号：GS（2019）1719号]

（h）分级统计图法[审图号：
GS（2019）1719号]

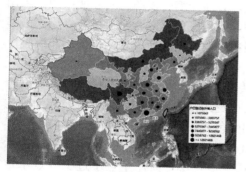

（i）分区统计图法[审图号：
GS（2019）1719号]

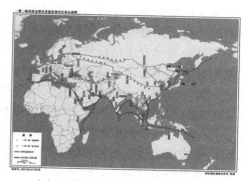

（j）运动线法[审图号：GS(2016)1762号]

图 7-18　专题地图的表示方法

彩图

1. 定点符号法　定点符号法是以不同形状、颜色和大小的符号表示呈点状分布的专题要素的数量、质量特征的一种表示方法。这种符号在图上具有独立性，能准确定位，为不依比例表示的符号，这种符号可用其大小反映数量特征，可用其形状和颜色配合反映质量特征，可用虚线和实线相配合反映发展态势，将符号绘在现象所在的位置上。常用的定点符号按形状可分为几何符号、文字符号和象形符号。定点符号的定位点一般在图形中央或底部中间。这种符号的优点是定位准确，表达简明；缺点是符号面积大，有时出现重叠，需移位表示。

2. 线状符号法　线状符号法是用来表示呈线状或带状延伸的专题要素的一种方法。线状符号在地图上的应用是常见的，有许多物体或现象，如道路、河流、境界及航线等呈线状分布，地图上就用线状符号表示。线状符号能反映线状地物的分布，线状符号的定位线，是单线的在单线上，是双线的则在中线上。线状符号可以用色彩和形状表示专题要素的质量特征，也可以反映不同时相的变化，但一般不表示专题要素的数量特征。

3. 范围法　范围法是用面状符号在地图上表示某专题要素在制图区域内间断而成片的分布范围和状况，主要用来反映具有一定面积、呈片状分布的物体和现象，例如森林、煤田、湖泊、沼泽、油田、动物、经济作物和灾害性天气等。范围法分为精确范围法和概略范围法。前者有明确的界线，可以在界线内着色或填绘晕纹或文字注记；后者可用虚线、点线表示轮廓界线，或不绘轮廓界线，只以文字或单个符号表示现象分布的概略范围。

在地图上表示范围可以采用不同的方法：用一定图形的实线或虚线表示区域的范围；用不同颜色普染区域；在不同区域范围内绘制不同晕线；在区域范围内均匀配置晕线符号，有时不绘出境界线；在区域范围内加注说明注记或采用填充符号。

4. 质底法　质底法就是把整个制图区按某一种指标或几种相关指标的组合划分成不同区域或类型，然后以特定手段表示它们质的差异。常见的质底法地图有区划图，包括行政区划图、农业区划图、植被区划图等以及类型图，包括土地利用图、植被类型图和地质图等。由于质底法广泛应用各种颜色，所以有时称之为底色法。首先按现象的性质进行分类或分区，在地图上绘出各分类界线，然后把同类现象或属于同一区划的现象绘成同一颜色或同一晕纹。这种方法可以用于表示地球表面上的连续面状现象（如气象现象）、大面积分布的现象（如土壤覆盖）或大量分布的现象（如人口）。质底法的优点是鲜明美观；缺点是不易表示各类现象的逐渐过渡，而且当分类很多时，图例比较复杂，必须详细阅读图例时才能读图。采用质底法时要注意质底的两种颜色系统不应该相互重叠，但是底色可以与晕线重合，质底法易于与其他表示方法结合使用。范围法与质底法的区别在于：范围法所表现的现象不布满整个制图区域，不一定有精确的范围界线。

5. 点值法　点值法是用点子的不同数量来反映专题要素分布不均匀的状况，而每一个点子本身大小相同，所代表的数量也相等。这种方法广泛用来表示人口、农作物及疾病等的分布，通过点子的数目多少来反映数量特征，用不同颜色或不同形状的点反映质量特征。影响点值法表达效果的主要因素是点子的大小、点值和点子的位置。点子的大小和点值是表示总体概念的关键因子，两者要合理选择。点值过大或点值过小，易产生点子过少或点子重叠，使图面反映不出实际分布情况。点值 A、总量 S 和点数 n 三者的关系为 $A=S/n$，合理选择 A 和 n，则图面清晰易读。点值法是质底法和范围法的进一步发展。质底法和范围法只能反映现象的分布范围及其质量特征，点值法则可以表明现象的分布和数量特征。点值法有两种点子的排布方式：一是均匀布点法，即在一定的区划单位内均匀地布点；二是定位布点法，即按照现象实际所在地布点。

6. 等值线法　等值线是指制图对象中数值相等的各点连接成的光滑曲线。地形图上的等高线就是一种典型的等值线，它是地面上高程相等的相邻点连接成的光滑曲线。等值线的数值间隔原则上最好是一个常数，以便判断现象变化的急剧或和缓，但也有例外。等值线间隔的大小首先取决于现象的数值变化范围，变化范围越大（以等高线为例，地貌高程变化越大），间隔也越大；反之，亦然。如果根据等值线分层设色，颜色应由浅色逐渐加深，或由冷色逐渐过渡到暖色，这样可以提高地图的表现力。

7. 定位法　定位法是利用某些定位点来反映该点及周围某种现象的总特征或总趋势，如气候图中风力和方向的表示，天气预报中晴、雨等的表示。常用的图表有柱状图表、曲线图表、玫瑰图表等。

8. 分级统计图法　分级统计图法是以一定区划为单位，根据各区划单位内某专题要素的数量平均值进行分级，通过面状符号的设计表示该要素在不同区域内的差别的方法。这种方法按照各区划单位的统计资料，根据现象的密度、强度或发展水平划分等级，然后依据级别高低，在地图上按区划单位分别填绘深浅不同的颜色或疏密不同的晕线，以显示各区划单位间的差异。一般采用相对指标，一种是比率数据，如人口密度（人口总数除以区域面积）等；另一种是比重数据，又称结构相对数，如耕地比重（耕地面积除以区域面积）等，表示专题要素信息中某种现象单元之间水平高低的空间分布特征，但不能反映单元内部的差异。分级的标准可以是等差的、等比的、逐渐增大的或任意的。分级图适于表示相对的数量指标。

9. 分区统计图法　分区统计图表法也被称为等值区域法，是将制图区按行政区划单元或其他单元分区，在各分区内配置相应的图形符号，以图形符号的大小和多少来反映现象的数量总和。图形符号的面积与区域内该现象的数量总和成正比。图形符号可用多种形式。这种图形符号不是定点符号，而是配置符号，定位于面即可。分区统计图表方法最适宜采用绝对指标，也可采用相对指标，它要求底图必须有正确的区划界线。

在地图制图中采用较多的是：①线状统计图形，采用柱状图形和带状图形等来表示，其长度与所表达现象的数值成正比；②面积统计图形，采用正方形、圆圈等来表示，其面积大小与所表达现象的数值成正比；③立体统计图形，采用立方体、圆球等来表示，其体积与所表达现象的数值成正比。

10. 运动线法　运动线法又称动线法，是用箭形符号的箭头和不同宽窄的线来反映专题要素的移动方向、路线及其数量和质量特征，移动的现象都能用运动线法表示。例如，天气预报中的风向符号、气流符号就能表示风和气流的大小与方向。人口迁移路线、洋流和货运路线等也能用运动线法表示。箭头和箭体上部的方向应保持一致，箭头的两翼应保持对称。箭形的粗细或宽度可以表示洋流的速度强度或货运的数量，箭形的长短可以表示风向、洋流的稳定性，首尾衔接的箭形表示运动的路线。

六、专题地图的整饰

在普通地图中，国家基本比例尺地形图制定有统一的图式规范，其符号、颜色和整饰是按规定图式来设计的。小比例尺的地形一览图及分层设色图可以在整体方面有别于规定的图式，特别在分层设色中各层的颜色设计方面可以有暖调的，有冷调的，可以是按越高越暗的思想设计，也可以是按越高越亮的思想设计，但在表现其他几种地理要素方面，其符号的设计不会有大的改变。而专题地图则不同，因为专题地图涉及的领域非常广，表现的专题内容千差万别，除了极少数的图种，如地质图有统一的符号和色彩系统，地貌图、土壤图、植被图、气候图、水文图在某些符号及色彩设计上有些虽不是统一规定，但遵从约定俗成的原则。大多数专题地图在符号、色彩设计方面都没有统一的规定，而是针对具体的内容进行设计，这在各类人文地图的设计上表现得尤为突出。专题地图的整饰主要从符号设计和色彩设计两个方面来进行。

（一）专题地图的符号设计

广义上，专题地图的符号包括三方面的含义：①真正的个体符号，即定点符号法中的符号；②分区统计图表法中的图表以及一些独立于地图以外的统计图表；③一些面状要素的花纹符号。一般来说，真正意义上的个体符号的设计是最为复杂，也是最为重要的，这里介绍的主要是个体符号。符号设计的基本要求是：

（1）符号系统应满足反映一定信息的要求，图形的复杂程度应力求与所显示信息的特征（如数量、质量和动态)相适应。如用符号的大小反映对象的数量特征，用符号的形状或色彩反映对象的质量特征，用符号的内在变化反映对象的动态变化特征。

（2）地图符号在整体表达上应有主次，并力求简练，在表象的上层平面仅显示主要的内容特征，在保持其系统特征的基础上反映其系统内的差异。在旅游图或人文经济图中，经常要设计一些象形符号来帮助读者快速地读懂地图。表达并区分各经济门类时，不采用象形符号而仅靠单一形状或色彩是难以表达专题内容的。当将象形符号用一定的几何形状框入后，符号就被赋予了系统的特征。这种几何形状外框可以是正方形、矩形、椭圆形、梯形、菱形或其他规则几何形状的组合，每一种几何外框表示一种高级的门类，而同一几何外框下不同的颜色或不同的内在象形符号代表这一门类下的低一级或低两级的小门类。读者阅读时通过不同符号的外框就能迅速判断主要的门类区别，细读时才从象形符号或颜色上了解第二层的内容。

（3）符号系统的设计应有一定的逻辑性、可分性和差异性。符号应按语义性质区分，通过图形手段的统一性来表达，用不同的几何形状作符号的外围轮廓。而从表达内容的实质来看，外围的几何形状由菱形、矩形、梯形、正方形分别表示采矿、动力、冶炼、加工工业，它们之间有一种合乎逻辑的变化，同时对采铁矿、钢铁冶炼和金属加工业都采用同一种浅红色，又可看出在设计符号系统中的逻辑性表达。

（4）符号系统应具有联想性。符号设计时应顾及符号与所示物体或现象间固定的、习惯的联想。将金属加工工业设计为浅红色是与金属加工中的锻压和热加工发生联想，食品工业设计为浅褐色是与食品中的许多咖啡色外表发生联想（许多国家的食品工业设计为黄色是与面包色发生联想）。

分区统计图表或独立统计图表与个体符号相比，因为它们以几何符号为主体，因此相对来说要简单一些，但它们同样可以用象形符号的形式，故也应遵循像个体符号设计那样的原则。当以花纹符号形式来表示面状物体或现象时，花纹符号及其颜色的设计也一样要遵循上述的几条原则。

（二）专题地图的色彩设计

色彩可以从色调（色相）、饱和度（纯度）和亮度三个方面进行分析，对于同类地物数量上的差异，一般尽量使用同一色系，通过饱和度和亮度的变化来反映同类地物之间的差异，对于不同类型的地物，则使用不同色调进行区分（图 7-19）。关于专题地图的色彩设计，包括点状、线状和面状三种类型的色彩设计。

图 7-19　色彩　　　　　　　　　　彩图

1. 点状色彩的设色要求　所谓点状色彩整饰，是指色彩面积相对较小的一种色彩整饰。例如，点状符号（包括组合符号）的色彩、点数法中点子的色彩、分区统计图表法的图表色彩和定位图表的色彩等。

（1）利用不同色调表示专题现象的类别，即质量差异，设色时多采用对比色。

（2）利用不同色调反映数量的增减或数量级别的变化。一般说暖色表示数量的增长，冷色表示数量的减少。颜色饱和度的变化或色调的变化可显示数量级别的变化。

（3）利用色彩的渐变表示专题现象的动态发展变化，设色时多采用同种色系或类似色系。

（4）点状色彩的设计应尽量与实物的固有色调相似，以引起读者的联想。

（5）因点状符号的面积较小，故需加强其饱和度，多用原色、间色，少用复色，使符号之间有明显的对比，容易区分。

2. 线状色彩的设色要求　专题地图上线状色彩有三种类型，每种类型的要求如下：

（1）界线色彩。这是一种非实体现象的界线，应根据地图的性质、用途确定图中界线的主次关系。凡属主要界线者用色应鲜、浓、深，凡属次要界线者用色要灰、浅、淡。利用色彩之间的对比，形成不同的层面。

（2）线状物体。首先应确定各类线状物体（如交通线、河流、海岸线、山脉走向、地质构造线）在图上的主次关系，然后依据上述"主要物体用色应鲜、浓、深，次要物体用色要灰、浅、淡"的原则处理，利用色彩对比表达主次关系，达到图面层次明晰的目的。

（3）动线色彩。对于各类动线色彩，亦应根据地图主题的性质，明确动线在地图中所处的主从地位。属于主要内容的，应用鲜艳的颜色，不必完全考虑所示现象采用的习惯色，以突出、醒目为原则；属于次要内容的，则应用浅而灰的色彩，以免产生喧宾夺主的效果。

带箭头的动线常有以下几种色彩整饰方法，如平涂法（即在向量线内普染色彩）、渐变法（用色彩由深至浅或用彩色晕线、晕点由粗到细、由密到疏，充填于向量线内）、色带衬影法（在用较深色彩表示的向量动线符号之下，用浅色衬底表示动线经过的一片区域，如寒潮路径图）。

3. 面状色彩的设色要求 面状色彩在专题地图上应用极广，大致可分为以下四种情况：

（1）用于显示现象质量特征的面状色彩，设色时要求能正确地反映不同现象的固有特征及相互间的质量差别。

地质图有统一的色标规定，但可根据各地质体在图上面积的大小，适当调整其饱和度以及色调。地貌图根据各地貌单元的形态及成因有一套约定俗成的色标体系。土壤图各类型单元的色彩原则上按土壤本身的天然色来设计，同样根据地图上各类型单元的面积大小可作有限的调整。植被图的色彩设计则应与植被的生态环境和自身的特点相适应。这些图在制定各种类型的颜色时都正确地反映了各现象内在的固有特征，符合其自然色彩的特点且带有一定的象征性。

（2）用于表示现象数量指标的面状色彩，除了满足相互间应具有较明显的差别及互相协调外，还应具有一定的逻辑顺序性并正确地表达数量特征。具体地说，在设计地面高度的分层设色表及分级统计图各比值层时，随着数量指标的增大，颜色由冷色方向向暖色方向转变；反之，则由暖色方向向冷色方向转变或者是同类色、类似色的饱和度发生变化。在气候图和水文图中，则应根据地图的内容主题，用主色调来反映图幅所表达的内容。如日照图以橙色为主色调，根据日照量的大小将各等值线间分层由橙色向橙红方向发展。水文图以蓝色为主色调，根据降水量的大小，在各等降水线分层间，颜色由黄绿向蓝色过渡，且饱和度不断增加。

（3）用于显示各区域分布的面状色彩，多用于政区图和其他各类区划图中，其作用是显示各区域分布的范围及相互关系。设色时，应使它们之间具有较明显的差别，并使它们在整个图面构成上显得比较均衡，不能出现其中某些区域显得特别突出和明显，而其他一些区域显得很平淡，有两个视觉平面感觉的现象。

（4）对于起衬托作用的底色，色彩应该要浅淡，既不能给读者以刺目的感觉，更不能喧宾夺主，影响主题要素的显示。

关于专题地图的注记，由于同一地图上反映专题内容的多寡不一，所以地图的注记也比普通地图更为复杂多样，可应用较多的字体、字号来说明各种内容。在自然要素地图上，还可冠以拉丁字母、罗马数字等，这些都要视图面情况而定。

专题地图的构图也因内容表达的特殊性而可能更为多样，一些概略图、局部扩大图可能会穿插于主图区。设计好一幅专题地图，除了主体内容及指标的选择、表示方法的确定外，地图整饰中所涉及的符号设计、图表设计、色彩设计、注记选定、图面布局等都是极为重要的工作。

第四节　地理信息输出

一、常见的输出设备

常见的地理信息输出设备有显示器、绘图仪、打印机、激光照排机、喷墨绘图仪、网络、手机和导航仪等。

1. 显示器　显示器是通过显示适配器与电脑相连，将电信号转化为可以直接观察到的字符、图形或图像，在日常工作中，许多数据输出并不需要产生硬拷贝，而只是在终端上显示数据(软拷贝)。实际上用户使用这种终端的概率比用硬拷贝要多得多，显示器在数据输入、编辑、处理、检索等阶段都要用到。

显示器不但能显示一般的图形，而且能显示具有多种灰度和多种色彩的图像，这就使得显示具有真实立体感的图形成为可能，因此，在计算机地图制图、遥感图像处理以及地理信息系统中用它作为图形、图像显示设备。

常见的显示器有 CRT 显示器和液晶显示器。CRT 显示器采用和家用电视机相同的扫描方式，这种方式是把显示屏分成有限个离散点，如 1024×1024，每个离散点称为一个像元，屏幕上的像元阵列组成了光栅。每个像元可具有某种灰度或颜色，这时线段由相邻像元串接而成，字符是由一定大小的像元矩阵构成。当电子束按顺序扫描整个屏幕时，只有电子束经过组成图形所在位置的各个像元才具有灰度或颜色，从而在整个屏幕上得到所需的图形。液晶显示器由两块板构成，厚约 1mm。因为液晶材料本身并不发光，所以在显示屏下边都设有作为光源的灯管，而在液晶显示器屏背面有一块背光板(或称匀光板)和反光膜，背光板是由荧光物质组成，可以发射光线，其作用主要是提供均匀的背光源。在彩色液晶面板中，每一个像素都是由三个液晶单元格构成，其中每一个单元格前面都分别有红色、绿色或蓝色的过滤器，通过不同单元格的光线就可以在屏幕上显示出不同的颜色。

2. 笔式绘图仪　笔式绘图仪是早期最主要的图形输出设备，通过计算机控制笔的移动，在图纸或膜片上绘制或刻绘出来。大多数笔式绘图仪是增加型，即同一方向按固定步长移动而产生线。许多设备有两个电动机：一个为 X 方向，另一个是 Y 方向。利用一个或两个电动机的组合，可以在 8 个对角方向移动。其输出质量主要取决于控制马达的步进量。对制图而言，步进量不应大于 0.054mm。绘图的灵活性则很大程度上取决于绘图软件。

3. 打印机　打印机是一种很重要的数据输出设备。常见的点阵式打印机，输出的图形质量粗糙、精度低，但速度快，可以作为输出草图使用。喷墨打印机是一种能彩色输出且喷枪能射出 3、4 或 6 种原色墨汁流的输出设备。喷墨打印机有喷头墨盒一体化与分体式两种。喷头墨盒一体化打印机的喷头没有做在打印机里，而是与墨盒在一起，更换墨盒意味着同时更换了喷头，而分体式打印机喷头加工精细，打印质量较高，但由于喷头得不到更新，使用时间越长，打印效果就越差，总体看来，还是一体化墨盒更经济一些。激光打印机是一种将激光扫描技术和电子照相技术相结合的阵列式打印输出设备，高档的激光打印机的输出精度可以达到 2400DPI，具有打印速度快、成像精度高、输出图形美观等特点。

4. 激光照排机　激光照排机主要由滚筒和曝光系统两部分组成。绘图时，感光胶片用紧合销钉、胶带或真空吸附装置固定在滚筒上，在滚筒转动过程，不同大小的光点被以均匀的角步距（其大小取决于所选择像元的尺寸）通过氩气激光管在感光胶片上曝光，光点的大小根据控制机从磁带或磁盘上传送给栅格绘图机的像元的灰度值来确定。每当滚筒旋转一圈，即绘完一行以后，量测螺杆系统便向前移动一个行宽，这个过程一直重复下去，直至全图或一个确定的图块绘完为止。

5. 喷墨绘图仪　在彩色设备发展的初期，获得优秀的彩色输出效果很困难，需要非常有经验的技术人员经过繁杂的调控过程才能够勉强得到可以接受的效果。随着技术的发展，目前大多数输出设备都已经能够实现很出色的色彩还原效果了，而且色彩的调节过程也完全可以放心地交给计算机来完成。在这个领域比较领先的是 HP 公司，该公司的彩色输入输出设备在许多应用环境中都有着突出的表现，尤其对颜色的准确性要求极高的 GIS 输出部分，HP 的喷墨绘图仪就扮演着举足轻重的角色。

喷墨绘图仪是一种栅格式绘图设备，其构造从本质上说与上述激光照排机相似，但它不是用光在感光胶片上曝光，而是同时用 C、M、Y、K（青色、洋红、黄色和黑色）四种色液从四个喷嘴喷出墨点，墨点的大小是由栅格数据的像元值控制，并按不同比例混合后在纸上产生所希望的图形色调。

高质量的喷墨绘图仪能达到 600DPI 甚至 2400 DPI 的分辨率，能产生几百种颜色乃至真彩色，可以绘出高质量的彩色遥感影像图。评价喷墨绘图仪的色彩表现能力应该从以下两个方面进行考察：①色彩表现的准确度，即打印输出内容的色彩与原件或经过校准的显示器显示的色彩的一致性，虽然有些打印机产品输出色彩非常艳丽，但与原件的色彩差别非常大，说明其色彩表现准确度非常差；②色彩层次丰富程度，即输出色彩的种类，输出的色彩越丰富，色彩表现越真实、越自然，也越准确。

6. 网络　网络地图随着互联网的发展而产生，是利用计算机技术实现了数字地图的在线存储、查阅和分析，地图放大、缩小或旋转不会影响显示效果，目前的网络地图可分为二维地图和三维地图，二维地图应用普遍（图 7-20）。

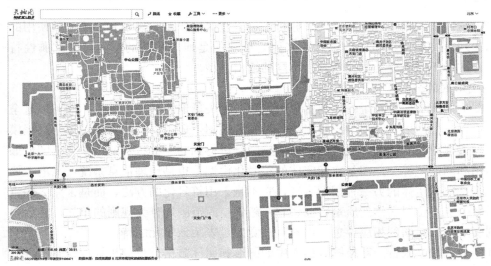

图 7-20　网络地图
（来源：天地图网站）

彩图

7. 手机与导航仪　手机与导航仪也是现代主要的地图输出设备，应用已经越来越普遍，手机和导航仪利用定位系统并结合离线或在线电子地图来实现定位及导航（图 7-21）。

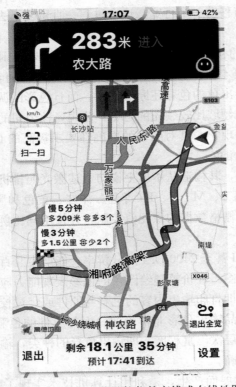

图 7-21　手机和车载导航仪的离线或在线地图

彩图

二、输出类型

地理信息系统输出的是经过系统处理、分析，可以直接供研究、规划和决策人员使用的产品，其数据表现形式是多种多样的，总的来说它反映的是地理实体的空间特征和属性特征，这些产品可按照不同的分类依据划分出不同的输出类型。

1. 基于输出形式的分类

（1）图形图像。地理信息系统输出的图形可以是各种矢量地图和栅格地图，既可以是全要素地图，又可以是根据用户需要分层输出的各种专题地图，还可以是用以表示数字高程模型的等高线图、透视图、立体图，也可能是通过空间分析得到的一些特殊的地学分析图，如坡度图、坡向图和剖面图等。地图是空间实体的符号化模型，也是地理信息系统产品的主要表现形式。图像是空间实体的另一种模型表征，它不是采用符号化的方法，而是采用人的直观视觉来表示各个空间位置实体的质量特征，它一般将空间范围划分为规则的单元，然后再根据几何规则确定图像平面的相应位置，用直观视觉变量表示该单元的特征。

（2）统计图表或文字报告。对地图数据库中的图形和属性数据进行分析处理得到的各种表格、清单以及查询报告，主要是用来表示非空间信息，统计图表常见的形式有统计图和统计表两种。统计图表现的是实体的特征和实体间与空间无关的相互关系，把与空间无关的属性数据通过处理展现给使用者，使得用户对这些信息有一个全面的、直观的了解。统计图常用的形式有柱状图、扇形图、直方图、折线图和散点图等；统计表格将数据直接表示在表格中，用户可以通过空间位置直接看到数值。

2. 基于输出载体或存储介质的分类

（1）屏幕显示输出。地理实体所具有的属性数据在经过分析后，用地图符号库中能切实反映实体特征的符号显示在屏幕上，主要是通过图形显示器、投影仪等显示，这是最普遍的数据输出方式。

（2）常规输出。这类输出形式较多，有打印输出、绘图仪绘制成图、胶片制版等。打印输出和绘图仪绘制成图是较常用的一种输出形式。在屏幕显示的范围内，一般均可以实现所见即所得，编辑处理完认为不满意的地方之后，经过排版最后通过打印机或绘图仪把所看到的输出到图纸上，作为输出成果永久保存。胶片制版是在地图需求量大的时候才使用的一种输出方式，同样在屏幕上进行有目的的选择之后，将结果输出到制版系统，最后利用制成的软片输送到印刷车间，进行大批量的地图复制和生产。输出的地图印刷在纸张、塑料薄膜等材质载体上，称之为常规地图。

（3）电子数据存储输出。这种输出主要是指以电子存储设备为介质的输出方式，如计算机磁盘、光盘等。存储在磁盘、磁带或光盘上的各种图形、图像、测量及统计数据等可能是某种地理信息系统或制图软件的格式数据，如 MapGIS 的 WP、WL、WT 格式的数据，Arc/Info 的 Shapefile、Coverage、TIN、Grid 格式的数据，AutoCAD 的 DWG、DWS、DWT、DXF 格式的数据，亦可以是其他一些符合标准的其他数据，如计算机图形元文件 CGM 格式数据等，这些数据格式往往可以互相转换输出。信息时代的一个特征就是实现数据和信息在全社会中的通讯或共享，如不同地理信息系统之间数据的转换和共享。其目的就是有效地使用地理数据和合理地进行数据服务，使各系统中不断增加的数据不仅可以被数据的拥有者使用，也可以被更多不同的用户在不同的系统中使用，不断促进地理信息事业的发展。

复习思考题

1. 什么是地理信息可视化？地理信息可视化分为哪几类？地理信息可视化的发展前景如何？

2. 地图图面一般包括哪些内容？地图图面配置要注意哪些问题？

3. 专题地图有哪些基本特征？包括哪些要素？试举例说明专题地图与普通地图的区别。

4. 专题地图的表示方法有哪些？

5. GIS 产品输出类型和常见的输出设备有哪些？

第八章

地理信息系统的设计与评价

地理信息系统设计的中心思想是通过选择优秀的系统设计方法，在充分分析用户需求的基础上，科学地划分开发阶段，严格按计划完成各阶段的开发任务，从而保证整个系统的质量和按时完成。在此基础上，加强系统建设的组织管理工作，尽量降低系统开发和应用成本，提高系统的建设效率，延长系统的生命周期。

第一节　地理信息系统的设计

系统设计的任务是将系统分析阶段提出的逻辑模型转化为相应的物理模型。其设计的内容随系统的目标、数据的性质和系统的不同而有很大的差异。地理信息系统设计过程中首先应根据系统研制的目标，确定系统必须具备的空间操作功能，称为功能设计；其次是数据分类和编码，完成空间数据的存储和管理，称为数据设计；最后是系统的建模和产品的输出，称为应用设计。系统设计是地理信息系统整个研制工作的核心。不但要完成逻辑模型所规定的任务，而且要使所设计的系统达到优化。所谓优化，就是选择最优方案，使地理信息系统具有运行效率高、控制性能好和可变性强等特点。要提高系统的运行效率，一般要尽量避免中间文件的建立，减少文件扫描的遍数，并尽量采用优化的数据处理算法。为增强系统的控制能力，要拟定对数字和字符出错时的校验方法；在使用数据文件时，要设置口令，防止数据泄密和被非法修改，保证只能通过特定的通道存取数据。为了提高系统的可变性，最有效的方法是采用模块化的方法，即先将整个系统看成一个模块，然后按功能逐步分解为若干个第一层模块、第二层模块等。一个模块只执行一种功能，一个功能只用一个模块来实现，这样设计出来的系统才能做到可变性好和具有生命力。

一、系统建设的目标

地理信息系统是一个应用性强的空间信息系统。要实现一个结构完整、功能齐全、技术先进、适合行业管理特点、实用性好的信息系统，必须经过较长时间的努力。因此，科学合理地确定系统的建设目标是非常必要的。

1. 确定目标的原则　系统目标要概括全局，决定全面，只有在充分掌握了各种有关的信息，并进行综合分析比较后，才能正确地确定系统的目标。对地理信息系统而言，无论从信息存贮量还是从功能划分上都包含着广大的范围。从数据量看，其范围可以大到一个现代化城市或一个地区甚至国家的综合信息系统，小到某个专业某个领域的管理与信息系统维护。从功能上看，也有一个延伸到两个极端的连续范围，即从完全不具备辅助决策功能到非常强调辅助决策功能之间的广阔范围。因此，在这样一种广泛的可能性中，要确定比较适宜的系统目标，就需要首先确定择标原则。当前，在确定地理信息系统目标时，通常都遵循如下这样一些原则：

（1）针对性。系统设计应以提高信息管理的效率，提高信息质量，为决策者提供及时、准确、有效的信息，向社会提供所需信息为出发点。对具体的专业应用要有具体的设计目标。如对城镇土地定级估价信息系统，主要考虑该系统完成城镇地理的定级估价功能，当然还要考虑辅助功能如输入、输出功能。

（2）阶段性。系统建设要自上向下，从总体到局部地对系统进行全面规划和整体设计，然后再自下向上，由分到总地分期实施。应该做到既有总体结构的描述，又有子系统的划分。比如，在逻辑结构上可以分为三个基本层次：①直观目录。用尽可能扼要的方式说明系统的所有功能和主要联系，是解释系统的索引。②概要图。简要地表示主要功能的输入、输出和处理内容，可以用符号和文字表示每个功能中处理活动之间的关系。③详细图。详细地用接近编制程序的结构描述每个功能，使用必要的图表和文字说明，再向下则可进入程序框图。

（3）实用性。根据我国现行地理信息系统发展状况，大多数单位(或城市、地区)都难以在短期内建成一个完善的系统，为充分发挥系统的经济效益和社会效益，应注重实用性。所谓实用系统，不仅要考虑诸如算法设计、软件开发、模型建立等方面的方法和手段，而且还要考虑大量数据的存贮、维护与更新的方法。系统的生命周期应该包括系统的运行与维护阶段，应是一个相当长的时期，而不是仅到系统建成之日为止的相对短的时期。此外，应尽可能考虑建立一个与行政管理体系相应的系统，它的成功运行与行政管理体制有密切的关系。反之，一个新系统投入到运行后，又必然会对现行系统及行政管理体制产生巨大的影响。

（4）预见性。预见性是指要充分考虑国家对有关行业管理的政策、方针和立法以及当今信息技术的快速发展，在系统功能设置时应留有发展余地和良好的接口。系统的功能、系统管理的数据、系统的应用领域以及硬件均应可扩展，尽量建成一个可扩展的系统。

（5）先进性。先进性要考虑计算机及外设、基础软件的新版本、新的操作系统等先进的设备和先进技术的应用。

2. 确定目标的依据　在确定系统目标时主要考虑以下因素：用户需求、经费、系统建设时间的要求、技术条件以及数据情况等。

（1）用户需求。系统目标必须围绕用户需求来确定。对用户的需求应在广泛调查的基础上，进行综合分析，权衡利弊得失，从而确定适当的目标。围绕这个问题要进行以下的工作：①传统需求的调查与分析；②潜在需求的探索；③对需求进行分类；④基于多数用户的主要需求及满足需求的可能性来确定系统目标。

（2）经费。经费是制约系统目标的主要因素之一。建设一个地理信息系统需要有大量投入，因此在确定系统目标时，只能量体裁衣。当然，系统运行后会带来一定的收益，而且由于系统运行所显示的效果还可能引起新的投资兴趣，这些因素在确定系统目标时也应考虑在内。

（3）系统建设时间的要求。地理信息系统的建设是一项复杂的系统工程，一般需要较长的时间。但是如将系统建设时间规定得很长，不易为管理部门和用户所理解和接受。因此建设时间也就成了影响系统目标的一个因素。

（4）技术条件。系统目标的确定受技术条件的明显制约，当前可利用的硬软件水平，特别是参加系统建设的工作人员素质与技术水平，都应当实事求是地进行评价，在此基础上才能恰当地确定目标。

（5）数据。数据是地理信息系统的核心。数据的状况对系统目标的影响很大。在考虑系统目标时，需要分析数据的拥有程度、数量、质量、更新频度、使用频率等。

3. 具体目标的确定　一个完善的地理信息系统的建立需要较长的时间，通常持续几年的项目并不少见，为使系统能尽早地发挥其社会和经济效益，可以分阶段设立系统的近期目标和远期目标。应该说明，不同的行业、不同的要求以及不同的条件，系统目标也不同，这里拟通过一个例子说明选择近期目标和远期目标的考虑因素和角度。

某地理管理部门拟建立地理信息系统，经过调查研究后决定其系统建设的目标可分为近期目标和中远期目标。

（1）近期目标。建成一个以地理信息的规范化管理为基础，以信息的存贮、处理、查询与分析为基本功能，为各级土地管理部门的管理工作服务的计算机网络系统，实现地理信息的手工作业管理向计算机管理的转换。具体目标为：①地理信息管理的标准化和规范化，包括制定地理信息的指标体系、分类、编码体系，调整信息收集渠道和采集方式；②建立各级土地管理的共享数据库；③建立各行业的专业分析模型；④联网形成分布式地理信息系统；⑤实现对地理利用现状变化的动态监测。

（2）中远期目标。系统建设采用先进的技术，进行更广泛、更快捷的信息采集，对地理信息资源进行深度利用，为地理规划、计划和决策支持服务。远期目标为：①扩展和完善地理信息系统的网络化，建成对地理资源实施动态监测的业务运行系统；②建立和完善基础数据库、主题数据库、方法库和模型库；③建立面向地理全程管理的决策支持业务系统。最后形成一个高度协调化、信息交流网络化和信息分析智能化的系统。

二、系统分析

系统分析的基本思想是从系统观点出发，通过对事物进行分析与综合，找出各个可行的方案，为系统设计提出依据。它的任务是对系统用户进行需求调查，对选定的对象进行初步调查研究和可行性分析；在明确系统目标的基础上，开展对新系统的深入调查研究和分析；最后提出新系统的结构方案。系统分析是使设计达到合理、优化的重要步骤。这个阶段的工作深入与否，直接影响到将来新系统的设计质量和实用，因此必须给予高度重视。

（一）用户需求分析

建立地理信息系统的目的之一是解决现行工作系统存在的问题、提高工作效率和实现信息化，所以要对现行系统的组织形式、日常工作任务、职能范围、日常工作流程、数据来源及处理方式、人员组成、经费开支等内容进行调查分析。通常采用的方法有面谈、参观、问卷、专题报告、讨论等多种方式。如果可能，最好先通过专题报告演示一些与该项目有关的成功系统，使用户能够先对系统的功能有基本的了解，以便在面谈、问卷或讨论时能够更加准确地表述自己的意见。

在地理信息系统开发的准备阶段，应该首先对用户的要求和情况进行调查分析。通过调查，确定系统的用户结构、不同用户的应用界面和程序接口以及系统应具备的功能等。

地理信息系统的用户有其特定的目的，对地理信息系统有不同的要求，应用需求情况也各异。大体上可以分为三类情况：

（1）具有明确而固定任务的用户。这类用户希望用地理信息系统来实现现有工作业务的现代化，改善数据采集、分析、表示方法及过程，并用以对工作领域的前景进行评估，以及对现有技术方法进行更新改造等。

（2）具有部分明确固定的工作任务，且有大量业务有待开拓与发展，需要建立。

（3）用户的工作任务不确定，由于各项工作的要求不同，对信息的需求是未知的或是可变的。

用户需求调查和分析是系统开发的第一步。开发人员应深入了解用户对系统的要求，包括功能要求和非功能要求，功能要求指系统能做什么，包括输入、查询、编辑、输出等；非功能要求指系统的一些特性，如系统的可靠性、安全性、可维护性等。在此基础上进行细致的分析，将用户的需求陈述转化成为需求文字报告。不同的用户对系统有着不同的需求，事先按照不同的分类标准将用户进行分类，有助于开发人员与用户的沟通，更准确地把握用户需求，减少失误。

具体调查内容包括：

1. 数据

（1）各种的数据来源、内容、结构；

（2）各种数据的使用、更新频率；

（3）各种数据的重要程度；

（4）各种数据的表现、分析、输出形式。

2. 业务流程

（1）各部门的工作职责；

（2）工作流程；

（3）各部门对提供数据信息的要求形式；

（4）优先次序。

3. 组织机构

（1）现行机构的组成；

（2）在可预见的将来可能发生的变化。

4. 需求内容的组织、分析和表达 经过调查，我们得到用自然语言描述的用户需求信息。这些需求信息还需要通过进一步的组织、分析、归纳，最终将结果以用户和开发者共同约定的符号、方式表达出来，供系统设计、开发使用。采用的形式有：机构组织结构图、部门职能表格、数据来源清单、数据流程图、硬件清单、软件清单、需求报告等。在这些需求表达资料中所用的名词、概念的含义应该是一致的，如果存在着不一致或二义性，则要进行规约说明，以避免将来产生麻烦。表 8-1、表 8-2 为部分需求表达的实例。

表 8-1 数据清单

编号	名称	来源	数据格式	数据形式	主要属性	比例尺	地图投影	精度	备注
1	土地利用现状	规划处	MapGIS	地图	地类、权……	1∶1 万	……	……	……
2	2001 年现状	购买	Tiff	图像	……	……	……	……	……

表 8-2　部门清单

编号	部门	职能	信息需求	上级部门	上级部门信息需求	同级部门	同级部门信息需求	下级部门	下级部门信息需求
1	市局地籍科	地籍管理	地籍规划	省地籍处	地籍报表	规划科	地籍	县局地籍科	地籍报表
2	市局法规科	土地执法	法规规划地籍	省法规处	执法报表	………	………	………	………
3	………	………	………	………	………	………	………	………	………

总之，对用户需求情况的调查和分析是地理信息系统设计的基础，通过与系统用户进行书面或口头的交流，将得到的信息根据设计要求归纳整理后，得到对系统的概略描述。对用户需求情况的调查和分析内容包括了用户的范围、领域、类型、数量、基础以及对 GIS 了解掌握的程度等。

(二) 可行性分析

可行性分析是在对用户需求分析的基础上，根据法律、经济和技术条件确定系统开发的必要性和可能性。通常要考虑的因素有：①效益分析；②经费问题；③进度预测；④技术水平；⑤有关部门和用户的支持程度等。

具体地讲，可行性分析就是从法律因素、技术因素和经济因素三大方面对建立地理信息系统的必要性和系统目标的可能性进行分析，以确定用户实力、系统环境、原始数据、数据流量、存贮空间、软件系统、经费预算以及时间分析和效益分析等。

技术可行性分析是根据客户提出的系统功能、性能及实现系统的各项约束条件，从技术的角度研究实现系统的可行性。

(1) 技术可行性研究包括技术分析、资源分析以及风险分析。

(2) 技术分析的任务是：当前的科学技术是否支持系统开发的全过程。

(3) 资源分析的任务是：论证是否具备系统开发所需的各类人员(管理人员和各类专业技术人员)、软件、硬件资源和工作环境。

(4) 风险分析的任务是：在给定的约束条件下，判断能否设计并实现系统所需功能和性能。

经济可行性分析是进行成本效益分析，评估项目的开发成本，估算开发成本是否会超过项目预期的全部利润，分析系统开发对其他产品或利润的影响。一般来说，基于计算机系统的成本由四个部分组成：①购置并安装软硬件及有关设备的费用；②系统开发费用；③系统安装、运行和维护费用；④人员培训费用。在系统分析和设计阶段只能得到上述费用的预算，即估算成本。在系统开发完毕并交付用户运行后，上述费用的统计结果就是实际成本。

法律可行性分析是研究在系统开发过程中可能涉及的各种合同、侵权、责任以及各种与法律相抵触的问题。

实际工作中，这项工作是与对用户需求调查工作同时进行的。在进行大量的现状调查基础上论证大量信息系统的自动化程度、涉及的技术范围、投资数量以及可能收到的效益等，然后确定地理信息系统的基本起始点，从这个起始点出发就能逐步向未来的目标发展。此外，这项工作还与数据源调查和评估有密切关系。有关地理信息系统技术人员在掌握了用户需求信息的情况后，还应进一步掌握数据情况。例如，对地理信息系统提供的数据结构、数据模型与应用所涉及的专业数据的特征和结构进行适宜性分析；分析研究什么样的数据能进行分析，以确定它们的可用性和欠缺数据的采集方法等。另外，还要对地理信息系统采用计算机系统处理数据的能力、数据库结构、数据大小以及输出形式和数据质量等问题进行分析。例如，微机型地理信息系统与工作站地理信息系统在功能上有一定的差别，这主要取决于计算机 CPU 的运算速度、内存容量、存储介质等硬件技术条件。

（三）系统结构方案分析

在调查分析的基础上，明确系统的目标，弄清用户要解决什么问题，各个阶段达到什么要求，并确定系统数据关系的各项配置，提出系统结构方案，作为系统研制的基础和依据。

1. 现行管理系统的分析 对本部门或其他有关部门的情况进行分析，例如，在对某国家级地理信息系统的设计中从上至下分析本部门各级机构在目前和将来组织和发展业务上需要的功能和信息；从下至上地分析他们完成本部门专业活动所需要的数据和所采用的处理手段。从现行的管理体制划分可分为五级、即国家、省（区）、地（市）、县（市）和乡镇。从纵向管理联系上，逐个分析各级的管理职能、指导关系、监控联系以及各类的流向等。对数据采集体系和各种指标的规范化与否、数据与信息传递和反馈响应速度的快慢、信息处理能力的强弱、信息综合使用效果的好坏等方面进行分析。

2. 系统总体逻辑结构 待建地理信息系统的结构应能适应现有管理体制的需求，并建立在对现行管理模式进行改革的基础上。建设一个结构合理、数据规范、信息全面、响应快速的计算机化的地理信息系统，能够及时提供决策信息并向社会提供高质量的信息服务是对系统总体结构的原则性要求。根据系统开发的目标和管理模式，制定系统数据流程图和数据组织方案，建立系统的逻辑结构。

3. 子系统的划分 系统总体方案的分析远达不到总体设计所需的系统分析资料那样详尽，其目的仅在于为子系统信息库的划分、子系统的功能以及与整个系统的功能设置提供有关的资料。

子系统的划分是通过分析总体管理模式与数据间的内在联系，合理地确定每个子系统业务运行范围和数据处理过程的一项系统分析过程。其目的是避免系统业务活动重叠和数据处理过程以及存贮过程中产生的混乱，合理地实现系统目标。同时子系统的划分给系统的逻辑设计和物理设计打下基础，为整个系统的运行提供保证。通常，子系统的划分应尽量遵守以下原则：①子系统对其他子系统的数据依赖应尽可能小；②子系统所包含的各个过程之间内在联系应尽可能强；③子系统的划分应便于总系统设计阶段的实现。

应该说明，各级地理信息系统子系统的规模和功能因所处级别、管理职能不同而有差异，各级系统的功能主要从各级子系统的功能体现出来。在一般情况下，国家级和省（区）级主要是进行宏观管理，很少实施行业管理的具体业务，而地（市）级则要经常大量处理最基础的子系统和地（市）级、县（市）级的子系统两种方案的具体业务。

三、系统设计

由于系统目标的不同以及所用数据的性质和系统功能的不同，地理信息系统设计的内容也有很大差异，但是其根本任务是将系统分析阶段提出的逻辑模型转化为相应的物理模型。一般而言，在系统设计阶段可以根据所研究对象的不同分成三个部分进行设计。首先应根据系统研制目标，确定系统必须具备的空间操作功能，称为功能设计，又称为系统的总体设计，通常可以采用模块化程序设计方法；其次是对数据分类和编码的处理，完成空间数据的存贮和管理，称为数据库设计，含有数据采集设计、数据结构设计、数据存储和检索设计等；最后是建立系统的应用模型和产品的输出，称为应用设计。

（一）总体设计

一个信息系统有无生命力，主要看系统对事务的处理是否满足应用的要求，即系统具有哪些功能以及这些功能处理事务的能力，因此功能设计或总体设计的主要任务是根据系统研制的目标来规划系统的规模和确定系统的各个组成部分，并说明它们在整个系统中的作用与相互关系以及确定系统的硬件配置，规定系统采用的技术规范，以保证系统总体目标的实现。

1. 系统总体设计的基本原则

（1）完备性。完备性主要是指系统功能的齐全、完备。一般的应用型 GIS 都具备数据采集、管理、处理、查询、编辑、显示、绘图、转换、分析和输出等功能。

（2）标准化。系统的标准化有两层含义：①指系统设计应符合 GIS 的基本要求和标准；②指数据类型、编码、图式符号应符合现有的国家标准和行业规范。

（3）系统性。属性数据库管理系统，图形数据库管理子系统及应用模型子系统必须有机地结合为一体，各种参数可以互相进行传输。

（4）兼容性。数据具有可交换性，选择标准的数据格式和设计合适的数据格式变换软件，实现与不同的 GIS、CAD、各类数据库之间的数据共享。

（5）通用性。系统必须能够在不同范围内推广使用，不受区域限制。

（6）可靠性。系统的可靠性包括两个方面：①系统运行的安全性；②数据精度的可靠性和符号内容的完整性。

（7）实用性。系统数据组织灵活，可以满足不同应用分析的需求。系统真正做到能够解决用户所关心的问题，为生产实践、科研教学服务。

（8）可扩充性。考虑到应用型 GIS 的发展，系统设计时应采用模块化结构设计，模块的独立性强，模块增加、减少或修改均对整个系统影响很小，便于对系统改进、扩充，使系统处于不断完善过程之中。

2. 总体构成

地理信息系统由硬件、软件（含系统软件与应用软件）、数据和人员（管理人员、开发人员和用户）四部分构成。如果从总体功能上划分，大致可分为数据输入子系统、数据处理子系统和数据输出子系统三大部分。

3. 硬件配置

硬件设备的投资在地理信息系统总投资中往往占很大比重，因此在选择硬件设备时主要是针对每级系统的功能和所要完成的工作来考虑。例如，对于国家级、省（区）级信息系统而言，由于涉及的数据类型多和数据量大，通常都选择大而全的设备，而对地（市）级和县（市）级的系统而言，一般选择相对简单一些的设备。

此外，对硬件设备的选择还要根据软件的要求和类型而确定。随着计算机速度越来越快，且价格亦越来越低，因此在购买硬件设备时应有优先顺序，即首先购买工作开始时就必须使用的设备，今后有用而目前暂时不用的设备留待以后购置。

4. 模块功能

在进行地理信息系统设计时，由于各级系统的目标不同，因此要求的功能也不尽相同。

这里仅就一些地理信息系统的常见模块进行简单归纳和描述。

（1）数据采集模块功能。数据种类主要为空间（定位）数据、属性数据以及一部分管理数据。一般要求系统具有多种采集方式来采集空间数据，并且有精度要求。常用的采集方式有：①手扶数字化输入；②扫描数字化输入；③GPS接收机；④航测仪器，全站型电子速测仪；⑤卫星遥感影像数据；⑥键盘输入；⑦与其他系统的数据交换。

（2）图形处理模块功能。该功能可以完成对图形的显示、查询、编辑、修改和管理工作。其主要处理功能为：①人机对话，有友好的用户界面；②图幅定向，将图幅坐标规划为地理坐标；③图形窗口显示，提供修改、查询、编辑操作的区域，有缩放、漫游和分层显示功能；④符号设计与图形整饰，建立符号库且有自动生成各种符号的工具；⑤图形编辑，具有增删、连接、断开、移动、旋转功能和图形拷贝功能；⑥图形的拓扑关系，建立图形元素之间的拓扑关系；⑦属性数据的编辑，实现属性数据与空间数据的连接；⑧几何图形计算，计算面积、周长、边长、点到线的距离等；⑨图形、属性之间的查询，实现由图形查属性、由属性查图形的功能；⑩图形接边处理，可以消除几何裂隙和逻辑裂隙。

（3）属性数据管理模块功能。该功能包括：①向用户提供定义各类地物的属性数据结构和用户自定义数据结构的功能；②可以对数据结构进行修改、拷贝、删除、合并的功能；③利用结构化查询语言（SQL）提供多种灵活的数据库查询；④提供数据计算统计和统计分析功能。

（4）制图输出模块功能。该功能包括：①在图形输出前，用户可以根据需要添加符号、颜色、注记、图例，并对图廓进行整饰；②具备与多种输出设备的类别（打印、笔式、喷墨、静电、制版等）和型号相兼容的接口软件和绘图指令；③能够向用户提供矢量图、栅格网、全要素图和各种专题图。

（5）空间分析模块功能。该功能包括：①叠置分析，将同比例尺、同一区域的两组或多组图形要素的数据文件进行叠置得到新的图形和新的属性统计数据；②缓冲区分析，根据数据库中的点、线、面实体，自动建立其周围一定宽度范围的缓冲区多边形；③空间集合分析，按照两个逻辑子集给定的条件进行逻辑交、逻辑并、逻辑差运算；④地学分析，如利用网络分析模块进行最佳路径分析、土地适应性分析和发展预测分析等。

（6）地形分析模块功能。该功能包括：①数字地形模型（DTM）由等高线或不规则三角网（TIN）产生地面高程模型（DEM），可进行地面高程分级、地面参数（坡度、坡向、辐照度、地面粗糙度等）、三维立体模型多角度方位显示；②地形分析，包括等高线分析、透视图分析、断面图分析、地形表面面积和挖填方体积计算。

（7）图像处理模块功能。为保证系统的动态性和现势性，可利用遥感技术更新系统数据库的内容。其基本功能应包括：①遥感数据的输入；②画面显示、操作、坐标量测、色调变更等；③几何校正，能从具有几何畸变的图像中消除畸变；④图像增强，能使分析者很容易地识别图像内容，按照分析目的对图像数据进行如灰度变换、彩色合成等处理；⑤特征提取，把图像的特征进行量化处理；⑥栅格数据矢量化处理；⑦地面定位，能利用地理数据〔三角点、地图数据、全球定位系统（GPS）〕与遥感图像匹配；⑧输出功能，具有胶片输出和数字输出功能。

（二）数据库设计

数据库是地理信息系统的核心组成部分，根据不同的应用，数据库会有各种各样的组织形式。数据库设计就是把现实世界中一定范围内存在着的应用处理和数据抽象成一个数据库的具体结构的过程。具体地讲，就是对于一个给定的应用环境，提供一个确定最优数据模型与处理模式的逻辑设计，以及一个确定数据库存贮结构与存取方法的物理设计，建立能反映现实世界信息和信息联系，满足用户要求，又能被某个数据库管理系统（DBMS）所接受，同时能实现系统目标并有效存取数据的数据库。与一般的数据库相比，GIS 数据库的设计要有更多的考虑，既有空间数据，又有属性数据。空间数据又有矢量和栅格之分。GIS 数据库设计需要充分考虑以下几个方面：

1. 数据库设计目标

（1）满足用户要求。设计者必须充分理解用户各方面的要求与约束条件，尽可能精确地定义系统的需求。需求分析需要完成以下内容：①了解需 GIS 支持的哪些功能；②确定需要哪些数据来支持这些功能；③为形成数据库和应用实施计划获取信息（例如决定需求和数据之间的优先级和依赖关系）；④拟制一个 GIS 和数据库的总体框图。例如，有四种分析应用的需求：一个娱乐公园选址、一个停车场选址、一个步行小路选址、一块废物填埋场选址。通过检查选址的准则要求，可以确定必需的数据，记住每个数据层都需要属性数据，这也是很重要的。

（2）良好的数据库性能。数据库性能包括多方面的内容：在数据存储方面既要考虑数据的存贮效率又要顾及其存取效率；在应用方面，不仅要满足当前应用之需要，又能满足一时期内的需求可能；在系统方面，当软件环境改变时，容易修改和移植。另外，还要有较强的安全保护功能。通常，上述性能往往有些冲突。因此数据库设计必须从多方面考虑，对这些性能做出最佳的权衡折中。

（3）对现实世界模拟的精确程度。数据库通过数据模型来模拟现实世界的信息类别与信息之间的联系。数据库模拟现实世界的精确程度取决于两方面的因素：①所用数据模型的特性；②数据库设计质量。就目前情况而言，现有数据模型对于一般的信息系统能够表示现实中各种各样的数据组织以及数据之间的联系，所以能否精确描述现实世界的关键还在于数据库设计者的能力和水平。

（4）能被某个数据库管理系统接受。数据库设计的最终结果是确定数据库管理系统支持下能运行的数据模型和处理模型，建立起可用、有效的数据库。因此，在设计中必须了解数据库管理系统的主要功能和组成。尽管数据管理系统的功能因不同的系统而有差异，但一般都应具有以下主要功能：①数据库定义功能，指提供定义概念模型、外部模型和内部模型的能力；②数据库管理功能，指对整个数据的运行控制、数据存取、更新管理、数据完整性及有效性控制以及数据共享时的并发控制等进行管理；③数据库维护功能，包括数据库重新定义、数据重新组织、性能监督和分析以及发生故障时恢复运行等；④数据库通信功能，包括与操作系统的接口处理，与各种语言的接口通讯与远程操作的接口处理等。

为实现上述功能，数据库管理系统主要由如下三个部分的程序组成：①语言处理程序组；②系统运行控制程序组；③建立和维护程序组。

2. 概念设计　概念结构设计是整个数据库设计的关键，它通过对用户需求进行综合、归纳与抽象，形成了一个独立于具体 DBMS 的概念模型。

设计概念结构通常有四类方法：

（1）自顶向下，即首先定义全局概念结构的框架，再逐步细化。

（2）自底向上，即首先定义各局部应用的概念结构，然后再将它们集成起来，得到全局概念结构。

（3）逐步扩张，即首先定义最重要的核心概念结构，然后向外扩张，以滚雪球的方式逐步生成其他的概念结构，直至总体概念结构。

（4）混合策略，即自顶向下和自底向上相结合。

3. 数据库逻辑设计 数据库逻辑设计的任务是运用数据库管理系统提供的工具与环境，将对现实世界抽象得到的概念性模型转换成相应的数据库管理系统的数据模型，并用数据描述语言描述出来。因此，逻辑设计是整个数据库设计的基础。其目的是要规划出整个数据库的框架，回答数据库能够做什么的问题。通过逻辑设计形成的相应数据的数据模型应该独立于计算机的硬件和软件，并且是面向应用，易于为用户理解。

逻辑设计应该达到如下几点要求：

（1）在共享数据资源方面，在降低数据采集、存贮和使用成本方面以及在数据维护的事务处理方面都应达到最大的效率。通常要考虑的问题是：处理速度、吞吐量、响应时间、可维护性和存贮需求。

（2）在数据质量方面要达到防止（尽量减少）数据冗长，保持数据内容与格式的一致。

（3）要能最大限度地发挥系统的性能。考虑应该达到支持多种用户视图，有利于扩展用户应用开发的领域以及保持数据检索、分析和生成的灵活性。

（4）维护数据的独立性。地理信息系统具有数据量大、结构复杂等特点，为了便于管理和应用开发，经常在设计时将整个系统划分为一些子系统，与此相适应，数据库也被划分为若干子库；此外，对于一些比较大的或比较复杂的子数据库还要进一步划分。这种划分通常有两种途径：一种是纵向划分，即按照数据的性质分类，将性质相同或相近的归为一类，形成所谓的数据层（Layer）的概念；另一种是横向划分，即按数据的空间分布将数据划分为规则的或不规则的所谓片（Tile）的概念。以上两种数据划分的途径可以同时应用于同一个数据库，也可以分别采用。

数据分层可以按专题、时间、垂直高度等方式来划分。按专题分层就是每层对应一个专题，包含一种或几种不同的信息服务于某一特定的用途或目的。例如，用于城市规划的数据层可以按街道、公交路线、交通工具、税收、给水排水、电力电讯、文化教育、金融、卫生、旅游、公安消防、区域经济、地理使用情况等方面的专题来划分。按时间序列分层则可以不同时间或时期进行划分。按垂直高度划分是指以地面不同高程为分层，如可分为地上、地下等。作为参考，下面介绍在数据分层和分片过程中应注意的一些问题。

数据分层时应考虑的问题：

（1）按要素类型分层，性质相同或相近的要素应放在同一层；

（2）分层时要考虑数据与数据之间的关系，如哪些数据有公共边，哪些数据之间有隶属关系等，这些因素都将影响层设置；

（3）要考虑用户视图的多样性；

（4）分层时要考虑数据与功能的关系，如哪些数据经常在一起使用，哪些功能是起主导作用的功能等；

（5）分层时应考虑更新的问题，因为更新一般以层为单位进行处理，所以应考虑将变更频繁的数据分离出来；

（6）分层时应顾及数据量的大小，各层数据的数据量最好比较均衡；

（7）尽量减少冗余数据。

数据分片时应考虑的问题是：

（1）存取数据的要求，确定典型用户常用的查询范围。

（2）选择适当的数据量，每片中包含的数据量既不宜过大也不宜过小。过大则增加处理的时间，过长等待会使用户感到难以忍受，过小则会给管理和查询带来不便。

（3）分片时往往需要经过典型试验以确定最佳方案。

空间数据库的分片类似于模拟地形图的分幅，但片的形状并不一定要求是矩形的或梯形的，所有的片合并起来应能覆盖整个数据的地理区域。由于空间数据库的检索常常要通过地理位置作为索引进行，所以将数据分片有利于建立优化的索引系统，达到数据空间位置的适配性和属性的一致性。此外，合理的分片还能实现较好的数据管理与维护。

4. 数据库物理设计　数据库物理设计的任务是使数据库的逻辑结构能在实际的物理存贮设备上得以实现，建立一个具有良好性能的物理数据库。数据库物理设计主要解决以下三个问题：①恰当地分配存贮空间；②决定数据的物理表示；③确定存贮结构。

存储空间的分配应遵循两个原则：①存取频度高的数据存储在快速、随机设备上，存取频度低的数据存储在慢速设备上；②相互依赖性强的数据应尽量存储在相邻的空间上。

存储结构的选择与应用要求有密切的联系。对批处理应用的数据，一般以顺序方式组织数据为好；对于随机应用的数据，则以直接方式或索引方法比较好，同时用指针链接法建立数据间的联系。物理设计在很大程度上与选用的数据库管理系统有关。设计中应根据实际需要，选用系统所提供的功能。

5. 数据字典　数据库逻辑设计和物理设计都属于数据库的结构设计。在数据库建设中，作为数据规范的数据字典也同样起着重要的作用。数据字典即所谓关于数据的数据，是对数据库的数据和应用程序的一种管理方法。在数据库的标准化方面，数据字典应是重点考虑的一个问题。

数据字典一般包括数据类型的名称、关于数据的描述以及存贮的地址、如何使用等内容。其描述的主要项目有数据项、记录、文件、模式、子模式、数据库、数据用途、数据来源、应用模型和用户情况等。

数据字典的功能可以表现在以下几个方面：①给管理者和用户提供关于可利用数据的线索；②为系统分析人员提供数据是否存在的信息；③为编程工作提供数据格式及数据位置。

数据字典的用途是多方面的，它在数据库的整个生命周期里都起着重要的作用，具体可归纳为以下几点：

（1）在系统分析阶段，数据字典用来定义数据流程图中各个成分的属性含义；

（2）在设计阶段，数据字典提供一套工具以维护对系统设计说明的控制，帮助设计人员保证在早期阶段所确定的需求与实现一致；

（3）在实现阶段，提供了元数据描述（数据库中的数据）的生成能力；

（4）在调度阶段，辅助产生测试数据，提供数据检查的能力；

（5）在运行和维护阶段，可帮助数据库的重组织和重新构造；

（6）在使用阶段，可以作为《用户手册》。

例如，Arc/Info系统的数据字典有以下功能：①数据标准化的出发点；②辅助应用程序设计；③辅助数据库设计；④加强对数据的了解；⑤消除冗余数据；⑥改善数据的完整性。

Arc/Info 的数据字典还具有由一系列相关文件构成的层次结构，其具体形式包括层目录、项目录和编码描述，其关系如图 8-1 所示。

图 8-1　数据字典的层次结构

第二节　地理信息系统设计示例

地理信息系统的建设是一项系统工程，系统的建设需要遵循"统筹规划、分步实施、急用先行、多方协作、资源共享、先进适用、持续发展"的基本思想。在全面规划、总体设计的基础上，制定切实可行的阶段目标和总体目标。对每一个目标保证功能可扩展而且实用、技术可行并要超前、长期规划并要短期见效。下面以武汉大学资源与环境科学学院开发的地理国情统计分析系统为例加以介绍。

一、系统建设目标和原则

地理国情统计分析系统是综合各时期已有测绘成果档案，对地形、水系、交通、地表覆盖等要素进行动态和定量化、空间化的监测，并统计分析其变化量、变化频率、分布特征、地域差异、变化趋势等，形成反映各类资源、环境、生态、经济要素的空间分布及其发展变化规律的监测数据、地图图形和研究报告。地理国情统计分析系统通过对地理国情进行动态地监测、统计，从地理的角度来综合分析和研究国情，为政府、企业和社会各方面提供真实可靠和准确权威的地理国情信息。

系统设计具体遵循原则如下：

1. 规范化与标准化原则　地理国情统计分析系统功能设计必须遵循国家和各省市测绘局颁布的相关技术规范；数据库设计必须符合国土资源行业的数据库标准，具有统一、规范的要素分类与编码体系、合理的数据关系、完善的属性结构、规范的数据接口、系统的数据字典以及符合国家标准要求参照系；软件开发遵循软件工程相关的行业规范，具有统一的设计文档格式、界面风格及友好的操作模式和美观的操作界面。

2. 先进性与实用性原则　国土资源信息化建设已经在全国范围内广泛展开，要在国土资源信息化的工作中展示出自己的特色，就必须要充分利用先进的技术，在深入分析和广泛调查的基础之上，建立一个技术上先进的应用系统。

作为应用系统，其实用性是直接影响系统的运行效果和生命力的最重要因素。系统将在深入调查研究的基础上设计研发，使得软件功能设计合理、全面、实用，能最大限度地满足国家基础地理信息中心管理和发布地理国情需要。具体包括：界面设计人性化；业务处理的操作功能"傻瓜化"，简单，易于操作；同时也应提供复杂但功能强大的管理操作功能，供系统维护人员使用。

3. 程序面向对象设计的原则　面向对象（Objected _ Oriented，简称 OO）方法是当前软件方法学的主要方向，也是目前最有效和最流行的软件开发方法之一。OO 是通过对具有相同或类似属性的实体进行抽象，对实体和实体操作进行封装，形成类。地理国情统计分析中使用的各种图形信息及其属性是纷繁复杂的，充分利用类的封装性、继承性、多态性进行模块设计将大大地方便开发，并且也将增强应用程序的扩展性。

4. 功能模块分解设计的原则　由于不同的数据实体的分析处理方法不同，同一类数据实体在不同的数据环境下处理和表达的方法也有多种；同时系统功能的可扩展性要求可以根据用户或专业领域需要，在原有软件代码的基础上直接进行继承扩展，而不是完全推翻重新开发，因此在系统的结构化组织中应坚持程序代码尽可能与图形数据库、属性数据库分离的原则，保证系统提供与其他数据库兼容的接口支持，为各模块相对地独立运行或集成运行提供有效的手段，同时保证系统具有良好的可移植性和可维护性。

5. 安全可靠性和稳定性原则　鉴于地理国情统计分析管理工作对信息系统要求的特殊性，安全、可靠和稳定必须是系统的首要原则，既要考虑网络本身运行的安全，也要考虑数据信息的安全，保证系统具有较好的容错性、较高的保密性、实时数据备份等功能。

二、数据库设计

地理利用规划管理信息系统是一个业务化运作系统，除了具有一般 GIS 的特征外，还具有其自身的特点，在进行数据库设计前必须分析其数据的组成特点。

1. 数据内容　系统所管理的数据内容有 8 大类图 8-2，分别是：

（1）地理国情普查要素数据。地理国情普查要素数据来自于提交的地理国情普查数据，共包含地理国情要素 12 个一级类、58 个二级类和 135 个三级类。

（2）地理国情普查社会经济指标。社会经济指标是地理国情分类统计、综合统计和地理国情指数计算的重要数据来源，主要来自于国民经济发展统计年鉴等资料。

（3）地理国情基本统计指标。社会经济指标是地理国情分类统计、综合统计和地理国情指数计算的重要数据来源，主要来自于国民经济发展统计年鉴等资料。

（4）地理国情分类统计指标。地理国情分类统计指标是针对上述要素主要从数量、强度、格局、变化等方面进行统计分析的数据。

（5）地理国情综合统计指标。地理国情综合统计指标是从土地利用、城镇、交通、环境与生态等方面进行综合统计分析的数据。

（6）地理国情指数计算指标。地理国情指数计算指标是从自然地表和格局、地理区位条件等方面提出的两类地理国情指数。

（7）地理国情统计分析成果数据。地理国情统计成果数据主要包括相应的文字报告（统计分析报告、工作报告等）、统计报表和专题地图三类。

（8）系统管理参数数据。系统参数数据主要是指为了完成对多区域、多时点、多专题、多类型地理国情统计分析数据分析功能所必需的各类辅助数据。

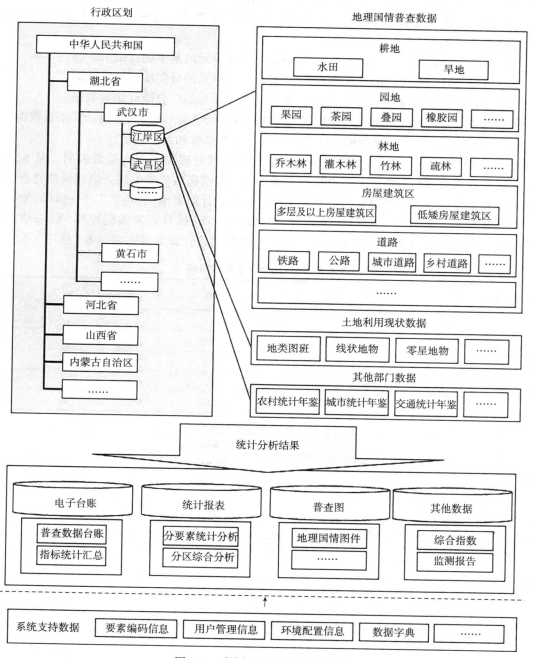

图 8-2　系统管理的数据内容关系

2. 数据库逻辑结构　针对系统数据管理对象和内容，将系统数据库划分为以下 7 个子数据库：

（1）地理国情普查要素数据库（DB01），用于存储各县市提交的原始地理国情普查要素数据集。地理国情普查要素数据为空间数据，采用 ESRI 的地理数据库模型、以地理要素集为单位分别进行存储。各数据集内存储的要素图层按照《地理国情普查内容与指标》《地理国情普查基本统计技术规定》和《地理国情普查数据规定与采集要求》进行设计。

（2）社会经济统计指标库（DB02），用于存储地理国情统计分析的各类社会经济统计指标，采用关系表进行存储。

（3）基本统计数据库（DB03），用于存储各类统计单元的基本统计结果数据。

（4）分类统计数据库（DB04），用于存储各类统计单元的分类统计结果数据。

（5）综合统计数据库（DB05），用于存储各类统计单元的综合统计结果数据。

（6）国情指数数据库（DB06），用于存储各类行政单元的地理国情指数计算结果数据。

（7）系统库（DB08），用来存储系统管理密切相关的参数和元数据信息。

3. 要素编码体系　地理国情统计分析要素编码包括地理国情普查要素编码、基本统计要素编码、分类统计要素编码、综合统计要素编码、国情指数要素编码。地理国情普查要素编码按照规范所定义的普查要素分类体系编码，基本统计要素编码按照"T1＋统计对象"编码，分类统计要素编码按照"T2＋统计对象"编码，综合统计要素编码按照"T3＋统计对象"编码，国情指数要素编码按照"T4＋统计对象"编码。详细编码如表8-3所示：

表 8-3　地理国情普查要素编码

要素代码	一级	二级	三级
F0100	耕地		
F0110		水田	
F0120		旱地	
F0200	园地		
F0210		果园	
F0220		茶园	
F0230		桑园	
F0240		橡胶园	
F0250		苗圃	
F0260		其他园地	
F0300	林地		
F0310		乔木林	
F0311			阔叶林
F0312			针叶林
F0313			针阔混交林
F0320		灌木林	
F0321			阔叶灌木林
F0322			针叶灌木林
F0323			针阔混交灌木林
F0330		乔灌混合林	
F0340		竹林	
F0350		疏林	
F0360		绿化林地	

（续）

要素代码	一级	二级	三级
F0400	草地		
F0410		天然草地	
F0411			高覆盖度草地
F0412			中覆盖度草地
F0413			低覆盖度草地
F0420		人工草地	
F0421			牧草地
F0422			绿化草地
F0500	房屋建筑区（群）		
F0510		多层及以上房屋建筑区（群）	
F0520		低矮房屋建筑区（群）	
F0600	道路		
F0610		铁路	
F0620		公路	
F0630		城市道路	
F0640		乡村道路	
F0650		其他路面	
F0700	构筑物		
F0710		硬化平地	
F0720		水工设施	
F0721			堤坝
F0722			闸
F0730		交通设施	
F0731			隧道
F0732			桥梁
F0733			码头
F0734			车渡
F0740		城墙	
F0750		大棚	
F0760		固化池	
F0770		其他构筑物	
F0800	人工堆掘地		
F0810		采掘场	
F0820		堆放物	
F0830		建筑工地	
F0900	荒漠与裸露地表		
F0910		盐碱地表	
F0920		泥质地表	

（续）

要素代码	一级	二级	三级
F0930		沙质地表	
F0940		砾石地表	
F0950		岩石地表	
F1000	水体		
F1010		河渠	
F1011			河流
F1012			水渠
F1020		湖泊	
F1030		库塘	
F1031			水库
F1032			坑塘
F1040		海面	
F1050		冰川与常年积雪	
F1100	地理单元及界线		
F1110		行政区划单元	
F1111			国家级行政区
F1112			省级行政区
F1113			特别行政区
F1114			地、市、州级行政区
F1115			县级行政区
F1116			乡、镇行政区
F1117			村级行政区
F1118			建设兵团辖区
F1120		社会经济区域单元	
F1121			主体功能区
F1122			开发区、保税区
F1123			国有农、林、牧场
F1124			自然、文化保护区
F1125			自然、文化遗产
F1126			风景名胜区
F1127			森林公园
F1128			地质公园
F1129			行、蓄、滞洪区
F1130		自然地理单元	
F1131			流域区
F1132			地形分区
F1133			地貌区划单元
F1134			湿地

（续）

要素代码	一级	二级	三级
F1140		城镇综合功能单元	
F1141			居住小区
F1142			工矿企业
F1143			单位院落
F1144			休闲娱乐、景区
F1145			体育活动场所
F1146			名胜古迹
F1147			宗教场所
F1200	地形		
F1210		高程信息	
F1220		坡度信息	
F1230		坡向信息	

表 8-4　基本统计要素编码

要素代码	电子台账
T1＿0100	耕地台账
T1＿0110	水田台账
T1＿0120	旱地台账
T1＿0200	园地台账
T1＿0210	果园台账
T1＿0220	茶园台账
T1＿0230	桑园台账
T1＿0240	橡胶园台账
T1＿0250	苗圃台账
T1＿0260	其他园地台账
T1＿0300	林地台账
T1＿0310	乔木林台账
T1＿0311	阔叶林台账
T1＿0312	针叶林台账
T1＿0313	针阔混交林台账
T1＿0320	灌木林台账
T1＿0321	阔叶灌木林台账
T1＿0322	针叶灌木林台账
T1＿0323	针阔混交灌木林台账
T1＿0330	乔灌混合林台账
T1＿0340	竹林台账
T1＿0350	疏林台账
T1＿0360	绿化林地台账

（续）

要素代码	电子台账
T1 _ 0400	草地台账
T1 _ 0410	天然草地台账
T1 _ 0411	高覆盖度草地台账
T1 _ 0412	中覆盖度草地台账
T1 _ 0413	低覆盖度草地台账
T1 _ 0420	人工草地台账
T1 _ 0421	牧草地台账
T1 _ 0422	绿化草地台账
T1 _ 0500	房屋建筑区（群）台账
T1 _ 0510	多层及以上房屋建筑区（群）台账
T1 _ 0520	低矮房屋建筑区（群）台账
T1 _ 0600	道路台账
T1 _ 0610	铁路台账
T1 _ 0620	公路台账
T1 _ 0630	城市道路台账
T1 _ 0640	乡村道路台账
T1 _ 0650	其他路面台账
T1 _ 0700	构筑物台账
T1 _ 0710	硬化平地台账
T1 _ 0720	水工设施台账
T1 _ 0721	堤坝台账
T1 _ 0722	闸台账
T1 _ 0730	交通设施台账
T1 _ 0731	隧道台账
T1 _ 0732	桥梁台账
T1 _ 0733	码头台账
T1 _ 0734	车渡台账
T1 _ 0740	城墙台账
T1 _ 0750	大棚台账
T1 _ 0760	固化池台账
T1 _ 0770	其他构筑物台账
T1 _ 0800	人工堆掘地台账
T1 _ 0810	采掘场台账
T1 _ 0820	堆放物台账
T1 _ 0830	建筑工地台账
T1 _ 0900	荒漠与裸露地表台账

（续）

要素代码	电子台账
T1 _ 0910	盐碱地表台账
T1 _ 0920	泥质地表台账
T1 _ 0930	沙质地表台账
T1 _ 0940	砾石地表台账
T1 _ 0950	岩石地表台账
T1 _ 1000	水体台账
T1 _ 1010	河渠台账
T1 _ 1011	河流台账
T1 _ 1012	水渠台账
T1 _ 1020	湖泊台账
T1 _ 1030	库塘台账
T1 _ 1031	水库台账
T1 _ 1032	坑塘台账
T1 _ 1040	海面台账
T1 _ 1050	冰川与常年积雪台账
T1 _ 1100	地理单元及界线台账
T1 _ 1110	行政区划单元台账
T1 _ 1111	国家级行政区台账
T1 _ 1112	省级行政区台账
T1 _ 1113	特别行政区台账
T1 _ 1114	地、市、州级行政区台账
T1 _ 1115	县级行政区台账
T1 _ 1116	乡、镇行政区台账
T1 _ 1117	村级行政区台账
T1 _ 1118	建设兵团辖区台账
T1 _ 1120	社会经济区域单元台账
T1 _ 1121	主体功能区台账
T1 _ 1122	开发区、保税区台账
T1 _ 1123	国有农、林、牧场台账
T1 _ 1124	自然、文化保护区台账
T1 _ 1125	自然、文化遗产台账
T1 _ 1126	风景名胜区台账
T1 _ 1127	森林公园台账

（续）

要素代码	电子台账
T1 _ 1128	地质公园台账
T1 _ 1129	行、蓄、滞洪区台账
T1 _ 1130	自然地理单元台账
T1 _ 1131	流域区台账
T1 _ 1132	地形分区台账
T1 _ 1133	地貌区划单元台账
T1 _ 1134	湿地台账
T1 _ 1140	城镇综合功能单元台账
T1 _ 1141	居住小区台账
T1 _ 1142	工矿企业台账
T1 _ 1143	单位院落台账
T1 _ 1144	休闲娱乐、景区台账
T1 _ 1145	体育活动场所台账
T1 _ 1146	名胜古迹台账
T1 _ 1147	宗教场所台账
T1 _ 1200	地形台账
T1 _ 1210	高程信息台账
T1 _ 1220	坡度信息台账
T1 _ 1230	坡向信息台账

表 8-5　分类统计要素编码

要素代码	统计分析表
T2 _ 0100	耕地分类统计分析表
T2 _ 0200	园地分类统计分析表
T2 _ 0300	林地分类统计分析表
T2 _ 0400	草地分类统计分析表
T2 _ 0500	城市分类统计分析表
T2 _ 0600	建制镇分类统计分析表
T2 _ 0700	农村居民点分类统计分析表
T2 _ 0800	工矿企业及开发区分类统计分析表
T2 _ 0900	交通分类统计分析表
T2 _ 1000	水体分类统计分析表
T2 _ 1100	荒漠与裸露地表分类统计分析表
T2 _ 1200	地形地貌分类统计分析表

表 8-6　综合统计要素编码

要素代码	统计分析表
A_001	区域土地利用/覆盖统计表
A_002	区域城镇体系与城镇化统计表
A_003	区域交通网络统计表
A_004	区域环境与生态统计表

三、系统功能模块总体设计

地理国情统计分析系统采用软件工程开发中自顶向下、逐步求精的结构化设计原则，利用结构化和原型化相结合的方法，自上而下对系统进行功能解析与模块划分设计。

（一）系统功能模块

根据用户需求调查分析的结果，将地理国情统计分析系统划分为数据管理、基本统计、分类统计、综合统计、国情指数、报表台账、统计制图、帮助与支持共 8 个一级功能模块。系统总体构成如图 8-3 所示。

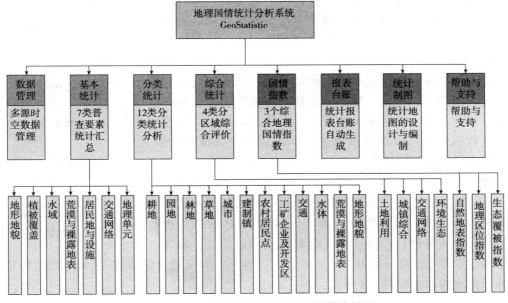

图 8-3　地理国情统计分析系统功能模块说明

1. 数据管理　数据管理模块提供地理国情普查数据源的导入导出、备份、恢复等数据维护操作，为接下来的地理国情统计分析提供数据接口。数据管理主要包括统计工程管理、数据导入、数据库维护以及数据库说明四个子模块，各子模块的功能如表 8-7 所示。

表 8-7　数据管理模块功能列表

1 数据管理	101 工程管理	新建统计工程文件，或者打开已有统计工程文件
	102 数据导入	提供用户向系统数据库导入数据的接口，包括空间数据与属性数据的导入
	103 数据维护	实现系统所有数据的检查、备份、恢复等维护工作
	104 数据库说明	提供数据入库指南

系统数据库分为系统库和普查数据库(图8-4)。系统库存储系统配置信息、统计年鉴数据、统计结果表、报表数据、文档数据以及专题图数据；普查数据库存储按照《GDPJ 03—2013 地理国情普查数据规定与采集要求》组织的地理国情普查数据集。由于地理国情普查数据海量的特点，为减轻数据服务器的压力，普查数据库采用分布式存储的策略，将普查数据存储到不同的服务器节点中。

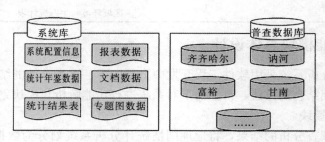

图8-4 系统数据库构成

用户通过系统界面导入普查数据集会经过如图8-5 的过程：用户选择准备好的普查数据集后，系统首先对数据的一致性进行检验。数据一致性检验的内容包括数据分层、属性字段、属性值是否符合《GDPJ 03—2013 地理国情普查数据规定与采集要求》所规范的数据组织方式。通过数据一致性检验后，用户还需要对数据库连接进行配置，以指定数据上传的位置。数据库连接包括服务器地址、用户名、密码、数据库实例名称的配置。数据库连接成功后，接下来上传数据集。数据上传成功后，最后一步是在系统库中注册数据集，以保证系统能够获取到普查数据集的位置。数据注册主要是保存数据集的范围以及数据连接信息。

图8-5 数据导入流程

2. 地理国情基本统计 面向国家/区域地理条件综合调查和描述的需求，针对地理国情普查(监测)数据，设计地理国情基本统计。从空间点、线、面三类空间形态，对国家/区域的资源、环境、生态、经济等进行归类、统计全域范围内的位置、长度、密度、总体数量等基本特征的基本统计分析，以客观、真实地反映国家/区域地理国情总体状况。各子模块的功能如表8-8 所示。

表8-8 基本统计功能列表

2 基本统计	201 地形地貌	统计高程带、坡度带及地貌类型的面积、表面面积及占比；统计单元最低高程、最高高程、平均高程、地表平整系数
	202 植被覆盖	统计植被覆盖(耕地、林地、园地、草地)类型的表面面积、面积、占比及构成比
	203 水域	统计地表覆盖层水面的面积及占比；统计地理要素层各种类型水域的面积及占比；统计河渠长度、表面长度、密度、面积、占比、实体长度及个数；统计湖泊、库塘面积、占比、个数、实体个数、实体面积；统计冰川与常年积雪的面积、表面面积、占比以及海岸线长度；统计水工设施的个数
	204 荒漠与裸露地表	统计荒漠与裸露地表各类型表面面积、面积、占比及构成比

（续）

2 基本统计	205 交通网络	统计覆盖层路面、硬化地表的面积、占比；统计地理要素层铁路、公路、城市道路、乡村道路的长度、密度；统计交通实体的长度；统计城镇综合功能单元要素层中机场、港口、长途汽车站（枢纽）、三等以上火车站的个数、面积；统计交通设施的个数、长度、面积
	206 居民地与设施	统计地表覆盖层房屋建筑区、人工堆掘地、构筑物（固化池、工业设施、沙障等）的面积及占比、构成比；统计行政村的个数、到学校（医院、社会福利机构）的距离、交通距离与数量；统计高速公路出入口覆盖的行政村数量和占比；统计居民小区的个数、面积、到学校（医院、社会福利机构、休闲娱乐、体育活动场所）的距离、交通距离与数量
	207 地理单元	统计行政区划与管理单元的面积、表面面积、四至坐标、东西和南北长度；基于行政区划与管理单元，统计社会经济区域单元和自然地理单元的面积、占比；基于规则地理格网单元，统计行政区划与管理单元和社会经济区域单元的格网个数及代码，统计自然地理单元的面积、格网个数及代码
	208 基础工具箱	提供普查数据预处理功能，为基本统计提供数据准备

　　基本统计指标计算的数据流经过数据准备和指标计算两个阶段，如图 8-6 所示。数据准备阶段主要负责将指标计算所需的空间数据图层按照统计单元的范围裁剪到本地，并对图层进行数据预处理，为下一阶段的指标计算提供数据支持。数据准备的过程是：首先，根据统计单元的空间范围，在普查数据集注册服务中查找包含该统计单元的数据集位置；然后，按照统计单元范围，将普查数据集裁剪到本地；最后进行数据预处理，对本地数据集中的图层进行面积、表面面积、周长等基础属性的计算。指标计算阶段负责对用户选定的指标进行统计，并写入统计结果库中，最后进行相应的可视化操作。其具体过程是：根据数据准备阶段提供的图

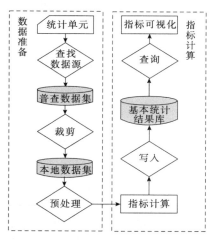

图 8-6　基本统计指标计算数据流

层数据，统计计算指标；将指标值存储到基本统计结果库相应表的字段中；查询统计指标，并以图、数、表多种形式对指标进行可视化。

　　3. 地理国情分类统计　面向各级政府职能部门对地理国情信息需求，在地理国情基本统计的基础上，整合不同部门所管理的地理国情要素类型的各类专项调查分析数据，进行地理国情分类统计，以系统反映各地理国情要素类的数量、空间分布、开发利用和动态变化特征。各子模块的功能如表 8-9 所示。

表 8-9　分类统计功能列表

3 分类统计	301 耕地	面向农业部门和土地管理部门对耕地空间分布及其利用状况相关信息的需求，从耕地数量、利用强度、空间分布格局和动态变化四个方面开展统计分析
	302 园地	面向农业和土地管理部门对园地要素类型的资源和利用状况的需求，从园地资源数量、开发利用强度、空间分布格局和动态变化开展统计分析

（续）

3 分类统计	303 林地	面向林业部门、环保和土地资源管理部门对林地资源及其利用信息的需求，从林地资源数量、开发利用强度、空间格局与变化开展分类统计
	304 草地	面向畜牧业、土地管理和环保等部门对全国和区域草地资源及其利用状况的总体需求，开展草地资源数量、开发利用强度、空间格局和动态变化的统计分析
	305 城市	面向城市建设、土地管理等部门对城市实体要素类型的数量、规模、集聚状态等信息的需求，从城市数量规模、开发强度、空间格局及城市发展动态等方面开展分类统计
	306 建制镇	面向城镇、国土、环保等部门对建制镇发展和动态变化信息的需求，从建制镇的数量、开发强度、空间分布格局和动态变化等方面开展分类统计
	307 农村居民点	面向农村建设和管理部门对全国或区域农村居民点的总体数量、建设强度、空间分布格局和发展变化等信息的需求，开展分类统计
	308 工矿企业及开发区	针对工矿企业和开发区这一重要的地理国情要素，从企业用地、开发区建设的数量、开发利用强度、空间格局和时序变化等方面，开展分类统计分析
	309 交通	根据管理部门对交通设施和交通网络发展的总体状况信息的需求，开展交通设置与网络的分析
	310 水体	针对水利、环保、国土等部门对水资源和水环境管理需求，从水资源数量、水资源开发利用强度、空间分布格局和动态变化等方面，开展分类统计
	311 荒漠与裸露地表	面向荒漠裸露地表这一重要的表达覆盖类型，以服务于国土综合整治、生态环境保护等为主要目标，从全国或区域荒漠裸露地表的数量、程度、空间格局和动态变化等方面，开展分类统计
	312 地形地貌	针对地形区分布、地形地貌特征开展分类统计，为相关区域开发利用决策提供基础信息

分类统计指标计算的数据流经过数据准备、统计数据和指标计算三个阶段，如图 8-7 所

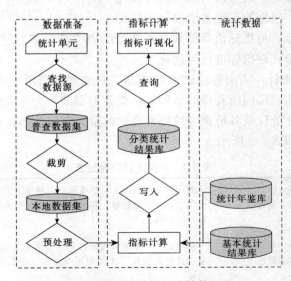

图 8-7　分类统计指标计算数据流

示。数据准备阶段与统计数据阶段为分类统计指标的计算分别提供空间数据和统计数据的支持，指标计算阶段负责指标的计算以及指标的存储与可视化。数据准备阶段和指标计算的过程与基本统计相同，参照基本统计指标计算数据流中的数据准备阶段和指标计算阶段。统计数据提供统计年鉴数据与基本统计计算结果数据，在基本统计的基础上，结合统计年鉴上的社会经济数据，进行分类统计。

4. 地理国情综合统计　面向地理国情服务于各级政府综合决策需求，从区域地理国情系统的视角，以各类地理区域为基本单元，整合地理国情基本统计、分类统计和各类专题数据，进行单元内地理国情要素及要素之间组合关系的综合统计分析，以发现和挖掘地理国情综合系统的总体态势、潜力和发展动态。各子模块的功能如表 8-10 所示。

表 8-10　综合统计功能列表

	401 土地利用	从土地利用程度、土地利用效益、空间分布格局等方面刻画土地利用特征
4 综合统计	402 城镇综合	从城镇化率、城镇扩张指标、城镇化质量等方面进行描述
	403 交通网络	从交通网络发展水平、交通网络结构、交通网络发展趋势等方面进行描述
	404 环境生态	从植被覆盖、水资源、土地退化、生物丰度、环境质量等方面进行描述

综合统计指标计算的数据流经过数据准备、统计数据和指标计算三个阶段，如图 8-8 所示。数据准备阶段与统计数据阶段为综合统计指标的计算分别提供空间数据和统计数据的支持，指标计算阶段负责指标的计算以及指标的存储与可视化。数据准备阶段和指标计算的过程与基本统计相同，参照基本统计指标计算数据流中的数据准备阶段和指标计算阶段。统计数据提供统计年鉴数据与基本统计、分类统计计算结果数据，在基本统计和分类统计的基础上，结合统计年鉴上的社会经济数据，进行综合统计。

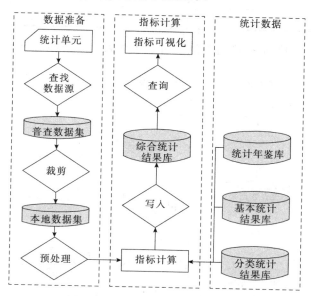

图 8-8　综合统计指标计算数据流

5. 地理国情指数　地理国情指数是以地理国情普查、基本统计、分类统计、综合统计结果以及其他必要社会经济统计数据为基础，对地理国情的重要方面进行综合概括，形成对国家/区域地理国情状态总体综合判断的信息。地理国情指数将为全面掌握国家和区域的地理国情状况、为各级政府部门宏观决策提供支撑，为研究人员和社会公众了解地理国情提供信息服务。各子模块的功能如表 8-11 所示。

表 8-11　地理国情指数功能列表

5 国情指数	510 自然地表指数	511 地形指数	地形指数由平均高程、地形起伏度、地表粗糙度和地表切割深度来综合表征
		512 地貌指数	将统计单元内地貌类型划分为平原、丘陵、山地、盆地和高原等基本类型，并分别计算其构成面积比例，并进行综合计算，得到统计单元地貌指数
		513 地表覆盖指数	地表覆盖分指数通过对耕地、园地、林地、草地、水域和荒漠裸露地表等覆盖类型的面积结构比例的计算综合得到
		514 地表格局指数	地表格局分指数从地表斑块格局、地表类型格局和区域地表总体景观格局三个层次，综合分析，获得统计单元的总体空间格局
	520 地理区位指数	521 自然区位指数	根据自然地表指数中地形分指数和地貌分指数加权求和计算得到，计算结果为 0～100 的实数
		522 城镇区位指数	依据城镇相互作用原理采用数据场理论进行测算
		523 交通区位指数	交通区位分指数从对外交通、城镇交通通达度和区域交通网络发育程度三个方面来度量统计单元的对内、对外和区域总体交通状况
	530 生态覆被指数	531 植被覆盖指数	表示植被覆盖状况
		532 水网分布指数	表示水网分布状况
		533 生物丰度指数	用多类生态用地面积度量生物数量指标
		534 土地退化指数	反映地区的土地退化程度

国情指数指标计算的数据流经过数据准备、统计数据和指标计算三个阶段，如图 8-9 所

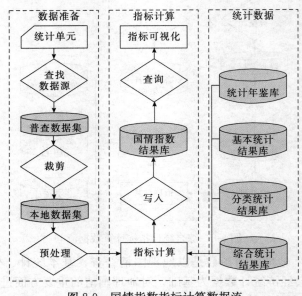

图 8-9　国情指数指标计算数据流

示。数据准备阶段与统计数据阶段为国情指数指标的计算分别提供空间数据和统计数据的支持，指标计算阶段负责指标的计算以及指标的存储与可视化。数据准备阶段和指标计算的过程与基本统计相同，参照基本统计指标计算数据流中的数据准备阶段和指标计算阶段。统计数据提供统计年鉴数据与基本统计、分类统计、综合统计计算结果数据，在基本统计、分类统计以及综合统计的基础上，结合统计年鉴上的社会经济数据，进行国情指数的计算。

6. 报表台账　报表台账模块主要是将基本统计、分类统计、综合统计和国情指数计算的指标结果，按照规定的报表格式生成地理国情统计分析报表。报表台账模块主要包括地理国情报表的生成、地理国情报表的查阅以及地理国情报表的更新，各子模块的功能描述如表 8-12。

表 8-12　报表台账功能列表

6 报表台账	601 地理国情报表生成	生成地理国情电子台账和报表
	602 地理国情报表查阅	查看地理国情电子台账和报表
	603 地理国情报表更新	更新地理国情电子台账和报表

地理国情统计分析报表生成的步骤如图 8-10 所示，首先根据所要生成的报表从基本统计、分类统计、综合统计和国情指数结果库中查询所需的指标数据；然后选择规范的报表模板，对数据进行格式化；最后生成相应的报表，存入到报表库中备查。

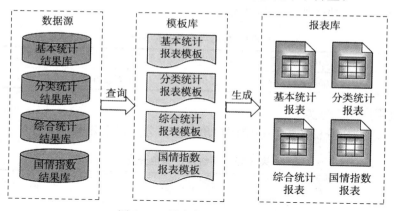

图 8-10　报表台账生成数据流

7. 统计制图　统计制图模块主要是将基本统计、分类统计、综合统计和国情指数计算的指标结果，按照预定义的专题图模板，生成地理国情统计分析专题图。统计制图模块主要包括地理国情图件的编绘、地理国情图件的查看以及地理国情图件的输出，各子模块的功能描述如表 8-13。

表 8-13　统计制图功能列表

7 统计制图	701 地理国情图件编绘	按照制图规范生成各类地理国情图件
	702 地理国情图件查看	查看各类地理国情图件
	703 地理国情图件输出	输出各类地理国情图件

地理国情统计分析专题图生成的步骤如图 8-11 所示，首先根据所要生成的报表从基本统计、分类统计、综合统计和国情指数结果库中查询所需的指标数据，并从统计单元库中获

取空间数据，将指标数据链接到相应的空间范围中，生成空间图层数据；然后选择规范的专题图模板，对图层进行符号化；最后生成相应的专题图，存入到专题图库中备查。

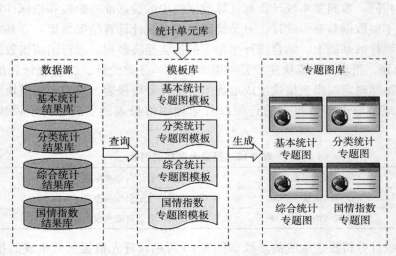

图 8-11　专题图生成数据流

8. 帮助支持　帮助支持模块提供系统操作文档与技术支持，包括用户手册及技术支持两大子模块，各模块的功能如表 8-14 所示。

表 8-14 帮助与支持功能列表

8 帮助与支持	801 用户手册	提供系统操作的帮助文档
	802 技术支持	提供软件维护人员的联系方式

（二）系统用户角色分类

根据系统需求调研分析成果，系统用户角色主要分为以下几类：

表 8-15　系统用户角色分类

用户类别	部门名称	角色编码	角色名称
信息提供方	国家基础地理信息中心	P01	系统管理员
	省级测绘地理信息局	P02	系统管理员
	地方地理信息站	P03	系统管理员
信息消费方	政府部门	C101	公安
		C102	消防
		C103	农林
		...	......
	企业	C201	企业用户
	一般公众	U301	一般公众用户

四、系统总体架构设计

根据现有全国国土资源广域网络系统、软硬件环境和用户角色分类的实际情况，系统将采用"C/S"架构模式按照"数据与程序分离"的原则进行系统总体架构设计。管理信息系统的总体架构模式如图 8-12。

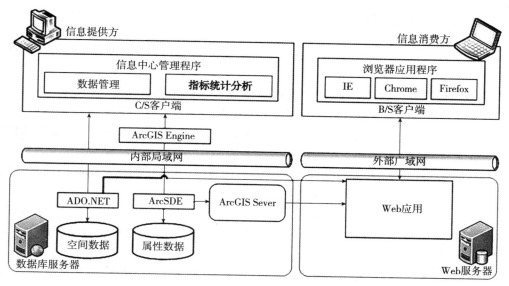

图 8-12 地理国情统计分析系统架构模式

1. 混合架构的优势 根据作为信息提供方的国家基础地理信息中心、省级测绘地理信息局和作为信息消费方的政府、企业和一般公众等不同用户角色的业务特点而设置。

信息提供方：在国家基础地理信息中心或省级测绘地理信息局的局域网网络环境中使用，且对数据安全保障要求较高的诸如数据管理等涉及对全区海量空间数据和属性数据存储与处理的功能模块，为提高系统运行效率，保证系统的可靠性，均采用 C/S 架构进行设计与实现。信息提供方的各类用户通过桌面端程序可直接操作局域网内服务器上的数据。

信息消费方：政府部门、企业和一般公众。由于以上单位办公地点分布地域广、用户的计算机使用水平差异较大，采用 B/S 架构设计不仅降低了对使用人员的计算机技术要求，也可减少软件维护成本。同时，中心还可以公开发布信息，普通公众也可通过浏览器参与项目。

2. 系统软件的选型 根据系统需求分析结合现有主流软件的功能特点分析，本次系统开发主要采用的软件有 Microsoft SQL Server 2008 R2、ArcGIS Server V10.1 企业版、ArcGIS Engine V10.1 等。各软件的功能特点简介如下：

（1）Microsoft SQL Server 2008 R2。Microsoft SQL Server 是大中型企业广泛采用的数据库系统，其特色是与 Windows 操作系统紧密集成的，数据库服务器的配置和部署较为方便。

（2）ArcGIS Server V10.1 企业版。ArcGIS Server 是由美国 ESRI 公司开发的功能强大的基于服务器的 GIS 产品，用于构建集中管理的、支持多用户的、具备高级 GIS 功能的企业级 GIS 应用与服务。系统将采用 ArcGIS Server V10.1 企业版作为系统空间数据管理与GIS 服务发布的工具。

（3）ArcGIS Engine V10.1。ArcGIS Engine 在数据管理、查询、三维分析、拓扑数据

操作、地理网络数据集、地图制图等方面的功能都要大大超出其他同类产品，本次系统开发选择 ArcGIS Engine 的最新版本作为桌面 GIS 的开发工具。

五、系统与信息安全设计

系统的安全性设计主要从系统运行环境的物理安全、软件安全和系统应用等几个方面进行考虑。

1. 系统运行软件安全性设计　由于系统运行了 Windows Server WebGIS 平台、SQL Server 数据库管理系统等软件，因此主要采取以下几点措施保证系统运行的安全性：

（1）操作系统、数据库管理软件以及 WebGIS 平台必须及时下载更新，安装软件厂商提供的最新安全补丁。

（2）操作系统、数据库管理软件以及 WebGIS 平台相关的账户密码必须使用强密码，即采用数字、字母和其他符号混合的长密码。

（3）SQL Server 数据库主要采取以下措施提高数据库系统的安全性：①锁定并终止默认用户账号；②改变默认用户密码；③激活数据字典保护；④根据实际情况给予最少的权限；⑤强制进行有效的访问控制。

（4）软件防病毒系统配置。防病毒系统包括服务器端防病毒系统以及客户端防病毒系统两部分。客户端工作站是病毒的重要传染源，中心应建立一套网络防病毒体系，自动查杀系统发现的病毒。建议在项目实施过程中，建立起一套针对客户端网络防病毒体系，确保服务器端无病毒，避免更大范围的感染。

2. 系统应用的安全策略设计

（1）用户与权限管理。通过系统维护中用户管理模块，对用户、用户权限进行严格管理，控制用户的功能权限和对系统数据的操作权限。系统的所有合法用户拥有各自的角色。权限管理模块将把系统的功能和数据资源分配到不同的岗位和角色。不同的用户，登录进入系统中，由于各自的工作岗位和角色不同而拥有不同的用户操作权限。

（2）安全管理制度建设。为保证系统的安全稳定运行，建议基础地理信息中心组织制定相应的安全管理制度，包括：人事安全管理制度、操作安全管理制度、场地与设施安全管理制度、设备安全管理制度、软件平台安全管理制度、计算机网络安全管理制度、应用软件安全管理制度、技术文档安全管理制度、数据安全管理制度、密码安全管理制度、应急管理制度等。

（3）信息安全教育。建议系统运行后，基础地理信息中心组织针对系统安全工程的安全培训，具体可包括以下几种形式的培训：①安全意识培训。针对不同岗位应担负的安全责任分为管理员和用户两大类开展多层次的安全意识方面的教育培训，全面提高从各级领导到各级管理人员再到一般工作人员对信息网络化中已经和可能遇到的安全问题的认识。②安全素质培训。从技术上对管理人员进行技术性培训，使管理人员对自己在安全系统中的角色以及对整个安全系统的影响从风险、安全策略、技术机制、配置管理、权限管理和应急处置等方面有深入的技术知识和技能；对各类操作人员（包括使用计算机完成办公业务的各级领导和各级办事员）进行技术性的安全培训，以提高对违规操作或误操作可能导致的安全问题及其应承担的责任有明确的认识。③人才培训。对系统的安全管理人员采用短期培训方式增强对有关信息安全新知识、新技术的了解，以提高风险对抗防范能力。

第三节　系统测试与评价

一、系统测试

系统测试是从整个系统出发，考查设计是否合理。系统测试的目的是在真实系统工作环境下检验系统软件是否能和系统正确对接，并满足软件研制任务书的功能和性能要求，就是寻找错误，特别是寻找不经常出现的错误，尽量把系统中隐藏着的错误消灭在调试期间。此外，还要对系统的容错能力、操作错误等进行测试。总之，通过测试要达到这样一个目的：寻找问题，纠正错误，提高系统技术能力，使系统早日投入运行。

（一）测试方法

测试方法包括人工测试和机器测试两大类。人工测试是采用人工方式进行，目的在于检查程序的静态结构，找出编译不能发现的错误。机器测试是运用事先设计好的测试例子，执行被测程序，对比运行结果与预期结果的差别以发现错误。对于不同的错误类型，这两种测试类型有各自的优点，但机器错误只能发现错误的症状、不能进行问题定位，而人工测试一旦发现问题，同时就确定了错误位置、类型和性质。因此人工测试不可忽视，它是机器测试的准备，是测试中必不可少的环节。

（二）测试内容

系统测试是测试整个硬件和软件系统的过程，是对被测系统的综合测试。系统测试的内容主要有程序测试、功能测试、性能测试、外部接口测试、人机交互界面测试、安全性测试、性能强度测试、降级能力强度测试、边界测试、余量测试、恢复测试、数据处理测试、软件鲁棒性测试、可安装性测试、可靠性测试等。地理信息系统软件包括基础型、专用型和专题应用型三种类型，不同类型的 GIS 在开发过程中设计的功能、方法和着重点均存在巨大的差异。因此，若想对各种不同的 GIS 制定统一的测试标准并且列出各项测试内容是不可能的。下文从系统的运行环境、体系结构、功能指标和系统综合性指标四个方面论述进行 GIS 测试可能的内容。

1. 系统运行环境　系统运行环境包括系统运行的软硬件、系统的开发工具以及系统的开发平台。

2. 系统体系结构　系统体系结构是指 GIS 采用何种逻辑或物理模型来实现 GIS 的各项功能以及处理它与其他系统的接口等，其内容根据不同的 GIS 类型和不同性能要求而有所差异，主要包括空间数据模型、空间数据结构、数据的组织方式、应用程序间的通信数据共享、网络体系结构、分布式数据管理和跨平台设计等。

3. 系统功能　系统的功能指标包括系统对地理空间的图形数据和属性数据的采集、编辑、存储、管理、查询检索、分析与处理、输出显示、数据共享和网络数据交换以及二次开发等功能的支持能力。

4. 系统综合性能　系统的综合性能测试就是针对系统各项功能及功能之间的接口，系统软、硬件之间结合的紧密程度，以及系统由此而达到的运算效率和处理效果而进行的测试。

二、系统评价

所谓地理信息系统评价，就是指对所建立 GIS 系统的性能进行考察、分析和评判，判断其是否达到系统设计时所预定的效果，包括用实际指标与计划指标进行比较，评价系统目标实现的程度。

（一）系统实施

系统实施是按照详细设计方案确定的目标、内容和方法，分阶段完成系统开发的过程。在这一阶段中，需要投入大量的人力、物力并占用较长的时间，因此应该做好细致的组织工作，制订出周密的计划。系统实施的主要内容包括：①系统硬件和软件的引进和调试；②系统数据库的建立和数据质量控制；③应用模块开发和建立用户应用界面；④应用系统联调、测试和编写系统测试报告；⑤按照计划任务书进行系统的验收及技术鉴定。其中，程序编制与调试和数据采集与数据库建立是系统实施的主要内容。

通常，为了保证程序编制和调试及后续工作的顺利进行，硬软件人员首先应进行地理系统设备的安装和调试工作；然后在适当的开发软件提供环境下将详细设计产生的每个模块的功能用某种程序语言予以实现；再进行程序调试、数据录入和试运行，以建立一个能交付用户使用的实用系统。

程序编制工作要尽量做到标准化和通用化，对所编制的程序应该按统一的格式编写程序说明，一般可采用以下内容：①程序名称；②程序功能；③程序计算法；④程序使用方法；⑤需要的存贮空间、设备和操作系统；⑥程序设计语言；⑦程序使用的数据文件；⑧其他有关说明等。根据上述各种功能从中选择出符合本单位部门要求的地理信息系统软件。

（二）系统总体功能评价

系统总体功能评价就是从技术和经济两个大的方面对所设计的地理信息系统进行评定。基本做法是将运行着的系统与预期目标进行比较，考察是否达到了系统设计时所预定的效果，具体步骤可以对以下各项进行逐一审议和考核：

1. 系统效率　地理信息系统的各种职能指标、技术指标和经济指标均是系统效率的反映，例如，系统能否及时地向用户提供有用信息？所提供信息的地理精度和几何精度如何？系统操作是否方便？系统出错如何？以及资源的使用效率如何等。

2. 系统可靠性　所谓可靠性，指系统在运行时的稳定性，正常情况下应该很少发生事故，即使发生也能很快修复。可靠性还包括系统有关的数据文件和程序是否妥善保存，以及系统是否具有后备体系等。

3. 可扩展性　任何系统的开发都是从简单到复杂的不断求精和完善的过程，特别是地理信息系统常常是从清查和汇集空间数据开始，然后逐步演化到从管理到决策的高级阶段。因此，一个系统建成后，要在现行系统上不做大改动或不影响整个系统结构，就可在现行系统上增加功能模块，这就必须在系统设计时留有接口，否则，当数据量增加或功能增加时，系统就要推倒重来，这就是一个没有生命力的系统。

4. 可移植性　可移植性是评价地理信息系统的一项重要指标。一个有价值的地理信息系统软件和数据库，不仅在于它自身结构的合理，而且在于它对环境的适应能力，即它们不仅能在一台机器上使用，而且能在其他型号设备上使用。要做到这一点，系统必须按国家规范标准设计，包括数据表示、专业分类、编码标准、记录格式、控制基础等，都需要按照统一的规定，以保证软件与数据的匹配、交换和共享。

5. 系统的效益　系统的效益包括经济效益和社会效益。经济效益主要产生于促进生产力与产值的提高，减少盲目投资，降低工时耗费，减轻灾害损失等方面。但目前地理信息系统还处于发展阶段，由它产生的经济效益并不显著，可着重从社会效益上进行评价，例如信息共享的效果、数据采集和处理的自动化水平、综合分析能力、系统智能化技术的发展、系统决策的定量化和科学化、系统应用的模型化、系统解决新课题的能力，以及劳动强度的减轻、工作时间的缩短、技术智能的提高等。

复习思考题

1. GIS 作为一个特殊的软件领域，其设计特点有哪些？
2. 简述需求分析在 GIS 系统设计中的作用。
3. 简述结构设计法、原型设计法和面向对象法的特点。
4. GIS 系统测试方法有哪些？
5. GIS 系统评价应考虑哪些因素？

第九章

地理信息系统应用

地理信息技术以其特有的空间数据集成与管理能力、多源数据融合的地图表现手法和空间数据模型的分析方法在各研究领域得到广泛的应用。本章主要从空间数据库建设、空间数据模型应用和专题地图表达三个方面，描述地理信息技术在农业、土地、交通、污染、物流和智慧城市建设等方面的具体应用。

第一节　地理信息应用模式

随着地理信息技术的发展，GIS 在各业务领域的应用表现出不同的发展阶段，总体上可以划分为四种模式，即分离模式、嵌入模式、集成模式和耦合模式。

一、分离模式

分离模式就是 GIS 软件平台与各专业软件之间保持独立，相互分离。以各种专业软件为主，GIS 软件为辅，是各专业领域使用 GIS 最简单的模式，指 GIS 和专业模型在保持系统独立性的条件下，两者仅仅通过文件方式进行数据交换。一方面，专业模型利用 GIS 处理后的数据作为输入；另一方面，专业模型处理的结果使用 GIS 进行结果表达，即利用 GIS作为专业模型的预处理和结果表达的工具。这种结合的特点是 GIS 和专业模型界面独立，GIS 操作与模型操作各自分开，其数据交换停留在文件交换的水平上。该模式的不足之处在于数据管理复杂，数据格式转换繁琐，数据成果表达不够规范以及数据共享困难。分离模式的概念模型如图 9-1 所示。

图 9-1　分离模式

二、嵌入模式

嵌入模式就是按照软件工程学的思想，将 GIS 的主体功能和专业软件模型进行高度集成，形成独立完整的软件系统。嵌入模式通常有两种组织方式，即将 GIS 工具嵌入到专业软件中，或者将专业模型嵌入到 GIS 软件中。其优点是具有统一的数据库以及相应的数据管理系统。系统采用数据交换模式，形成统一的数据格式，有利于数据的统一表达和数据共享，降低了分离模式文件交换的繁琐和出错率。该模式的缺点是信息交换的方式少，无法与应用领域的工作流程进行紧密结合，只能完成专业领域的部分单项工作。嵌入模式的概念模型如图 9-2 所示。

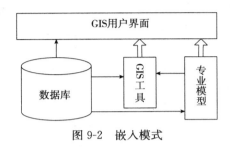

图 9-2　嵌入模式

三、耦合模式

耦合模式就是将软件开发与各专业领域的业务流程相结合，将各种应用软件以组件的形式建立相应的工具库，以插件的形式耦合到业务运行总线上，形成一个处理综合业务的完整体系。

耦合模式的优点是规范的多源异构数据库体系，满足各种业务处理对数据存储的要求，形成统一标准、统一规范、统一管理的数据管理机制。将数据流加载到业务工作流中，以业务需求为驱动，以数据为中心，强化业务管理流程及相关成果的表达规范。扩展了成果的传输方式，以可伸缩方式提供局域网的客户端、广域网的浏览器端、移动网的移动端和云端等多种用户模式，满足不同用户的业务需求。

耦合模式的缺点是以业务领域为主，没有考虑各种业务领域之间的融合关系。耦合模式的概念模型如图 9-3 所示。

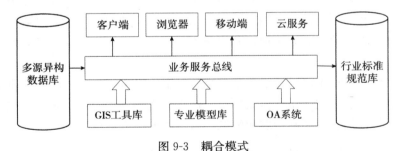

图 9-3　耦合模式

四、集成模式

集成模式就是将各行业间所使用的公共数据进行高度整合，形成各应用领域的核心数据库，通过广域网、局域网、通讯网、Wi-Fi 等进行高效连接，形成全社会的统一数据基础。在当前大数据、云计算的技术驱动下，GIS 技术与各种业务领域的协同集成模式正在形成。

集成模式的优点是统一数据的空间基础和数据标准，实现数据的高度共享，有效避免数据库的重复建设。当前我国广泛研究和实践的智慧城市建设就是采用这种集成模式。集成模式的概念模型如图 9-4 所示。

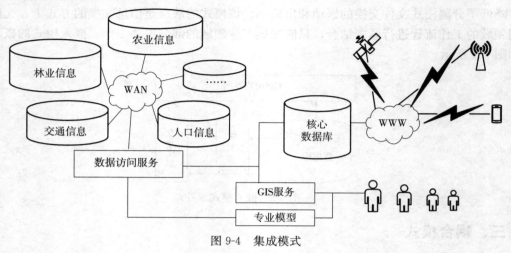

图 9-4　集成模式

第二节　地理信息技术在农业中的应用

　　我国是一个历史悠久的农业大国，农业在整个国民经济中占有重要的地位，农业人口占据总人口数的绝大多数，同时又是一个农业资源小国，人均可耕地面积只有 0.09hm²，仅为世界平均水平的 40%。自 20 世纪 80 年代改革开放以来，我国农业的发展取得了令世人瞩目的成就。当前我国农业尚处于机械化初期阶段，农业资源仍旧以粗放式利用为主，而农业生产本身又是一个非常复杂的过程，要想使中国农业走出当前落后、低效的现状，必须进行农业产业升级，走农业现代化之路。

　　地理信息技术是近些年来逐渐普及的新技术代表，在资源管理、环境保护、交通规划及土地利用等方面具有非常广泛地发展前景，可以为农业生产提供资源信息数字化、空间信息管理、区域规划、灾害评估、系统模拟和决策支持等服务，极大地提高了农业生产的信息化和现代化水平。

　　在我国，GIS 进入农业领域开始于 20 世纪 80 年代中期，从国土资源管理逐渐发展到农业资源信息、区域农业规划、粮食作物估产、病虫灾害研究和农业生态环境监测等领域，近年来又逐渐扩展到精细农业等新型农业领域，取得了非常大的成绩。

一、地理信息技术在农业领域的应用概述

　　1. 农业资源信息管理　　农业资源是人们从事农业生产或相关农业经济活动所利用的各种资源，主要包括大气、土地、水域、生物等农业自然资源条件和农业人口、劳动力资源、交通运输资源等社会经济资源。地理信息技术通过空间数据库实现了高效、科学的空间信息管理，可以在空间数据库中存储调查区各类型的数据，再运用地统计分析、叠加分析等空间分析工具来完成信息的处理，以用户需要的格式和形式提供数据和信息。农业资源信息管理系统的突出特点是利用 GIS 的空间信息管理优势，将土地、大气、水域等自然资源与地理

空间位置紧密联系起来，并在地图上进行直观、清晰地展现，对于农业资源信息管理起到了关键作用，能够极大地提高管理效率，并能够通过 GIS 手段发现以往在纸质分析资料中所不能发现的信息，如农业资源空间分布规律、作物生长空间分布规律、土壤肥力状况评估和农业水文评估等。

2. 生态农业区划 农业区划是农业区域划分的简称，是对农业发展合理区域的划分。我国进行生态农业区划的根本目的在于解决人们对于农业发展需求与制约农业生产发展的资源、技术等客观条件之间的矛盾。这就要求在进行农业区划之前必须分析地区发展的自然、社会、经济、生态等诸多要素，并对每个要素进行整体评价，探索因素间存在的关系，合理构建农业生产空间格局，达到地区农业发展的效益最大化。利用 GIS 技术，可以将区域农业资源信息，如区位条件、土地利用现状、地貌、土壤及气候信息汇总，生成不同的要素图层，再将这些图层与农业区域范围内的土地利用总体规划、城镇规划、交通规划等规划图及农业基础设施、农业机械分布要素等进行叠置分析、地形分析、通达度分析、区位分析等，实现农业产业空间布局的优化。

3. 农业灾害防治 农业在自然灾害面前天然具有脆弱性，一次大型的自然灾害往往会给农业生产造成致命的威胁。因此，自然灾害的评估、预警和灾后恢复对于农业生产和决策起着非常重要的作用，涉及众多复杂的因素，如植被、水文、地貌等众多与空间和时间密切联系的属性。GIS 技术在处理这些数据上具有明显的优势，利用 GIS 技术可以实现对自然灾害区域自然植被分布、地形、气象、地貌、地质、道路交通及建筑工程等信息的数字化和信息汇总，配合遥感技术对有关属性的时空特性和光谱特征进行数据采集和处理，可以进行灾情预警、灾害范围量算、灾害程度和损失状况评估及灾情演变趋势分析，对于灾情动向的掌握及抗灾物资的合理配置有着非常重要的作用。

病虫灾害对农业生产也是非常巨大的威胁。农作物的自我保护能力偏弱，病虫灾害的监测、预防和评估是农业生产中非常关键的一环。GIS 的主要作用包括分析病虫害发生时的动态及规律性、评估灾害发生的适宜因子、预测灾害的演变趋势，进而建立农业自然灾害科学数据库和农业自然灾害信息系统。

4. 农业生态环境管理 地理信息技术在农业生态研究中的应用非常广泛，主要有环境监测、环境评价、环境预测、点源和非点源污染等。利用 GIS 和 RS 技术的有机组合，可以对农业生态环境质量进行检测和分析。RS 信息的解译可以提取环境的各项指标，在 GIS 中对这些数据进行分析、处理，发现了环境空间分布规律，对异常环境问题能起到预警作用，对点源污染、非点源污染可以起到很好的控制效果。GIS 在农业生态环境管理中的应用主要以 GIS 模型与环境模型耦合的方式进行。GIS 作为环境属性数据和空间数据的管理工具，能对空间数据进行管理和分析。环境模型通过相应的算法对数据予以处理，最终形成农业环境预测模型，进行典型区域识别、预测以及区域农业生态环境动态模拟，从而为决策和管理提供依据。

5. 精准农业 精准农业是当今世界农业发展的新潮流，它将遥感、地理信息、通讯网络、自动化技术与地理学、农学、生态学等基础学科进行有机结合，实现了农业生产过程中对农作物、土壤的实时监测，生成动态空间信息系统，能最大限度地利用土壤、水资源、化肥等农业资源，实现最大的投入产出比。在精准农业体系中，GIS 主要用于建立农田土地资源、土壤数据、自然条件、作物疫情、灾害发生发展趋势、作物产量的空间分布等信息的空间数据库，进行空间数据的分析、处理，在此基础上建立各种类型的专题地图，将这些地图进行叠加分析，建立农业资源、自然环境和作物产出之间的空间对应关系。根据精准农业的需求开发出的农田地理信息系统，通常会与 RS 技术和 GPS 技术相结合，GPS 提供实时、准确的定位，RS 进行信息的快速获取，而 GIS 则有效地将 RS 和 GPS 的数据整合在一起，形成一个 3S 集成的精准农业信息化系统。

6. 其他方面的应用　GIS 在农业其他方面的应用还非常广泛，如农产品产量预测、作物适宜性分析、农田土壤侵蚀、土地生产潜力研究、农业系统模拟和仿真研究等，并可将 GIS 与 RS、GPS 技术进行集成，完成许多 GIS 无法单独完成的任务。

二、生态农业区划

针对黄河三角洲的生态农业区划研究，吕怀峰（2016）以 GIS 技术为依托，构建了黄河三角洲生态农业区划系统。在收集黄河三角洲地区的自然资源和社会经济概况信息的基础上，依据研究区未来发展的相关规划和标准，分析研究区生态农业区划的参考因子，其中自然资源等参数将利用模糊数学的方法，确定各评价因子指标隶属度，利用主成分分析的方法构建各指标权重，加权求和得出黄河三角洲评价单元的农业适宜度。利用得到的土地适宜性评价结果，结合研究区其他数据，采用聚类分析方法划分研究区进行生态农业区划，利用 GIS 软件将区划结果进行输出表达。

（一）系统技术路线

生态农业区划研究主要分成四个环节，即构建生态农业区划空间数据库，利用 GIS 技术，将自然因素构建成要素类数据，将社会因素构建成对象类数据，将影像构建成栅格类数据，形成描述研究区各种要素的多源数据库；构建影响生态农业区划的因素因子及相应地指标体系；构建生态农业区划的各种评价模型；以专题图形式输出生态农业区划结果。黄河三角洲生态农业区划研究技术路线如图 9-5 所示。

（二）系统的主要功能

1. 构建农业区划空间数据库　农业区划空间数据库的构建包含三个方面的数据：文献及样点数据、GIS 专题数据、RS 处理数据。在采集到的源数据的基础上，通过图层矢量化、属性表录入及空间分析等数据处理方式，最后经过数据的检查和校正，将处理后的数据存放在空间数据库中，用于后期的研究分析。

2. 因素因子分析　进行单因子评价分析时使用 GIS 软件，首先对各个评价因子的图像数据进行数字化处理，再将各个评价因子统计数据用评价标准进行定量化处理，然后确定评价因子适宜度的属性值，并输入到属性数据库，最后将评价底图经过缓冲区处理、栅格化处理生成栅格格式的单因子评价图。选取的单因子包括土壤类型、灌溉保证率、表层土壤质地、土壤有机质含量、土壤盐渍化、排水条件、土壤剖面构型、土壤微地貌、地下水埋深、风暴潮灾害等。

3. 构建评价模型　主成分分析（Principal Component Analysis，PCA）是将多个变量通过线性变换以选出较少重要变量的一种多元统计分析方法。

采用空间叠加分析法划分评价单元，即通过将图斑分割、裁剪、合并、重新分类等操作，生成评价单元，根据每个图层确定的分值标准对属性赋值，对各种评价要素进行空间分析叠加，形成了多个要素所具有的综合属性值。利用模糊数学的方法确定各个评价因子指标

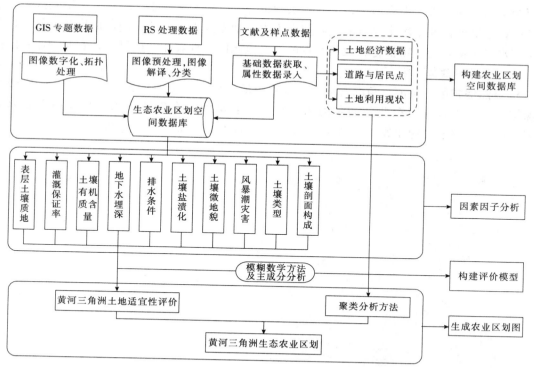

图 9-5　生态农业区划技术路线图

（吕怀峰，2016，有修改）

的隶属度，结合主成分分析所获得的权重进行加权求和，将多个地图要素叠加生成最终的评价结果。

　　使用 GIS 工具对黄河三角洲基础图层要素进行处理，并对适宜性评价因子进行矢量绘制、拓扑检查、属性合并、属性重新分等赋值、空间分析等操作，利用 SPSS 对黄河三角洲地区的采样点数据进行主成分分析，确定各评价因子的权重，构建评价模型，再进行加权统计分析，获得黄河三角洲土地适宜性评价专题图。

　　4. 生成农业区划图　根据构建的评价模型，得出黄河三角洲耕地、林地、草地适宜性评价结果。结合中心城镇距离、重要道路距离、土地经济数据等指标，以黄河三角洲土地利用现状作为区划的重要参考，利用聚类分析方法对黄河三角洲生态农业区划进行合理地划分。

　　基于 GIS 的数据融合方法得出的研究区生态农业区划结果如图 9-6 所示。

（三）生态农业分区

　　由图 9-6 可以看出，黄河三角洲地区生态农业共划分为八个示范区。

　　1. 生态渔业示范区　黄河三角洲生态渔业分布相对集中，主要分布于河口区中部及东北沿海地区和东营区的中东部，少量分布于广饶县的西北部以及中东部地区。该区自然资源条件适中，土质、水利条件一般，距离城镇和主要道路距离较近，土壤主要以滨海潮盐土和盐化潮土为主，土地广阔。

　　2. 绿色种植业示范区　主要分布在支脉河以南，行政区域包括广饶县、利津县的大部分，垦利县及东营区的少部分，地貌属鲁北平原，南部属山前冲积平原，北部为黄泛淤积，主要为微斜平地。该区人多地少，土质、水利条件好，农业发展水平较高，为研究区粮菜重点产区；小清河以北土壤主要以潮土和盐土为主，地多人少，土地广阔，地势低洼易涝，农业生产水平稍低，为全市棉花、大蒜重点产区。该区区域性农业特征显著，农业产业基础良好，适宜进行粮食蔬菜生产。

3. 自然保护区　黄河三角洲自然保护区分布最为集中，主要依托黄河三角洲国家级自然保护区，位于东营市东北部的黄河入海口，北临渤海，东靠莱州湾，与辽东半岛隔海相望。该地区湿地资源丰富，土壤类型多为滨海潮盐土、潮土及盐化潮土。

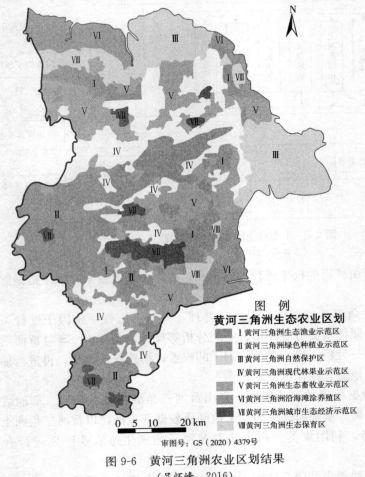

图 例
黄河三角洲生态农业区划

- I 黄河三角洲生态渔业示范区
- II 黄河三角洲绿色种植业示范区
- III 黄河三角洲自然保护区
- IV 黄河三角洲现代林果业示范区
- V 黄河三角洲生态畜牧业示范区
- VI 黄河三角洲沿海滩涂养殖区
- VII 黄河三角洲城市生态经济示范区
- VIII 黄河三角洲生态保育区

0　5　10　　20 km

审图号：GS（2020）4379号

图 9-6　黄河三角洲农业区划结果
（吕怀峰，2016）

彩图

4. 现代林果业示范区　主要分布在广饶县小清河以北，利津县与河口区、垦利县交界地区，还有一少部分位于河口区、东营区内部。该区自然资源条件优越，土质、水利条件好，距离城镇和主要道路距离较远，土壤主要以潮土和盐土为主，地多人少，土地广阔。

5. 生态畜牧业示范区　黄河三角洲生态畜牧业示范区分布较为集中，大部分位于河口区与利津县、垦利县的交界，少部分集中于垦利县与东营区的交界、广饶县的东北部地区。该区自然资源条件较为贫瘠，土质、水利条件较差，距离城镇和主要道路距离较远，土壤主要以滨海潮盐土为主，地多人少，土地广阔。

6. 沿海滩涂养殖区 黄河三角洲沿海滩涂养殖区分布集中且特点显著，主要分布在河口区的西北部、东北部沿海，垦利县的东北部沿海，东营区及广饶县的东部沿海地区。该区自然资源条件贫瘠，土质、水利条件较差，距离城镇和主要道路距离远，土壤主要以滨海潮盐土为主，排水条件较差，易受风暴潮灾害的影响，土地广阔。

7. 城市生态经济示范区 黄河三角洲城市生态经济示范区分布具有鲜明的特点，主要集中于研究区内大的城镇聚集区，主要包括东营市东城、西城范围，利津县、河口区、垦利县、广饶县的中心城镇聚集区。本区自然资源优越、人口众多、市场广阔，土壤类型以盐化潮土为主，距离中心城镇及主要道路都最近。

8. 生态保育区 黄河三角洲生态保育区主要分布在东营区南部和河口区南部。该区坚持开发与保护并重，以渔业资源高效利用、生态渔业、高效渔业、品牌渔业为目标，改善海洋生态环境；以高标准防潮堤和主干防护林带建设为主线，保护该区渔业生态环境；创新体制机制，大力发展高效生态的水产养殖业，推广浅海与滩涂有机结合和综合利用、"渔盐结合，一水多用"的海洋循环经济模式。

三、基本农田管理

按照国家最新基本农田保护政策法规的相关要求，结合《基本农田划定技术规程》和《基本农田数据库标准(TD/T 1019—2016)》的要求，基本农田管理主要包括基本农田数据建库和监管两方面的内容。基本农田管理涉及较多的空间数据和属性数据，通常依托地理信息系统的空间数据库的数据管理技术，建立基本农田信息系统，实现对基本农田的保护以及高效管理。

（一）系统结构

该系统基于 C/S 模式，采用 VC++语言开发，利用 SQL Server2010 数据库和ArcEngine 工具，开发设计出基本农田信息管理系统。该系统的整体架构如图 9-7 所示。

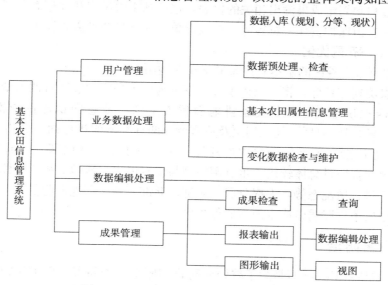

图 9-7 基本农田管理信息系统功能模块图

（崔峰，2015）

（二）模块功能

系统由用户管理、业务数据处理、数据编辑处理和成果管理四个主体模块组成。

1. 用户管理模块 此模块主要包含用户管理、数据库管理和数据字典管理三部分。用户管理主要建立用户的角色和权限机制，对使用系统的各级用户分配权限，建立用户数据库。数据库管理提供基本的增删改查数据操作和统计、分析、输出等。数据库字典是基本农田数据库与操作系统之间的桥梁。系统数据字典包括：坡度级别、地类、规划等级、农作物类型等。当数据库里的字典标准发生变化时，系统管理员可以通过修改字典，使数据字典达到规定要求的标准。

2. 业务数据处理模块 基本农田数据库的数据来源主要包括全国第二次土地调查数据、土地利用总体规划图等，由于数据来源存在多样性，基本农田数据在以上数据资料中可能以不同的数据格式存在，因此模块的功能包括：①数据导入功能，实现现状数据库、划定数据库以及分等数据库的数据导入；②数据检查功能，对基期数据、导入数据和变化数据进行处理及检查；③标准编码功能，对录入图斑的性质、图斑编号、地类编码、基本农田编号以及行政区划编码进行标准化处理；④数据的更新与维护功能。

3. 数据编辑处理模块 该模块主要实现了地理信息系统的常规功能，可以对基本农田矢量数据进行浏览、放大缩小操作，对图斑基本属性进行查看和编辑等。加载用户需要查看的数据，点击属性查看，既可以看到所选图斑的基本属性信息，如地类、地类面积、坐落和权属代码等，还可以对没有基本属性的图斑进行图斑面积计算和录入属性等。

4. 成果管理模块 该模块主要包括成果检查、报表输出、图形输出三个功能。成果输出包括数据库成果和图件成果，数据库是根据基本农田数据库模块生成 Access 或 SQL Server 规划数据库，通过该模块将得到的基本农田面积、空间分布等数据以图形的形式输出，实现基本农田专题图的制作。专题图包括饼图、直方图等。

成果检查指对划定后的成果数据进行图形、属性检查和报表输出。此功能主要针对基本农田调整划定过程和划定成果输出相关的报表，包括基本农田现状登记表、划定平衡表、现状汇总表、基本农田保护责任一览表等。报表以单表和批量两种方式输出。

（三）基本农田布局优化

图 9-8 是北京市平谷区的基本农田布局优化专题图。

结合基本农田划定目标，将北京市平谷区划分为优先划定型、适宜调入型、重点调控型和缩减退出型四种耕地类型。各类型耕地面积占全区耕地总面积比例依次为 35.06%，28.47%，21.13%，15.34%。优先划定及适宜调入两种类型的耕地面积共占全区耕地总面积的 63.53%，空间形态上呈较强集中连片性，主要位于平谷区西部、南部及中部平原区域，平谷区耕地综合质量总体较优。重点调控型与缩减退出型耕地面积比例依次减少，空间上明显表现出零星、散乱态势，大部分居于东部、北部、西北部地形起伏较大地区，另有部分穿插在平原地质条件脆弱带或水源涵养保护区。

四、病虫害防治

病虫害防治（Pest Control）是为了减轻或防止病原微生物和害虫危害作物或人畜，而人为地采取某些手段，一般可以分为采用杀虫剂等化学物质进行的化学防治和利用光或射线等物理能或建造障壁的物理防治。党立波（2012）建立了基于 GIS 的县级病虫害信息系统。

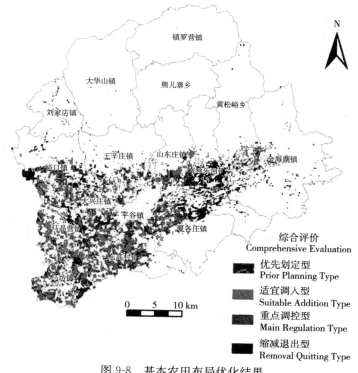

图 9-8　基本农田布局优化结果
（奉婷等，2014）

彩图

（一）系统结构

该系统基于 C/S 模式，采用 C♯语言开发，利用 Access 2010 数据库和 ArcEngine 工具，开发设计出病虫害信息系统。该系统的整体架构如图 9-9 所示。

（二）模块功能

该系统有基础数据管理、数据录入、信息查询、属性和图形编辑、预测预报、专家知识库、数据上传以及专题图制作、报表生成等多个模块。各模块功能如下：

1. 基础数据管理模块　空间数据管理是用户对系统空间数据进行的基本操作，主要包括地图文档的管理、数据导入导出、空间数据浏览、图层合并和地图量算。

（1）地图文档的管理：主要包括对地图文档的新建、打开、添加数据、删除数据、保存和关闭等操作。地图文档包括基础地理数据和林业区划专题数据。

（2）数据导入导出：主要是指将野外移动 Pad 的调查数据导入本系统中，以及将本系统的数据导入 Pad 中。

（3）空间数据浏览：主要是对数据的放大、缩小、全图、前一视图、后一视图以及漫游等一系列的基本图形操作。

（4）图层合并：是将要素相同的不同区域的图层进行合并，形成新的图层的过程。

（5）地图量算：指用户在地图上进行距离或面积量算的操作。

2. 数据录入模块　数据录入模块主要包含发生、防治数据的录入以及中心测报点数据录入。

3. 信息查询模块　信息查询是在数据管理的基础上，为管理决策提供各种可用的信息，主要提供了三种查询方式：属性数据查询、通过属性数据查询空间信息以及通过空间数据查

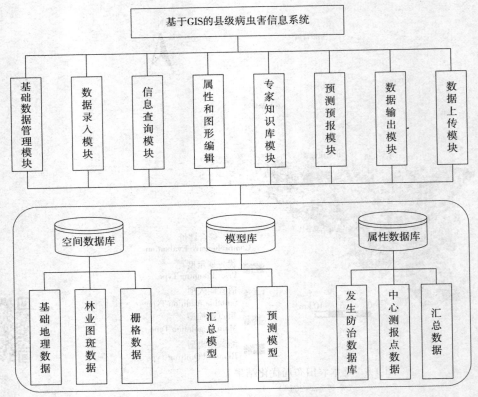

图 9-9 病虫害防治信息系统框架图
(党立波，2012，有修改)

询属性信息。

（1）属性数据查询：该功能是根据用户的选择条件进行查询。查询条件可以是一个，或者是多个。用户可以查询数据库中的所有数据，包括导入到本地发生防治 Access 数据库中的发生表和防治表，以及预测预报数据库中的表。

（2）通过属性数据查询空间信息：用户在属性表中选择感兴趣的记录，系统会将与之相对应的要素图斑高亮显示；用户进行发生、防治数据属性查询时，系统会同时在空间上高亮显示查询结果所对应的要素图斑。

（3）通过空间数据查询属性信息：在空间数据上点击要查询的要素图斑，系统会显示与之相对应的属性查询结果。

4. 属性和图形编辑模块 林业有害生物监测数据管理是用户对林业有害生物调查数据（空间、属性数据）资源进行使用的操作，主要指对林业调查资源数据的编辑，通常包括属性数据的编辑和空间数据的编辑，提供对数据的增加、删除及修改等操作。

图斑分割：该功能可将一个图斑分割成相邻的两个多边形图斑，分割后图斑的属性数据与分割前图斑的属性数据相同。

图斑合并：该功能可将两个图斑合并为一个图斑，合并后图斑的属性与用户选择的第一个图斑的属性是一致的。

属性数据编辑：该功能是县级林业有害生物监测管理中的基本功能，用户可以采用单一编辑或者群编辑的方式，对有害生物监测数据、发生数据、防治数据进行编辑。

5. 预测预报模块 对害虫的发生期、发生量以及发生范围进行预测。

6. 专家知识库模块 知识库包括病虫害知识库和防治对策知识库等，通过病虫各种生理特性分析，帮助调查人员确定病虫害的种类以及提供常见病虫害的防治对策。

7. 数据上传模块 将病虫害发生防治的数据按照月份或乡(镇)导入国家防治信息系统中的发生防治表中。

8. 数据输出模块 包括报表输出和专题图输出两大功能。

（1）报表输出。系统可将用户查询结果的属性数据部分或系统数据库中特定属性数据表以 Excel 表格文件形式导出，保存至用户指定路径。

（2）专题图输出。专题制图是按照特定专题渲染地图的过程，专题通常使用数据集中的一组或多组数据。专题利用颜色渲染、填充图案、符号、直方图和饼状图表示数据。根据数据中的特定值指定的颜色、图案或符号，可以创建不同的专题地图。

（三）西花蓟马传播

西花蓟马是我国南方湿热气候条件下较为常见的一种病虫害，以锉吸式口器取食植物的茎、叶、花、果，导致花瓣褪色、叶片皱缩，茎和果则形成伤疤，最终可能使植株枯萎，同时还传播番茄斑萎病毒在内的多种病毒。西花蓟马远距离扩散主要依靠人为因素、种苗、花卉及其他农产品的调运，尤其是切花运输及人工携带是其远距离传播的主要方式。其生存能力强，经过辗转运销到外埠后西花蓟马仍能存活。利用地理信息技术结合专业的预测模型，对西花蓟马在我国的适宜状况进行了分区，为有效预防病虫害起到了指导作用。

由预测结果可知，西花蓟马在中国的华中、华南以及西南的广大地区可周年发生，其中最为严重的发生地分布在云贵高原、渭河流域、淮河流域以及广东、广西、云南等。西花蓟马也可能在中国广大北方地区严重发生，但根据推测应同时具备以下两个条件：①根据西花蓟马生物习性，这一地区 4～6 月和 9～10 月的月平均温度能够保持在 25℃左右；②这一地区有一定面积的温室大棚作为西花蓟马的越冬产地或具有西花蓟马的传播途径(如花卉、果苗等植物材料的运输)。

五、精准农业

精准农业又称精细农业、精确农业、精准农作，是一种基于信息和知识管理的现代农业生产系统。精准农业采用3S(GPS、GIS 和 RS)等高新技术与现代农业技术相结合，对农资、农作实施精确定时、定位、定量控制的现代化农业生产技术，可最大限度地提高农业生产力，是实现优质、高产、低耗和环保的可持续发展农业的有效途径。

精准农业是由信息技术支持，根据空间变异，定位、定时、定量地实施一整套现代化农事操作技术与管理的系统，其基本含义是根据作物生长的土壤性状，调节对作物的投入，即一方面查清田块内部的土壤性状与生产力的空间变异，另一方面确定农作物的生产目标，定位进行"系统诊断、优化配方、技术组装、科学管理"，调动土壤生产力，以最少的或最节省的投入达到同等收入或更高的收入，并改善环境，高效地利用各类农业资源，取得经济效益和环境效益。精准农业的核心是建立一个完善的农业生产地理信息系统，可以说是信息技术与农业生产全面结合的一种新型农业。精准农业并不过分强调高产，而主要强调效益。它将农业带入数字和信息时代，是 21 世纪农业的重要发展方向。

（一）精准农业变量施肥控制技术

精准农业土壤采样技术是变量施肥技术获取土壤养分信息的重要手段，土壤养分测定值是生成施肥处方图的重要数据之一。变量施肥技术实现了施肥机行进间按需调控施肥量，可有效地提高肥料利用率，增加利润，减轻环境污染。为了配合变量施肥控制器完成变量施肥任务，实施变量施肥的全自动控制，设计开发了运行于车载控制终端的变量施肥软件系统。软件开发使用 Eclipse 集成开发环境和 Java 开发语言，结合 ArcGIS for Android 插件和 SQLite 数据库完成。

（二）模块功能

该系统有播种机参数设置、地图的显示及操作、GPS 信号接收及定位、变量施肥控制、手动施肥控制、GPS 模拟调试、施肥状态显示、作业记录查询等多个模块，各模块功能如下：

1. 播种机参数设置　通过选择播种机类型，对相应的播种机参数进行设置。支持的施肥机类型有法国库恩 Maxima2 系列气吸式精量点播机和美国约翰迪尔 1910 气吹式种肥车两种。

2. 地图的显示及操作　该模块可以适应用户的多种地图操作，如单击、平移、长按、缩放等操作，例如可以通过两指夹/捏实现地图的缩放，单击地图要素可以弹出窗体显示要素的属性，并在屏幕上显示单击点的经纬度坐标信息。

3. 变量施肥控制　根据实时接收的 GPS 信息，查询施肥处方图中施肥机所处网格，并读取对应网格的施肥量信息，转换成施肥命令后通过 ZigBee 无线通讯模块发送给变量施肥控制器，同时接收变量施肥控制器回传的施肥状态信息并在屏幕左上显示。施肥机在作业过程中的经纬度坐标、速度、时间和施肥量信息将实时存储到 SQLite 数据库中。变量施肥控制器接收到施肥命令后控制施肥执行机构完成变量施肥任务。

4. 手动施肥控制　为了适应不同的作业需求及特殊作业条件，提高软件的灵活性，软件设置了手动施肥调节功能。输入的目标施肥量将转换成施肥命令发送给变量施肥控制器，变量施肥控制器回传的施肥状态信息将显示在主界面上，同时施肥作业过程中的经纬度坐标、速度、时间和施肥量信息将以 SQLite 数据库的形式进行存储。在手动施肥模式下，用户可以随时设置当前施肥机的施肥量信息。

5. 作业记录查询　通过读取 SQLite 数据库中的记录，在地图上实时绘制出作业的轨迹，实现作业轨迹的回放，单击作业轨迹中的点可以显示出该点的经纬度坐标、速度、时间和实时施肥量信息，便于用户直观查看。SQLite 数据库里的数据还能够以列表记录的形式供操作员查看分析。

（三）变量施肥工作流程

多种外部因素都会对作物的生长产生影响，诸如气候条件、土壤养分情况、地势变化及病虫害等影响，施肥处方图的生成是建立在充分了解农田环境信息如土壤养分、土壤墒情、土壤电导率、产量数据和遥感数据等信息的基础上，结合作物施肥模型推理分析农田各部分的需肥量情况，利用 GIS 平台生成包含施肥量信息的电子地图形式的处方图，便于施肥机在进行田间作业时，能够根据实时的 GPS 位置信息进行定点按需施肥。一般施肥处方图的生成流程包括农田信息的获取、信息分析处理、空间分布图的生成、施肥决策和施肥处方图生成等几个步骤。变量施肥控制技术工作流程如图 9-10 所示。

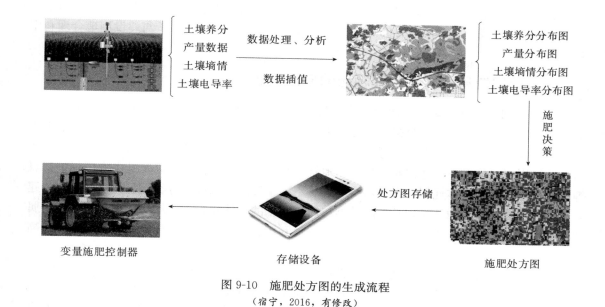

图 9-10　施肥处方图的生成流程

（宿宁，2016，有修改）

第三节　地理信息技术在土地领域中的应用

国土资源是国家及居民赖以生存的物质基础，是生态文明建设的空间载体。对国土资源的配置与利用是否科学合理，直接影响到经济的可持续发展。结合当前经济发展的新动向，土地利用由增量扩张为主转向盘活存量与做优增量并举，逐步进入以存量为主的绿色可持续发展时代。这就要求国土资源管理工作更加注重保护及合理利用国土资源，提高资源配置的质量和效益。

国土资源部先后提出"数字国土""金土工程"等项目，带动了土地利用规划信息系统的建设与发展。开展土地规划信息系统的建设，促进土地利用规划整体水平的提高，是土地利用规划的急需，也是国土资源信息化的客观要求，所以土地利用规划信息化建设是国土资源信息化建设的重要组成部分。通过土地利用规划信息系统，可以为编制土地利用规划提供便利，为合理利用土地资源提供科学依据，从而使土地利用规划管理工作更加科学化、规范化。

目前，GIS 技术已经应用到土地利用规划管理、动态移动巡查系统和土地适宜性评价等领域。通过利用 GIS 技术改造传统的方式以实现 GIS 在土地领域管理的信息化、自动化及科学化是 21 世纪科技发展的必然趋势。深入研究基于 GIS 技术的土地管理系统，使之实现基础数据的及时更新、业务数据的动态管理、规划编制与分析、动态巡查、提供辅助决策支持等方面的功能，具有重要的实用价值和理论意义。

在动态巡查方面，随着国土资源管理方式和利用方式的转变，国土资源执法监察越来越需要运用科技的手段来提高执法效率。因此，提高国土资源管理、巡查和查处违法案件的工作效率是国土管理机构的工作重点。在综合原有土地执法动态巡查信息化管理建设成果的基础上，结合移动 GIS 等新技术，使用平板电脑、手机等移动智能设备取代原来的手持 GPS＋

笔记本电脑的外业巡查方式，建设与国土空间绿色发展相适应的移动 GIS 土地执法动态巡查监察体系，提高国土执法监管的实时性与有效性，促进耕地资源保护与建设用地合理利用的绿色发展。

一、地理信息技术在土地领域的应用概述

1. 土地利用数据仓库　地理空间数据是由大量来源不同的土地利用现状及变更数据和业务应用数据所组成，这些数据可以是跨平台的矢量数据或栅格数据。土地利用属性数据更为复杂，包括与人文、社会、经济相关的土地基本信息以及土地利用基本情况等信息，还包括土地利用现状信息、土地权属信息、用地管理数据、规划指标数据以及基本农田保护信息等。对于土地利用总体规划而言，需要对这些不同来源的数据进行分类、分行政区管理并建立数据之间的关联结构，实现其空间数据与属性数据的一体化管理。综合考虑空间数据与属性数据的内在关系，才能科学、高效地展开土地利用总体规划工作，保证该系统的稳定、高效运行。

在土地总体规划中，土地利用数据仓库是系统的关键。数据仓库具有面向主题、集成、不断更新、随时间不断变化四个特征，可以支持土地管理中全过程的决策制定。

空间数据仓库是在传统数据仓库的基础上引入了空间维数据，是空间数据库技术、数据仓库技术及 GIS 技术的结合。土地利用数据具有多源异构特性，如空间数据可能包括 Geodatabase 数据、Shapefile 数据、MapGIS 数据以及 CAD 数据等，属性数据可能包括 Access、SQL Server、Oracle 数据库系统数据，此外还有其他 Excel、XML 文档数据等。所以，数据抽取、清理工作需要分别针对空间数据和属性数据，建立空间数据抽取模块、属性数据异构数据库抽取模块、Excel 数据抽取模块及 XML 数据抽取模块等，进行转换、处理从而建立土地利用数据仓库。

经过数据抽取、清理后得到的数据，用于建立基于行政等级的多级数据立方体结构，支持土地利用规划辅助编制过程中的高层次主题服务。数据立方体的三个维度分别由行政区、时间、土地利用类型构成。

最后将土地利用数据进行集成，从而形成物理上分散而逻辑上集中的整体数据视图，实现多源异构空间数据库。土地利用数据仓库建设逻辑如图 9-11 所示。

2. 土地利用规划　土地利用规划具有组织、协调、控制和监督四项职能，包括年度计划管理、规划编制（修编）、规划实施管理、规划跟踪与监测等内容，用于落实耕地总量动态平衡、分解指标的数量与分布、土地生产潜力等级和土地质量等级划分，以及用途编制、土地用途管制、土地利用动态变化信息反馈等。

土地利用规划管理是集空间数据管理与规划业务于一体的整体技术解决方案，为土地利用总体规划全过程提供支持，全面简化工作程序，规范土地利用规划管理流程，包括规划辅助编制、规划成果管理、指标管理、计划管理、建设用地预审、农用地转用、开发复垦整理项目审查管理等。该方案以土地利用规划数据库为基础，以指标数据为核心，融合 GIS、MIS、OA 于一体，充分利用 GIS、工作流、动态表单等技术，简化了土地利用规划日常管理工作的流程，有效地提高了土地利用规划管理工作的质量和效率，保证了土地利用规划管理数据的现势性和连续性，提高了土地利用规划管理工作的信息化水平。

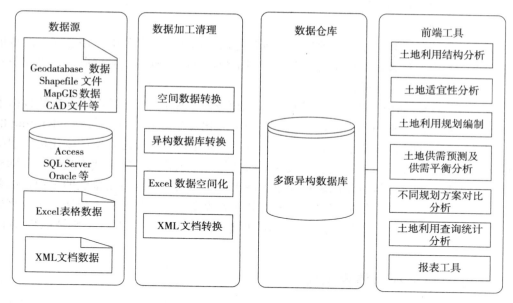

图 9-11　土地数据仓库建设逻辑结构

（吴永胜，2013，有修改）

3. 土地利用现状调查　土地利用现状调查是指以一定行政区域或自然区域（或流域）为单位，查清区内各种土地利用类型面积、分布和利用状况，并自下而上、逐级汇总为省级、全国的土地总面积及土地利用分类面积而进行的调查。

土地利用现状调查具体可分为八大步骤：调查的准备工作、外业调绘、航片转绘、土地面积量算、编制土地利用现状图、编写土地利用现状调查报告及说明书、调查成果的检查验收和成果资料上交归档。

土地利用现状调查是以航空或者航天正射影像作为工作地图，参考已有的土地利用资料，采用全野外的调绘方法，按照实地情况，将境界线、地类、新增地物和相应的属性信息调绘到工作底图上，结合 GIS 技术，根据清绘后的调查工作底图，建立土地利用现状数据库，以实现高效管理、自动汇总和自动成图的目的。

4. 土地分等定级　土地分等定级是根据土地的经济和自然两方面的属性及其在社会经济中的地位和作用，综合评定土地质量，划分土地等级的过程。土地分等定级包括两个方面，即土地分等和土地定级。土地分等是通过对影响土地质量的经济、社会、自然等因素进行综合分析，揭示土地质量在不同地域之间的差异，选用定量和定性相结合的方法对其进行分类排队，评定土地等别。土地等别反映的是土地质量的地域差异。分等的对象是城镇土地和农用地。土地定级是根据土地的经济、自然两方面属性及其在社会经济活动中的地位和作用，对土地使用价值进行综合分析，通过揭示内部土地质量在不同地域的差异，评定城镇土地级别。土地级别反映的是评价区内部土地质量的差异。土地定级的对象是土地利用总体规划确定的城镇建设用地范围内的所有土地。城镇以外的独立工矿区、开发区、旅游区等用地可一同参与评定。

土地分等定级遵循的原则是综合分析原则、主导因素原则、地域分异原则、土地收益差异原则、定量与定性相结合原则。

（五）土地评价方法

在土地评价的各个环节中经常使用土地统计空间插值方法，其目的是用已知点的数值来估算未知点的数值的过程，常用于将离散点的测量数据转换为连续的数据曲面，以便与其他空间现象的分布模式进行比较。

克里金（Kriging）插值法是一种常用的空间插值方法。Kriging 是对空间分布的数据求线性最优、无偏估计的一种内插方法，适用条件是区域化变量存在空间相关性。Kriging 的原理是假设某种属性的空间变化既不是完全随机也不是完全确定。反之，空间变化可能包括三种影响因素：①空间相关因素，代表区域变量的变化；②偏移或结构，代表趋势；③随机误差。偏移出现与否和对区域变量的解释导致了用于空间插值的不同克里金法的出现，如普通克里金方法、泛克里金法、协同克里金法、对数正态克里金法、指示克里金法、析取克里金法等，其中普通克里金是单个变量的局部线形最优无偏估计方法，也是最稳健的插值方法。

二、土地利用规划信息系统

土地利用规划又称为土地规划，是指在一定区域内，一定时期内，在土地利用现状调查数据基础上，根据国民经济和社会发展计划，以及规划地区的自然、社会、经济条件，制定出科学、合理的规划方案，以取得最大的经济效益、社会效益和生态环境效益，同时又为将来保护好土地资源，以达到土地资源可持续利用的目的。

土地利用规划涉及的数据种类多、数量大，利用计算机技术及 GIS 技术可以有效地提高土地利用规划的准确性和科学性，提高规划的科学管理与决策，与办公自动化 OA 相结合，可以提高信息处理速度，便于规划目标和规划方案的调整以及规划的实施执行，提高土地利用规划的效率。

建立土地利用规划信息系统，不仅可以实现土地信息的实时更新和土地利用规划的动态管理，而且能提高规划管理的工作效率，规范土地利用规划管理，实现数据共享，使土地利用规划管理更加科学化、规范化、自动化。

（一）土地利用规划系统功能需求

图 9-12 是土地利用规划功能导图，在用户需求分析的基础上，构建了土地利用规划系统的整体功能，主要分为通用功能和专业功能两部分，其中通用功能包括基本功能、信息查询功能和专题统计与分析功能；专业功能包括规划管理、成果管理和项目管理。

土地利用规划信息系统主要完成以下的任务：

1. 数据库建库与管理 根据土地利用规划的业务需求，所开发的系统需要建立土地规划管理基础数据库，包括空间数据和属性数据，涉及图件库和文档库。建立涉及面广、种类齐全、数据结构复杂的多源数据库，涵盖绝大部分现有土地规划管理数据信息，实现多层次数据控制，使空间数据和非空间数据有效结合，实现多源数据的统一管理，为决策支持提供准确的数据基础。

2. 数据更新 实现规划用途分区的灵活修改和更新功能，将每一个规划信息的变更实时、详细地存储到数据库中，利于海量数据的存储、维护、检索和管理，使土地规划管理系统所需的全部数据能方便进行存储、维护、检索和管理，并具有添加、删除、修

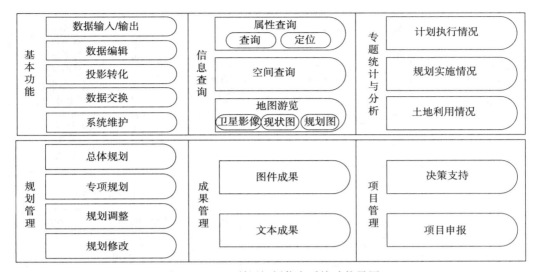

图 9-12 土地利用规划信息系统功能导图

改、保存等功能。

3. 规划编制 实现对规划地块的评价，主要是区位分析，符合规划分析，方便用户根据分析结果进行项目选址。根据业务分析，将系统分为两个部分：规划辅助编制子系统与规划管理子系统，两部分既彼此独立又相互联系。规划辅助编制的运行形成规划成果，建立土地利用规划数据的基本数据库，主要包括规划图形数据库、属性数据库和文档数据库；规划管理则是对规划成果的管理和利用，以及对规划方案的实施和操作。

4. 决策支持 实现项目管理功能，对业务数据和土地项目情况进行管理，包括项目申报、决策支持等。

5. 数据输出 高效的规划结果输出和信息查询，提供多样化的查询和统计功能，方便统计，以便领导做出决策；强大的报表和地图输出功能。

（二）系统架构设计

土地利用规划信息系统的总体架构如图 9-13 所示。整个系统划分成四个子系统，各子系统间相对独立，又互相协调，完成土地利用规划全业务流程的工作。

1. 输入子系统 主要完成多源土地利用规划数据的采集、整理、加工、检查和入库等工作，建立土地利用规划多源异构数据库。数据源主要包括土地利用现状数据、地籍数据、土地规划功能分区等基本信息；数据预处理是将土地规划基期数据（主要是地籍现状数据）叠加，赋予土地规划的相关内容，通过编辑修改，形成土地利用规划管理数据。规划实施管理大体上可以分为三类：土地利用年度计划管理、用地审查管理以及规划实施动态监测管理。

2. 数据库管理子系统 数据库管理子系统是全系统的核心，主要包含数据库、属性工具库和图形工具库等，根据功能模块的要求及时提供服务，快速提供图形与属性的编辑。在建成土地利用规划数据库后，相应地配套工具库，形成一整套数据库管理子系统。

3. 土地利用规划子系统 根据软件需求和设计内容，土地利用规划子系统包括基本功能、规划管理、规划实施和分析统计四部分。主要目的是为了实现各种业务管理而进行功能

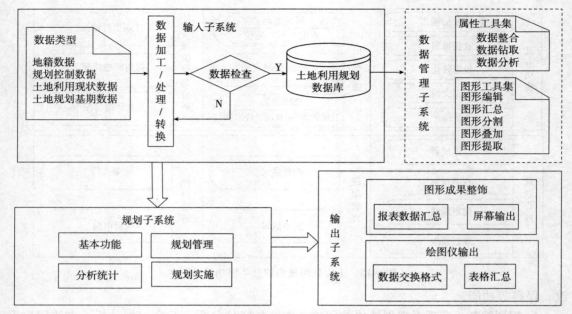

图 9-13　土地利用规划信息系统的逻辑结构

分工，基本涵盖日常规划管理业务的各个方面，通过调用数据库管理系统中的成果，得出用户请求的结果。

4. 输出子系统　用户的各项请求经各个子系统处理后，提供各种输出结果。成果输出主要包括土地利用规划图件成果、各种规定格式的报表和统计图表、相关的文档成果。输出方式有屏幕输出、绘图仪输出和打印输出，同时可输出交换格式的数据成果和相关汇总成果。

（三）规划成果

本区域位于广东省汕头市澄海区溪南镇三二四国道西侧、金溪路北侧片区莲南工业区控制性详细规划，规划片区涉及埭头村、仙市村两个行政村用地。现状已报用地为 11 宗，其中国有用地 2 宗，已取得集体土地使用权证 9 宗。土地利用规划成果如图 9-14 所示。

该片区现状城市建设用地面积为 11.09hm²，公路用地（即三二四国道）面积为 0.79hm²，非建设用地面积为 4.27hm²，规划总用地面积为 16.15hm²。现状建设用地主要为工业用地，用地面积为 6.42hm²，占现状城市建设用地面积的 57.89%；医疗卫生用地面积为 0.77hm²，占现状城市建设用地面积的 6.94%；商业用地面积为 0.62hm²，占现状城市建设用地用地面积的 5.59%；防护绿化用地面积为 0.06hm²，占现状城市用地面积的 0.54%；服务设施用地面积为 0.11hm²，占现状城市用地面积的 0.99%；其余用地为耕地。

1. 功能定位　按上层次规划的功能布局，该片区定位是镇的医疗卫生中心、对外交通中心及集镇片居住区的组成部分。参考城市居住区规划设计规范，规划居住用地面积为 4.84hm²，可容纳人口约为4 800人。

2. 用地结构　规划结构为二轴、四片区。二轴，即三二四国道发展轴和金溪路发展轴；四片区即规划区西南侧的医疗卫生片区、东南侧的交通枢纽片区、西北侧的居住片区及东南侧的商业片区。

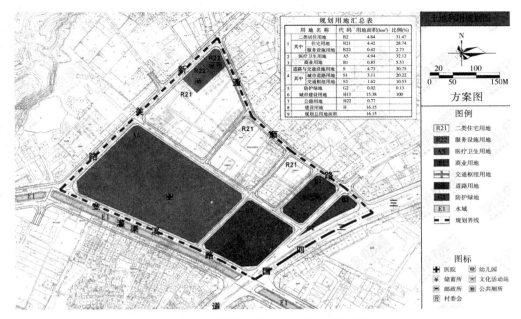

图 9-14　系统输出的土地利用规划成果

（澄海规划设计院，2017）

3. 土地利用规划　用地规划以上层次规划为依据，结合现状建设、权属情况进行深化。在该片区西南侧布置一处区级医院，用地面积 4.94hm²。在东南侧布置一处交通枢纽用地，用地面积 1.62hm²。在西北侧布置一处居住小区，用地面积 4.84hm²，其中：配套 1 处幼儿园，用地面积 0.23hm²，1 处村委会，用地面积 0.19hm²。在东南侧沿老汕汾路两侧布置两处商业用地，用地面积 0.85hm²。

彩图

4. 道路规划　道路规划的原则是落实"溪南镇总体规划"确定的路网格局，以保证总体规划确定的总体布局得以落实；规划中充分结合现有路网及道路控制情况，节约资源，使规划更具可操作性；合理确定道路级别，使道路网络配置适中。

本次规划保留上层次规划的路网结构，形成"二横二纵"的道路骨架，其中："二纵"指三二四国道及新美路；"二横"指通顺路及金溪路。

对外交通三二四国道从规划片区东侧穿过，规划道路红线宽度为 55m。城市主干道金溪路，道路红线宽度为 36m（不含道路中间灌渠）；新美路道路红线宽度为 24m。次干道老汕汾路及通顺路，道路红线宽度为 16m，支路规划区间路红线宽度为 12～16m。

三、国土资源"一张图"工程

国土资源"一张图"工程是在"十二五"期间提出的国土资源信息化建设的总体目标，以第二次全国土地调查数据成果为基础，以数字线划图、正射影像和 DEM 为基础，汇集其他已有的土地、矿产资源、地质灾害等信息，建立国土资源"一张图"核心数据库。

国土资源"一张图"工程的内涵是建立以土地、矿产资源、基础地质和地质环境等国土资源信息的国土资源核心数据库；加强对国土资源管理规划计划、审批、利用、补充、开发、执法等各项土地利用活动的综合管理，建立国土资源综合监管平台和国土资源信息共享服务平台，实现从"以数管地"到"以图管地"的新型管理模式，实现资源开发利用的"天上看、网上管、地上查"的国土资源动态监管体系。

通过"一张图"项目的建设和运用，能全面掌控国土资源情况，优化资源的空间格局和时序，促进资源高效合理配置，推进国土资源核心数据库建设，构筑以信息化为支撑的国土资源管理运行体系，不断提高政府服务能力和管理水平。通过对现有系统和数据的整合和利用，建设涵盖管理范围的国土资源"一张图"数据库和统一的国土资源数据管理体系，在其上搭建集管理、国土资源动态监测、分析决策于一体的平台，对涵盖管理范围的土地利用整体情况和"批、供、用、补、查"等国土资源管理行为进行综合，为加强国土资源、辅助领导决策、参与宏观调控和服务社会公众提供信息保障和技术支撑。

（一）国土资源"一张图"工程的总体架构

国土资源"一张图"工程的重点是核心数据库建设。这需要统筹规划，集成整合各类国土资源数据，实现分层叠加显示、查询与浏览、分析与挖掘，并与以电子政务平台为基础的审批系统、综合信息监管平台以及各有关应用系统对接，支撑国土资源全面、全程监管和辅助决策，提供对外服务。同时，建立数据汇交、数据更新的长效机制和有关技术标准规范，进一步完善数据中心基础设施。它是一系列政策、机制、数据及其管理、技术、标准、应用和服务的总和。国土资源"一张图"工程总体架构如图9-15所示。

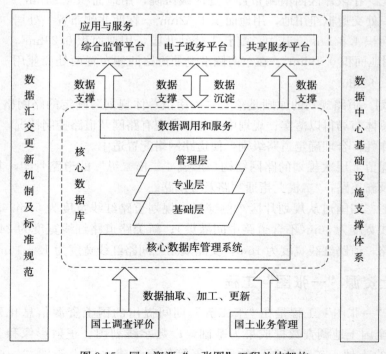

图9-15　国土资源"一张图"工程总体架构

（自然资源部信息中心，2016）

图 9-15 表明，国土资源"一张图"工程主要由"一库三平台"构成，即国土资源核心数据库、综合监管平台、电子政务平台和共享服务平台。

（二）国土资源"一张图"核心数据库

国土资源"一张图"核心数据库建设是按照"一张图"的有关技术标准，对不同专业、类别的海量、异构、多源数据进行分类、重组、合并、梳理、整理等，并采用提取、转换和加载（ETL）等必要手段，按照统一的建库标准（坐标系标准、空间数据格式标准等）将处理加工后的数据进行入库，数据分层分类管理，最终形成国土资源"一张图"核心数据库系统。

"一张图"核心数据库采用了海量地理空间数据存储技术（Oracle Spatial）和地理信息技术实现了国土资源数据的存储、处理、应用、分析、挖掘和安全备份等管理和应用服务的集成，通过采用 SOA 技术和 ArcServer 平台提供的各类服务组件，构建核心数据库，为综合监管平台、电子政务平台和数据共享服务平台提供数据调用、共享和服务。

1. 核心数据库的内容 国土资源核心数据库的内容是一个动态的数据仓库，随着国土资源管理需求及数据库建设的不断扩展，不断将新的数据源纳入核心数据库。为了便于管理和更新，将数据逻辑上划分为基础层、专业层和管理层。

基础层为基础地理数据，重点是以基础地理框架为基底的正射遥感影像数据，以及地名、行政境界等基础地理信息。具体数据类型为数字高程模型（DEM）、数字线划图（DLG）和数字正射影像（DOM）为代表的基础地理数据。

专业层是土地、矿产、基础地质和地质环境等调查和规划产生的数据，主要为由点、线、面要素组成的空间数据图层，在一定时限内保持稳定，数据更新频度不高。土地数据具体包括土地利用现状数据库、土地利用遥感动态监测数据库、全国土地利用规划数据库、土地开发整理复垦规划数据库、基本农田数据库、农用地分等定级数据库、全国城市地价动态监测数据库、全国耕地后备资源和坡耕地资源数据库；矿产数据主要包括全国矿产资源储量数据库，全国油气矿产资源储量数据库，矿产资源开发利用年度统计数据库，全国矿产地数据库，全国固体矿产成矿远景规划数据库，全球矿产资源数据库，以及矿产资源利用现状调查、探矿权/采矿权核查、矿产资源潜力评价数据库；基础地质主要数据包括各尺度地质空间数据库、全国地质工作程度数据库、水文地质图空间数据库、区域环境地质调查空间数据库、全国区域重力数据库、全国航磁数据库、地质资料目录、全国区域地球化学数据库、全国自然重砂数据库、矿产资源规划数据库、地质勘查规划数据库；地质环境数据主要包括地质灾害防治规划、矿山地质环境保护和治理规划、全国地质灾害调查数据库、地质灾害监测数据库、地质灾害气象预警预报数据库、青藏高原活动断裂及地质灾害信息库、矿山地质环境数据库、废弃矿山调查成果数据库、有害元素异常分布数据库、全国地下水资源数据库、全国岩溶环境数据库、地质公园和矿山公园数据库等。

管理层是土地、矿产资源等管理过程产生的数据，随管理业务实时更新，主要是由坐标串构成的空间数据及统计表格组成的属性数据。土地管理业务数据主要包括土地"批、供、用、补、查"各管理环节数据；矿产资源管理业务数据主要包括矿产资源勘查、开发管理各环节数据。土地管理过程数据主要包括审批后监管数据库、建设用地审批数据库、土地市场动态监测与监管数据库、耕地保护责任目标考核监管数据库、基本农田保护数据库、土地整治项目数据库、土地权属数据库、国土资源执法监察管理数据库、国土资源违法线索数据库；矿产资源管理过程数据主要包括全国探矿权登记数据库、全国采矿权登记数据库、油气勘查开采权登记数据库、国土资源部探矿权网上审批数据库、国土资源部采矿权网上审批数据库、矿山储量动态监管数据库、执法监察、地质灾害群测群防、矿山地质环境保护与治理恢复方案审查、矿山地质环境治理保证金管理、矿山地质环境治理项目、地质灾害治理项目、地质遗迹保护。

各数据层之间的关系是：基础层为所有数据的基础，各类数据都以基础层为统一的空间参考；专业层反映的是国土资源状况及规划的背景情况，是管理层的本底；管理层是国土资源管理过程及行为的记录，是管理过程及结果"沉淀"在专业层上的信息。

2. 核心数据库管理系统　为实现对核心数据库的高效管理和灵活的应用，需要开发核心数据库管理系统。鉴于核心数据库包含了土地、矿产、基础地质和地质环境数据以及部分基础地理数据，且数据量巨大，因此核心数据库必须采用大型关系数据库和强大的地理信息系统软件才能满足对海量数据的管理需要。考虑到 Oracle 数据库管理系统对管理海量数据具有的优势，地理信息系统软件 ArcGIS 处理海量地理信息数据方面的强大功能，因此核心数据库采取 Oracle＋ArcGIS 模式进行数据管理。

3. 核心数据库的技术要求　为了将国土资源多源、多尺度、多格式的数据进行统一建库，需要按照以下要求进行实际的加工和整理。

（1）统一地理坐标框架，即核心数据库各类数据源采用的空间坐标系不统一，在建库前需要确定统一坐标系，把各类数据进行坐标转换。考虑到应用的需求，在存储时可采用大地坐标系，在应用的时候，如果涉及及量测面积等操作，则可以将数据动态投影为投影坐标系统。

（2）数据的拼接。为满足应用需求，对于各类空间数据，数据入库前必须进行必要的拼接，拼接方式可按行政区划方式进行（全国、省直辖市等）。

（3）统一基础底图。根据应用需求，建议选择系列比例尺基础底图，基础底图为基础层的数据。在统一底图上进行数据叠加和集成。

（4）统一数据存储环境。国土资源数据中心空间数据统一采用 Oracle＋ArcGIS Server 的管理模式，非空间数据统一采用 Oracle 或 SQL Server 存储管理。

4. 核心数据库的逻辑架构　国土资源核心数据库的逻辑架构如图 9-16 所示。

国土资源核心数据库在数据标准规范体系和数据的安全保障机制的共同约束下，由基础层、数据层、管理层和应用层四个部分构成。基础层包括系统的硬件设施和基本的支撑软件，它是整个数据库的基础；数据层包括国土资源核心数据库的三大类数据，它是整个数据库的核心；管理层包括数据检查、入库、更新、编辑、备份等一系列工具集，同时对系统的权限和日志进行管理，它是整个数据库的技术保障；应用层包括面向用户的目录服务、数据分发与定制、数据查询与浏览等各种数据输出服务。

（三）电子政务平台

电子政务是指政府机构借助现代信息与通信技术，将政府机构日常管理与服务内容通过网络与业务流程实现集成，在信息网络平台上实现政府组织机构与工作流程的优化、重组，实现了时间、空间的无限制性沟通，从而为社会民众提供优质、高效、透明的管理与服务。国土资源电子政务平台就是基于工作流、报表、表单等构件技术，在国土资源核心数据库的基础上，进行业务层各应用系统的建设，为各种国土业务提供灵活的、可扩展的定制支持，

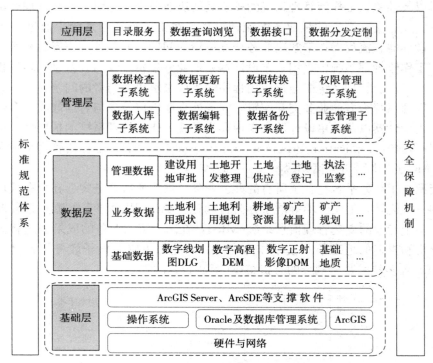

图 9-16 国土资源核心数据库的逻辑架构

以形成相应的计算机业务模型和业务应用系统。

按业务关系划分，可以将国土资源电子政务平台分为地政业务、矿政业务、测政业务、统计分析和综合业务等多个分支，即土地资源管理业务系统、矿产资源管理业务系统、地质环境管理业务系统、综合事务管理系统、综合统计与辅助决策分析系统等子系统。国土资源部门业务包含的流程有建设用地项目预审管理流程、建设用地审批业务流程、违法案件受理查处业务流程、他项权利（出租、抵押）登记流程、地籍注销登记流程、采矿行政许可审批流程、采矿行政转让许可审批流程、测绘资质审批流程、建设用地审批涉及的规划审查审批流程、地籍初始登记流程、变更登记流程、公文流转收文业务流程等 50 多项。

1. OA、MIS、GIS、WMFS 高效集成 OA 是 Office Automation 的简写，就是办公自动化系统。所谓 OA 办公系统，就是用网络和 OA 软件构建的一个单位内部的办公通信平台，完成单位内部的邮件通信、信息发布、文档管理、公文流转等工作，它可以使企业内部人员方便快捷地共享信息，高效地协同工作。

OA 办公系统可以和业务管理进行紧密结合，甚至是定制的，这就是将 OA 系统引入国土资源电子政务系统的原因。

根据国际工作流管理联盟（Workflow Management Coalition，WFMC）的定义，工作流是指在一定组织和机构内，文档（Document）、信息（Information）或任务（Task）按照一系列已定义的规则（Rules）和按一定的时序在参与者（Participants）之间传递，以达到整个业务目标的自动化过程。工作流在国土资源电子政务系统中，对国土资源工作业务在各个环节的正常流转和审批起到支撑作用。

工作流管理系统简称 WFMS（Workflow Management System），经过对业务、公文流转过程的分析以及抽象，工作流管理系统的核心是解决业务交互逻辑、业务处理逻辑以及参与者三个问题。业务交互逻辑就是业务的流转过程，在工作流管理系统中通过工作流引擎接口、工作流设计器、流程操作来解决业务交互逻辑的问题；业务处理逻辑就是表单、文档等的处理，在工作流管理系统中采用表单设计器处理业务逻辑；参与者就是流转过程中对应的人或程序，在工作流管理系统中通过应用程序的集成来解决参与者的问题。

工作流管理系统为方便业务交互逻辑、业务处理逻辑以及参与者的修改，多数通过提供可视化的流程设计器以及表单设计器来实现，为实现工作流管理系统的扩展性，提供了一系列的应用程序接口（Application Programming Interface，API）。工作流管理系统在功能上必须参照 WFMC 的国际标准模型建立。

国土资源电子政务平台包含了所有的办公业务，需要所有业务案卷在分布式环境中进行各个环节的审批流转，但是它不等同于办公自动化（OA），因为国土资源业务审批中，涉及多个部门、多个专业的专题管理信息系统（MIS），在国土资源业务的成果表达和决策时，还涉及面向分析和查询的地理信息技术作为支撑，因此国土资源电子政务平台是 OA，GIS，MIS，WMFS 等多技术紧密耦合的有机整体（图 9-17）。

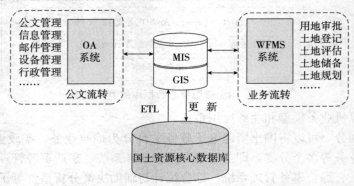

图 9-17　OA、MIS、GIS、WFMS 直接耦合与数据交换

OA 系统主要负责国土资源系统内部的公文流转，其调用 MIS 系统的数据，同时产生的新数据又记录到 MIS 系统中；WFMS 系统主要负责国土资源的业务流转，其数据来源是从国土资源核心数据库抽取的空间和非空间数据，业务流程中产生的两种模式的数据重新更新到数据库中。整个系统以流程为核心，以数据交换为手段，实现土地资源管理模式的更新和相关数据的同步。

2. 电子政务平台的主体功能　基于电子政务平台建设国土资源行政审批业务系统。在以组件、工作流等为主要技术的开发模式下，动态建立应用模型，依托国土资源电子政务平台，形成包括土地利用计划、增减挂钩、建设用地预审、建设用地审批、土地开发整治、土地市场、土地储备、地矿管理、地质管理和公文管理的一体化行政审批业务系统。电子政务平台的主体功能如图 9-18 所示。

从电子政务平台的主体功能上看，主要是以业务流程为核心，以数据为基础，结合各种系统提供的功能，构建分析决策体系、事务管理体系、监测预警体系和协同办公体系。

（1）地政管理。土地的规划、权属和利用是地政管理的核心部分，最终的目标是明确土地的用途、归属和可持续利用问题。平台的功能既要体现政府对土地的宏观调控，又要体现土地的市场属性，最大限度地发挥土地满足当代社会群体的生存和发展需要。因此地政管理

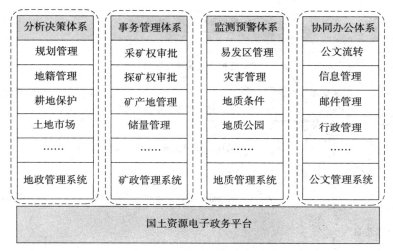

图 9-18　电子政务平台的主体功能

系统主要包括土地规划管理子系统、地籍管理子系统、耕地保护管理子系统、用地审批管理子系统、土地开发复垦整理项目管理子系统、地价与土地市场管理子系统等。

（2）矿政管理。矿产资源的开发利用和保护是矿政系统的开发目标，因此要以矿业权规划管理为手段，以资源储量管理为基础，以保护和合理利用资源为核心进行功能设计。矿政管理系统包括矿产资源规划管理子系统、资源储量与开发利用管理子系统、资源储量登记管理子系统、采（探）矿权登记管理子系统、矿业权市场管理子系统、矿产资源开发利用与监测管理子系统等。

（3）地质管理。地质条件的研究是矿产资源的开发利用和保护的基础，同时又是各种地质灾害成因的主要诱发因素，因此要以区域地质调查为基础，以地质灾害的监测和预警为手段，以地质灾害的评估与防治为目的进行功能设计。地质管理系统包括地质工作程度管理子系统、易发区管理子系统、地质灾害调查与监测管理子系统、地质灾害评价与治理管理子系统、地质公园登记管理子系统和地质资料汇交管理子系统等。

（4）公文管理。公文管理主要包括公文流转管理、行政事务管理、人员资格管理、固定资产管理和工资管理等模块。实现机关发文和收文传阅管理。其中发文管理实现文件起草、核稿、审核、会签、签发、编号、打印、文件归档的管理；收文管理实现收文登记、原文电子文档制作、拟办、分办、领导阅示、传阅、承办、归档的管理；网上文件查阅：按关键词检索文件提供用户阅读、下载或打印，日程计划安排管理；主要实现会议日程、办事日程和督办事务日程的计划、提醒和信息推送等办公自动化功能。

3. 电子政务平台应用　以建设用地审批为例，说明电子政务平台的流程化定制和多部门的协同办公。建设用地审批工作流程示意如图 9-19 所示。整个审批流程涉及三个政府部门，即用户所在地的国土资源部门、上级国土资源厅和省政府。

用户提交用地申请及相关材料后，国土资源局开始受理，将申请和相关材料的电子文档分发到规划部门、地籍部门、地产部门、耕地保护部门和执法部门等。经这些部门进行专项审核后，形成用地意见汇总。经局里的用地副主管和主管领导签批后，报送省国土资源厅。经过省厅领导的签批后，报送省主管领导。确认签发后，进行用地备案和建档审核。最后对

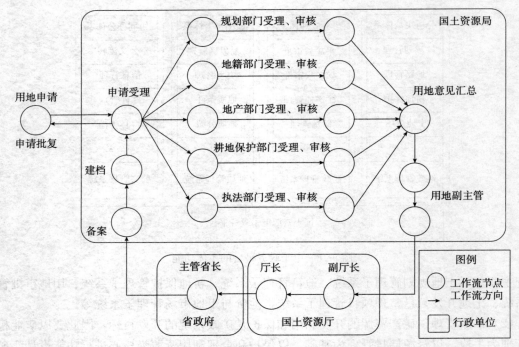

图 9-19　建设用地审批工作流程示意

申请者进行回复。整体审批过程在定制的工作流驱动下，无障碍高效运行。各省的应用实践证明，电子政务平台的广泛应用大大提高了行政审批的效率。

（四）综合监管平台

综合监管平台是根据业务和管理需求，建立国土资源管理综合监管模型，并在此基础上，基于"一张图"所建立的核心数据库和电子政务平台。按照相关标准，对相关数据进行抽取、转换、统计和分析，建立集信息采集、监测预警、辅助决策、在线指挥等功能于一体的国土资源综合监管系统，实现对"一张图"成果的展示和相关系统的集成；通过建立日常化运行的工作和管理机制，形成"批、供、用、补、查"业务全流程的综合监管体系。

综合监管平台主要监管的对象是国土资源状况（土地利用和动态变化、基准地价、市场地价、土地集约节约利用状况和城镇化水平状况等）、国土资源配置（土地利用规划和计划、用地选址、土地利用和土地储备等）、国土资源行为（土地征收、用地审批、土地供应、耕地补充、土地登记和执法监察等）、国土资源费用（即耕地开垦费、征地管理费、城市基础设施配套费、土地出让金、土地闲置费和土地储备金等），同时需要对土地资源和矿产资源的变化趋势进行分析，为资源的保护和利用提供技术保障。

1. 综合监管平台的架构　综合监管平台的开发宗旨是以"一张图"核心数据库为基础，结合电子政务平台产生的实时数据，对国土资源管理行为和开发利用过程的合理性、合法性进行对比核查和动态跟踪，同时通过对数据的综合分析和研判，结合一系列的监测指标体系和监测模型，对设定的指标进行预警，从而为国土资源的科学管理提供决策支持。综合监管平台的架构如图 9-20 所示。

数据层负责形成综合监管数据库，其数据来源有三个方面：①国土资源核心数据库；②电子政务平台形成的管理审批数据；③用于监管的卫星影像数据和基于 GPS 获取的专业

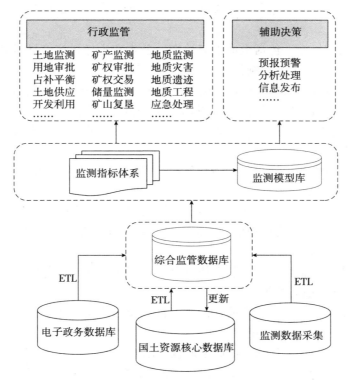

图 9-20　国土资源综合监管平台的架构

核查与监测数据。监测指标层主要包括国土资源行政监管过程中重点的检测指标和监测模型。表现层包括国土资源行政监管和辅助决策两个部分。其中行政监管部分包括地政、矿政和地质环境三个业务领域的图、文、表、数的一体化表达。辅助决策部分包括预报预警、分析处理和信息发布等主要模块。预报预警模块主要对规划执行情况和计划执行情况进行分析，对超过或预期超过规划计划目标、耕地保护目标及对土地开发利用违约、土地闲置以及地质灾害等情况进行预警。分析处理模块主要制定监测与分析结果处理的流程，对监测发现的问题、预警发现的问题、分析发现的问题自动启动处理流程，按既定的职责、岗位、角色、权限进行快速响应处理。信息发布模块主要对民众关注的基本农田保护、土地综合整治、征地公告、建设项目用地批准、占补平衡、土地供应、土地闲置、土地开发利用等信息进行动态发布。

2. 综合监管指标体系与监测模型　综合监管指标体系与监测模型是按照土地监测、矿产监测和地质监测等业务进行组织。提取各业务的相应监测指标，构建面向具体业务的监测模型。

（1）土地业务监测指标。

A. 土地综合整治项目监测指标，包括土地综合整治项目注册、配发统一监管号服务及项目立项、进度、验收等全过程。

B. 建设用地审批监测指标，包括建设用地注册、配发统一监管号服务，验证建设用地项目的规划符合性、计划指标、是否占用基本农田、补充耕地指标、禁止或限制用地目录、建设用地控制指标、补偿标准、安置途径等。

C. 耕地占补平衡监测指标，包括监测补充耕地项目号、建设用地项目、补充耕地数量、质量等。

D. 土地供应监测指标，包括土地供应计划、公告和土地供应合同及建设用地项目、禁止或限制用地目录、建设用地控制指标等。

E. 土地登记注册监测指标，包括全国统一登记台账、登记时的划拨决定书、出让合同。

F. 土地开发利用监测指标，包括开发商申报的开发利用情况，合同约定的土地面积、用途、容积率、建筑密度、套型面积及比例、定金、交地时间及方式、价款缴纳时间及方式、开(竣)工时间等。

G. 土地交易市场监测指标，包括招标公示、招标程序、招标结果公示、交易全过程等。

(2) 矿产业务监测指标。

A. 矿业权审批监测指标，包括矿业权注册、配发统一监管号服务，矿业权申请人信息、矿种信息、储量信息、生产规模、经济类型、矿业权取得方式、区域坐标范围、生产年限、所在行政区以及审查意见等。

B. 矿业权交易市场监测指标，包括招标公示、招标程序、招标结果公示，对交易全过程的每个环节进行全面地监测等。

C. 储量登记监测指标，包括储量登记备案信息及固体矿产查明储量登记、占用储量登记、残留储量登记、压覆储量登记等。

D. 矿山复垦监测指标，包括矿山的采矿权界限、矿种、矿山"三率"(开采回采率、选矿回收率、综合利用率)、年度复垦计划、新增压盖面积、实际复垦面积、专项经费使用、复垦方法和复垦效果等。

(3) 地质业务监测指标。

A. 地质灾害监测指标，包括滑坡、崩塌、泥石流、地面塌陷、地裂缝、地面沉降等地质灾害的易发区和地质灾害的位置、程度、变化指标、规模；灾害评估、灾害防治和预报预警等。

B. 地质遗迹监测指标，包括地质遗迹的立项、规划、开发、利用和保护；旅游服务、科普服务、社会服务等。

C. 地质工程监测指标，包括地质工程的立项、规划、实施、竣工、安全和效果评价等。

D. 应急处置监测指标，包括应急预案、应急措施、响应时间、部门协同、组织保障能力、应急效果评价等。

(4) 监测模型。对于建设用地审批中的批复范围和采矿权范围等综合监管指标体系可以直接反应监测对象的现实情况，但对于复杂的监测对象需要构建相应的监测模型。例如，滑坡监测模型是由地表变化、降水、地质结构、土力学和结构力学等共同影响的结果，因此需要根据监测指标构建相应专业的评价模型和预报预警模型。同时，支持将预定义的模型进行层次指标修改，模型自适应数据的变化给出分析结果；支持按照模型名称、模型描述、模型组成内容的关键字等对模型进行查询功能；支持对模型各个组成部分的浏览查看，对模型、指标所使用的数学公式进行管理，达到事前决策、事中监管、事后预警的目标。

3. 综合监管平台应用　综合监管平台通过对监测指标的综合与模型分析，比对审批项目进行核查，将土地"批、供、用、补、查"环节和矿产"勘、采、用、储、查"环节的有关业务数据进行关联、比对，触发预警模型引擎，及时发现和处置异常情况，以屏幕交互或者手机短信等方式自动给出预警提示，如征地实施预警、供地预警、矿山越层越界开采预警、地质灾害预警等。

图 9-21 表达的是土地主体业务的全程综合监管模式。

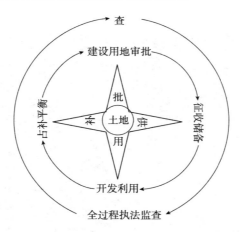

图 9-21 土地主体业务的全程综合监管模式示意

图 9-21 中土地主体业务的全程监管包括以下环节：

（1）批地：一般指单独选址建设用地项目报批、分批次建设用地项目报批和农用地转用报批三种情况。以单独选址建设用地项目审批为例，监查内容包括确定建设项目选址是否符合土地利用总体规划，确保符合国家供地政策与国土资源管理法律法规的要求，用地面积符不符合关于建设用地指标的相关规定，项目是否占用耕地，占补是否平衡，征地补偿费以及建设用地总面积、农用地面积、农用地面积中占用耕地面积、未利用地面积、建设用地面积、新增建设用地面积。

（2）供地：一般指土地征收(征农用地、征建设用地、征农用地转为建设用地)、土地收储(无偿收回、有偿收回、收购储备、优先收储、征收)和土地供应(协议出让、招拍挂、划拨、租赁等)三种情况。主要监查内容包括国有建设用地使用权公开出让项目、协议出让、土地租赁、作价出资以及入股项目、划拨项目等。

（3）用地：一般指土地的初始登记、变更登记、抵押登记、注销登记、其他登记和批后监管。

（4）补地：一般指土地开发整理复垦项目的立项、实施与验收和耕地占补平衡两种情况。土地开发整理是指土地开发整理规划审批与土地开发整理项目立项、实施和验收。土地开发整理规划主要是针对国民经济发展、社会发展需要以及国土资源特点与土地利用现状，依据土地利用总体规划的土地开发规划指标、土地整理规划指标和土地复垦规划指标，对应确定后备国土资源、未充分利用土地以及被破坏的土地资源，然后在时间与空间上作出部署。

（5）查地：一般指对土地的审批和执行过程进行执法监察。主要内容是依据国家有关土地管理法律、法规和行政规划审批，采用高分影像和动态巡查的方式，对国土资源开发利用中的无证开采、越界开采、超限开采等违法行为进行依法查处，对用地规划、土地转用、征用土地、土地使用权交易、土地资产交易等行为进行监督检查，按规定严厉查处打击各类违法占地和破坏土地等违法行为。

通过综合监管平台，可以对国土资源的各项审批、规划、利用等进行全程监管。图9-22表示综合监管平台通过国土资源核心数据库抽取的地籍数据、土地利用现状数据、土地利用规划数据和高分正射影像四种数据，通过多窗口显示功能，对土地利用项目进行的监管。

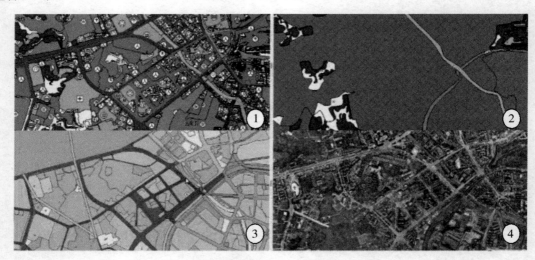

图9-22　土地监测项目的多图对比
①地籍数据；②土地利用现状数据；③土地利用规划数据；④高分正射影像

（五）共享服务平台

共享服务平台是国土资源业务综合成果的展示平台，是行业部门对外的窗口。主要功能包括成果的查询与显示、监测结果的发布和信息产品的提供。

以土地综合监管成果的动态显示为例，可以通过办事大厅的电子大屏或者门户网站发布用户关注的用地计划、土地审批、土地供应、项目实施、占补平衡、整理复垦、违法查处和卫片执法等一系列动态信息。如图9-23表示某一时刻发布的土地业务的监测信息。该信息全面反映了2017年6月30日某市国土资源局的土地综合信息。

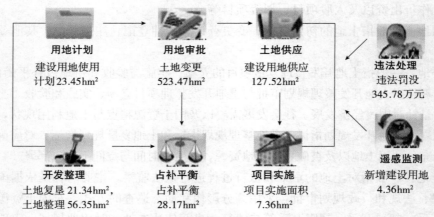

图9-23　某市国土资源局发布的土地综合时点信息
（根据苍穹数码公司材料整理）

第四节　地理信息技术在交通领域中的应用

近年来，随着地理信息技术的飞速发展，诸多应用领域同 GIS 技术建立了紧密的联系。由于交通信息系统具有精准度高、规则复杂、动态化、离散化等特点，原有的信息技术已经不能完全满足交通快速发展的需求，而借助于 GIS 的强大功能，能够提高轨道交通管理的快速反应能力和综合协调控制能力，可以实现交通信息化的时代要求。

交通地理信息系统是收集、整理、存储、管理、综合分析和处理空间信息以及交通信息的计算机软硬件系统，是 GIS 技术在交通领域的延伸，是 GIS 与多种交通信息分析和处理技术的集成，它可以应用在交通管理的各个环节。在交通工程领域采用 GIS 技术和方法研究交通规划、交通建设和交通管理及其相关的问题，具有其他传统方法无可比拟的优点。交通领域中 GIS 的应用越来越受到研究者和开发者的重视。

一、地理信息技术在交通领域的应用概述

1. 轨道、站点建设中的规划　城市轨道交通建设包括线路和车站的建设。在建设过程中涉及因素众多，既有工程量、工程费、建设周期等定量指标，又有线路沿线的地理信息、水文信息、社会经济、环境条件等定性指标。多种因素的混合使得城市轨道交通建设从一开始就变得复杂而难以做出最优的决策。使用 GIS 的信息管理与空间分析功能为用户提供解决多种问题的有效手段，从而帮助管理者从宏观和科学的角度来认识交通建设，做出正确的决策。

2. 交通资源管理　由于 GIS 具有地图表现形式和空间数据库信息管理的特点，所以 GIS 可以将交通网以及有关的信息以图形、图像、文本、声音的方式，加载到地图上，形象、直观、准确而全面地展示在用户面前，达到图文并茂的效果。它也可以对与公路有关的基础信息进行空间查询、统计和分析，并根据需要迅速绘制和生产出最新的交通图。

3. 调度指挥　在轨道交通列车运营过程中，各种综合监控系统的广泛应用保证了轨道交通系统的高效和安全运行，每条独立线路得到了很好的整合。但在线路与线路之间，信息仍相对孤立，全局协调能力较差，单靠各种综合监控系统的应用已不能很好地对轨道交通网进行调度指挥，而地理信息技术通过与列车运行实时监控系统等技术融合，获取实时乘客数量、列车运行时间间隔等数据以及调用视频监控等设备，将运营过程中的设备设施情况、实时监测数据等信息进行综合分析，进而对获得的各条线路的信息加以整合，使各条线路能够很好地协调，从而达到整个交通网络的协调，做到轨道交通网络化运营，协调指挥调度。

4. 交通事故分析　轨道交通事故的分析主要涉及的内容有交通事故防治、应急处理等。在运营过程中，突发的一些紧急事件是不可避免的。而城市轨道交通网络中的应急管理、应急指挥涉及事件发生的地点、事件影响的范围及人数、车站出口分布、车站周边地形、救援物资、救援队、救援与疏散路线等信息，这些信息具有很强的空间分布特征，基于 GIS 建立的道路安全系统，可以充分利用 GIS 数据输入和预处理、数据管理以及可视化表达输出的功能，满足对道路交通安全管理信息的查询和更新，从而得到实时、动态反映城市道路变化的现状信息，实现对各类设施系统全面和高效地管理。利用 GIS 空间查询和分析(缓冲区分析、叠置分析、网络分析)功能对道路交通安全问题进行多层次、多角度的分析研究，建

立各类分析评估模型，从而帮助管理部门实现交通事故防治、伤亡控制和事故发生地段的交通疏导。

二、交通建设规划

城市轨道交通选线是一项与地理信息密切相关的工作，其特点是需要设计人员对城市自然地理条件、人文地理条件、城市经济实力以及城市既有建筑物等进行综合分析，并根据既有的规范、线路的要求、技术标准和期望值，选择并确定出最经济又最符合要求（包括安全要求、技术要求、政治经济要求等）的线路。

车站站位的选择在城市轨道交通的线路设计中占据着重要的地位。城市轨道交通对客流的服务是通过车站来实现的，出行者是否选择轨道交通方式很大程度上取决于出行者到达车站的便利程度。车站站位选择是否合理不仅会直接影响系统运输功能、运营效率的发挥、城市居民出行时间的节约和城市交通结构的合理化，而且会对城市用地布局以及城市社会经济和环境的可持续发展产生较为深远的影响。GIS 技术主要是通过空间分析手段，对所有基于空间关系、空间位置的工程和科学研究领域提供技术支撑。将 GIS 技术应用于城市轨道交通车站站位的选择中，充分发挥 GIS 的空间分析和决策支持功能，对城市轨道交通站位选择过程中所要考虑的因素进行分析，并给予有效的解决。

将地理信息技术用于线路勘测设计，与传统的线路勘测设计技术相比，具有以下优势：①地理信息系统强大的数据采集和数据处理能力使线路勘测数据来源更加广泛（包括 GPS 数据、摄影测量与遥感数据等），数据采集质量高、速度快；②勘测设计数据具有内容上的复杂性和形式上的多样性等特点，GIS 能够描述和表达复杂的空间实体且对于图形数据和属性数据进行高度集成，为全面管理勘测设计信息提供了有利的工具，从而为建立完善的专业设计模型、分析模型、评价和辅助决策模型提供了信息支持；③GIS 的空间分析功能重视分析模型的设计与集成，具有空间定性、定量、定位综合分析的功能，为建立完善的线路勘测设计提供了新的手段。

1. 系统目标确定　GIS 辅助城市轨道交通选线系统，其目标是以地理信息技术和平面选线设计方法为核心，根据用户可提供的数据源建立城市轨道交通选线数据库，在此基础上充分利用 GIS 软件平台所提供的空间分析和数据管理功能，结合交通选线专业模型的开发，构建辅助轨道交通选线规划系统。

GIS 辅助城市轨道交通选线系统设计的目标主要为以下三点，即：①为线路设计人员提供辅助线路平面和纵断面设计的功能，完成线路平面、纵断面线型设计；②由线路设计的勘测资料、城市规划资料建立空间数据库，为轨道交通选线规划决策提供基础数据库支持；③建立专业的分析模型，为线路设计人员提供方案比选的技术支持。

2. 系统开发方法　系统采用面向对象的开发技术，以 GIS 应用软件 GeoMediaPro 作为二次开发平台，采用菜单驱动的方式与用户进行交互。系统以 VB6 作为开发环境，使用 Access 数据库，采用 GDO 方式管理系统开发过程中产生的线路信息数据，这些数据一方面通过直接在 GeoMedia 中创建实体表来存储，另一方面通过软件运行过程中由用户根据自己的需要命名和创建实体表来存储。系统采用 DataGrid 数据表格控件，实现用户创建的线路设计表单信息，方便用户进行查询和修改，有利于维护工程数据库的完整性和有效性。

3. 系统功能结构　根据城市轨道交通选线的内容要求，系统主要由数据库管理系统、选线设计系统和空间分析工具三部分组成。数据库管理系统由两部分组成：①城市轨道交通规划路线区域的空间信息数据库，即收集和管理确定路线区域的基础控制数据、城市地形要素数据、沿线地质勘查数据、综合管线数据、相关专业数据等勘测基础信息数据；②建立与本系统相连接的线路信息数据库，存储线路设计过程中的相关信息。选线设计系统功能主要以动态交互设计为主，为用户提供平面、纵面设计功能，同时从系统获得各种设计所需要的信息。空间分析工具主要提供缓冲区分析和空间叠置分析功能和各种统计分析功能，为线路设计人员提供方案比选的技术支持，对方案进行综合评价。系统功能结构如图 9-24 所示。

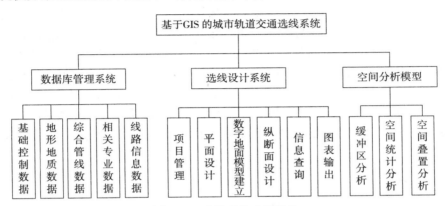

图 9-24　选线系统功能结构

（朱若立，2008，改编）

4. 数据库管理　城市轨道交通线路设计中涉及的数据主要包括勘测数据、设计数据和分析产生的中间数据三个大类。第一类数据包括线路勘测过程中所获得的数据，如地形地貌、基础地质、市政设施、居住区、气候特征和经济状况等众多的信息；第二类数据主要指设计过程中产生的数据，如平面曲线设计、竖曲线设计及边坡设计等信息；第三类数据指通过 GIS 空间分析产生的中间结果数据，如缓冲区分析产生的缓冲区、通过 DTM 产生的断面图，以及根据需要而产生的土方工程量等。这些数据按其存储的类型又可以分为文本数据（定性描述信息，如气候特征）、属性数据（如地质钻孔的属性）、空间数据和三维数据（如DTM）。对于属性及文档类数据通过关系数据库进行分类管理和存储；对于空间数据，根据实际的需要进行相应的分层管理。

5. 系统功能设计　本系统的主要功能模块设计包括创建项目、项目管理功能，线路平面选线功能、辅助线路设计的信息查询功能、建立数字高程模型功能、纵横断面设计功能、图表输出功能等。

（1）项目管理：项目管理为用户提供了创建一个新的或者选择已有的项目，输入、浏览或者修改线路设计的相关参数的功能。

（2）平面选线功能：包括控制点操作、右线设计、左线设计、直线段设计、生成线路最终设计、线路平面相关标注、断链设置，车站管理等。

（3）建立数字高程模型功能：数字高程模型是线路纵断面设计的基础，需要根据 DEM 和 TIN 方法获取的地形数据，表达线路的空间起伏情况。

（4）纵断面设计功能：通过数字高程模型，可以内插出任意线路平面设计方案的线路纵横断面地面线，形成地面纵横断面，以进行平面、纵断面优化设计。本系统中的纵断面设计功能包括纵断面设计资料显示(生成网格线、删除网格线、平曲线及要素示意、生成纵地面线)、纵断面坡度设计(自动绘制坡线、拉坡设计)功能,以满足平面、纵断面联合选线的要求。

(5)信息查询功能:包括查询任意点坐标、查询属性信息、查询任意桩号信息、查询建筑物控制点等。

(6)图表输出功能:包括输出线路表、纵断面图、标注栏设置、绘图内容设置等。

6. 综合评价模型　基于 GIS 的城市轨道交通选线系统所要解决的一个关键问题就是,在已知主要经济据点和主要控制点的前提下,模拟选线专家的思路,确定线路平面走向的初始方案,根据选线方案评价指标与指标之间的相互关系,结合选线原则,在建立 GIS 空间数据库基础之上,以 GIS 的空间分析功能为工具,与人机交互选线过程紧密结合。通过城市轨道交通选线影响因素的各个分析模型,获取影响轨道交通线路定线的各种相关信息,以各种可视化方法进行表达,易于设计人员判识和理解,减少决策人员的主观影响。经分类、汇总,进行方案评价、比选与决策,根据影响因素信息和线路评价指标体系,应用方案综合分析评价模型,可实现对定线方案的分析评价。图 9-25 表示某市轨道 7 号局部选线结果对比图。

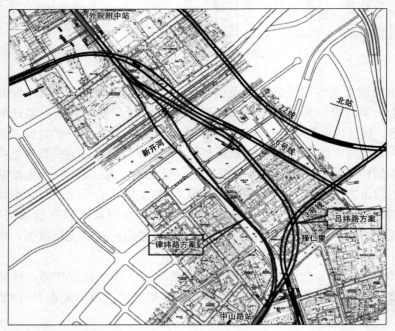

彩图

图 9-25　某市轨道 7 号线局部选线结果对比
(王伟鹏,2018)

由图 9-25 可以看出,方案 1 为律纬路方案,线路出中山路站后,为避开维多利亚国际大酒店,沿中山路路中右线(曲线半径为 320m)左转至律纬路,沿左线(曲线半径为 315m)左转至律纬路,然后左右线分离,分别从新开桥南北两侧下穿新开河。方案 2 为吕纬路方案,线路出中山路站后,以 350m 曲线半径向北左转,下穿择仁里居民楼进入吕纬路,沿吕纬路前行,下穿新开河,然后并入南口路延伸至外院附中站。

　　方案1主要避开维多利亚国际大酒店，减少对该酒店影响，避免对律笛里居民楼的拆迁，但线路条件较为困难，后期运营轮轨磨耗较大。方案2与既有3号线中山路站换乘距离近，有利于运营；但线路下穿既有3号线区间，施工风险高，也导致中山路站埋深大，车站体量大；同时，下穿6栋择仁里小区居民楼和1栋律笛里小区6层居民楼，对既有3号线及居民建筑影响大。综合考虑，为避免大量拆迁，最终选择方案1。

三、公路交通设施管理

　　公路交通设施管理主要包括道桥设施管理、公路设施管理、桥梁健康监测、应急指挥与辅助决策等内容。

（一）系统总体架构

　　在用户工作流程分析的基础上，系统需求主要包括数据导入和编辑、数据检查、地图浏览、设施查询定位、设施统计分析、应用分析、历史数据管理、专题地图制作与管理等几方面内容。

　　根据公路设施管理系统的建设目标，结合企业总体架构和面向服务架构的思想，提出公路设施管理系统的总体框架如图9-26所示。该框架由四层结构和两大保障体系构成。

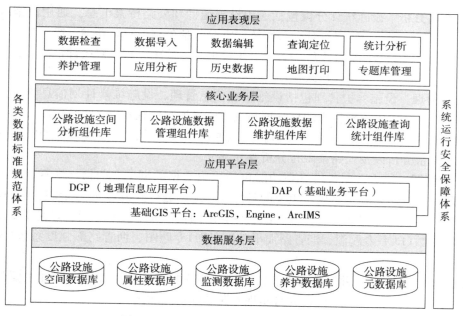

图9-26　公路交通设施管理系统总体架构

（张亚超，2015）

　　1. 数据服务层　数据服务层包括各类设施空间数据、设施属性数据、设施监测数据、设施养护数据等系统所需的各种数据库及数据库管理系统。

　　2. 应用平台层　应用平台层是基于ESRI公司的ArcGIS Engine和ArcIMS开发的地理信息应用平台（DGP），以及基于VS. net开发的面向业务应用系统的业务基础平台（DAP）。

　　3. 核心业务层　在应用平台层开发框架的基础上，采用组件模式进行开发，面向应用层的功能组件库，该层是各应用系统赖以构建和运行的核心，本系统中所有的应用都基于此核心业务层所提供的应用功能服务组件来实现。

4. 应用表现层 应用表现层是直接与用户交互的展示功能层，根据用户需求的不同构建不同的交互界面。各应用将主要根据需求内容实现用户界面设计和成果内容展示。

（二）系统功能模块设计

依据系统的架构设计，公路交通设施管理系统主要实现以下功能：

1. 数据导入与编辑 本功能模块是把检查后符合规定的数据导入到系统数据库中。与此同时，需要建立入库的日志，方便使用者对入库数据的追踪。数据的导入由数据整理、数据审核、数据入库和数据管理等几方面内容组成。数据编辑功能包括图形编辑和属性编辑两方面内容。

2. 数据检查 在公路设施数据的检查功能中，提供了位置检查和属性检查功能。具体的检查流程为创建检查任务、执行检查任务、打开检查任务和审核检查结果。

3. 查询与定位 设施查询定位包括通用设施查询和公路桥梁明细查询。通用设施查询有设施选择查询、定制查询、快速查询、按设施类型查询、地名查询、图形区域查询和组合属性查询；公路桥梁明细查询有年底实有桥梁明细，新建、改建桥梁明细，废弃桥梁明细，公路明细和新增废弃公路明细，年底实有地道明细，年底新建、改建地道明细，年底废弃地道明细。对检索到的结果可以进行地图定位，查询结果以报表形式输出。

4. 汇总与分析 设施统计分析包括通用设施统计和公路桥梁汇总。通用设施统计包括设施统计、定制统计和自定义统计。公路桥梁汇总包括公路汇总，新增、废弃公路汇总，桥梁汇总，实有地道汇总，年终设施综合完好统计汇总，桥梁养护维修统计汇总和公路养护维修统计汇总。统计结果以报表形式输出。

5. 养护管理 设施养护管理包括设施调查信息管理、设施维修计划信息管理、设施养护维修信息管理、设施质量检查信息管理和设施质量评定信息管理。

6. 应用分析 在应用分析中主要包括点缓冲区、线缓冲区、多边形缓冲区、选择集缓冲区、交通流量分析以及道路禁限行分析等几部分。

7. 数据管理 历史数据备份管理功能包括历史数据的浏览、归档、恢复、导出、删除等功能操作。专题图管理是将用户生成的各种专题地图进行分类管理、实现特定图层的快速查找与定位。具体功能包括自定义专题图、专题图浏览、大中修专题图、好路率专题图、沥青路面状况指数（PCI）专题图、沥青路面平整度（IRI）专题图、沥青路面强度系数（SSI）专题图等。

8. 成果输出 包括各种专题图件、汇总表和相应规范文档的输出，图件主要包括作标准图、线缓冲图、选择集缓冲图，并且实现专题图的批量输出。

（三）系统数据库模型设计

本系统需要对××市全市域公路设施养护管理工作中所关注的不同类型设施数据进行整合，建立统一的、齐全的、规范的公路设施数据库。在公路设施数据库中，包括公路设施空间数据、公路设施属性数据、公路设施监测数据和公路设施养护数据，以及相应的元数据描述信息，构成了能够提供丰富的信息资源和服务能力的公路数据资源中心。

本系统数据库是由基础地理数据库、公路设施数据库、属性数据库、养护数据库、元数据库构成的综合数据库，满足一般用户、机构用户、公路基础设施管理单位和公路设施养护单位使用。

四、公交调度指挥

公交车辆调度的宗旨就是要达到高效管理和合理分配有限车辆资源的目标，调整供需平衡，以解决供需矛盾。公交车辆运营调度通常包含静态调度和动态调度两种情况。

静态调度是公交运营必须完成的基础环节，指的是在乘客、公交车辆、运行线路确定的情形下对车辆的发车计划、行车安排等原始信息的调度，其核心就是制定公交车辆发车时间间隔和车辆安排。静态调度需要确定的内容主要包括公交发车时刻表、线路配车数量、车辆行驶路线、停靠站点规划、乘车票价以及司机和调度人员的排班等。

动态调度是指运营中出现异常情况（客流量异常、车场资源异常、路况异常、车况异常、线路运营异常等），为了保证公交系统运营的可持续性和稳定性而做出的应急处理和调度。由于公交系统是一个庞大而且非常复杂的开放式动态系统，因此存在许多随机和不确定因素，而常规的静态调度无法对这些异常情况进行预测和处理，对此需要动态调度的协助。

由于公交车辆调度问题客观上受到多种因素的影响和制约，属于典型的多目标优化问题，为了更好地构建模型简化计算，在构建公交线路静态调度模型时需做出一些假设。

（一）系统体系结构

当前常见的体系结构有 C/S(Client/Server)结构和 B/S(Browser/Server)结构两种模式。其中 C/S 结构利用数据库提供的数据，在客户端所在机器上处理各种业务，权衡了客户端和服务端的任务负荷，使运算资源得到合理的分配。B/S 结构的用户只需要通过浏览器就可以将大部分业务交给服务器来执行，服务器将执行后的结果返回给客户端浏览器，从而大大减轻用户侧的负荷。考虑到公交调度系统的用户比较多，因此为了减少开发和维护的成本，本系统采用 B/S 结构。通过 Web 服务器，用户可以通过浏览器访问数据库服务器、应用服务器和地图服务器，应用服务器在数据库服务器和地图服务器的配合下，完成各项功能，然后将执行后的结果返回给客户端浏览器。

（二）系统层次结构

WebGIS 公交调度系统从层次结构上划分可划为三层，分别是交互层、业务处理层和数据支撑层。业务处理层通过交互层提供的接口接受用户输入数据和相关操作请求，在数据支撑层的数据和业务数据的支撑下，实现各个环节的任务执行和结果反馈。

交互层作为系统的用户界面，为用户与系统的交互提供操作入口，用户通过交互层为业务处理层提供相关参数，同时负责将运行结果渲染到前台界面，供用户查看，用户只需要登录系统选择相关的操作即可使用系统的功能。交互层使用 HTML 和 CSS 技术来实现，使用脚本语言 JavaScript 实现前台的业务逻辑控制。业务处理层用于实现系统的具体功能，通过与交互层的交互来接受用户指令，作为交互层与数据层的中间层，业务处理层是整个系统的核心部分，起到承上启下的作用。

业务处理层需要实现基本的信息管理功能、公交调度功能以及用户管理功能等。

数据层主要负责存储数据，包括基本的地图数据、空间数据、用户信息数据、车辆线路数据、公交历史轨迹数据等，除了存储数据，数据层还需要对数据进行维护和管理。

（三）数据库设计

数据库是为应用服务的，因此数据库应当首先满足应用系统的业务需求，准确表达数据间的关联关系；其次，要提高数据查询的效率，通过合理的表结构、存储分区、增加索引等方式来提高读取速度，提高查询效率；最后，要有好的扩展性，在日后需求变更或者功能扩展时，数据库良好的扩展性将为开发带来巨大的便利。在设计数据库之前首先需要明确具体的需求，定义好数据库表和字段，合理地设计表与表之间的关联，完成 E-R 图的设计。在进行逻辑设计时，根据用户的需要在基本表的基础上建立系统所需的各种数据视图。本系统采用的是 PostgreSQL 数据库进行管理和存储数据，数据包括公交车辆信息表、公交线路信息表、发车时刻表、驾驶员基本信息表、车队基本信息表、公交车辆轨迹信息表、公交站点信息表、公交线路和公交站台映射表、系统用户信息表等。

（四）主要功能设计

在综合考虑系统建设目标和功能需求的基础上，公交调度系统包括静态调度、动态调度、信息管理和系统管理四个功能模块。系统主要功能模块结构如图 9-27 所示。

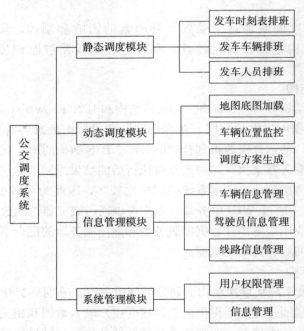

图 9-27　系统主要功能模块结构
(陈铭，2016)

1. 静态调度模块　在现实情况中，公交车辆的调度系统的开放性以及随机因素的不确定性，因此很难做出一份适合任何情况的静态调度计划。通常情况下只能尽可能做到科学、合理，然后根据实际运行过程中的各种反馈，反过来调整和完善原调度计划，最终使整个调度趋于科学合理。一份完整的静态调度计划主要应该包含三个部分：发车时刻表、车辆排班表和驾驶员排班表。

2. 动态调度模块　该模块包括地图的基本操作、公交车辆实时位置的监控、调度方案的生成等功能。地图主要用作公交车辆运行路线的底图，承载线路信息和公交车辆实时位置信息，通过将这些信息叠加到地图上可以方便调度人员统筹全局，制定出合理的调度计划。车辆的实时位置会从公交车的车载终端按固定的周期发送到调度系统，系统实时将这些信息绘制到地图上，从而实现每辆车的监控。当运营过程中发生异常事件，比如某条线路的客流量突然增大导致出现乘客滞留的现象，驾驶员可以通过车载终端向监控中心反馈该异常事件，监控中心收到该事件后，调度人员通过临时增加发车班次及时消化这部分客流量。因此，整个动态调度模块包括即时调度功能、区间调度功能、包车调度功能、放空调度和调度方案生成。

3. 信息管理模块　　该模块主要用于对车辆、人员、线路、位置和历史操作等信息进行管理。该模块分为三个部分，分别用来管理车辆的基本信息、驾驶人员的基本信息以及公交线路的基本信息。通过信息管理功能实现三种信息的增加、删除、修改、查询等功能。

4. 系统管理模块　　该模块主要负责系统用户角色和权限管理以及业务信息的维护等。其中用户主要分为普通用户、调度人员用户和系统管理员，用以控制不同的访问权限。一般用户是指在本系统注册登记的合法用户，这部分用户能够使用系统的查询和浏览功能；而调度人员用户可以根据工作性质的不同，分配不同的数据访问权限和调度功能权限；系统管理员主要是系统维护人员和系统开发人员，他们拥有最高权限，能够使用系统的所有功能，承担数据维护和系统功能维护。

五、道路交通应急管理

随着中国经济的快速发展，中国汽车保有量也在不断增长，城市道路交通安全问题已经成为人们关注的最重要问题之一。根据有关数据统计，2018 年我国道路交通事故件数、受伤人数、死亡人数和直接经济损失四项指标分别达到了 219 521 起、254 075 人、65 225 人和9.3 亿元人民币。面对如此严峻的道路交通安全形势，如何有效避免交通安全问题已经成为亟待解决的课题。

基于 GIS 的城市道路交通应急管理主要从道路交通信息的采集和处理、道路交通信息查询、交通事故信息统计分析和预测、交通事故的管理和交通基础数据管理等方面入手，构建科学合理的城市道路交通应急管理系统。

交通事故应急管理体系要想充分发挥作用，需要满足四个条件：第一个条件是交通突发事故出现时，可以第一时间对交通事故点定位；第二个条件是快速规划救援车辆的最优行驶路径，否则会延误救援时机，造成更大的人员伤亡；第三个条件是快速实现救援资源的调度；第四个条件是救援信息的实时查询。因此，GIS 在应急救援管理中起到应急资源的优化配置、应急事件的准确定位、救援路线规划设计和提供救援预案的作用。

GIS 在应急管理中起着以下作用：应急资源的优化配置、应急事件的准确定位、空间网络分析和提供预案规划支持等。

（一）系统设计目标

该系统设计的目标是对高速公路上发生的交通事故进行紧急响应与指挥调度，使交通事故造成的人员伤亡与财产损失降到最低。具体目标设计包括：设计可行的系统架构，选择合适的系统运行环境，合理规划应急管理的组织结构与系统的业务流程；系统具有事故信息的分析、查询和预案管理功能；对事故点进行电子地图定位，利用网络分析功能规划最佳救援路径，给决策人员提供信息支持；建立专门的应急管理中心，在交通事故发生时，应急管理中心对交通事故紧急响应、统一指挥，采用信息推送的方式协调交警、医疗、路政、消防等各部门配合，达到对交通事故快速响应的目的。系统的概念模型如图 9-28 所示。

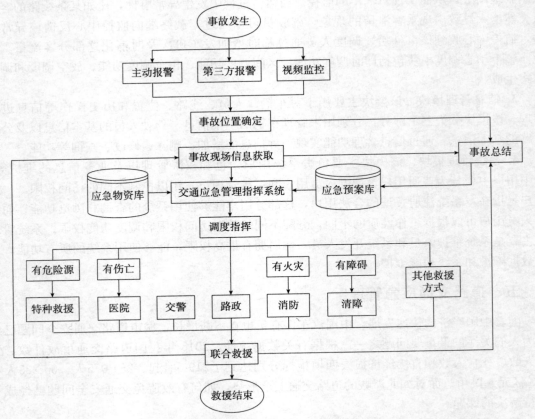

图 9-28　公路应急管理指挥系统概念模型

（妥洪波，2017，有修改）

（二）系统的数据需求

交通事故信息主要分为两种：一种是交通事故发生点的位置信息；另一种是用文字描述、照片、语音和视频表达的属性信息。随着系统的不断运行，交通事故的数据量非常大，文件的存储和检索的性能将会大大降低。为提高系统的性能，必须建立特殊的文件处理与管理系统。

1. 基础数据　系统具有道路交通设施基础数据录入与管理功能，基础数据包括：①路网信息，包括道路名称、道路的长度、路段的速度限制和车辆种类的限制、通行时段，是否为单行道等；②道路信息，包括道路的方向、车道种类、车道数量、车道限速、车道宽度和道路占用情况；③交通设施信息，包括交通指挥岗亭、交通信号灯和交通标志的信息，以及公共汽车、地铁车站的位置，测速雷达、监控摄像头等数据采集设施的位置等。

2. 交通事故数据　各种类型的交通事故数据统一分成图形数据和属性数据两种，各种属性数据实现与事故点的相互关联，由于一个事故点有文本、照片、音频和视频等多种属性信息，而且数据量较大，一般需要建立分区数据存储的方式，将不同种类的数据按照数据格式的不同和访问频率的不同，采用不同的存储格式：文本数据采用明码格式存储、照片数据采用压缩格式存储、视频数据采用流媒体的格式存储，最大限度地提高系统的访问速度，提高工程技术人员的事故分析水平和安全管理人员的决策效率。

3. 事故统计分析数据 本功能遵照公安部的统计规范进行事故统计的设计，并加入事故预测功能，包括事故描述信息，比如事故经常发生的地段、视野条件、能见度、有没有交通标志、容易引发交通事故的位置、交通事故的严重程度和类型等。统计分析包括路段的年通行能力、平均通行速度、车流量等。道路交通事故对比：提供一定时间段内的道路交通事故数据对比功能(同比、环比)，通过地图直观显示多发点的分布情况及变化趋势。事故多发地点/地段分析：通过运用 OLP 技术，设定"事故数量""受伤人数""死亡人数""经济损失"等，实现 33 大类 60 个子项共计 93 项事故因素的排查和分析处理，为交通事故管理部门提供宏观决策支持。预警功能：以系统中的事故数据为基础，分析事故的变化趋势，预测事故多发地段的分布情况，在地图上显示各个预警点的分布状态。趋势分析功能：使用时间序列算法，根据系统数据分析某个区域、某条道路未来事故发生的趋势，为用户提供决策支持。

4. 事故预防措施 利用大量已有的事故数据对特定路段进行交通安全分析，基于地理信息系统的存储、分析、地图可视化显示以及辅助事故预案的制定等功能，对事故多发路段制定事故预防措施，提高城市道路交通安全管理水平。

5. 系统管理数据 系统管理主要包括用户和权限管理、日志管理和外部交换数据管理。在用户管理方面，做到不同权限级别的用户只能查看、使用或维护其所管理区域的数据，实现数据访问的分区域管理和功能使用的分工管理。系统日志管理就是记录系统中硬件、软件和系统问题的信息，同时还可以监视系统中发生的事件。外部交换数据主要来自办公自动化系统、公安交警快报统计系统和交通实时监控系统，实现信息共享与交换。

(三)系统功能模块设计

道路交通应急管理系统分为现场信息查看、应急预案查询、救援资源优化查询、事故总结四个模块。

1. 现场信息查看功能

(1)地图查询。高速公路事故发生以后，首先需要对事故的位置进行定位，然后借助于系统地图对事故发生地点周围的地理信息进行查询分析，包括交通公路网络、道路桥梁、救援资源分布情况等。地理信息的查询有助于决策者了解事故周边的地理环境，以做出正确快速的决策。

(2)事故现场图片查看。通过对事故地理信息进行查询以后，还需要对事故现场进行初步的了解，包括现场的人员伤亡和交通状况等。借助高速公路上安装的拍照设备，当事故发生后能采集现场图片，再上传至系统，方便决策指挥人员根据现场情况做出正确的响应。

(3)高速公路监控视频查看：除了对事故现场状况进行了解以外，还需要分析事故的原因，确定事故的形态。因此，应急管理系统需要建立视频查询的功能，方便决策者对事故的发生过程进行查询分析。

2. 应急预案查询 在对事故的原因和发生过程进行分析的基础上，确认事故的状态和路段信息，再对事故的等级进行评定，最后根据分析结果系统从应急预案库中查询相应的应急预案。具体查询的内容包括：

(1)按事故形态查询。高速公路事故按事故的形态可以分为车辆碰撞、车辆与道路设施碰撞和车辆机械故障等，在查询时选择与该事故相应的形态进行应急预案查询。

(2)按事故等级查询。根据事故现场的图片、视频等信息可以对事故进行等级评定，因此系统还可以根据事故的等级进行查询。高速公路突发事故根据严重程度可以分为四个等级：特别重大事故（A 级）、重大事故（B 级）、较大事故（C 级）、一般事故（D 级）。按照事故的等级查看相应的应急预案，启动相应的应急救援程序。

（3）事故路段查询。事故的路段查询是根据现场的图片、视频等信息确定事故的路段后，根据事故路段在预案库中查找相关的应急预案并采用。

（4）按事故原因查询。通过对事故现场的图片和视频进行分析后可以确定事故的原因，然后再根据事故原因进行预案查询。由于不同原因导致的灾害有不同的特点，需要配备不同专业的救援人员和救援装备，因此在事故预案建立时，需要考虑每类事故的特点，以准确地建立预案。

事故的救援需要相应救援资源的协调配合，这就需要在查询系统中设置资源储备点的位置和联系方式，方便指挥中心快速地查询和启动应急响应。这些资源包括高速公路救援部门、医院、消防部门、路政部门等，每个部门又包括部门简介、联系人及联系方式等。

3. 救援资源优化查询　由于应急资源的种类和数量较多以及存放地点分散的特点，需要系统对这些资源进行配送优化，尽量减少救援时间，提高救援效率，有效地降低损失。救援资源分为四种：消防部门、专业高速公路救援部门、医院、公安部门。具体查询的内容包括：

（1）高速公路突发事故一般都伴随着人员的伤亡，因此需要在最短的时间内将急救人员和急救医疗设备运送到事故地点，再根据人员的伤亡程度送到适合的医院进行医治，在医院路径优化中可以查看伤员救治的最佳医院，以及事故点和医院之间的最优路径。

（2）高速公路交通事故的现场秩序和交通引导需要公安部门参与管理和维护，通过查询可以获取事故点附近的警察局以及两点之间的最优路径，方便指挥控制中心及时协调通知相应的警察局参与事故的救援工作。

（3）很多交通事故往往都会伴随着火灾及爆炸等事故的发生，需要紧急联系离事故发生地点最近的消防部门参与灭火等工作。通过对事故点附近的消防部门查询，规划消防部门与事故点的最优路径。

4. 事故总结　事故处理以后，需要对事故的救援工作进行总结，为以后的救援工作提供参考。通过对每次救援工作进行总结和分析，对应急预案不足的地方进行修改，完善应急预案库，为以后的救援工作提供支持。事故总结的具体内容包括：

（1）添加应急预案。根据事故救援过程的特点，对事故的救援工作进行全面的分析总结，对救援工作需要但系统中不存在的预案模块进行完善。

（2）修改应急预案。初始的预案库是系统设计人员根据一般的事故处理程序特点进行编制的，由于高速公路突发事故的多样性，根据对每次事故的分析总结，对原有的预案库中不合理的地方进行修改和补充，使现有的应急预案更符合客观实际情况。

（四）数据库设计

高速公路应急处理涉及基础地理数据、救援物资数据与应急预案数据。基础地理数据库包含公路交叉点表、高速公路车站表、高速公路区段表、公路线路、公路桥梁和高速公路隧道等。救援物资是整个应急系统的保障，当应急事件发生时需要在有效的时间内将必需的救援物资在第一时间送到事故地点。高速公路应急管理系统中的应急资源数据包括医院、公安部门、消防部门、救援车及高速公路救援资源。应急预案是应急事件管理的重要部分，针对不同类型和不同原因所造成的高速公路突发事件，编制有效地应急预案。一方面，指导应急救援工作的进行，提高救援工作的效率；另一方面，为相关救援人员的日常训练提供指导，以便在突发事件发生时能快速响应。

（五）系统开发环境

本系统采用 Visual Studio 2010 的 C#为编程语言，ArcGIS Engine 作为组件开发工具进行开发，数据库选择 SQL Server2010。

如图 9-29 所示，当交通事故发生交警部门接到报警后，系统根据当前路网状况，避开当前拥堵路段，迅速规划出交警大队到事故点的最佳路径，供事故处理使用。

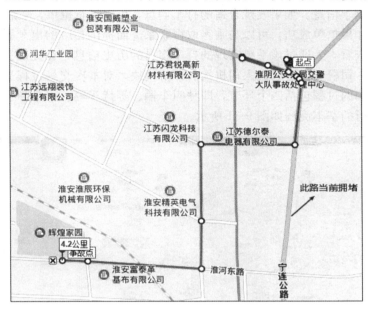

图 9-29　交警部门最优救援路径规划

（来源：百度地图）

六、移动端地理信息技术应用

滴滴出行是涵盖出租车、专车、滴滴快车、顺风车、代驾及大巴等多项业务于一体的一站式出行平台。"滴滴出行"App 改变了传统打车方式，建立起移动互联网时代用户出行的全新模式。与传统的出租车相比，滴滴打车改变了传统打车市场的格局，颠覆了路边拦车概念，利用移动互联网特点、GIS 与 GPS 技术，将线上与线下相融合，最大限度地优化乘客打车体验，改变传统出租司机等客方式，让司机根据乘客目的地按意愿"接单"，节约司机与乘客的沟通成本，降低空驶率，最大化节省司乘双方的资源与时间。

滴滴出行 App 分司机客户端与乘客客户端两种，并使用服务器端进行司机与乘客之间的数据（车牌、电话、位置等）交互。司机与乘客由基于位置的服务 LBS 进行连接，司机每隔几秒钟上报一次车辆的位置信息，存储在服务器端的数据库里；乘客发单时，通过实时电子地图选择附近的车辆，通过服务器的传递，将订单推送给司机，司机接单，开始为乘客服务。滴滴系统模型如图 9-30 所示。

滴滴主要是向需要打车的乘客提供服务，乘客

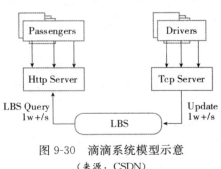

图 9-30　滴滴系统模型示意

（来源：CSDN）

在初次使用软件时要先进行注册，登录软件后，乘客可以根据自己的需求使用该软件，比如查看登录用户本人以往的打车记录。如果有打车需求可以进入打车模块，然后填入打车所需的必要信息（出发地、目的地等），选择现在打车或者预约打车，上传信息后等待司机接单。在一次打车交易完成后，乘客可以进入评价模块，对本次所享受的打车服务进行评价。

司机端主要是向司机提供服务，司机同样需要进行注册，在登录软件后，可以选择查看已经发布的打车需求信息。如果发现合适的打车信息，可以进行抢单，然后等待抢单是否成功的反馈消息。如果抢单成功，可以与乘客取得联系进而提供相应的出车服务。司机还可以查看本人通过该系统实现的打车交易的历史信息，在提供完一次打车服务后，司机同样可以进入司机端的评价模块，对本次交易过程进行评价。整个乘车的过程包括四个环节，即呼叫车辆、等待车辆、乘车和支付费用。滴滴出行的基本流程如图 9-31 所示。

彩图

图 9-31　手机约车工作流程

（来源：王桐，2014，修改整理）

第五节　地理信息技术在环境污染领域中的应用

随着全球环境日益恶化，环境保护问题引起了全世界人民的重视，故对现存的环境污染进行详细而全面的研究是十分必要的。污染是环境变化的主要因素之一，污染类别按环境要素可划分为大气污染、水体污染、土壤污染、噪声污染、农药污染、辐射污染和热污染等；按属性则可分为显性污染和隐性污染；按照人类活动则可划分为工业环境污染、城市环境污染和农业环境污染等；按照造成环境污染性质来源划分为化学污染、生物污染、物理污染、固体废弃物污染、液体废弃物污染和能源污染等。

环境污染的治理离不开污染信息的采集处理，污染都是在特定位置上发生的，即污染信息与空间位置相关，而 GIS 作为地理信息行业的分析决策系统，能对地理信息进行一系列相关的分析、展示，并进行模拟决策等。所以，GIS 自然就成为污染治理工作中的有力工具。人们不仅可以方便地获取、采集、输入、存储、管理和显示各种环境污染信息，还可以进行有效的监测、模拟、分析、评价和治理，从而为环境保护提供全面、及时、准确和客观的信息服务。

一、地理信息技术在环境污染领域的应用概述

通常所指的污染类型就是按要素划分的水体污染、大气污染、土壤污染，以及按造成污染的性质来源划分的固体废弃物污染，所以本节主要讨论的是地理信息技术在大气污染、水体污染、土壤污染和固体废弃物污染的信息采集、数据处理、污染模型建立和污染影响评价等方面发挥的作用。

1. 大气污染 大气污染除对天气产生不良影响外，对全球气候也造成了一定的影响，所以对大气污染进行相关的研究和治理刻不容缓。

2. 水体污染 当进入水体的污染物超过了水体的环境容量和水体的自净化能力，水质便会变差，从而破坏了水体的原有价值和作用的现象，称为水体污染，主要来自于工业污染源和生活污染源。

3. 土壤污染 当土壤中含有有害物质过多，超过土壤的自净能力，便会引起土壤的组成、结构和功能发生变化，这便形成了土壤污染，土壤污染物大致可分为无机污染物和有机污染物两大类。

4. 固体废弃物污染 固体废弃物按来源大致可分为生活垃圾、一般工业固体废物和危险废物三种。此外，还有农业固体废物、建筑废料及弃土。

地理信息技术在环境污染领域的应用主要分为以下几种：污染源调查，即采用一系列的调查手段，对污染的发生、变化、等级、性质进行调查，按照相应的级别进行分类，形成各种环境质量统计数据；污染分析，即利用拓扑分析、缓冲区分析、叠置分析、网络分析等进行污染过程的模拟和分析，构建相应的污染扩散模型，对污染规模进行定量分析；污染监测，即在环境污染过程中，多次收集描述污染性质参数变化的情况，达到污染程度和污染范围的监测与评价，结合人口、经济和社会发展诸多方面的因素，划分污染等级，对受污染区域做出科学的评价，制定环境污染负面清单，对污染区的工农业生产和人们的生活做出限制，为政府环境质量相关政策制定提供科学依据。

二、水体污染

在水体污染方面，GIS 主要应用在水污染的负荷计算、水质评价和水污染控制规划等专题研究中。

(一)污染负荷计算

非点源污染负荷计算方法研究始于 20 世纪六七十年代，美国在北美地区开展一系列深入研究，研发了包括输出系数模型、机理模型等在内的一系列非点源污染负荷计算方法。机理模型 (Physically Based Models)试图根据非点源污染形成的内在机理，通过数学模型，对降雨径流的形成及污染物的迁移转化过程进行模拟，它通常包括子流域划分、产汇流计算、污染物流失转化和水质模拟等子模块，不仅考虑污染物的输入和输出情况，还考虑污染物的迁移转化过程。机理模型与 GIS 进行耦合后，通过地形分析方法便可以进行子流域划分，既简化了模型计算的复杂性，同时又推动了机理模型的广泛应用，使机理模型在非点源污染负荷计算方法中占据了主导地位。目前广泛使用的是 SWAT（Soil and Water Assessment Tool）、AnnAGNPS（Annualized Agricultural

Non-point Source Pollution)和 HSPF(Hydrologic Simulation Program Fortran)三种模型。

以潘家口水库面源污染负荷计算为例，使用 SWAT 机理模型，该模型是美国农业部（USDA）开发的适用于较大流域尺度的非点源污染负荷计算模型，可以用来模拟连续时间段非点源污染问题，模拟流域内的水文过程和营养物质输移。利用水量、含沙量及水质实测数据进行模型参数率定，然后对不同水平年进行计算，分析上游流域面源污染负荷的产出特性，并研究农作物不同施肥方式下对面源污染负荷变化的影响。在本案例中，通过利用流域数字高程模型将大的流域分成子流域，计算每个子流域的产沙量和营养物质的输出，再通过河网将子流域连接起来，最后经河道演算得到流域口的产沙量和营养物质含量。

该模型还可以利用大量的流域基础数据如气象数据、土壤性质、地形、植被覆盖及土地管理措施等作为输入，直接模拟包括水的运动、泥沙的运动、植物生长过程和营养物质的循环等物理过程。

SWAT 等模型发源于北美地区，直接用于我国的农田水资源污染负荷计算时，会出现一定的偏差，原因是该机理模型未充分考虑中国农田的水资源管理特点。在应用过程中，国内一些研究者开始尝试对国外模型进行改进，如将 SWAT 与新安江模型进行耦合，运用新安江模型进行径流计算；对 SWAT 中壶穴降雨径流计算模式存在的问题进行分析并针对水稻田的产汇流特征提出改进方案；郑捷等在沟渠河网的提取方法、子流域与水文响应单元的划分以及作物耗水量计算等方面对 SWAT 模型进行了改进；桑学锋等针对中国流域水循环过程受人类活动影响较大的特点，基于自然-人工的二元水循环模式，对 SWAT 的水文模块进行了改进；赖正清等针对中国西北干旱区河流的特点，通过减少土壤水的贮藏量并增加下渗量对 SWA 模型进行改进；余文君等将 FASST 模型与 SWAT 集成，以改善 SWAT 对融雪径流的计算。

（二）水质评价

按照水体质量、利用价值和水的处理程度等评价目的，选择相应的水质功能参数、评价标准和评价方法（物理化学参数的实测值与水生物种群与水质的关系），对研究区水样进行综合评价分析的过程就是水质评价。

按照评价对象划分，水质评价分为大气降水水质评价、地表水水质评价和地下水水质评价；按水的用途划分为供水水质评价（包括生活饮用水、工业用水、农业灌溉用水等）、养殖业用水（渔业）水质评价、风景浏览水体的水质评价、水环境质量评价（为水环境保护服务）；按照评价的范围划分为局部地段的水质评价和区域性的水质评价两类。按照不同的分类方法，水质评价可分为：①水质回顾评价、水质现状评价及水质预测评价（评价的时间范围）；②城市、片区、景区、河流等（区域类型）；③排灌水、渔业用水、饮用水等（环境专业用途）。

本案例对杭州市居民饮用水水源地的九溪水厂、祥符水厂、南星水厂、清泰水厂的原水为研究对象，通过水质分析获得了 10 余项水质指标数据，以溶解氧、化学需氧量、总氮、氨氮四个指标为例，通过 GIS，运用单因子水质评价法，使用 GIS 的可视化功能，显示污染物的浓度分布情况；并选取一定的标准对四座水厂的原水进行分类，运用熵权法得出各指标权重，结合模糊数学的隶属度，分别对 7 月和 12 月的两期水厂原水数据进行多因子水质综合评价。评价结果如图 9-32 所示。

在水质评价中，主要运用的是 GIS 的统计分析和重分类功能。用空间分析功能计算多因子综合评价的结果，并对结果进行重分类，分成不同的污染等级，将空间分布情况进行可

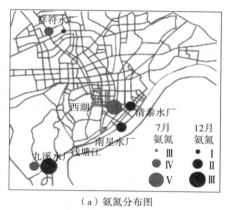
（a）氨氮分布图

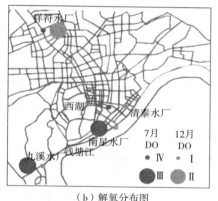
（b）解氧分布图

图 9-32　多因子水质综合评价

（来源：万超、张思聪，2003）

视化。在水污染评价中，GIS 可视化包括：污染浓度分布图、水质等值线图、水质柱状图和水质三维视图等。

（三）水污染控制规划

水污染控制规划主要包括污染源、污染负荷、水质评价、水质模拟、环境容量、数据管理、规划方案等，并在全过程中应用地理信息技术。GIS 的空间管理功能对污染源进行动态管理，通过建立污染源空间位置与属性信息的联结，实现污染负荷自动生成；应用隶属度加权综合平均水质级别法进行水域水质评价，并通过不同颜色显示不同的水质状况，进行水质报警；采用规划方案模拟法和年费用法对水污染控制规划方案的技术和经济效益进行比较，所有方案均可直观方便地通过数字地图进行显示，为决策者提供技术支持。水污染控制规划主要包括三部分功能：

1. 数据管理　研究区的基础地理数据、主要河流和水域数据、河流的监测断面实测数据及污染监测数据等。通过指定监测断面的名称、查询年份和水期，获取该监测断面的污染物指标值、监测断面的水质级别和该监测断面的污染物排序，从而可以统计水体的主要污染物，利用空间算子统计两个相邻断面之间的工业污染源数目。通过指定污染物名称、河段名称、年份和水期，统计输出指定河段的污染物总量等。

2. 空间分析　空间分析是空间检索、查询、统计和模型计算的总称，主要包括：空间信息量算（如计算河段长度、流域面积、输入河段的污染源数目等）、空间信息分类（就是按照要素特征类的差异进行分类）、叠加分析（就是将两个或多个特征类叠加起来形成新的要素的过程，主要体现在集合的交、并、差、余等运算）、缓冲区分析（是根据需要对点、线、面建立一定范围内的多边形区域，进而分析工业污染源、垃圾堆点、城镇生活污水排放口的污染影响范围和数量）。

3. 数据输出　一般需要文字、报表和图形三种形式的输出。例如，将水质评价结果以地图的形式进行表达，各种污染数据采用图表形式进行表示，而污染分析和结论通常采用文本形式进行表示。

三、土壤污染

GIS 在土壤污染方面主要用来揭示土壤污染因子的空间分布、污染的时空演变、对土壤污染进行评价和对土壤污染事故进行应急监测等。

（一）土壤污染因子的空间分布

应用地理信息技术的地统计分析模块，一般采用块金效应的球状模型拟合污染物各组分的理论模型，并根据研究区的地理分布特征，对未采样点的取值进行线性无偏最优估计插值，生成研究区污染物分布的克里金插值空间分布图，以此来分析研究区土壤污染的空间分布特征。图 9-33 为哈尔滨市土壤中铬含量分级图，揭示了土壤重金属含量的空间分布特征和污染强度。

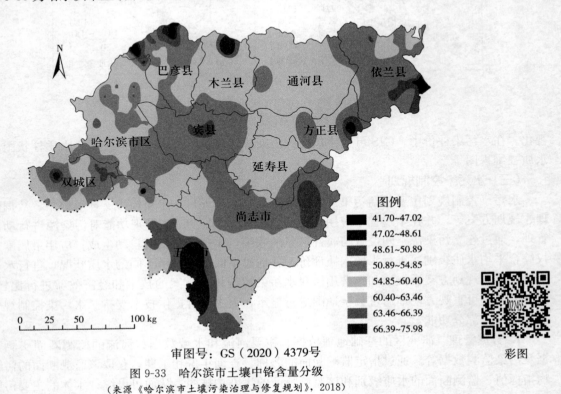

图例

■	41.70~47.02
■	47.02~48.61
■	48.61~50.89
■	50.89~54.85
■	54.85~60.40
■	60.40~63.46
■	63.46~66.39
■	66.39~75.98

审图号：GS（2020）4379号

彩图

图 9-33　哈尔滨市土壤中铬含量分级
（来源《哈尔滨市土壤污染治理与修复规划》，2018）

（二）土壤污染的评价

目前，关于土壤污染评价的方法较多，包括指数法、模糊数学法、聚类分析法、层次分析法、主成分分析法、整合分析法等。

由于地理信息技术特有的专题地图表现方式，使土壤污染评价和预测模型相结合，用地图和图表的形式表达土壤污染分析结果，更加适合土壤污染甚至其他环境质量的现状评价、趋势预测和辅助决策工具。其中地统计学是分析土壤性质空间变异性最有效的方法之一，成为土壤养分空间变异特征研究中的主要方法。

地统计学方法为土壤特性的空间预测提供了一种无偏最优估值方法。许多学者利用地统计学对污染土壤进行了多方面的评价，其中王学军等运用地统计学方法对北京东郊土壤表层的重金属含量进行了分析，对结果进行了插值，并在此基础上作出了污染的分级评价。邢世采使用 GIS 与内梅罗综合污染指数法对荔城区耕地土壤 8 种重金属的污染程度进行了评价研究，为荔城区耕地土壤重金属污染防治提供了科学依据。王进等以江苏省南通市土壤重金属污染现状调查数据为基础，选用合适的模型进行空间插值计算，并根据插值结果对南通市农田土壤重金属空间分布和污染现状进行了分析和评价等。

空间分析方法与地统计学相结合不仅能揭示污染物空间分布状况，还能更好地解释其影响因子。史文娇等从区域角度上探讨黑龙江省双城市土壤重金属元素空间分布规律，从自然和人为两方面多角度系统地分析其影响因子。陶树等研究了深圳地区污染状况，用经典的统计方法和地统计学方法研究了土壤污染的含量差异、空间结构特征及沿剖面的纵向分异，对该地区的土壤污染状况进行了分析和评价。运用地统计学方法对重金属空间分布的结构特征进行定量描述，并在此基础上进行最优的空间插值，可进一步探索空间变量的分布规律。

（三）土壤污染事故应急监测

将 GIS 的空间数据管理、查询、分析、可视化等手段应用于土壤污染应急监测中的事故定位、数据监测等工作，针对污染监测数据的特点，集成了污染评价模型，并研究空间插值、空间叠加、空间统计等 GIS 分析技术在污染监测与模拟数据可视化表达上的应用。

土壤污染事故应急监测系统包括应急监测响应模块、现场应急监测模块和终止应急监测模块。应急监测响应模块包括接警记录管理、事故点定位及最短路径分析、敏感用地查询和应急监测方案生成；现场应急监测模块包括模拟布设监测点、监测数据分析及可视化表达；终止应急监测模块包括应急监测报告自动生成和应急监测案例管理以及土壤事故恢复期的监测和数据分析。

土壤污染事故应急监测系统主要由空间定位分析、抢险最短路径计算、监测点数据采集和监测数据分析与可视化四个部分组成。按流程划分，土壤应急监测共有三个主要功能模块，其功能逻辑结构如图 9-34 所示。

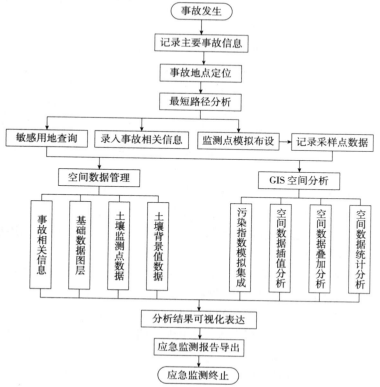

图 9-34 土壤污染事故应急监测系统功能逻辑结构

（来源：王衍斐，2010，有修改）

1. 空间定位分析　地图是表达位置信息的最佳载体，GIS 的空间定位功能可在地图数据图层的支持下快速获得事故的准确位置。针对固定污染源，直接定位到数据库中的厂址地点，针对移动污染源，可依据道路或其他地物信息确定地图上的事故区域，并通过输入坐标值或在地图上直接绘制点要素来确定污染区位置。

2. 抢险最短路径生成　污染事故发生后，为实现应急监测的快速反应，最短路径的获取是关键所在，根据事故区位置通过最短路径分析功能快速确定到达污染事故区的最短路径。最短路径的实现需要详细的道路交通网络数据。

3. 监测点布设与数据采集　到达事故现场后，需根据实际污染状况参考布点指导原则布设监测点。土壤污染的类型分为大气沉降、固体抛洒、液体倾翻以及爆炸污染等，现场需针对不同的污染状况确定布点方式。根据污染类型和布点方式确定适当的布点参数，最后在电子地图上自动生成采样点，采集各种污染参数并存入数据库进行统一管理。实现空间、属性数据的相互查询和添加、删除、修改监测点记录的功能。

4. 监测数据分析与可视化　监测数据可视化的表达形式主要有：单个污染物浓度等值线图、污染源分布图、污染物浓度等级分区图和单个监测点上多个污染物浓度对比分析图。其中污染物浓度等级分区图需要将污染等级评价模型与 GIS 集成，在污染等级指标的约束下自动生成分级结果。

（四）土壤污染溯源查询

以云南省土壤污染管理和分析信息系统为例，系统实现了土壤污染的溯源查询功能。根据给定条件对评价、统计结果进行筛选，从而查询出符合条件的采样点及其监测信息。在溯源查询功能中除了包含其定义的基本溯源查询外，还包含当前现状信息、野外记录信息、检出限信息和导出结果功能，对溯源查询结果进行了渲染及专题图制作。

在溯源查询中主要分为评价分析溯源查询和统计分析溯源查询两大类。

1. 评价分析溯源查询　评价分析是对不同评价物质进行评价，案例中根据 16 种土壤和 4 种土地利用类型的分类，对有机类、无机类、多环芳烃这三种评价类型分别包含的不同评价物质进行评价，通过单项污染指数评价方法得到各采样点评价物质的结果，并将评价结果分为五个等级，其程度依次是无污染、轻微污染、轻度污染、中度污染、重度污染。

2. 统计分析溯源查询　统计分析是对不同的监测物质进行统计，案例中根据 16 种土壤和 4 种土地利用类型的分类，对理化性质、无机类检测项目、有机农药、多环芳烃、碳酸脂、有机类总量六类监测类型中包含的不同的监测物质进行统计分析，描述数据水平、数据离散程度及数据分布特征等。

该溯源查询功能系统主要包括的查询内容为溯源基本查询、筛选条件查询、野外记录信息查询、检出限信息查询、Excel 导出结果和 GIS 渲染 6 个子功能。这 6 个子功能基本实现了对污染情况的全面查询。在普通查询的基础上，运用原有的评价、统计方法及与普通查询相反的思维过程，实现溯源查询。根据采样点的野外记录信息和检出限信息实现野外记录信息查询和检出限信息查询子功能。

3. 溯源查询的渲染　首先将溯源查询进行渲染，然后表达在相应的地理底图上，以地图的形式更加直观地揭示各个地区的污染程度及分布情况。图 9-35 是土壤污染溯源模拟图。

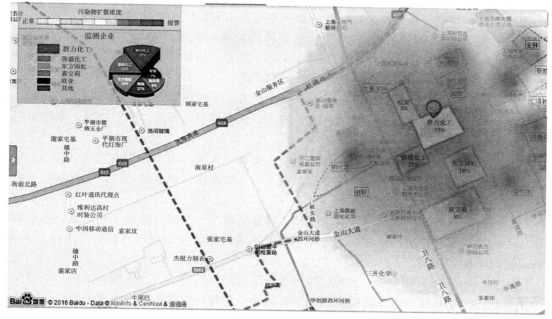

图 9-35　土壤污染溯源模拟图

（来源：卞娜娜，2012，有修改）

四、大气污染

大气污染是指大气中一些物质的含量达到有害的程度导致破坏生态系统和人类正常生存和发展的条件，对人或物造成危害的现象。地理信息技术在大气污染方面的应用主要表现在大气污染排放清单的管理和污染扩散的模拟。

（一）大气污染源排放清单管理

排放清单是指各种排放源在一定的时间范围内以及在一定的空间区域内向大气中排放的大气污染物的总和。大气污染源排放清单对政策制定和科学研究有重要价值。在科学研究中它是大气污染模式的起始输入数据，是研究空气污染物在大气中物理化学过程的先决条件，对于模拟二次污染物、了解某一地区空气污染状况和确立合适减排方案有重要作用。大气污染源排放清单系统主要由数据库和数据库管理系统组成。

1. 大气污染源排放清单数据库建设　在多年大气污染物排放观测的基础上，建立研究区的大气污染源清单数据库，大气污染源数据主要包括工业源、生活源、移动源和其他源等的各种信息，包括每类污染源的基础信息（如企业名称和地址等）、工艺参数（如工艺类型和年运行时间）、燃料参数（燃料种类消耗量和燃料含硫量）和污染治理措施（如处理技术名称和处理效率）等，并在此基础上开发相应的数据库管理软件，实现数据的增删改查、统计分析等功能。

（1）研究空间和属性数据库建库流程和方法，建立污染源排放清单的属性数据表和空间数据文件，最后通过 ArcSDE，实现污染源空间数据和属性数据的统一存储。

（2）汇总各类污染排放量的计算方法和系数，对污染物排放系数进行本地化验证，并开发污染排放计算模型，实现与污染源管理系统的耦合。

（3）开发污染源清单数据库的管理系统，对大气污染数据进行空间分析。

2. 系统的主要功能　大气污染排放清单管理的主要功能是实现数据的采集与编辑、基本的图形操作、空间分析功能、排放量计算、重点污染源识别和专题制图功能。

（1）数据采集输入与编辑。日常工作所取得的数据包括纸质数据、Excel 数据表数据、Word 文件数据等。为了让这些不同来源和不同形式的数据都能够方便快捷地存入数据库，提高管理的效率，系统需提供快速的录入与编辑功能。

（2）GIS 的基本功能。对地理底图的操作是基于 GIS 的污染源管理工具必备的功能。这些功能一般包括图形基本操作，例如放大、缩小、全图显示、漫游、图层加载、属性识别和鹰眼功能等。

（3）空间分析功能。信息的查询检索功能主要有三大类：由属性查询空间对象、由空间对象查询属性数据和基于空间关系的查询。对污染源数据库管理系统而言，主要侧重于由空间对象查询属性数据。

（4）排放量计算。排放量的计算主要基于排放系数法，根据污染源不同的基础参数调用数据库中的排放系数，实现排放量的计算。根据不同污染源污染物排放量计算方法的不同，计算将采用不同的模型。

（5）重点污染源识别功能。实现区域重点污染源的识别是大气污染源排放清单数据库的一个重要功能，也是排放清单数据库区别于其他污染源管理数据库的一个重要特征。

（6）专题制图。实现地图的简单渲染，如单一值渲染、点密度、多字段点密度、柱状图和饼状图等，生成描述不同污染源特征的专题地图。

（二）大气扩散模拟

大气扩散模拟是用来描述大气扩散的过程与规律的模型。它是以数学公式来定量地模拟污染物的空间分布和变化，实现对污染物扩散过程及其空间分布的可视化表达。该模拟系统的主要功能是计算污染物的浓度，分为点源污染模型下的扩散浓度、线性污染源造成的扩散浓度以及任一点扩散浓度，系统根据已知污染参数和其他限制条件，如风速、下垫面条件等，利用数学模型进行计算模拟。

1. 大气扩散模拟过程　第一步：将模拟区域进行网格化处理，即将整个模拟区域按一定尺度划分成规则网格，假设方格内的地面浓度值均等，然后用网格中心点的浓度计算值代替其涵盖区域的浓度值，以便计算污染物扩散的浓度值，将网格的中心点统称为网格计算点或者栅格计算点。

第二步：确定污染源扩散的影响范围，其中风向对污染物的扩散起决定性作用。

第三步：根据地形数据和污染源逐一进行预测点单项浓度计算，求和获得预测点的浓度值。

第四步：采用内插的方法生成研究区的等浓度线图、浓度分级图等，在地图上直观展示出大气污染扩散的形态。

2. 大气扩散模拟功能模块　依据系统的总体要求，结合大气扩散模拟的特点，大气扩散系统主要划分为 7 个功能模块组成，即数据录入模块、地图基本操作模块、查询功能模块、图形编辑模块、属性编辑模块、高斯模型计算模块、扩散模拟模块。各功能模块具体实现的功能如图 9-36 所示。

3. 大气扩散模拟功能模块

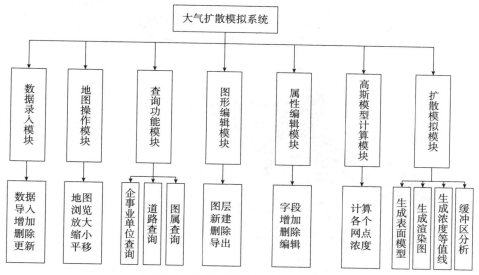

图 9-36　大气扩散模拟系统功能模块

（根据年文君 2014 修改）

（1）数据录入模块。此模块主要负责将空间数据和属性数据加载到大气扩散模拟系统中，实现基础地理数据的导入、污染源属性信息的录入和信息管理功能，包括对数据库中的信息进行增加、修改、删除等基本功能。

（2）地图操作模块。地图操作模块主要实现图层的管理，包括地图漫游、放大、缩小、平移等常用的功能。地图基本操作模块需要和空间数据库进行连接，对地图图层的管理主要指加载或移除图层、调整图层顺序和设置图层显示状态等。

（3）查询模块。主要实现了对地理要素的几何位置查询及其属性查询的功能，满足用户对污染源信息地理位置及其相关属性信息的查询需要，提供对污染源进行统计的功能。

（4）编辑模块。实现了地理要素的编辑功能，包括对地图中所有地理要素的添加、删除、修改，便于管理者及时更改污染源信息的变化，保持系统数据的时效性。

属性编辑功能模块主要是指对企业名录、污染源等属性信息的添加、删除和修改，确保了属性数据的可靠性。

（5）高斯模型计算模块。该模块通过调用数据库中企业及烟囱等的属性信息和相关环境参数信息，实现对各个网格点浓度的计算。因此，在进行模型计算之前，需要提供研究区网格化功能。

（6）扩散模拟模块。该模块通过多种图形渲染方式，实现大气扩散模拟的可视化。首先利用高斯模型计算各个网格点浓度值，绘制浓度等值线，生成 Grid 表面模型，将浓度值按不同的浓度等级进行划分，用不同的颜色渲染出大气扩散的效果图，如图 9-37 所示。

（三）固体废弃物

在固体废弃物研究方面，GIS 主要应用于固体废弃物的管理和监测。

1. 固体废弃物的规划管理　以××市固体废弃物管理信息系统为例，该系统由数据输入子系统、数据库管理和维护子系统、数据查询子系统、模型库管理子系统、应用与分析子系统、输出子系统以及系统管理子系统组成。

（1）数据输入子系统。负责各种数据的输入：①输入基础地图，包括行政地图、等高线图和交通地图等；②建立固体废弃物分布图；③各种属性数据的输入；④图片数据的输入，比如垃圾堆存点的照片、垃圾填埋场的照片、垃圾采样点的照片等。

河南省空气污染扩散气象条件预报
2019年02月27日20时至2019年02月28日20时

审图号：GS（2020）4379号

图 9-37 大气污染扩散模拟结果

（来源：河南省气象局网站）

（2）数据库管理和维护子系统。数据库的内容包括1：50万的××市区县级行政划分图、乡镇行政区划图、水系图、等高线图、固体废弃物堆放点分布图、垃圾填埋场等图形数据和各种图像数据、属性数据、多媒体数据、文字资料、图片资料等。该模块负责数据的编辑与维护。

（3）数据查询子系统。系统提供各种信息的快速精确查询和检索功能，主要包括两类查询，可以从空间图形查询属性信息，也可根据一定的属性条件查询空间图形，即实现图形数据和属性数据的交互查询，并且实现空间分析功能。该系统中的信息采用图层方式组织，实现数据库由上级图层到下级图层的逐层查询，实现在同一界面下进行各项操作功能。例如，在××市堆存生活垃圾分布图中点击生活垃圾点图标，可以查询堆存生活垃圾点的信息。

（4）模型库管理子系统。负责用于对固体废弃物进行分析、预测、规划的各种应用模型的建立、查询、修改。模型库中现有生活垃圾产量预测模型、生活垃圾能量估算模型、垃圾影响评价模型、垃圾处理技术评价模型等。

（5）应用与分析子系统。以数据库为基础，在空间分析(叠加分析、缓冲区分析、网络分析、统计分析等)和空间操作(旋转、缩放、投影变换)等功能的支持下，利用模型库中的各种应用模型，对固体废弃物进行分析、预测，并将结果输出，为政府部门决策提供依据。

（6）系统管理子系统。该子系统实现与系统有关的管理，包括"用户管理""密码修改"

"页面设置""图纸输出"及"退出"功能。

（7）系统管理子系统。实现与系统有关的管理，包括用户与权限管理、系统日志管理、数据安全管理和数据备份管理等。

2. 固体废弃物监测　固体废弃物是潜在的矿产资源，可开展有价元素的综合回收、尾矿建材原料生产等二次利用，又是环境监测和地质灾害防治的重点。固体废弃物会造成周边环境污染和诱发地质灾害，如坝体垮塌造成泥石流，植被覆盖差形成沙尘源，引发沙尘暴等。矿山监管部门在监督管理时，不仅需要了解各种尾矿的矿物成分和分布信息，科学制定矿业发展规划，综合利用固体废弃物，综合环境和地质方面的信息，为防止环境污染和地质灾害提供重要信息。

固体废弃物综合监测的思想是，通过遥感图像目标解译，结合样本化学分析，建立自主监测固体废弃物空间管理模式，分层次监测采矿迹地固体废弃物及矿山开采的环境状况，从宏观监测和微观分析角度构建固体废弃物的综合监测模式。

宏观监测以遥感监测方法为主，提取不同尺度的遥感专题信息。通过建立解译要素数据库，详细记录尾矿的复垦、地质灾害成因、固体废弃物环境影响的特征，对采矿迹地固体废弃物影响地表结构、植被覆盖和环境变化等因素进行跟踪分析。

微观监测是以解译要素区的样本化验分析为主，定期选取固体废弃物、尾矿、水体、土壤等样本，通过化学和物理的分析手段，获取固定时间段的研究目标微观分析数据，进行水环境变化、土壤污染、尾矿二次利用等方面的信息分析和统计。固体废弃物综合监测管理模式如图9-38所示。

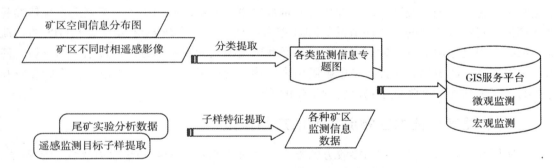

图9-38　固体废弃物的综合监测管理模式

（来源：汪金花，2014，有修改）

固体废弃物监测是实现矿山综合治理的重要手段，其终极目标是在矿山建设层面建立尾矿数据分类报表、矿区尾矿再选分析方案、矿区尾矿复垦方法，实现矿山的健康发展；从环境治理层面，建立水环境遥感监测、植被遥感监测和地质灾害遥感监测的技术规程和工程监测方案，服务于绿色矿山建设。

第六节　地理信息技术在物流领域的应用

"物流（Physical Distribution）"概念是美国学者克拉克在20世纪30年代提出的，传统意义的物流是指发生在商品流通领域中的在一定劳动组织条件下，凭借载体从供应方向需求方的商品实体定向移动。随着经济社会的不断发展，现代物流已逐渐从传统的运输服务发展成为以现代科技、管理和信息技术为支柱的综合物流系统。1984 年美国物流管理协会正式将"物流"概念改为 Logistics，并将"物流"定义为"为了符合顾客的需求，将原材料、半成品、完成品以及相关的信息从发生地向消费地流动的过程，以及为使保管能有效、低成本地进行而从事的计划、实施和控制行为"。

随着物流运输业的发展，人流、物流、资金流、信息流等生产要素将会加速发展，特别是信息流的提速，对物流运输企业的发展有着深远影响。信息流本质上就是利用信息对供应链上所有企业的计划、协调、服务和控制等活动进行更有效地精细化管理。由于物流信息的功能，使得物流信息在整个运输企业中占有越来越重要的地位。信息是现代物流运输的灵魂，在物流各环节中广泛应用，是现代物流运输区别传统物流运输的根本标志，是物流技术中发展最快的领域。以信息技术为核心，应用地理信息（GIS）和全球定位（GPS）等信息技术，对物流的发展将产生不可估量的经济价值。

地理信息技术与物流系统的深度融合，在可视化环境下构建了企业物流实时动态管理系统，其动态性可分为时间动态性和空间动态性两个方面。时间动态性是指系统在 GIS 的辅助下对物流信息的采集、更新、加工和导出。系统能够及时地捕获整个物流过程中的关键数据，如订单信息、货物的数量及所在的位置、运输工具的状态信息等，并对现有数据进行实时更新，更新后的数据将被系统进行分析、聚类、统计等二次加工，处理后的结果将以屏幕显示或打印输出的形式被调用，真正实现了信息与时间的同步流动。空间动态性是指系统能够利用 GIS 的地图或空间图形的显示和分析能力，通过图形处理模块，建立动态的物流管理工作环境，该环境实现了地理信息技术与决策辅助系统的集成。在该环境下，地理信息被量化和规格化后输入系统数据库，并作为变量被决策辅助系统所调用。决策辅助系统依赖各种计算模式对物流流程的各个环节的管理计划进行调整。一套成熟可靠的基于 GIS 的物流信息系统应当是地图信息、数据库、图形界面和决策模型的紧密耦合。通过系统的分析，使用者可以从枯燥的数据和统计报表中解脱出来，物流管理工作将简化为对既有方案的比较和选择的过程，从而大大降低了物流管理工作的难度。

一、地理信息技术在物流领域的应用概述

众所周知，货物从发货方到接收方的整个运输过程都对地理空间信息有极大的依赖性，具体表现在及时跟踪和掌握货物的状态信息、合理规划利用货物集散地、充分有效地调用运输工具以及快速准确地制定配送路线等。由于 GIS 能够完成地理数据的获取、存储、分析、处理和输出等一系列空间操作，因此成为物流管理系统的重要支撑技术。

1. 仓储选址　在物流企业的实际运营中，为了提高物流配送的效率，需要在服务区内设置一定密度的仓储点，面对仓储选址的多方面因素影响，可以采用地理信息技术的资源配置方法，实现仓储的优化选址。

2. 路线规划　物流企业往往面对的是同时存在着若干个供应点和若干个需求点的经济区域。因此，首先需要选择某一个具体地点作为配送中心，在此基础上进一步对由配送中心向外辐射的每一条配送路径进行规划，从而保证配送活动的时效性、协调性和经济性。GIS 技术与物流配送体系的结合为配送中心选址及配送路径规划提供了新的思路和解决方案。应用开发平台能够对经济区域内的空间实体及影响配送路线选择的各种环境因素加以量化，从而将抽象的路线规划问题转化为以真实空间数据为参考和依托的建模

问题，进而提高了路线规划的效率。目前主流的 GIS 应用开发平台都集成了路径分析模块，利用该模块的功能，结合真实环境中所采集到的空间数据，实现以费用最小或路径最短为目标的配送路径规划。

3. 物流配送　对物流配送的具体行为进行抽象概括，可以将其表示为某一配送主体使用一定数量的交通工具，按照客户要求将货物由配送主体配送至客户指定地点的过程。这一过程包括了运输车辆路线安排问题(VRP)、定位-配给问题(LA)、定位-运输路线安排问题(LRP)等具体内容，其核心问题大多数可以归结为最短路径问题或其变种问题。然而，在实际运行过程中，物流企业面对的往往是同时存在着若干个供应点和若干个需求点的平衡。把 GIS 技术融入到物流配送中，将更容易地处理物流配送中货物运输、仓储、装卸和送递等各个环节，并对其中涉及的问题，如运输路线的选择、仓库位置选择、仓库容量设置、合理装卸策略、运输车辆的调度和投递路线的选择等，进行有效的管理和分析，有助于物流配送企业有效地利用现有资源，降低消耗，提高效率。

二、物流系统设计

京东拥有中国电商行业最大的物流仓储系统。截至 2017 年底，京东在全国拥有 9 大物流中心，在全国 40 座城市运营着 123 个大型仓库，拥有 3 210 个配送站和自提点，覆盖全国 1 862 个区县。而京东专业的配送队伍已拥有 5 万名员工，上千台车辆，每天的包裹数量达到数百万之巨！为了支撑如此庞大的配送体系，为用户提供专业的服务，京东开发了基于耦合模式的物流配送青龙系统。该系统通过 GIS 技术与物流体系的深度融合，对订单轨迹、行车轨迹、配送员轨迹做实时的监控和调度。在企业端完成站点规划、车辆调度、GIS 预分拣、配送员路径优化、GIS 单量统计等模块功能，对用户实现 LBS(基于位置的服务)、订单全程可视化、送货时间可预期、基于 GIS 的 O2O 等服务，大大提高了用户的购物体验。

(一)青龙系统作业流程

物流无疑是京东的核心竞争力之一，其中青龙系统起到了核心作用，青龙系统的核心要素包括仓库、分拣中心、配送站、配送员。其具体的作业流程如图 9-39 所示。

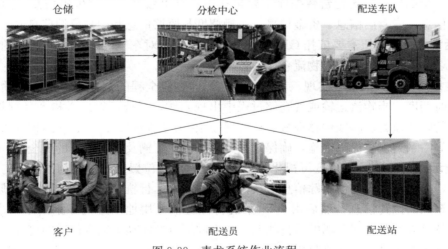

图 9-39　青龙系统作业流程

商家负责根据客户订单准备货品，仓库的主要职责是订单包裹生成，包括免单打印、拣货、发票打印、打包等。它的主要职责是订单包裹生成。仓库将用户货品包装完毕后，将订单包裹交接给分拣中心，分拣中心收到订单包裹后进行分拣、装箱、发货、发车，通过运输配送，最终将包裹发往对应的配送站。配送站进行收货、验货交接后，将包裹分配到不同的配送员，再由配送员负责配送到客户手中。

在整个配送系统中，物流、信息流与资金流的快速流转实现了货物的及时送达、货款的及时收回以及信息的准确传递。

（二）系统的构成

青龙系统主要由整体技术架构和核心子系统两部分构成。整体技术架构包含基础层、展示层、监控层和运营层，通过不断进行系统优化，京东物流系统已经发挥出规模效应，有效解决了物流配送各环节的业务问题。青龙系统架构如图 9-40 所示。

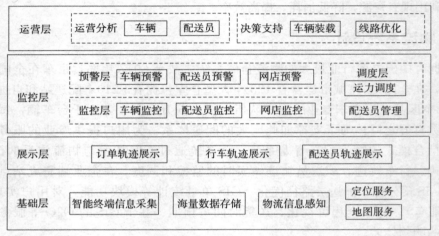

图 9-40 青龙系统技术架构
（根据京东官网进行修改）

1. 基础层 基础层主要包括物流运营数据库、扫码信息和智能信息获取、实时定位和基础地图四个部分。物流运营数据库主要包括用户订单数据、仓储位置信息、商品清单信息、企业信息、专营店信息、资金信息、车辆调度与监控信息和用户反馈信息。

2. 运营层 运营层主要依托 GIS 空间分析功能，针对车辆、道路和配送员的数据提供相应的专业分析工具，以提高物流企业的效率。

3. 监控层 监控层主要实现三方面的功能，即物流全程的监控、特殊情况预警和运载工具的实时调度。当物流运输或者仓储过程中出现问题，系统可以发送指令远程控制车辆，对行驶进行限速监督、路线偏移提醒、疲劳驾驶预警、危险路段提示、紧急情况报警、求助信息发送等一系列安全保障措施，确保驾驶员、货物、车辆及客户财产的安全。

4. 展示层 展示层以 GIS 可视化技术为依托，通过位置信息，将物流状态与地图表达深度融合，形成直观的物流跟踪信息，具体显示商品的运行轨迹以及载体的运行轨迹。通过定位得到车辆的位置信息，然后由 GIS 系统将位置信号用地图形式显示出来，这样客户、物流企业就可以及时了解车辆的运行状况，让不同地点的流动车辆变得透明可控。

通过多年的车辆行驶轨迹分析，结合在途车辆的轨迹频率及车载状态（正在装车、正在运输和空车返回），根据车辆的不同状态，优化和配置车辆的行走路线，减少空车率，降低时间成本和经济成本。图 9-41 是物流车辆的行车监控系统输出的状态图。

（三）核心子系统

青龙系统的核心子系统主要包括终端系统、运单系统、质检平台、监控与调度、定位与导航系统五个部分。

图 9-41　物流车辆行车状态
（来源：百度）

1. 终端系统　青龙终端系统就是 PDA 一体机。在分拣中心、配送站以及配送员都是采用这种设备采集不同物流环节的数据，而且目前已经在测试可穿戴的分拣设备，推行可穿戴式的数据采集器，以降低分拣人员的劳动强度，提高工作效率。此外，配送员 APP、自提柜系统也是采用相同的技术路径开发的产品，完成物流配送业务的操作、记录、校验、指导、监控等数据的获取。

2. 运单系统　该系统是货物运送状态实时在线的保证，它既能记录运单的收货地址，又能接收来自接货系统、PDA 一体机的操作记录，实现订单全程跟踪。同时，运单系统对外提供状态、支付方式等查询功能，供结算系统等外部系统调用。

3. 质检平台　该平台对商品的质量进行严格控制，除了保证自身的品质外，为了避免因为运输造成的损坏，质检平台针对业务系统操作过程中发生的物流损耗等异常信息进行信息收集，由质检人员进行定责。质检系统保证了对配送异常情况的及时跟踪与处理，同时为降低损耗提供质量保证。

4. 监控与调度　青龙系统采用全局监控的集中部署方案，为管理层和领导层提供决策支持，监控中心可以同时监控各个区域的作业情况、车辆的运输情况和配送员的工作状况，为了各环节的高效协同作业，及时发出调度信息，对特定问题进行干预，保证整个物流系统的高效运行。

5. 定位与导航系统　本系统的特点就是实时定位与导航。青龙将其分为企业应用和客户应用两个部分，企业应用主要体现在 GIS 系统可以进行站点规划、车辆调度、GIS 预分拣、北斗应用、配送员路径优化、配送监控、GIS 单量统计等功能，而对于用户来说，能够获得 LBS 服务、订单全程可视化、预测送货时间、用户取货等。

随着 GIS 技术的发展，结合 O2O 服务模式、物联网和大数据等技术，物流服务将会进入新的发展阶段，使物流的价值进一步得到扩展。

三、物流中心选址

首先需要选择某一个具体地点作为配送中心，在此基础上进一步对由配送中心向外辐射的每一条配送路径实施规划，从而保证配送活动的时效性、协调性和经济性。GIS 技术与物流配送的结合为配送中心选址提供了新的思路和解决方案，提高了选址效率和选址方案的可行性。

（一）物流中心的选址要求

物流中心选址是指在具有若干配送点和需求点的经济区域之中，选择一个具体位置作为配送中心，使其为物流系统服务的规划过程。物流配送中心一经选定，将会长时间地使用，它不仅直接关系着运行成本，而且对效率和物流控制水平也会有显著的影响。成功的物流中心选址方案可以有效地节约成本，促进生产和消费的协调与配合，确保物流体系均衡发展；反之，若是选址不当则会造成经济损失。因此，全面、综合、系统地分析选址问题并合理地选择物流中心是十分重要的。通常情况下，物流中心的选址需要满足以下要求。

（1）物流中心需要具有一定的区位性，它一般处在区域的枢纽位置，在物流系统中起着承上启下的作用。

（2）物流中心需要较为健全的物流功能，包含运送、存储、装卸、搬运、包装、处理加工、配送、信息分析处理等基本要素。

（3）物流配送中心需要具有完善的信息网，使得信息流动性强，以便于充分利用区域内的信息资源。物流中心对一定区域内的周边地区具有较强的影响力。

（二）GIS 物流配送中心选址的优势

采用 GIS 技术对物流配送中心进行选址的优势主要体现在以下几点：

（1）借助于 GIS 地图浏览的功能可对选址区域内商品资源以及需求市场的分布在地图上进行定位与展示。

（2）利用 GIS 空间分析功能，可以获取候选区域的地理位置、地形特征、土地类型、人口密度、交通条件等信息，从而对候选区域的地理条件和交通设施进行定量分析，提供地址编码等手段；将客户的门牌号码或邮编与地图进行匹配，从而精确地描述需求点的分布，进而更加精确地计算配送成本，避免了简单地将区域的中心作为需求中心进行配送成本计算所带来的误差。

（3）利用 GIS 可将选址区域内部的空间实体（包括道路以及各候选点和需求点）地图化，可以高效地使用商用的电子地图产品，提高配送效率。

（4）传统模型在处理运费问题时，往往借助线性或非线性的函数模型，所得结果与实际的运费会有比较大的偏差。而在 GIS 中，可借助其缓冲区的分析功能，以配送中心为中心点，依靠由属性查询所获取的各项数据建立起等成本的缓冲区，不同的区域具有不同的运费，从而提高计算结果的精度。

（5）GIS 具有缓冲区分析、叠加分析等空间分析功能，同时也集成了一些进行决策分析的工具，可以通过对用户提供的信息数据进行操作获取有价值的信息，从而有效地辅助决策。例如，在确定区域内两点间的最短距离时，可利用网络分析功能进行最短路径查找，从而方便、快速得到更加准确的结果。

（6）借助于 GIS 可视化表达功能，可以制作出直方图、饼图、数据分布曲线，也可在地图中添加标签、报表、图例，从而将选址结果通过各种图形图表进行表达。

（三）经典的物流中心选址方法

常用的物流中心选址方法可分为定性和定量两类，其中定量模型又可划分为连续模型和离散模型两种。

1. 定性模型　定性模型是指在选址基本理论的基础上，借助决策人员多层次的经验知识与统筹能力，确定配送中心的具体位置的方法。代表性的方法主要有优缺点比较法、德尔菲法等。

（1）优缺点比较法。优缺点比较法是最为简单的一种定性分析选址模型。该模型将各选址方案的优缺点都罗列出来，通过分析比较各方案的特点，按多个等级进行评分，等级越高，得分越高，最终计算各项得分的加权总和，得分最多的方案为最优方案。在具体操作的过程中，决策人员多使用一个含有选址影响因素的表格，对不同方案的各因素进行评分。最常考虑的影响因素包括区域地形、位置、面积、水电设施状况、所有者情况等。该方法受主观因素的影响较多，不够科学精确。

（2）德尔菲法。德尔菲法的思路是：采用量化的方式来征询专家成员的意见，并以数值的形式表示，经过客观分析和多次征询，使专家的意见趋于集中，从而做出最后的决策。该方法较多用于预测工作，也可用来对配送中心的选址进行定性的分析。该模型较简单，但是主观性太强，最终的决策结果受到专家们的知识经验以及所处的时代背景、社会环境等因素的影响与限制，在候选点过多时不容易达成一致，从而致使最终选址结果不够科学。因此，在候选点有限时，该方法比较有效，在为城市物流系统进行配送中心选址时，则要求具备大量的基础资料与信息，并结合定量分析，否则会显得说服力不足。

2. 定量模型　定量模型是针对问题建立相应的数学函数模型，并结合统计学的知识，用迭代等方法进行求解，以获得原问题的最优解。定量模型又分为连续模型与离散模型两类。

离散模型是从有限个候选位置中选取一个或一组位置作为物流中心的模型，其与连续模型的差别在于它所考虑的位置是有限的，最终的结果也只能从有限个候选位置中产生。这种模型相较连续模型更加符合实际，而计算与数据采集的成本也更高，代表性的模型有 P-中值选址模型。

P-中值选址模型中候选配送点与需求点的位置和数量都是事先给出的，该模型是在 m 个候选点中选择 n 个配送中心为需求点，使得总距离、费用或者时间最少，其图形表示如图 9-42 所示。

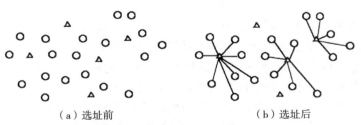

（a）选址前　　　　　　　　　　（b）选址后

图 9-42　离散模型选址方法

○：表示需求点；△：备选配送中心

图 9-43 是结合各种影响因子，采用定量模型法所选择的物流配送中心的位置图，根据专家的判断与分析，最终确定物流配送中心的位置。

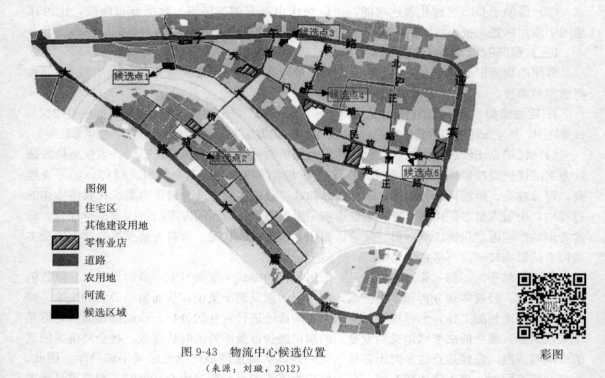

图 9-43 物流中心候选位置
(来源：刘璇，2012)

彩图

四、物流配送

将 GIS 技术融入到物流配送中，将更容易地处理物流配送中货物运输、仓储、装卸、送递等各个环节，并对运输路线的选择、仓库位置选择、仓库容量设置、合理装卸策略、运输车辆的调度和投递路线选择等问题进行有效的管理和决策分析，有助于物流配送企业有效地利用资源，降低消耗，提高效率。

（一）传统配送模式

以浙江省烟草行业的配送为例，各级烟草局基本都有自己的一套配送系统。目前配送中心大多现代化程度低，而对于物流中的许多决策问题，如配送中心的选址、货物组配方案、运输最佳路径、最优库存控制等方面，仍处于半人工决策状态，成熟的物流信息系统尚处在初级阶段。

日常的配送调度基本采用固定配送区域和固定配送线路的方式，服务的客户在第一次注册为配送对象时就已经决定了配送的车辆，甚至是固定到某一个司机，其原因在于配送的任务太庞大，无法靠人脑来完成每一天配送过程的优化。同时车辆运输能力的计算工作量很大，很难做到在车辆出发前的精确任务安排，只能在仓库装车时才能确定每一车辆的运输任务，在车辆的行驶途中，司机靠经验来选择行驶路线，降低工作效率，所以对司机的要求比较高，进而增加了企业管理成本。在目前人工的调度安排的方式下，很难提高物流配送的效率。

（二）基于 GIS 的物流配送系统优势

在物流配送中，如何提高客户满意度，同时降低配送成本，在满足客户要求、货品特殊运输要求的条件下，及时准确地把所需的货物配送到客户手中是物流企业提高服务质量、增强竞争力的首要考虑条件。基于 GIS 的物流配送系统主要从以下几个方面对物流配送进行优化。

（1）根据具体的订单情况进行配送，减少了车辆空驶率，提高整车的装载率。把具有特殊要求的订单进行特殊处理，采用特殊运输车辆，对订单进行综合优化调度，达到既满足用户特殊要求、提高服务质量，又节省了配送成本的目的。

（2）为车辆制订详细的智能调度计划，为司机提供特殊行车路线引导，对交通网络中的道路通达性进行实时管理，及时反馈，动态指引运输车辆行驶路线，在最合理的时间范围内送达货物，提高运输效率。

（3）数据统计与报表自动生成。根据送货单上的货物重量、体积和货物数量，结合客户的具体要求，预计卸货时间，统计车辆载货重量及送货时间，最后为调度员反馈车辆的配送信息，如路程、时间、成本、运单数量等实现各类业务报表的自动生成。

（三）配送系统的主要流程

配送流程主要依据客户信息、货物信息和配送过程三个方面构成。

1. 客户信息　客户信息主要来源于订单信息，订单受理部门统一受理购物 App、电话、Email、传真、业务联系人和网站等途径获取的所有订单，然后将订单信息进行分类，主要分成联系人信息、地址信息、商品信息、送货日期和货款支付信息。

2. 货物信息　客户购买商品后，需要填写详细的购货信息，此时需要对相应的信息进行分类，主要包括商品名称、数量、商品参数、生产厂家等。

3. 配送过程　根据客户位置、要货时间、道路数据、车辆数据、配送人员、仓库内的商品等信息，按照车辆调度优化模型，将订单中的货物分配至特定车辆，并按照路径最短、时间最短、成本最低等要求给出最佳配送方案，指导配送过程。根据车辆固定成本、单位距离油耗、行驶距离、司机工资、加班工资等信息按照专业模型计算配送成本。物流配送最优路线规划如图 9-44 所示。

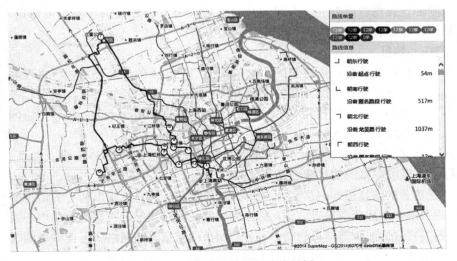

图 9-44　物流配送最优路线规划

彩图

第七节　地理信息技术在智慧城市建设中的应用

智慧城市是以物联网、云计算、大数据、人工智能、虚拟现实等信息技术为手段，实现城市运行管理更智慧、民生服务更高效、社会治理更精准、产业发展更健康等目标的城市发展新理念。

一、智慧城市发展概述

21 世纪以来，信息技术成为新兴生产力的突出代表，推动着工业社会向信息社会转变。信息化作为推动中国经济发展的重要增长点，是我国新型城市建设的迫切需要和必然选择，信息化与新型城市化的互相渗透融合已成为提升城镇发展质量、提高人民生活水平的动力。

（一）智慧城市的概念

作为"智慧地球"这一理念的提出者，IBM 公司认为，智慧城市就是运用信息和通信等技术手段，感知、分析以及整合城市运行核心系统的各项关键信息，并根据所得信息对包括民生、环保、公共安全、城市服务、工商业活动在内的各种城市和居民的需求作出智能响应。究其实质，智慧城市就是运用先进的信息技术，实现城市的智慧式管理和运行，进而为城市居民创造更美好的生活，促进城市的和谐、可持续发展。

P. Lombardi，S. Giordano 和 H. Farouh 于 2012 提出，智慧城市重视现代信息通信技术的人力和社会资本，以支撑城市经济增长，并且搭建财富创造平台，从而提高人民生活质量。

武汉大学教授李德仁院士认为，智慧城市就是数字城市＋物联网。

智慧城市是在城市化与信息化融合的背景下，围绕改善民生、增强企业竞争力、促进城市可持续发展等关注点，综合利用物联网、云计算等信息技术手段，结合城市现有信息化基础，融合先进的城市运营服务理念，建立广泛覆盖和深度互联的城市信息网络，对城市的资源、环境、基础设施、产业等多方面要素进行全面感知，并整合构建协同共享的城市信息平台，为城市运行和资源配置提供智能响应，为政府社会管理和公共服务提供智能决策依据，为企业和个人有效利用智能信息资源提供开放式信息应用平台。

（二）智慧城市的核心特征

智慧城市的核心特征在于其智慧，而智慧的实现依赖于广泛覆盖的信息网络、深度互联的信息体系、信息协同的共享机制、智能处理的模型方法和拓展应用的开放平台。智慧城市的核心特征可以概括为 C2I2O，即广泛覆盖（Coverage）、深度互联（Interconnection）、协同共享（Collaboration）、智能处理（Intelligence）、开放应用（Openness）。

C2I2O 模型不但概括了智慧城市的核心特征，而且包含了信息的采集、传输、共享、处理到应用的全过程，体现了完整的信息智慧循环（图 9-45）。

1. 广泛覆盖　广泛覆盖的信息感知网络是智慧城市的基础。任何一座城市拥有的信息资源都是海量的，为了更及时全面地获取城市信息，更准确地判断城市状况，智慧城市的中心系统需要拥有与城市的各类要素交流所需信息的能力。智慧城市的信息感知网络应覆盖城市的时间、空间、对象等各个维度，能够采集不同属性、不同形式、不同密度的信息。常用的信息采集手段有射频识别（RFID）、视频采集、刷卡信息、二维码信息、签到信息、GPS、手机等。

图 9-45　智慧城市的核心特征
（来源：陈海滢，2012，编辑整理）

2. 深度互联　海量信息需要通过多种信息网络进行互联互通，只有多种网络形成有效的连接，才能实现信息的互通访问和设备的互相操作，实现信息资源的一体化、多样化和立体化。常用的网络包括固定通信网、移动通信网、互联网、传感网、WiFi、物联网和工业以太网等。

3. 协同共享　在传统城市中，信息资源和实体资源被各种行业、部门、主体之间的边界和壁垒所分割，资源的组织方式是分行业按照部门进行组织，而智慧城市的目的就是打破这些壁垒，形成数据分类标准统一、数据调查标准统一、数据存储方式统一、数据共享标准统一、数据更新标准统一和数据保密标准统一的城市数据资源体系。

4. 智能处理　智慧城市拥有体量巨大、结构复杂的信息体系，这是其决策和控制的基础，而要真正实现智慧，城市还需要表现出对所拥有的海量信息进行智能处理的能力，这要求系统根据不断触发的各种需求对数据进行分析，自主地进行判断和预测，从而实现智能决策，并向相应的执行设备给出控制指令，这一过程中还需要体现出自我学习的能力。

5. 开放应用　智慧城市的目标是信息的开放应用，即将处理后的各类信息通过网络发送给信息的需求者，使单位、个人、企业等为系统贡献信息的人群，通过智慧城市的系统进行信息交互，不断丰富智慧城市的信息资源，从而实现信息的完整增值利用。

二、智慧城市的技术架构

智慧城市的发展模式各不相同，但其整体技术架构基本按照智慧城市的核心特征进行构建。图 9-46 是当前智慧城市建设的通用技术架构。

智慧城市的技术架构主要由感知层、网络层、数据层、平台层和应用层五个层级构成。感知层主要侧重于信息的感知和监测，通过全面覆盖的感知网络透明、全面地获取各类信息；网络层由覆盖整个城市范围的互联网、通信网、广电网和物联网融合构成，实现各类信息的广泛、安全传递；数据层采用大数据的管理手段，将多源异构的海量数据融合在一起，通过云的方式形成城市数据中心；平台层由各类应用支撑公共平台构成，实现信息的有效、科学处理，形成涵盖智慧政务、智慧城管、智慧教育、智慧家居、智慧小区、智慧医疗、智

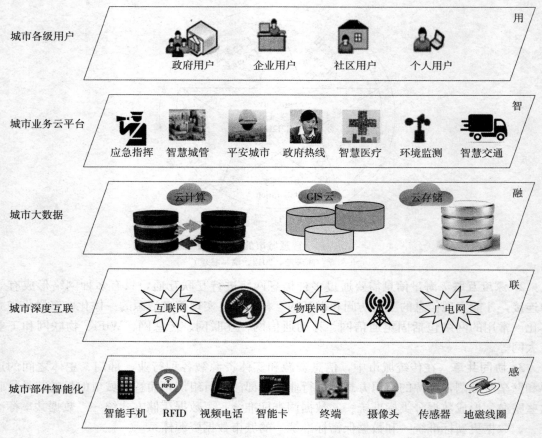

图 9-46　智慧城市的通用技术架构

(来源：赵刚，2012；思科中国，2014。有修改)

慧园区、智慧商业等各个领域的综合和融合平台；应用层则是面向政府、企业、社区和个人用户提供多元化的信息服务。这些应用与城市发展水平、生活质量、区域竞争力紧密相关，并推动城市可持续发展。

在通用技术架构中，主要包括与智慧城市的核心特征相互对应的五个层次。

（一）城市部件智能化

通过个人智能手机、射频识别、视频电话、智能卡、终端设备、摄像头和各种传感器，建设全面覆盖、集约共享的城市感知网络，从而为上层各类智能应用系统提供视频、数据、位置、环境等多种类型的整合感知信息。这些信息被整合分类以后，分成以下几种：

1. 身份感知　身份感知即身份识别。在城市公共场所建立标准统一的射频识别感知网络，推广射频识别应用范围，实现对城市移动物体的身份识别。

2. 位置感知　通过定位技术实时给出使用者所在的位置，并根据位置提供使用者所需的相关应用服务。建设各类位置感知网络，实现对移动物体位置的精确感知，扩大交通运输工具的位置感知应用范围，促进卫星定位系统在移动物体位置感知领域的应用。

3. 图像感知　通过摄像头对物体的表征及运动状态进行感知。

4. 状态感知　利用各种传感器及传感网对物体的状态进行动态感知。根据各行业领域的需求，通过行业物联网的应用，推动工矿企业、商贸物流、办公场所和住宅小区等感知网络的应用。

（二）城市深度互联

通过不断完善、拓展城市的互联网、卫星网络、物联网、通信网和广播电视网，实现多种方式随时随地信息高速接入，为各类智能化应用、企业和公众提供全面覆盖、透彻感知的信息通道。

（三）城市大数据

构建城市统一的公共应用支撑平台、信息资源管理体系、数据交换平台、重点信息资源数据库和信息资源目录数据库，形成城市大数据体系，逐步构建城市统一标准的云计算平台、GIS 云和云存储平台。在基础设施共建共享、信息资源统一交换、应用集成协同整合、安全与运维集中保障的前提下，为各种城市智慧应用提供数据支撑。

1. 统一的公共平台　智慧城市统一的公共平台基于云计算建成。智慧城市云平台的主要建设内容包括：能够体现出基本服务理念的底层云基础设施的建设、基础服务和管理云的建设，以及能够体现出创新和示范作用的 GIS 云、视频服务云、数据库云、物联网云及容灾云等的建设。同时，能够结合服务的理念，在技术实现以及商业模式上，建设符合当今及未来发展趋势的多层次新型信息服务体系。

2. 智慧城市云服务　智慧城市信息化建设最基础的服务是数据服务、地理信息技术服务以及包括统一身份认证、信息检索、Web 服务、Email 服务等在内的基础信息服务等，同时包括城市园区管理、企业服务、政务服务、物联网信息处理、容灾等多种业务服务。

3. 信息资源共享　以智慧城市云存储平台为基础，以数据交换为手段，建立信息资源共享服务的标准和机制，建立各行业统一使用的个人资质、个人信用、企业代码和电子地图等相关的通用数据，形成规范化的信息资源管理体系，通过城市大数据的分类分级，形成数据资源目录，实现数据资源的最大限度共享。

（四）城市业务云平台

依托城市云计算平台和云 GIS 平台，逐步构建智慧城市的各种应用系统，主要包括以政府智慧应用建设为目标的智慧政务、平安城市、智慧城管、应急指挥、智能交通和环境监测等；以便民利民为建设目标的智慧社区、智慧医疗、智慧教育、智慧商业和智慧旅游等；以企业发展为目标的智慧园区、智慧物流、智慧农业和智慧矿山等。

（五）城市用户

城市用户是智慧城市的最终受益者，主要包括：①政府用户，可以实现政府办公的简洁高效，提高办事效率；②企业用户，可以助推企业的发展和新兴行业的不断出现，提高企业的创新能力和核心竞争力；③社区用户，可以方便居民的衣食住行；④个人用户，实现生活事务处理的方便快捷，同时通过高质量的物质和文化信息的不断推送，可以大幅度地提高人们生活水平，构建和谐繁荣的社会。

三、智慧城市的发展架构

智慧城市具有双重特性，其中"智慧"是基础，是现代科学技术的综合运用，而"城市"是主体，是可持续发展的永恒目标。

　　智慧城市建设作为中国推进新型城镇化与可持续发展的有力手段，在为城市空间研究提供海量数据支撑的同时，也促进了城市空间规划方法体系的变革，形成了以城市运行数据整合与分析为基础、以城市问题梳理与解决为导向、以城市要素运行状况模拟与评估为手段，以城市空间发展规划为目标的智慧城市空间发展模型。其模型的总体架构如图 9-47 所示。

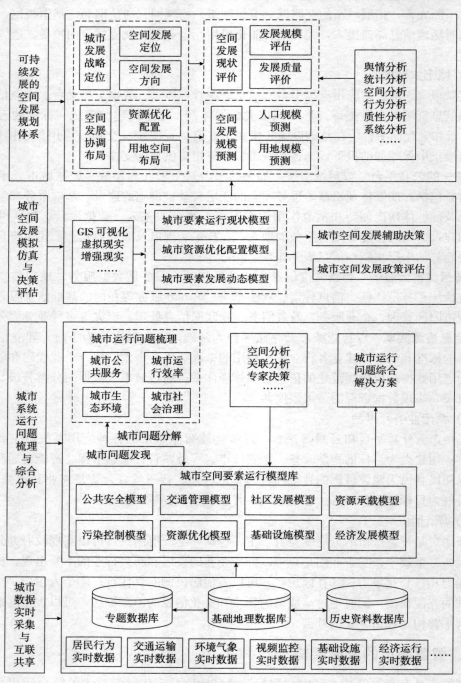

图 9-47　智慧城市空间发展模型总体架构

（来源：曹阳、甄峰，2015，改编）

智慧城市可持续发展的三个目标：①监测和评价城市运行及发展状况；②优化空间布局与资源配置；③提供智慧化的城市空间规划方法。重点通过对各要素运行过程中产生的大数据（位置数据、文本数据、图像数据、视频数据等）的挖掘与分析，评价城市空间发展质量与土地利用实际效率，预测未来空间增长趋势和规模，进而对城市空间结构与基础设施进行优化调整与科学布局，以期辅助城市空间的规划、建设与运营全过程。

智慧城市可持续空间发展的总体架构分为以下四个层面：

1. 城市数据的监测采集与互联共享　城市数据作为整个模型建立的基础，其完备性与精细程度将直接影响模型分析与模拟的效果，因此需要充分利用传感器、物联网等信息技术手段，对城市居民行为数据、交通数据、环境气象数据、视频监控数据、能源设施数据、经济统计数据等进行采集、过滤、整合，进而构建数据互联共享平台，采用共享交换的方式促进各部门、各行业数据的流通，通过城市专题要素数据库、历史资料数据库与地理信息数据库的建设，对各类数据进行分类组织与有效管理，为模型中城市问题分析、城市发展模拟与要素空间布局等功能提供数据支撑。

2. 城市运行问题梳理与综合分析　通过建立城市空间要素运行模型库，对接城市各要素系统运行数据，从城市公共安全、交通运输管理、社区发展、资源承载调控、污染控制、社会资源优化、基础设施调控、经济发展八个方面建立子模型，从而简化模拟各要素系统的运行状态。具体来说，首先需要构建一套城市要素运行状况的量化评价标准，通过拆解细分各要素运行过程，选择合适的定量分析模型，并予以有机整合；进而通过城市海量运行数据的支撑，充分考虑模型运行过程中的各影响因素，通过反复拟合优化模型，最终实现对城市系统运行情况的精确反演与精细模拟。

3. 城市空间发展模拟仿真与决策评估　在对城市运行数据采集、存储和分析的基础上，通过 GIS 空间可视化、虚拟现实等可视化手段，对城市空间要素运行状况进行模拟仿真，并结合城市开发建设规模、强度和人口密度状况对城市要素运行状况进行评估和分析，进而为城市土地、建设工程、能源、食品、社会服务等要素的优化配置提供辅助决策支持。同时与包括城市人口、社会、经济等在内的各个方面的信息展开交互，进而有效还原城市空间形态，对城市空间发展趋势进行多方案的模拟和比较，为规划编制以及城市管理提供信息服务。

4. 基于智慧城市的可持续城市空间发展规划体系　智慧城市空间规划是城市可持续发展目标落实的核心环节，其中每一个目标都需通过对空间资源的分配与布局去实现。城市空间发展规划体系的构建目标也是基于对城市经济与社会发展战略目标的构建与落实，通过适度的城市规模、合理的城市布局与良好的城市环境来提升城市质量与居民的幸福感，从而增强城市功能，促进城市社会经济的全面协调发展。

四、智慧城市的应用

国外智慧城市建设始于 21 世纪初，经过十余年的实践，大致可以归纳为三个方面，即信息化基础设施建设、社会信息化推广和国家信息化战略规划。

（一）国外智慧城市应用

国外的智慧城市多以重点建设项目为引领，逐步实施智慧城市的目标。

1. 日本　日本作为亚洲先进技术的代表，在智慧城市建设中起步较早，逐步形成了自身的特色。2009年政府成立智慧城市项目，结合原有的城市基础设施建设，如防灾预警监测、交通监测、环境监测及各种与城市设施监测相关的传感器建设，结合日本政府推行的各地政府必须将地理信息系统与各种城市设施监测系统相结合的政策，形成了扎实的全国电子政务信息系统。

2011年以来，日本的智慧城市更多地着重于实现节省能源的"3E"（Energy Security，Environment，Efficiency）标准和"低碳可持续"发展的智慧化目标。对日本的智慧城市建设而言，其宗旨在于更新传统的城市基础设施，实现高效节能的低碳城市发展目标。智慧城市是以电力、煤气、输水管网等基础建设和能源供给为基础，通过信息技术结合建筑、道路、交通和物流的智慧管理，以及行政、医疗和教育等智慧的公共服务，实现高效节能的智慧城市建设。

（1）通过调查能源需求和分析能源制约条件，合理地确定城市的理想状态，预测未来的需求，并在此基础上制定城市发展计划，结合相对应的不动产开发和设施建设进行智慧城市的建设。

（2）根据各个城市的需求和制约条件，采用整体优化的形式建设完善的道路系统、上下水道系统、能源系统和通讯系统等，力求实现完备的电力与燃气供给系统、给排水系统、通讯网络和高速公路网的智慧化。

（3）在传统的基础设施功能上增加信息通讯和传感功能，进行智慧设施建设，提高信息的接收和处理能力，并通过整合各种系统平台，实现高效的智慧城市管理服务，如在供需稳定化解决方案中进行地域能源管控系统及兆瓦级太阳能发电设备建设等。

（4）在完成智慧基础设施建设的基础上，创造出全新的、高质量的生活服务，诸如留守老人服务、智慧路灯服务及智慧购物服务等。

（5）在提高生活质量的同时，创造新的生活方式，普及新的文化艺术等，这主要体现在交通、电力、燃气和通讯等设施的智慧、高效化上。

2. 新加坡　2006年，新加坡实施"智慧国2015计划"，目标是将新加坡建设成为以信息通信为驱动的国际大都市。首先实施新一代全国宽带网络计划，目前完成了60%的国土覆盖，实现光纤到户。其最终目标是利用无处不在的信息通信技术（ICT）为经济和社会创造价值，将新加坡打造成一个智慧的国家和全球化的城市。

（1）电子政府提升政府能效。新加坡电子政府建设处于全球领先地位，其成功有赖于政府对信息通信产业的大力支持。政府业务的有效整合实现了无缝管理和一站式服务，使政府以整体形象面对公众，达成与公众的良好沟通。时至今日，电子政府公共服务架构（Public Service Infrastructure）已经可以提供超过800项政府服务，真正建成了高度整合的全天候电子政府服务窗口，使各政府机构、企业以及民众间达成无障碍沟通。

例如，网上商业执照办理服务（OBLS）缩减了商业执照申请的繁琐流程。通过使用OBLS的整合服务系统，新加坡企业可在网上申请40个政府机构和部门管辖的超过200种商业执照。执照的平均处理时间也由21天缩短至8天。这一服务的实施，使企业执照申请流程更有效、更经济、减少争端，有利于培育经商环境，使新加坡成为最有利于企业发展的地方之一。

（2）无线通信技术激活"智慧城市"。在"智慧国2015计划"建设中，完善的基础设施和高速的网络是信息通信技术服务国民的基础，新加坡正着力部署新一代全国信息通信基础设施，以建立超高速、普适性、智能化、可信赖的信息通信基础设施。"智慧国2015计划"的另一重要组成部分是无线新加坡项目。该项目目前已在全国拥有7 500个热点，相当于每平方千米就有10个公共热点，覆盖机场、中心商务区及购物区。Wi-Fi热点的进一步拓展与增设，为新加坡国民提供了真正意义上的全方位无线互联。

（3）互联互通打造物联网未来。在"智慧国2015计划"建设中，新加坡提高了物联网技术的应用，大大地提升了信息化与智能化水平，提高了物流、供应链、电子商务的应用与管理能力，实现通过网络通信技术提高效率，最终带来新的发展机遇。作为东南亚的重要航运枢纽，新加坡注重利用信息通信技术增强新加坡港口和各物流部门的服务能力，由政府主导，大力支持企业和机构使用RFID及GPS等多种技术增强港口的管理和服务能力。

3. 美国　美国社会技术高度发达、经济高度发达，伴随而来的是能源的过度消耗，因此2006年结合智慧城市建设，首先开始的是智能电网的项目，目标是将过于分散的智能电网结合成全国性的网络体系，主要包括通过统一智能电网实现美国电力网络的智能化，解决分布式能源体系的需要，以长短途、高低压的智能网络联结客户电源，在保护环境和生态系统的前提下，营建新的输电网络，实现可再生能源的优化输配，提高电网的可靠性和清洁性。这个系统可以平衡跨州用电的需求，实现全国范围内的电力优化调度、监测和控制，从而实现美国整体的电力需求管理，实现美国跨区的可再生能源的充分利用。

（1）提高效率和效用。智能电网项目通过分布式管理系统，有效地减少了传输损耗；通过设备实时监控，发电企业能够使设备保持高效率运作；通过需求反馈，实时高峰负荷管理替代常规的蓄能备用；通过提高电力价格的透明度，让客户了解电力的真实成本，为消费者提供持续的电力；通过提高能源效率和储能措施，能够使潜在的温室气体排放量减少一半以上。

（2）可再生能源集成。美国电力科学研究院估计，通过智能电网应用增加的可再生能源产生的电能，在2030年可以减少相当于每年1 900万～3 700万t二氧化碳的温室气体排放。两个独立的组件可以更好地集成可再生能源，支持分布式发电。控制技术使分布式可再生能源发电的集成更安全和更可靠。智能电表能够更准确地计算分布式发电，使得网络计量更具吸引力，对不稳定的可再生能源电力具备全网响应能力。更好的定价机制和需求方管理，可以减少输电阻塞，使更多规模发电企业的可再生能源项目接入电网。

（3）混合动力汽车应用。汽车尾气是美国温室气体最大的排放源之一。混合动力汽车的排放要比传统的燃油汽车低。美国电力科学研究院估计，通过启用智能电网应用插件式混合动力汽车，提供插件式混合动力汽车分布式能源存储和配套服务。到2030年可以减少相当于每年100万～6 000万t二氧化碳的温室气体排放量，其对智能电网本身不会造成过大的负荷。通过智能充电，混合动力汽车不仅实现了非高峰期充电，降低了汽车的使用成本，而且减少了发电厂的负担，进而起到调节电网电力的功能，减少化石燃料的消化。

（二）国内智慧城市应用

由于具有国外智慧城市建设的成功案例和先进经验可以参考，国内的智慧城市建设多以基础设施的改造作为出发点，全面构建智慧城市为目标，逐步分批分期实施。

1. 上海　上海具有良好的城市信息化基础。结合国务院定位的"国际经济中心、国际贸易中心、国际金融中心和国际航运中心"目标，在新一代信息技术产业领域，以"云海计划"的全面实施，让云计算实现自主可控，其中一批以市场为导向的"应用云"已在规划建设之中，"金融云"将支撑金融核心交易、在线支付、银行卡管理等业务；"中小企业服务云"将全方位地解决中小企业难题；"文化云"可面向互动娱乐、网络视听等领域；"云中生活""电子政务云"等已在个别城区试点推出。

（1）全面的智慧城市体系框架。上海"十三五规划"已经确立了智慧城市体系框架。信息化应用全面渗透到民生、城市管理、政务等领域，数字惠民效果逐步显现，数字城管能力明显提高，电子政务效率持续改善；信息化与工业化深度融合加快产业高端发展，信息技术自主创新和产业化能力进一步增强，电子商务蓬勃发展；信息安全技术支撑和保障机制不断完善，可信可靠的区域信息安全保障体系基本形成；通信质量、网络带宽、综合服务能力显著提高，基本构建起宽带、泛在、融合、安全的信息基础设施体系。

（2）便捷的惠民智慧生活服务体系。以建设成为全体市民共享为原则，深入推进与市民生活密切相关的公共服务信息化，充分调动各方资源，整合服务内容，拓展服务渠道，创新服务模式，构建政府、企业、社会组织三位一体公共服务体系。

（3）智能的社会公共服务应用体系。以惠民服务为驱动，围绕社会发展和市民生活，上海在教育、医疗、文化等领域智慧应用处在国内领先地位，智慧的社会公共服务体系为市民生活提供了全方位支撑，提升了市民对智慧城市的感受度。

建设统一共享的智慧医疗，"社区综合改革云管理服务平台"已实现全市 65 家试点社区卫生服务中心与市级平台的对接；"上海电子健康卡"平台建立了电子社保卡、电子身份证、交通卡、银行卡的实名关联；上海市健康信息网稳定运行，实现超过 400 家医疗机构联网，实现市民电子健康档案的动态采集和联网共享。

智慧教育工程不断深入。上海学习网、开放教育课程资源网上超市、学分银行、电子书包等一批覆盖小学至高校的应用系统和平台上线运行，易班、沪江网等一批社会化教育服务平台涌现，为市民的终生学习提供了开放平台。

智慧文化应用体系使市民数字阅读推广计划取得突破性进展，积极推广"互动触摸屏"移动阅读、App 客户端数字阅读模式。"云中图书馆"个性化服务不断拓展优化，图书借阅系统覆盖全市 20 个分馆服务节点，无障碍数字图书馆覆盖全市持证残障人群，并实现与图书馆统一认证系统的对接。

2. 广州 2008 年，广州市制定了全面实施"智慧广州"战略，规划部署"天云计划"，摸清建设基础，征集建设需求，理清建设思路，规划建设内容。以加快城市发展模式转型升级、建设幸福广州为主题，以加快经济发展方式转变和提升国家中心城市功能为主线，按照以人为本、需求主导、创新驱动、促进转型的发展原则，全面推进智慧广州建设。

（1）智慧政府。广州市通过智慧城市建设，利用信息化技术，对城市部件、城市事件、城市组织和人等实现更透彻的感知，城市运行实现全时段、全方位可视和更全面的互联互通，城市运行更加安全、稳定、可靠，城市管理精细化水平显著提高。目标是到 2020 年，实现建立"信息整合、公共服务、商业运营"三位一体的公共服务体系运作模式的目标，依托广州市政府信息化云平台，构建市、区政务信息资源共享交换体系，实现信息资源跨部门、跨层级、跨区域共享。整合政府服务渠道，12345 服务热线、市区两级政府门户网站、网上办事大厅、网上信访、政务微信、移动应用程序、网络化服务管理等，统一全市服务受理入口，推进全城联网通办。到 2020 年，政府部门全部迁移至广州市政府信息化云平台，政务服务事项网上办理率达 95% 以上。

（2）智慧城管。建设一体化智慧城管体系，构建全市统一的视频资源综合管理云服务平台，重点加强在多维采集、联网整合、综合管理、技术创新和智能应用等方面的建设。依托地下管线智能化综合管理平台建设，建设智能管廊，对水、电、气、通信等各类地下管线的规划、设计、建设、运行、管理、维护、更新等过程实现可持续、动态化、智能化管理，实现运行信息反馈不间断、管理低成本和维护高效率。

建立智能供水系统，对供排水系统的运行状态进行及时分析与处理，借助信息化手段以精细和动态的方式实现水务系统生产、管理和服务。建设智能停车场、多功能路灯等新型物联网集成载体。组织实施城市管理大数据、城市管理立体感知体系、城市综合执法辅助支持等工程，提高城市管理的精准化、实时化、高效化。建设"多规合一"信息联动平台，实现涵盖交通、环卫、供电、园林、水源保护、综合管廊等涉及空间要求的信息统一规划。

（3）智慧交通。建立全方位智慧交通体系。建设完善智慧交通综合业务平台，进一步增强政府监管、智慧决策能力，持续提升交通行业服务品质。推进公交优先战略，建设完善智慧公共交通系统。

到2020年，建成广州市智慧交通感知网络。智慧交通感知平台覆盖核心区、主次干道、城市出入口等，进一步提高交通运行整体分析水平，促进核心区路况精细化监控。建设客运枢纽疏运组织决策分析平台，通过构建数据模型，实现重要交通枢纽实时人群数量监测、人群来源流向、驻留时长分析，分析综合交通枢纽集散方式及时空衍化态势，为节假日客流疏运提供决策支持。

（4）智慧医疗。加快推进全市人口信息、居民电子健康档案和电子病历三大数据库融合，构建人口健康数据库。构建人口健康信息平台，打造覆盖公共卫生、医疗服务、医疗保障、药品供应、计划生育和综合管理业务的医疗健康管理和服务大数据应用体系。逐步整合"居民健康卡"，推进社会保障卡在户籍居民健康"一卡通"的应用，通过公民身份号码（社会保障号码）形成伴随终身、动态更新的个人健康档案。

打造面向全市居民服务的"云健康"服务平台，提供远程心电监护、远程影像检测、自助体检、健康查询等医疗健康服务。到2020年，建成"云健康"服务平台，服务渗透到居民日常生活中，远程医疗体系覆盖全市所有乡村、乡镇卫生院。

（5）智慧社区。以现代的信息化技术为社区管理和市民生活提供便捷为宗旨，构建智慧社区，加快统筹社区公共服务网络，推动各项公共服务重心下移至社区，建设社区公共服务综合信息平台，聚集医疗、教育、就业、社保、行政办事等各类政府服务资源，为市民提供"一站式"政府公共服务。建立智慧社区综合信息O2O服务平台，为广大居民提供覆盖车辆管理、购物餐饮、医疗健康等管理和服务。

3. 乌镇　在全球化的网络时代，未来区域城镇体系将由传统的单中心、规模等级的金字塔结构向多中心、扁平化的网络结构转变。依托世界互联网大会和互联网技术，乌镇将实现在互联网扁平网络化城镇空间体系建设中，城镇的战略地位将大幅度升级。

在智慧乌镇建设中，乌镇城乡CIM平台（图9-48）实现了各学科专业技术在不同空间层次上的集成、分析和协同，推动了传统建造业向先进制造业转化，并整合了智慧传感网络，为城市提供了系统全覆盖的智慧管理和服务。通过城乡CIM平台对数据的整合，最终在乌镇实现了智慧化公共体系建设，把不同部门分散的智慧城市单项技术变成集成应用。伴随着内容的逐渐完善和丰富，城乡CIM平台将逐渐成为乌镇智慧城市的运营管理平台和最核心的智慧中枢。

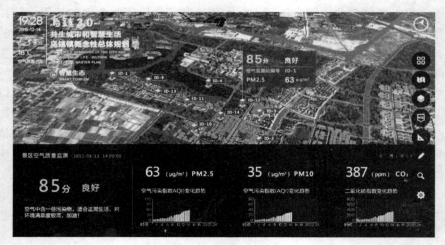

图 9-48　乌镇 CIM 平台
（来源：李昊，2017）

彩图

（1）互联网+旅游。互联网将为乌镇带来生产生活方式的巨大变革，推动旅游功能的提升和互联网功能的拓展，形成乌镇两大核心发展动力，即以旅游业提升作为基础，突出文化休闲体验，融合新时代互联网技术和创新创业功能，实现古今与中外的融合，最终实现旅游业和互联网产业的并驾齐驱。

在旅游功能提升方面，由传统观光旅游向精神文化型、智慧型深度体验游升级。在互联网功能拓展方面，由大而全模式向会议会展、智慧应用、创新创业、区域合作四大重点板块聚焦。规划充分发挥互联网+旅游的融合催化效应，在服务提升、产品拓展和商业模式创新等方面进行全方位融合创新。构建完善便捷的智慧旅游服务体系，搭建智慧旅游服务平台，形成线上与线下融合互动的综合旅游服务体系；打造全新的互联网创新体验旅游产品，依托世界互联网大会品牌，以互联网创新体验为主题，打造革新性的旅游全新吸引力；推进旅游商业运营模式创新，通过运用旅游大数据，探索新的旅游商业模式，搭建开放式平台，支持"互联网＋旅游"的商业应用。

（2）互联网+规划。互联网时代的空间组织逻辑已经转变为创新人才追逐宜居环境、创新产业追随创新人才的布局，其空间组织模式亦呈现出网络化、去中心化的特征。在互联网平台的支持下，不同专业化的生产和服务环节在空间上呈现分散化布局特征。此外，与互联网相对应的创新人群呈现工作休闲化特征，创新空间、休闲空间和宜居空间融为一体，高度复合化布局，高端创新型功能与面向人的需求的功能高度耦合。在此背景下，空间营造更加注重良好的生态环境、宜人的空间尺度、高品质的文化休闲设施和丰富多样的公共交往空间，促进创新人群交流，激发创新活力。

在空间组织方面，规划提出构建互联网时代下的城乡共生有机生长模式，形成"以水为脉、活力核、共生片区单元"的空间组织结构，以及规模适度、小巧精致、体现生态田园风情的城乡共生有机生长空间。规划延续江南水乡十字形传统格局，以水系交汇处为中心场所，面向乌镇居民、游客和创客三类人群的需求特征，营造十字活力聚合空间，促进多元功能的融合。

（3）互联网+服务。规划构建乌镇智慧城市运营平台，完善智慧信息基础设施，建设乌镇智能移动感知网络、大数据实验室和线上乌镇运营中枢，积极推进乌镇数据的全面开放和共享，打通信息分享壁垒，整合部门资源，启动乌镇大数据实验室的建设；重点支持互联网+旅游和互联网+文化等方面的商业应用；重点推进城乡信息平台（CIM）等城市运营系统的建设，优化政府治理，实现商业应用，鼓励公众参与。

规划建设的智慧生活服务平台涵盖了智慧旅游服务、智慧社区服务和智慧创新创业服务等功能，以促进线上与线下的全面融合，实现各类人群的宜居宜业与共生共赢。

复习思考题

1. 地理信息系统的应用模式有哪些？各模式的主要特征和差异是什么？
2. 分析不同地理信息应用系统的特征。
3. 结合"国土资源一张图"工程，理解数据流与业务流的关系。
4. 分析地理信息技术在物流行业的地位和作用。
5. 举例说明大数据、云计算和物联网在智慧城市建设中所起的作用。
6. 讨论地理信息技术在其他行业的具体应用。

第十章

常用地理信息系统软件介绍

自 1963 年加拿大建立了世界上第一个地理信息系统——加拿大地理信息系统（CGIS），各国都非常重视对 GIS 软件的应用和研究。20 世纪 80 年代，GIS 技术不断发展并走向成熟，涌现了一批具有代表性的 GIS 软件，如 ArcGIS、MapGIS、SuperMap 等。软件功能主要包括矢量绘图、空间数据存储管理、专题图制作、空间分析等某些方面，已经深入资源管理、城市规划、市政工程、交通运输、邮电通讯、公安急救、市场销售、金融保险、水利电力、环境保护、科研教育等各个行业领域，促进和带动了一些相关产业的发展。

第一节　ArcGIS

ArcGIS 是美国环境系统研究所（Environment System Research Institute，ESRI）研发的地理信息系统软件，是目前 GIS 领域应用最广泛的平台软件。ArcGIS 可以用来创建和使用地图，编辑地理数据，分析、共享和显示地理信息，在一系列应用程序中使用地图和地理信息。2010 年 ESRI 推出了全球首款支持云架构的 GIS 平台 ArcGIS10X，实现了 GIS 由共享向协同的飞跃；同时 ArcGIS10X 具备了真正的 3D 建模、编辑和分析能力，并实现了由三维空间向四维时空的飞跃。

一、ArcGIS 的基础产品

ArcGIS 作为功能强大的地理信息系统，包含众多的产品，其中最主要的产品包括：ArcGIS Online、ArcGIS Pro、ArcGIS Enterprise、ArcGIS Living Atlas of the World、ArcGIS for Developers 等。

（一）ArcGIS Online

ArcGIS Online 是基于公有云的制图可视化、分析、协作和应用创建的企业级的制图平台，允许组织成员在 ESRI 的安全云中使用、创建和共享数据、地图和应用程序，以及访问权威性底图和 ArcGIS 的应用程序，将数据作为发布的 Web 图层进行创建、管理和存储等，如用户可将数据发布为 Web 图层、协作和共享、使用 Microsoft Excel 数据制作地图、自定义 ArcGIS Online 网站以及查看状态报告、构建基于位置的自定义应用程序的平台，此外，ArcGIS Pro 可与 ArcGIS Online 无缝配合使用，用于创建、显示以及共享 2D 和 3D 数据以及执行分析等。

（二）ArcGIS Pro

ArcGIS Pro 是一款具有强大生产力的桌面应用程序，良好地继承了传统桌面软件

（ArcMap）的强大的数据管理、高级分析、高级制图和可视化、影像处理，还具备二三维融合、大数据、矢量切片制作及发布、任务工作流、时空立方体等特色功能。

ArcGIS Pro 具有的优势主要表现在采用极简的 Ribbon 界面风格，降低了软件使用难度；允许打开多个地图窗口和多个布局视图，方便用户快速地在任务间进行切换；支持二三维融合的数据可视化、管理、分析和发布；采用原生 64 位应用程序，CPU 加速，并支持多线程处理，极大地提高软件性能；便捷对接整个 ArcGIS 平台，能够对来自本地、ArcGIS Online 或者 Portal for ArcGIS 的数据进行可视化、编辑、分析和共享。

（三）ArcGIS Enterprise

ArcGIS Enterprise 是 ArcGIS 服务器产品，它具备强大的空间数据管理、分析、制图可视化与共享协作能力。它以 Web 为中心，使用户能够实现地理信息获取和分析；可以基于服务器进行影像和大数据的分析处理，以及物联网实时数据的持续接入和处理，并在各种终端（桌面、Web、移动设备）访问地图和应用。

ArcGIS Enterprise 具有灵活的部署模型，支持在云中、本地物理硬件或虚拟化环境中、或本地和云混合部署等多种部署方式。另外，ESRI 提供了易于部署的工具 ArcGIS Enterprise Builder，所有组件部署在同一台电脑时可以使用。ArcGIS Enterprise 有一个 portal 门户，其作为平台访问入口，可通过浏览器进行访问。portal 允许组织成员检索、组织、分析、存储以及分享空间信息；使用户无需写一行代码，就可以将原始数据转化为全功能的 Web 和移动端应用。

（四）ArcGIS Living Atlas of the World

ArcGIS Living Atlas of the World 是 ESRI 提供的一种即用型全球地理信息集合，主要包括影像、底图、人口统计和生活方式、景观、边界和地点、交通、地球观测数据、城市系统、海洋，以及可与用户自己的数据相结合来创建地图、场景和应用程序并执行分析的历史地图。

1. 探索内容　通过 ArcGIS Online Gallery 特色内容部分直接访问 ArcGIS Living Atlas of the World，探索 Living Atlas。查看 ArcGIS Online 上可用的各种主题的全套地图，应用程序和工具，或使用 ArcGIS 提供的 World Atlas of the Web 应用程序。

2. 加入 Living Atlas 社区

在组织者和参与者的共同的努力下，Living Atlas 的内容得以不断改善。ArcGIS 社区的成员可以通过 ArcGIS Online 发布内容或通过使用社区地图程序间接为 Living Atlas 做出贡献。

3. 评分项目　新的 Living Atlas Contributor 应用程序允许 ESRI 客户、合作伙伴和员工为 Living Atlas of the World 提名他们的 ArcGIS Online 项目（应用程序、地图、图层和场景），并简化审核流程。

4. 充分利用资源　使用 Living Atlas 改进用户组织生成的信息产品，使用此资源可以帮助用户更快地创建应用程序，通过使用当前的权威数据对分析进行改进，实现结论的完善，也可以通过 ArcGIS Online，以特定话题的方式创建一组演示文稿来讲述一段与地理信息相关的故事。

（五）ArcGIS for Developers

ArcGIS for Developers 可被视为一系列通过服务模型连接的各种类型客户端（桌面、移动设备、Web 浏览器等）和服务器。ArcGIS 的开发技术均基于这种客户端-服务器模式。通过加入 ArcGIS for Developers，用户可以快速高效地访问、构建、管理和部署解决方案所需的所有软件和资源。

ArcGIS 包含一组丰富的客户端（即服务客户端），被设计用于从 Web 平台到移动平台乃至所有的桌面工作站的各种平台，而且还包含一组用于提供 GIS 服务的服务器。这些服务器可以作为企业级服务器或个人用户服务器，还可以提供云环境中的托管服务。

1. ArcGIS Runtime　ArcGIS Runtime 作为新一代的轻量开发产品，它提供多种 API，可以使用 WPF、Java、Qt(C++)、Objective-C 等语言及其相应的开发环境快速地构建地图应用，并将应用程序部署在 Microsoft Windows、Linux、Mac OS X 等操作系统上。ArcGIS Runtime 提供了丰富的 GIS 功能，包括支持在线数据和离线数据；支持地图显示，并且使用新的渲染引擎，大大提高了地图浏览的速度；支持符号化、GPS 位置追踪、编辑；支持地理处理工具、地理编码和反地理编码、空间分析、网络分析及 3D 分析等。

2. ArcGIS Engine　在许多应用中，用户需要通过定制应用或者在现有应用中增添 GIS 逻辑来实现对 GIS 的需求，而这些应用程序常常是运行在 Windows 和 Linux 上，而 ArcGIS Engine 则被用来建立这样一些应用程序。ArcGIS Engine 是 ArcObjects 组件跨平台应用的核心集合，它提供多种开发的接口，可以适应 .NET，Java 和 C++等开发环境。开发者可以使用这些组件来开发和 GIS 相关的地图应用，应用程序可以建立并且部署在 Microsoft Windows 和 Linux 等通用平台上，这些应用程序包括从简单的地图浏览到高级的 GIS 编辑程序。

ArcGIS Engine 可以开发嵌入式应用，如果业务系统中需要相关的 GIS 功能，或者在字处理文档和电子表格中嵌入 GIS 功能；ArcGIS Engine 还可以开发独立的 GIS 应用，比如：数据入库系统；可以和 ENVI 集成，实现 GIS 和遥感的一体化应用；支持平板电脑并开发高级的编辑功能；可以根据用户需求开发出含有专业的 GIS 功能的应用，如包含网络分析、空间分析、3D 分析等；可以作为 ArcGIS for Server 或者 ArcGIS Online 的客户端，可以访问 SOAP 或者表述性状态传递（REST）方式的服务（ArcGIS10.1 新增对表述性状态传递服务访问的接口）；开发人员可以更灵活地开发出自己想要的 GIS 应用程序，使用 Microsoft.NET、C++或者 Java 等众多交互式开发环境行业标准中的一种来建立独有的应用程序或者将 ArcGIS Engine 嵌入到现有的软件中来专门处理 GIS 的应用。

3. ArcGIS Web　目前，网络已经成为 GIS 的新平台，它是用户、数据和服务的基本连接通道。ArcGIS Web 的主要功能是在网络平台上搭建一个能够为用户提供实时服务的地理信息系统，使用户在客户端不安装 ArcGIS 软件的情况下，通过浏览器实现地理数据的查询、显示，并根据客户的需求进行地理数据的预处理、数据分析、地图制图和地图发布等功能。开发人员可以使用一系列面向 JavaScript、Adobe Flex 和 Microsoft Silverlight 的 Web API 来构建 Web 应用程序。这些 Web 应用程序实现与 ArcGIS Server、ArcGIS Online 的连接，并通过 ArcGIS Server、ArcGIS Online 实现为浏览器客户端用户提供 GIS 相关服务。

二、ArcGIS 的特色产品

Esri CityEngine 是先进的 3D 建模软件，也是三维城市建模的首选软件。Esri CityEngine 可以在比传统建模技术更短的时间内创建巨大的、交互式的、沉浸式城市环境，使用 CityEngine 创建的城市可以基于真实的 GIS 数据，也可以展示过去、现在或未来的虚构城市。目前，Esri CityEngine 主要应用于数字城市、城市规划、轨道交通、电力、建筑、国防、仿真、游戏开发和电影等领域。

ArcGIS Business Analyst 是基于数据驱动的智能分析软件。它通过桌面、Web 和移动应用程序，利用空间位置及专业信息，对潜在客户和机会进行识别，并为规划、站点选择和客户细分提供空间位置参考。例如利用区域内人口、消费行为、市场潜力等信息为发展客户、创建商贸区、确定设施站点提供参考。

Insights for ArcGIS 是一款探索空间信息规律并进行可视化表达的分析工具。通过对多源数据进行空间分析、统计分析、预测分析和关联分析，以空间分布图及图表的形式展示空间分布趋势、模式等规律，并可以将分析过程通过建模进行保存和分享，充分实现了用简便的方法完成复杂的分析。

Collector for ArcGIS 是面向终端的地理信息采集方案，作为移动数据收集的应用程序，可以轻松捕获准确的数据并将其返回办公室。Fieldworkers 使用移动设备上的 Web 地图来捕获和编辑数据，即使在与 Internet 断开连接时，Collector for ArcGIS 也可以无缝集成到 ArcGIS 中。

Esri Story Maps 使用户可以将权威的地图与叙述文本、图像以及多媒体内容相结合，与他人分享用户喜欢的地点，展示用户制作的方案、组织的计划和项目，这使用户可以充分利用地图和地理的强大功能来讲述故事，并且可以与用户所在的社区进行互动，与全球用户共享故事。

ArcGIS Earth 可以用来探索世界上的任何地方。ArcGIS Earth 能够在全球范围内交互式绘图，通过使用各种 3D 和 2D 地图数据格式来显示数据、草图地标、测量距离和区域及添加注释以了解全貌，ArcGIS Earth 能够使用户轻松全面了解空间信息，同时也能够保存并分享工作进度，而且只需单击一下即可通过电子邮件发送视图，或将其另存为图像以与他人共享。

第二节　MapGIS

MapGIS 是武汉中地数码科技有限公司研发的大型基础地理信息系统软件。1991 年武汉中地数码科技有限公司研发出 MapCAD 软件，成为我国第一套拥有自主知识产权的彩色地图编辑出版系统软件，结束了我国手工地图制图的时代，实现了地图信息输入、编辑、出版全程计算机化的重大变革。随后，该公司在 MapCAD 软件的基础上陆续研发了 MapGIS 1.0～10.X，结束了我国长期依赖国外地理信息软件的局面，并且通过"以需求为导向"，为我国测绘、土地管理、电信、交通、环境、地质勘查、资源管理、房地产等领域提供了强劲的技术支持。

MapGIS 产品体系由三部分构成：软件平台、工具产品和解决方案。

一、MapGIS 的基础产品

新一代 MapGIS 产品体系由 MapGIS 专业 GIS 软件和云 GIS 平台组成，主要包括 Desktop 桌面平台、Mobile 移动 GIS 平台、IGServer 服务器平台、MapGIS 时空大数据与云平台、I2GSS 智慧城市时空信息云平台等。在新的体系中桌面平台、移动平台、Web 平台的功能和性能都得到较大提升，云 GIS 平台 MapGIS I²GSS、全新云模式、智能云化工具箱与专业 GIS 产品无缝对接，支持多体量云产品定制。

（一）端平台

1. MapGIS Desktop MapGIS Desktop 是一款插件式 GIS 应用与开发的平台软件，分为基础版、标准版、高级版和定制版四个版本，具有二三维一体化的数据生产、管理、编辑、制图和分析功能，各类数据和资源均可共享到云端，支持插件式和 Objects 开发，快速定制各应用系统。

MapGIS Desktop 空间分析能力和栅格数据处理能力有了较大提升。MapGIS Desktop 在缓冲分析和拓扑检查与处理的运行速度提升显著。MapGIS Desktop 的栅格数据管理模式，支持海量多分辨率、多传感器影像的分布式存储、一体化管理，大幅度提升大规模影像数据的显示速度，并提供动态镶嵌和实时处理功能；能够基于 TensorFlow 实现多地物高精度检测与提取，准确率高达 95%；还能够对比两年度信息提取后的影像数据，快速检测出有变化的地物。MapGIS Desktop 具有全空间、实时化的三维显示和分析功能。MapGIS Desktop 实现实时数据与地理空间数据的无缝集成，动态接入实时传感器数据（摄像头、手机、GPS/北斗、RFID、SCADA 等），实现全空间场景静态与动态的衔接；倾斜摄影查询、天际线分析、阴影率分析、通视分析等多种分析工具可满足用户一体化分析的需求，为用户带来沉浸式的仿真体验。

2. MapGIS Mobile Explorer MapGIS 移动端地图浏览器（MapGIS Mobile Explorer）与云端产品无缝融合，是一款专门用来浏览与分享地理信息的 App，具备移动端常用的地图浏览、查询、量算、定位、轨迹记录与追踪等功能。MapGIS Mobile Explorer 面向全行业领域的广大终端用户，即拿即用；面向广大开发者，开放源码，支持定制属于自己的专属应用。

MapGIS Mobile Explorer 具备便捷高效的地图浏览、信息查询、终端轨迹、投影变换和终端用户共建云生态。MapGIS Mobile Explorer 支持离线模式的地图访问，支持快速查看第三方公共地图平台发布的在线地图，提供图层管理功能及友好的移动地图交互操作体验；支持离线、在线查询，提供空间查询、属性查询与符合查询多种方式，查询结果支持高亮标绘、标注、列表显示等可视化方式；支持 GPS、GNSS、基站、Wi-Fi 定位；支持自动采集用户轨迹，并将轨迹数据保存到本地；支持定制轨迹采集方案，支持对定位点和轨迹进行编辑、分析、处理；能够实现距离测量、面积测量；能够提供星历图，支持实时查看当前 GPS 卫星个数、信噪比、经纬度、海拔、方向角、速度等功能；支持原始 GPS、国家测绘局坐标 GCJ-02 的定位点的投影转换，支持三参数、七参数设置；具备完全开放的生态体系，使用云授权，开放源码，支持二次开发定制。

3. MapGIS Mobile Collector MapGIS 移动端数据采集器（MapGIS Mobile Collector）是一款用于数据采集、管理、编辑与共享的 App，能够实现空间信息、属性信息、图片、视频等多源数据的采集与更新。MapGIS Mobile Collector 提供多种数据类型和多种采集方式。MapGIS Mobile Collector 支持采集点、线、区、轨迹数据、图片、音频、视频等多种数据类型；支持用户自主采集，支持终端自动采集，通过 GPS/基站/Wi-Fi 方式定位和定制采集方案等多种技术手段；支持离线采集与编辑，支持在线采集数据的自动提交；支持快速切换在线地图作为适用底图，支持添加 MapGIS IGServer 与第三方公共服务平台发布在线地图，与云端无缝融合；支持离线、在线模式的地图数据叠加和图层化管理，可灵活控制。

（二）云族产品

1. MapGIS DataStore　MapGIS DataStore 是一个以分布式的方式存储和管理关系型数据、切片型数据、实时型数据以及非结构数据的混合数据库，与 MapGIS SDE 无缝融合，形成完整的地理大数据存储管理方案。MapGIS DataStore 能够统一存储与管理。MapGIS DataStore 集成 MongoDB，管理百亿级切片数据，具备高并发快速响应的能力；集成 ElasticSearch，管理海量时空型数据，具备分布式存储和检索的能力；集成分布式文件系统，管理大规模影像文件等非结构数据，具备分布式存储和计算的能力。MapGIS DataStore 提供目录管理及浏览。MapGIS DataStore 能够以目录的形式管理关系型数据、瓦片型数据、实时型数据以及非结构化数据，以目录的形式供用户查看和检索各类数据，以目录的形式为各类数据提供统一的访问入口，支持数据的查看和编辑各种操作。

2. MapGIS IGServer　MapGIS IGServer 产品是一款服务器端 GIS 应用与开发的平台软件，为用户提供高性能的传统空间信息服务注册、发布和管理服务，支持用户进行各行业领域的 WebGIS 应用开发与扩展。

MapGIS IGServer 能够支持跨平台、多种数据库引擎、多种数据类型，能够支持多层次功能扩展。MapGIS IGServer 支持多种数据库引擎，包括达梦、KDB、博阳世通、南大通用、人大金仓等；支持多源数据接入，包括第三方开源地图服务资源、本地文件类数据、OGC 资源、MongoDB 数据源的文件型数据、PostgreSQL 数据源的空间关系型数据等的接入；支持 MapGIS 二三维地图服务发布、第三方开源地图服务使用、本地文件类数据发布、OGC 服务发布、矢量瓦片、第三方瓦片等；MapGIS IGServer 能够提供传统空间信息服务注册、发布和管理服务；支持 GIS 内核扩展、IGS 服务扩展、SDK API 扩展。

MapGIS IGServer 具有高性能服务提升，多样化表达优化。MapGIS IGServer 基于矢量数据金字塔切图技术，为用户提供具备更小的格式、更高效的渲染、更精细化的表达、更灵活的样式编辑与交互的矢量瓦片服务；基于镶嵌数据集的全新影像管理模式和基于 TensorFlow 的深度学习与信息提取为用户带来大体量、智能化的影像服务能力；能够优化空间分析，新增多种缓冲方式和拓扑检查与处理规则，全面提升全空间分析能力；支持 GPU 集群分布式渲染、BIM 与 GIS 的深度融合、实时传感器数据动态接入、丰富的一体化分析工具和动态仿真 VR 体验，全空间三维能力更出众；对接浏览器端开发 SDK，在传统 WebGIS 开发基础之上，增强大数据、实时流数据、三维场景的高效可视化表达和分析，为用户带来全新开发体验。

3. MapGIS Cloud Manager 云运维管理系统　MapGIS Cloud Manager 与虚拟化云平台无缝对接，集成高性能服务引擎、大数据引擎和应用集成引擎，实现硬件资源、数据资源、服务资源和应用资源的统一管理。采用租户机制实现云 GIS 资源的"分级管理、分别维护"，提供专业、简洁的一站式运维管理服务。

MapGIS Cloud Manager 为用户提供简单、高效的资源管理及监控方案。MapGIS Cloud Manager 以仪表盘、统计图等形式监控硬件的存储性能信息；采用租户隔离机制分级管理，实现组织机构的精细化管理；通过分级权限实现资源管理、服务管理、运行监控等，实现云应用资源的隔离；提供大数据目录服务，可方便集成用户自管理的多种数据库存储；采用分布式计算技术提供大数据分布式分析服务，提升空间分析和数据处理的能力；采用多级索引和动态渲染等技术，提升数据的浏览速度。

4. MapGIS Cloud Portal 云门户　MapGIS Cloud Portal 是一个综合型的 GIS 云服务门户，能够实现 GIS 数据资源、功能资源以及应用资源的展示与共享。MapGIS Cloud Portal 可以整合 GIS 数据资源、功能资源、应用资源，实现多种 GIS 资源的统一管理；支持自定义形式的资源目录，可按照业务展示的需求动态调整目录结构，实现资源的多样化展示；支持多种 GIS 资源查找方式，便于用户快速定位所需资源；支持 GIS 资源和资源访问权限的分组管理；支持拖拽式完成页面个性化布局；支持基于模板化定制工具，实现专属业务场景的定制；提供基于 CAS 的第三方应用系统集成，支持应用单点登录和用户信息同步更新，实现用户资源的集中管理和组织内部多系统间的安全访问；提供功能完整的 GIS 服务资源和全面的 REST API 接口，实现 REST 服务的快速扩展；提供完整的开发文档和开发示例，用户可以根据需要开发定制与业务深度结合的门户系统。

5. MapGIS Pan-Spatial Map 全空间一张图　MapGIS 全空间一张图（MapGIS Pan-Spatial Map）是以全空间信息模型为基础，实现空中、地表、地上以及地下数据的二三维一体化管理、综合展示以及专业应用，为全行业一张图开发提供支撑框架。

MapGIS Pan-Spatial Map 能够实现全空间多维数据一体化分析。MapGIS Pan-Spatial Map 能够融合地上地下空间三维场景，提供丰富的全空间多维数据的一体化三维分析功能，如可视域分析、阴影率分析、天际线分析等，能够提供多种分析评价方法，如地下空间适宜性评价、资源量估算、地面沉降监测与动态模拟等，为城市规划与监管、地下空间利用与开发、智慧城市管理与运行提供科学依据和辅助决策。

MapGIS Pan-Spatial Map 能够提供多样化的数据综合服务。MapGIS Pan-Spatial Map 能够解决传统的图数分离的问题，通过综合服务将数据与其空间位置紧密结合，实现数据的地图化和可视化，挖掘数据的潜力，提高数据的利用价值；提供聚合分析、统计对比、轨迹分析以及热点分析等多种综合服务；以更直观的方式进行地图交互和结果展示；二维和三维兼具，表现形式丰富多样。

二、MapGIS 的工具产品

MapGIS 的工具产品主要包括遥感数据处理工具、国土工具产品、市政工具产品、地质工具产品、移动 GIS 产品、矢量工具产品六大组成部分。

1. 遥感数据处理工具　提供一组集影像数据展示、影像校正、影像分析、信息提取和制图输出为一体的影像分析工具，呈现一套完整的遥感影像处理流程，为用户提供计算速度更快、精度更高、数据处理量更大的新一代遥感数据分析的解决方案。主要功能包括多种影像数据的读取和几何校正、遥感影像的解译和遥感影像制图。

2. 国土工具产品　国土工具产品主要包括：县级耕地后备资源数据库综合评价建库工具、MapGIS 县市级土地整治规划数据库建库工具、农村土地调查数据库管理工具、县级耕地质量补充完善数据库建库工具、农村土地调查数据库工具、土地利用规划辅助编制工具、地籍城乡一体化管理系统、农用地分等定级估价工具、矿产资源规划管理工具、基本农田管理工具、省市级二次调查数据库成果管理工具、农村集体土地确权登记发证系统。该类工具产品主要服务于国土部门，为土地资源调查、评价、规划提供技术支持。

3. 市政工具产品　市政工具产品主要包括供水管网管理工具、排水管网管理工具、燃气管网管理工具、综合管网管理工具，为市政管网系统提供供水、排水、燃气管线、地形、地面建筑物等相关信息数据入库、数据更新与管理、查询统计、事故检测、三维分析、管线规划、制图输出等功能，为市政规划部门、城建档案部门地上、地下管线设施的信息化管理提供专业协助。

4. 地质工具产品 地质工具产品主要包括：MapGIS 地质环境专业成图软件、MapGIS 三维地质填图工具、煤炭地质勘查主流程工具、煤炭地质成图工具、固体矿产资源勘查与三维建模工具、固体矿产成图工具、三维工程地质勘察工具、三维城市景观建模工具、地质数据建库工具、地质专业成图工具等。利用地形数据、钻孔数据、剖面数据等三维数据，构建三维地质体模型，实现地质、钻探、地球物理等地质填图数据的管理、二维成图和三维建模于一体地质信息的三维可视化表达、资源储量估算和工程勘察评价等专业分析，为地质勘察和资源开采的管理与设计提供技术支撑。

5. 移动 GIS 产品 移动 GIS 产品主要包括土地宝、巡检通、采集宝、管网宝、测绘通、警务通，为土地部门、测绘部门、市政管网部门设计的一种智能、高效、便捷的移动应用解决方案。客户端部分软件安装在无线数据采集终端(智能手机)中，集成多种先进技术，结合土地部门、测绘部门、市政管网部门业务管理特色，达到"任何时间、任何地点、任何方式"的全程监管，打造新一代立体的移动信息化管理新模式。

第三节 SuperMap GIS

SuperMap GIS 是北京超图软件股份有限公司开发的地理信息系统软件平台。目前，SuperMap GIS 融合了跨平台 GIS、云端一体化 GIS、新一代三维 GIS、空间大数据等技术体系，提供功能强大的云 GIS 应用服务器、云 GIS 门户服务器、云 GIS 分发服务器与云 GIS 管理服务器，以及支持 PC 端、移动端、浏览器端的多种 GIS 开发平台。SuperMap GIS 系列产品主要包括 GIS 平台基础软件、GIS 应用软件、GIS 云与大数据服务三类。

一、SuperMap 的基础软件

(一) 云 GIS 平台

1. SuperMap Online SuperMap Online 是超图推出的一站式在线 GIS 数据与应用平台。SuperMap Online 能够提供在线制图的能力。用户可以利用 SuperMap Online 提供的基础底图制图，也可以使用托管的地图服务实现图层叠加。同时，用户也可以在底图上添加其他 Web 图层和矢量标注，共同构成一幅与业务紧密相关的特色地图。地图成果可以嵌入到应用程序中，也可以通过社交工具分享给其他人浏览。

2. SuperMap iServer SuperMap iServer 是云 GIS 应用服务器，具有二三维一体化的服务发布、管理与聚合功能，并提供多层次的扩展开发能力。SuperMap iServer 提供了独立的数据存储应用程序 SuperMap iServer DataStore，可以实现关系型、瓦片型和时空型数据的一体化存储和管理；提供了数据注册功能，可方便地集成用户自管理的各种数据存储；提供了分布式分析服务，采用分布式计算技术，实现了对超大体量空间数据集进行分布式空间分析和数据处理的能力源，具备实时数据处理能力。

3. SuperMap iPortal SuperMap iPortal 是集 GIS 资源的整合、查找、共享和管理于一身的 GIS 门户平台。SuperMap iPortal 可实现 GIS 资源整合，支持接入高德地图、百度地图等互联网地图，支持上传 Excel、SuperMap 工作空间、Shapefile 文件等各种类型的数据；具有快速查找 GIS 资源的能力，可以实现地图、服务、场景、数据、应用等资源的快速定位，协助用户快速找到所需的资源；具有灵活的 GIS 资源共享能力，支持用户在私有、公开、指定部门、指定群组和指定用户之间实现 GIS 资源共享；具有全面的 GIS 资源管理能力，可实现多角色管理机制。

4. SuperMap iExpress　SuperMap iExpress 是基于云计算技术的 GIS 分发服务器。SuperMap iExpress 支持直接将已有地图瓦片和矢量瓦片发布为地图服务；能自动接收来自被代理的 iServer 节点分发的二三维瓦片，支持按照指定的服务、比例尺、地理范围进行分发，还支持定时分发与指定时间间隔的周期性分发；可通过实时同步的 GIS 服务代理、动态缓存、缓存分发等方式，为 GIS 应用系统提供多方位加速解决方案；还可将 SuperMap iExpress 部署于 GIS 服务器端，用于存储静态缓存、转发服务请求及结果等。

5. SuperMap iManager　SuperMap iManager 是全面的 GIS 运维管理中心，可用于 GIS 应用服务管理、GIS 基础设施管理、GIS 大数据管理三大应用场景；提供基于容器技术的 Docker 解决方案，可一键创建 SuperMap GIS 大数据站点；可监控多个 GIS 数据节点、GIS 服务节点或任意 Web 站点等类型，监控硬件资源占用、地图访问热点、节点健康状态等指标，实现 GIS 系统的一体化运维监控管理；还可以用于在云计算平台中部署、运维 GIS 业务，构建云 GIS 环境，解决了 GIS 平台运维管理难、共享难等诸多问题。

（二）桌面 GIS 平台

SuperMap iDesktop 是一款企业级插件式桌面 GIS 软件，分为标准版、专业版、高级版三个版本。SuperMap iDesktop 标准版是 SuperMap 桌面产品系列中的基础产品，主要功能有数据管理、数据处理、符号制作、地图制图、三维场景、布局打印、属性操作、专题制作等。SuperMap iDesktop 专业版，除涵盖标准版提供的所有功能外，还提供了更专业的地图制作工具、更丰富的系统定制、类型丰富的统计图表制作模块，并且可以实现地图以及数据资源的在线分享功能。SuperMap iDesktop 高级版涵盖了标准版和专业版中的所有功能，并且支持扩展开发，基于 iDesktop 的开发框架、开放的 UI 控件，可以开发出满足各行业需求的应用系统。

（三）移动端 GIS 平台

Mobile 移动 GIS 平台面向行业和大众领域提供制图表达、数据编辑、空间分析、导航等功能。Mobile 移动 GIS 平台具有和桌面一样丰富的制图表达能力，支持互联网上公开的地图服务和 IGServer 发布的地图服务；具有丰富的编辑与空间处理功能，能够提供离线、在线一体化的数据编辑，支持图形属性编辑，支持离线的缓冲区、叠加和裁剪分析以及复杂的网络分析、地理匹配等空间分析功能；能够提供球面和平面的三维场景显示模式；提供专业的导航服务，支持室内外导航数据和不同行业中的道路数据。

（四）GIS 开发平台

1. 组件 GIS 开发平台——SuperMap iObjects　SuperMap iObjects 是基于二三维一体化技术的高性能、跨平台的大型组件式 GIS 开发平台。SuperMap iObjects 提供了多种开发接口，支持 Java、.NET、C++ 三大开发环境，可以部署在 Windows、Linux 通用平台上。SuperMap iObjects 产品提供了简洁的部署方式，只需要解压和运行部署脚本两个步骤即可完成产品运行和开发环境的部署。

SuperMap iObjects 具有丰富、强大的 GIS 功能，可以用来构建处理地图和地理信息的系统，用户通过该产品可以完成创建和使用地图、编辑和处理地理数据、管理数据库中的地理信息、分析和研究地理信息、共享和显示地理信息、地理信息的仿真与虚拟现实及在一系列应用程序中使用地理信息（图 10-1）。

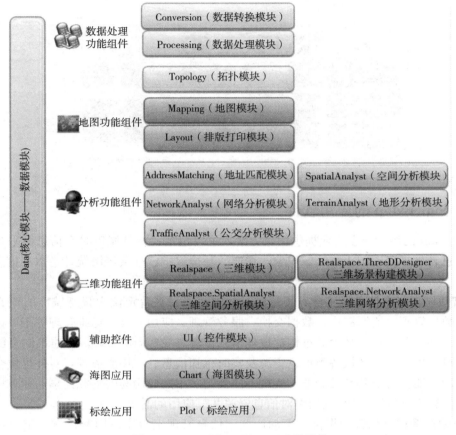

图 10-1　SuperMap iObjects 功能模块

2. 移动 GIS 开发平台——SuperMap iMobile　SuperMap iMobile 是一款移动 GIS 开发平台，支持基于 Android，iOS 操作系统的智能移动终端。SuperMap iMobile 能够实现多格式数据转换，支持多种类型的在线地图服务，以及其他终端之间的数据交互、同步和更新；能实现多源数据的导入和编辑，可以进行 GPS 数据采集；能实现热力图、格网热力图、密度图、聚合图、关系图等多种类型数据的可视化；能实现多类型路径导航，不仅有传统的利用 GPS 位置导航模式，还有基于自采集道路数据行业导航和基于二维或三维的室内地图室内导航。

3. 浏览器端 GIS 开发平台——SuperMap iClient　SuperMap iClient 是空间信息和服务的可视化交互平台，是 SuperMap 服务器系列产品的统一客户端。产品基于统一的架构体系，面向 Web 端和移动端，提供了功能强大、性能优越、展示效果丰富的 SDK 开发包，帮助用户快速构建网络客户端和轻量级移动端 GIS 应用。SuperMap iClient 提供了基于开源产品 Leaflet、OpenLayers、MapboxGL 等二维 Web 端的开发工具包，以及基于 3D 的三维应用工具包(图 10-2)。

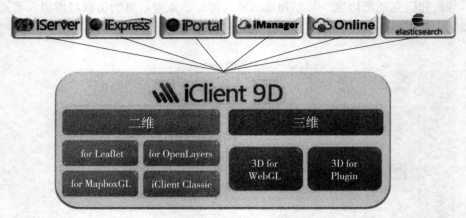

图 10-2 SuperMap iClient 体系

二、SuperMap 的应用软件

SuperMap 已经为许多行业提供解决方案，主要包括：智慧城市时空信息云平台、不动产登记信息管理平台、国土系统、气象、房产、环境保护、社会经济统计、水利信息共享等方面。

1. 智慧城市时空信息云平台 智慧城市时空信息云平台定位为智慧城市的核心基础平台，是集数据管理、资源展示、数据交换、服务管理、应用开发、运维管理等于一体的区域信息资源公共服务平台。平台通过构建地理信息服务总线(Geo-ESB)，打通不同资源、应用之间的通道，可以融合区域各类信息资源及实时感知信息、应用服务等，对外提供全面无缝集成、自动智能化的公共基础服务，实现不同部门、不同应用间的资源共享和业务协同，适应各类智慧城市(区域)/智慧应用中对信息资源共享应用的需求。

2. 不动产登记信息管理平台 不动产登记信息管理平台实现国家、省、市、县四级联网实时共享，以及房地数据融合管理，为城市规划、建设、运行全过程管理服务。全国统一的不动产登记信息管理基础平台于 2017 年底建成，基本形成标准统一、内容全面、覆盖全国、时序清晰、相互关联、布局合理、实时更新、互通共享的不动产登记数据资源体系，实现直接访问云平台应用、本地应用对接云平台等多种模式下的部、省、市、县的多部门实时共享，如何解决四级联网实时共享是不动产统一登记的关键。

3. 国土资源管理平台 针对国土行业应用的业务新需求，围绕土地调查、信息管理与应用、土地监测以及土地督察等重要方面，与合作伙伴共同形成了一整套成熟完备的解决方案，逐步形成了一整套开放的国土资源软件产品体系。经历了 20 载的开拓与拼搏，国土事业部门业务范围延伸到国土行业的各个方面，在全国 100 多个国土资源管理部门进行了应用实践，并在南宁、长春、西安、武汉等地设立了办事机构。

4. 气象信息管理平台 依托空间信息管理技术，对气象信息进行管理、分析及可视化表达，在气象预报、气象灾害监测预报预警、公共气象服务、短期气候预测、应对气候变化、气象预报预测等方面功能构建，为海量气象数据管理与共享、气象数据分析展现、精细化气象预测预报、公共气象服务、气象应急指挥等各应用领域提供基础科技支撑和决策支持。

5. 房产地信息管理平台　超图房地产权属管理系统和房地产市场信息系统 2011 年顺利通过住房和城乡建设领域应用软件测评，并获得优秀软件奖。超图参与了行业标准《房地产市场信息系统技术规范》的编写工作，依据行业标准为杭州市、济南市、邢台市等城市建立房地产管理系统，其中"杭州房产管理系统"被评为"中国地理信息产业优秀工程金奖"、原建设部"华夏建设科技进步奖二等奖"，并被行业标准《房地产市场信息系统技术规范》收为经典案例；"济南房产管理信息系统"荣获 2010 年"中国地理信息产业优秀工程金奖"；"邢台市数字房产 GIS 系统"荣获 2011 年河北省测绘学会科学技术一等奖。

6. 社会经济空间信息管理平台　超图软件统计地理信息系统紧扣统计业务，在第三次全国农业普查、第三次全国经济普查与第六次全国人口普查中得到全面发展与普遍认可。目前，统计地理信息系统已经集成普查区图的电子化管理、统计数据的可视化显示、基本单位名录库实时分析、政府重点投资项目监测、社会经济在线地图等业务应用，辅助政府各部门进行规划与决策。

第四节　ArcGIS、MapGIS、SuperMap 的比较

国内外地理信息系统市场在近几年得到飞速发展，各行各业都在广泛应用 GIS 软件。ArcGIS、MapGIS、SuperMap 作为当前认可度和应用度较高的地理信息系统软件，有着各自的优劣势，本节主要对三种地理信息系统软件的功能和性能进行简略对比，以供参考。

一、GIS 数据的存储方式

GIS 数据主要以文件方式和数据库方式进行存储。采用文件方式存储的 GIS 数据，各种类型的数据分别存储在不同的文件中。采用数据库方式存储的 GIS 数据统一存储在数据库中。

1. ArcGIS　文件存储方式：采用的是 Coverage 数据模型或 Shapefile 数据模型。Shapefile 数据模型是 GIS 中较通用的数据格式，是一种非拓扑数据结构，空间数据和属性数据分别存储在 ＊.shp 和 ＊.dbf 文件中，空间数据和属性数据的关联信息存储在 ＊.shx 文件中。Coverage 数据模型是第二代地理数据模型，是一种拓扑数据结构，它的空间信息和属性信息分别存储在不同的文件夹中，拓扑数据存储在 info 表中。

数据库方式：Geodatabase 是 ArcInfo 发展到 ArcGIS 时候推出的面向对象的数据模型，是基于 RDBMS 存储的数据格式，包括 Personal Geodatabase、File Geodatabase 和 ArcSDE Geodatabase。Personal Geodatabase 用来存储数据量小于 2G 的数据，存储在 Access 的 mdb 格式中；File Geodatabase 用来存储数据量小于 1TB 的数据，存储在文件夹中；ArcSDE Geodatabase 存储大型数据，存储在大型数据库中，如 Oracle、SQL Server、DB2 等。

2. MapGIS　MapGIS 在数据管理上采用文件方式。其主要的空间数据格式有 ＊.wt、＊.wl 文件和 ＊.wp 文件。＊.wt 用于存储点文件，＊.wl 用于存储线文件，＊.wp 用于存储面文件。

3. SuperMap　SuperMap 的数据引擎主要包括 SDB、DGN、DWG、MDB 和 SDX。SDB 是一种基于文件和数据库方式混合的小型数据存储方式，SDB 数据包括两个文件，空间数据存储在 ＊.SDB 的文件中，属性数据存储在 ＊.SDD 的文件中；DGN 引擎是一个基于文件的只读数

据引擎；MDB 是把空间数据和非空间数据存储到 Access 中的数据库引擎，最大容量为 2G；SDX 是基于大型关系数据库，支持 TB 级的矢量和栅格数据的存储和管理，SDX Plus 是 SuperMap 公司的第三代数据库引擎，相对于 SDX 引擎来讲，各方面性能更加优化。

二、空间分析功能比较

地理信息系统(GIS)的空间分析功能是 GIS 的核心功能，也是区别于数字制图系统的显著特征之一，其功能的实现状况是用户选择软件的主要参考因素之一。[①] 张刚等对 ArcGIS、MapGIS 和 SuperMap 软件的空间分析功能进行了分析，得出如表 10-1 的结论。

表 10-1　GIS 软件空间分析功能比较

空间分析功能		ArcGIS	MapGIS	SuperMap
空间查询与量算	空间查询	☆	◇	◇
	空间量算	☆	◇	◇
缓冲区分析	围绕点	☆	◇	◇
	围绕线/弧	☆	◇	◇
	围绕面/多边形	☆	◇	◇
	加权	☆	◇	◇
叠加分析	点与多边形	☆	◇	◇
	线与多边形	☆	◇	◇
	面与多边形	☆	◇	◇
网络分析	路径分析	☆	□	☆
	资源分配	☆	□	☆
	最佳选址	☆	□	☆
	地址匹配	☆	□	☆
栅格数据分析	聚类聚合分析	☆	◇	◇
	多层面复合叠置分析	☆	◇	◇
	邻域分析	☆	◇	☆
	追踪分析	☆	□	☆
空间统计分析	基本统计量	◇	□	☆
	探索性数据分析	☆	□	
	分级统计分析	☆	□	
	空间插值	☆	□	
	空间回归分析	◇	□	
三维空间分析	表面分析	☆	☆	☆
	三维要素分析	☆	☆	☆
	三维可视化	☆	☆	☆
二次开发能力	基于二次开发的空间分析	☆	□	☆

注：☆表示强；◇表示较强；□表示较弱。

[①]张刚，杨昕，汤国安，2013. GIS 软件的空间分析功能比较［J］. 南京师范大学学报(工程技术版，2)：41-47.

1. 空间查询与量算　针对空间查询和量算功能而言，ArcGIS 功能最强，而 MapGIS 和 SuperMap 相对较弱。ArcGIS 通过 Selection 菜单及 Tools 工具可交互式地获取地理对象的各种信息。MapGIS 软件通过点、线、面及数据库形式将位置数据与属性数据存储在一起，便于交互式的查询与量算。SuperMap 采用的是面向对象与面向拓扑的一体化模型，其拓扑关系是按需生成的，因此可通过 SQL 命令进行数据的查询与量算。

2. 缓冲区分析、叠置分析及网络分析　缓冲区分析（围绕点、围绕线/弧、围绕面/多边形、加权），ArcGIS 功能最强，而 MapGIS 和 SuperMap 相对较弱；叠加分析（点与多边形、线与多边形、面与多边形），ArcGIS 功能最强，而 MapGIS 和 SuperMap 相对较弱；ArcGIS 和 SuperMap 的网络分析（路径分析、资源分配、最佳选址、地址匹配）功能强大，MapGIS 功能较弱。

3. 栅格数据分析　栅格数据的分析处理方法可概括为聚类聚合分析、多层面复合叠置分析、邻域分析及追踪分析等几种基本的分析模式。聚类聚合分析、多层面复合叠置分析方面 ArcGIS 功能最强，而 MapGIS 和 SuperMap 相对较强；邻域分析方面 ArcGIS 和 SuperMap 功能表现强，MapGIS 功能性较强；追踪分析方面 ArcGIS 和 SuperMap 功能表现强，而 MapGIS 功能性较弱。

4. 空间统计分析　空间统计分析的内容主要包括基本统计量、探索性数据分析、分级统计分析、空间插值和空间回归分析等。ArcGIS 通过空间分析模块及地统计分析模块实现了空间数据的统计分析功能，其中地统计模块是 ArcGIS 特有的空间分析模块，空间分析功能强大，这也是其区别于其他 GIS 软件的显著特征。SuperMap 在基本统计量方面功能强，ArcGIS 较强，MapGIS 较弱。探索性数据分析方面，ArcGIS 和 SuperMap 功能性较强，而 MapGIS 功能性较弱。分级统计分析和空间插值方面，其功能性强弱表现依次为 ArcGIS，SuperMap，MapGIS。空间回归分析方面 ArcGIS 和 SuperMap 功能性较强，而 MapGIS 相比二者功能性较弱。此外，SuperMap 在专题统计图方面表现突出，不仅支持更多的统计专题图功能，且提供了独一无二的自定义专题地图，优于 ArcGIS 提供的专题地图制作功能。

5. 三维空间分析　三维空间分析主要包括表面分析、三维要素分析和三维可视化就三维空间分析而言，三款软件功能强弱几近相同。ArcGIS 软件三维空间分析功能主要通过 ArcToolbox 工具箱的 3D Analysis 模块实现，提高了可视化以及对真实世界的模拟能力，并提出了全球 3D 可视化模块 ArcGlobe。ArcScene 应用程序是 ArcGIS 三维分析的核心扩展模块，它具有管理 3DGIS 数据、3D 分析、编辑 3D 要素、要素立体显示等功能。

MapGIS 软件包含 MapGIS-TDE 三维地理信息系统平台，可以实现三维矢量模型数据的一体化存储，提供了景观快速建模、地表景观可视化以及地表景观分析工具。SuperMap 的三维 GIS 模块是 SuperMap iSpace，可以实现二维三维数据的一体化管理，增强了三维空间的分析能力。SuperMap 的三维功能主要包括三维建模、三维可视化以及地形分析。

三、基于 SOA 的服务 GIS

基于 SOA 的服务 GIS，其核心是采取 Web Service 技术实现基于 SOA 的高级地理信息系统服务的功能，即将所有客户端才能使用的高级 GIS 功能搬到服务器端运行。[1]

---

[1]https：//wenku. baidu. com/view/c8863bfbbceb19e8b8f6bac8. html.

目前比较成熟的服务 GIS 为 ESRI 公司的 ArcGIS Server 标准版及以上，该产品已经成功推出多年，国内超图于 2007 年 9 月推出 SuperMap iServer 初步支持服务 GIS，MapGIS 于 2011 年 11 月发布了 MapGIS IGSS，能够提供基于丰富资源、面向服务、分布式架构的功能全面、性能稳定、简便易用的高效共享服务软件平台。

ArcGIS Server 的主要能力：

（1）提供 GIS 服务的创建和管理框架，可以方便地创建和管理二维、三维的地图显示服务，WMS、KML、远程空间数据库访问服务、网络分析服务、地理定位服务或自定义高级 GIS 分析服务等。

（2）支持基于 Web 在服务器端实现高级 GIS 分析功能，包括二维、三维地图显示，Web 地图编辑、网络追踪、高级 GIS 空间分析（等值线分析、剖面分析、水利专业分析）等。

（3）支持服务器预缓存技术，提高客户端响应速度。支持部分图层的缓存，支持缓存地图服务与非缓存地图服务的叠加。

（4）支持多种 GIS 服务的叠加，即在一个 Web 应用中集成多种类型的 GIS 服务类型，如 WMS、KML 等。

SuperMap iServer 的主要功能：

（1）支持二维地图服务，支持 WMS、KML 服务，可集成多个 GIS 服务；

（2）支持在 . Net 和 JAVA 构建 WEB 应用能力；

（3）支持服务器预缓存技术。

MapGIS IGSS 的主要功能：

（1）高可靠、高性能和可伸缩地理空间数据存储、管理技术，建立了高效的、无缝的多源、多尺度、多时相的时空数据模型，适合地理信息数据的集成管理。

（2）运用全新的开发理念，融合多种技术，在互联网地理信息系统领域中有效地实现了海量数据管理和二三维地理信息系统技术的无缝整合。

（3）实现地理空间信息系统共享服务平台管理维护所涉及的安全、监控、负载均衡等关键技术，开发地理空间信息系统共享服务平台账号管理、Service-Level Agreement（SLA）监控、安全管理、负载均衡、运维管理等中间件，为地理空间信息共享服务提供管理和维护等方面的技术支撑。

四、网络地图发布的 WebGIS

ArcIMS、SuperMap IS、MapGIS-IMS 在提供应用功能方面基本类似，国产软件在功能上更为全面，但在性能、稳定性、跨平台等方面存在较大差异。[①]

ArcIMS 是这几个中性能最为优秀的产品，能够满足在互联网上应用响应请求。在跨平台方面，ArcIMS 一套产品支持多个操作系统如 Unix、Linux、Windows，能够做到一套应用程序在多个操作平台上使用。ArcIMS 采用符合 XML 规范的 ArcXML 架构网络地图发布，其他 WebGIS 是在传统 GIS 基础上架构，利用原有的二次开发组件加上服务器端服务机制构建而成，具有明显局限性，在性能方面受到很大限制。

---

① https://wenku. baidu. com/view/c8863bfbbceb19e8b8f6bac8. html.

SuperMap IS 针对 Windows 提供专门版本，针对跨平台提供单独的 JAVA 版本，由于两个版本 API 和显示效果不一，应用程序无法跨平台。MapGIS IMS 只支持 Windows 平台的 .net 开发。

在系统稳定性方面，ArcIMS 表现优异，其中 ArcIMS 支持多层架构部署。在对空间数据库支持方面，ArcIMS 通过 ArcSDE 访问空间数据库，MapXtreme 通过 Oralce Spatial 访问空间数据库，SuperMap 和 MapGIS 通过各自的空间数据库引擎访问空间数据库。

五、GIS 二次开发组件

开发功能方面，ArcEngine 可以开发出和桌面高端 GIS 应用功能一致的功能，而 SuperMap、MapGIS 等开发功能不等同于桌面 GIS 所提供的功能，桌面软件中的功能是单独开发的，用户开发 Objects 的有些功能很难达到桌面软件的程度。在国产 GIS 软件中 SuperMap 二次开发组件化水平较高。在基于二次开发的空间分析方面，三款软件中 ArcGIS 和 SuperMap 的功能性都强，而 MapGIS 功能性较弱。[1]

ArcObject 是 ESRI 公司推出的组件对象平台，其功能强大、丰富，但对于对象粒度封装过细，初始化速度缓慢，且掌握困难。[2] 在高端 GIS 二次开发组件软件方面，ArcEngine 提供了可以开发出 ArcInfo 的强大开发能力，具有明显技术优势。在跨平台方面，ArcEngine 支持 Windows、Unix，其他 GIS 软件以 Windows 为主。SuperMap Objects 推出 Java 版，目前还不成熟。

SuperMap 公司推出的 SuperMap 组件对象封装粒度适中，使用灵活且易于掌握。SuperMapⅢ大型组件式 GIS 软件开发平台功能强大，由一系列控件组成，既可协同工作，也可任意裁减，具有高度的伸缩性和灵活性。MapGIS 提供完整的二次开发函数库，主要以 API 函数、MFC 类库、COM 组件、Active 控件方式提供。对于 GIS 空间分析来说，主流的开发平台主要是由 ArcGIS 和 SuperMap 提供的。

第五节　开源 GIS

开源 GIS 软件是指源码在共同遵守 OGC（Open Geospatial Consortium）规范的前提下，被发布并可为公众使用的 GIS 软件。开发者可以基于开源 GIS 软件，结合各自的应用领域和行业需求，创建具有特定功能的项目。开源 GIS 软件在使用上具有较强的易用性、可扩展性，并且价格低廉，因而受到了广大技术爱好者和科研团队的青睐。开源 GIS 已形成了一个庞大的体系，目前开源 GIS 软件已超过 300 个。

一、开源 GIS 软件分类[3]

根据软件功能和应用不同，可将开源 GIS 分为 GIS 组件类库、桌面版软件、Web 版软件、移动端应用及开源数据库等，各类主流软件如表 10-2 所示。

---

[1] https：//wenku. baidu. com/view/c8863bfbbceb19e8b8f6bac8. html.
[2] 张刚，杨昕，汤国安，2013. GIS 软件的空间分析功能比较［J］. 南京师范大学学报（工程技术版），2）：41-47.
[3] https：//gisgeography. com/free-gis-software/；https：//www. cnblogs. com/xjxz/p/6581567. html.

表 10-2　开源 GIS 软件分类

类别	代表软件
GIS 组件类库	Project4、GDAL、OGR、JTS、GeoTools、Sharp Map、ImageJ、DotSpatial
桌面版软件	GRASS、MapWindow GIS、Quantum GIS、uDig、deegree、gvSIG、OpenJUMP
Web 版软件	MapServer、GeoServer、OpenLayers、MapGuide、MapFish
移动端应用	gvSIG Mobile、Quantum GIS for Android、52North
开源数据库	PostgreSQL/PostGIS、MySQL、Ingres

二、当前较为成熟的 GIS 软件

1. QGIS　QGIS(原称 Quantum GIS)被很多业内人士认定是排名第一的免费 GIS 软件。它是以 C++、Python、Qt 为编程语言的桌面 GIS 软件，可运行在 Linux、Unix、MacOS X 和 Windows 等多种平台上的跨平台软件。QGIS 界面友好，且拥有强大的空间数据分析及自动成图功能，2018 年 2 月，QGIS 3 版本还新增了 3D 可视化功能。相较于商业 GIS，QGIS 的文件体积更小，需要的内存和处理能力也相对较小，因此它可以在旧的硬件上或 CPU 运算能力被限制的环境下运行。目前，QGIS 被志愿者开发团体持续维护，已被翻译成 31 种语言，广泛使用在全世界的学术和专业环境中。

2. gvSIG　gvSIG 被公认为是开源 GIS 软件中 3D 可视化效果最好的软件。它于 2004 年在西班牙作为开源的 GIS 软件公开发布。该软件是跨平台软件，适用于 Windows、Linux、OS X 等多种操作系统。gvSIG 能够支持多种矢量及栅格数据，支持的矢量数据格式主要有 Shapefile、DXF、DGN、DWG；支持的栅格数据格式包括 ECW、MrSID、JPEG、JP2、TIFF、GeoTIFF、PNG、GIF 和基于 XML 的格式(KML、GML)。不仅能够访问本地的空间数据，而且也能够通过支持开放地理空间信息联盟(OGC)规范的远程服务器访问空间数据。它能够访问 ESRI 公司的 ArcIMS 服务提供的远程数据。CAD 工具在 gvSIG 上令人印象深刻。gvSIG 的 OpenCAD 工具支持几何图形跟踪，顶点编辑、捕捉和分割线条以及多边形。gvSIG Mobile 可以安装到移动终端，和 GPS 工具结合非常适合野外工作。

3. Whitebox GAT　Whitebox GAT(Geospatial Analysis Tools)是一个处理地理信息和遥感数据的桌面软件。Whitebox GAT 软件研发于 2009 年，研发者致力于通过探索和实验新的空间分析方法，使该软件成为取代 TAS(the Terrain Analysis System)的软件平台，并服务于地理信息教学。软件设计非常精细，工具繁多，功能强大，可以实现地理空间数据的编辑、管理、分析和信息提取。它的遥感数据处理能力也非常强大，对于雷达数据的处理也毫无障碍。与 QGIS 相比，Whitebox GAT 的制图功能相对较弱。

4. SAGA GIS　SAGA(System for Automated Geoscientific Analyses)GIS 是一款经典的开源 GIS 软件，适用于 Windows 和 Linux 操作系统，软件功能包括空间数据的管理、可视化和数据分析。研发者致力于设计简单并且有效的空间算法，为用户提供不断改进的地理科学分析方法。该软件的地形分析功能非常强大，如山体阴影、流域提取、视域范围分析，能够有效地处理 DEM 数据拼接缝隙，实现地形指数分析和地形位置分类。软件运行快速，分析结果准确，被认为是环境建模工具的首选软件。软件界面友好，并且采用多窗口布局设计，方便多种统计分析方法(映射、直方图、散点图、属性等)的同时执行。

5. GRASS GIS GRASS(Geographic Resources Analysis Support System)GIS 是美国陆军工程兵团开发的一种用于土地管理和环境规划的软件。GRASS 是开源地理空间基金会最初的 8 个软件项目之一。该软件可以在 Windows，Linux AC 和 MacOSX 等多个平台上运行。GRASS GIS 包含了 350 多个功能模块，主要包括地图制作、矢量和栅格数据(包括网络数据)编辑、多光谱影像处理、空间数据编辑。Grass GIS 既提供直观的图形交互界面，又提供便于操作的命令语句操作。Grass GIS 已经广泛用于不同的领域(学术界、环境咨询公司和政府机构)，如 NASA、美国国家海洋和大气管理局、美国农业部和美国地质调查局等。

复习思考题

1. 几种地理信息系统软件数据组织的特征是什么？
2. 几种地理信息系统在空间分析上的差异是什么？
3. 几种地理信息系统软件的特征是什么？

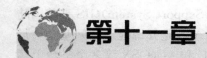

第十一章

数据共享与标准化

在物联网、移动互联网、大数据技术的快速发展背景下，地理数据获取手段更加多样化，如何将这些不同类型的数据集成共享和标准化处理，实现数据共享服务，是打破信息孤岛，深度挖掘数据价值的基础。本章重点介绍地理数据共享和标准化的技术方法、实现过程以及当前地理信息共享和标准化建设的现状、任务需求。

第一节　地理信息共享与标准化概述

一、地理信息共享的概念

地理信息共享是指地理信息的社会化应用，就是地理信息开发部门、地理信息用户和地理信息经销部门之间以一种规范化、稳定、合理的关系共同使用地理信息及相关服务机制。地理信息共享受信息相关技术的发展（包括遥感技术、GPS 技术、地理信息系统技术、网络技术）、相关的标准化研究及其所制定的各种法规保障制度的制约。现代地理信息共享，以数字化形式为主，并已步入了模拟产品、数据产品和网络传输等多种方式并存的数字化时代，因此数据共享几乎成为信息共享的代名词。

地理信息共享应该从技术问题和地理信息标准体系、政策法规的建立健全两个方面入手：①属于低层次解决方式的数据层共享，可通过数据格式、数据结构的转化完成；②属于高层次解决方式的语义层共享，即解决对同一地理实体与现象语义表达不一致的问题。

二、地理信息共享技术

数据共享技术涉及四个方面：面向地理系统过程语义的数据共享概念模型；地理数据的技术标准；数据安全技术；数据的互操作性。

1. 面向地理系统过程语义的数据共享的概念模型　在地理信息系统技术发展过程中，由于制图模型对地理信息系统技术的深刻影响，关于现实地理系统的概念模型大多集中于对地理系统空间属性的描述。例如对地理实体的分类，以其几何特性点、线、面等为标志，由于这一局限，地理信息系统只能显式地描述一种地理关系——空间关系。这种以几何目标为主要模拟对象的模拟方法不但存在于传统的关系型地理信息系统中，而且也存在于各种面向对象的地理信息系统模型研究文章中。以几何目标特性为主，模拟地理系统的思想几乎成为一种标准，而基于地理系统过程思想的概念模型很少出现。

实际的数据共享是一种在语义层次上的数据共享，最基本的要求是供求双方对同一数据集具有相同的认识，只有基于同一种对现实世界地理过程的语义抽象才能保证这一点。因此在数据共享过程中，应有一种对地理环境模型作为不同部门之间数据共享应用的基础。面向地理系统过程语义的数据共享的概念模型包括：一系列的约定法则、地理实体几何属性的标准定义和表达、地理属性数据的标准定义和表达、元数据的定义和表达等。这种模型中的内容和描述方法有别于面向地理信息系统软件设计或地理信息系统数据库建立的面向计算机操作的概念建模方法。为了数据共享的无歧义性及用户正确地使用数据，面向数据共享的概念模型必须遵循 ISO 为概念模型设计所规定的"100％原则"，即对问题域的结构和动态描述达 100％的准确。

2. 地理数据的技术标准　地理数据的技术标准为地理数据集的处理提供像空间坐标系、空间关系表达等标准，它从技术上消除数据产品之间在数字存储与处理方法上的不一致性，使数据生产者和用户之间的数据流畅通。

地理数据技术标准的一项重要工作是利用标准的界面技术完整地表达数据集语义的标准数据界面。随着对数据共享认识的越来越清晰，科学家们越来越重视对地理信息系统人机界面的标准化。在有关用户界面的标准化讨论中，两个观点占了主流：一个观点主张采用现有 IT 标准界面，这是计算机专家们的观点；另一个观点提出要以能表达数据集的语义作为用户界面标准的标准。经过多年的讨论及实践已逐渐形成两种策略，它们是建立标准的数据字典和建立标准的特征登记，这两种策略的理论基础都是基于对现实世界的概念性模拟以及概念模式规范化的建立。

在数据库领域，数据字典是一个很老的概念，它的初始含义是关于数据某一抽象层次上的逻辑单元的定义。应用于地理信息系统领域后，其含义有了变化，它不再是对数据单元简单的定义，而且还包括对值域及地理实体属性的表达，它已走出元数据的范畴，而成为数据库实体的组成部分之一。建立一个标准数据字典，实际上也就是建立相应地理信息系统数据库的一种外模式，可以方便地对数据库施行查询、检索及更新服务。特征登记是一种表达标准数据语义界面的方法，它产生于面向地理特征的信息系统设计思想。

3. 数据安全技术　在数据使用过程中，为了保证数据的安全，必须采用一定的技术手段，在网络数据传输状况下更是如此。从技术上解决数据安全问题，主要考虑在数据使用和更新时要保持：①数据的完整性约束条件；②保护数据库免受非授权的泄露、更改或破坏。在网络时代，还要注意网络安全，防止计算机病毒等。

数据的完整性体现了数据世界对现实世界模拟的需求，在关系型数据库中，存在着实体完整性和关系完整性两种约束条件；数据库中数据的安全性一般通过设置密码、利用用户登记表等方法来保证。

4. 数据互操作性　从技术的角度，数据共享强调数据的互操作性。数据的互操作性体现在两个方面：一个是在不同地理信息系统数据库管理系统之间数据的自由传输；另一个是不同的用户可以自由操作使用同一数据集，并且保证不会导致错误的结论。数据的互操作性在数据共享所有环节中是最重要的，技术要求也是最高的。

三、地理信息标准化及其意义

地理信息标准是对地理信息重复事务和概念所作的统一规定。地理信息标准有四个方面：①硬件标准，如接口标准、程序检测标准；②软件标准，如查询语言、程序设计语言等标准；③数据格式标准，如数据类型、数据质量、数据转换标准等；④数据集标准，如数字地形系列（DEM）等。[①]

地理信息标准可以划分为五个层次，即国际标准、地区标准、国家标准、地方标准、其他标准。标准化工作可以从两方面进行：①以已经发布实施的信息技术（IT）标准为基础，直接引用或者经过修编采用；②研制地理空间数据标准，包括数据定义、数据描述、数据处理等方面的标准。

地理信息的标准化包括地理信息共享所需的各项标准的研究、制定和实施，以及统一空间参照系统、统一地理信息空间定位载体的建设，是建设地理信息共享平台的必要条件之一。其标准化的目的在于对地理信息获取、存储、处理、管理和表达等各个阶段的重复性事物和概念，按照生产和管理实践的需求制定和实施统一标准，以获得最佳的秩序和效益。[②]目前涉及的主要测绘地理信息系统标准化包括地理信息标准、数据标准、信息技术标准、应用标准、GIS 的设计标准和系统评价标准等。[③]

地理信息系统的标准化的直接作用是保障地理信息系统技术及其应用的规范化发展，指导地理信息系统相关的实践活动，拓展地理信息系统的应用领域，从而实现地理信息系统的社会及经济价值。地理信息系统的标准体系是地理信息系统技术走向实用化和社会化的保证，对于促进地理信息共享、实现社会信息化具有巨大的推动作用。地理信息系统的标准化将从如下几方面影响着地理信息系统的发展及其应用：

1. 促进空间数据的使用及交换　地理信息系统所直接处理的对象就是反映地理信息的空间数据。由于空间数据的生成及其操作的复杂性，它是造成在地理信息系统研究及其应用实践中所遇到的许多具有共性问题的重要原因。进行地理信息系统标准化研究最直接的原因就是为了解决在地理信息系统研究及其应用中所遇到的这些问题。

（1）数据质量。对数据质量的影响来自两方面：一方面是由于生产部门数字化作业人员水平参差不齐，各种航摄及解析仪器、各种数字化设备的精度不同，导致最终对地理信息系统数据的精度进行控制的难度；另一方面是对地理属性特征的识别质量，由于没有经过严格校正的属性数据存在误差，从而导致人们使用数据的错误。对数据质量实施控制的途径是制定一系列的规程，例如地图数字化操作规范、遥感图像解译规范等标准化文件，作为日常工作的规章制度，指导和规范工作人员的工作，以最大限度地保障数据产品的质量。

（2）数据库设计。在地理信息系统实践中，数据库设计是至关重要的一个问题，它直接关系到数据库应用上的方便性和数据共享。

（3）数据档案。对数据档案的整理及其规范化，其中代表性的工作就是对地理信息系统元数据的研究及其标准的制定工作。明确的元数据定义以及对元数据方便地访问是安全地使用和交换数据的最基本要求。一个系统中如果不存在元数据说明，很难想象它能被除系统开发者之外的第二个人所正确地应用。因此，除了空间信息和属性信息以外，元数据信息也应该作为地理信息的一个重要组成部分。

（4）数据格式。在地理信息系统发展初期，地理信息系统的数据格式被当做一种商业秘

①宋国民，2006. 地理信息共享的理论研究框架. 测绘科学技术学报（06）：404-407.
②蒋景瞳，刘若梅，贾云鹏，等，2002. 国内外地理信息标准化现状与思考. 国土资源信息化（04）：8-13.
③邓建宁，2017. 论我国测绘地理信息系统的标准化建设. 中国标准化（06）：91.

密，因此对地理信息系统数据的交换使用几乎是不可能的。为了解决这一问题，通用数据交换格式的概念被提了出来，并且有关空间数据交换标准的研究发展很快。在地理信息系统软件开发中，输入功能及输出功能的实现必须满足多种标准的数据格式。

（5）数据可视化。空间数据的可视化表达是地理信息系统区别于一般商业化管理信息系统的重要标志。地图学在几百年来的发展过程中，为数据的可视化表达提供了大量的技术储备。在地理信息系统技术发展早期，空间数据的显示基本上直接采用了传统地图学的方法及其标准，但是由于地理信息系统的面向空间分析功能的要求，空间数据的地理信息系统可视化表达与地图的表达方法具有很大的区别。传统的制图标准并不适合空间数据的可视化要求，例如利用已有的地图符号无法表达三维地理信息系统数据。解决地理信息系统数据可视化表达的一般策略是：与标准的地图符号体系相类似，制定一套标准的地理信息系统，用于显示地理数据的符号系统。地理信息系统标准符号库不但包括图形符号、文字符号，还应当包括图片符号、声音符号和视频符号等。

（6）数据产品的测评。对于一个产业来讲，其产品的测评是一件非常重要的工作。同样，对地理信息系统数据产品的质量、等级、性能等方面进行测试与评估，对于地理信息系统项目工程的有效管理、促进地理信息市场的发展具有重大意义。

2. 促进地理信息共享　从信息共享的内容上来看，地理信息的共享并不只是空间数据之间的共享，它还是其他社会、经济信息的空间框架和载体，是国家以及全球信息资源中的重要组成部分。因此，除了空间数据之间的互操作性和无误差的传输性作为共享内容之一外，空间数据与非空间数据的集成也是地理信息共享的重要内容。后一种数据共享方式具有更大的社会意义，因为它为某些社会、经济信息的利用提供了一种新的方法。

地理信息共享有三个基本要求：①要正确地向用户提供信息；②用户无歧义、无错误地接收并正确地使用信息；③要保障数据供需双方的权力不受侵害。在这三个要求中，数据共享技术的作用是最基本的，它将在保障信息共享的安全性（包括语义正确性、版权保护及数据库安全性等方面）和方便灵活地使用数据方面发挥重要的作用。

四、地理信息共享与标准化研究现状

一个比较良好和完整的信息共享环境是实现地理信息共享的前提。为营造一个包括管理环境、标准环境和技术环境的地理信息共享环境，国内外从各个方面作了大量的研究。

（一）地理信息共享管理研究现状

大多数国家采用分类管理模式进行地理信息分享管理。分类管理主要包括对地理信息资源和对地理信息用户的分类管理。对地理信息资源进行分类的主要目的是根据每一类别的地理信息资源的经济属性来决定采用何种模式促进其共享，对地理信息用户进行分类的目的则是为了加强对地理信息共享过程的管理。为了协调由于地理信息技术的飞速发展带来的一系列地理信息共享问题，许多国家成立了相关机构协调地理信息共享组织①，如美国联邦地理数据委员会、英国国家地理空间数据框架委员会、日本 GIS 部委机构联络委员会等。另外，随着美国国家空间基础设施计划的提出，全球空间数据基础设施以及亚太地区、北美地区、欧洲空间数据基础设施等计划也相继被提出。国际上一些跨国组织和机构的空间数据基础设

---

①阎国年，2007. 地理信息共享技术．北京：科学出版社．

施活动及其提出的信息共享政策表明，形成符合统一标准要求的地理信息数据库体系，实现地理信息共享是所有行动计划的目的。这些组织关注的地理信息共享政策问题主要集中在两个方面：①开放与限制之间的关系问题，包括版权、保密、价格、收费等具体内容；②对隐私的保护问题。此外，国外的一些学者还从组织管理学、组织行为学、社会心理学等视角对地理信息共享进行了相关研究，但总的来说这方面的研究较少。[①]

我国在地理信息标准化和地理信息共享政策与法律法规方面开展了一定的研究，并且建立国家地理空间信息协调委员会协调地理信息共享及地理信息产业发展过程中的各种问题。在我国地理信息产业发展过程中，仍存在诸多问题。从政策层面看，诸如市场机制、地理信息资源产权、地理信息安全与共享及标准化等问题，亟待逐步解决；从信息共享的角度看，不同种类的地理信息被不同的部门所持有，各个部门之间相互封闭，缺少应有的沟通，信息共享较少，也没有稳定的高层协调和信息共享机制。[②]

（二）地理信息共享标准及规范的研究现状

地理信息标准化和规范化是实现地理信息共享的前提条件之一。地理信息涉及多学科和多部门，而不同学科和部门之间，甚至是同一个学科内部，都没有明确的或唯一的地理信息标准和规范，这样产生出的地理信息主要以本学科或本部门的应用为基本出发点，通用性差，共享困难。[③] 因此，建立统一的地理信息标准和规范对实现地理信息共享尤为重要。在国际上，许多国家和组织都开展了地理信息共享标准的研究、开发和制定，较为有影响力的组织主要有 ISO/TC211（International Organization for Standardization/Technical Committee 211）、OGC（Open GIS Consortium）、USGS（United States Geological Survey）、FGDC（Federal Geographic Data Committee）、CEN/TC287（Committee of European Normalization/Technical Committee)和 WDC(World Data Center)等。

我国地理信息标准化工作大致可分为制定空间数据标准和地理信息共享标准化两个阶段。虽然我国的地理信息标准化工作取得了较大的进展，但仍然存在一定的不足，主要表现在：①标准制修订仍然滞后；②标准化管理与协调机制亟待完善；③标准管理工具较少。[④]

由于信息技术、地理信息获取手段和方式的快速发展，地理信息的异源异构性日益凸显，因此使用不同的 GIS 软件快捷地获取异源地理信息并将其集成在不同系统下进行互操作，并充分利用地理信息资源成为当前的研究热点。[⑤] 地理信息共享的根本思路是研究异源数据库的互操作技术。[⑥]

Goodchild 等强调了地理信息共享中的两个重要问题：①地理信息共享问题；②GIS 服务共享问题。[⑦] 从共享方式来看共享技术研究的发展，地理信息共享大致经过了空间数据格式转换—空间数据共享平台—地理信息系统互操作—地理信息服务几个发展阶段。

1. 空间数据格式转换　在 GIS 发展早期，空间数据格式转换为地理信息共享的主要形

①余旭，郭海军，孔爱婷，2013. 地理信息共享关键问题研究进展及趋势. 测绘工程，22(06)：14-17.

②陈常松，2003. 地理信息共享的理论与政策研究. 北京：科学出版社.

③蒋景瞳，刘若梅，1996. 国外 GIS 标准化进展和我国的对策. 遥感信息(03)：19-22.

④余旭，郭海军，孔爱婷，2013. 地理信息共享关键问题研究进展及趋势. 测绘工程，22(06)：14-17.

⑤龚健雅，2004. 当代地理信息系统进展综述. 测绘与空间地理信息(01)：5-11.

⑥王康，2011. 地理信息共享平台及其关键技术的研究与应用，硕士.

⑦Goodchild M. F.，Kottman C.，Egenhofer M. J.，1999. Interoperating Geographic Information Systems：Kluwer Academic Publishers.

式，是最基本的地理信息共享方式，包括两个不同层次的转换：不同 GIS 系统数据格式的直接转换和以公共空间数据交换格式标准为中介的数据转换。[①] 由于前者需要详细掌握不同数据库数据结构，不利于信息共享的推广。因此，制定公共的空间数据转换格式标准是更有效的方案。空间数据转换的内容主要包括三方面的信息[②]：①空间定位信息（实体的坐标）；②空间关系（如一条弧段的起结点、终结点、左多边形、右多边形等）；③属性数据。其中，SDTS(Spatial Data Transfer Standard)、DIGEST(Digital Geographic Information Exchange Standard)、SAIF(Spatial Archive and Interchange Format)等数据交换标准则得到了广泛的应用，我国也制定了地球空间数据交换格式的国家标准 CNSDTF(Chinese National Spatial Data Transfer Format)。一些著名软件厂商制定的交换格式，如 AutoDesk 的 DXF、ESRI 的 E00、MapInfo 的 MIF 等也广为大众所接受，从而成为事实上的标准。此外，ISO 和 OGC 推出的 GML 数据格式也可以作为空间数据交换格式的标准，该标准成为近年来的研究热点(图 11-1)。[③]

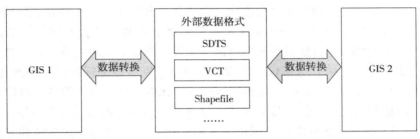

图 11-1　基于数据格式转换技术的数据共享[④]

2. 基于直接访问的地理信息共享　构建一个能直接读取多个数据源（包括数据库和其他地理信息系统）不同格式的数据的地理信息系统，这样可避免因数据转换而造成信息损失问题。这种结构的优点是：任何一个应用程序所作的数据更新都及时地反映在数据库中，避免了数据的不一致问题。[⑤]充分了解所用数据源的数据格式和数据模型是直接访问数据的前提条件，但如果某个数据源的数据不公开，直接访问则很难实现；当数据源的原有数据格式发生改变时，共享系统需要对数据访问函数进行调整更新；此外，访问函数需要根据不同格式的数据进行编写，这对地理信息系统的开发和维护造成很大负担和压力。因此，约定和开发统一的公共数据访问接口函数，并针对、遵循该标准接口进行地理信息系统的设计和开发是十分必要的。该接口函数可以在系统内部自有数据访问接口的基础上包装成标准数据接口形式，也可以使异构系统之间通过调用彼此的数据访问接口实现数据共享。OGC 和 ISO/TC 211 等国际标准化组织根据不同通信协议定义了基于 SQL、DCOM 和 CORBA 的公共数据访问接口 API，基于 API 函数的数据访问接口采用二进制数据格式实现传输，提高了访问效率。此外，行业内已存在一些部分符合公共接口标准的 API 函数，如 Inter-Graph 的

①胡冬芽，2013.地理信息共享平台的关键技术与发展.测绘通报(06)：65-67.
②⑤龚健雅，等，2004.当代地理信息技术.北京：科学出版社，426.
③余旭，郭海军，孔爱婷，2013.地理信息共享关键问题研究进展及趋势.测绘工程，22(06)：14-17.
④龚健雅，高文秀，2006.地理信息共享与互操作技术及标准.地理信息世界(03)：18-27.

GeoMedia、SuperMap 的数据存取 API 等(图 11-2)。[①]

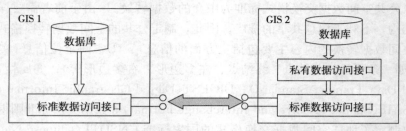

图 11-2 基于直接访问的数据共享和互操作[②]

3. 基于网络服务的地理信息共享 网络服务(Web Services)是基于网络服务的地理信息共享的核心,是由统一资源标识符表示的软件应用系统,利用 XML 编码定义、描述和发现其接口和物理位置,以此来实现互操作的通用性。在 HTTP 协议上,该 Web Services 可以通过基于 XML 的消息传递体制与其他应用软件进行交互(图 11-3)。Web Services 需要具有自包含、自组织、自描述、模块化、标准化、网络化、开放化、语言独立、互操作性、动态性等特征,具有这些特征的 Web Services 是未来地理信息共享平台发展的重要途径和必然趋势,且相较以上两种共享方法具有最广泛的可用性。因此,完善、整合,并进行推广已有的接口也是切实可行的方法。现有 GIS 厂商推出的基于网络服务标准的网络地理信息平台,如 ESRI 的 ArcIMS 和 ArcExplore,是根据国际标准化组织依据网络服务、地理信息共享和互操作性制定的地理信息服务统一接口规范,且开发了诸多地理信息服务组件,这些组件同样可以被其他 GIS 系统机器组件直接调用,从而实现系统之间的数据共享和互操作。Web Services 屏蔽了地理信息系统内部数据结构的差异性,使用户通过网络能访问到更广范围、更多类型的地理信息。此外,Web Services 的灵活性还在于,它不仅仅由数据库系统提供,还可以由用户根据需求自行开发,因此其可以实现网络环境下更广泛意义的地理信息共享及相应的平台建设(图 11-3)[③]。

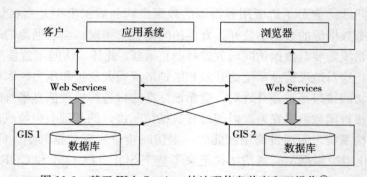

图 11-3 基于 Web Services 的地理信息共享和互操作[④]

4. 面向服务的地理信息共享 将地理信息系统划分为若干个完成特定功能的服务,这

①胡冬芽,2013. 地理信息共享平台的关键技术与发展. 测绘通报(06):65-67.

②龚健雅,高文秀,2006. 地理信息共享与互操作技术及标准. 地理信息世界(03):18-27.

③胡冬芽,2013. 地理信息共享平台的关键技术与发展. 测绘通报(06):65-67.

④龚健雅,高文秀,2006. 地理信息共享与互操作技术及标准. 地理信息世界(03):18-27.

些服务可以独立存在，需要时可以任意组合，以适应地理信息系统集成的要求。[1] 面向服务的空间信息资源的集成与共享可以达到将异源、异构、异质、异态空间信息数据进行统一的整合和集成的目的[2]，并构建跨区域、跨部门、跨行业的集成应用环境，搭建综合应用。[3] 地理信息的复杂性通过地理信息服务进行封装，并通过接口向用户提供各种数据或处理服务。[4] 面向服务体系架构(Service-Oriented Architecture，SOA)的 Web Services 技术(或者称为 Service GIS)是一个完整的、面向服务的 GIS 软件技术体系，W3C(World Wide Web Consortium)将 SOA 定义为："一种以带有定义明确的可调用接口的独立服务为组成单元的系统，系统可以定义好的顺序调用这些服务来形成业务流程"。它包括服务提供者(Service Providers)、服务消费者(Service Consumers) 和服务规范(Service Specification)三部分。三者之间交互涉及发布、查找和绑定操作，和操作一起作用于 Web Services 组件，即 Web Services 软件模块及其描述。SOA 是一种构造分布式系统的方法，它将业务应用功能以服务的形式提供给最终用户应用或其他服务，远远超越了 Web GIS 时代的功能，不再以 Web 为其单一客户端与表现界面，而是将其客户端延伸到了 GIS 桌面软件、移动终端，甚至于传统的 GIS 组件。[5]

第二节　地理信息标准化的方法与编制程序

一、地理信息标准化的内容

地理信息标准化主要包括数据标准和信息技术标准。

（一）数据标准

数据标准是地理信息标准化的重点，包括数据质量、地理信息分类和编码、数据说明文件三方面内容：

1. 数据质量　对数据质量的影响来自两方面：一方面是由于生产部门数字化作业人员水平参差不齐，各种航摄及解析仪器、各种数字化设备的精度不同，导致最终对地理信息数据的精度进行控制的难度；另一方面是对地理属性特征的识别质量，由于没有经过严格校正的属性数据存在误差，从而导致人们使用数据的错误。对数据质量实施控制的途径是制定一系列的规程，例如地图数字化操作规范、遥感图像解译规范等标准化文件，作为日常工作的规章制度，指导和规范工作人员的工作，以最大限度地保障数据产品的质量。

2. 地理信息的分类　对信息的分类方法通常包括线分类法和面分类法。地理信息的分类一般采用线分类法。线分类法是将分类对象根据一定的分类指标形成相应的若干层次目录，构成一个有层次的、逐级展开的分类体系。地理信息也可以以成因作为主要的分类指标进行地物分类，这种方法通常称为面分类法。地理信息的另一种分类方法，以地理现实的空间分布特点为主要指标进行分类，ISO 将这种以地理空间差异为主要指标而划分形成的空间体系称为地理现实的非直接参考系统，行政区划、邮政编码都是这类的代表。作为编码基础

①贾文珏，2005. 分布式 GIS 服务链集成关键技术. 博士论文：148.
②边馥苓，2011. 数字工程的原理与方法. 北京：测绘出版社.
③刘宇，王永生，孙庆辉，2006. 数字城市地理空间信息公共平台的设计. 测绘科学技术学报，23(5)：359-362.
④余旭，郭海军，孔爱婷，2013. 地理信息共享关键问题研究进展及趋势. 测绘工程，22(06)：14-17.
⑤宋关福，罗灵军，2009. 面向服务的地理信息共享. 程序员(02)：97-100.

的分类体系，主要是由分类与分级方法形成的。分类是把研究对象划分为若干个类组，分级则是对同一类组对象再按某一方面量上的差别进行分级。分类和分级共同描述了地物之间的分类关系、隶属关系和等级关系。应用目的不同和分类指标不同，在一定程度上造成了地理信息使用上的困难，其最大的问题是各分类体系之间不兼容。由于这种分类体系的直接应用是对地理现实的编码表示，因此各分类体系之间的不兼容将导致同一地物的编码不一，或同一编码所具有的语义有多个，从而造成数据共享困难。

3. 地理信息的编码　对地理信息的代码设计是在分类体系基础上进行的，一般在编码过程中所用的码有多种类型，例如顺序码、数值化字母顺序码、层次码、复合码、简码等。我国所编制的地理信息代码中，以层次码为主。层次码是按照分类对象的从属和层次关系为排列顺序的一种代码，它的优点是能明确表示出分类对象的类别，代码结构有严格的隶属关系。层次码一般是在线分类体系的基础上设计的。地理信息的编码要坚持系统性、唯一性、可行性、简单性、一致性、稳定性、可操作性、适应性和标准化的原则，统一安排编码结构和码位；在考虑需要的同时，也要考虑到代码简洁明了，并在需要的时候可以进一步扩充，最重要的是要适合于计算机的处理和操作方便。

4. 数据说明文件　数据说明文件通常称为元数据。它是关于数据的数据，描述数据本身的相关信息，如数据质量、数据获取日期、数据获取的机构、数据的组织形式与存取方式等。元数据有三种用途：①作为数据的目录，提供数据集内容的摘要；②有助于数据共享，提供数据集或数据库转换和使用所需要的数据内容、形式、质量方面的信息；③内部文件记录，用于记录数据集或数据库的内容、组织形式、维护和更新等情况。元数据标准化是一项复杂的工作，只有建立起规范的元数据才能有效地利用地理信息。

(二) 信息技术标准

信息技术标准包括数据库设计、数据格式及转换、软件、硬件及通信等方面。

1. 数据库设计　数据库设计直接关系到数据库应用上的方便性和数据共享。一般地，数据库设计包括三方面的内容：数据模型设计、数据库结构和功能设计以及数据建库的工艺流程设计。这三个方面可能出现的一些问题，如对数据模型设计来说，出现术语不一致、数据语义不稳定、数据类型不一致、数据结构不统一；对数据库的结构和功能来说，出现结构不合理、功能不符合用户要求；对数据库的工艺流程设计来说，出现整个工艺流程不统一、用户调查方式不统一、设计文本不统一等。要解决这些问题，就需要针对数据库的设计问题，建立相应的标准，如数据语义标准、数据库功能结构标准、数据库设计工艺流程标准。

2. 数据格式与转换　不同的地理信息系统软件工具，记录和处理同一地理信息的方式是有差别的，这往往导致早期不同地理信息系统软件平台上的数据不能共享。记录格式的不同加上格式对用户是隐蔽的，导致了数据使用上的困难。世界上已有许多数据交换标准，其中有关数据格式的转换建立了一种通用的、对用户来讲是透明的通用数据交换格式。数据格式的另一个内容，是数据在各种媒体上的记录标准问题。

(1) 数据交换格式。在数据转换中，数据记录格式的转换要考虑相关的数据内容及所采用的数据结构。如果纯粹为转换空间数据而设立的标准重点考虑的将是：①不同空间数据模型下空间目标的记录完整性及转换完整性，例如由不同简单空间目标之间的逻辑关系形成的复杂空间目标，在转换后其逻辑关系不应被改变；②各种参考信息的记录及转换格式，例如坐标信息、投影信息、数据保密信息、高程系统等；③数据显示信息，包括标准的符号系统、颜色系统显示等。

对于地理信息，除了考虑上述数据的转换格式外，还应该多考虑下列内容：①属性数据的标准定义及值域的记录及转换；②地理实体的定义及转换；③元数据（Metadata）的记录格式及转换等。由于在转换过程中，地理数据是一个整体，各类数据的转换一般以单独转换模块为基础进行转换，因此还要具备不同种类数据转换模块之间关系的说明及数据整体信息的说明（例如利用一定的机制说明不同转换模块的记录位置信息）、转换信息的统计等。

在所有数据标准中，数据交换格式的发展是最快的，地理信息系统软件开发商在其中做了不少工作，例如 DXF、TIFF 等可以用于空间数据的记录与交换；SDTS、DIGEST 等数据交换标准，以一定的概念模型为基础，不但用于交换空间数据，而且是在地理意义层次上交换数据，不但注重空间数据的数据格式，而且注重属性数据的数据格式以及空间、属性数据之间逻辑关系的实现。

（2）数据的媒体记录格式。在数据的使用过程中，数据总是以一定的媒质（例如磁带、磁盘、光盘）等作为存储载体。数据在媒体上的记录格式对用户是否透明也是制约数据应用范围的一个重要因素。在该类记录格式的标准化过程中，各种媒介本身的技术发展对记录格式的影响很大，不同记录媒体，由于处于不同的时期，而应分别采用和制定相应的标准。

二、地理信息标准化的方法

地理信息标准化是解决地理信息共享、服务互操作性与系统集成等资源重用与过程协同问题的关键，是引导与规范地理信息系统产业化与产业健康发展的基础。[1] 地理信息标准化主要致力于参考模型标准、数据定义标准、数据描述标准、数据应用模式标准、数据质量标准、数据定位、传输与网络服务互操作性标准的研究。[2] 地理信息标准化工作大体可分为两部分：①以已经发布实施的信息技术标准为基础，直接引用或经修编采用；②研制地理空间数据标准，包括数据定义、数据描述、数据处理等方面的标准。自 20 世纪 70 年代开始，许多国家加强了地理信息标准化工作，国内外地理信息标准和规范进入飞速发展阶段。

（一）国际标准化方法

在地理信息国际标准化进程中，最具影响力的是国际标准化组织地理信息/地球空间信息标准化技术委员会（ISO/TC 211）和国际开放地理空间联盟（OGC）组织开展的地理信息标准化活动。

1. 国际标准化组织地理信息/地球空间信息标准化技术委员会（ISO/TC 211）

ISO/TC 211 由国际标准化组织（ISO）于 1994 年成立，专门负责地理信息标准的研究和制定。ISO/TC 211 的基本方法是：用已有的信息技术标准与地理方面的应用进行集成，建立地理信息域参考模型和结构化参考模型，对地理数据集和地理信息服务从底层内容上实现标准化。[3] 其标准按内容可划分为六大类

（1）地理信息标准化的基础架构标准。该标准包括：《地理信息 参考模型》（ISO 19101）、《地理信息 概念模式语言》（ISO/TS 19103）、《地理信息 术语》（ISO/TS 19104）、《地理信

①余旭，张兴福，王国辉，等，2010. 我国地理信息标准化综述. 测绘工程，19(06)：1-3.
②龚健雅，等，2004. 当代地理信息技术. 北京：科学出版社，426.
③李霖，2016. 测绘地理信息标准化教程. 北京：测绘出版社，230.

息 一致性测试》(ISO 19105)、《地理信息 专用标准》(ISO 19106)。

(2) 数据模型标准。该标准包括：《地理信息 应用模式的规则》(ISO 19109)、《地理信息 空间模式》(ISO 19107)、《地理信息 数据覆盖的集合与函数模式》(ISO 19123)、《地理信息 时间模式》(ISO 19108)、《地理信息 运动要素模式》(ISO 19141)、《地理信息 核心空间模式》(ISO 19137)。

(3) 地理信息管理标准。该标准包括：《地理信息 要素编目方法》(ISO 19110)、《地理信息 基于坐标的空间参照》(ISO 19111)、《地理信息 基于地理标识符的空间参照》(ISO 19112)、《地理信息 质量原则》(ISO 19113)、《地理信息 质量评价过程》(ISO 19114)、《地理信息 元数据》(ISO 19115)、《地理信息 数据产品规范》(ISO 19131)、《地理信息 项目注册规程》(ISO 19135)、《地理信息 大地测量代码与参数》(ISO 19127)、《地理信息 数据质量度量》(ISO 19138)。

(4) 地理信息服务标准。该标准包括：《地理信息 服务》(ISO 19119)、《地理信息 定位服务》(ISO 19116)、《地理信息 图示表达》(ISO 19117)、《地理信息 简单要素访问 第 1 部分：通用架构》(ISO 19125 - 1)、《地理信息 简单要素访问 第 2 部分：SOL 时间》(ISO 19125 - 2)、《地理信息 网络地图服务器接口》(ISO 19128)、《地理信息 基于位置服务参考模型》(ISO 19132)、《地理信息 基于位置服务跟踪与导航》(ISO 19133)、《地理信息 基于位置服务多模式路径规划与导航》(ISO 19134)。

(5) 地理信息编码标准。该标准包括：《地理信息编码》(ISO 19118)、《基于坐标的地理位置标准表示方法》(ISO 6709)、《地理信息 地理标记语言》(GML)(ISO 19136)、《地理信息 元数据 XML 模式实现》(ISO/TS 19139)。

(6) 特定专题领域标准。该标准包括：《地理信息 参考模型 第 2 部分：影像》(ISO/TS 19101 - 2)、《地理信息 元数据 第 2 部分：影像与网格数据扩展》(ISO/TS 19115 - 2)。

2. 国际开放地理空间联盟(OGC)　OGC 成立于 1994 年，是一个非营利性协调标准组织和国际产业联盟，目前有企业、政府机构及研究性机构等成员共 473 家。OGC 致力于为社会各界提供免费开放的接口标准，并通过标准化支持各类系统和应用实现地理信息和服务的集成与互操作。[①] OGC 研究和制定的地理数据互操作规范分为两类：抽象规范和执行规范。

(1) 抽象规范。该规范包括：《主题 0 综述》《主题 1 要素几何特性》《主题 2 空间参考系》《主题 3 位置几何结构》《主题 4 存储函数与插值》《主题 5 要素》《主题 6 数据覆盖的几何与函数模式》《主题 7 地球影像》《主题 8 要素之间的关系》《主题 9 质量》《主题 10 要素集合》《主题 11 元数据》、《主题 12 开放 GIS 服务框架》《主题 13 目录服务》《主题 14 语义和信息团体》《主题 15 影像操作服务》《主题 16 影像坐标转换服务》《主题 17 基于位置移动服务》《主题 18 地理信息空间数字权重管理参考模型》《主题 19 地理信息——线性参考》《主题 20 观察和测量》。

(2) 执行规范。该规范包括：目录服务、坐标转换服务、过滤器编码或筛选器编码、地理标记语言、位置服务、传感器模型语言、传感器规范服务、简单要素 CORBA、简单要素 OLE/COM、简单要素 SQL、样式层描述符、符号编码、网络数据覆盖范围服务、网络要

---

①李文博，孙翊，2015. 国内外地理信息标准化进展研究. 标准科学(08)：43-47.

素服务、网络地图内容文档、网络地图服务、网络服务通用实现规范。

OGC 和 ISO/TC 211 于 1998 年达成合作协议，成立了联合调查工作组，以促进双方的共同发展，最大限度减少技术重叠。根据协议，OGC 抽象规范常以 ISO/TC 211 标准为基础制定，而部分由 OGC 制定的标准经 ISO/TC 211 进一步研制发布为 ISO 国际标准。

（二）国内标准化方法

我国地理信息相关标准由全国地理信息标准化技术委员会（SAC/TC 230）制定，包括强制性国家标准（GB）、推荐性国家标准（GB/T）、指导性技术文件（GB/Z），这些国家标准和指导性技术文件对国际标准（ISO）进行了一定程度的采用，以实现我国地理信息标准与国际接轨。除国家标准外，各专业部门还积极研制了地理信息行业标准，用以弥补国家标准的不足，一些地方和企业也研制了很多地理信息地方标准和企业标准。此外，还致力于建立国家地理信息标准体系，出版相关出版物，如《地理信息国家标准手册》，以及建立地理信息标准化网站。

三、地理信息标准编制的程序

（一）国际标准编制的程序

ISO/TC 211 的地理信息标准研制具有严格的工作程序，分为以下几个阶段：

1. 建议阶段　由国家团体、委员会等提出新工作项目建议，呈报新工作项目建议必须按《国际标准化工作指南》规定的格式填写并要充分说明理由。项目是否成立，须由委员会或分委员会投票表决，表决通过即可立项。

2. 准备阶段　经立项的标准由技术委员会设立的工作组负责起草工作草案。工作草案发送工作组专家和技术委员会秘书处征求意见，无需投票。工作草案完成期限不超过 2 年。

3. 委员会阶段　工作组完成的最终文件经委员会认可上升为委员会草案，即国际标准草案的初稿。委员会草案文本发送给技术委员会所有 P 成员和 O 成员并投票，获 2/3 多数 P 成员赞成票的委员会草案即可上升为国际标准草案。委员会草案完成期限不超过 5 年。

4. 批准阶段　由某一个委员会草案通过协商取得一致意见后，国际标准草案用英、法两种文本形式发送给各国家团体进行投票表决。经投票通过的国际标准草案上升为最终国际标准草案。国际标准草案完成期限不超过 7 年。

5. 出版阶段　经国家团体投票表决并获通过的国际标准草案即可出版，出版后正式成为国际标准。

OGC 的互操作规范从需求收集开始，通过互操作项目的技术请求与出资请求，把赞助方、参与方组织在一起，以一种快速、实用与协作的工作途径，制定与检验互操作规范。互操作项目的主要成果是工作组起草的互操作项目报告草案或互操作项目报告。在互操作项目开发过程中，通常还以"信息""讨论稿草案""推荐稿草案"或"评议请求"的形式报告技术委员会，请求讨论或评议。评议请求报告经特别工作组评议后，依次提交 OGC 技术委员会、规划委员会，讨论通过后，在 OGC 网站发布，向社会公开征求意见，最后由 OGC 规划委员会决定采纳为互操作规范。[①]

①何建邦，等，2003. 地理信息共享的原理与方法．北京：科学出版社，317.

（二）国家标准编制程序

标准的制定由技术委员会负责，通过协商一致制定，由公认机构批准。制定标准的部门应当组织由专家组成的标准化技术委员会，负责标准的草拟，参加标准草案的审查工作。《标准化工作导则》第 2 部分《标准制定程序》（GB/T 1.2—2009）规定国家标准制定的程序，包括预研、立项、起草、征求意见、审查和报批、批准、印刷出版、复审、修订和废止共 10 个阶段[①]：

1. 标准预研　预研阶段是提出标准计划项目建议的阶段，应做好标准立项的必要性评价，明确标准立项的目的性、可行性、实时性、与有关文件的协调合作及联系，以及标准制定流程等；同时还应组建标准起草小组，并收集相关法规、标准化规定、专业文献及相关标准等文件。技术委员会将对项目提案进行必要性、可行性论证并决定是否向标准化行政主管部门上报项目提案。

2. 标准立项　立项阶段是标准项目提案的确立阶段，为标准化行政主管部门对技术委员会提交的项目提案、建议提案进行审批的过程，其主要工作是对项目建议进行汇总、审查、征求意见与批准。标准化行政主管部门可对项目提案做出否决或批准决定。

3. 标准起草　标准起草阶段是编制标准的关键阶段，主要工作内容包括：在充分研究和论证的基础上，提出项目提案建议，并在对其必要性和可行性进行充分论证、审查和协调的基础上，提出项目提案；编制标准征求意见稿、编制说明和有关附件。起草阶段，由技术委员会成立标准制修订工作组，起草工作组草稿，完成并提交工作组草稿最终稿，即标准征求意见稿。制修订工作组提出终止或继续申请，技术委员会在此基础上做出终止或继续决定。

4. 征求意见　标准起草单位在完成标准起草工作后，将标准征求意见稿、标准编制说明及有关附件送到分标委秘书处进行程序性审查；经审查同意后，再寄送标准化技术委员会委员和专家征求意见，必要时可通过适当方式向社会征求意见；标准起草工作根据收集到的反馈意见对征求意见稿进行修改，并编制标准送审稿、回函意见处理汇总表。该阶段主要是向技术委员会征求意见、处理技术异议的过程，工作组在收到反馈意见后可做出下列申请：返回早期阶段、终止和继续，技术委员会在此基础上做出相应决定。

5. 标准审查和报批　审查阶段的主要工作是技术委员会对审查稿进行技术审查并形成审查结论。审查阶段的工作要求是：原则上应协商一致，如需表决，必须有全体委员的 3/4 以上同意方为通过；未成立技术委员会的，由主管部门或委托技术归口单位组织进行审查。审查阶段，技术委员会应做出下列决定之一：重复早期阶段、重复目前阶段、终止或继续。通过审查的标准，由起草单位根据审议意见进行修改，形成标准报批稿。标准报批稿经标准化技术委员会秘书处复核和秘书长签字，以及主任委员或其委托的副主任委员审查同意后，向标准化管理委员会报批。

6. 标准批准发布　批准阶段的主要工作是对报批稿进行程序审核，包括审核项目的制定程序及相关文件是否符合规范。该阶段，标准化行政主管部门将对报批稿做出下列几种决定之一：返回前期阶段、终止或批准。目前的批准发布制度为，报批时将报批稿及相关文件纸质版本送审的同时上报电子版文件；而实行的公告制度为，将公告发送至有关部门、在相

[①] 李霖，2016. 测绘地理信息标准化教程 . 北京：测绘出版社，230.

关杂志上刊登及网站上公布。

7. 标准印刷出版　出版阶段为出版机构按照相关规定，对拟用于出版的标准草案进行必要的编辑性修改、出版标准的过程，目前我国标准仍以纸质版为主。出版过程中发现对标准技术内容有疑点或错误需更改时，须经标准化管理委员会批准。

8. 标准复审　复审阶段为技术委员会对标准的适用性进行评估的过程。技术委员会按照固定周期对标准进行复审，并将复审意见上交至标准化行政主管部门。标准化行政主管部门对技术委员会报送的复审意见进行审核、确认和批复，做出下列决定之一：修改标准、修订标准、标准继续有效或标准废止。

9. 标准修订　复审后的标准，若其主要技术内容需要做较大修改才能适应当前生产、使用的需求和科学技术发展，应作为修订项目。修订工作主要是对标准在生产实践中反映出的不适宜生产现状和科学技术发展的内容进行修改、补充或删除。标准修订程序按照标准的编制程序执行，修订后的标准顺序号不变，年号改为重新修订发布时的年号。

10. 标准废止　对于复审后确定为无存在必要的标准，予以废止。标准化行政管理部门发布废止公告，标志该标准被废止。

四、地理信息元数据

（一）元数据的概念

元数据（Metadata）是描述数据的数据。在地理空间数据中，元数据说明数据内容、质量、状况和其他有关特征的背景信息。它应尽可能多地反映数据集自身的特征规律，以便于用户对数据集进行准确、高效与充分的开发与利用，不同领域的数据库，其元数据的内容会有很大差异。通过元数据可以检索、访问数据库，可以有效利用计算机的系统资源，可以对数据进行加工处理和二次开发等。

随着计算机技术和 GIS 技术的发展，特别是网络通信技术的发展，空间数据共享日益普遍。管理和访问大型数据集的复杂性正成为数据生产者和用户面临的突出问题。数据生产者需要有效的数据管理和维护办法；用户需要找到更快、更加全面和有效的方法，以便发现、访问、获取和使用现势性强、精度高、易管理和易访问的空间数据。在这种情况下，空间数据的内容、质量、状况等元数据信息变得更加重要，成为信息资源有效管理和应用的重要手段。地理信息元数据标准和操作工具已经成为国家空间数据基础设施的一个重要组成部分。

到目前为止，一般关于元数据认识的共同点是：元数据的目的就是促进数据集的高效利用，并为计算机辅助软件工程（CASE）服务。元数据的内容包括：

（1）对数据集的描述，包括对数据集中各数据项、数据来源、数据所有者及数据序代（数据生产历史）等的说明；

（2）对数据质量的描述，包括对数据精度、数据的逻辑一致性、数据完整性、分辨率、元数据的比例尺等；

（3）对数据处理信息的说明，如对量纲转换的说明等；

（4）对数据转换方法的描述；

（5）对数据库的更新、集成等的说明。

在地理信息系统应用中，元数据的主要作用可以归纳为如下几个方面：

（1）帮助数据生产单位有效地管理和维护空间数据，建立数据文档，并保证即使其主要工作人员离退时，也不会失去对数据情况的了解；

（2）提供有关数据生产单位数据存储、数据分类、数据内容、数据质量、数据交换网络及数据销售等方面的信息，便于用户查询检索空间数据；

（3）帮助用户了解数据，以便就数据是否能满足其需求做出正确的判断；

（4）提供有关信息，以便用户处理和转换有用的数据。

可见，元数据是使数据充分发挥作用的重要条件之一，它可以用于许多方面，包括数据文档建立、数据发布、数据浏览、数据转换等。元数据对于促进数据的管理、使用和共享均有重要的作用。

（二）元数据的类型

元数据的分类研究目的在于充分了解和更好地使用元数据。分类的原则不同，元数据的分类体系和内容将会有很大的差异。

1. 根据元数据描述对象分类

（1）数据层元数据，指描述数据集中每个数据的元数据，内容包括日期、位置、量纲、注释、误差标志、缩略标志、存在问题标志、数据处理过程等。

（2）属性元数据，是关于属性数据的元数据，内容包括为表达数据及其含义所建的数据字典、数据处理规则（协议），如采样说明、数据传输线路及代数编码等。

（3）实体元数据，是描述整个数据集的元数据，内容包括数据集区域采样原则、数据库的有效期、数据时间跨度等。

2. 根据元数据在系统中的作用分类

（1）系统级别元数据，指用于实现文件系统特征或管理文件系统中数据的信息，如访问数据的时间、数据的大小、在存储级别中的当前位置、如何存储数据块以保证服务控制质量等。

（2）应用层元数据，指有助于用户查找、评估、访问和管理数据等与数据用户有关的信息，如文本文件内容的摘要信息、图形快照及描述与其他数据文件相关关系的信息。它往往用于高层次的数据管理，用户通过它可以快速获取合适的数据。

3. 根据元数据的作用分类

（1）说明元数据，是为用户使用数据服务的元数据。它一般用自然语言表达，如数据覆盖的空间范围、数据图的投影方式及比例尺的大小、数据集说明文件等，这类元数据多为描述性信息，侧重于数据库的说明。

（2）控制元数据，是用于计算机操作流程控制的元数据，这类元数据由一定的关键词和特定的句法来实现。其内容包括数据存储的检索文件、检索中与目标匹配的方法、目标的检索和显示、分析查询结果排列显示、根据用户要求修改数据库中原有的内部顺序、数据转换方法、空间数据和属性数据的集成、根据索引项把数据绘制成图、数据模型的建设和利用等。这类元数据主要是与数据库操作有关的方法。

（三）地理空间元数据的获取与管理

1. 地理空间元数据的获取　空间元数据的获取是一个复杂的过程，相对于基础数据的形成时间，它的获取可分为三个阶段：数据收集前、数据收集中和数据收集后。第一阶段的元数据是根据要建设的数据库的内容而设计的元数据，内容包括普通元数据、专题性元数据；第二阶段的元数据随数据的形成同步产生；第三阶段的元数据是在上述数据收集到以后，根据需要产生的，包括数据处理过程描述、数据利用情况、数据质量评估、浏览文件的形成、拓扑关系、影像数据的指标体系、数据集大小、数据存放路径等。元数据的获取方法主要有五种：键盘输入、关联表、测量法、计算法和推理法。在第一阶段主要是用键入法和关联表法；第二阶段主要采用测量法；第三阶段主要是计算和推理法。

2. 地理空间元数据的管理　地理空间元数据的理论和方法涉及数据库和元数据两方面。由于元数据的内容、形式的差异，元数据的管理与数据涉及的领域有关，它是通过建立在不同数据领域基础上的元数据信息系统实现的。在元数据管理信息系统中，物理层存放数据和元数据，该层由一些软件通过一定的逻辑关系与逻辑层关联起来。在概念层中用描述语言及模型定义了许多概念，如实体名称、别名等。通过这些概念及其限制特征，经过与逻辑层关联可获取、更新物理层的元数据及数据。

3. 元数据存储和功能实现　元数据系统用于数据库的管理，可以避免数据的重复存储，通过元数据建立的逻辑数据索引可以高效查询检索分布式数据库中任何物理存储的数据。减少数据用户查询数据库及获取数据的时间，从而降低使用数据库的费用。数据库的建设和管理费用是数据库整体性能的反映，通过元数据可以实现数据库的设计和系统资源利用方面开支的合理分配，数据库许多功能(如数据库检索、数据转换、数据分析等)的实现是靠系统资源的开发来实现的，因而这类元数据的开发和利用将大大地增强数据库的功能并降低数据库的建设费用。

(四) 地理空间元数据标准化

地理空间元数据标准化是指对建立的地理信息系统规范其元数据，以满足数据交换、管理与共享等生产及使用需求。空间数据是一种结构比较复杂的数据类型，它涉及对于空间特征的描述，也涉及对于属性特征及它们之间关系的描述，所以地理空间元数据标准的建立是一项复杂的工作，只有建立起规范的地理空间元数据才能有效地利用空间数据。国内外有许多组织和机构一直致力于地理空间元数据标准研究，目前已经形成了一些区域性或部门性的标准，主要包括：

1. 地理空间数据集元数据内容标准(CSDGM)　由美国联邦地理数据委员会(FGDC)于1994年通过该项标准，它着重于元数据在数据的可获取性、适应度、存取和转换四个方面的作用，以元数据内容为核心，建立了数据元素和复合元素的名称、定义以及有关数据元素取值的信息。CSDGM是使用广泛、成功且有着重要影响的地理空间元数据标准。

2. CEN 地学信息-数据描述-元数据　欧洲标准化委员会/地理信息技术委员会(CEN/TC 287)的标准化任务基于以下决议：数字地理信息领域的标准化包括一整套结构化规范，它包括能详细地说明、定义、描述和转化现实世界的理论和方法，使现实世界的任何位置信息都可被理解和使用。其标准化工作对信息技术领域的发展产生交互影响，并使现实世界中的空间位置用坐标、文字和编码来表达。

3. ISO/TC 211 元数据标准　ISO/TC 211是由国际标准化组织(ISO)成立的关于地理信息/地球信息业的标准化技术委员会。它在CSDGM标准的基础上，制定了地理信息元数据的国际标准。该标准以地理信息的实时性、精度、数据内容和属性、数据来源、价格、图层以及适用性等为考虑对象，定义说明地理信息和服务所需的信息，提供有关数字地理数据标识、覆盖范围、质量、空间和时间模式、空间参照系统和发行信息。[①]

第三节　大数据环境下的地理信息共享与安全

一、地理大数据共享

1. 地理信息大数据整合集成机制　由于地理信息大数据主要分散在行业部门、科研机构、高等院校、科研项目团队和科学家个人手中，因此采用何种机制来整合集成地理信息大数据是首先要解决的关键问题。

在大数据时代，必须在现有的自上而下数据整合集成机制的基础上，探索一条自下而上的能够充分调动科学家个人积极性的数据整合集成机制，形成"人人都是数据使用者和贡献者"的志愿共享数据的氛围。另外，科学数据出版作为一种新的数据集成与开放共享机制，正在引起全球科研人员的广泛关注。[②] 类似于论文出版，科学数据出版通过数据投稿、同行评审、发表出版、共享引用等，可以明确数据成果的署名，让科学数据也能够被正式引用，并最终纳入科研考核体系中，从而有效保障共享数据的科研人员的根本权益，激发科研人员志愿参与数据共享。因此，地理信息大数据的整合集成在保持现有国家科技条件平台和科技计划项目数据汇交的基础上，应进一步推进科学数据出版工作。

2. 地理信息大数据集成共享质量控制　数据质量是影响数据共享利用效果的重要因素，低质量的数据可能无法使用甚至影响研究结论的正确性。地理信息大数据的高维性、复杂性、不确定性以及分散异构、来源多样、时空尺度较大等特点，给地理信息大数据的质量控制带来了巨大的挑战。首先，要准确掌握数据来源和数据质量信息，包括数据源及其处理方法、属性字段语义、数据精度和不确定性、数据适用范围等，这就要求数据生产者在开放数据的同时提供数据来源和质量元数据。为了能够自动识别这些元数据，需要采用具有明确语法和语义定义并公开发布的元数据标准，如：DC、DIF、ISO 19115 等，进行元数据的编写。其次，要大力发展基于领域知识和机器学习的大数据质量自动检测工具，从数据的完整性、规范性、一致性、正确性等角度，对不同来源和领域的数据质量进行甄别。同时，可以采用互联网众包模式，鼓励数据用户参与数据质量的评估、标识和修订。[③]

3. 地理信息大数据关联集成与语义搜索　当前，大部分地理信息数据集成共享主要通过元数据形式实现[④]，即利用元数据描述、发布、查询、定位和访问数据资源。该模式下描述每个数据集的元数据独立发布，仅仅通过主题分类或关键词匹配将元数据进行简单的归类和链接，相互之间缺乏有机的语义关联，很难从一个数据发现另一个高度相关的数据。同时，由于受限于元数据的质量，一旦元数据描述不准确或者与用户的查询关键词不一致，将极大地影响数据共享的效果。因此，如何高效智能地发现与用户需求最相关的数据，甚至实现数据的主动推送，是促进和提升地理信息大数据共享的重要因素。

解决上述问题可以采用以下两种对策：①在数据集成阶段，利用关联数据（Linked

---

①李轶维，王武魁，2011. GIS元数据标准综述. 科技信息(05)：22-24.

②诸云强，朱琦，冯卓，等，2015. 科学大数据开放共享机制研究及其对环境信息共享的启示. 中国环境管理，7(06)：38-45.

③诸云强，潘鹏，石蕾，等，2017. 科学大数据集成共享进展及面临的挑战. 中国科技资源导刊，49(05)：2-11.

④诸云强，2006. 地球系统科学数据共享关键技术研究. 博士论文，12(1)：1-8.

Data)技术实现数据的关联集成；②在数据发现阶段，利用语义推理技术，实现数据的语义搜索。关联数据是指通过明确的语义表达发布数据资源，使数据之间能够相互关联和连接。作为语义网的一种实现，关联数据为构建一个富含语义、人机都可理解的、互联互通的全球数据网络奠定了基础。在地理信息大数据集成过程中，可以从时空范围、内容属性、主题分类、类型格式等多个维度，通过相关度的计算，建立起地理信息大数据之间定量化的语义关联①，从而通过精准的关联关系，实现相关数据资源的智能搜索和主动推荐。利用关联数据技术，还可以根据应用需求，实现不同学科领域、地理位置、时间阶段数据资源的关联聚合，形成具有高度关联、能够满足特定需求的"块数据"②。关联集成可以是语义搜索的基础，也可以通过图搜索，利用关联边，根据关联关系和关联度，从一个数据发现另一个相关度高的数据(图 11-4)。

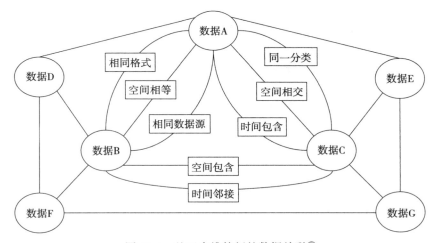

图 11-4 基于多维特征的数据关联③

二、基于云计算的地理信息共享

在当前信息时代下，随着新型智能测绘技术设备的发展，地理信息资源、数字化地理信息资源总量在不断增加。地理时空大数据取代传统的静态空间数据成为地理信息社会化应用的主要形式。相比传统的静态空间数据，地理时空大数据除了包含空间及专题属性信息外，同时包含时间信息，并呈现出体量大、增速快、样式多、价值高等特点。④ 地理时空大数据的特点让其在生产管理与应用上面临着存储组织与分析处理难、集成应用难及数据全生命周期管理难等问题。⑤

因此，云计算逐渐突出其在地理信息数据中应用的重要性。基于云 GIS 架构的地理信息服务平台能更灵活地对外提供高效服务，解决大规模数据分布式存储和调度，并具有节约

①Zhu Y.，Zhu A.，Song J.，等，2017. Multidimensional and quantitative interlinking approach for linked geospatial data. International Journal of Digital Earth，10(9)：923-943.

②大数据战略重点实验室，2017. 块数据 3.0. 北京：中信出版集团股份有限公司，320.

③诸云强，潘鹏，石蕾，等，2017. 科学大数据集成共享进展及面临的挑战. 中国科技资源导刊，49(05)：2-11.

④龚健雅，王国良，2013. 从数字城市到智慧城市：地理信息技术面临的新挑战. 测绘地理信息，38(02)：1-6.

⑤肖建华，王厚之，彭清山，等，2016. 地理时空大数据管理与应用云平台建设. 测绘通报(04)：38-42.

硬件服务器资源、提高能效比、提升服务质量的优势。同时，可解决服务成本高、重复投入及资源浪费、大批量服务的负载均衡等问题。[①] 云计算作为一种新的计算能力的服务模式，利用高速网络的传输能力把 IT 资源、数据资源等通过虚拟技术管理起来，即将数据的处理过程从个人计算机或服务器移到基于网络的服务器集群中，通过抽象将资源、信息、数据等统一起来，按需分配计算资源，组成一个庞大的"资源池"，并将其作为服务通过网络传递给用户，实现操作智能化和动态实时分析。在云计算背景及网络和网格服务环境下，可以实现"数据即服务"（Data as a Service，DaaS）、"软件即服务"（Software as a Service，SasS）、"平台即服务"（Platform as a Service，PaaS）、"基础设施即服务"（Infrastructure as a Service，IaaS）、"知识即服务"（Knowledge as a Service，KaaS）（图 11-5）。[②]

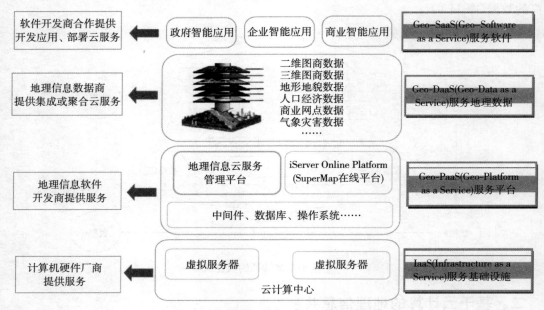

图 11-5　地理信息云服务平台架构[③]

三、数据产权与共享安全

数据产权和共享安全始终是数据集成共享的重要问题，在地理信息共享中，传统的密码技术及数字水印技术是保障地理信息安全的常用方法。加密技术是利用数学或物理手段，对电子信息在传输过程中和存储体内进行保护，以防止泄露的技术。对于栅格数据，选择性多机密区域多密级的遥感影像加密算法，实现了面向内容的遥感影像多级安全授权方法；对于矢量数据，主要利用基于混沌流密码机制的加密算法。此外，混合加密的方法也在矢量数据的加密算法中得到应用，即用对称密码算法来加密原信息，用非对称密码算法来加密密钥，这种算法结合了两种算法体制的优点，克服了缺点，保证了网络环境下数据传输的安

①李水英，2011. 基于云计算的地理空间信息公共服务平台建设构想. 数字技术与应用(08)：233-236.
②王军，臧淑英，2010. 地理信息公共服务平台的网络化服务建设研究. 测绘与空间地理信息，33(02)：14-17.
③卞盼盼，付丹丹，徐威杰，等，2017. 基于云计算的地理信息共享服务模式研究. 现代测绘，40(02)：6-9.

全性。[①]

　　数字水印技术是将水印信息与载体数据紧密结合并隐藏其中，成为载体数据不可分离的一部分，由此来确定版权拥有者，跟踪侵权行为，认证数字内容真实性，提供关于数字内容的其他附加信息等。[②] 对于数字栅格地图的水印技术研究，目前主要集中在抗差性数字水印研究方面[③]，主要方法有基于栅格地图的亮度特性的水印算法，验证矢量地图完整性的脆弱数字水印算法和零水印算法。[④]

　　在大数据和网络的背景下，数据面临不断被集成、共享、再生产、再集成、再共享的过程，数据产权保护和共享安全保障遇到巨大挑战。未来地理信息安全技术研究呈现出的一些趋势和特征如下：

　　1. 网络传输中安全技术的动态结合　密码技术和数字水印具有各自的优缺点，密码技术更适合进行权限控制，水印技术更适合操作跟踪、盗版跟踪。基于二者特点进行综合应用，是进行地理信息安全保护的重点与趋势。现在的水印技术都是静态生成与嵌入，如何根据用户信息动态生成数字水印添到数据中去，是水印应用于网络传输不可回避的一个问题。

　　2. 局部及批量数据加密算法研究　在实时性要求很强的系统中，许多常规的加密算法不再适用。同时，在数据传输中可能只要求对其中部分区域加密，即局部加密，或批量数据传输时，实现一次同时加密多个数据。

　　3. 海量数据的分层加密算法研究　基于信息安全等级以及可能遭受的攻击程度，设计多机密区域多密级的分层加密算法，实现地理数据的分级传输，分发给不同用户相同处理后的数据和不同权限的密钥，使不同用户通过各自密钥解密获取不同信息程度的地理数据。

　　4. 技术实用性及安全性评估　加密、水印算法是否安全必须经过实践的检验，检验算法的安全性还需要做大量的工作，针对检验出来的一些缺陷的改进也是一项艰巨的任务。

　　5. 地理信息安全保护模型的构建　多种安全技术相融合，在传统水印模型的基础上扩展形成地理信息安全保护的解决方案，可适用于 DLG、DEM、DOM、DRG 等地理信息数字产品的安全保护。[⑤]

　　6. 区块链技术的应用　区块链就是把加密数据（区块）按照时间顺序进行叠加（链）生成的永久、不可逆向修改的记录。[⑥] 区块链技术将所有数据都储存在一个个数据区块中，数据共享交换信息形成一个完整链条包含在区块链里，所有数据由计算机加密生成。利用区块链技术可以生成一套按时间先后记录的、不可篡改的、可信任的全网统一的数据库，并且这套数据库具有去中心化和数据无法伪造、不可撤销、不可逆转的特点，在没有任何可信第三方存在的时候，能够使参与者对全网数据交换共享记录的事件顺序和当前状态建立共识，解决数据共享的安全问题。[⑦]

　　①王海荣，闫娜，高隆杰，2012. 地理信息安全关键技术发展现状与趋势. 测绘通报(s1)：650-653.

　　②朱长青，杨成松，任娜，2010. 论数字水印技术在地理空间数据安全中的应用. 测绘通报(10)：1-3.

　　③王志伟，朱长青，王奇胜，等，2011. 一种基于 HVS 和 DFT 的栅格地图自适应数字水印算法. 武汉大学学报(信息科学版)，36(03)：351-354.

　　④王海荣，闫娜，高隆杰，2012. 地理信息安全关键技术发展现状与趋势. 测绘通报(s1)：650-653.

　　⑤王海荣，闫娜，高隆杰，2012. 地理信息安全关键技术发展现状与趋势. 测绘通报(s1)：650-653.

　　⑥诸云强，潘鹏，石蕾，等，2017. 科学大数据集成共享进展及面临的挑战. 中国科技资源导刊，49(05)：2-11.

　　⑦林小驰，胡叶倩雯，2016. 关于区块链技术的研究综述. 金融市场研究(02)：97-109.

7. 数字对象标识符(DOI)唯一标识数据资源　　通过数据 DOI，可以对该数据集全球引用情况进行统计，从而有效保护数据产权，并利用关联的元数据对数据产权进行详细说明。同时，可以通过数据出版，将数据正式出版。当其他应用研究或论文作者利用该数据时，可以在应用成果或论文中对数据来源 DOI 进行标注或在参考文献中进行正式引用。[①]

复习思考题

1. 什么是地理信息标准？作用是什么？
2. 什么是数据共享？
3. 地理信息标准化包含哪些内容？
4. 地理信息标准化编制程序包含哪些方面？
5. 什么是元数据？包含哪些内容？

---

①诸云强，2006. 地球系统科学数据共享关键技术研究．博士论文，12(1)：1-8.

参 考 文 献

艾廷华，成建国，2005. 对空间数据多尺度表达有关问题的思考 [J]. 武汉大学学报(信息科学版)，30(5)：
　377-382.

毕硕本，2015. 空间数据分析 [M]. 北京：北京大学出版社.

边馥苓，2006. 空间信息导论 [M]. 北京：测绘出版社.

边馥苓，2011. 数字工程的原理与方法 [M]. 北京：测绘出版社.

卞娜娜，2012. 云南省土壤污染溯源查询及结果的 GIS 渲染 [D]. 昆明：云南大学.

卞盼盼，付丹丹，徐威杰，等，2017. 基于云计算的地理信息共享服务模式研究 [J]. 现代测绘，40(2)：
　6-9.

蔡玉梅，郑振源，马彦琳，2005. 中国土地利用规划的理论和方法探讨 [J]. 中国土地科学(10)：31-35.

曹贵东，2011. 中国农业发展现状及未来趋势 [J]. 品牌(12)：8-9.

曹金莲，等，2014. 基于 GIS 的土地利用规划系统数据库的设计 [J]，测绘与空间地理信息，37(8).

曹阳，甄峰，2015. 基于智慧城市的可持续城市空间发展模型总体架构 [J]. 地理科学进展，34(4).

曾剑平，2017. 互联网大数据处理技术与应用 [M]. 北京：清华大学出版社.

查宗祥，2003. "OA"、业务办公自动化系统和电子政务 [J]. 国土资源信息化(5).

陈常松，2003. 地理信息共享的理论与政策研究 [M]. 北京：科学出版社.

陈端吕，2011. 计量地理学方法与应用 [M]. 南京：南京大学出版社.

陈宏兵，陆金桂，2003. 地理信息系统设计及其实现 [J]. 计算机工程与设计，24(12)：103-106.

陈军，邬伦，2003. 数字中国——地理空间基础框架 [M]. 北京：科学出版社.

陈俊，宫鹏，2001. 实用地理信息系统 [M]. 北京：科学出版社.

陈铭，2016. 基于 WebGIS 的公交调度系统设计与实现 [D]. 杭州：浙江工业大学.

陈润，2015. 南京市国土资源"一张图"应用现状、问题及对策研究 [D]. 南京：南京农业大学.

陈述彭，鲁学军，周成虎，1999. 地理信息系统导论 [M]. 北京：科学出版社.

陈述彭，2003. 地理信息系统导论 [M]. 北京：科学出版社.

陈为峰，史衍玺，2002. "3S" 技术在农业非点源污染研究中的应用 [J]. 水土保持学报，16(2).

陈优良，史琳，王兆茹，2018. GIS 的矿区土壤重金属污染评价及空间分布 [J]. 测绘科学(4).

陈宇，李俊，韦桃贤，2015. 基于 GIS 的城市道路交通安全管理系统 [J]. 大众科技(1)：51-53.

承继成，金江军，2007. 地理数据的不确定性研究 [J]. 地球信息科学，9(4)：1-4.

程俊峰，万方浩，郭建英，2006. 西花蓟马在中国适生区的基于 CLIMEX 的 GIS 预测 [J]. 中国农业科学(3)：
　525-529.

程鹏飞，文汉江，等，2009. 2000 国家大地坐标系椭球参数与 GRS 80 和 WGS-84 的比较 [J]. 测绘学报，
　38(03)：189-194.

程雄，熊华，易玲，2002. 土地利用规划信息管理系统中的数据组织研究 [J]. 测绘通报(5).

程泽明，1987. 模糊聚类分析在县级农业区划中的应用 [J]. 福建师范大学学报(1)：72-76.

褚庆全，李林，2003. 地理信息系统在农业上的应用及其发展趋势 [J]. 中国农业科技导报，5(1)：22-26.

崔峰，2015. 基于 ArcGIS 基本农田信息管理系统的设计与实现 [D]. 西安：长安大学.

崔铁军，等，2016. 地理空间分析原理 [M]. 北京：科学出版社.

大数据战略重点实验室，2017. 块数据 3.0 [J]. 北京：中信出版集团股份有限公司.

党立波，2012. 基于 GIS 的县级病虫害信息系统研发 [D]. 西安：西安科技大学.

邓建宁，2017. 论我国测绘地理信息系统的标准化建设 [J]. 中国标准化(6)：91.

董巧，赵一凡，2018. 基于信息素设置的蚁群模型研究及仿真 [J]. 自动化技术与应用，37(5)：1-4.

董士玲，2012. 国土资源"一张图"系统设计与实现 [D]. 成都：电子科技大学.

杜辉，耿涛，刘生荣，等，2018. 基于 ArcGIS 的地物化成果各坐标系统向 CGCS2000 坐标转换研究 [J].
　　物探与化探，42(5)：1076-1080.

奉婷，张凤荣，等，2014. 基于耕地质量综合评价的县域基本农田空间布局 [J]. 农业工程学报，30(1)：
　　200-210＋293.

高井祥，张书毕，等，1998. 测量学 [M]. 徐州：中国矿业大学出版社.

高爽，祝栋林，杨新宇，2015. 基于 GIS 的常州市区大气污染排放清单分析 [J]. 环境科学与技术，38(6)：
　　241-246.

高小永，2010. 基于多目标蚁群算法的土地利用优化配置 [D]. 武汉：武汉大学.

葛凡，等，2010. 空间数据仓库综述 [J]. 许昌学院学报，29(2).

龚健雅，杜道生，等，2009. 地理信息共享技术与标准 [M]. 北京：科学出版社.

龚健雅，高文秀，2006. 地理信息共享与互操作技术及标准 [J]. 地理信息世界(3)：18-27.

龚健雅，王国良，2013. 从数字城市到智慧城市：地理信息技术面临的新挑战 [J]. 测绘地理信息，38(2)：
　　1-6.

龚健雅，2018. 地理信息系统基础 [M]. 北京：科学出版社.

龚健雅，等，2004. 当代地理信息技术 [M]. 北京：科学出版社，426.

龚玉利，2013. 基于开源框架的智慧城市信息平台设计与实现 [D]. 无锡：江南大学.

辜寄蓉，方从刚，吴浩伟，2017. 基于数据服务的县级国土资源"一张图"平台关键技术研究 [J]. 计算机
　　应用与软件(9)：89-94.

顾鹏飞，2015. 多源多尺度土地利用信息整合关键技术研究及系统开发设计 [D]. 南京：东南大学.

郭淳芳，2007. 工作流管理在国土资源电子政务中的设计与应用 [D]. 长沙：中南大学.

郭仁忠，2001. 空间分析 [M]. 北京：高等教育出版社.

何建邦，等，2003. 地理信息共享的原理与方法 [M]. 北京：科学出版社，317.

何强，2001. 基于地理信息系统(GIS)的水污染控制规划研究 [D]. 重庆：重庆大学.

何艳，徐建明，施加春，2003. GIS 在环境保护中的应用现状与发展 [J]. 环境污染与防治，25(6)：
　　359-361.

侯莉，曹慧玲，高一平，2012. 土地利用空间数据库整合与应用研究 [J]. 国土资源(2)：53-55，57.

胡鹏，黄杏元，华一新，2002. 地理信息系统教程 [M]. 武汉：武汉大学出版社.

胡冬芽，2013. 地理信息共享平台的关键技术与发展 [J]. 测绘通报(6)：65-67.

胡月明，章家恩，等，2003. 基于 GIS 长春市郊农地土壤肥力综合评价 [J]. 生态科学，22(1)：18-20.

黄魁，2014. 基于信息资源规划的云南省国土资源"一张图"核心数据库研究与设计 [D]. 昆明：云南大
　　学.

黄仁涛，庞小平，马晨燕，2003. 专题地图编制 [M]. 武汉：武汉大学出版社.

黄兴，2014. 国土一张图架构体系与关键技术研究 [J]. 地理空间信息(4)：164-166.

黄杏元，马劲松，2008. 地理信息系统概论 [M]. 第 3 版. 北京：高等教育出版社..

黄煜，2016. 智慧城市的建设顶层设计与实现 [D]. 长春：吉林大学.

黄泽栋，2014. 数据库技术发展综述 [J]. 黑龙江科学，1(5).

王珂，杨国义，王玉琅，2017. 基于 GIS 的惠州市土壤多环芳烃空间分布特征研究 [J]. 生态环境学报(4).

贾文珏，2005. 分布式 GIS 服务链集成关键技术 [D]. 武汉：武汉大学.

江鹳，贺弢，等，2010. 基于 GPS、GIS 和移动通信技术的国土资源移动巡查系统总体设计 [J]. 测绘通报(6)：65-68.

蒋景瞳，刘若梅，等，2002. 国内外地理信息标准化现状与思考 [J]. 国土资源信息化(4)：8-13.

蒋景瞳，刘若梅，1996. 国外 GIS 标准化进展和我国的对策 [J]. 遥感信息(3)：19-22.

焦汉科，黄悦，曹凯滨，2016. 开源 GIS 研究及应用初探 [J]. 测绘通报(S2)：44-48.

孔祥元，郭际明，刘宗泉，2001. 大地测量学基础 [M]. 武汉：武汉大学出版社.

蓝运超，黄正东，1998. 城市信息系统 [M]. 武汉：武汉大学出版社.

黎夏，叶嘉安，2004. 遗传算法和 GIS 结合进行空间优化决策 [J]. 地理学报(5)：745-753.

李滨，王青山，冯猛，2003. 空间数据库引擎关键技术剖析 [J]. 测绘学报(1)：35-38.

李冰茹，王纪华，等，2015. GIS 在土壤重金属污染评价中的应用 [J]. 测绘科学，40(2)：119-122.

李超，等，2010. 列存储数据库关键技术综述 [J]. 计算机技术，12(37).

李德仁，等，2013. 空间数据挖掘理论与应用 [M]. 北京：科学出版社.

李凤，2015. 某国土资源电子政务系统的设计与实现 [D]. 厦门：厦门大学.

李国勇，2016. 基于智能体模型的土地利用动态模拟研究 [D]. 北京：中国地质大学.

李昊，王鹏，2017. 新型智慧城市七大发展原则探讨 [J]. 规划师(5).

李霖，2016. 测绘地理信息标准化教程 [M]. 北京：测绘出版社，230.

李满春，2003. GIS 设计与实现 [M]. 北京：科学出版社.

李明月，张梦婕，2019. 基于空间自相关分析的广东省土地集约利用水平空间差异研究 [J]. 国土资源科技管理，36(1)：34-47.

李谦升，2017. 城市信息可视化设计研究 [D]. 上海：上海大学.

李水英，2011. 基于云计算的地理空间信息公共服务平台建设构想 [J]. 数字技术与应用(8)：233-236.

李文博，孙翊，2015. 国内外地理信息标准化进展研究 [J]. 标准科学(8)：43-47.

李晓，林正雨，等，2010. 区域现代农业规划理论与方法研究 [J]. 西南农业学报，23(3)：953-958.

李轶维，王武魁，2011. GIS 元数据标准综述 [J]. 科技信息(5)：22-24.

李昀，2013. 省级国土资源一张图平台建设中关键技术的研究 [D]. 南昌：东华理工大学.

李征航，黄劲松，2005. GPS 测量与数据处理 [M]. 武汉：武汉大学出版社.

李征航，徐德宝，等，1998. 空间大地测量理论基础 [M]. 武汉：武汉测绘科技大学出版社.

李志林，王继成，等，2018. 地理信息科学中尺度问题的 30 年研究现状 [J]. 武汉大学学报(信息科学版)，43(12)：2233-2242.

林建伟，王里奥，袁辉，2002. 基于 GIS 的重庆市固体废弃物管理信息系统 [J]. 重庆大学学报(自然科学版)，25(10)：124-127.

林小驰，胡叶倩雯，2016. 关于区块链技术的研究综述 [J]. 金融市场研究(2)：97-109.

刘家福，刘湘南，2004. GIS 与 SPSS 集成分析区域土地利用变化 [J]. 国土资源遥感(1).

刘俊萍，邵佳伟，等，2014. 基于 GIS 和熵权法的水厂原水水质评价 [J]. 浙江工业大学学报，42(5).

刘凯同，秦耀辰，2010. 论地理信息的尺度特性 [J]. 地理与地理信息科学，26(2)：1-5.

刘凯，任星，秦耀辰，2010. 地理信息语义尺度及其变换机制问题研究 [J]. 河南大学学报(自然科学版)，40(3)：261-266.

刘凯，毋河海，等，2008. 地理信息尺度的三重概念及其变换 [J]. 武汉大学学报(信息科学版)，33(11)：1178-1181.

刘明皓，邱道持，2006. 县级土地利用总体规划实施评价方法探讨 [J]. 中国农学通报，22(11)：391-395.

刘南，刘仁义，2002. 地理信息系统 [M]. 北京：高等教育出版社.

刘湘南，等，2011. GIS 空间分析原理与方法 [M]. 北京：科学出版社.

刘湘南，2017. GIS 空间分析 [M]. 北京：科学出版社.

刘雅，2011. 数据共享技术在县级国土资源"一张图"中应用研究［D］. 西安：长安大学.

刘耀林，2007. 从空间分析到空间决策的思考［J］. 武汉大学学报（信息科学版），32(11)：1050-1055.

刘宇，王永生，孙庆辉，2006. 数字城市地理空间信息公共平台的设计［J］. 测绘科学技术学报，23(5)：359-362.

刘庄，晁建颖，张丽，等，2015. 中国非点源污染负荷计算研究现状与存在问题［J］. 水科学进展，26(3)：432-442.

龙良辉，2015. 空间自相关分析方法与应用研究［D］. 昆明：昆明理工大学.

陆守一，唐小明，王国胜，1998. 地理信息系统实用教程［M］. 北京：中国林业出版社.

陆漱芬，陈由基，等，1987. 地图学基础［M］. 北京：高等教育出版社.

罗琼，罗永常，李璐，2011. GIS 在国内旅游业中的应用现状及展望［J］. 安徽农业科学，39(8).

闾国年，袁林旺，俞肇元，2017. 地理学视角下测绘地理信息再透视［J］. 测绘学报，46(10)：1549-1556.

闾国年，2007. 地理信息共享技术［M］. 北京：科学出版社.

闾国年，2003. 地理信息系统集成原理与方法［M］. 北京：科学出版社.

吕炳潮，2010. 物联网中关于实时信息理论和实时信息获取问题的研究［D］. 上海：上海交通大学.

吕怀峰，2016. 基于遥感与 GIS 的黄河三角洲生态农业区划研究［D］. 济南：山东师范大学.

马家琼，2017. 分析国土资源"一张图"建设的思考［J］. 农村经济与科技(8)：14.

马建华，2003. 系统科学及其在地理学中的应用［M］. 北京：科学出版社.

马文涵，2016. 国土资源一张图到全市一张图［J］. 国土资源信息化(6).

马艳娜，唐华，柯红军，2017. 基于国土资源"一张图"的遥感监测数据处理模式的设计与实现［J］. 电脑知识与技术(27).

马迎斌，2015. 基于 GIS 的大气污染扩散模拟研究［D］. 阜新：辽宁工程技术大学.

孟斌，王劲峰，2005. 地理数据尺度转换方法研究进展［J］. 地理学报，60(2)：277-288.

孟丽君，2018. 空间分层自相关地理加权回归模型的研究［D］. 新疆：新疆大学.

孟庆武，王文福，等，2011. 基于 Morton 码的一种动态二维游程压缩编码方法［J］. 测绘科学，36(3)：202-203.

孟伟，高吉喜，等，2004. GIS 技术在环境资源工作中的应用与发展［J］. 地理信息世界(5)：19-22.

牟文君，2014. 基于 GIS 的兰州市大气污染扩散模拟研究［D］. 兰州：兰州交通大学.

庞俊，2015. 国土资源一张图与综合监管平台建设的设计与研究［J］. 城市地理(22).

彭继东，2012. 国内外智慧城市建设模式研究［D］. 长春：吉林大学.

齐力刚，2016. 电子政务与国土资源信用体系建设研究［J］. 低碳地产，2(19).

秦莉，陈波，等，2009. GIS 在固体废弃物管理规划中的研究应用［J］. 环境科学与技术(1)：194-197.

屈晓波，杨德生，2013. 省级国土资源综合监管平台建设探讨［J］. 国土资源信息化(4)：16-19.

任姝颖，2015. 发展智慧城市问题研究［D］. 沈阳：沈阳师范大学.

沈振江，李苗裔，等，2017. 日本智慧城市建设案例与经验［J］. 规划师(5).

石永阁，边馥苓，胡诚，2012. 面向服务的空间信息集成与共享综述［J］. 测绘与空间地理信息，35(6)：25-28.

司敬知，李英成，等，2017. 移动 GIS 土地执法动态巡查监察体系研究与应用［J］. 测绘通报(S2)：158-163.

宋关福，罗灵军，2009. 面向服务的地理信息共享［J］. 程序员(2)：97-100.

宋国民，2006. 地理信息共享的理论研究框架［J］. 测绘科学技术学报(6)：404-407.

孙连英，2012. 3S 技术及应用趋势探讨［J］. 北京联合大学学报（自然科学版），26(1).

汤国安，等，2012. ArcGIS 地理信息系统空间分析实验教程［M］. 北京：科学出版社.

汤国安，等，2010. 地理信息系统［M］. 北京：科学出版社.

唐丹凤，朱志国，2015. GIS 在城市轨道交通中的功能分析［J］. 交通运输工程与信息学报(1)：58-62.

妥洪波，2017. 基于 GIS 技术的高速公路突发事件应急管理信息系统的研究［D］. 重庆：重庆交通大学.

万超，张思聪，2003. 基于 GIS 的潘家口水库面源污染负荷计算［J］. 水力发电学报(2)：62-68.

汪金花，李玉萍，白洋，2014. 基于 GIS 的采矿迹地固体废弃物的综合监测研究［J］. 矿业研究与开发(3)：102-105.

汪燊，刘德赢，2006 . "3S" 技术在精准农业中应用的研究［J］. 和田师范专科学校学报，26（5）：166-167.

王炳亮，田军仓，2002. GIS 在精准灌溉中的应用研究进展［J］. 农业科学研究，23(4)：71-74.

王海荣，闫娜，高隆杰，2012. 地理信息安全关键技术发展现状与趋势［J］. 测绘通报(S1)：650-653.

王宏杰，2016. 基于元胞自动机与多智能体模型的城市空间扩展研究［D］. 昆明：昆明理工大学.

王虹力，2008. 基于 GIS 的县级土地适宜性评价系统研究——以吉林省九台市为例［D］. 长春：吉林农业大学.

王家耀，何宗宜，等，2016. 地图学［M］. 北京：测绘出版社.

王军，臧淑英，2010. 地理信息公共服务平台的网络化服务建设研究［J］. 测绘与空间地理信息，33(2)：14-17.

王康，2011. 地理信息共享平台及其关键技术的研究与应用［D］. 广州：广东工业大学.

王露晓，陈文汇，李建，2017. 基于空间自相关模型的空间统计分析及其应用［J］. 内蒙古统计(5)：21-24.

王人潮，等，2009. 农业资源信息系统［M］. 北京：中国农业出版社.

王人潮，史舟，2003. 农业信息科学与农业信息技术［M］. 北京：中国农业出版社.

王朔，张荣群，乔月霞，2017. 银川平原湿地时空变化信息的可视化分析［J］. 测绘科学(11)：60-65＋77.

王文彬，2016. 大气污染物面源排放清单研究——以徐州市为例［D］. 徐州：中国矿业大学.

王衍斐，陈锁忠，等，2010. GIS 技术在突发性土壤污染事故应急监测中的应用［J］. 计算机应用(S2)：288-291.

王艳军，邵振峰，2012. 面向服务的地理信息公共平台关键技术研究［J］. 测绘科学，37(3)：160-162.

王燕，2015. 安阳市国土资源综合监管系统建设研究［D］. 南京：南京农业大学.

王志伟，朱长青，等，2011. 一种基于 HVS 和 DFT 的栅格地图自适应数字水印算法［J］. 武汉大学学报（信息科学版），36(3)：351-354.

魏子卿，2008. 2000 中国大地坐标系及其与 WGS84 的比较［J］. 大地测量与地球动力学(5)：1-5.

魏子卿，2011. 大地坐标系新探［J］. 武汉大学学报(信息科学版)，36(8)：883-886.

邬伦，2015. 地理信息系统——原理、方法和应用［M］. 北京：科学出版社.

吴立新，史文中，2003. 地理信息系统原理与算法［M］. 北京：科学出版社.

吴勤书，等，2015. 云 GIS 多层次服务体系［J］. 测绘科学，40(8).

吴信才，吴亮，等，2017. MapGIS 地理信息系统［M］. 第 3 版 . 北京：电子工业出版社.

吴信才，2014. 地理信息系统原理与方法［M］. 北京：电子工业出版社.

吴信才，等，2002. 地理信息系统设计与实现［M］. 北京：电子工业出版社.

吴永静，万宝林，等，2015. 广东省国土资源 "一张图" 信息体系建设与应用［J］. 测绘与空间地理信息(10)：112-115.

吴永胜，2013. 基于 GIS 的土地利用总体规划管理系统研究与应用［D］. 成都：成都理工大学.

肖威，等，2009. 半结构化数据模型的主要特征［J］. 中国水运(6).

肖建华，王厚之，等，2016. 地理时空大数据管理与应用云平台建设［J］. 测绘通报(4)：38-42.

邢汉发，许礼林，2010. 一体化模式下数字房产设计与应用［J］. 计算机工程与科学，32(3)：133-136.

熊翔宇，郑建明，2017. 国外智慧城市研究述评及其启示［J］. 新世纪图书馆(12)：86-93.

宿宁，2016. 精准农业变量施肥控制技术研究［D］. 合肥：中国科学技术大学．

徐成志，陈少军，2003. ODBC 配置数据库应用程序［J］. 山东农业大学学报，34（2）：238-241.

徐德军，2013. 复杂系统理论视角下的国土资源"一张图"系统设计与实践［D］. 武汉：武汉大学．

徐绍铨，吴祖仰，1996. 大地测量学［M］. 武汉：武汉测绘科技大学出版社．

杨伶俐，李小娟，等，2006. 基于 GIS 的城市道路网无级比例尺信息提取［J］. 测绘科学技术学报，23（3）：
　　225-227.

杨晓君，2011. 数据库技术发展概述［J］. 科技情报开发与经济（21）.

杨元喜，2009. 2000 中国大地坐标系［J］. 科学通报，54（16）：2271-2276.

叶泽田，2010. 地表空间数字模拟理论方法及应用［M］. 北京：测绘出版社．

尹贡白，王家耀，等，1991. 地图概论. 北京：测绘出版社．

尹连旺，李京，1999. GIS 中基本要素的无级比例尺数据处理技术研究［J］. 北京大学学报（自然科学版），
　　35（6）：117-124.

应申，李霖，等，2006. 地理信息科学中的尺度分析［J］. 测绘科学，31（3）：18-22，3.

于淑惠，2004. "数字农业"及其实现技术［J］. 农业图书情报学刊，15（7）：5-7.

于思佳，2018. 基于土地利用转移矩阵的草原 LUCC（Land-Use and Land-Cover Change）影响因素分析——
　　以锡林浩特市为例［J］. 内蒙古林业科技，44（1）：52-55.

余明，艾廷华，2015. 地理信息系统导论［M］. 北京：清华大学出版社．

余旭，郭海军，孔爱婷，2013. 地理信息共享关键问题研究进展及趋势［J］. 测绘工程，22（6）：14-17.

余旭，张兴福，等，2010. 我国地理信息标准化综述［J］. 测绘工程，19（6）：1-3.

袁满，刘耀林，2014. 基于多智能体遗传算法的土地利用优化配置［J］. 农业工程学报，30（1）：191-199.

臧维明，李月芳，魏光明，2018. 新型智慧城市标准体系框架及评估指标初探［J］. 中国电子科学研究院学
　　报．

张超，陈丙咸，邬伦，1995. 地理信息系统. 北京：高等教育出版社．

张爱辉，2013. 基于 SOA 的省级国土资源电子政务系统设计与应用［D］. 长春：吉林大学．

张冰欣，2009. 铁力市生态农业建设对策研究［D］. 北京：中国农业科学院．

张成才，2004. GIS 空间分析理论与方法［M］. 武汉：武汉大学出版社．

张刚，杨昕，汤国安，2013. GIS 软件的空间分析功能比较［J］. 南京师范大学学报（工程技术版），13（2）：
　　41-47.

张国华，2013. 不同比例尺间数字地形图转换方法［J］. 有色金属，65（2）：78-82.

张昊琳，叶飞跃，等，2015. 矢量图压缩的关键点保持算法研究［J］. 计算机工程与应用，51（11）：
　　238-241.

张红亮，2009. 城市 GIS 中空间数据的共享研究［J］. 测绘与空间地理信息，32（3）：114-116.

张军，涂丹，李国辉，2013. 3S 技术基础［M］. 北京：清华大学出版社．

张康聪，2016. 地理信息系统导论［M］. 第 8 版. 陈健飞，等，译. 北京：科学出版社．

张亮，2019. 区块链技术综述［J］. 计算机工程. http：//kns. cnki. net/kcms/detail/31. 1289. TP. 20190316. 1352.
　　002. html.

张清浦，刘季平，2003. 政府地理信息系统［M］. 北京：科学出版社．

张润泽，2017. GIS 在交通中的应用与发展［J］. 建筑工程与设计（32）：2733-2733.

张世全，张立朝，等，2008. 基于 MIS OA GIS 集成的市级一体化地籍管理信息系统构想［J］. 测绘科学
　　（S1）：58-85.

张伟，2014. 智慧城市建设中的关键技术应用研究［D］. 西安：长安大学．

张新长，辛秦川，等，2017. 地理信息系统概论［M］. 北京：高等教育出版社．

张新长，曾广鸿，张青年，2001. 城市地理信息系统［M］. 北京：科学出版社．

张亚超，2015. 基于 GIS 的公路设施管理系统的设计与实现 [D]. 天津：天津大学.

张艳，2007. 基于 . NET 平台和 ArcGIS＋Engine 的土地利用规划信息系统的研究与开发 [D]. 合肥：合肥工业大学.

张照杰，王晓玲，杨晓，2014. 国土资源"一张图"工程建设研究 [J]. 北京测绘(5).

张志兵，2011. 空间数据挖掘及其相关问题研究 [M]. 武汉：华中科技大学出版社.

赵春子，2013. 地图投影的判别方法与选择依据 [J]. 延边大学学报(自然科学版)，39(4)：311-314.

赵尔平，刘炜，党红恩，2018. 海量 3D 点云数据压缩与空间索引技术 [J]. 计算机应用，38(1)：146-151.

赵刚，2012. 关于智慧城市的理论思考 [J]. 中国信息界(5)：20-22.

赵静，蒲越，2018. 混合地理加权回归模型的理论及其应用 [J]. 中州大学学报，35(2)：42-45.

赵莉，杨俊，等，2016. 地理元胞自动机模型研究进展 [J]. 地理科学，36(8)：1190-1196.

赵赏，钟凯文，孙彩歌，2014. GIS 技术在农业领域的应用 [J]. 农机化研究(4)：234-237.

赵玉新，李刚，2012. 地理信息系统及海洋应用 [M]. 北京：科学出版社.

甄峰，席广亮，秦萧，2015. 基于地理视角的智慧城市规划与建设的理论思考 [J]. 地理科学进展，34(4)：402-409.

郑可锋，祝利莉，等，2005. 农业地理信息系统的总体设计与实现 [J]. 浙江农业科学，1(4)：244-246.

周成虎，等，2018. 地理信息系统空间分析原理 [M]. 北京：科学出版社.

周成虎，2014. 全息地图时代已经来临——地图功能的历史演变 [J]. 测绘科学，39(7)：3-8.

周天墨，付强，等，2013. 空间自相关方法及其在环境污染领域的应用分析 [J]. 测绘通报 (1)：53-56.

周卫娟，吴相燊，等，2014. 省级国土资源"一张图"数据库建设关键技术研究 [J]. 现代测绘，37(1)：43-47.

周艳芳，2018. 空间数据库的概念及发展趋势探究 [J]. 产业与科技论坛，17(2).

周忠，周颐，肖江剑，2015. 虚拟现实增强技术综述 [J]. 中国科学：信息科学，45(2)：157-180.

朱德海，2000. 地理管理信息系统 [M]. 北京：中国农业大学出版社.

朱光，季晓燕. 戎兵，1997. 地理信息系统基本原理及应用 [M]. 北京：测绘出版社.

朱若立，2008. 基于 GIS 城轨交通选线系统的研究 [D]. 成都：西南交通大学.

朱涛，等，2018. 分布式数据库中一致性与可用性的关系 [J]. 软件学报，29(1)：1.

朱小燕，2011. 浅谈 GIS 在农业领域中的应用现状及前景 [J]. 甘肃科技纵横，40(4)：60-62.

朱长青，符浩军，等，2009. 基于整数小波变换的栅格数字地图数字水印算法 [J]. 武汉大学学报(信息科学版)，34(5)：619-621.

朱长青，杨成松，任娜，2010. 论数字水印技术在地理空间数据安全中的应用 [J]. 测绘通报(10)：1-3.

诸云强，潘鹏，等，2017. 科学大数据集成共享进展及面临的挑战 [J]. 中国科技资源导刊，49(5)：2-11.

诸云强，朱琦，等，2015. 科学大数据开放共享机制研究及其对环境信息共享的启示 [J]. 中国环境管理，7(6)：38-45.

诸云强，2006. 地球系统科学数据共享关键技术研究 . [D]. 北京：中国科学院，12(1)：1-8.

祝国瑞，2004. 地图学 [M]. 武汉：武汉大学出版社.

祝国瑞，郭礼珍，等，2001. 地图设计与编绘 [M]. 武汉：武汉大学出版社.

Saravanan A，Jerald J，2019. Ontological model-based optimal determination of geometric tolerances in anassembly using the hybridised neural network and genetic algorithm [J]. Journal of Engineering Design (30)：4-5.

A H 罗宾逊，R D 塞尔，等，1989. 地图学原理 [M]. 李道义，刘耀珍，译. 北京：测绘出版社.

Andrienko N，Andrienko G，2005. Exploratory analysis of spatial and temporal data [J]. Springer Berlin，31(4)：299-311.

Anselin L，1988. Lagrange multiplier test diagnostics for spatial dependence and spatial heterogeneity [J].

Geographical Analysis，20(1)：1-17.

Anselin L，1995. Local indicators of spatial association—LISA ［J］. Geographical Analysis，27(2)：93-115.

Anselin L，2010. Spatial econometrics：methods and models ［J］. Studies in Operational Regional Science，85 (411)：310-330.

Bi Zhang，Wei Li，2019. Intelligent air quality detection based on genetic algorithm and neural network：An urban China case study ［J］. Concurrency and Computation：Practice and Experience，31(10).

Goodchild M F，Kottman C，et al. ，1999. Interoperating Geographic Information Systems ［M］. Boston：Kluwer Academic Publishers.

Helmut Moritz，1992. 地球形状——理论大地测量学和地球内部物理学．陈俊勇，左传惠，译．北京：测绘出版社．

John Shawe-Taylor，Nello Cristianini，2006. 模式分析的核方法 ［M］. 北京：机械工业出版社．

Kang-tsung Chang，2017. 地理信息系统导论．陈健飞，等，译．北京：科学出版社．

Longley P A，Goodchild M F，et al. ，2015. Geographic Information Science and Systems ［M］. John Wiley & Sons Inc.

Massey W S，1967. Algebraic Topology：An Introduction ［M］. New York：Harcourt，Brace & World.

Michael N. DeMers，2001. 地理信息系统基本原理 ［M］. 武法东，付宗堂，等，译．北京：电子工业出版社．

Parker D C，Manson S M，et al. ，2003. Multi-agent systems for the simulation of land-use and land-cover change：A review ［J］. Annals of the Association of American Geographers，93(2)：314-337.

Y Shao，H Ou，et al. ，2019. Shape optimization of preform tools in forging of aerofoil using a metamodel-assisted multi-island genetic algorithm ［J］. Journal of the Chinese Institute of Engineers，42(4).

Stephen Wise，2012. GIS 数据结构与算法基础 ［M］. 朱定局，译．北京：科学出版社．

Tingting Luo，Guangyao Li，Naijiang Yu，2019. Research on manufacturing productivity based on improved genetic algorithms under internet information technology ［J］. Concurrency and Computation：Practice and Experience，31(10).

Wilson R J，Watkins J J，1990. Graphs：An Introductory Approach ［M］. New York：Wiley.

Yina Sun，Fanhe Zhu，Weimin Dai，2019. Acquisition of transgenic salt - tolerant upland rice based on genetic algorithm and its resistance ［J］. Concurrency and Computation：Practice and Experience，31(10).

Zhu Y，Zhu A，等，2017. Multidimensional and quantitative interlinking approach for linked geospatial data ［J］. INT J DIGIT EARTH，10(9)：923-943.

图书在版编目(CIP)数据

地理信息系统/刘耀林主编 . —2 版. —北京：
中国农业出版社，2020.11
普通高等教育"十一五"国家级规划教材 . 普通高等
教育农业农村部"十三五"规划教材
ISBN 978-7-109-26980-4

Ⅰ.①地… Ⅱ.①刘… Ⅲ.①地理信息系统－高等学
校－教材 Ⅳ.①P208.2

中国版本图书馆 CIP 数据核字（2020）第 108162 号

中国农业出版社出版
地址：北京市朝阳区麦子店街 18 号楼
邮编：100125
责任编辑：夏之翠
版式设计：王　晨　　责任校对：沙凯霖
印刷：北京万友印刷有限公司
版次：2004 年 11 月第 1 版　　2020 年 11 月第 2 版
印次：2020 年 11 月第 2 版北京第 1 次印刷
发行：新华书店北京发行所
开本：787mm×1092mm　1/16
印张：26.5
字数：655 千字
定价：58.50 元